Taschenatlas der Anatomie
Band 3

Taschenatlas der Anatomie

für Studium und Praxis · In 3 Bänden

Band 1: Bewegungsapparat
von Werner Platzer

Band 2: Innere Organe
von Helmut Leonhardt

Band 3:

Nervensystem und Sinnesorgane

Werner Kahle

6. überarbeitete Auflage
179 Farbtafeln in 629 Einzeldarstellungen
Zeichnungen von Gerhard Spitzer

1991
Georg Thieme Verlag Stuttgart · New York
Deutscher Taschenbuch Verlag

Prof. Dr. med. *Werner Kahle*
Neurologisches Institut
(Edinger Institut) der Universität
Frankfurt/Main

em. Prof. Dr. med. *Helmut Leonhardt*
Anatomisches Institut der
Universität Kiel

Univ.-Prof.Dr. med. univ.
Werner Platzer
Vorstand des Institutes für
Anatomie der Universität
Innsbruck

Prof. *Gerhard Spitzer,* Frankfurt/
Main

CIP-Titelaufnahme der Deutschen Bibliothek

Taschenatlas der Anatomie : für Studium und Praxis ; in 3 Bänden. – Stuttgart ; New York : Thieme; München : Dt. Taschenbuch-Verl.

Bd. 3. Nervensystem und Sinnesorgane / Werner Kahle. Zeichn. von Gerhard Spitzer. – 6. überarb. Aufl. – 1991
NE: Kahle, Werner

1. Auflage 1976
2. Auflage 1978
3. Auflage 1979
4. Auflage 1982
5. Auflage 1986

1. englische Auflage 1978
2. englische Auflage 1984
3. englische Auflage 1986
1. französische Auflage 1979
2. französische Auflage 1983
1. griechische Auflage 1985
1. indonesische Auflage 1983
1. italienische Auflage 1979
2. italienische Auflage 1987
1. japanische Auflage 1979
2. japanische Auflage 1981
3. japanische Auflage 1984
1. niederländische Auflage 1978
2. niederländische Auflage 1981
1. spanische Auflage 1977
2. spanische Auflage 1988
1. türkische Auflage 1987

Umschlaggestaltung der dtv-Ausgabe: Celestino Piatti
Satz und Druck:
Druckhaus Götz GmbH,
71636 Ludwigsburg
(gesetzt auf Linotype System 5 [202])

ISBN 3 13 492206 1
(Georg Thieme Verlag)
ISBN 3 423 03019 4 (dtv)

3 4 5 6

Gemeinschaftsausgabe: Georg Thieme Verlag Stuttgart und Deutscher Taschenbuch Verlag GmbH & Co. KG, München

Vorwort

Der Taschenbuchatlas soll dem Studierenden der Medizin eine anschauliche Zusammenfassung der wichtigsten Kenntnisse aus der Anatomie des Menschen geben, gleichzeitig kann er dem interessierten Laien einen Einblick in dieses Gebiet verschaffen. Für den *Studierenden der Medizin* sollte die Examensvorbereitung hauptsächlich eine Repetition von Anschauungserfahrungen sein. Die Gegenüberstellung von Text und Bild soll der Veranschaulichung des anatomischen Wissens dienen.

Der dreibändige Taschenbuchatlas ist nach Systemen gegliedert, der 1. Band umfaßt den Bewegungsapparat, der 2. die Eingeweide, der 3. das Nervensystem und die Sinnesorgane. Die topographischen Verhältnisse der peripheren Leitungsbahnen, der Nerven und Gefäße, werden, soweit sie sich eng an den Bewegungsapparat anlehnen, im 1. Band berücksichtigt; im 2. Band wird lediglich die *systematische* Aufgliederung der Gefäße behandelt. Der Beckenboden, der in enger funktioneller Beziehung zu den Organen des kleinen Beckens steht, wurde einschließlich der damit zusammenhängenden Topographie in den 2. Band aufgenommen. Die Entwicklungsgeschichte der Zähne wird im 2. Band kurz berührt, weil sie das Verständnis für den Zahndurchbruch erleichtert, – die gemeinsamen embryonalen Anlagen der männlichen und weiblichen Geschlechtsorgane werden besprochen, weil sie deren Aufbau und die nicht seltenen Varietäten und Mißbildungen verständlich machen, – im Kapitel über die weiblichen Geschlechtsorgane kommen einige Fragen im Zusammenhang mit Schwangerschaft und Geburt zur Sprache; das für den Medizinstudenten nötige Wissen in der Entwicklungsgeschichte ist damit aber keinesfalls umrissen! Die Bemerkungen zur Physiologie und Biochemie sind in jedem Fall unvollständig und dienen lediglich dem besseren Verständnis struktureller Besonderheiten; es wird auf die Lehrbücher der Physiologie und Biochemie verwiesen. Schließlich sei betont, daß das Taschenbuch selbstverständlich auch ein großes Lehrbuch nicht ersetzt, viel weniger noch das Studium in den makroskopischen und mikroskopischen Kursen. In das Literaturverzeichnis wurden Titel aufgenommen, die weiterführende Literaturhinweise enthalten – darunter auch klinische Bücher, soweit sie einen starken Bezug zur Anatomie haben.

Der *interessierte Laie,* der nach dem Bau des menschlichen Körpers fragt, wird u. a. die anatomischen Grundlagen von häufig angewandten ärztlichen Untersuchungsverfahren allgemein verständlich abgebildet finden. Es wurde damit der Anregung des Verlages entsprochen, den Inhalt des Buches um diese Aspekte zu erweitern. Im Hinblick auf den nichtmedizinischen Leser werden alle für den Laien erfahrbaren Organe und Organteile auch in deutschen Bezeichnungen benannt; sie sind auch im Sachverzeichnis berücksichtigt.

Frankfurt/M., Kiel, Innsbruck *Die Herausgeber*

Vorwort zur 6. Auflage des 3. Bandes

Die rasche Erweiterung unserer Kenntnisse auf den Gebieten der Neuroanatomie und der Neurophysiologie machten eine Überarbeitung oder Ergänzung verschiedener Abschnitte notwendig. Außer kleineren Ergänzungen wurde das olfaktorische System neu gefaßt, die topische Gliederung des Corpus striatum wurde ausführlicher dargestellt und die gegenwärtigen Vorstellungen vom funktionellen Aufbau der Großhirnrinde wurden auf einer neuen Seite kurz zusammengefaßt. Schließlich habe ich, mehrfachem Leserwunsch entsprechend, das Thema *Hirnfunktion* behandelt und auf einer neuen Seite dem Kapitel *Funktionelle Systeme* vorangestellt.

Für Verbesserungsvorschläge und Korrekturhinweise bin ich meinen Kollegen Prof. Dr. Junzo Ochi, Prof. Dr. H. Leonhardt und Prof. Dr. W. Platzer zu Dank verpflichtet. Dankbar bin ich Herrn Dr. h.c. G. Hauff und den Mitarbeitern des Georg Thieme Verlages, daß alle meine Wünsche bezüglich Seitenvermehrung und Ergänzungen von Text und Abbildungen bereitwillig akzeptiert und erfüllt wurden.

Frankfurt, im November 1990 *Werner Kahle*

Vorwort zur 1. Auflage des 3. Bandes

In diesem Band wird dem Anfänger nicht nur eine Einführung in den elementaren Aufbau des Nervensystems, sondern auch in einfacher und knapper Form Einblick in den gegenwärtigen Stand unserer Erkenntnisse gegeben. Diese sind in letzten Jahrzehnten durch die Ergebnisse der Elektronenmikroskopie, der Histochemie und der Elektrophysiologie außerordentlich erweitert worden. Dem strengen Morphologen mag die Einbeziehung elektrophysiologischer Befunde bedenklich erscheinen. Soweit sie aber die funktionelle Bedeutung nervöser Strukturen sichtbar machen oder zu einer topischen Gliederung morphologischer Strukturen führen, kann man heute auf sie nicht mehr verzichten. Derartige Untersuchungen werden bereits vielfach als „Elektroanatomie" zur Neuroanatomie gerechnet.

Der Medizinstudent sollte nach der Lektüre des Bandes sein Physikum bestehen können, und bei dem einen oder anderen wird darüber hinaus vielleicht ein wirkliches Interesse an diesem faszinierenden Gebiet geweckt werden. Der interessierte Nichtmediziner wird, so hoffe ich, sich nicht von der lateinischen Nomenklatur abschrecken lassen, um einen Einblick in den Bau und die Funktionsweise des Nervensystems zu gewinnen. Die Fachkollegen schließlich werden, dessen bin ich sicher, beim Aufspüren der Fehler, die sich in eine erste Auflage unvermeidlich einschleichen, einige vergnügliche Stunden verbringen.

Wenn es an die Danksagungen geht, muß ich zuerst Herrn *Gerhard Spitzer* erwähnen, der als Meister des Zeichenstiftes entscheidend zum Gelingen des Bandes beigetragen hat. Allen meinen Kollegen, die mir mit Rat, Anregung und Kritik geholfen haben, möchte ich an dieser Stelle herzlich danken. Nicht unerwähnt bleiben darf schließlich die stets bereite Hilfe von Frl. *E. Klasmeier.* Meiner Frau möchte ich für die Anfertigung des Sachverzeichnisses danken. Große Verdienste haben sich auch die Mitarbeiter des Thieme Verlages erworben, denn ohne ihre Hartnäckigkeit und Geduld wäre dieses Buch wahrscheinlich nie fertig geworden.

Frankfurt, im Januar 1976 *Werner Kahle*

Inhaltsverzeichnis

Nervensystem

Entwicklung und Gliederung des Nervensystems

Das Nervensystem dient der Nachrichtenübermittlung. Bei den primitivsten Organisationsformen wird diese Funktion von den Sinneszellen **ABC1** selbst übernommen. Sie werden durch Reize aus der Umwelt erregt und leiten die Erregung über eine Fortsatz weiter zu einer Muskelzelle **ABC2**. So kommt die einfachste Reaktion auf Umweltreize zustande. Sinneszellen mit eigenen Fortsätzen findet man beim Menschen nur noch im Riechepithel. Bei differenzierteren Organismen ist zwischen Sinneszelle und Muskelzelle eine weitere Zelle geschaltet, welche die Nachrichtenübermittlung übernimmt: Die Nervenzelle **BC3.** Sie kann die Erregung auf zahlreiche Muskelzellen oder weitere Nervenzellen übertragen: es kommt zur Ausbildung eines *Nervennetzes* C. Auch der menschliche Körper wird von einem solchen diffusen Nervennetz durchzogen, und alle Eingeweide, Blutgefäße und Drüsen werden von ihm innerviert. Es wird als **vegetatives** (auch *viszerales* oder *autonomes)* **Nervensystem** bezeichnet und zerfällt in zwei antagonistische Bestandteile, den **Sympathicus** und den **Parasympathicus,** deren Zusammenwirken das innere Milieu des Organismus konstant erhält.

Bei den Wirbeltieren hat sich neben dem vegetativen das sog. **animalische Nervensystem** gebildet, das aus einem zentralen Nervensystem, **ZNS** (Gehirn und Rükkenmark) und einem peripheren Nervensystem (den Nerven von Kopf, Rumpf und Extremitäten) besteht. Es dient der bewußten Wahrnehmung, der willkürlichen Bewegung und der Nachrichtenverarbeitung *(Integration).*

Das ZNS entwickelt sich aus der *Medullarplatte* **D4** des Ektoderms, die sich zur *Neuralrinne* **D5** und weiter zum *Neuralrohr* **D6** umbildet. Das Neuralrohr differenziert sich schließlich zu Rückenmark **D7** und Gehirn **D8.**

Funktionskreise

Nervensystem, Organismus und Umwelt sind funktionell miteinander verknüpft. Die Umweltreize **E9** werden von den Sinneszellen **E10** über **sensible (afferente Nerven E11** zum ZNS **E12** geleitet. Als Antwort erfolgt vom ZNS ein Befehl über **motorische (efferente) Nerven E13** zur Muskulatur **E14.** Zur Kontrolle und Regulation der muskulären Antwort **E15** erfolgt von Sinneszellen in der Muskulatur eine Rückmeldung *(feed-back)* über sensible Nerven **E16** zum ZNS. Diese afferente Bahn übermittelt keine Umweltreize *(exterozeptive Reize),* sondern Reize aus dem Körperinneren *(propriozeptive Reize).* Wir unterscheiden also eine **exterozeptive** und eine **propriozeptive Sensibilität.**

Der Organismus reagiert jedoch nicht nur auf die Umwelt, sondern wirkt auch spontan auf sie ein. Auch in diesem Falle ergibt sich ein entsprechender Funktionskreis: die über efferente Nerven vom ZNS in Gang gesetzte Aktion **F17** wird durch Sinnesorgane registriert, die über afferente Nerven Informationen darüber an das ZNS zurückgeben *(Reafferenz).* Je nachdem, ob das Resultat dem gewünschten Ziel entspricht oder nicht, werden vom ZNS weitere Impulse zur Förderung oder Hemmung abgegeben. Eine Vielzahl solcher Erregungskreise bildet die Grundlage des nervösen Geschehens.

So, wie wir eine exterozeptive Sensibilität (Haut, Schleimhaut) und eine propriozeptive Sensibilität (Muskel- und Sehnenrezeptoren, vegetativ sensible Versorgung der Eingeweide) unterscheiden, können wir auch die Motorik einteilen in eine umweltbezogene oikotrope Somatomotorik (quergestreifte willkürliche Muskulatur) und eine idiotrope Viszeromotorik (glatte Eingeweidemuskulatur).

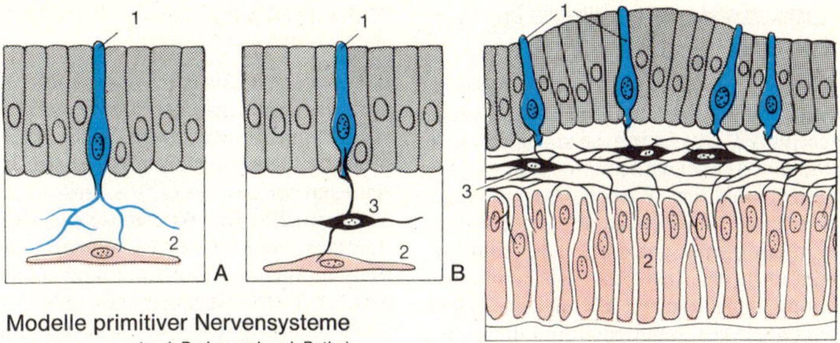

Modelle primitiver Nervensysteme
(nach Parker und nach Bethe)

A Sinneszelle mit Fortsatz zur Muskelzelle

B Nervenzelle als Verbindung zwischen Sinnes- und Muskelzelle

C diffuses Nervennetz

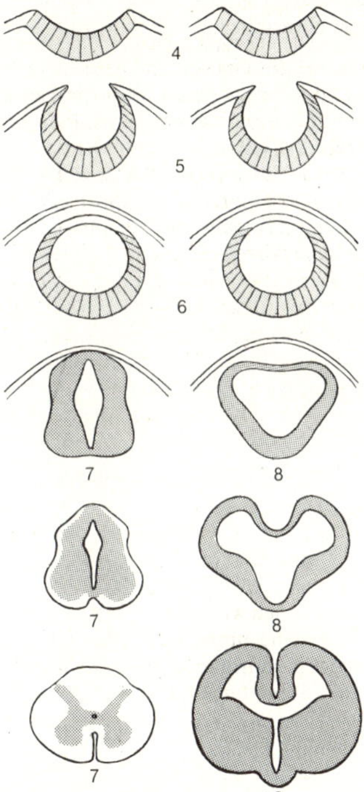

D Embryonalentwicklung des Zentralnervensystems
Rückenmark links, Gehirn rechts

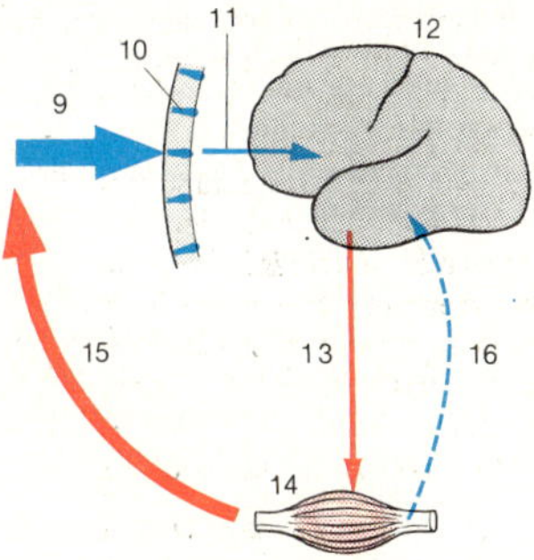

E Funktionskreis: Reaktion des Organismus auf Umweltreize

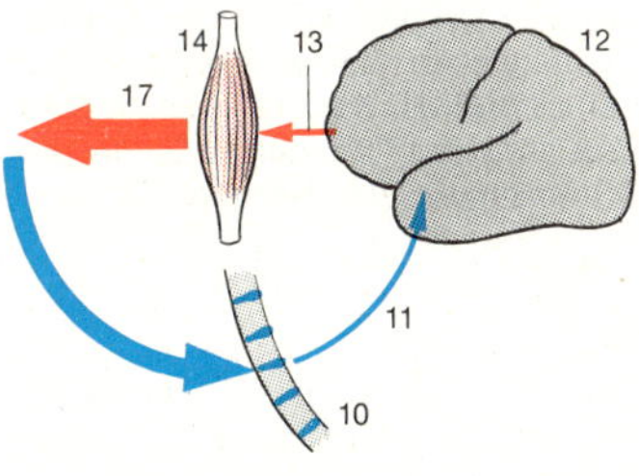

F Funktionskreis: Aktion eines Organismus auf die Umwelt

Lage des Nervensystems im Körper

Das ZNS gliedert sich in Gehirn, **Encephalon A1** und Rückenmark (RM), **Medulla spinalis A2.** Das Gehirn ist in der Schädelhöhle von einer knöchernen Kapsel umgeben; das im Wirbelkanal gelegene Rückenmark wird von der knöchernen Wirbelsäule umschlossen. Beide sind eingehüllt in die Hirn- bzw. Rückenmarkshäute, die einen mit Flüssigkeit, **Liquor cerebrospinalis**, gefüllten Raum umschließen. Das ZNS ist also allseitig durch knöcherne Wände und die Polsterwirkung einer Flüssigkeit *(Liquorkissen)* geschützt.

Die peripheren Nerven treten durch Löcher, Foramina, in der Schädelbasis (Hirnnerven) und durch die Zwischenwirbellöcher, Foramina intervertebralia (Spinalnerven **A3**), nach außen und ziehen zu Muskeln und Hautbezirken. Im Bereich der Extremitäten bilden sie zuvor Nervengeflechte, **Plexus brachialis A4** und **Plexus lumbosacralis A5**, in denen die Fasern der Spinalnerven durchmischt werden, so daß die Extremitätennerven Anteile verschiedener Spinalnerven enthalten. Am Eintritt der afferenten Nervenfasern liegen **Ganglien A6**, kleine ovale Körper, die sensible Nervenzellen enthalten. **Kleinhirn A7.**

Bei der Lagebeschreibung von Hirnstrukturen sind die Ausdrücke oben-unten, vorn-hinten ungenau, da wir verschiedene Hirnachsen haben. Infolge des aufrechten Ganges kommt es beim Menschen zu einer Abknickung des Neuralrohres: die Achse des Rückenmarks verläuft annähernd senkrecht, die des Vorderhirns horizontal, **Forelsche Achse** (rot); die Achse der unteren Hirnabschnitte verläuft schräg, **Meynertsche Achse** (blau). Nach diesen Achsen richten sich unsere Lagebezeichnungen: das Vorderende der Achse bezeichnen wir als oral oder rostral *(os* Mund, *rostrum* Schiffsschnabel), das Hinterende als *kaudal (cauda* Schwanz), die Unterseite als basal oder *ventral (venter* Bauch), die Oberseite als *dorsal (dorsum* Rücken).

Die unteren in das Rückenmark übergehenden Hirnabschnitte fassen wir als Hirnstamm, **Truncus cerebri** (weiß) **B8** zusammen. Den vorderen Abschnitt bezeichnen wir als Vorderhirn, **Prosencephalon** (grau) **B9.** Die Abschnitte des Hirnstammes besitzen einen einheitlichen Bauplan (Aufbau in Grund- und Flügelplatte wie das Rückenmark, s. S. 13). Aus ihnen treten wie aus dem Rückenmark echte periphere Nerven aus. Wie das Rückenmark sind sie während der Embryonalentwicklung von der Chorda dorsalis unterlagert. Das alles unterscheidet den Hirnstamm vom Vorderhirn. Die Einteilung weicht von der offiziellen Gliederung ab, bei der das Zwischenhirn zum Hirnstamm gerechnet wird.

Das Vorderhirn besteht aus zwei Teilen, aus dem *Zwischenhirn,* **Diencephalon**, und dem *Endhirn,* **Telencephalon** oder **Cerebrum**. Am reifen Gehirn bildet das Endhirn die beiden Hemisphären *(Großhirnhemisphären* oder *Endhirnhemisphären).* Zwischen beiden Hemisphären liegt das Zwischenhirn.

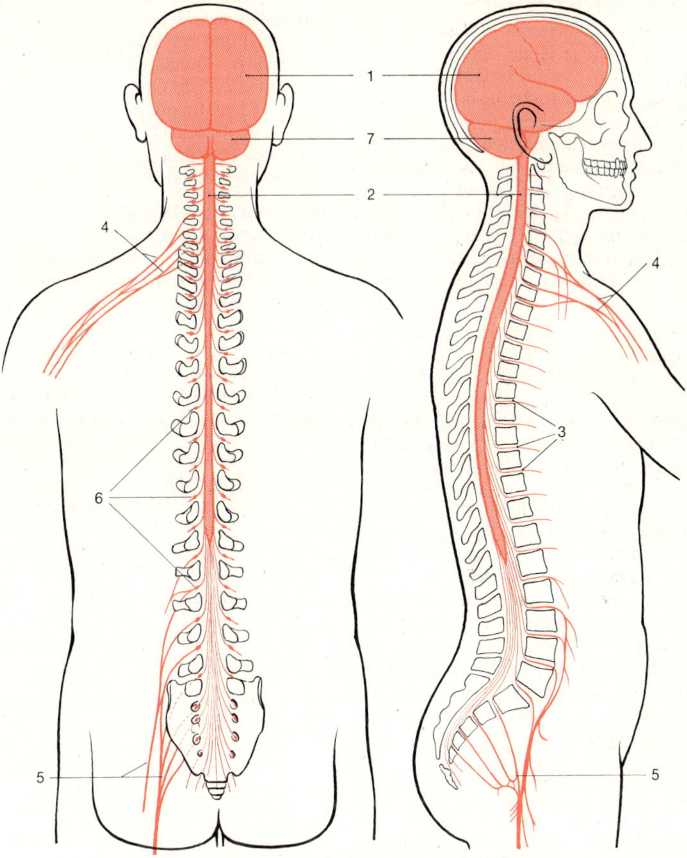

A Lage des Zentralnervensystems im Körper

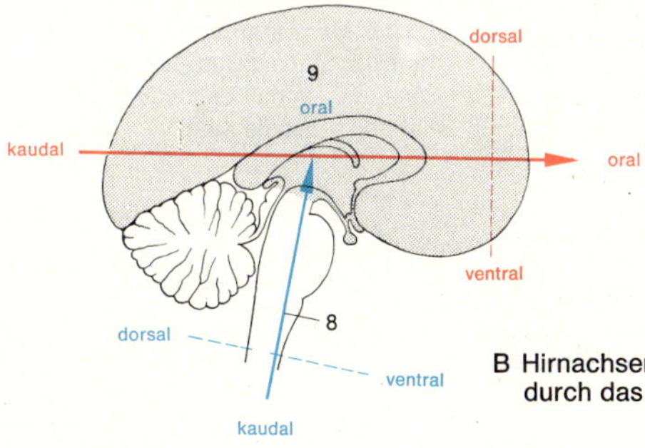

B Hirnachsen; Medianschnitt durch das Gehirn

Entwicklung des Gehirns

Der Schluß der Neuralrinne zum Neuralrohr beginnt in Höhe des oberen Halsmarkes. Von hier aus verläuft der weitere Schluß in oraler Richtung bis zum rostralen Ende des Gehirns *(oraler Neuroporus,* später *Lamina terminalis)* und in kaudaler Richtung bis zum Ende des Rückenmarkes. Die weiteren Entwicklungsvorgänge im ZNS laufen in den gleichen Richtungen ab. Die Hirnabschnitte reifen also nicht zur gleichen Zeit, sondern in zeitlichen Abständen *(heterochrone Reifung).*

Im Kopfbereich erweitert sich das Neuralrohr zu einigen Bläschen (S. 158A). Das rostrale Bläschen ist das künftige Vorderhirn, Prosencephalon (rot und gelb), die hinteren Bläschen sind der künftige Hirnstamm, Truncus cerebri (blau). Gleichzeitig treten zwei Krümmungen des Neuralrohres auf, die *Scheitelbeuge* **A1** und die *Nackenbeuge* **A2.** Obwohl der Hirnstamm in diesem frühen Stadium noch eine einheitliche Struktur zeigt, kann man schon die künftigen Abschnitte, *Medulla oblongata* (verlängertes Mark) **ABCD3,** *Pons* (Brücke) **ABCD4,** *Cerebellum* (Kleinhirn) **ABCD5** und *Mesencephalon* (Mittelhirn) **ABC6** identifizieren. Der Hirnstamm eilt dem Prosencephalon in der Entwicklung voraus: Im zweiten Entwicklungsmonat ist das Endhirn noch eine dünnwandige Blase, während sich im Hirnstamm schon Nervenzellen ausdifferenziert haben (Austritt von Hirnnerven **A7**). Vom Zwischenhirn **AB8** geht die Augenblase ab (S. 320A); Augentrichter **A9.** Davor liegt das Endhirnbläschen (Telencephalon **ABCD10**), das anfangs unpaar angelegt ist *(Telencephalon impar),* sich aber bald nach beiden Seiten ausdehnt und die beiden Endhirnhemisphären bildet.

Im dritten Monat vergrößert sich das Prosencephalon B. Endhirn und Zwischenhirn werden durch den *Sulcus telodiencephalicus* **B11** getrennt. An der Hemisphärenblase hat sich die Anlage des Riechkolbens **BCD12** und am Zwischenhirnboden die Hypophysenanlage **B13** (S. 188B) und der Mamillarhöcker **B14** ausgebildet. Durch die Brückenbeuge entsteht eine tiefe Querfurche **B15** zwischen Kleinhirnanlage und Medulla oblongata: die Kleinhirnunterfläche wird der membranartig dünnen dorsalen Wand der Medulla angelagert (S. 264E).

Im vierten Monat beginnen die Endhirnhemisphären die übrigen Hirnteile zu überwachsen C. Das Endhirn, das anfangs gegenüber allen anderen Hirnabschnitten in der Entwicklung zurückgeblieben war, zeigt das stärkste Wachstum (S. 158A). Der mittlere Bezirk an der Seitenfläche der Hemisphäre bleibt im Wachstum zurück und wird von benachbarten Teilen überlagert. Es ist die *Insel* **CD16.** Im sechsten Monat liegt die Insel noch frei zutage D. An der bisher glatten Oberfläche der Hemisphären treten die ersten Furchen und Windungen auf. Die anfangs dünnen Wände des Neuralrohres und der Hirnbläschen haben sich im Verlauf der Entwicklung verdickt. Sie enthalten die Nervenzellen und Nervenbahnen und machen die eigentliche Hirnsubstanz aus. Entwicklung der Endhirnhemisphäre S. 194.

Durch die Vorderwand des Telencephalon impar ziehen Nervenfasern von einer Hemisphäre zur anderen. In diesem verdickten Wandabschnitt, Kommissurenplatte, entwickeln sich die Kommissurensysteme, die beide Hemisphären verbinden. Das größte von ihnen ist der *Balken, Corpus callosum* E. Mit der vorwiegend kaudalwärts gerichteten Größenzunahme der Hemisphären dehnt er sich während der Entwicklung ebenfalls *kaudalwärts* aus, so daß er schließlich das Zwischenhirn überdeckt.

Gehirne von menschlichen Embryonen verschiedener Scheitel-Steiß-Längen

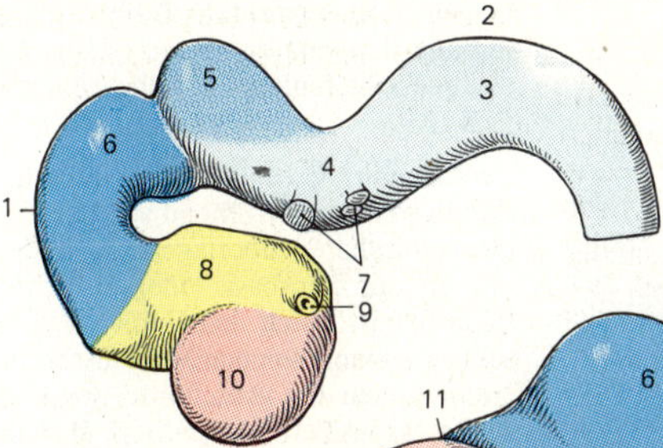

A Embryo von 10 mm Sch.-St.-Länge

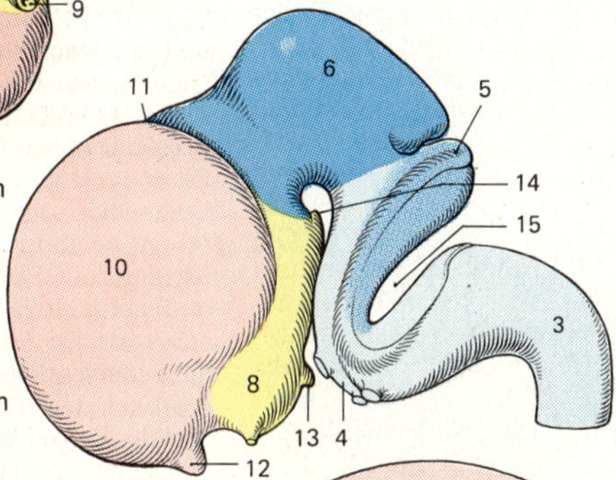

B Embryo von 27 mm Sch.-St.-Länge

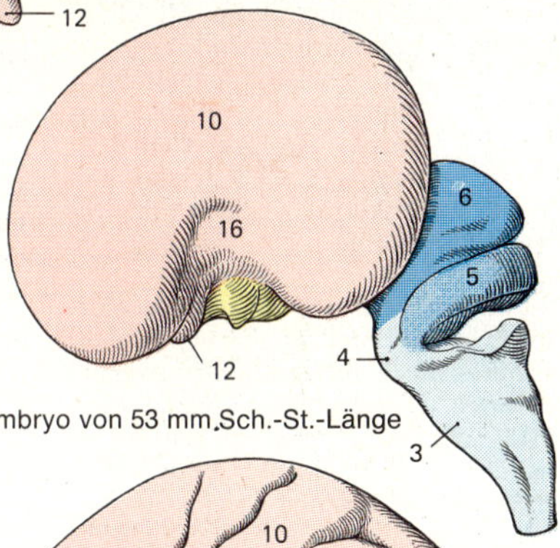

C Embryo von 53 mm Sch.-St.-Länge

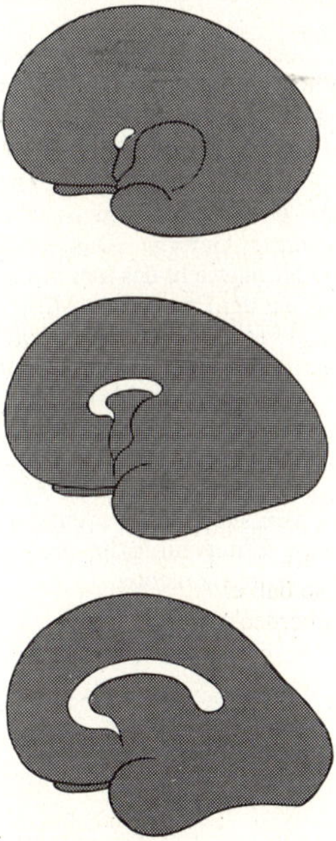

E Entwicklung des Balkens

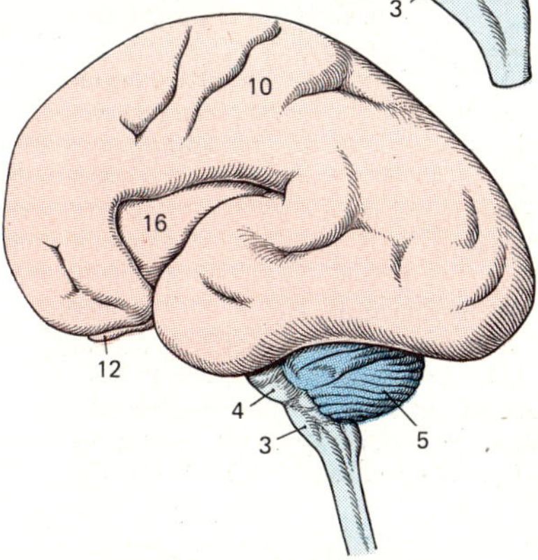

D Gehirn eines Fetus von 33 cm Länge

Gehirn

Übersicht

Die einzelnen Hirnabschnitte enthalten Hohlräume von unterschiedlicher Form und Weite. Der primäre Hohlraum von Neuralrohr und Hirnbläschen erfährt durch die Verdickung der Wände eine starke Einengung. Im Rückenmark der niederen Wirbeltiere bleibt er als *Zentralkanal* erhalten. Beim Menschen kommt es zu einem völligen Verschluß (Obliteration). Nur einige Zellen der früheren Wandauskleidung markieren auf dem Rückenmarksquerschnitt den Ort des früheren Zentralkanals **A1**. Im Gehirn bleibt der Hohlraum erhalten und bildet das mit einer klaren Flüssigkeit, Liquor cerebrospinalis, gefüllte Ventrikelsystem. Im Abschnitt von Medulla oblongata und Brücke befindet sich der *vierte Ventrikel* **AD2**. Nach einer Verengerung des Hohlraums im Mittelhirn folgt im Zwischenhirn der *dritte Ventrikel* **CD3**, an dessen beiden Seitenwänden sich je ein Durchgang, *Foramen interventriculare (Foramen Monroi)* **CDE4** zu den *Seitenventrikeln* **CE5** (erster und zweiter Ventrikel) der beiden Endhirnhemisphären öffnet.

Die Seitenventrikel haben eine bogenförmige Gestalt E und werden auf Frontalschnitten durch die Hemisphäre zweimal getroffen C. Diese Form kommt durch das Wachstum der Hemisphären zustande, die sich während der Entwicklung nicht nach allen Seiten gleich stark ausdehnen, sondern annähernd einen Halbkreis beschreiben (S. 194). Die Mitte des Halbkreises bildet die Insel, *Insula*. Sie liegt in der Tiefe der Hemisphärenseitenwand am Boden der Fossa lateralis **(C6)** und wird von den angrenzenden Partien, *Opercula*, **C7** überdeckt, so daß man an der Oberfläche der Hemisphäre lediglich eine in die Tiefe führende Furche, *Sulcus lateralis (Fissura lateralis, Fissura Sylvii)* **BC8** bemerkt. Die Hemisphäre wird in mehrere Lappen unterteilt: in den Stirnlappen, Lobus frontalis **B9**, den Scheitellappen, Lobus parietalis **B10**, den Hinterhauptslappen, Lobus occipitalis **B11** und den Schläfenlappen, Lobus temporalis **B12**.

Zwischenhirn C (dunkelgrau) und Hirnstamm werden weitgehend von den Endhirnhemisphären überlagert, so daß sie nur an der Hirnbasis oder auf einem Längsschnitt durch das Gehirn sichtbar sind. Auf einem solchen Medianschnitt D erkennt man die Abschnitte des Hirnstammes, das verlängerte Mark **D13**, die Brücke **D14**, das Mittelhirn **D15** und das Kleinhirn **D16**. Der vierte Ventrikel D2 ist in seiner Längsausdehnung getroffen. Seinem zeltförmigen Dach sitzt das Kleinhirn auf. Der dritte Ventrikel D3 ist in seiner ganzen Weite eröffnet, In seinem rostralen Abschnitt führt das Foramen interventriculare D4 in den Seitenventrikel. Über dem dritten Ventrikel liegt der Balken **D17**, die quergetroffene Faserplatte, die beide Hemisphären verbindet.

Hirngewicht

Das durchschnittliche Hirngewicht des Menschen schwankt zwischen 1250 g und 1600 g. Dabei spielt das Körpergewicht eine Rolle: größere Individuen haben meist schwerere Gehirne. Das durchschnittliche Hirngewicht des Mannes beträgt 1350 g, das der Frau 1250 g. Mit dem 20. Lebensjahr soll das Gehirn sein volles Gewicht erreicht haben. Im Senium nimmt das Hirngewicht infolge der altersbedingten Schrumpfung wieder ab. Das Hirngewicht gibt keinen Hinweis auf den Intelligenzgrad eines Menschen. Die Untersuchung von Gehirnen bedeutender Personen (sog. Elitegehirne) hat die üblichen Schwankungen ergeben.

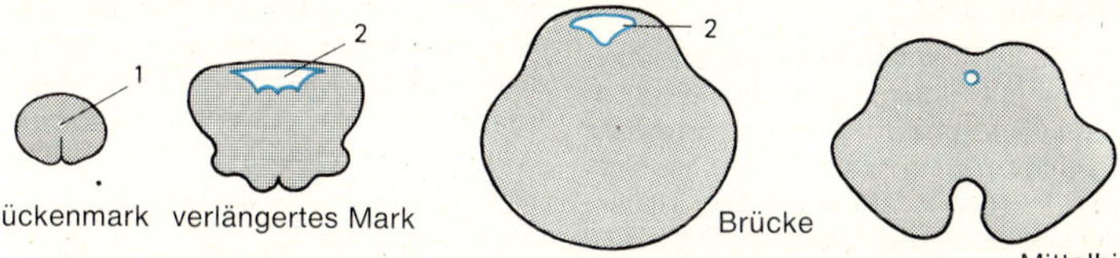

A Schnitte durch Rückenmark u. Hirnstamm im realen Größenverhältnis

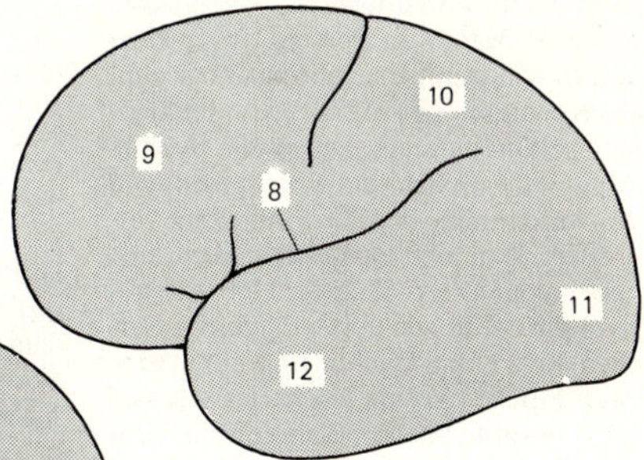

B Seitenansicht des Gehirns
Schema

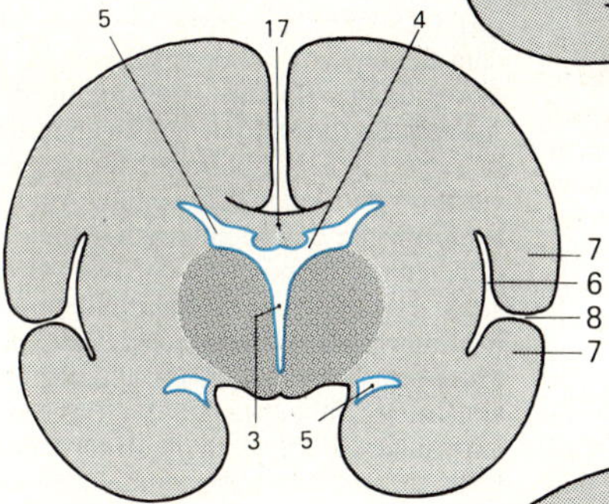

C Frontalschnitt durch das Gehirn
Schema

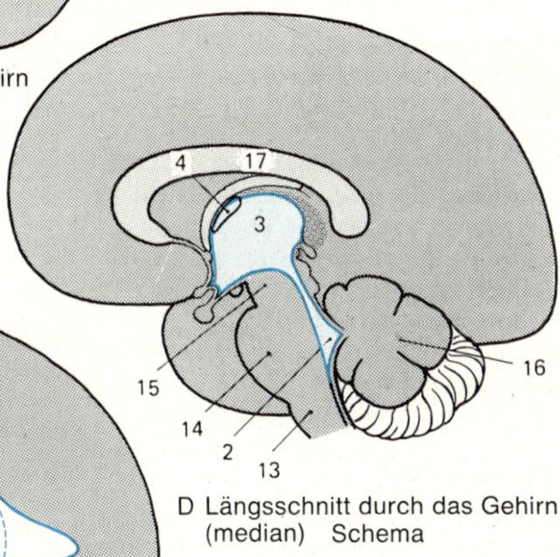

D Längsschnitt durch das Gehirn (median) Schema

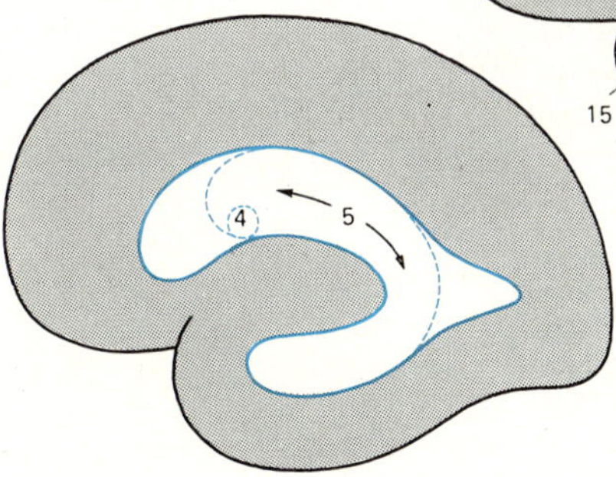

E Längsschnitt durch das Gehirn (paramedian)
Schema

Lateralansicht

Die beiden Großhirnhemisphären überlagern alle übrigen Hirnabschnitte, so daß lediglich noch Kleinhirn, **Cerebellum A1** und *Hirnstamm* **A2** zu erkennen sind. Die Oberfläche der Großhirnhemisphäre ist gekennzeichnet durch eine Vielzahl von Furchen, **Sulci**, und Windungen, **Gyri**. Unter der Oberfläche des Windungsreliefs liegt die Hirnrinde, das höchste nervöse Organ, an dessen Unversehrtheit Bewußtsein, Erinnerungsvermögen, Denkprozesse und willkürliche Handlungen gebunden sind. Durch die Ausbildung von Furchen und Windungen wird die Ausdehnung der Hirnrinde stark vergrößert. Nur ein Drittel der Hirnrinde liegt an der Oberfläche der Hemisphäre, zwei Drittel liegen in der Tiefe der Furchen. Die Hemisphären sind durch eine tiefe Furche, **Fissura longitudinalis cerebri B3** getrennt. An der Seitenfläche liegt der **Sulcus lateralis** *(Sylvii)* **A4.** Auf einem Frontalschnitt (S. 8, 200, 202) wird deutlich, daß es sich nicht um einen einfachen Sulcus handelt, sondern daß in der Tiefe eine Grube, **Fossa lateralis,** liegt.

Der vordere Pol der Hemisphäre wird als *Frontalpol* **A5**, der hintere als *Okzipitalpol* **A6** bezeichnet. Die Hemisphäre wird in verschiedene Lappen unterteilt: in den Stirnlappen, **Lobus frontalis A7**, der durch den *Sulcus centralis* **A8** vom Scheitellappen, **Lobus parietalis A9**, getrennt wird, weiter in den Hinterhauptslappen, **Lobus occipitalis A10**, und in den Schläfenlappen, **Lobus temporalis A11.** Der Sulcus centralis trennt den **Gyrus praecentralis A12** (Region der Willkürmotorik) vom **Gyrus postcentralis A13** (Region für die Sensibilität). Beide werden als *Zentralregion* zusammengefaßt.

Medianschnitt

Zwischen den Hemisphären liegt das Zwischenhirn, **Diencephalon C14,** über dem der Balken, **Corpus callosum C15,** beide Hemisphären verbindet. Ein Medianschnitt durch das Gehirn macht die Strukturen sichtbar. Der Balken bildet eine Faserplatte, deren oraler Bogen einen dünnen Wandabschnitt der Hemisphäre, **Septum pellucidum C16,** umschließt. Der *dritte Ventrikel* **C17** ist eröffnet. Die Verwachsung seiner beiden Wände bildet die *Adhaesio interthalamica* **C18.** Darüber wölbt sich der **Fornix C19.** In der Vorderwand des dritten Ventrikels liegt die **Commissura rostralis C20** (u. a. kreuzende Fasern des Riechhirns), an seinem Boden die Sehnervenkreuzung, **Chiasma opticum C21,** die **Hypophyse C22** und die paarigen **Corpora mamillaria C23,** in der kaudalen Wand die Zirbeldrüse, **Epiphysis C24.**

Durch das **Foramen interventriculare** *(Monroi)* **C25** steht der dritte Ventrikel mit dem Seitenventrikel der Hemisphäre in Verbindung. Kaudal geht er in den **Aquaeductus cerebri** *(Sylvii)* **C26** über, der sich unter dem Kleinhirn zeltförmig zum vierten Ventrikel **C27** erweitert. Auf der Schnittfläche des Kleinhirns **C28** bilden Furchen und Windungen den sog. *Arbor vitae.* Rostral vom Kleinhirn liegt die Vierhügelplatte, **Lamina tecti C29**, des Mittelhirns (Schaltstätte für optische und akustische Bahnen). An der Basis des Hirnstammes wölbt sich die Brücke, **Pons C30,** vor und leitet über zum verlängerten Mark, **Medulla oblongata C31,** an das sich das Rückenmark anschließt.

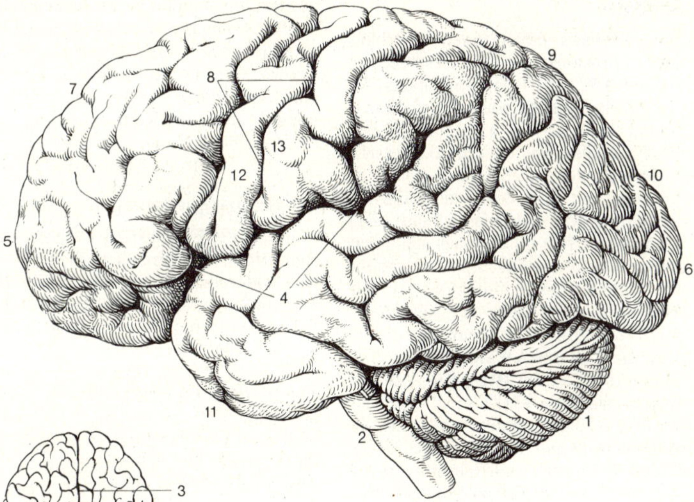

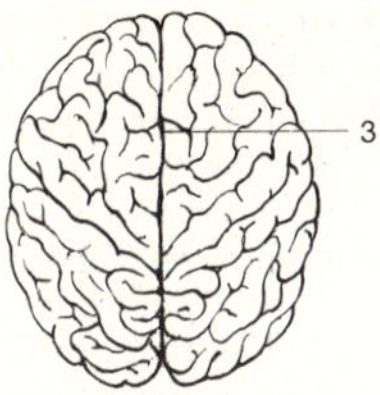

A Gehirn Lateralansicht

B Dorsalansicht

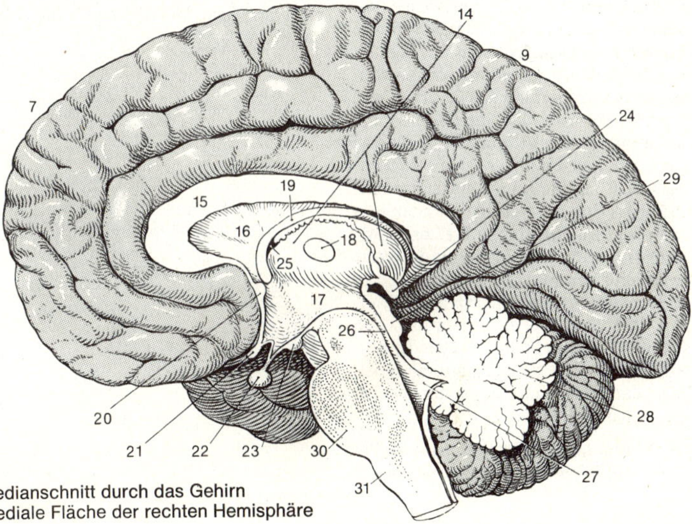

Medianschnitt durch das Gehirn
mediale Fläche der rechten Hemisphäre

Hirnbasis

Die Hirnbasis bietet einen Überblick über Hirnstamm, Ventralflächen des Frontal-**A1** und Temporallappens **A2** und Zwischenhirnboden. Die *Fissura longitudinalis cerebri* **A3** trennt die beiden Frontallappen, an deren Basalfläche beiderseits der Riechlappen, *Lobus olfactorius,* mit dem **Bulbus olfactorius A4** und dem **Tractus olfactorius A5** liegt. Der Tractus teilt sich im **Trigonum olfactorium A6** in zwei *Striae olfactoriae,* welche die von Gefäßeintritten durchlöcherte **Substantia perforata anterior A7** begrenzen. Am *Chiasma* **A8,** der Kreuzung des Sehnerven, **N. opticus A9,** beginnt der Zwischenhirnboden mit **Hypophyse A10** und **Corpora mamillaria A11.** Kaudal wölbt sich der **Pons A12** vor, an den sich die **Medulla oblongata A13** anschließt. Aus dem Hirnstamm treten zahlreiche Hirnnerven aus. Am Kleinhirn läßt sich medial der tiefliegende Wurm, *Vermis cerebelli* **A14,** und die beiden *Kleinhirnhemisphären* **A15** unterscheiden.

Weiße und graue Substanz

Zerlegt man das Gehirn in Scheiben, so erkennt man auf den Schnittflächen die weiße und graue Substanz, **Substantia alba et grisea.** Bei der grauen Substanz handelt es sich um die Ansammlung von Nervenzellen, bei der weißen um Faserbahnen, d. h. um Fortsätze der Nervenzellen, die durch ihre weißliche Umhüllung *(Markscheiden)* hell erscheinen. Im Rückenmark **B16** liegt die graue Substanz zentral und wird von der weißen Substanz umschlossen. Im Hirnstamm **B17** und Zwischenhirn sind graue und weiße Substanz wechselnd verteilt. Die grauen Bezirke bezeichnen wir als Kerne, **Nuclei.** Im Endhirn **B18** liegt die graue Substanz am äußeren Rand und bildet die Rinde, **Cortex**, während die weiße Substanz innen liegt. Die Verteilung ist also umgekehrt wie im Rückenmark.

Die Verhältnisse im Rückenmark stellen einen primitiven Zustand dar, wie er bei Fischen und Amphibien als periventrikuläre Lagerung der Nervenzellen auch im Endhirn besteht. Die Hirnrinde ist die höchste Organisationsstufe, die erst bei den Säugetieren voll zur Entfaltung kommt. Zwischen Kern und Rinde gibt es Übergangsbildungen.

Längszonengliederung

Während der Entwicklung kann man das Neuralrohr in Längszonen gliedern: die früh differenzierte ventrale Hälfte der Seitenwand wird als **Grundplatte C19** bezeichnet und gilt als Ursprungsgebiet der motorischen Nervenzellen. Die später entwickelte dorsale Hälfte der Seitenwand wird als **Flügelplatte C20** bezeichnet und gilt als Ursprungsgebiet der sensiblen Nervenzellen. Zwischen Flügel- und Grundplatte liegt ein Abschnitt **C21**, dem vegetative Nervenzellen entstammen sollen. Es wird so im Rückenmark und Hirnstamm ein Bauplan des ZNS erkennbar, dessen Kentnis das Verständnis für den Aufbau der verschiedenen Hirnabschnitte erleichtert. Im Zwischenhirn und Endhirn sind Abkömmlinge der Grund- und Flügelplatte schwer zu identifizieren, und viele Autoren lehnen daher eine solche Gliederung für das Vorderhirn ab.

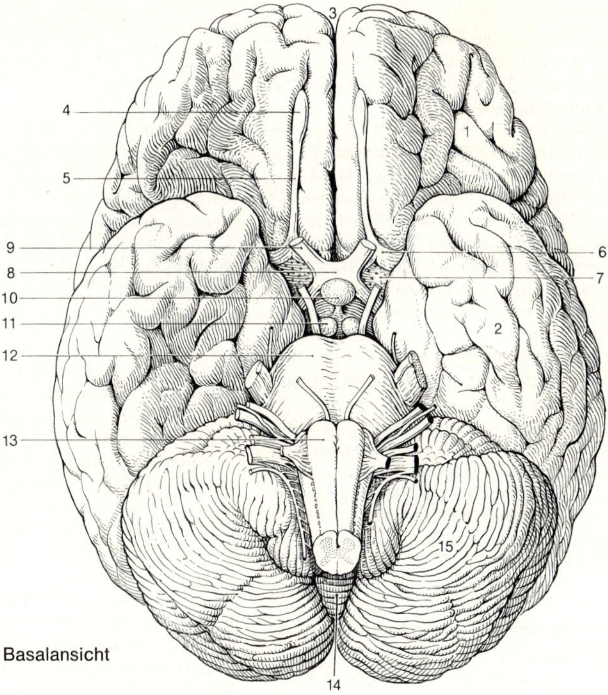

A Gehirn Basalansicht

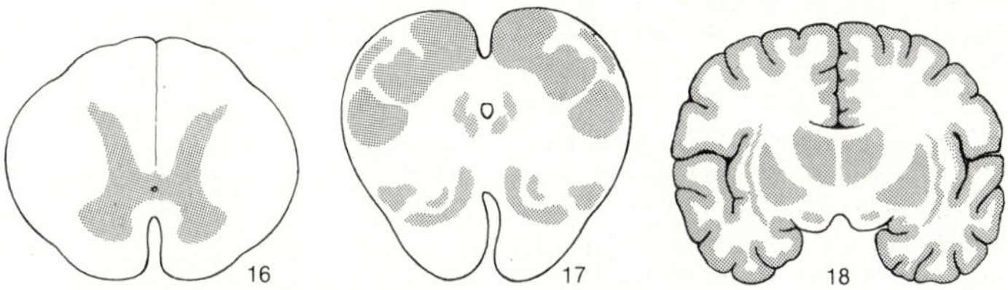

B Verteilung der weißen und grauen Substanz

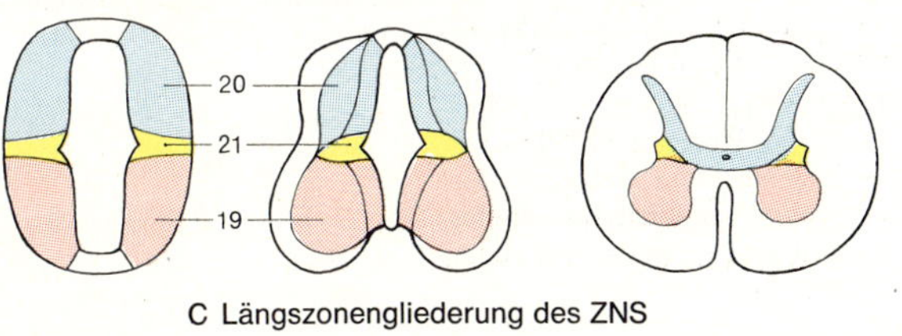

C Längszonengliederung des ZNS

Evolution des Gehirns

Im Verlauf der Evoulution hat sich das Wirbeltiergehirn zum Organ der menschlichen Intelligenz entwickelt. Da die Vorläufer ausgestorben sind, kann man die Entwicklungsreihe nur mit Hilfe von Arten rekonstruieren, die einen primitiven Hirnbau bewahrt haben. Bei *Amphibien* und *Reptilien* erscheint das Endhirn **A1** als Anhang des großen Riechkolbens **A2.** Mittel- **A3** und Zwischenhirn **A4** liegen frei an der Oberfläche. Aber schon bei primitiven Säugetieren *(Igel)* dehnt sich das Endhirn über rostrale Teile des Hirnstammes aus, und beim *Halbaffen* überlagert es Zwischen- und Mittelhirn vollständig. Die phylogenetische Entwicklung des Gehirns besteht also vornehmlich in einer zunehmenden Vergrößerung des Endhirns und in einer Verlagerung der höchsten integrativen Funktionen in diesen Hirnteil: sie ist eigentlich eine *Telenzephalisation.* Uralte primitive Formationen sind auch im menschlichen Gehirn noch erhalten und verflochten mit neuen hochdifferenzierten Strukturen. Wenn wir daher beim menschlichen Gehirn von alten und neuen Bestandteilen sprechen, so bezieht sich das auf die Evolution des Gehirns. Dieses ist weder ein Computer noch eine nach rationellen Gesichtspunkten konstruierte Denkmaschine, sondern ein Organ, das sich in zahllosen Varianten in Jahrmillionen herausgebildet hat.

Die **Formentwicklung des menschlichen Gehirns** können wir anhand von Ausgüssen fossiler Schädelinnenräume verfolgen. Das Positiv der Schädelhöhle *(Endokranialausguß)* stellt eine grobe Wiedergabe der Hirnform dar. Beim Vergleich der Ausgüsse fällt die Vergrößerung des Frontal- u. Temporallappens auf. Während die Veränderung vom *Homo pekinensis* über den *Neandertaler,* den Erfinder der scharfen Feuersteinklinge, bis zum *Cro-Magnon,* dem Schöpfer der Höhlenmalereien, deutlich ist, findet man zwischen Cro-Magnon und dem heutigen Menschen keine nennenswerten Unterschiede mehr/BC.

Während der Phylogenese und Ontogenese entwickeln sich die einzelnen Hirnabschnitte zu unterschiedlicher Zeit. Die Teile, die den elementaren vitalen Funktionen dienen, entwickeln sich früh und sind schon bei den primitiven Vertebraten ausgebildet. Die Abschnitte für die höheren, differenzierten Leistungen entfalten sich erst spät bei den höheren Säugetieren. Sie drängen während ihrer Ausdehnung die früh entwickelten Hirnteile in die Tiefe und wölben sich nach außen vor (sie *prominieren).*

Durch den Wachstumsdruck der prominierenden Hirnbezirke entsteht an der Innenfläche des knöchernen Schädels ein Negativ: den Hirnwindungen (Gyri) entsprechen am Schädel die Impressiones gyrorum. Nach der Theorie von *H. Spatz* treten die Impressionen immer über den Hirnbezirken auf, die sich während der Evolution in einer progressiven Entwicklungsphase befinden. Beim heutigen Menschen finden wir besonders ausgeprägte Impressionen an der Schädelbasis. Hier imprimieren sich die basalen Windungen des Frontal- und Temporallappens, die vom *basalen Neocortex* bedeckt sind. Der basale Neocortex ist ein sehr spät entwickelter Rindenbezirk, der nur beim Menschen voll ausgebildet ist und dessen Schädigung zu schweren Veränderungen von Persönlichkeit und Charakter führt. Es erscheint also denkbar, daß die Evolution des menschlichen Gehirns noch nicht abgeschlossen ist und daß ein Fortgang am ehesten den basalen Neocortex betrifft, der sich durch seine Prominenz und Impressionsfähigkeit auszeichnet und an den spezifisch menschliche Eigenschaften gebunden sind.

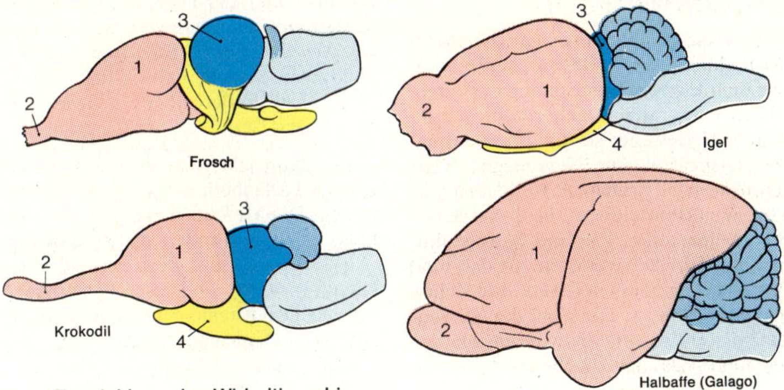

A Entwicklung des Wirbeltiergehirns

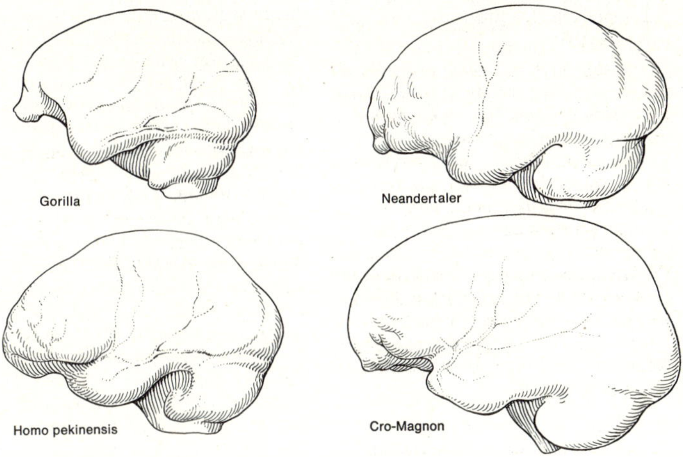

B Endokranialausgüsse von Gorilla und fossilen Hominiden

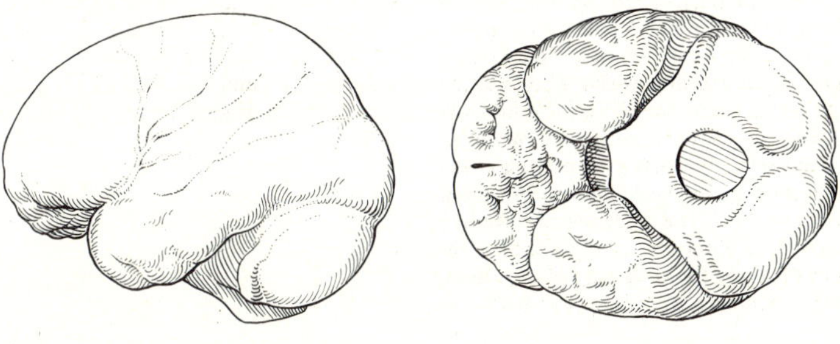

C Endokranialausguß von Homo sapiens; Lateralansicht und Basalansicht

Nervenzelle

Das Nervengewebe besteht aus **Nervenzellen** und **Gliazellen** (Stütz- und Hüllzellen), die dem Ektoderm entstammen. Blutgefäße und Hirnhäute gehören nicht zum neuralen Gewebe; sie sind mesodermalen Ursprungs. Die Nervenzelle (**Ganglienzelle** oder **Neuron**) A ist die eigentliche Funktionseinheit des Nervensystems. Im reifen Zustand hat sie ihre Teilungsfähigkeit verloren, so daß eine Vermehrung oder ein Ersatz alter Zellen nicht möglich ist. Die Zahl der Nervenzellen steht für ein Individuum bei der Geburt für das ganze Leben fest.

Das Neuron besteht aus Zellkörper, *Perikaryon* **A1**, aus Fortsätzen, *Dendriten* **A2** und einem Hauptfortsatz, *Axon* oder *Neurit* **A–D3**.

Das **Perikaryon** ist das *trophische Zentrum* der Zelle: Fortsätze, die von ihm abgetrennt werden, degenerieren. Es enthält den Zellkern, **Nucleus, A4** mit einem großen chromatinreichen **Nucleolus A5**, dem bei weiblichen Individuen das **Barr-Körperchen A6** angelagert ist (Sex-Chromatin des zweiten X-Chromosoms).

Die **Dendriten** vergrößern durch ihre Verzweigungen die Oberfläche der Zelle. An ihnen enden die Fortsätze anderer Neurone: sie sind der Ort des *Erregungsempfanges*.

Das **Axon** leitet die Erregung weiter. Es bildet zuerst den **Ursprungskegel** (Axonhügel) **AD7,** den Ort der Erregungsbildung. In einem gewissen Abstand vom Perikaryon *(Initialsegment)* erhält es eine Hülle **(Markscheide) A8** aus einer lipoidhaltigen Substanz *(Myelin)*. Das Axon gibt Äste ab **(Axonkollaterale) A9** und verzweigt sich schließlich **(Telodendron) A10,** um mit kleinen Endknöpfchen **(Boutons terminaux)** an Nerven- oder Muskelzellen zu enden. Am Bouton terminal, der mit der Membranfläche der nachgeschalteten Zelle die Synapse bildet, findet die Erregungsübertragung auf andere Zellen statt.

Nach der Zahl der Fortsätze unterscheiden wir *unipolare, bipolare* oder *multipolare Neurone.* Die meisten Neurone sind multipolar. Manche haben kurze Axone *(Golgi-Typ),* andere über 1 m lange Axone *(Deiters-Typ)*.

Ein Neuron läßt sich nicht durch eine einzige Färbemethode vollständig darstellen. Die Methoden ergeben nur partielle Äquivalentbilder: die Zellfärbung *(Nissl-Färbung)* gibt Zellkern und Perikaryon wieder B–D. Diese ist einschließlich der Dendritenabgänge mit Schollen angefüllt **(Nissl-Substanz** oder *Tigroidschollen)* und kann Pigmente *(Melanin o. Lipofuszin)* **D11** enthalten. Der Ursprungskegel des Axons ist frei von Nissl-Schollen. Motorische Neurone besitzen große Perikarya mit groben Schollen, sensible Neurone sind kleiner und enthalten oft nur Nissl-Granula.

Mit der Silberimprägnation *(Golgi-Methode)* werden alle Fortsätze abgebildet: die Zelle erscheint als braunschwarze Silhouette B-D. Andere Imprägnationsmethoden bringen selektiv die Endknöpfchen E oder die *Neurofibrillen* F, die als parallele Bündel Perikaryon und Axon durchziehen, zur Darstellung.

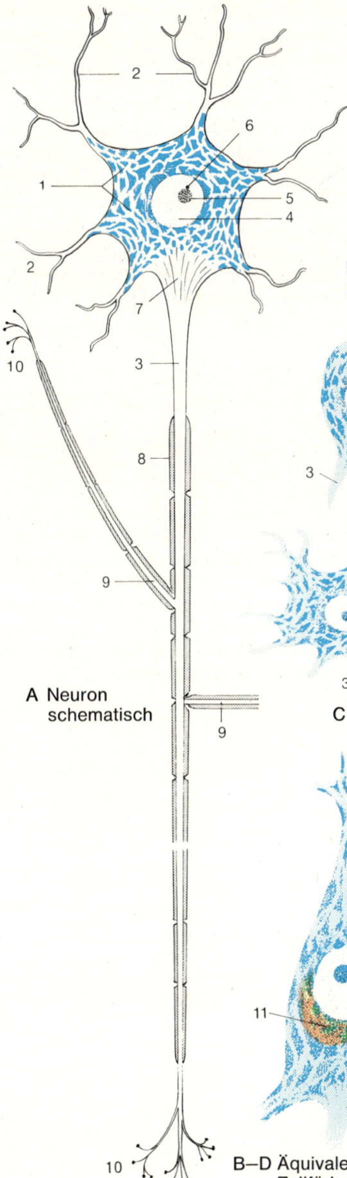

A Neuron schematisch

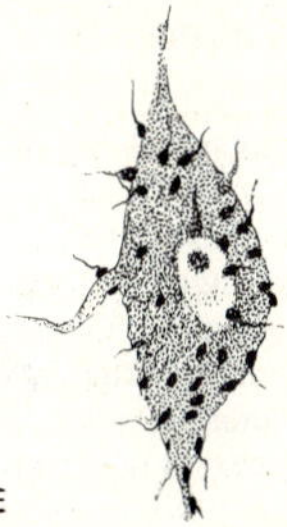

E Imprägnation der Endknöpfchen (Synapsen)

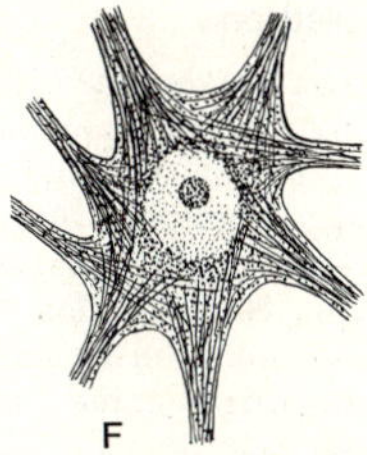

F Imprägnation der Neurofibrillen

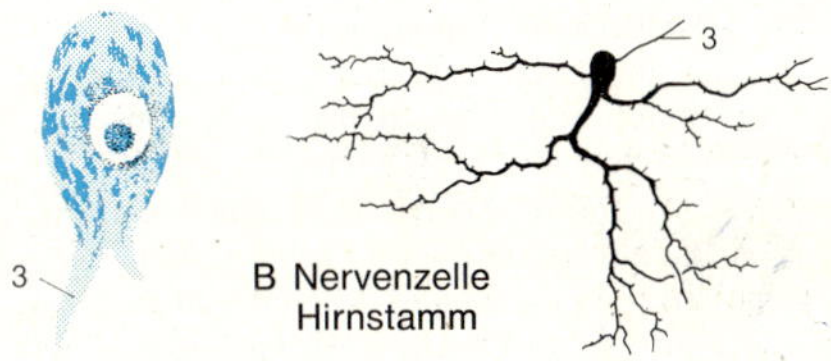

B Nervenzelle Hirnstamm

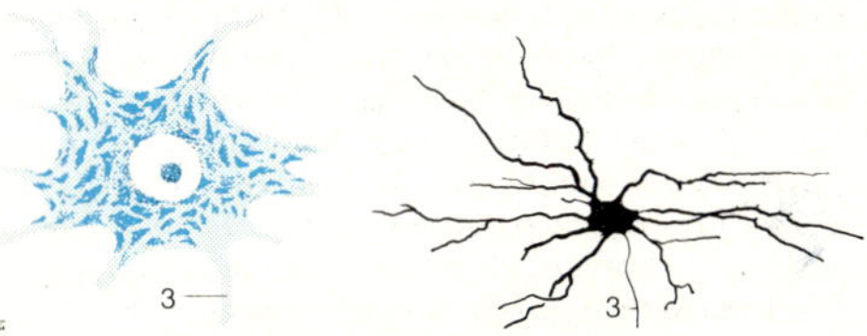

C Vorderhornzelle; Rückenmark

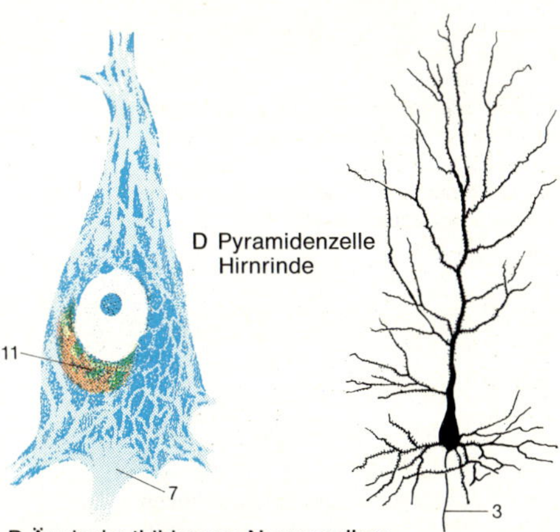

D Pyramidenzelle Hirnrinde

B–D Äquivalentbilder von Nervenzellen; Zellfärbung (Nissl) und Silberimprägnation (Golgi)

Funktionelle Veränderung des Neurons

Die Nervenzelle bietet entsprechend ihrem jeweiligen Funktionszustand ein unterschiedliches Bild. Die Beschaffenheit des Nucleolus, Auflagerungen auf der Kernmembran und vor allem der Gehalt an Nissl-Schollen können erheblich wechseln. Im Tierexperiment lassen sich derartige Veränderungen exakt nachweisen A:

Als Arbeitsbelastung läßt man Mäuse eine gewisse Zeit im Wasser schwimmen und untersucht anschließend in bestimmten Zeitabständen die motorischen Zellen des Rückenmarks. Beim ruhenden Tier findet man eine große Zahl von Nervenzellen mit stark gefärbten Nissl-Schollen *(starke Zellen)* **A1,** eine geringere Zahl mit schwach gefärbten Nissl-Schollen *(mittlere Zellen)* **A2** und wenige blasse Zellen *(schwache Zellen)* **A3.** Nach verschieden langer Arbeitsbelastung werden die Zellen kontrolliert: die Zahl der starken Zellen sinkt rasch ab, die Zahl der mittleren Zellen steigt ebenso rasch an. Auch die Zahl der schwachen Zellen steigt deutlich an. In der Erholungsphase stellen sich die alten Verhältnisse erst nach Stunden wieder her.

Die Untersuchungen zeigen, daß es unter funktioneller Belastung der Nervenzellen zu einem Abbau der Nissl-Schollen kommt und daß diese während der Erholungsphase wieder aufgebaut werden C. Das trifft nicht nur für motorische Neurone zu, sondern ist auch für sensorische Neurone nachgewiesen D.

Wenn man Versuchstiere mit einem Dauerton beschallt, kommt es in den Neuronen des *Nucleus cochlearis,* an denen die Fasern der Hörnerven enden, ebenfalls zu einem Verlust der Nissl-Schollen. Ihre Regeneration dauert über eine Woche. Die Messung des Proteingehaltes der Zellen ergibt ebenfalls ein Defizit.

Zu einem Verlust der Nissl-Schollen kommt es auch, wenn das Axon durchtrennt wird. Der distale Abschnitt des Axons geht zugrunde und im Perikaryon kommt es zur **retrograden Zellveränderung:** das Perikaryon schwillt an, die Nissl-Schollen zerfallen (Tigrolyse), und der Zellkern wandert an den Rand der Zelle. Die Veränderung ist reversibel, wenn die Läsion nicht in der Nähe der Perikaryons liegt.

Während der funktionellen Belastung des Neurons kommt es außerdem zu einer Ansammlung von Gliazellen um die Nervenzelle **(Satellitose)** BC.

Im gleichen, oben geschilderten Schwimmversuch werden in stündlichen Abständen die Neurone ohne, mit ein, zwei oder drei *Satellitenzellen* ausgezählt: während der Arbeitsbelastung sinkt die Zahl der Zellen ohne Begleiter rasch ab, während gleichzeitig die Zahl der Zellen mit Satelliten ansteigt. Die Kurve der Neurone mit einem Satelliten sinkt früher ab als die anderen. Das erklärt sich dadurch, daß zu der einen Satellitenzelle noch weitere zuwandern. Während der Erholungsphase bildet sich die Satellitose wieder zurück. Wahrscheinlich findet zwischen Neuron und Satellitenzelle ein Stoffaustausch statt.

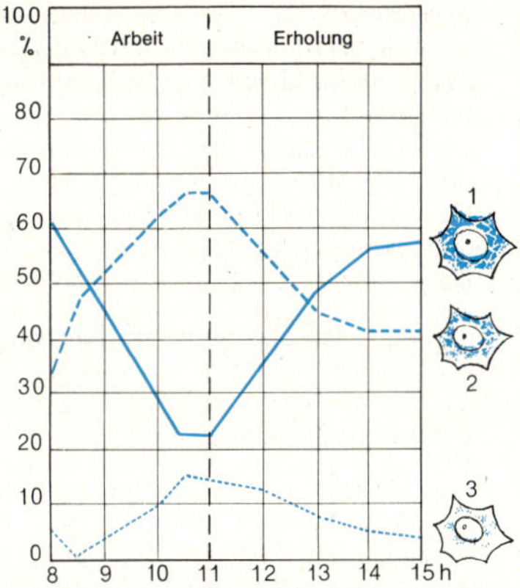

A Abnahme der Nissl-Schollen in Vorderhornzellen beim Tretversuch (Maus) (nach Kulenkampff)

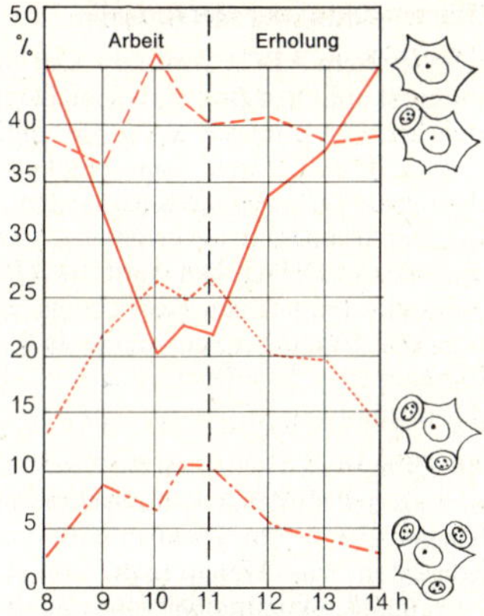

B Zunahme der Satellitenzellen an Vorderhornzellen beim Tretversuch (Maus) (nach Kulenkampff)

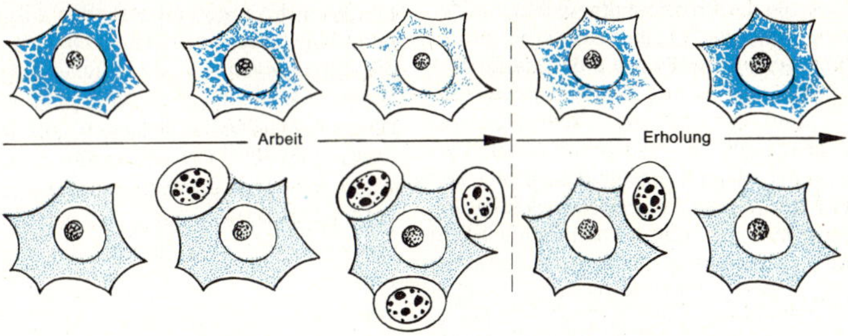

C Veränderungen der Nervenzelle unter Belastung

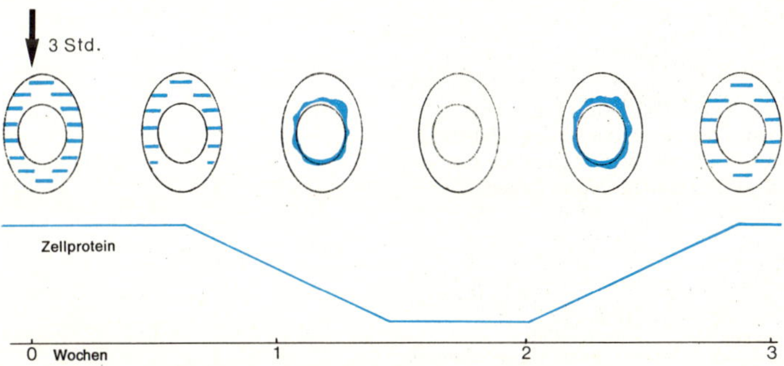

D Abnahme und Restitution der Nissl-Substanz in Zellen des Nucleus cochlearis bei Beschallung mit einem Dauerton (Meerschweinchen) (nach Hamberger u. Hyden)

Ultrastruktur der Nervenzelle

Der **Zellkern ABC1** wird im elektronenmikroskopischen Bild von einer *Doppelmembran* **A2** umschlossen. Sie enthält *Poren* **BC3,** die sich wahrscheinlich nur temporär öffnen. Der Kern besteht aus Karyoplasma mit fein verteilten *Chromatingranula* (DNA). Der **Nucleolus ABC4,** ein schwammartiger Körper aus einer dichten granulären und einer lockeren filamentösen Komponente, enthält Proteine und RNA.

Im **Cytoplasma** erscheinen die *Nissl-Schollen* als **granuliertes endosplasmatisches Reticulum ABC5,** ein geschichtetes Lamellensystem aus Membranen, die flache miteinander kommunizierende Spalträume *(Zisternen)* **BC6** umschließen. In ihnen ist u. a. *Cholinesterase* nachgewiesen worden. An den Membranen sind außen kleine Granula **(Ribosomen) BC7** angelagert, die der Proteinsynthese dienen. Zur Erhaltung der langen Axone (bis zu 1 m lang) ist eine außerordentlich starke Proteinsynthese der Zellen erforderlich (Strukturstoffwechsel). Im Gegensatz zum *Ergastoplasma* der Drüsenzellen liegt in den Nissl-Schollen ein großer Teil der *Ribosomen* frei zwischen den Zisternen. Ribosomenfreie Membranen bilden das ungranulierte oder **glatte Reticulum C8.** Das endoplasmatische Reticulum kommuniziert mit dem *perinukleären Spaltraum* **BC9** und mit den *marginalen Zisternen* **A10** unter der Zelloberfläche. Marginale Zisternen befinden sich oft an Stellen, an denen ein Bouton terminal oder ein Gliazellfortsatz angelagert ist. Das Cytoplasma wird von **Neurofilamenten** und **Neurotubuli ABC11** durchzogen, die sich im Axon zu langen parallelen Bündeln ordnen. Neurotubuli entsprechen den Mikrotubuli anderer Zellen.

Entlang den Neurofilamenten und Neurotubuli soll der Stofftransport stattfinden. Die Neurofibrillen gelten als das lichtmikroskopische Äquivalent zusammengelagerter Neurotubuli.

Zellorganellen. Das Neuron enthält eine Vielzahl von **Mitochondrien ABC12.** Sie sind von zwei Membranen umgeben, von denen die innere Membran Leisten *(Cristae)* **C13** in den Innenraum vorspringen läßt. Die Mitochondrien verändern laufend ihre Gestalt (im Perikaryon kurz und plump, in den Dendriten und im Axon lang und schlank) und befinden sich in ständiger Bewegung auf festgelegten Plasmastraßen zwischen den Nissl-Schollen.

Sie gelten als Ort der Zellatmung und der Energieversorgung. In der inneren Membran und im Innenraum (Matrixraum) sind zahlreiche Fermente lokalisiert, unter anderem die Fermente des *Zitronensäurezyklus* und der *Phorphorylierung.*

Der **Golgi-Apparat** besteht aus einer Anzahl **Diktyosomen ABC14,** mehreren geschichteten, von einer Membran umgebenen, nicht kommunizierenden Zisternen. Man unterscheidet am Diktyosom die *Regenerationsseite* **C15** und die *Sekretionsseite* **C16,** an der es durch Abschnürung an den Zisternenrändern zur Bildung von *Golgi-Vesikeln* kommt.

Der Golgi-Apparat dient der Synthese und Konzentration sekretorischer Substanzen und der Produktion von Membranen.

Die zahlreichen **Lysosomen ABC17** enthalten saure Fermente und dienen hauptsächlich der Zellverdauúng. Pigment **A18.**

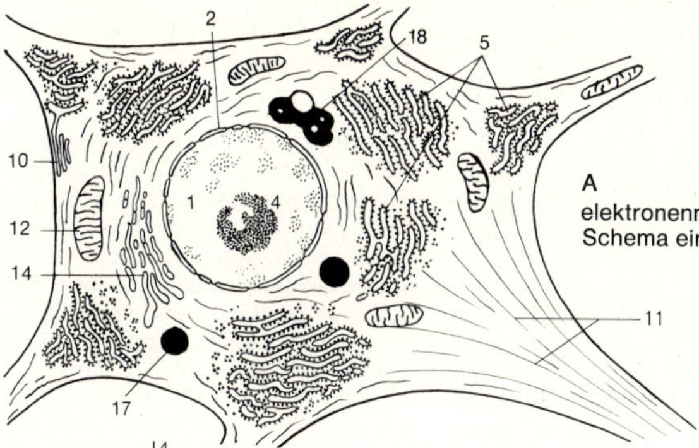

A
elektronenmikroskopisches
Schema einer Nervenzelle

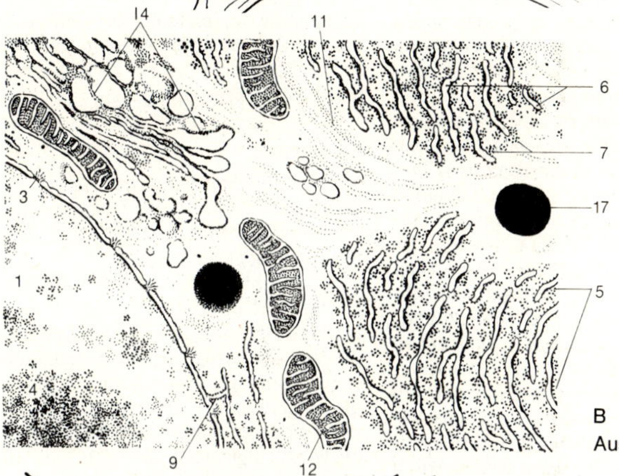

B
Ausschnitt aus A

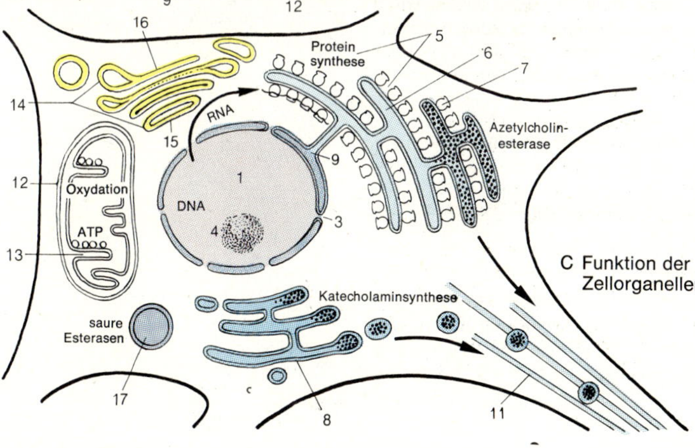

C Funktion der
Zellorganellen

Synapse

Das Axon endet mit zahlreichen kleinen kolbenförmigen Auftreibungen, den Endknöpfchen oder **Boutons terminaux.** Sie bilden zusammen mit der anliegenden Membran des nachgeschalteten Neurons die **Synapse,** an der die Übertragung der Erregung von einem Neuron zum anderen erfolgt.

Wir unterscheiden an der Synapse den präsynaptischen Teil, *Bouton terminal* **AB1,** mit der *präsynaptischen Membran* **BC2,** den *synaptischen Spalt* **B3** und den postsynaptischen Teil mit der *postsynaptischen Membran* **BC4** des nachgeschalteten Neurons. Der Bouton ist frei von Neurofilamenten und Neurotubuli, enthält aber *Mitochondrien* und vorwiegend kleine helle **Vesikel BC5,** die besonders dicht an der präsynaptischen Membran liegen (aktiver Teil des Boutons). Der *synaptische Spalt,* der oft einen dunklen Streifen von filamentösem Material enthält, kommuniziert mit dem extrazellulären Raum. Die *prä-* und *postsynaptischen Membranen* sind von wolkigen Verdichtungen bedeckt. Ähnliche Verdichtungszonen trifft man auch bei verschiedenen Zellhaften an *(Zonula* oder *Macula adhaerens).* Diese sind jedoch symmetrisch gebaut, d. h. die Verdichtungszonen beider Membranen gleichen sich. Im Gegensatz dazu ist die Synapse asymmetrisch gebaut: die Verdichtungszone der postsynaptischen Membran **B6** ist meist breiter und dichter als die der präsynaptischen Membran.

Man kann die Synapsen nach ihrer Lokalisation, nach ihrem Bau, ihrer Funktion oder nach den in ihnen enthaltenen Überträgersubstanzen klassifizieren.

Lokalisation

Die Boutons können den Dendriten **AC7** der Empfängerneurone anliegen **(axodendritische Synapsen) A8** C, dem Perikaryon **(axo-somatische Synapsen) A9**, oder dem Axon **(axo-axonale Synapsen).** Große Neurone sind mit Tausenden von Boutons besetzt.

Bau

Nach der Breite des synaptischen Spaltes und der Beschaffenheit der Verdichtungszone unterscheidet man den *Synapsentyp I* und *II nach Gray* **B.** Beim *Synapsentyp I* ist der synaptische Spalt breiter, die Verdichtung an der subsynaptischen Membran ist stärker und erstreckt sich auf die ganze Ausdehnung des Membrankontaktes. Der Spalt des *Typ II* ist schmäler und die Verdichtungen sind nur an einigen Punkten vorhanden. Die subsynaptische Verdichtung ist schwächer ausgebildet, so daß die Asymmetrie nicht so deutlich ausgeprägt ist. Zwischen beiden Typen gibt es Übergänge.

Funktion

Man kann **erregende** *(exzitatorische)* und **hemmende** *(inhibitorische)* **Synapsen** unterscheiden. Die Mehrzahl der erregenden Synapsen liegt an Dendriten. Die meisten hemmenden Synapsen sind am Perikaryon oder am Abgang des Axons lokalisiert, wo die Erregungsbildung stattfindet und die Erregung am wirkungsvollsten gehemmt werden kann. Während die synaptischen Vesikel im allgemeinen rund sind, enthalten manche Boutons ovale bis längliche Vesikel **C10.** Sie sollen ein Kennzeichen der inhibitorischen Synapsen sein.

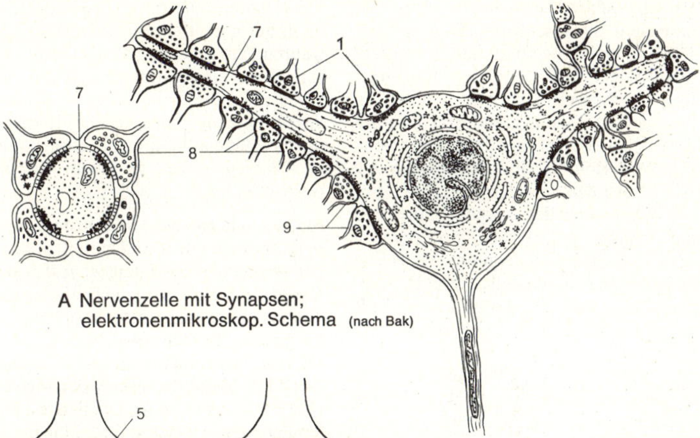

A Nervenzelle mit Synapsen; elektronenmikroskop. Schema (nach Bak)

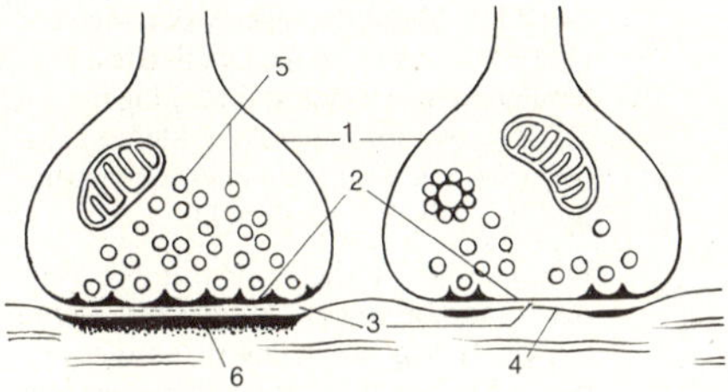

B Synapsen Gray-Typ I und II

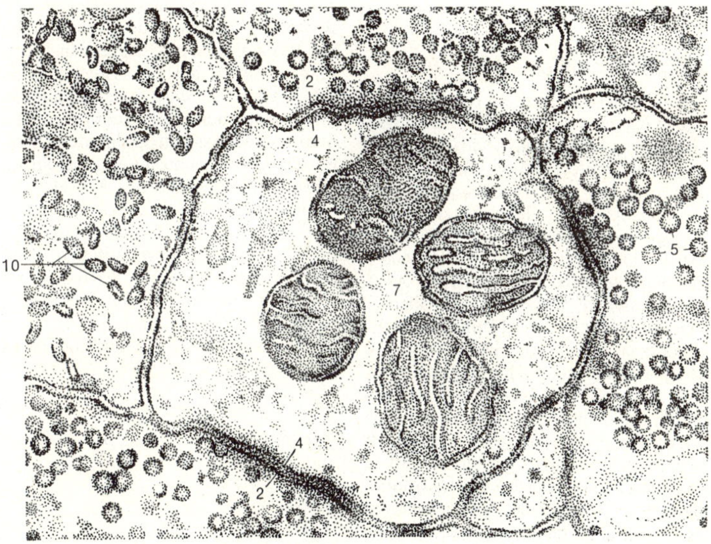

C Dendrit (Querschnitt) umgeben von Synapsen (nach Uchizono)

Es gibt zahlreiche Abwandlungen der einfachen Synapsenform. Den synaptischen Kontakt zwischen parallel laufenden Axonen und Dendriten bezeichnet man als **Parallelkontakt** oder Bouton en passage **A1**. Viele Dendriten besitzen dornartige Vorsprünge, die zusammen mit dem Bouton eine **Dornsynapse A2** bilden. An den apikalen Dendriten großer Pyramidenzellen umschließt die Endauftreibung des Axons den ganzen Sporn, der sich verzweigt und zahlreiche synaptische Kontaktstellen trägt B. Mehrere Axone und Dendriten können sich zu *glomerulusartigen Komplexen* C zusammenschließen, in denen die verschiedenen synaptischen Elemente eng miteinander verzahnt sind. Wahrscheinlich beeinflussen sie sich gegenseitig im Sinne einer Feinabstimmung (Modulation) der Erregungsüberleitung.

Jede Hirnregion besitzt typische Synapsenformen. Der *Typ I* und *II nach Gray* ist vorwiegend in der Großhirnrinde anzutreffen. *Glomerulusartige Synapsenkomplexe* findet man in der Kleinhirnrinde, im Thalamus und im Rückenmark.

Neurotransmitter

Die Überleitung der Erregung erfolgt durch chemische Substanzen *(chemische Synapsen)*. *Elektrische Synapsen* sind nur bei Avertebraten und bei Fischen nachgewiesen. Die im Nervensystem am weitesten verbreitete Transmittersubstanz ist das **Acetylcholin,** ACh. Als Wirkstoff der hemmenden Synapsen gilt die *Gamma-amino-buttersäure,* **GABA.** Auch *Katecholamine* wirken als Transmitter (**Noradrenalin,** NA, und **Dopamin,** DA), ebenso das **Serotonin.** Viele **Neuropeptide** (Releasing factors des Hypothalamus Bd. 2, S. 153) wirken nicht nur als Hormone auf dem Blutwege, sondern auch als Transmitter in erregenden Synapsen (Neurotensin, Cholecystokinin) und in hemmenden Synapsen (Somatostatin, Thyroliberin, Motilin). Vielfach ergänzen sich die hormonelle und die nervale Wirkung der Substanzen. So wirkt Oxytocin hormonell als Milchabgabefaktor, während die Erregung oxytocinerger Fasersysteme ein Brutpflegeverhalten hervorruft. Luliberin bewirkt als Hormon die Freisetzung gonadotroper Hormone; die Erregung luliberinerger Fasern führt im Tierexperiment zu einem Kopulationsverhalten.

Man nimmt an, daß die Substanzen im Perikaryon gebildet und in den Vesikeln der terminalen Endigungen gespeichert werden. Häufig werden auch nur die zum Aufbau der Transmitter notwendigen Enzyme im Perikaryon gebildet und die Substanzen erst in den Boutons synthetisiert. Die kleinen klaren Vesikel gelten als Träger von ACh, die länglichen in den hemmenden Synapsen als Träger von GABA. Noradrenalin ist in kleinen granulierten und Dopamin in großen granulierten Vesikeln enthalten DE.

Die meisten Vesikel liegen in der Nähe der präsynaptischen Membran. Deren wolkige Verdichtung läßt sich mit besonderen Methoden als ein Gitterwerk aus Trabekeln **F3** darstellen, das hexagonale Räume umschließt. Durch diese treten die Vesikel bis zur synaptischen Membran hindurch, um bei Erregung ihren Inhalt durch *Stomata* **F4** der Membran in den synaptischen Spalt zu entleeren. Die Substanzen werden in bestimmten Quanten abgegeben, wobei die einzelnen Bläschen als morphologisches Korrelat der Quanten gelten können. Im synpatischen Spalt führen die Substanzen zu einer Depolarisation der postsynaptischen Membran und damit zu einer Übertragung der Erregung. Sie werden durch Fermentsysteme sofort inaktiviert und z. T. durch *Pinozytose* **F5** wieder in den Endkolben aufgenommen.

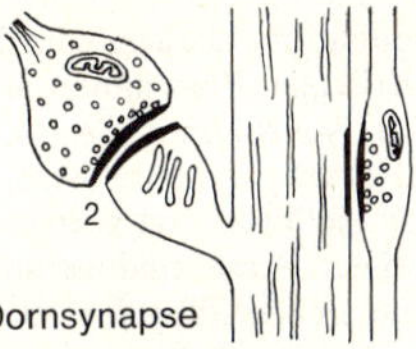

A Dornsynapse

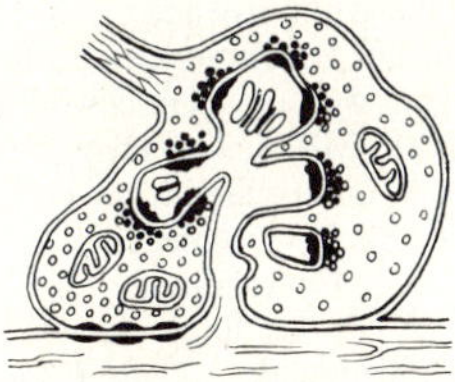

B komplexe Synapse

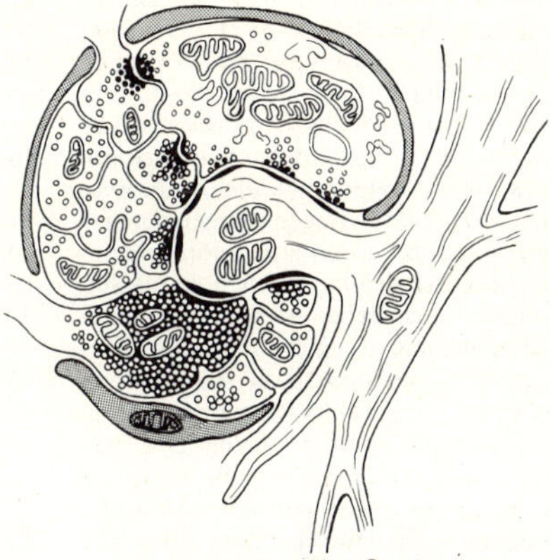

C glomerulusartige Synapse
(nach Szentágothai)

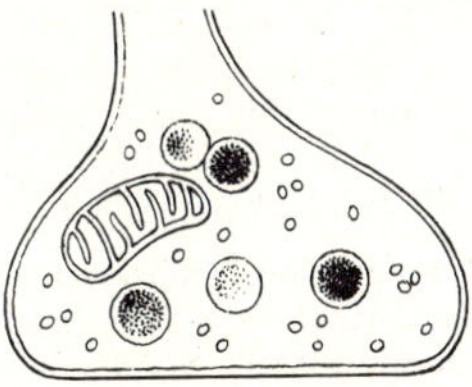

D granulierte Vesikel

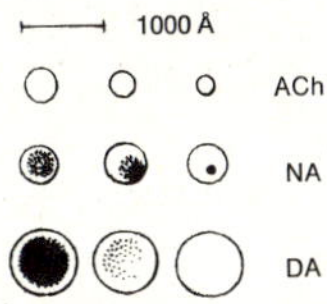

E
synaptische Vesikel

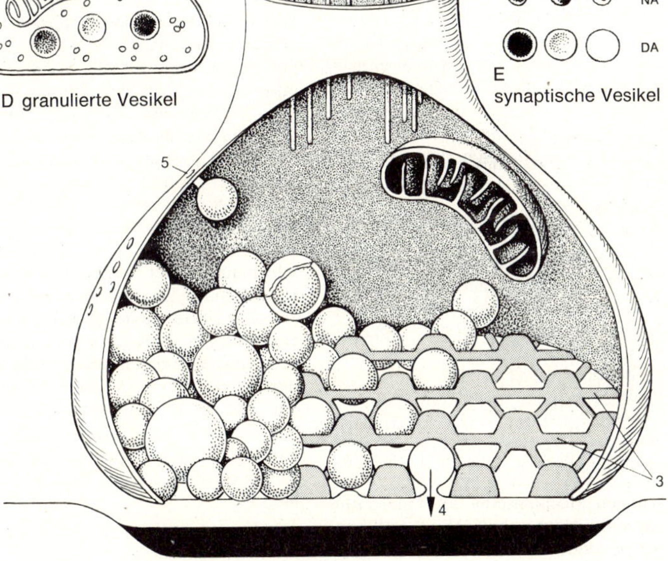

F Modell einer Synapse (nach Akert, Pfenninger, Sandri und Moor)

Wie eine Drüsenzelle im allgemeinen nur ein bestimmtes Sekret produziert, so erzeugt jedes Neuron nur eine bestimmte Transmittersubstanz. Nach diesen Substanzen unterscheiden wir **cholinerge, katecholaminerge** *(noradenerge* und *dopaminerge)* **serotoninerge** und **peptiderge Neurone.** Die katecholaminergen und serotoninergen Neurone lassen sich fluoreszenzmikroskopisch sichtbar machen, da die Substanzen nach Behandlung mit Formalindämpfen eine grüngelbe Fluoreszenz zeigen AB. Man kann so die Axone verfolgen und die Perikarya mit ausgespartem Zellkern im Umriß erkennen. Die Fluoreszenz ist in den Axonen am geringsten, in den Perikarya deutlicher und in den axonalen Endauftreibungen am stärksten. Hier ist also der Gehalt an Transmittern am höchsten. Zur Darstellung cholinerger Neurone weist man histochemisch ein für den Stoffwechsel des Acetylcholins wichtiges Ferment, die Acetylcholinesterase nach. Die verschiedenen Neuropeptide der peptidergen Nervenzellen werden durch immunhistochemische Reaktionen dargestellt C. Dabei konnte man Neuropeptide auch in katecholaminergen und cholinergen Neuronen nachweisen oder man fand in manchen Neuronen zwei verschiedene Neuropeptide. Die Annahme, daß eine Nervenzelle nur eine Überträgersubstanz erzeugt, muß also möglicherweise revidiert werden.

Axontransport

Die Transmitter-Substanzen werden im *glatten endoplasmatischen Reticulum* des Perikaryons gebildet, von dessen Zisternen sich Vesikel abschnüren. Möglicherweise ist auch der Golgi-Apparat an der Produktion beteiligt. Die Substanzen wandern in einer inaktiven Transport- oder Speicherform als molekulare Partikel oder als Vesikel im Axoplasma bis zu den Boutons.

Für den Mechanismus des Transportes sollen die Neurotubuli **DE1** eine besondere Bedeutung haben. Wenn sie durch die Verabreichung von Colchizin zerstört werden, kommt der intraaxonale Transport zum Erliegen. Man nimmt an, daß entlang den Neurotubuli das Material transportiert wird. Im Umkreis der Neurotubuli soll die Viskosität geringer sein als im übrigen Axon und es soll ein Plasmastrom in zentrifugaler Richtung herrschen. Dabei soll die Geschwindigkeit entlang der Tubuluswand am höchsten sein und mit zunehmender Entfernung geringer werden (Geschwindigkeitsprofil **E2**). Mit dieser Hypothese kann man die unterschiedliche Transportgeschwindigkeit verschiedener Substanzen erklären. Energiequelle für den Transport ist ATP, das durch die an den Tubuluswänden sitzende ATPase **E3** gespalten wird. Für den intraaxonalen Transport der Katecholamine hat man eine Geschwindigkeit von 5 bis 6 mm pro Stunde ermittelt.

Außer dem schnellen intraaxonalen Transport besteht noch ein ständiger *Axoplasmastrom,* der wesentlich langsamer fließt, nämlich 1 mm in 24 Stunden.

Er läßt sich durch die Ligatur eines einzelnen Axons nachweisen F. Proximal von der verengten Stelle kommt es zu einer Stauung des Axoplasmas und zu einer Auftreibung des Axons. Bei der Plasmabewegung handelt es sich nicht um einen Transport von Substanzen, sondern um ein ständiges Wachstum, das der Erhaltung des langen Zellfortsatzes dient. Die Geschwindigkeit des Plasmastromes entspricht der Wachstumsgeschwindigkeit der Axone während der Entwicklung. Das Axon ist also nicht eine Art starrer Leitungsdraht, sondern eine vom Perikaryon her sich ständig in zentrifugaler Richtung erneuernde Plasmasäule. Es gibt auch einen intraaxonalen Transport in zentripetaler Richtung. Auf diesem Wege können Eiweißkörper, Viren und Toxine von den peripheren Nervenendigungen zum Perikaryon gelangen.

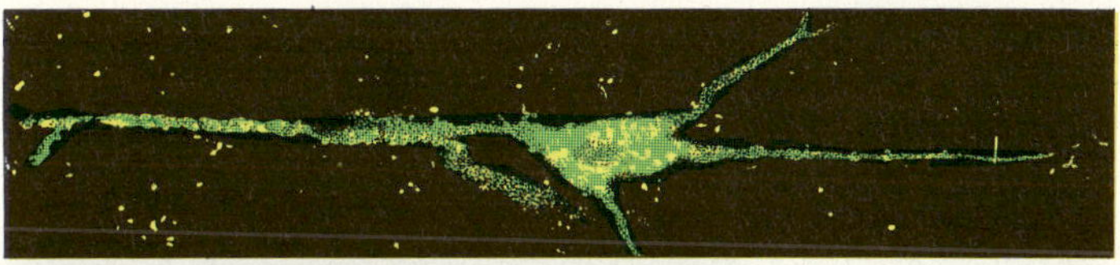

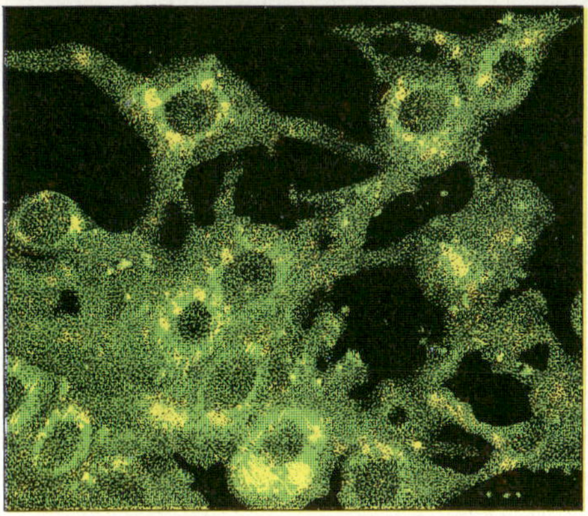

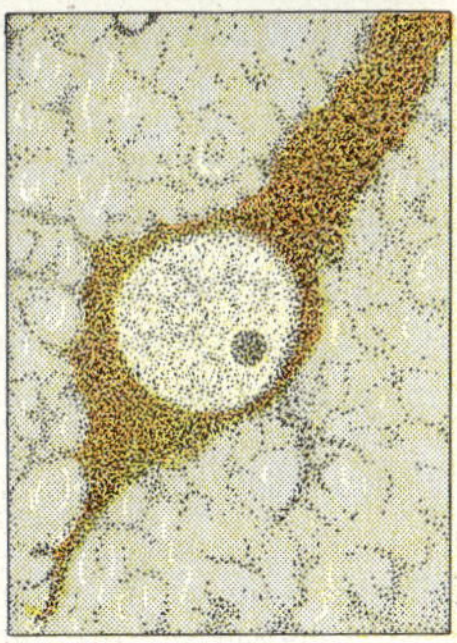

C peptiderges Neuron, Immunoperoxidase-Reaktion
(nach Sar, Stumpf u. a.)

A–B katecholaminerge Neurone im Hirnstamm
(nach Dahlström u. Fuxe)

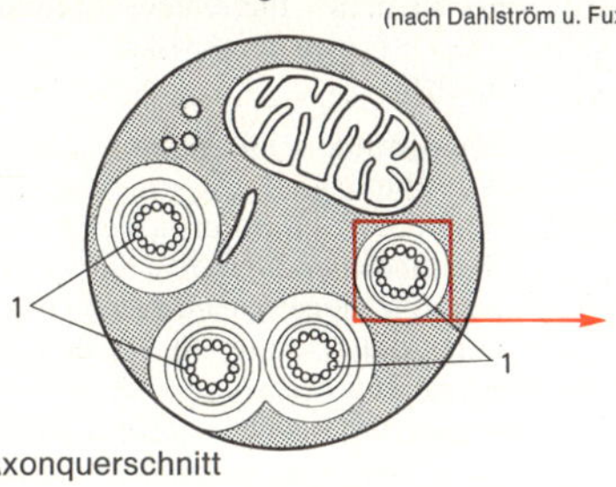

D Axonquerschnitt

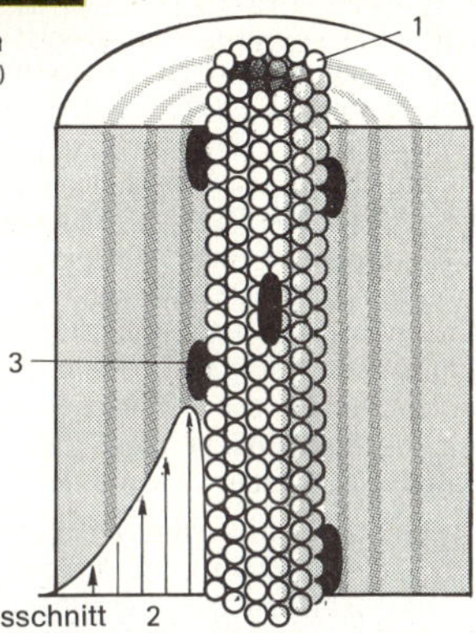

E Längsschnitt

Axontransport entlang den Neurotubuli
(nach Kreutzberg)

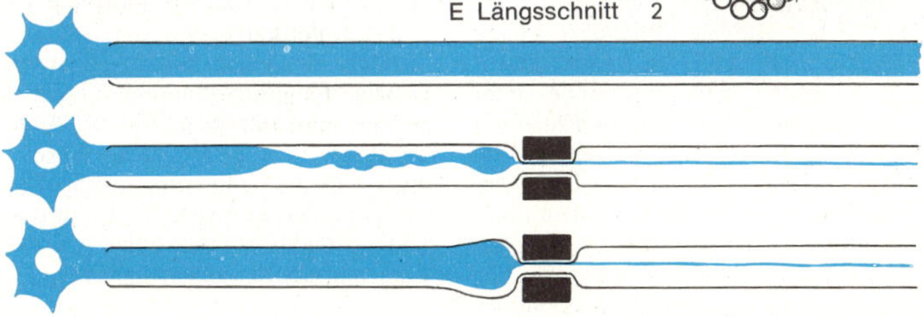

F Stauung des Axoplasmas bei Axonligatur (nach Weiss u. Hiscoe)

Neuronensysteme

Neuronengruppen mit gleichem Transmitter, deren Axone geschlossene Faserbündel bilden, bezeichnen wir nach der Transmittersubstanz als *cholinerge, noradrenerge, dopaminerge, serotoninerge oder peptiderge Systeme.* Der Impuls kann auf gleichartige Neurone, aber auch auf Neurone mit einem anderen Transmitter übertragen werden. So sind beim Sympathicus die Neurone im Rückenmark cholinerg, die Umschaltung in den peripheren Ganglien erfolgt jedoch auf *noradrenerge* Neurone (S. 276C). Welche Transmittersubstanzen bei den zentralen Neuronen, insbesondere bei den Nervenzellen der Hirnrinde, eine Rolle spielen, ist nur unvollständig bekannt.

Noradrenerge, dopaminerge und serotoninerge Neurone liegen im Hirnstamm. Noradrenerge Neurone bilden den *Locus caeruleus* **A1** (S. 92 B28, 124 D18) und Zellgruppen im lateralen Teil der Formatio reticularis der Medulla oblongata und des Pons (Faserprojektion zum Hypothalamus, zum limbischen System, diffus in den Neocortex, zum Vorderhorn und Seitenhorn des Rückenmarks). Serotoninerge Neurone liegen in den *Raphekernen* **A2** (S. 100 B28), vor allem im *Nucleus raphes dorsalis* **A3** (Faserprojektion zum Hypothalamus, zum Riechhirn und zum limbischen System). Aus dopaminergen Neuronen besteht die Pars compacta der *Substantia nigra* **A4** (S. 126, A17, 128 AB1), von der die *Fibrae nigrostriatales* zum Striatum ziehen.

Peptiderge Neurone findet man vor allem in phylogenetisch alten Hirnbezirken: im zentralen Höhlengrau des Mittelhirns **A5,** in der *Formatio reticularis* **A6,** im *Hypothalamus* **AB7,** im *Bulbus olfactorius* **B8** und in den Strukturen des limbischen Systems *(Gyrus cinguli* **B9,** *Hippocampus* **B10,** *Corpus amygdaloideum* **B11,** *Nucleus habenulae* **A12**). Aber auch in der Hirnrinde, im Thalamus und Striatum liegen sie verstreut als kurze Interneurone. Peptiderg sind viele Purkinje-Zellen in der Rinde des Kleinhirnwurms **B13,** ebenso viele der kleinen Neurone in den Spinalganglien. Reich an peptidergen Nervenzellen sind außerdem der *Nucleus interpeduncularis* **A14,** der *Nucleus solitarius* **A15,** der Locus caeruleus und die Raphekerne. Die wichtigsten peptidergen Fasersysteme sind der *Fornix* (S. 218 B15), die *Stria terminalis* (S. 214 B11) und das mediale Vorderhirnbündel, *Fasciculus telencephalicus medialis* (S. 184 B3).

Aufbau, Abbau und Speicherung der Transmittersubstanzen können durch Pharmaka beeinflußt werden: in den Nervenzellen kann ein Überschuß oder ein Mangel an Transmittern erzeugt werden, der zu motorischen oder psychischen Veränderungen führt. Durch manche Substanzen *(Neuroleptika)* wird eine Beruhigung und Dämpfung, durch andere *(Weckamine)* ein heller Wachzustand erzeugt. Wieder andere (z. B. LSD) erzeugen Halluzinationen. Bei manchen dieser Substanzen lassen sich die Veränderungen, die sie an den Neuronen hervorrufen, fluoreszenzmikroskopisch oder elektronenmikroskopisch sichtbar machen.

Angriffspunkte neurotroper Pharmaka sind Bildung, Transport oder Speicherung der Transmittersubstanzen. In den Neuronen der *Substantia nigra* z. B. wandern die dopaminhaltigen Vesikel **C16** durch das Axon bis zu den Boutons, wo sie in genau dosierter Menge als Dopaminspeicher liegen. Wenn man durch Verabreichung bestimmter Pharmaka das Ferment hemmt, das den Abbau des DA bewerkstelligt, wird DA in den Axonendigungen angereichert: die Vesikel vergrößern sich, und ihre Zahl nimmt zu **C17.** Als Folge kommt es zu einer gesteigerten Erregungsüberleitung an den synaptischen Membranen. Andere Substanzen (z. B. *Reserpin)* führen zu einer völligen Entleerung der Speicher: die granulierten Vesikel verschwinden, und es findet an den Synapsen keine Erregungsüberleitung mehr statt.

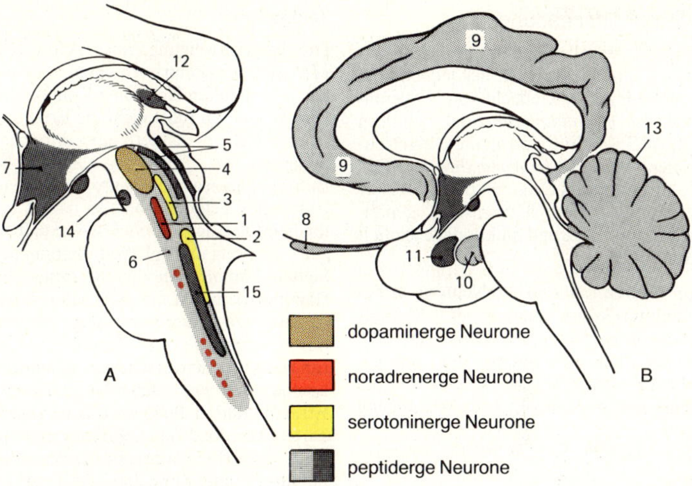

AB Monoaminerge und peptiderge Zellgruppen im Gehirn

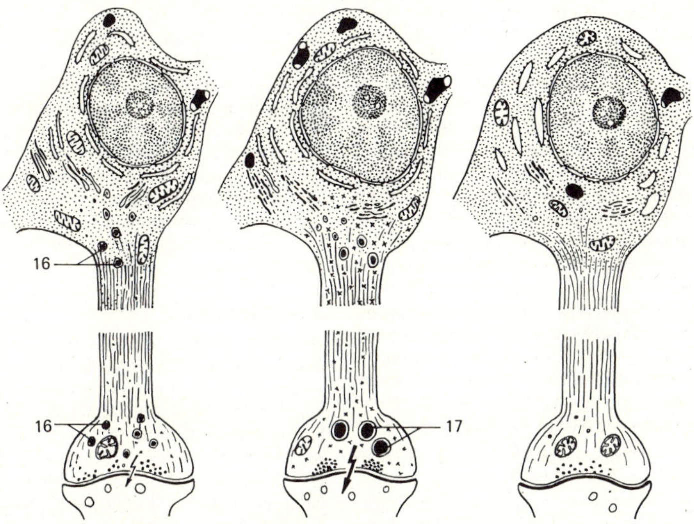

C Veränderung des Katecholaminstoffwechsels (nach Hassler u. Bak)

normaler Stoffwechsel

Hemmung des Katecholaminabbaues

Entleerung der Katecholaminspeicher

Neuronenschaltung

Die Nervenzellen bilden mit ihren Fortsätzen ein Netzwerk A, das jedoch kein kontinuierliches Geflecht von Nervenfasern ist *(Kontinuitätstheorie)*, sondern aus zahllosen Einzelelementen, den Neuronen, besteht *(Neuronentheorie)*. Das Neuron stellt als Grundbaustein des Nervensystems eine anatomische, genetische, trophische und funktionelle Einheit dar.

Im Nervennetz sind die Neurone in bestimmter Weise miteinander verknüpft *(Neuronenschaltung)*. Dabei sind die Schaltungen zur Hemmung der Erregung ebenso wichtig wie die zur Überleitung, denn durch sie findet eine Begrenzung und Auswahl des ständigen Reizzuflusses statt: wichtige Signale werden weitergegeben, unwichtige unterdrückt.

Hemmung

Durch die **postsynaptische Hemmung** wird nicht die synaptische Erregungsübertragung, sondern die darauf erfolgende Entladung des Neurons gehemmt. Sie besteht aus dem Kontakt einer Axonkollateralen **B1** mit einem inhibitorischen *Zwischenneuron* **B2**, durch dessen Erregung die Entladung der Nachbarzelle **B3** gehemmt wird. Eine Hemmung kann auch auf die erregte Zelle selbst ausgeübt werden **B4**. Eine solche negative Rückkopplung hat eine Bremswirkung, so daß nur stark erregte Zellen durch eine Entladung das Signal weitergeben können. Auch vom erregenden Axon **B5** kann vor den terminalen Boutons eine Kollaterale **B6** zu einem inhibitorischen Neuron abgehen. Auf diese Weise wird in einem Neuronennetz die Weiterleitung von Signalen begrenzt und eingeengt.

Bei der **präsynaptischen Hemmung** liegt der Kontakt kurz vor den erregenden Synapsen **B7** und verhindert von vornherein eine Erregung des nachgeschalteten Neurons. Präsynaptische Boutons enthalten nicht GABA als Transmitter, sondern sind wahrscheinlich cholinerg.

Telodendron

Die Endverzweigung eines Axons **C8** *(Telodendron)* kann mit mehr als hundert nachgeschalteten Neuronen Kontakt haben. Bei diesen führt nicht die Erregung einer einzelnen, sondern nur zahlreicher Synapsen zur Entladung. Zahlreiche Boutons enden an den Neuronen im Zentrum eines Telodendrons, so daß es bei ihnen infolge der *räumlichen Summation* zur Entladung und zur Weiterleitung des Signals kommt. An den Neuronen im Randbezirk enden nur wenige Boutons, so daß es zu keiner Entladung, sondern nur zu einer unterschwelligen Veränderung der postsynaptischen Membran kommt *(Bahnung)*. Erst die zusätzliche Erregung durch Boutons eines benachbarten Telodendrons **C9** führt dann zur Entladung. Der zentrale Bezirk des Telodendrons ist die Zone der *Erregung* **C10**, der Randbezirk die Zone der *Bahnung* **C11**.

Bei ausreichender Bahnung kann sich die Erregung weniger Axone auf eine Vielzahl von Neuronen ausbreiten *(Divergenz)*. Durch die Einschaltung inhibitorischer Zwischenneurone kann umgekehrt die Erregung vieler Axone auf wenige Neuronenketten eingeengt werden *(Konvergenz)*. Oft bewirkt die Erregung eines Neurons gleichzeitig die Hemmung aller benachbarter Neurone **D:** es resultiert eine Fokussierung und scharfe Abgrenzung der Erregung *(Kontrastbildung)*.

Erregungskreise

Das ZNS ist aufgebaut aus *Erregungskreisen*. Das einfachste Modell eines rekurrenten Erregungskreises besteht aus einer rückläufigen Axonkollaterale, die eine erneute Entladung des eigenen Neurons bewirkt *(kreisende Erregung)* **E12**. Die realen Erregungskreise bestehen aus Neuronenketten und können sehr kompliziert gebaut sein **E13**.

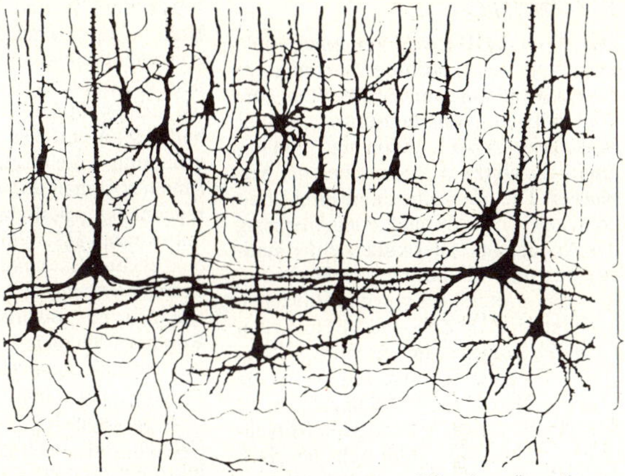

A neuronales Netzwerk in der Hirnrinde; Silberimprägnation (nach Cajal)

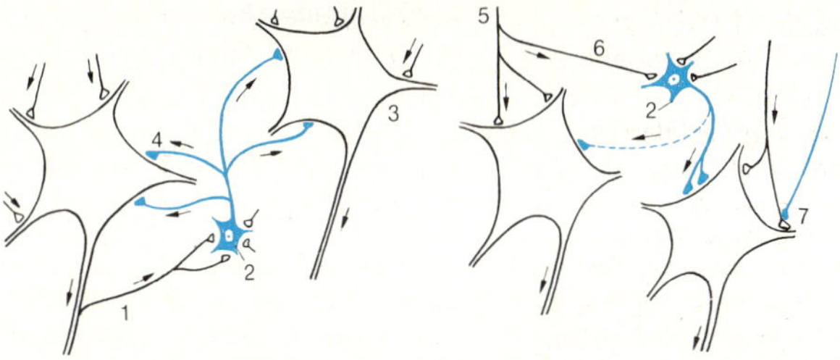

B Neuronenschaltung zur Erregungshemmung durch Zwischenneurone (nach Eccles)

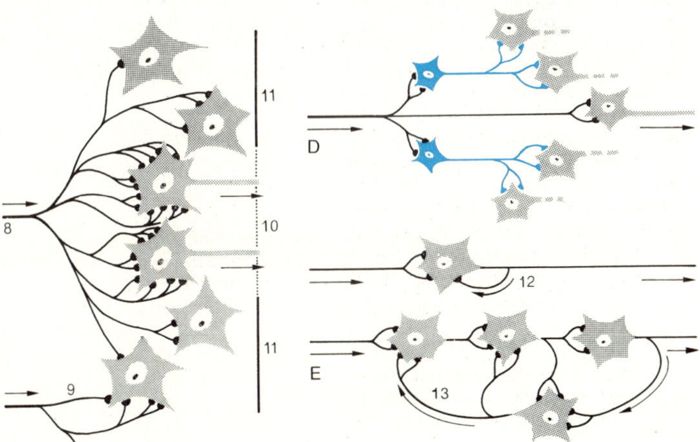

C räumliche Summation

D Kontrastbildung

E Neuronenkreise

Nervenfaser

Das Axon **AGH1** wird von einer Hülle umgeben, bei marklosen Nervenfasern vom Cytoplasma der Hüllzellen, bei markhaltigen Nervenfasern von der **Markscheide ABH2.** Axon und Umhüllung bezeichnen wir zusammen als **Nervenfaser.** Die Markscheide beginnt in einem gewissen Abstand vom Ursprung des Axons und endet kurz vor der Endaufzweigung. Sie besteht aus **Myelin**, einem Lipoproteid, das von den Hüllzellen gebildet wird. Im ZNS sind die Hüllzellen *Oligodendrozyten,* im peripheren Nerven sind es die **Schwannschen Zellen**, die von der Neuralleiste abstammen (s. S. 56). An der frischen unfixierten Nervenfaser erscheint die Markscheide stark lichtbrechend und strukturlos. Infolge ihres Lipoidgehaltes ist sie im polarisierten Licht doppelbrechend. Nach der Fixation bleibt infolge des Lipoidentzuges das denaturierte Proteingerüst als gitterartige Struktur zurück *(Neurokeratin)* **D3.**

In regelmäßige Abständen (1–3 mm) wird die Markscheide durch tiefe Einschnürungen, **Ranviersche Knoten ABG4,** unterbrochen. Beim peripheren Nerven entspricht der Abschnitt zwischen zwei Ranvierschen Knoten, das **Internodium** o. *interanuläre Segment* G, der Ausdehnung einer Hüllzelle. In der Mitte eines Internodiums liegen Zellkern **ADG5,** E und perinukleäres Cytoplasma als leichte Vorbuckelung auf der Markscheide. Das perinukleäre Cytoplasma der Schwann-Zelle enthält meist kleine Granula *(π-Granula)* E. In schrägen Einkerbungen, den **Schmidt-Lantermanschen Inzisuren CG6,** ist ebenfalls Cytoplasma enthalten. Die Ränder der Hüllzellen begrenzen den Ranvierschen Knoten, an dem sich das Axon aufzweigen kann F, Axonkollaterale abgehen oder Synapsen im Parallelkontakt liegen können.

Ultrastruktur der Markscheide

Um das von einer Elementarmembran, **Axolemm,** umgebene *Axon* liegen in strenger Regelmäßigkeit konzentrische Ringe dunkler und heller Linien. Die Breite einer solchen Lamelle, gemessen von einer dunklen Linie bis zur nächsten, beträgt durchschnittlich 120 Å, wobei auf die dichten dunklen Linien 30 Å, auf die hellen 90 Å entfallen. Bei stärkerer Vergrößerung erkennt man, daß die hellen Linien nochmals durch eine dünnere, unregelmäßige, perlschnurartige Linie geteilt werden **H7.** Wir unterscheiden also eine dichte *Hauptlinie* und eine schwächere *intermediäre Linie.* Die Untersuchungen mit polarisiertem Licht und Röntgenstrahlen haben ergeben, daß die Markscheide aus wechselnden Lagen von Protein- und Lipoid-Molekülen aufgebaut ist. Danach sind die dunklen Lagen *(Haupt-* und *Zwischenlinien)* als Schichten von Proteinmolekülen, die hellen Lagen hingegen als Schichten von Lipoidmolekülen anzusehen.

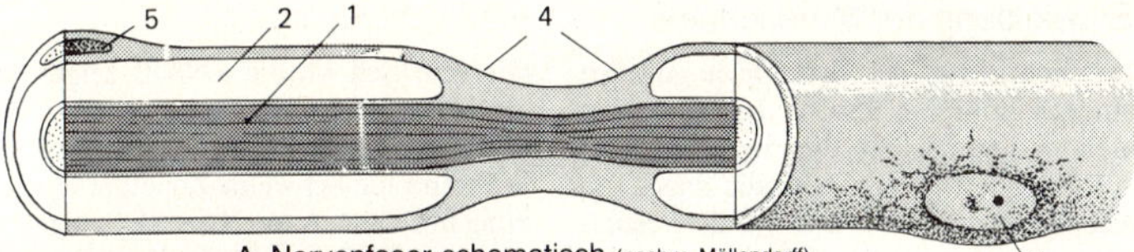

A Nervenfaser schematisch (nach v. Möllendorff)

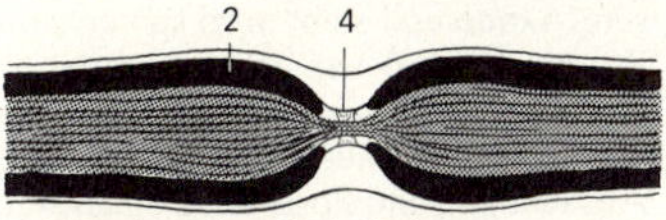

B Ranvierscher Schnürring

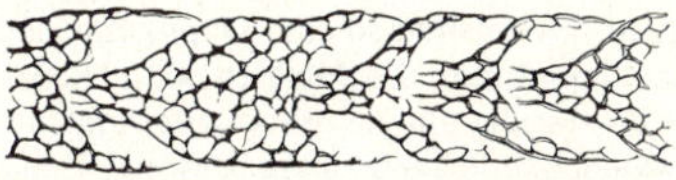

C Schmidt-Lantermansche Einkerbungen

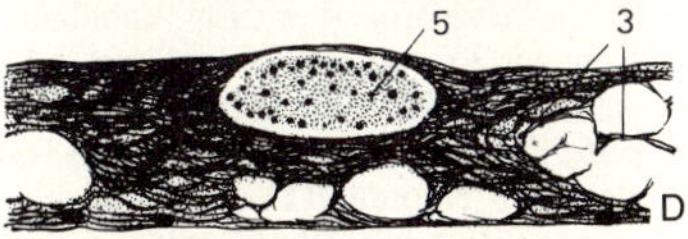

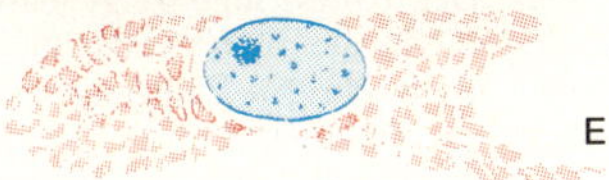

D Perikaryon einer Schwann-Zelle
E Pi-Granula im Perikaryon

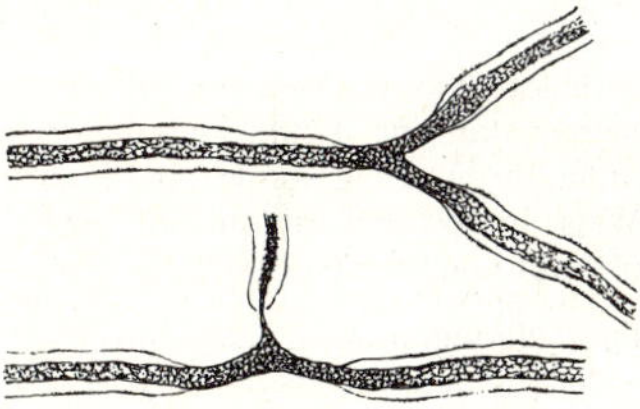

F Axonaufzweigung

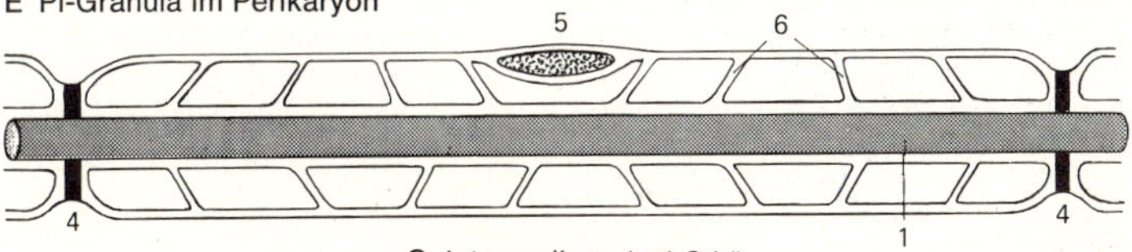

G Internodium (nach Cajal)

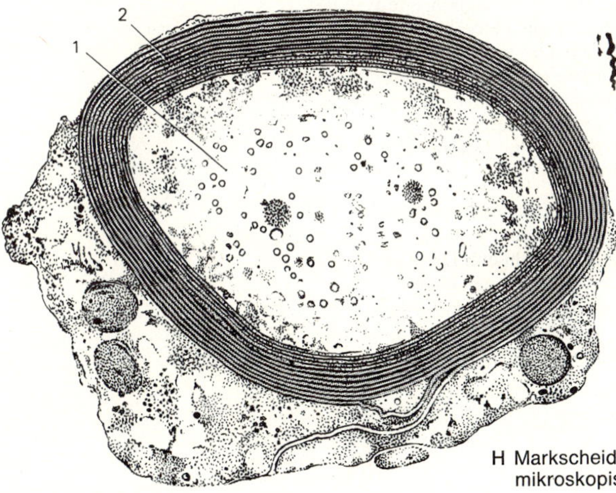

H Markscheide elektronenmikroskopisches Bild

Entwicklung der Markscheide

Die **Entwicklung der Markscheide** gewährt einen Einblick in den Aufbau ihrer Lamellen. Der Zelleib der *Schwann-Zelle* **A1** bildet eine Furche, in die das Axon **A2** eingebettet wird. Die Furche vertieft sich, wobei sich ihre Ränder einander nähern und schließlich aneinanderlagern. Es entsteht so eine Duplikatur der Zellmembran, das **Mesaxon A3.** Dieses wird spiralig um das Axon aufgewickelt, wahrscheinlich indem die Schwann-Zelle um das eingeschlossene Axon wandert.

Der Terminus *Mesaxon* wurde in Anlehnung an die Bezeichnung Mesenterium gebildet. Das Bauchfell bildet als Aufhängeband eine dünne Duplikatur und umhüllt die Eingeweide. In ähnlicher Weise bildet die Schwann-Zelle eine Duplikatur und umhüllt das Axon.

Die Zellmembran der Schwann-Zelle besteht wie jede Elementarmembran aus einer äußeren und einer inneren dichten Proteinlage und einer dazwischenliegenden hellen Lipoidschicht. Bei der Membranduplikatur lagern sich zuerst die beiden äußeren Proteinschichten aneinander und verschmelzen zur *Zwischenlinie* **A4.** Aus der sechsschichtigen Membranduplikatur wird so die fünfschichtige *Marklamelle.* Beim weiteren Einrollen stoßen auch die inneren Proteinschichten der Zellmembran aneinander und verschmelzen zur dichten *Hauptlinie* **A5.** Am Ende des Prozesses liegt der Beginn der Duplikatur an der Innenseite der Markscheide **(inneres Mesaxon) A6**, das Ende an der Außenseite **(äußeres Mesaxon) A7.**

Die **marklosen Nervenfasern A8** sind von Hüllzellen eingeschlossen, von denen jede mehrere Axone umschließt. Die Ränder der Furchen können hier ebenfalls eine Membranduplikatur *(Mesaxon)* bilden, jedoch ohne Verschmelzung der Membranschichten.

Markscheide im ZNS

Die Markscheide im ZNS B zeigte wesentliche Unterschiede gegenüber der Markscheide der peripheren Nerven. Während die Schwann-Zelle die Bemarkung nur eines Axons bewerkstelligt, bemarkt im ZNS ein **Oligodendrozyt B9** mehrere Axone und steht auch später durch Protoplasmabrücken mit mehreren Internodien in Verbindung. Stellt man sich die Internodien aufgerollt vor, kommen Ausdehnung und Form des Zelleibes zur Darstellung C. Der Mechanismus des Bemarkungsprozesses ist unbekannt. Von der Protoplasmabrücke aus bildet das äußere Mesaxon einen *äußeren Wulst* **B10.** Die Marklamellen enden am Ranvierschen Knoten **B11** *(paranodale Region).* Der Längsschnitt zeigt, daß die innerste Lamelle zuerst endet und die äußerste die übrigen Endigungen überdeckt, um direkt am Ranvierschen Knoten zu enden. An den Lamellenenden erweitern sich die dichten Hauptlinien zu zytoplasmagefüllten Taschen **B12.** Das Axon der zentralen Nervenfaser liegt im Bereich des Ranvierschen Knotens völlig frei. Schmidt-Lantermansche Einkerbungen fehlen im zentralen Internodium. Cytoplasma **B13.**

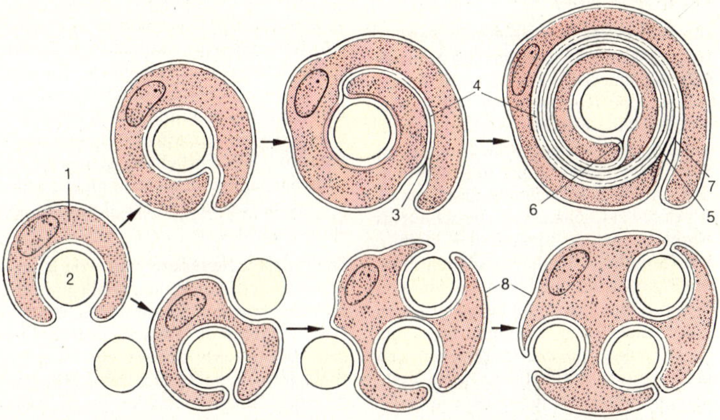

A Entwicklung der Markscheide
(nach Hamilton, Boyd u. Mossman)

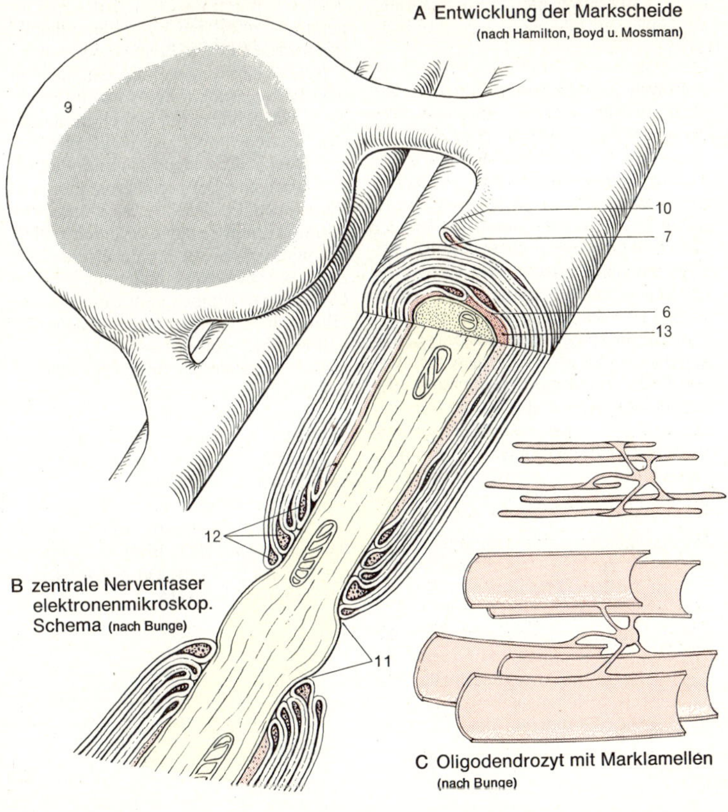

B zentrale Nervenfaser
elektronenmikroskop.
Schema (nach Bunge)

C Oligodendrozyt mit Marklamellen
(nach Bunge)

Peripherer Nerv

Die **Markscheide** der peripheren Nervenfaser wird vom Cytoplasma der **Schwann-Zelle A1** umgeben. An deren Zellmembran ist eine *Basalmembran* **A2** angelagert, die das ganze Internodium einhüllt und für eine strenge Sonderung jeder Nervenfaser sorgt. Kern der Schwann-Zelle **A3.** Die **Schmidt-Lantermanschen Inzisuren A4** erscheinen im Längsschnitt als zytoplasmahaltige Spalten der klaffenden Hauptlinie. In der dreidimensionalen Rekonstruktion stellen sie Spiralen dar, in denen das Cytoplasma zwischen außen und innen kommuniziert. Am *Ranvierschen Knoten* **B5** schieben sich die Fortsätze **AB6** der Schwann-Zelle über die paranodale Region und über das Axon **ABD7**. Sie greifen fingerförmig ineinander und bilden so eine dichte Hülle um den Ranvierschen Knoten.

Es bestehen gesetzmäßige Beziehungen zwischen dem Umfang eines Axons, der Dicke der Markscheide, dem Abstand der Ranvierschen Knoten und der Leitgeschwindigkeit eines Nerven. Je größer der Umfang eines Axons, um so dicker ist die umgebende Markscheide und um so länger sind die Internodien. Wenn allerdings bemarkte Nervenfasern noch wachsen (z. B. Extremitätennerven), so vergrößert sich die Länge der Internodien. Je länger die Internodien, desto schneller ist auch die elektrische Leitgeschwindigkeit der Faser. Man unterscheidet markhaltige, markarme und marklose Nervenfasern, auch als A-, B- und C-Fasern bezeichnet. Die markhaltigen A-Fasern haben einen Axondurchmesser von 3–20 µm und eine Leitgeschwindigkeit bis zu 120 m/s, die markarmen B-Fasern bis zu 3 µm Durchmesser und eine Leitgeschwindigkeit bis zu 15 m/s. Am langsamsten verläuft die Erregung in den marklosen Fasern (bis zu 2 m/s). Hier handelt es sich um eine kontinuierliche Ausbreitung der Erregung. Im markhaltigen Nerven dagegen erfolgt die Erregungsfortleitung saltatorisch, d. h. sprunghaft. Die morphologische Grundlage der saltatorischen Erregungsleitung ist der Wechsel von markhaltigen Internodien mit nackten Ranvierschen Knoten: der Strom springt intraaxonal von einem Knoten zum nächsten, wobei am Knoten durch Permeabilitätsänderung der Axonmembran jedesmal der Stromkreis geschlossen wird. Diese Fortleitung ist wesentlich schneller und verbraucht weniger Energie als die kontinuierliche Ausbreitung der Erregung.

Die **periphere Nervenfaser** wird von längsverlaufenden, kollagenen Bindegewebsfibrillen umgeben, die zusammen mit der Basalmembran die **Endoneuralscheide** bilden. Die Fasern sind in ein lockeres Bindegewebe, dem **Endoneurium D8,** eingelagert. Eine verschieden große Zahl von Nervenfasern wird durch das vorwiegend aus zirkulären Fasern bestehende **Perineurium CD9** zu *Bündeln* oder *Faszikeln* **C10** zusammengefaßt. Die innerste Schicht des Perineuriums wird von Endothelzellen gebildet, die in mehreren dünnen Lagen den endoneuralen Raum umschließen. Die perineuralen Endothelzellen besitzen an der perineuralen und endoneuralen Fläche eine Basalmembran und sind durch Zonulae occludentes miteinander verbunden. Sie stellen eine Barriere zwischen Nerv und umgebendem Gewebe dar, ähnlich dem Endothel der Hirnkapillaren (S. 40 D). Auf dem Gehalt an zirkulären elastischen Fasern beruht die mechanische Beanspruchbarkeit des peripheren Nerven. Bei Extremitätennerven ist im Bereich der Gelenke das Perineurium verstärkt. An das Perineurium schließt sich das **Epineurium CD11** an, dessen innere Schichten ebenfalls konzentrische Lamellen bilden. Sie gehen über in ein lockeres Bindegewebe, das Fettgewebe **D12,** Blut- und Lymphgefäße enthält. Kerne der Schwann-Zellen **D13,** Kapillare **D14.**

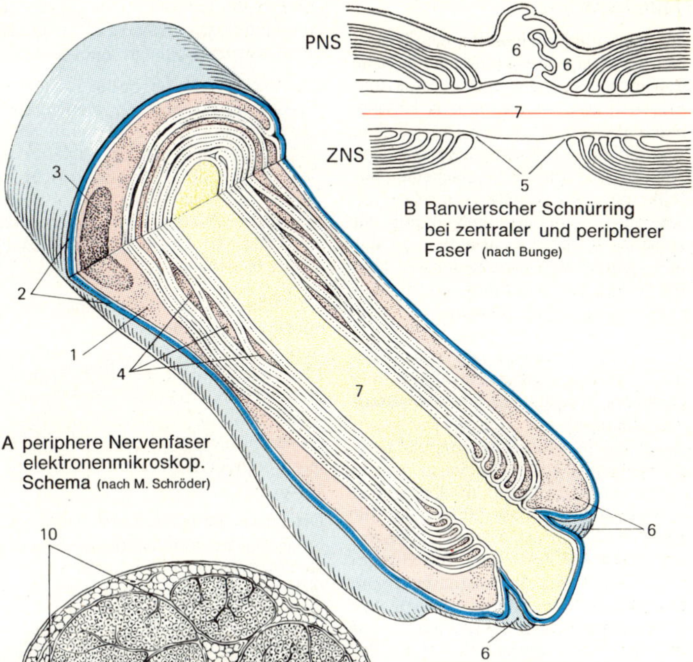

B Ranvierscher Schnürring bei zentraler und peripherer Faser (nach Bunge)

A periphere Nervenfaser elektronenmikroskop. Schema (nach M. Schröder)

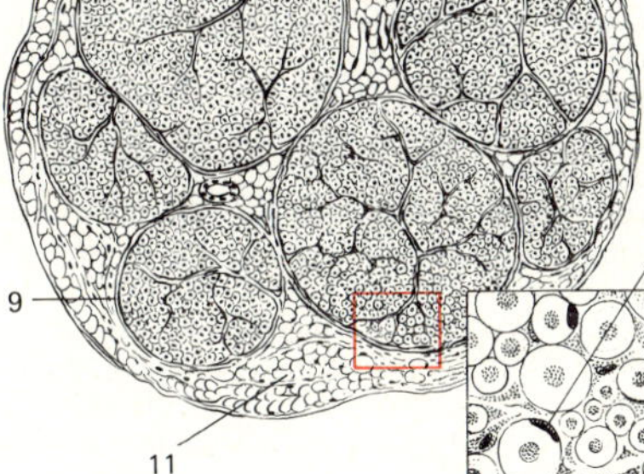

C peripherer Nerv Querschnitt

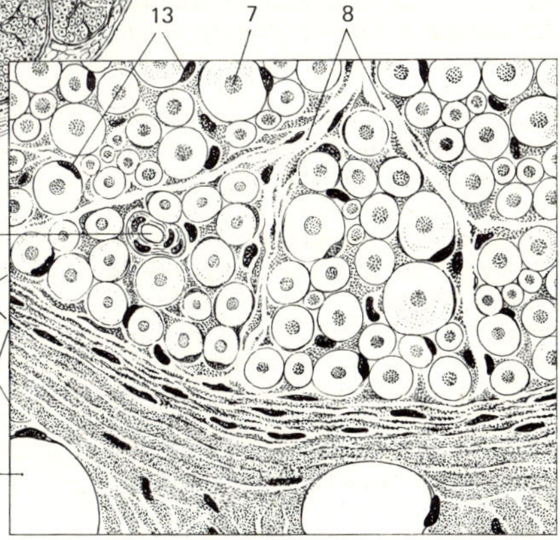

D Vergrößerung aus C

Neurologia

Das Stütz- und Hüllgewebe des ZNS ist die *Neuroglia* (Glia: Leim), die hier die Aufgaben des Bindegewebes erfüllt (Stützfunktion, Stoffaustausch und bei pathologischen Prozessen Abbau und Narbenbildung). Sie ist ektodermalen Ursprungs. Im Nissl-Bild erscheinen nur Zellkerne und Cytoplasma; die Darstellung der Zellfortsätze gelingt nur mit speziellen Imprägnationsmethoden. Wir unterscheiden drei verschiedene Zellformen: die *Astroglia (Makroglia),* die *Oligodendroglia* und die *Mikroglia A.*

Die **Astrozyten** besitzen einen großen, hellen Zellkern und zahlreiche sternförmig abgehende Fortsätze. Es gibt **protoplasmatische Astrozyten** mit wenigen Fortsätzen (meist in der grauen Substanz) und **fibrilläre Astrozyten** mit zahlreichen langen Fortsätzen (vorwiegend in der weißen Substanz). Sie sind Faserbildner und enthalten in Zelleib und Fortsätzen Gliafasern. Nach der Zerstörung von Hirngewebe bilden sie Gliafasernarben. Die Astrozyten gelten als Stützelemente, die ein dreidimensionales Gerüstwerk bilden. An der äußeren Oberfläche des Gehirns verdichtet sich das Gerüst zu einem dichten Faserfilz und zur **Membrana gliae limitans,** die den äußeren Abschluß des ektodermalen Gewebes gegen die bindegewebigen Hirnhäute bildet. Astrozyten entsenden Fortsätze zu Gefäßen, die möglicherweise eine Bedeutung für den Stoffaustausch haben.

Außerdem sind Astrozyten entscheidend an der Erhaltung des inneren Milieus, insbesondere des Ionengleichgewichtes, im ZNS beteiligt. Die bei Erregung von Neuronenverbänden freiwerdenden Kaliumionen wandern über das Netzwerk der Astrozytenfortsätze ab. Wahrscheinlich nehmen Astrozyten auch das von Nervenzellen freigesetzte CO_2 auf und halten so den interstitiellen pH-Wert von 7,3 konstant. Astrozytenfortsätze umschließen die Synapsen und dichten den synaptischen Spalt ab. Möglicherweise nehmen sie Transmittersubstanzen auf. Aufnahme und Abgabe von GABA durch Astrozyten sind nachgewiesen.

Die **Oligodendrozyten** besitzen kleinere, dunklere Kerne und nur wenige, kaum verzweigte Fortsätze. In der grauen Substanz findet man sie als Begleiter der Nervenzellen *(Satellitenzellen)* B. In der weißen Substanz liegen sie in Reihen zwischen den Nervenfasern *(interfaszikuläre Glia).* Sie bilden und erhalten die Markscheiden.

Die **Mikrogliazelle** besitzt einen ovalen oder stäbchenförmigen Kern und kurze, stark verzweigte Fortsätze. Sie soll eine amöboide Beweglichkeit besitzen und im Gewebe wandern können. Bei einer Gewebszerstörung phagozytiert sie Material (Abräumzelle), wobei sie sich kugelförmig abrundet (Körnchen- oder Gitterzelle).

Die oft vertretene Ansicht, daß die Mikroglia nicht vom Ektoderm, sondern vom Mesoderm abstamme *(Mesoglia),* ist nicht ausreichend begründet.

Das unterschiedliche Verhalten der Gliaarten in der Gewebekultur ergänzt die histologischen Befunde, wenn es auch nicht ohne weiteres mit den Verhältnissen im geschlossenen Gewebsverband gleichgesetzt werden kann. Die *Astrozyten* C zeigen nur eine geringe Beweglichkeit. Sie sind das stabile Gewebselement im Gegensatz zu den mobilen *Mikrogliazellen,* die sich rasch unter ständigem Gestaltwechsel im Geäst der Astrozytenfortsätze bewegen. An den *Oligodendrozyten* D beobachtet man eine Pulsation, bei der sich der Zellkörper in regelmäßigem Rhythmus kontrahiert und erweitert.

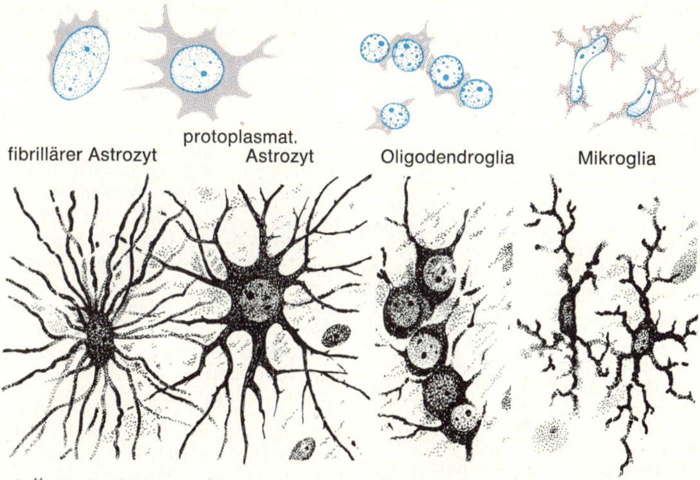

A Äquivalentbilder der Neuroglia; oben Nissl-Färbung, unten Silberimprägnation

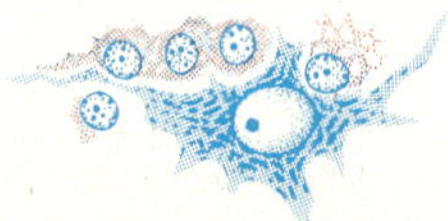

B Oligodendrozyten als Satelliten einer Nervenzelle

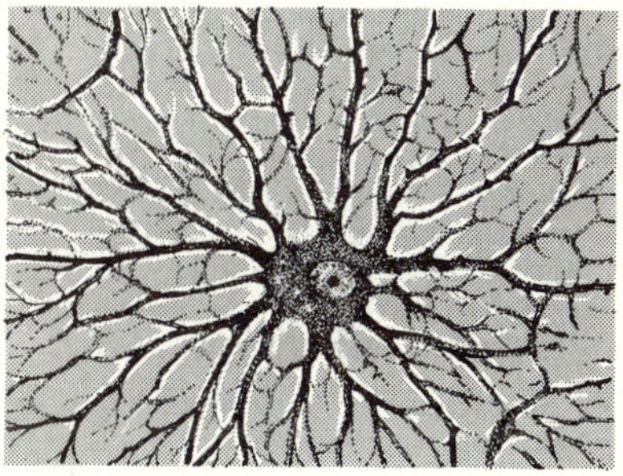

C Astrozyt in der Gewebekultur

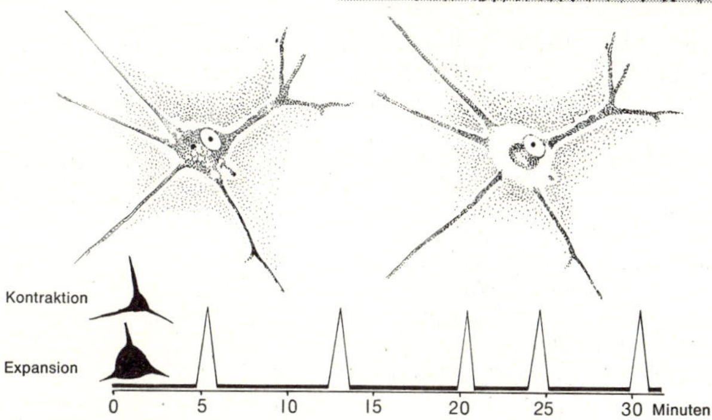

D Pulsation der Oligodendrozyten in der Gewebekultur
(nach Lumsden und Pomerat)

Gefäße

Die Hirngefäße sind Abkömmlinge des *Mesoderms.* Sie wachsen während der Entwicklung von den mesodermalen Hüllen aus in die Hirnsubstanz ein. Meist sind sie von einem schmalen freien Spaltraum *(Virchow-Robinscher Raum)* umgeben, einem Artefakt, der durch die Schrumpfung während der histologischen Bearbeitung entsteht. Arterien und Arteriolen gehören dem *elastischen Typ* an, d. h., ihre Muskulatur ist schwach entwickelt und ihre Kontraktionsfähigkeit gering. Die Kapillaren haben ein geschlossenes, nicht gefenstertes Endothel und eine geschlossene Basalmembran. Das ZNS besitzt keine Lymphgefäße.

Zu den Kapillaren ziehen Astrozytenfortsätze, die sich zu **Gefäßfüßchen AB1** verbreitern. Im elektronenmikroskopischen Bild sind die Kapillaren vollständig von Gefäßfüßchen umgeben. Die Kapillarwand besteht aus den Endothelzellen **BD2**, die sich an den Zellgrenzen dachziegelartig übereinander legen und durch *Maculae occludentes* miteinander verhaftet sind. Es folgt die Basalmembran **BD3** und der Astrozytenüberzug **BD4,** der mit der *Membrana gliae limitans* vergleichbar ist: durch beide wird das ektodermale Gewebe des ZNS vom angrenzenden mesodermalen Gewebe abgedichtet.

Die Abdichtung des Hirngewebes vom übrigen Körper manifestiert sich in der **Blut-Hirn-Schranke,** einer selektiven Barriere für zahlreiche Substanzen, die am Eindringen von der Blutbahn durch die Kapillarwand in das Hirngewebe gehindert werden.

Die Schranke wurde zuerst in den *Goldmannschen* Versuchen **C** mit *Trypanblau* demonstriert. Wenn man einem Versuchstier den Farbstoff i. v. injiziert, so färben sich fast alle Organe blau *(1. Goldmannscher Versuch),* allein Gehirn und Rückenmark bleiben weiß. Eine geringe Blaufärbung findet man nur am *Tuber cinereum* **C5,** der *Area postrema* und an den *Spinalganglien.* Eine deutliche Blaufärbung zeigen der *Plexus choroideus* **C6** und die *Dura* **C7**. Der gleiche Befund ist bei der Gelbsucht des Menschen zu beobachten: der Gallenfarbstoff färbt alle Organe gelb, allein das ZNS bleibt weiß. Injiziert man Farbstoff in den Liquorraum *(2. Goldmannscher Versuch),* so färben sich Gehirn und Rückenmark von der Oberfläche her diffus an, der übrige Körper aber bleibt ungefärbt. Es besteht also eine Schranke zwischen Liquor und Blut, jedoch keine zwischen Liquor und ZNS. Man muß zwischen *Blut-Hirn-Schranke* und *Blut-Liquor-Schranke* unterscheiden. Beide verhalten sich verschieden.

Der Ort der Blut-Hirn-Schranke ist das Kapillarendothel (Bd. 2, S. 40, CD), das bei den Hirnkapillaren eine geschlossene Wand ohne jede Fensterung bildet. Die Kapillarwände vieler anderer Organe, z. B. Niere oder Leber **D8,** weisen dagegen eine ausgeprägte Fensterung auf, die einen regen Stoffaustausch erlaubt. Die Schrankenwirkung ist für zahlreiche Substanzen durch Untersuchungen mit Isotopen nachgewiesen worden. Sie kann in einer vollständigen Sperre oder in einer Verzögerung des Übertrittes bestehen. Die Durchlässigkeit oder Undurchlässigkeit der Barriere für Medikamente ist von großer praktischer Bedeutung.

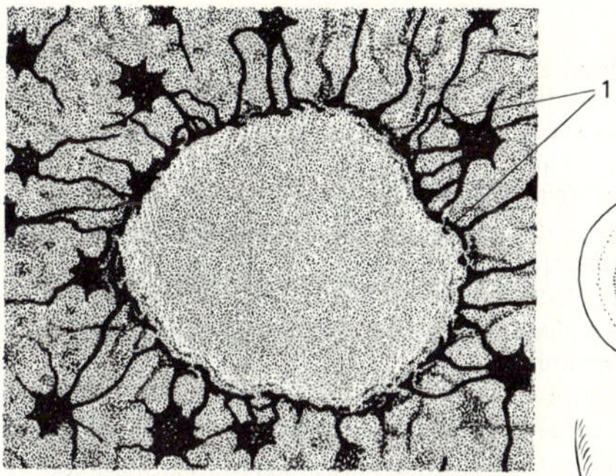

A Blutgefäß mit Astrozyten Silberimprägnation

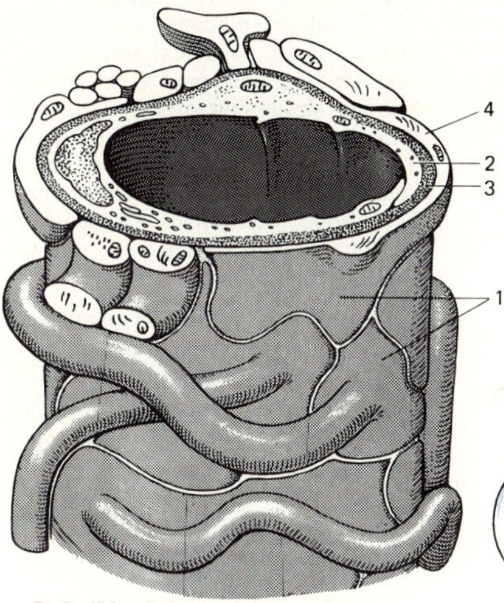

B Gefäß mit Astrozytenfortsätzen; elektronenmikroskop. Schema (nach Wolff)

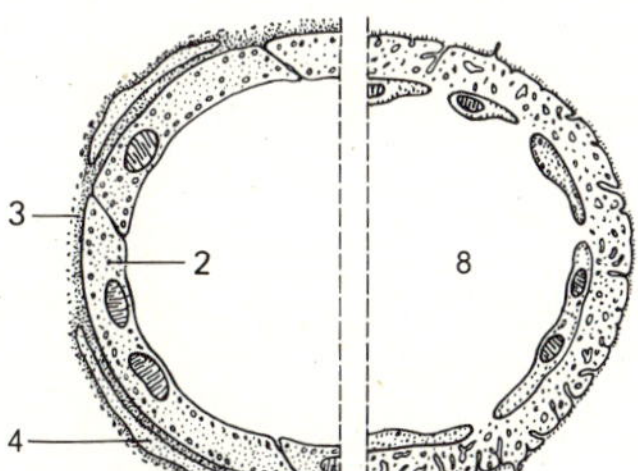

D Hirnkapillare u. Leberkapillare elektronenmikr. Schema

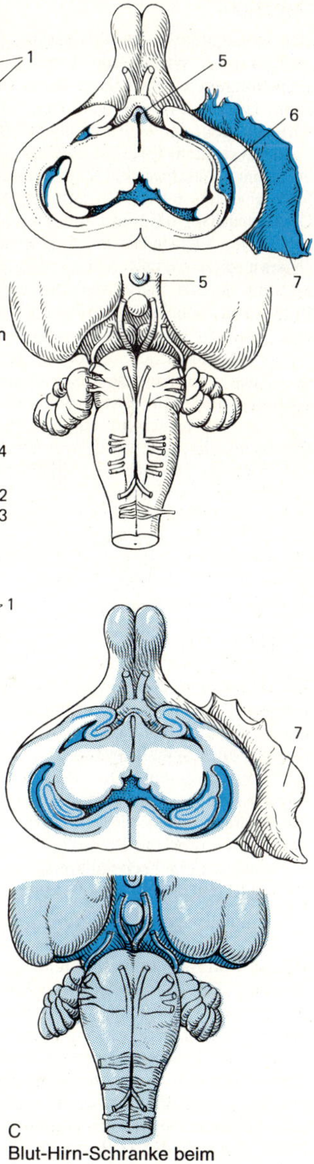

C
Blut-Hirn-Schranke beim 1. und 2. Goldmannschen Versuch Kaninchen (nach Spatz)

Übersicht

Das Rückenmark, **Medulla spinalis,** liegt im Kanal der Wirbelsäule, **Canalis vertebralis,** umgeben vom Liquor cerebrospinalis. Es hat zwei spindelförmige Anschwellungen, im Halsbereich die **Intumescentia cervicalis C1,** im Lendenbereich die **Intumescentia lumbalis C2.** Am unteren Ende verjüngt sich das Rückenmark zum **Conus medullaris BC3** und endet als dünner Strang, **Filum terminale C4.** Durch die **Fissura mediana ventralis** an der Vorderseite und durch den **Sulcus medianus dorsalis BC5** an der Rückseite wird die Grenze der beiden symmetrischen Rückenmarkshälften markiert. Zu beiden Seiten des Rückenmarks treten Nervenfasern dorsolateral ein und ventrolateral aus und vereinigen sich zu Hinterwurzeln, **Radices dorsales,** und Vorderwurzeln, **Radices ventrales,** die sich zu Spinalnerven, kurzen Nervenstämmen von 1 cm Länge, zusammenschließen. In die Hinterwurzeln sind die **Spinalganglien B6,** die sensible Nervenzellen enthalten, eingeschaltet. Lediglich die Hinterwurzeln des ersten zervikalen Spinalnerven besitzen kein oder ein rudimentär angelegtes Spinalganglion.

Wir zählen beim Menschen 31 Spinalnervenpaare, die durch die Foramina intervertebralia aus dem Vertebralkanal austreten. Jedes Spinalnervenpaar versorgt ein Körpersegment. Das Rückenmark selbst ist nicht segmentiert. Erst durch die Bündelung der Nervenfasern beim Durchtritt durch die Foramina entsteht der Eindruck einer scheinbaren Segmentierung (S. 60).

Die Spinalnerven werden in *Nn. cervicales, Nn. thoracales, Nn. lumbales, Nn. sacrales* und *Nn. coccygei* unterteilt. Wir zählen 8 Zervikalnervenpaare (Austritt des 1. Paares zwischen Os occipitale und Atlas), 12 Thorakalnervenpaare (Austritt des 1. Paares zwischen 1. und 2. Thorakalwirbel), 5 Lumbalnervenpaare (Austritt des 1. Paares zwischen dem 1. und 2. Lumbalwirbel), 5 Sakralnervenpaare (Austritt des 1. Paares durch die obersten Foramina sacralia) und 1 Kokzygealnervenpaar (Austritt zwischen 1. und 2. Kokzygealwirbel).

Ursprünglich haben Rückenmark und Wirbelkanal die gleiche Länge, so daß jeder Spinalnerv durch das in gleicher Höhe liegende Foramen austreten kann. Während der Entwicklung nimmt die Wirbelsäule erheblich mehr an Länge zu als das Rückenmark, dessen unteres Ende im Verhältnis zu den umgebenden Wirbeln immer höher steigt. Beim Neugeborenen liegt das untere Ende des Rückenmarks in Höhe des 3. Lumbalwirbels, beim erwachsenen Mann in Höhe des 1. Lumbal- bis 12. Thorakalwirbels. Die Spinalnerven können nicht mehr in gleicher Höhe austreten, sondern ihre Wurzeln verlaufen eine Strecke im Wirbelkanal abwärts bis zu ihrem Austrittsloch. Je weiter kaudal die Wurzeln aus dem Rückenmark entspringen, um so länger ist ihr Verlauf im Wirbelkanal. Die Höhe der Spinalnervenaustritte deckt sich also nicht mit der entsprechenden Rückenmarkshöhe.

Vom Conus medullaris an enthält der Wirbelkanal nur noch eine dichte Masse von abwärtslaufenden Spinalwurzeln, die als **Cauda equina** (Pferdeschwanz) **B7** bezeichnet werden.

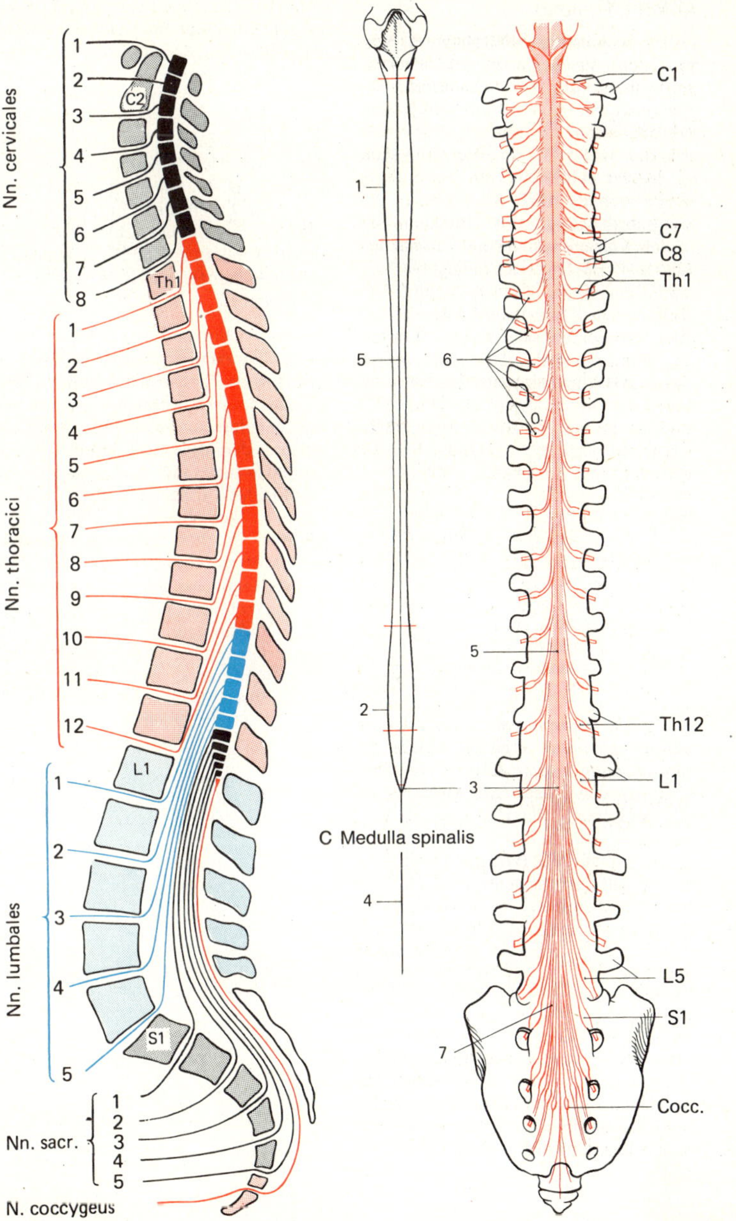

A Seitenansicht mit Spinalnerven

C Medulla spinalis

B Dorsalansicht mit Spinalganglien

Aufbau, Reflexe

Die **graue Substanz, Substantia grisea** (Nervenzellen), erscheint auf dem Rückenmarksquerschnitt als Schmetterlingsfigur, umgeben von der *weißen Substanz,* **Substantia alba** (Faserbahnen). Wir unterscheiden beiderseits ein *Hinterhorn* **(Cornu dorsale) AB1** und ein *Vorderhorn* **(Cornu ventrale) AB2.** Sie bilden in der Längsausdehnung des Rückenmarks Säulen, **Columna ventralis** und **Columna dorsalis** (S. 47 B). Dazwischen liegt die *Substantia intermedia centralis* **A3** mit dem obliterierten Zentralkanal **A4.** Im Thorakalmark schiebt sich zwischen Vorder- und Hinterhorn das *Seitenhorn,* **Cornu laterale AB5.** Im **Sulcus lateralis dorsalis A6** treten die Fasern der Hinterwurzel **AB7** ein. Die Fasern der Vorderwurzel **AB8** gehen als dünne Bündel an der Vorderseite des Rückenmarks ab.

Das Hinterhorn gilt als Flügelplattenabkömmling (sensibel) und enthält Neurone afferenter Systeme B. Das Vorderhorn gilt als Grundplattenabkömmling (motorisch) und enthält die motorischen Vorderhornzellen, deren efferente Fasern zur Muskulatur ziehen. Im Seitenhorn liegen vegetative Nervenzellen des Sympathicus (S. 272).

Die **weiße Substanz** wird gegliedert in den *Hinterstrang,* **Funiculus dorsalis A9** (vom *Septum dorsale* **A10** bis zum Hinterhorn), den *Seitenstrang,* **Funiculus lateralis A11** (vom Hinterhorn bis zur Vorderwurzel) und in den *Vorderstrang,* **Funiculus ventralis A12** (von der Vorderwurzel bis zur Fissura ventralis **A13**). Die beiden letzteren werden als **Vorderseitenstrang** zusammengefaßt. Beide Rückenmarkshälften verbindet die **Commissura alba A14.**

Reflexbogen

Über die afferenten Fasern der Hinterwurzel, die von den Nervenzellen des Spinalganglions ihren Ursprung nehmen, wird die sensible Erregung den Hinterhornzellen des Rückenmarks übermittelt und von diesen zum Gehirn weitergeleitet **C.** Die Umschaltung kann auch in der Medulla oblongata erfolgen. Die afferenten Fasern können aber auch zu den Vorderhornzellen verlaufen und die Erregung auf sie übertragen. Die so ausgelöste Muskelreaktion bezeichnet man als *Reflex,* die Neuronenschaltung als *Reflexbogen* **D.** Im allgemeinen laufen die afferenten Fasern nicht bis zum motorischen Neuron *(monosynaptischer Reflexbogen),* sondern es sind Zwischenneurone eingeschaltet *(multisynaptischer Reflexbogen)* **E.**

Klinisch wichtig sind der **Eigenreflex** *(Dehnungsreflex)* und der **Fremdreflex** *(Fluchtreflex).* Beim Eigenreflex **F** wird ein Muskel durch einen Schlag auf seine Sehne kurz gedehnt, und es kommt durch die Reizung der Muskelrezeptoren als Gegenreaktion zu einer momentanen Kontraktion des Muskels. Der Reflex läuft in einer Rückenmarkshöhe über wenige Neurone ab. Beim Fremdreflex **G** werden Hautrezeptoren gereizt (Schmerz), und es kommt durch die koordinierte Aktion mehrerer Muskelgruppen zu einer Fluchtbewegung. Dabei breitet sich die Erregung über verschiedene Höhen des Rückenmarks unter Einschaltung zahlreicher Zwischenneurone aus.

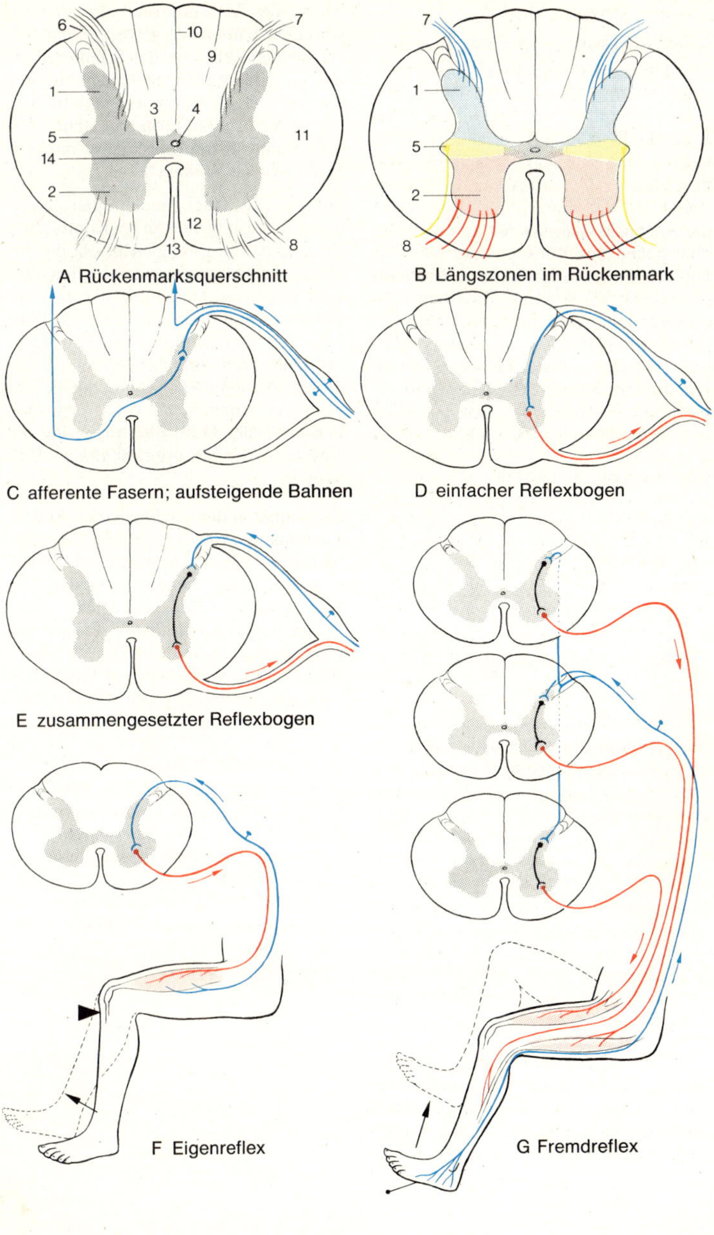

A Rückenmarksquerschnitt

B Längszonen im Rückenmark

C afferente Fasern; aufsteigende Bahnen

D einfacher Reflexbogen

E zusammengesetzter Reflexbogen

F Eigenreflex

G Fremdreflex

Graue Substanz und Eigenapparat

Das **Hinterhorn wird vom** *Nucleus proprius* **A1,** dem Hauptanteil des Hinterhornes, gebildet, von dem sich der **Nucleus dorsalis** *(Clarke)* **A2** abhebt. Dem Nucleus proprius liegt dorsal die **Substantia gelatinosa** *(Rolandi)* **A3** an. Ihr sitzt als Abschluß des Hinterhorns kappenartig die **Substantia spongiosa A4** auf. Von der Oberfläche des Rückenmarks wird das Hinterhorn durch den **Tractus dorsolateralis** *(Lissauer)* **A5** getrennt. Zwischen Hinterhorn und Vorderhorn liegt die *Substantia intermedia* **A6** und lateral von ihr das Seitenhorn, **Cornu laterale A7.** Zwischen Hinterhorn und Seitenhorn ist die Grenze zur weißen Substanz aufgelokkert *(Formatio reticularis)* **A8.**

Im **Vorderhorn** sind die motorischen Neurone in Kerngruppen angeordnet: mediale Kerngruppe: *Nucleus ventromedialis* **A9** und *Nucleus dorsomedialis* **A10,** laterale Kerngruppe: *Nucleus ventrolateralis* **A11,** *Nucleus dorsolateralis* **A12** und *Nucleus retrodorsolateralis* **A13**; schließlich eine zentrale Gruppe im Halsmark: Nucleus phrenicus, Nucleus accessorius.

Das Vorderhorn besitzt eine somatotopische Gliederung, nach der die Zellen der medialen Kerngruppen die Nacken- und Rückenmuskulatur, die Interkostal- und Abdominalmuskulatur **B14** versorgen. Die Zellen des Nucleus ventrolateralis versorgen die Muskeln von Schultergürtel und Oberarm **B15,** die Zellen des Nucleus dorsolateralis die Muskulatur von Unterarm und Hand **B16.** Der Nucleus retrodorsolateralis schließlich enthält besonders große motorische Elemente, welche die kleinen Fingermuskeln **B17** versorgen.

Im ventralen Feld des Vorderhornes liegen die Zellen für die Streckmuskulatur **B18,** dorsal davon die Zellen für die Beugemuskulatur **B19.** Die somatotopische Gliederung nimmt nicht die gleiche Ebene des Vorderhornes ein, sondern verteilt sich über eine gewisse Höhe derart, daß die Zellen für den Schultergrütel in einer höheren Ebene liegen, darunter die für den Oberarm und auf tieferer Ebene die für Unterarm und Hand. Auf die gesamte Körpermuskulatur bezogen ergibt sich das Schema C.

Für das Zustandekommen einer geordneten Bewegung müssen bei Kontraktion einer Muskelgruppe gleichzeitig die zugehörigen Antagonisten erschlaffen. Das wird durch die Hemmung der entsprechenden Vorderhornzellen erreicht. Gibt z. B. ein Neuron für die Streckmuskulatur **D18** einen Impuls weiter, so wird dieser über eine Axonkollaterale gleichzeitig auf hemmende Zwischenneurone, **Renshaw-Zellen D20,** übertragen die die Neurone der Beugemuskulatur **D19** hemmen.

Eigenapparat des Rückenmarks. Andere Zwischenneurone vermitteln die Ausbreitung der Erregung über mehrere Etagen, gleichseitig oder auf der Gegenseite. Ihre auf- und absteigenden Fasern verlaufen in den *Grundbündeln,* **Fasciculi proprii E21,** die direkt der grauen Substanz anliegen. Im allgemeinen reichen die auf- und absteigenden Fasern nur über ein oder zwei Wurzelhöhen. Nach neueren Untersuchungen enthalten die Fasciculi proprii aber auch lange Fasern, die Zervikalmark und Lumbalmark verbinden (Katze, Affe). Diese Fasern übermitteln erregende und hemmende Impulse an motorische Vorderhornzellen, was für die Bewegungskoordination der vorderen und hinteren Extremitäten beim Laufen von Bedeutung sein soll. Der Tractus dorsolateralis E5 enthält zur Hälfte Fasern des Eigenapparates.

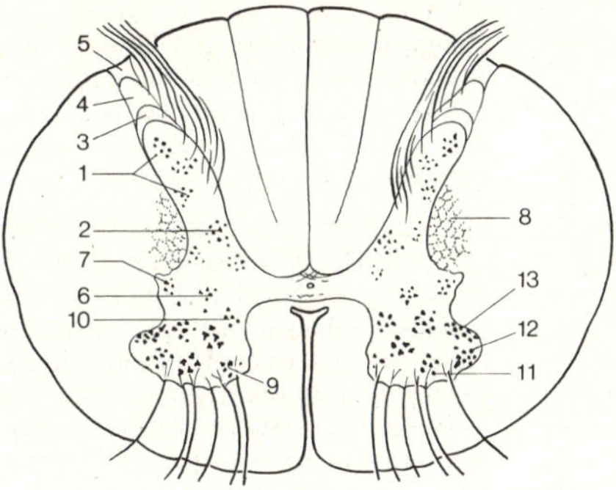

A graue Substanz und Spinalwurzeln

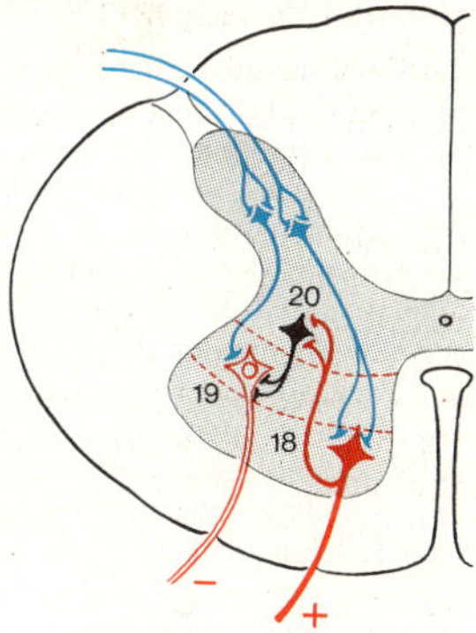

D Neuronenschaltung im Rückenmark

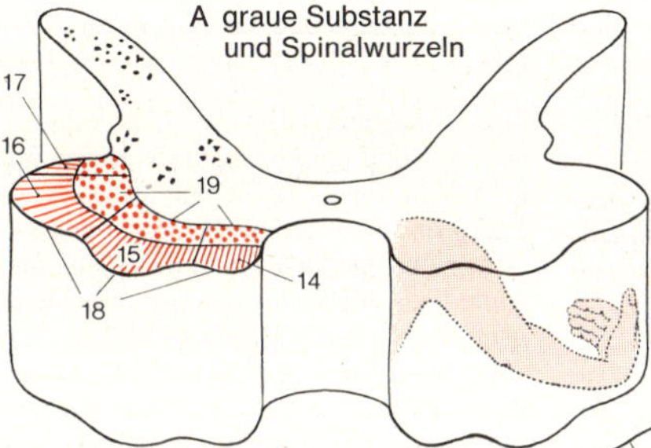

B Somatotopik der grauen Substanz im Zervikalmark

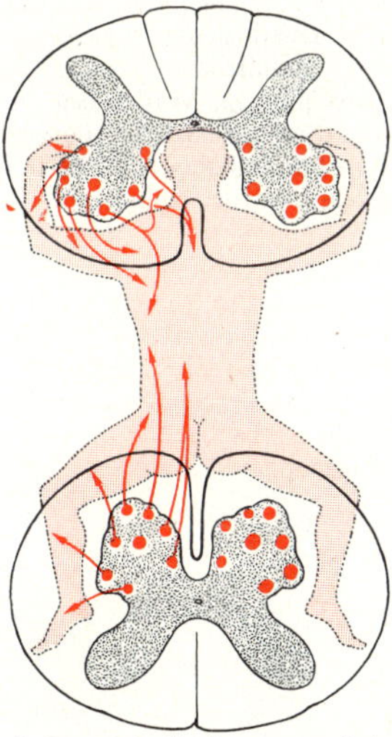

C Somatotopik der grauen Substanz Übersicht (nach Bossy)

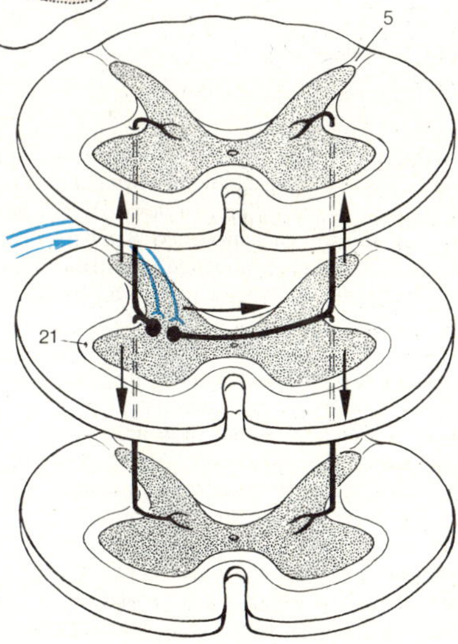

E Grundbündel

Rückenmarksquerschnitte

Die Querschnitte variieren in verschiedenen Höhen erheblich. Im Bereich der zervikalen und lumbalen Intumeszenz ist der Querschnitt größer als im übrigen Rückenmark, am größten in Höhe von C4–C5 und L4–L5. In beiden Anschwellungen führen die zahlreichen Neurone zur Versorgung der Extremitäten zu einer Vergrößerung der grauen Substanz. Die weiße Substanz ist zervikal am umfangreichsten und nimmt kaudalwärts immer mehr ab: die aufsteigenden sensiblen Bahnen nehmen durch hinzukommende Fasern von sakral nach zervikal zu, die absteigenden motorischen Bahnen nehmen durch die Endigung der Fasern in verschiedenen Etagen von zervikal nach sakral ab.

Die Schmetterlingsfigur der grauen Substanz verändert in den verschiedenen Höhen ihre Gestalt, ebenso der **Tractus dorsolateralis** *(Lissauer)* **A–D 1.**

Das **Hinterhorn** ist im Zervikalmark schlank und endet mit einer kappenförmigen Zona spongiosa *(Nucleus dorsomarginalis)* **A3.** Der seitliche Winkel zwischen Hinter- und Vorderhorn wird von der Formatio reticularis **AD3** eingenommen. Die Substantia gelatinosa (Rolandi) **A-D4** enthält kleine überwiegend peptiderge Nervenzellen, an denen Hinterwurzelfasern verschiedenen Kalibers enden, außerdem absteigende Fasern aus dem Hirnstamm (Nuclei raphes S. 100 B28 und Formatio reticularis S. 138). Die marklosen Fortsätze der Neurone steigen im Lissauerschen Trakt ein bis vier Wurzelhöhen auf- oder abwärts und treten wieder in die Substantia gelatinosa ein. Ein Teil der Fortsätze verläuft im Tractus spinothalamicus lateralis zum Thalamus (S. 298). Im **Ncl. dorsalis** *(Clarke)* **AB5** enden die Fasern der propriozeptiven Sensibilität aus der Muskulatur (Muskelspindeln), und es beginnen zum Kleinhirn führende Bahnen. Die reduzierte graue Substanz des Thorakalmarkes besitzt ein schmächtiges Hinterhorn mit einem markanten *Nucleus dorsalis.* Im plumpen Hinterhorn des Lumbal- und Sakralmarkes ist die Substantia gelatinosa CD4 stark vergrößert und wird dorsal vom schmalen Band der Zona spongiosa begrenzt CD2.

Das **Seitenhorn** bildet im Thorakalmark die **Substantia intermediolateralis B6.** Es enthält sympathische Nervenzellen vorwiegend für die Vasomotorik, deren efferente Fasern über die Hinterwurzel austreten sollen. Medial liegen sympathische Nervenzellen im **Nucleus intermediomedialis B7.** Im Sakralmark bilden parasympathische Nervenzellen einen *Nucleus intermediolateralis* und *intermediomedialis* **D8.**

Das **Vorderhorn** ladet im Zervikalmark weit aus und enthält mehrere Kerne mit großen motorischen Zellen, die alle cholinerg sind: die mediale Kerngruppe (*Nucleus ventromedialis* **A9** und *Nucleus dorsomedialis* **A10**) und die laterale Kerngruppe (*Nucleus ventrolateralis* **A11,** *Nucleus dorsolateralis* **A12** und *Nucleus retrodorsolateralis* **A13**). Im Versorgungsbereich der oberen Extremitäten ist das Vorderhorn weit mehr differenziert als im Thorakalmark, in dem sich nur wenige Zellgruppen identifizieren lassen. Das ausgedehnte plumpe Vorderhorn des Lumbal- und Sakralmarkes, von dem aus die unteren Extremitäten versorgt werden, enthält wieder mehrere Kerngruppen.

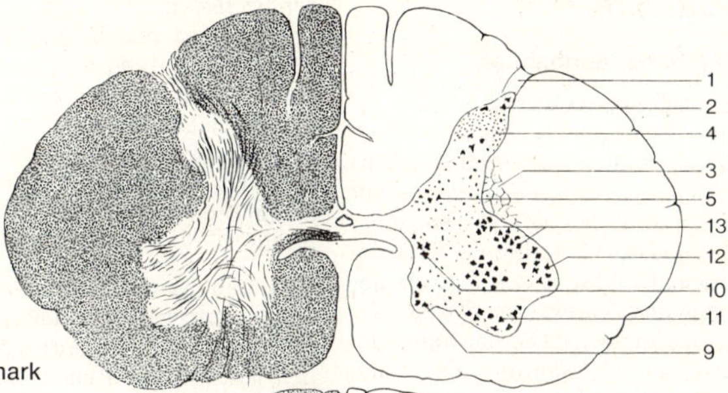

A Zervikalmark

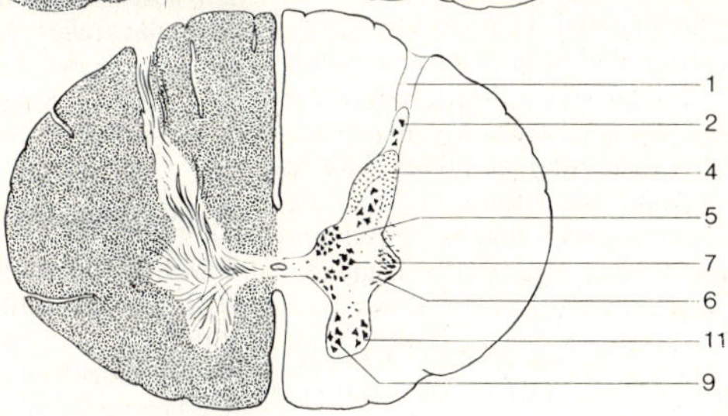

B Thorakalmark

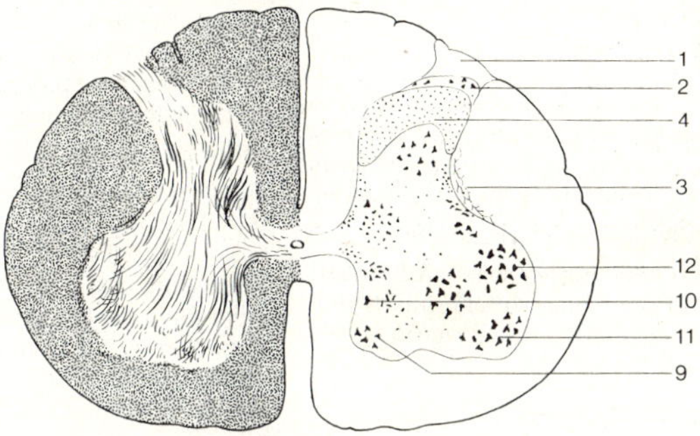

C Lumbalmark

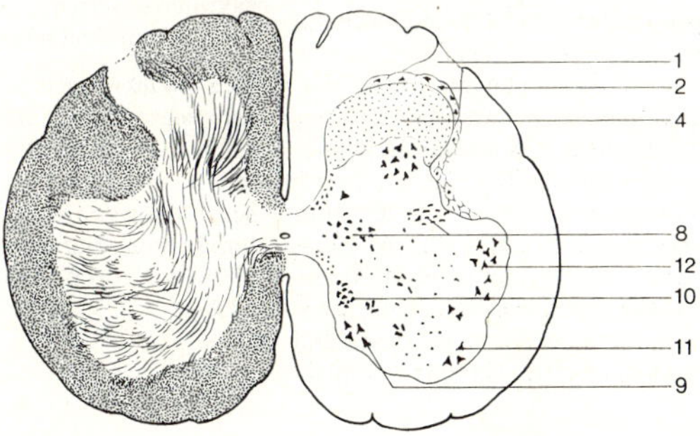

D Sakralmark

Aufsteigende Bahnen

Vorderseitenstrangbahnen

Tractus spinothalamicus lateralis A1. Die zuführenden markarmen Hinterwurzelfasern **A2** (1. Neuron der sensiblen Bahn) gabeln sich im *Tractus dorsolateralis* auf und enden an Zellen der *Substantia gelantinosa* und des Hinterhornes. Von diesen gehen die Fasern des Traktus ab, kreuzen in der *Commissura alba* zur Gegenseite und steigen im Seitenstrang zum Thalamus auf (2. Neuron). Die Bahn leitet Schmerz und Temperaturempfindung, extero- und propriozeptive Impulse. Sie ist somatotopisch gegliedert: sakrale und lumbale Fasern liegen dorsolateral, thorakale und zervikale Fasern ventromedial. Die Fasern für die Schmerzempfindung liegen wahrscheinlich oberflächlich, die für die Temperaturempfindung tiefer.

Tractus spinothalamicus ventralis A3. Die zuleitenden Fasern **A4** (1. Neuron) gabeln sich in auf- und absteigende Zweige und enden an Hinterhornzellen, deren Fasern zur Gegenseite kreuzen und im Vorderstrang zum Thalamus aufsteigen (2. Neuron). Sie leiten grobe Druck- und Tastempfindung und werden mit dem lateralen Trakt als Bahn der **protopathischen Sensibilität** zusammengefaßt.

Der **Tractus spinotectalis A5** führt Schmerzfasern zum Mittelhirndach (Pupillenverengung bei Schmerzen).

Hinterstrangbahnen

Fasciculus gracilis *(Goll)* **C6** und **Fasciculus cuneatus** *(Burdach)* **C7.** Die dicken, stark bemarkten Fasern steigen ohne Umschaltung in den gleichseitigen Hintersträngen nach oben. Sie gehören zum 1. Neuron der sensiblen Bahn und enden an den Nervenzellen (2. Neuron) der Hinterstrangkerne (S. 132 B5, 8). Sie leiten exterozeptive und propriozeptive Impulse der **epikritischen Sensibilität** (exterozeptiv: Informationen über Lokalisation und Qualität der Tastempfindung; propriozeptiv: Informationen über Stellung der Extremitäten und Körperhaltung). Die Hinterstränge besitzen eine somatotopische Gliederung: die sakralen Fasern liegen medial; es folgen nach lateral die lumbalen und thorakalen *(Fasciculus gracilis)*. Die Fasern von Th3 bis C2 liegen lateral und bilden den *Fasciculus cuneatus.*

Von den aufsteigenden Fasern gehen kurze absteigende Kollateralen **C8** ab. Sie enden an Hinterhornzellen und bilden geschlossene Bündel, im Zervikalmark das *Schultzesche Komma* **D9,** *im Thorakalmark* das *Flechsigsche ovale Feld* **D10,** im Sakralmark die *Phillippe-Gombaultsche Triangel* **D11.**

Kleinhirnseitenstrangbahnen

Tractus spinocerebellaris dorsalis *(Flechsig)* **B12.** Die zuführenden Hinterwurzelfasern (1. Neuron) enden an den Zellen des **Nucleus dorsalis** *(Clarke)* **B13,** von denen der Tractus (2. Neuron) seinen Ursprung nimmt. Er zieht am Rande des gleichseitigen Seitenstranges zum Kleinhirn und leitet vorwiegend propriozeptive Impulse (von Gelenken, Sehnen, Muskelspindeln).

Tractus spinocerebellaris ventralis *(Gowers)* **B14.** Die Ursprungszellen liegen im Hinterhorn. Ihre Fasern (2. Neuron) steigen gleichseitig und gekreuzt am ventrolateralen Rand des Rückenmarks zum Kleinhirn, dem sie extero- und propriozeptive Impulse zuführen. Beide Kleinhirnbahnen sind somatotopisch gegliedert: die sakralen Fasern liegen dorsal, die lumbalen und thorakalen liegen ventral davon.

Der **Tractus spinoolivaris B15** und der **Tractus spinovestibularis B16** entspringen den Hinterhornzellen des Zervikalmarks und leiten vorwiegend propriozeptive Impulse zur unteren Olive und zu den Vestibulariskernen. Nervenzellen im Spinalganglion (1. Neuron) **ABC17** (S. 56, 58 A 13, 64 A 7).

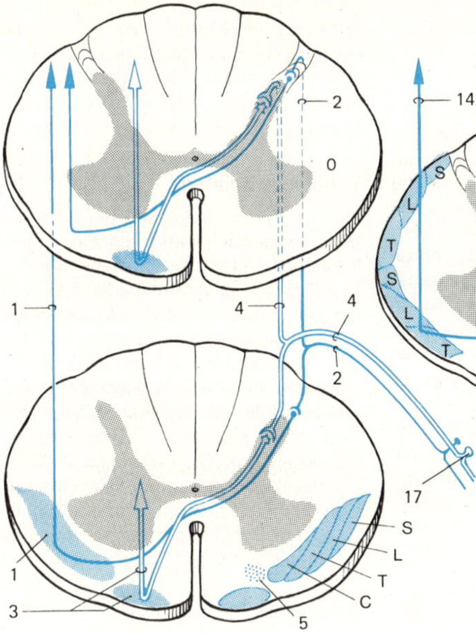

A Tractus spinothalamicus
lateralis et ventralis

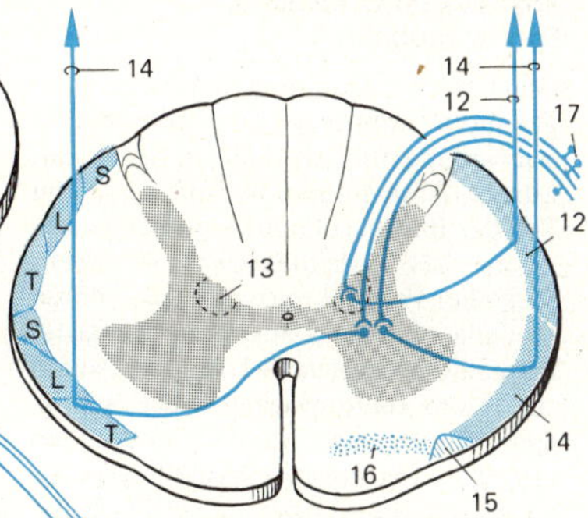

B Tractus spinocerebellaris
ventralis et dorsalis

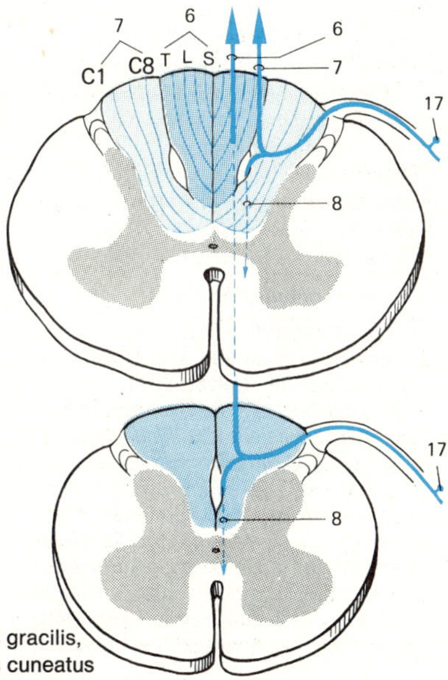

C Fasciculus gracilis,
Fasciculus cuneatus

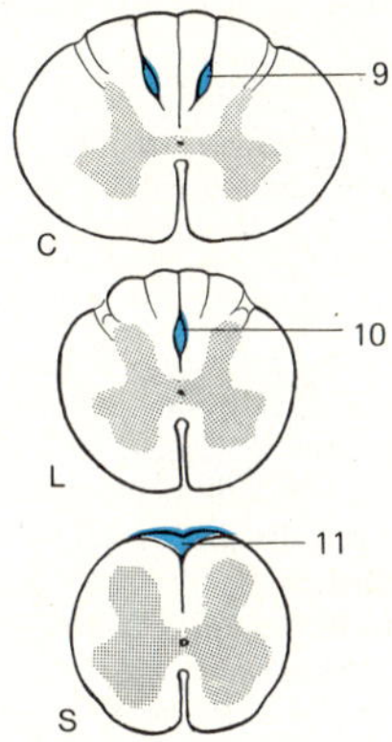

D absteigende Fasern
der Hinterstränge

Absteigende Bahnen

Tractus corticospinalis, Pyramidenbahn A

Die Fasern haben zum überwiegenden Teil ihren Ursprung in der vorderen Zentralwindung und dem davor liegenden Cortex, Area 4 und 6 (S. 232, 234). Ein Teil der Fasern soll auch von Rindenbezirken des Parietallappens stammen. 80% aller Fasern kreuzen in der unteren Medulla oblongata auf die Gegenseite, **Decussatio pyramidum A1,** und verlaufen als **Tractus corticospinalis lateralis A2** im Seitenstrang. Der Rest verläuft ungekreuzt als **Tractus corticospinalis anterior A3** im Vorderstrang und kreuzt erst in Höhe seiner Endigung. Über die Hälfte der Pyramidenbahnfasern endet im Zervikalmark zur Versorgung der oberen Extremität, ein Viertel endet im Lumbosakralmark zur Versorgung der unteren Extremität. Im Seitenstrang ist eine somatotopische Gliederung erkennbar, nach der die Fasern für die untere Extremität außen, die Fasern für Rumpf und obere Extremität weiter innen liegen. Die Fasern enden zum größten Teil an Zwischenneuronen, die die Impulse für die willkürliche Motorik an die Vorderhornzellen weitergeben. Die Fasern leiten jedoch nicht nur Erregungen zu den Vorderhornzellen, sondern übermitteln auch über Zwischenneurone kortikale Hemmungen (S. 286, 294).

Extrapyramidale Bahnen B

Als extrapyramidale Bahnen werden absteigende Systeme aus dem Hirnstamm zusammengefaßt, welche die Motorik beeinflussen (S. 288): *Tractus vestibulospinalis* **B4** (Gleichgewicht, Muskeltonus), *Tractus reticulospinalis ventralis et lateralis* **B5** aus der Brücke, *Tractus reticulospinalis lateralis* **B6** aus der Medulla oblongata und *Tractus tegmentospinalis* **B7** aus dem Mittelhirn. Der *Tractus rubrospinalis* **B8** (beim Menschen weitgehend durch den Tractus tegmentospinalis ersetzt) und der *Tractus tectospinalis* **B9** enden im Zervikalmark und beeinflussen nur die differenzierte Motorik von Kopf und oberer Extremität. Der Fasciculus longitudinalis medialis **B10** enthält verschiedene Fasersysteme des Hirnstammes (S. 134).

Vegetative Bahnen

Die *vegetativen Bahnen* **C** bestehen aus markarmen oder marklosen Fasern und bilden nur selten geschlossene Bündel. Der Tractus parependymalis **C11** verläuft beiderseits des Zentralkanals. Seine auf- und absteigenden Fasern sind bis in das Zwischenhirn (Hypothalamus) zu verfolgen und sollen Impulse für die Genitalfunktion, die Miktion und Defäkation leiten. Ventral vom Pyramidenseitenstrang verläuft die absteigende Bahn für Vasokonstriktion und Schweißsekretion (Foerster) **C12** mit einer der Pyramidenseitenstrangbahn entsprechenden somatotopischen Gliederung.

Darstellung der Bahnen

Die verschiedenen Bahnensysteme sind auf dem normalen Rückenmarksquerschnitt nicht zu erkennen. Nur unter besonderen Bedingungen, bei experimentellen Durchschneidungen, bei Rückenmarksverletzungen oder während der Entwicklung werden einzelne von ihnen sichtbar. Während der Entwicklung werden die Bahnen zu verschiedener Zeit markreif und heben sich dadurch voneinander ab, wie z. B. die spät markreife Pyramidenbahn D2. Bei Verletzungen degenerieren die distalen, vom Perikaryon abgetrennten Fasern, wodurch ihr Areal im Rückenmark sichtbar wird, wie z. B. der Fasciculus gracilis **E13.**

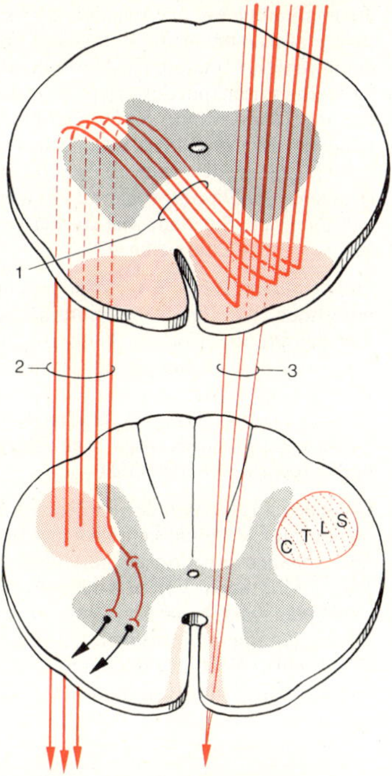

A Tractus corticospinalis anterior et lateralis Pyramidenbahn

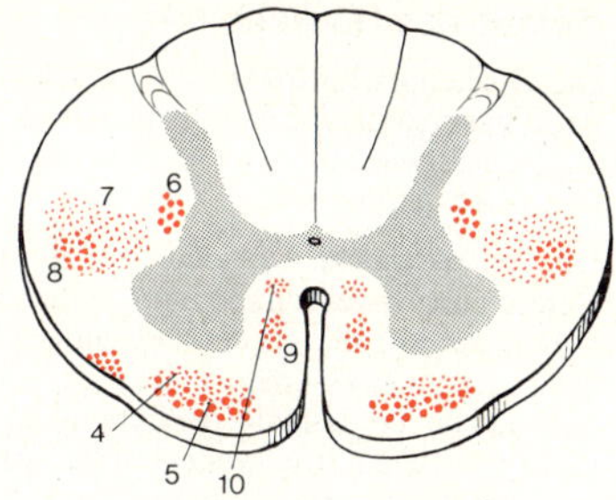

B absteigende Bahnen

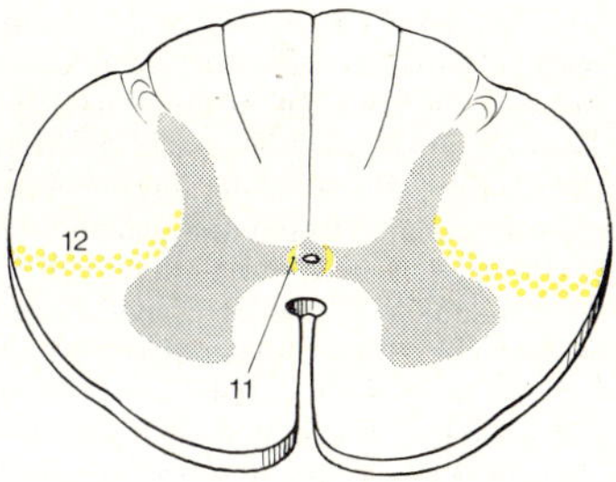

C vegetative Bahnen

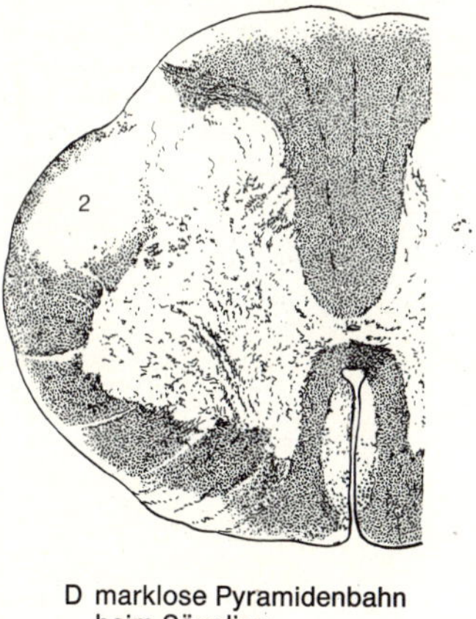

D marklose Pyramidenbahn beim Säugling

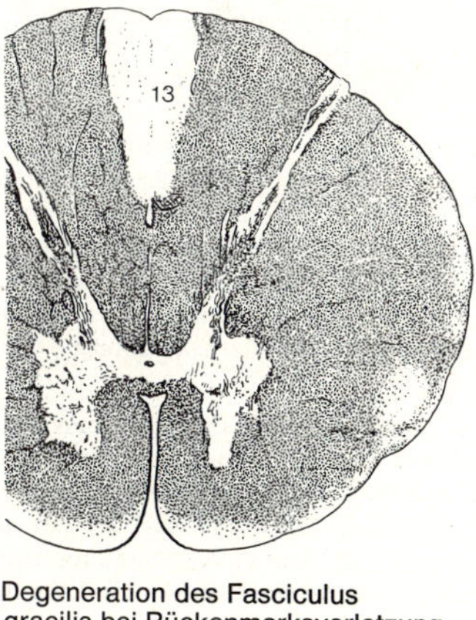

E Degeneration des Fasciculus gracilis bei Rückenmarksverletzung

Gefäße des Rückenmarks

Das Rückenmark wird von zwei Quellen mit Blut versorgt: von den *Aa. vertebrales* und den *Segmentarterien (Aa. intercostales* und *Aa. lumbales)*.

Die **Aa. vertebrales A1** geben vor ihrer Vereinigung zwei dünne *Aa. spinales posteriores* ab, die an der Dorsalfläche des Rückenmarks einen Plexus kleiner Arterien bilden. In Höhe der Pyramidenkreuzung gehen zwei weitere Äste von den Aa. vertebrales ab, die sich zur **A. spinalis ventralis A2** vereinigen. Sie verläuft an der Vorderfläche des Rückenmarks, am Eingang des Sulcus ventralis.

Segmentarterien C3. Von ihren dorsalen Ästen **C4** und von den Aa. vertrebrales zweigen die **Rami spinales C5** ab, die zur Versorgung der Spinalwurzeln und der Rückenmarkshäute in die Foramina intervertebralia eintreten und sich mit den Spinalwurzeln in dorsale und ventrale Äste teilen. Von den 31 Spinalarterien dringen nur 8 bis 10 bis zum Rückenmark vor und tragen zu seiner Blutversorgung bei. Die Höhen, in denen die Radikulararterien an das Rückenmark herantreten, variieren, ebenso die Größe der Gefäße. Das größte tritt in Höhe der Intumescentia lumbalis zwischen Th12 und L3 heran (**A. radicularis magna**) **A6.**

Die **A. spinalis ventralis** hat ihre größte Weite in Höhe der zervikalen und lumbalen Anschwellung. Im mittleren Brustmark ist ihr Umfang stark reduziert. Da es sich zugleich um ein Grenzgebiet zwischen zwei versorgenden Radikulararterien handelt, ist der Rückenmarksabschnitt bei Störungen der Durchblutung besonders gefährdet. Je nach Variation der Radikulararterien kann das auch für andere Rückenmarksabschnitte zutreffen.

Von der A. spinalis ventralis gehen zahlreiche kleine Arterien in den Sulcus ventralis ab, *Aa. sulcocommissurales* **D7.** Im Zervikal- und Thorakalmark biegen sie an der Commissura alba alternierend zur rechten oder linken Rückenmarkshälfte ab; im Lumbal- und Sakralmark teilen sie sich in zwei Äste. Außerdem gehen von der vorderen Spinalarterie Anastomosen zu den hinteren Spinalarterien ab, so daß das Rückenmark von einem Gefäßring umgeben ist **(Vasocorona) D8,** von dem aus Gefäße in die weiße Substanz einstrahlen. Injektionspräparate zeigen, daß die graue Substanz viel stärker vaskularisiert ist als die weiße D.

Die *A. spinalis ventralis* versorgt die Vorderhörner, die Basis der Hinterhörner und den größten Teil des Vorderseitenstranges **E9.** Die Hinterstränge und den Rest der Hinterhörner versorgen die *Aa. spinales dorsales* **E10.** Die Randzone des Vorderseitenstranges wird vom Plexus der Vasocorona versorgt **E11.**

Die **spinalen Venen** B bilden ein Netzwerk, an dem eine V. spinalis anterior und zwei Vv. spinales posteriores hervortreten. Die abführenden Venen verlaufen mit den Spinalwurzeln und münden in den epiduralen Venenplexus (s. Bd. 2, S. 60). Die spinalen Venen sind bis zum Durchtritt durch die Dura klappenlos.

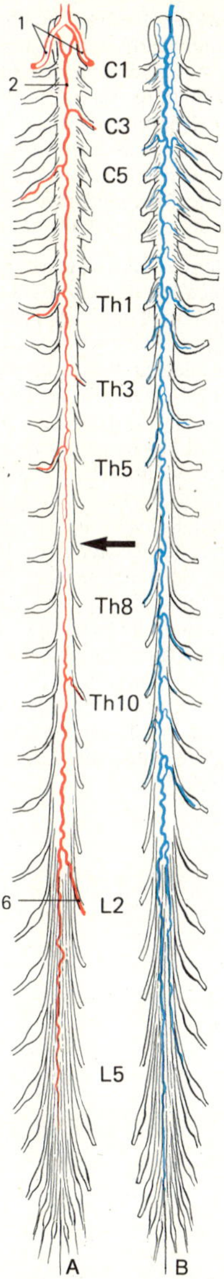

Arterien und Venen des Rückenmarks

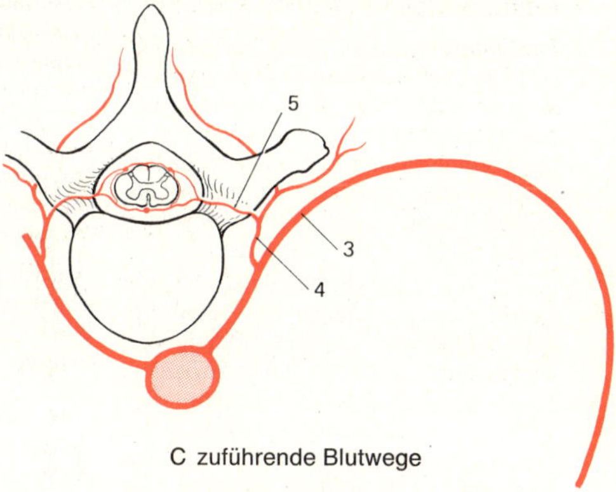

C zuführende Blutwege

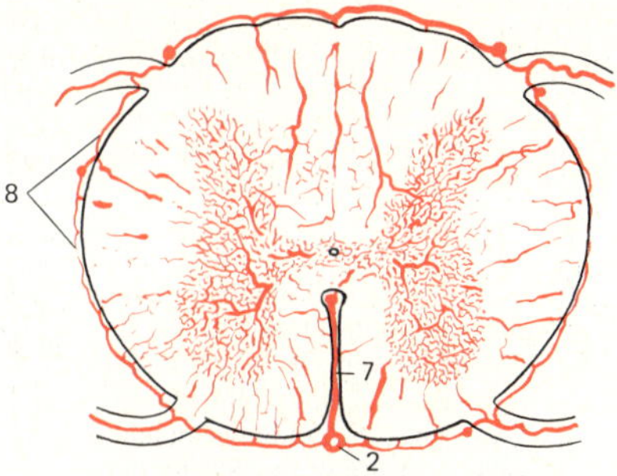

D Vaskularisation des Rückenmarks

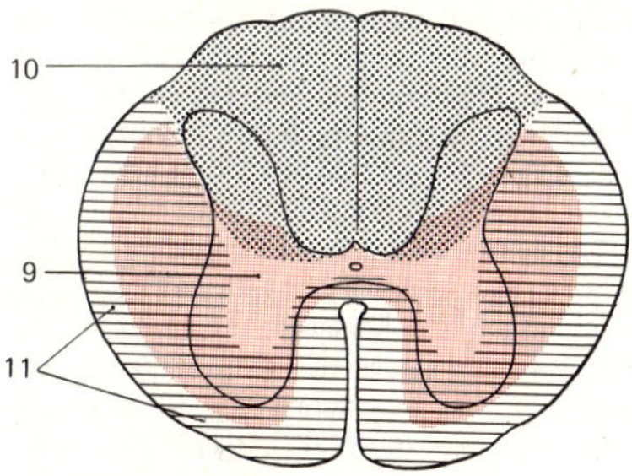

E Versorgungsgebiete der Rückenmarksarterien (nach Gillilan)

Spinalganglion und Hinterwurzel

Die hintere Spinalwurzel enthält als spindelförmige Auftreibung das **Spinalganglion** A, eine Anhäufung sensibler Neurone, deren zweigeteilte Fortsätze einen Ast in die Peripherie und den anderen in das Rückenmark schicken. Sie liegen als Zellnester oder als Zellreihen zwischen den Bündeln der Nervenfasern.

Die Zellen stammen aus dem lateralen Bezirk der *Neuralplatte* **C1,** beteiligen sich jedoch nicht an der Bildung des Neuralrohres, sondern bleiben zu beiden Seiten als **Neuralleiste C2** liegen. Man kann daher die Spinalganglien als in die Peripherie verlagerte graue Substanz des Rückenmarks bezeichnen. Weitere Abkömmlinge der Neuralleiste sind die Zellen der vegetativen Ganglien, der Paraganglien und des Nebennierenmarks.

Von der Kapsel **A3** des Spinalganglions, die in das Perineurium des Spinalnerven übergeht, strahlt Bindegewebe in das Innere und bildet für jedes Neuron eine Hülle *(endoganglionäres Bindegewebe)* **B4.** Die innerste Hülle jedoch bilden ektodermale *Satellitenzellen* **BE5,** die von einer Basalmembran umgeben sind, vergleichbar den Schwannschen Zellen der peripheren Nerven. Die großen Nervenzellen **B6E** mit bemarktem und zu einem *Glomerulus* zusammengeknäuelten Fortsatz machen nur ein Drittel der Zellen aus. Sie leiten Impulse der epikritischen Sensibilität. Der Rest besteht aus mittelgroßen und kleinen Ganglienzellen mit markarmen oder marklosen Nervenfasern, die Schmerzreize und Sensationen aus dem Intestinum leiten sollen. Auch multipolare Elemente kommen vor.

Die Spinalganglienzellen sind ursprünglich bipolare Zellen. Da sich während der Entwicklung beide Fortsätze zu einem Stamm vereinigen, der sich dann T-förmig aufgabelt, spricht man von *pseudounipolaren* Nervenzellen **D.**

Die **Hinterwurzel** ist dicker als die Vorderwurzel. Sie enthält Fasern von verschiedenem Kaliber, zu zwei Dritteln markarme und marklose Fasern. Die dünnen markarmen und marklosen Fasern, die Impulse der protopathischen Sensiblität leiten, treten durch den lateralen Teil der Wurzel in das Rückenmark ein **F7.** Die dicken markhaltigen Fasern vermitteln Impulse der epikritischen Sensibilität und treten durch den medialen Teil der Wurzel in das Rückenmark ein **F8.**

Am Eintritt in das Rückenmark sind in einem schmalen Streifen die Markscheiden verdünnt, so daß die Fasern marklos erscheinen. Diese Stelle wird als Grenze zwischen zentralem und peripherem Nervensystem angesehen (**Redlich-Obersteinersche Zone**) **G.** Im elektronenmikroskopischen Bild **H** deckt sich die Grenze nicht genau mit der Redlich-Obersteinerschen Zone. Die Grenze ist für jedes Axon der letzte Ranviersche Knoten vor dem Eintritt in das Rückenmark. Bis zu diesem ist die periphere Markscheide von einer Basalmembran umgeben. Das folgende Internodium besitzt keine Basalmembran mehr. Auch für die marklosen Fasern wird die Grenze durch die Basalmembran der umhüllenden Schwann-Zelle markiert. Die Basalmembran bildet eine Grenze, durch die nur Axone hindurchtreten.

A
Spinalganglion

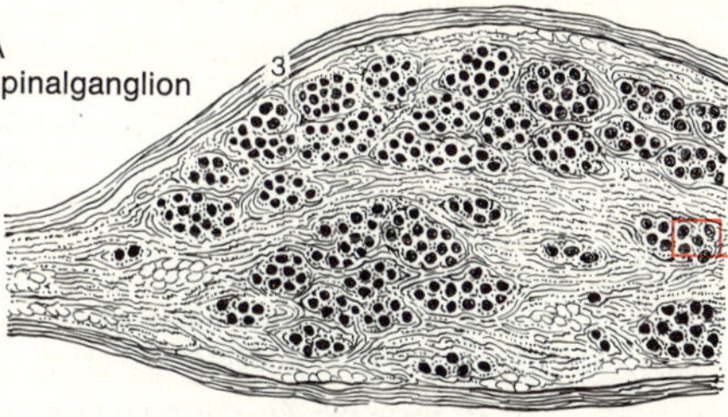

B Vergrößerung aus A

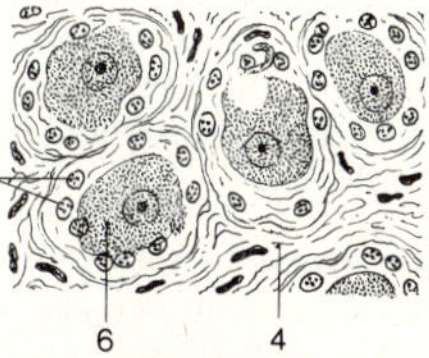

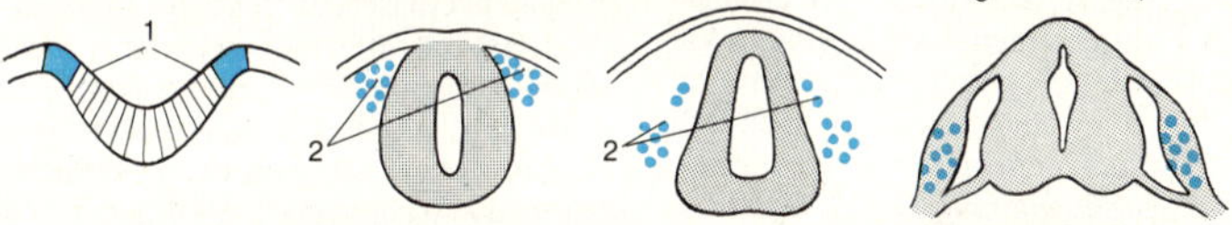

C Spinalganglion Entwicklung

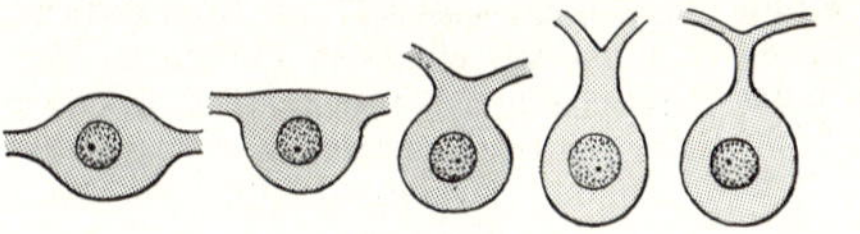

D Entwicklung der pseudounipolaren Ganglienzelle

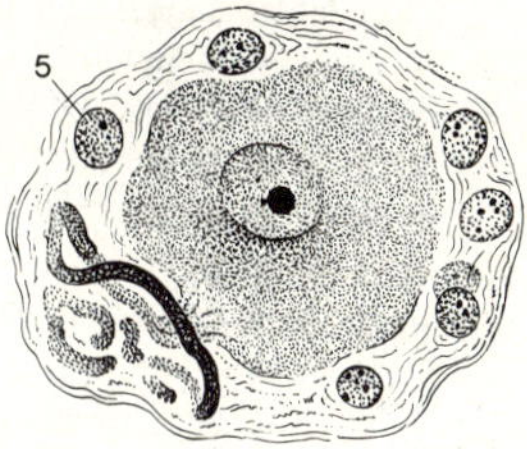

E Spinalganglienzelle

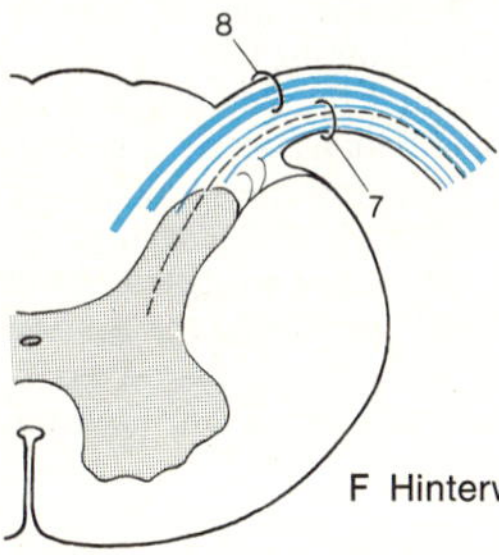

F Hinterwurzel

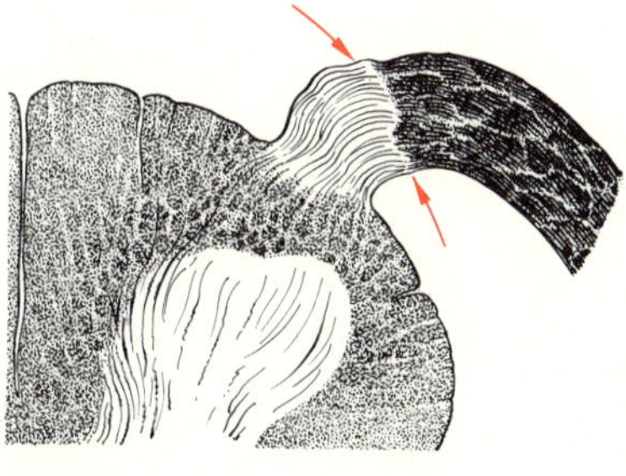

G Redlich-Obersteinersche Zone

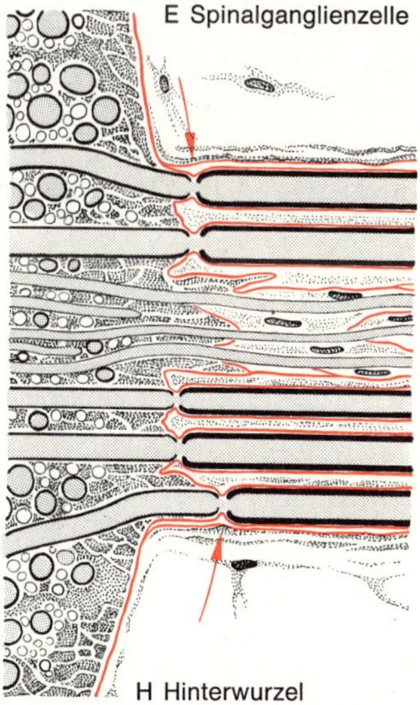

H Hinterwurzel
elektronenmikroskop.
Schema (nach Andres)

Rückenmarkshäute

Das Rückenmark ist im Wirbelkanal von drei bindegewebigen Hüllen umgeben: der harten *Rückenmarkshaut, Pachymeninx* oder **Dura mater spinalis A1,** und der *weichen Rückenmarkshaut,* Leptomeninx, **Arachnoidea spinalis A2** und **Pia mater spinalis A3.**

Die **Dura mater** spinalis bildet die äußere Hülle, die von der periostartigen Auskleidung des Wirbelkanals, der **Endorhachis A4,** durch einen Zwischenraum, **Cavum epidurale A5,** getrennt ist. Der Raum ist mit Fettgewebe ausgefüllt und enthält einen starken Venenplexus, *Plexus venosus vertebralis internus* (Bd. 2, S. 60 C). Die Dura bildet kaudal den Duralsack **B6,** der die Cauda equina **B7** umhüllt, und zieht schließlich als dünner Strang mit dem Filum terminale bis zum Periost des Steißbeins *(Filum terminale durae matris spinalis* **B8**). Nur am oralen Ende, am *Foramen magnum* (Os occipitale), ist der Duralsack am Knochen angeheftet. Der Epiduralraum bildet ein verschiebliches Polster für den Duralsack, der bei Bewegungen der Wirbelsäule und des Kopfes mitbewegt wird. Bei Kopfbeugung wird der Dursalsack nach oben gezogen, wobei auch das Zervikalmark mechanisch beansprucht wird: bei Kopfbeugung werden Wurzeln und Gefäße gestreckt **D9,** bei Rückwärtsneigung des Kopfes werden sie gestaucht **D10.**

Der Innenfläche der *Dura* liegt die **Arachnoidea** dicht an. Sie begrenzt den mit *Liquor cerebrospinalis* gefüllten *Subarachnoidalraum* **Cavum subarachnoideale AC11.** Zwischen Durainnenfläche und Arachnoidea liegt ein kapillarer Spalt, der *Subduralraum,* **Spatium subdurale**, der nur unter pathologischen Bedingungen (Subduralblutung) zu einem wirklichen Raum erweitert wird. Dura und Arachnoidea begleiten die *Spinalwurzeln* **AC12**, treten mit ihnen in die Foramina intervertebralia ein und umhüllen auch das *Spinalganglion* **ABC13.** Die trichterförmigen Wurzeltaschen enthalten in ihrem proximalen Teil noch Liquor. Die Dura geht dann in das *Epineurium* **A14,** die Arachnoidea in das *Perineurium* **A15** der Spinalnerven über. Der aus dem Wirbelkanal austretende Teil der Wurzel, der *Radikularnerv* **AC16,** nimmt im Zervikal- und Lumbosakralmark einen schräg abwärts gerichteten Verlauf, im mittleren Thorakalmark hingegen einen schräg nach oben gerichteten Verlauf C.

Die **Pia mater spinalis** grenzt direkt an die marginale Gliaschicht des Rückenmarks. Hier liegt die Grenze zwischen mesodermalen Hüllen und ektodermalem Nervengewebe. Die Pia enthält eine Vielzahl kleiner Gefäße, die von der Oberfläche aus in das Rückenmark eindringen. Zu beiden Seiten des Rückenmarks zieht von der Pia eine Bindegewebsplatte, das **Lig. denticulatum A17**, zur Dura und setzt an ihr mit einzelnen Zacken an. Das Ligament reicht vom Zervikalmark bis in das mittlere Lumbalmark und hält das im Liquor schwimmende Rückenmark in seiner Position fest.

Klinischer Hinweis: Aus dem unteren Abschnitt des Dursalsackes, der nur die Fasern der Cauda equina enthält, kann unter sterilen Bedingungen gefahrlos Liquor zur Untersuchung entnommen werden. Zu diesem Zweck geht man beim nach vorn gebeugten Patienten mit der Nadel zwischen den Fortsätzen des zweiten bis fünften Lendenwirbels in die Tiefe, bis Liquor abtropft *(Lumbalpunktion* E).

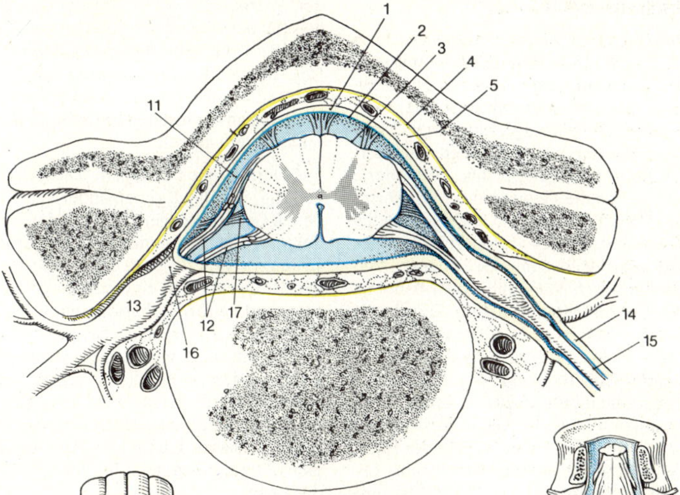

A Lage des Rückenmarkes im Wirbelkanal; Querschnitt
(nach Rauber-Kopsch)

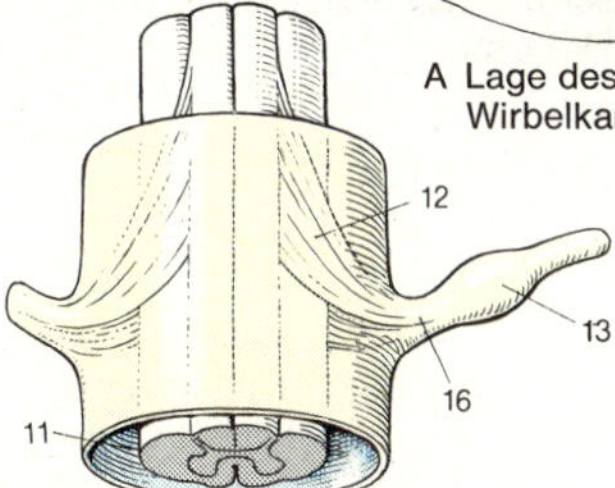

C Wurzel, Radikularnerv und Spinalganglion von dorsal

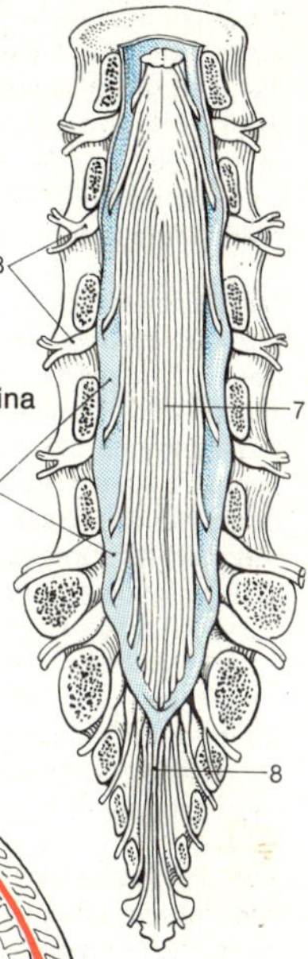

B Cauda equina

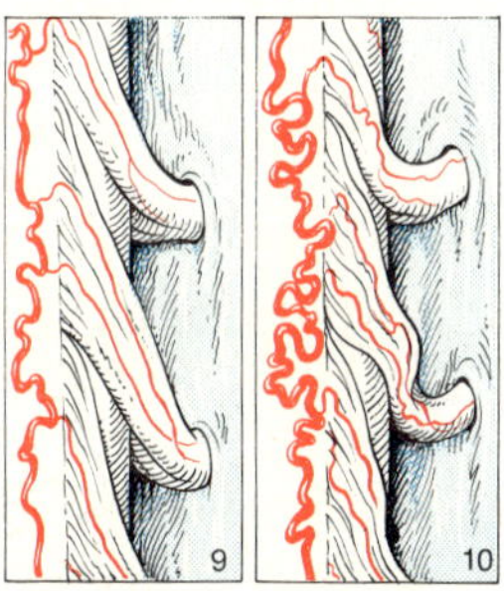

D Zervikalmark bei Beugung und Streckung des Halses (nach Breig)

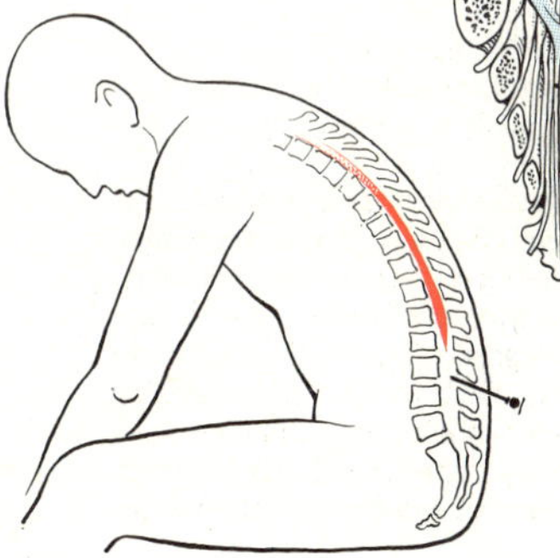

E Lumbalpunktion

Radikuläre Innervation

Der Wirbeltierkörper, mit Ausnahme des Kopfes, ist ursprünglich in eine Anzahl von Segmenten oder Metameren aufgeteilt. Als Reste einer solchen segmentalen Gliederung können beim Menschen noch die Wirbel, Rippen und Interkostalmuskeln gelten. Die Metamerie betrifft nur die Gewebe des Mesoderms *(Myotome, Sklerotome)*, nicht jedoch die Abkömmlinge des Ektoderms. Es gibt also keine Rückenmarkssegmente, sondern lediglich Ein- und Austrittshöhen der einzelnen Spinalwurzeln. Da sich die spinalen Fasern beim Austritt durch das Intervertebralloch zu Spinalnerven zusammenschließen, entsteht eine sekundäre, scheinbare Segmentierung. Die sensiblen Fasern der Spinalnerven versorgen streifenförmige Bezirke der Haut, die man als **Dermatome** bezeichnet, obwohl es sich auch bei ihnen um eine sekundäre segmentale Gliederung handelt. Sie ist eigentlich nur Ausdruck der radikulären Innervation.

Die Dermatome sind von großer Bedeutung für die Höhendiagnostik von Rükkenmarksschäden. Der Ausfall der Sensibilität in bestimmten Dermatomen weist auf eine bestimmte Höhe im Rükkenmark hin. Vereinfachte Anhaltspunkte sind die Linie durch die Brustwarzen, die als Grenze zwischen Th4 und Th5 gelten kann, und die Leistenbeuge, die als Grenze zwischen L1 und L2 gelten kann. Der erste zervikale Spinalnerv besitzt keine sensible Vertretung an der Körperoberfläche, denn das Spinalganglion seiner Hinterwurzel fehlt oder ist nur rudimentär angelegt.

Für die verschiedenen Qualitäten, Berührungsempfindung, Schmerzempfindung, Schweißsekretion oder Piloreaktion, ergeben sich etwas abweichende Segmentgrenzen. Das nebenstehende Schema A nach Sensibilitätsausfällen (Hypästhesie) bei Bandscheibenprolapsen aufgestellt, zeigt, wie die am Rumpf ringförmig verlaufenden Dermatome an den Extremitäten lang ausgezogen werden. Dabei können sie teilweise den Anschluß an die Mittellinie verlieren (C7, L5). Sie werden beim Aussprossen der Extremität während der Embryonalentwicklung an die distalen Extremitätenabschnitte verlagert C.

Die Dermatome überlagern sich dachziegelartig, wie die gegeneinander verschobenen Grenzen zeigen, die nach der Ausdehnung von Arealen bei Hinterwurzelschmerz (Hyperalgesie) aufgestellt wurden B. Der Ausfall einer einzelnen Hinterwurzel ist für Berührungsempfindung nicht nachweisbar, denn das zugehörige Dermatom wird von den benachbarten Dermatomen ebenfalls versorgt. Die Dermatome für Schmerz- und Temperaturempfindung sind schmäler, so daß bei Prüfung dieser Qualitäten der Ausfall eines Dermatoms noch festgestellt werden kann.

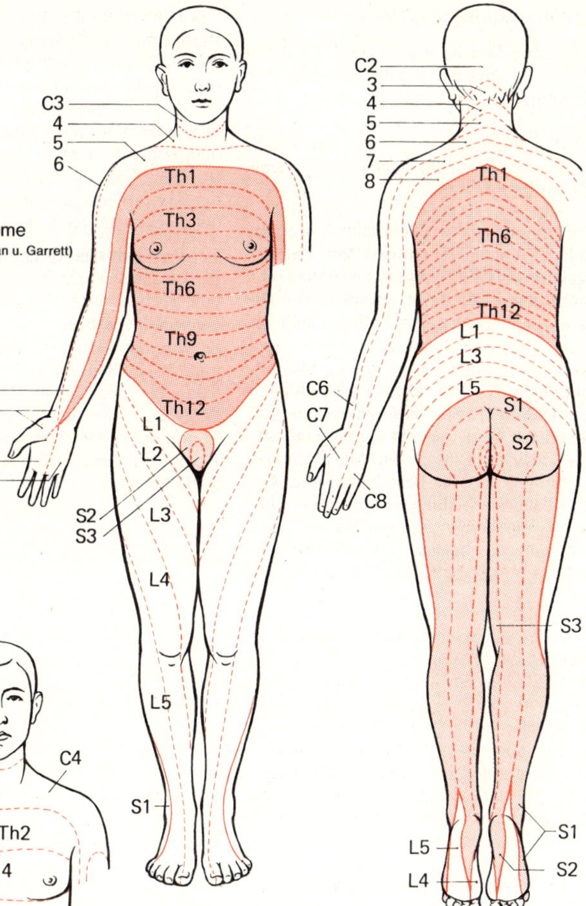

A Dermatome
(nach Keegan u. Garrett)

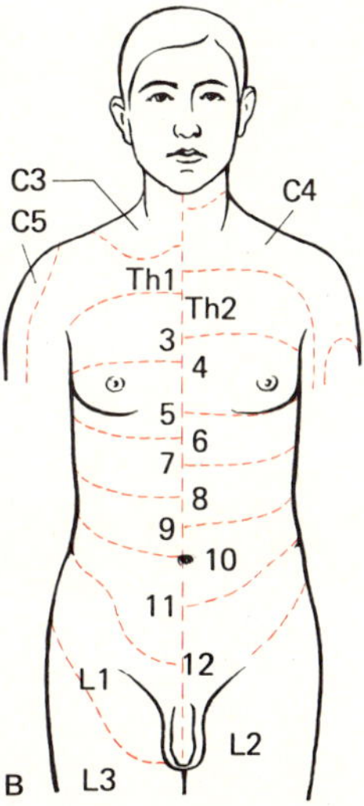

B Überlappung der Dermatome
(nach Förster)

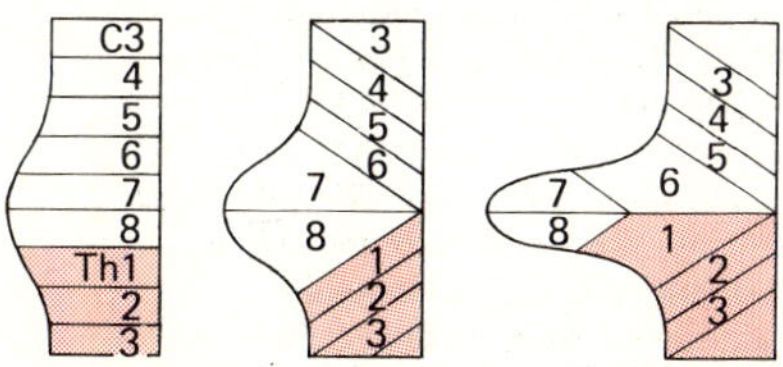

C Entwicklung der Dermatome an Extremitäten
(nach Bolk)

Rückenmarkssyndrome

Der anatomische Aufbau des Rückenmarks bedingt bei einer Schädigung das Zustandekommen ganz bestimmter Ausfallserscheinungen. Je nach dem Ort der Schädigung fallen unterschiedliche Bahnen aus und damit auch verschiedene Funktionen.

Bei einem **totalen Querschnitt** A werden alle absteigenden motorischen Bahnen durchtrennt, und es kommt unterhalb der Schädigung zu einer kompletten Lähmung. Gleichzeitig sind alle aufsteigenden sensiblen Bahnen unterbrochen, und es tritt unterhalb der Schädigung ein vollständiger Verlust aller Empfindungen ein. Wenn die Schädigung über dem Sakralmark liegt, besteht ein Ausfall der willkürlichen Blasen- und Mastdarmentleerung. Liegt die Schädigung über der Lendenanschwellung, so betrifft die Lähmung die beiden unteren Extremitäten *(Paraplegie)*, liegt sie über der Halsanschwellung, so betrifft sie auch die beiden oberen Extremitäten *(Tetraplegie)*.

Kommt es zu einer **Halbseitendurchtrennung** des Rückenmarks B, so finden wir das Bild des *Brown-Séquardschen Symptomenkomplexes.* Eine linksseitige Halbseitenläsion z. B. unterbricht den Pyramidenseiten- und Vorderstrang **B1**: Es resultiert eine linksseitige Lähmung. Die Durchtrennung der Vasomotorenbahn bedingt eine gleichseitige Vasomotorenlähmung. Die Durchtrennung der Hinterstränge **B2** und Kleinhirnseitenstränge **B3**, führt zu einer schweren Störung der Tiefensensibilität (Lageempfindung). Außerdem besteht auf der geschädigten Seite eine *Hyperästhesie* (Berührung wird als Schmerz empfunden). Sie soll durch den Ausfall der epikritischen Sensibilität (Hinterstränge) bei erhaltener protopathischer Sensibilität (kreuzende und auf der intakten Gegenseite aufsteigende Vorderseitenstrangbahnen) **B4** zustande kommen. Schließlich besteht auf der intakten rechten Seite von der Schädigung abwärts eine *dissoziierte* Sensibilitätsstörung: bei kaum gestörter Berührungsempfindung sind Schmerz- und Temperaturempfindung ausgefallen (kreuzende und auf der geschädigten Seite unterbrochene Vorderseitenstrangbahn) **B5.** Die anästhetische Zone **B6** oberhalb des Querschnittes auf der betroffenen Seite wird auf die Zerstörung der Hinterwurzeleintrittszone in Höhe der Rückenmarksschädigung bezogen.

Bei einer **zentralen Schädigung** der Rückenmarkssubstanz tritt in den entsprechenden Höhen ebenfalls eine *dissoziierte* Empfindungsstörung auf: die über die gleichseitigen Hinterstränge C2 geleitete epikritische Sensibilität ist erhalten. Die Schmerz- und Temperaturempfindung hingegen ist ausgefallen (Analgesie und Thermanästhesie): ihre über die weiße Kommissur kreuzenden Fasern sind unterbrochen C5.

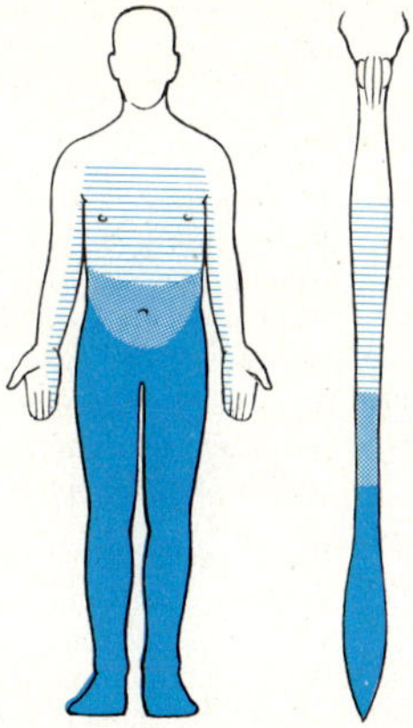

A
totale Querschnitts-durchtrennung des Rückenmarkes

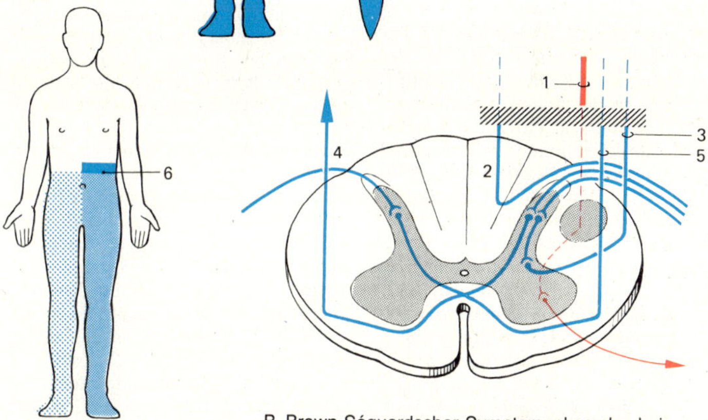

B Brown-Séquardscher Symptomenkomplex bei Halbseitenschädigung des Rückenmarkes

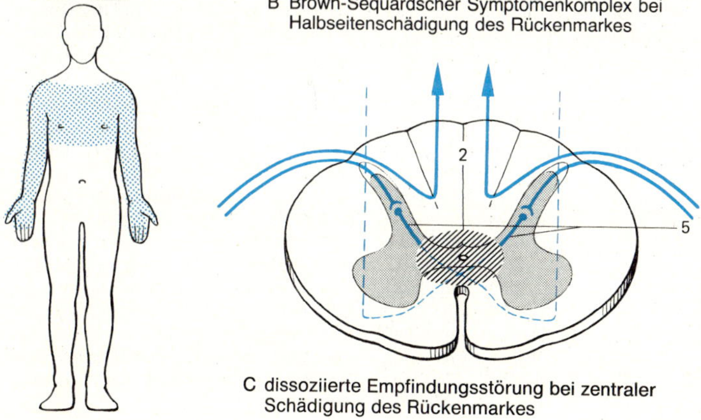

C dissoziierte Empfindungsstörung bei zentraler Schädigung des Rückenmarkes

Periphere Nerven

Die peripheren Nerven können vier verschiedene Faserarten enthalten: somatomotorische (efferente) Fasern **A1** für die quergestreifte Muskulatur, somatosensible (afferente) Fasern **A2** für die Hautsensibilität, viszeromotorische Fasern **A3** für die glatte Muskulatur und viszerosensible Fasern **A4** für die inneren Organe. Die Rückenmarksnerven enthalten im allgemeinen mehrere Faserarten; sie sind *gemischte Nerven.*

Die verschiedenen Fasern verlaufen folgendermaßen: Die somatomotorischen Fasern ziehen von den Vorderhornzellen **A5** durch die Vorderwurzel **A6,** die somatosensiblen und viszerosensiblen Fasern stammen von den Nervenzellen der Spinalganglien **A7,** die viszeromotorischen Fasern der Seitenhornzellen **A8** ziehen überwiegend durch die Vorderwurzel. Vordere und hintere Wurzel **A9** vereinigen sich zum Spinalnerven **A10,** der alle Faserarten enthält. Dieser kurze Nervenstamm teilt sich in vier Äste auf: einen rückläufigen sensiblen Ast, **Ramus meningeus A11,** der zu den Rückenmarkshäuten zieht, einen **Ramus dorsalis A12,** einen **Ramus ventralis A13** und einen **Ramus communicans A14.** Der Ramus dorsalis versorgt motorisch die tiefe (autochthone) Rückenmuskulatur und sensibel die Hautregion beiderseits der Wirbelsäule (S. 78). Der Ramus ventralis versorgt motorisch die Muskulatur der Rumpfvorderwand und Seitenwand und die Muskulatur der Extremitäten, sensibel die entsprechenden Hautareale. Der Ramus communicans stellt eine Verbindung zum Grenzstrangganglion **A15** (vegetatives Nervensystem S. 272) her. Er bildet meist zwei selbständige Rami communicantes, den *Ramus communicans albus* **A16** (markhaltig) und den *Ramus communicans griseus* **A17** (marklos). Über den Ramus albus ziehen die viszeromotorischen Fasern zum Grenzstrangganglion, wo sie auf Neurone umgeschaltet werden, deren Axone als *postganglionäre Fasern* (S. 276A) z.T. über den Ramus griseus wieder in den Spinalnerven eintreten.

Plexus

In Höhe der Extremitäten bilden die Rami ventrales der Spinalnerven Geflechte (Plexus), in denen ein Austausch von Fasern der verschiedenen Spinalnerven stattfindet. Die Nervenstämme, die dann in die Peripherie ziehen, besitzen einen neu geordneten Faserbestand aus verschiedenen Spinalnerven.

Plexus cervicalis. Das Halsgeflecht bildet sich aus den Rami ventrales der ersten vier Spinalnerven. Es gehen folgende Nerven ab: N. occipitalis minor **B18,** N. auricularis magnus **B19,** N. transversus colli **B20,** Nn. supraclaviculares **B21,** N. phrenicus **B22,** außerdem die Wurzeln der Ansa cervicalis profunda **B23.**

Plexus brachialis. Das Armgeflecht wird von den Rami ventrales der Spinalnerven C5 bis C8 und von einem Teil des Ramus Th1 gebildet. Man unterscheidet einen über dem Schlüsselbein gelegenen Abschnitt, **Pars supraclavicularis,** und einen darunter gelegenen Abschnitt, **Pars infraclavicularis.** Die Rami ventrales treten durch die Skalenuslücke in das äußere Halsdreieck, wo sie oberhalb des Schlüsselbeines drei Primärstämme bilden, den **Truncus superior B24** (C5 u. C6), den **Truncus medius B25** (C7) und den **Truncus inferior B26** (C8 u. Th1). Die hier abgehenden Nerven bilden die Pars supraclavicularis (S. 68A). Unterhalb des Schlüsselbeines formieren sich drei Sekundärstränge, die nach ihrer Lage zur A. axillaris bezeichnet werden: der **Fasciculus lateralis B27** (aus den vorderen Ästen der Trunci superior und medius), der **Fasciculus medialis B28** (aus dem vorderen Ast des Truncus inferior) und der **Fasciculus posterior B29** (aus den dorsalen Ästen der drei Trunci). Vom Fasciculus lateralis geht der N. musculocutaneus **B30** ab. Die übrigen Fasern bilden mit Fasern des Fasciculus medialis die **Medianusschlinge B31** und vereinigen sich zum N. media-

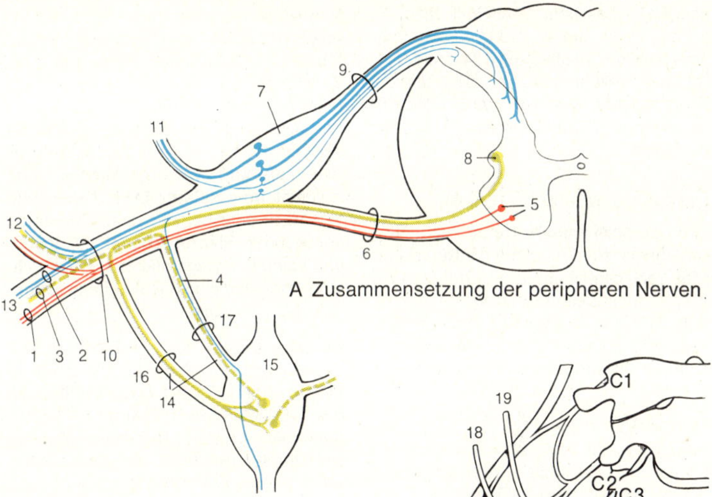

A Zusammensetzung der peripheren Nerven

B Plexus cervicalis und Plexus brachialis
(Präparat Prof. Platzer)

Anteile des Fasciculus lateralis
Anteile des Fasciculus medialis
Anteile des Fasciculus posterior

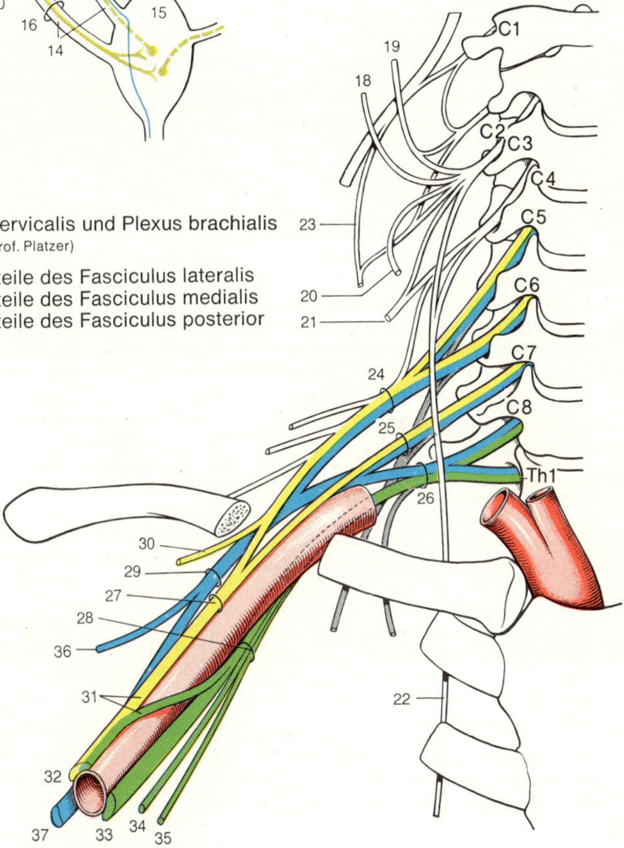

nus **B32.** Aus dem Fasciculus medialis gehen der N. ulnaris **B33,** der N. cutaneus antebrachii medialis **B34** und der N. cutaneus brachii medialis **B35** hervor. Der Fasciculus posterior gibt den N. axillaris **B36** ab und geht in den N. radialis **B37** über.

Plexus cervicalis (C1–C4)

Aus den **Rami ventrales** treten kurze Nerven direkt zu den tiefen Halsmuskeln: Mm. recti capitis anterior **A1** et lateralis **A2,** M. longus capitis und M. longus colli **A3.** Aus dem Vorderast C4 gehen Nerven zum oberen Teil des M. scalenus anterior **A4** und zum M. scalenus medius **A5.**

Die ventralen Äste C1–C3 bilden die Ansa cervicalis profunda **C6:** Fasern von C1 und C2 lagern sich vorübergehend an den N. hypoglossus **AC7** an und verlassen ihn wieder als Radix superior (anterior) **AC8** (die Fasern für den M. thyrohyoideus **A9** und den M. geniohyoideus verlaufen weiter mit dem N. hypoglossus). Die Radix superior vereinigt sich mit der **Radix inferior** (posterior) **AC10** (C2 und C3) zur Ansa cervicalis, von der Äste zur Versorgung der unteren Zungenbeinmuskulatur abgehen: zum M. omohyoideus **A11,** M. sternothyroideus **A12** und M. sternohyoideus **A13.**

Die sensiblen Nerven des Plexus treten hinter dem M. sternocleidomastoideus durch die Faszie und bilden hier das sog. **Punctum nervosum B14.** Von hier aus verteilen sie sich über Kopf, Hals und Schulter: der **N. occipitalis minor CB15** (C2 u. C3) zieht zum Hinterhaupt, der **N. auricularis magnus CB16** (C3) in die Umgebung des Ohres (Ohrmuschel, Warzenfortsatz, Kieferwinkelgegend). Der **N. transversus colli CB17** (C3) versorgt die obere Halsregion bis zum Kinn und die **Nn. supraclaviculares BC18** (C3 u. C4) Schlüsselbeingrube und Schultergegend.

Der **N. phrenicus CD19** (C3 u. C4) erhält Fasern des vierten und häufig auch des dritten Spinalnerven. Er überkreuzt den M. scalenus anterior und tritt vor der A. subclavia in die obere Thoraxapertur ein. Durch das Mediastinum zieht er bis zum Zwerchfell und gibt auf seinem Wege feine Äste zur sensiblen Versorgung des Perikards ab, Rami pericardiaci **D20.** An der Oberfläche des Zwerchfells zweigt er sich auf und versorgt die gesamte Zwerchfellmuskulatur **D21.** Feine Äste versorgen sensibel die dem Zwerchfell anliegenden Häute, kranial die Pleura und kaudal das Peritoneum des Zwerchfells sowie den peritonealen Überzug der Oberbauchorgane.

Klinischer Hinweis. Eine Schädigung des Zervikalmarkes oder seiner Wurzeln in Höhe C3 bis C5 führt zu einer Lähmung des Zwerchfells und zu einer Beeinträchtigung der Atmung. Bei einer Lähmung der Thoraxmuskulatur kann andererseits die Atemtätigkeit vom Zervikalmark aus über den N. phrenicus noch aufrechterhalten werden.

Rami dorsales

Die hinteren Zervikaläste, *Rami dorsales,* versorgen motorisch die zur autochthonen Rückenmuskulatur gehörenden Nackenmuskeln und sensibel die Nackenhaut. Der erste dorsale Zervikalast ist rein motorisch und zieht als N. suboccipitalis zu den kleinen Muskeln im Bereich von Os occipitale, Atlas und Axis. Vom zweiten Zervikalnerv zieht der N. occipitalis major zum Hinterhaupt, dessen Haut er bis zur Scheitellinie versorgt (S. 78). Der Ramus dorsalis des dritten zervikalen Spinalnerven, N. occipitalis tertius, versorgt sensibel die Nackengegend. Die übrigen Rami dorsales der zervikalen Spinalnerven versorgen sensibel das kaudal anschließende Hautareal und motorisch die autochthone Rückenmuskulatur dieses Bereiches.

Hautversorgung: Autonomgebiet der Nerven dunkel, Maximalgebiet hell.

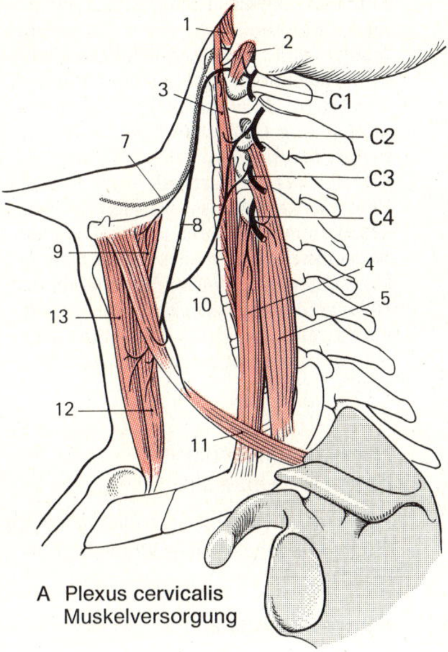

A Plexus cervicalis
Muskelversorgung

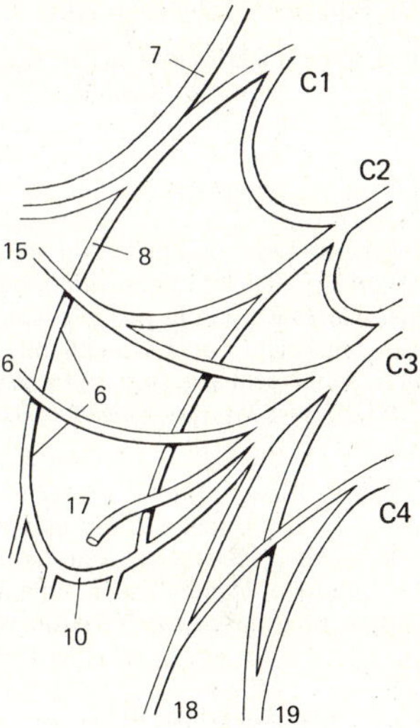

C Plexus cervicalis

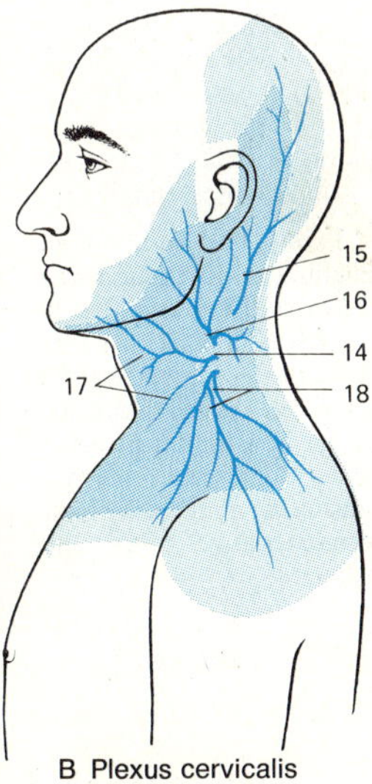

B Plexus cervicalis
Hautversorgung
(nach Lanz-Wachsmuth)

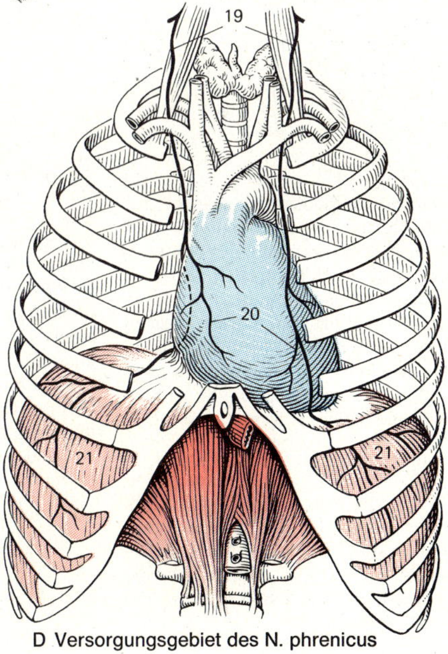

D Versorgungsgebiet des N. phrenicus

Plexus brachialis C5–Th1

Periphere sensible Innervation. Die Hautversorgung durch die aus den Plexus hervorgehenden peripheren Nerven weicht von der radikulären Innervation (S. 60) ab. Die Versorgungsgebiete der einzelnen Nerven überdecken sich in ihren Randbezirken. Das von einem Nerven allein innervierte Gebiet ist das *Autonomgebiet* (dunkleres Blau), das gesamte vom Nerven versorgte Areal einschließlich des von den Nachbarnerven mitversorgten Bereiches ist das *Maximalgebiet* (helleres Blau).

Klinischer Hinweis. Bei Unterbrechung eines Nerven besteht im Autonomgebiet völlige Empfindungslosigkeit *(Anästhesie),* in den Randbezirken eine abgeschwächte Empfindung *(Hypästhesie).*

Pars supraclavicularis

Aus der Pars supraclavicularis gehen motorische Nerven hervor, welche die Schultergürtelmuskulatur innervieren.

Zur dorsalen und seitlichen Thoraxfläche ziehen: der **N. dorsalis scapulae A1** (C5) zum M. levator scapulae **C2** und zu den Mm. rhomboidei minor **C3** et major **C4,** der **N. thoracicus longus A5** (C5–C7), dessen Äste an der seitlichen Thoraxwand in den Zacken des M. serratus anterior **B6** enden, und der **N. thoracodorsalis A7** (C7 u. C8), der den M. latissimus dorsi **C8** versorgt. Die Muskulatur des Schulterblattes wird an der dorsalen Schulterblattfläche (M. supraspinatus **C9** und M. infraspinatus **C10**) vom **N. suprascapularis A11** (C5 u. C6) und an der ventralen Fläche von den **Nn. subscapulares A12** (C5–C7) innerviert, die zum M. subscapularis und zum M. teres major **C13** ziehen.

An die Vorderfläche des Thorax gelangen der **N. subclavius A14** (C4–C6) (zum M. subclavius **B15**), der N. pectoralis lateralis **A16** (C5–C7) und der N. pectoralis medialis **A17** (C7-Th1), welche die Mm. pectoralis major **B18** et pectoralis minor **B19** versorgen.

Klinischer Hinweis. Eine Schädigung der Pars supraclavicularis, die zu einer Lähmung der Schultergürtelmuskulatur führt, macht eine Hebung des Oberarms unmöglich. Zu einer solchen *oberen Plexuslähmung (Erbschen Lähmung)* kann es durch Auskugelung des Schultergelenkes bei der Geburt oder bei falscher Lagerung des Armes während der Narkose kommen. Bei einer Schädigung der Pars infraclavicularis des Plexus brachialis resultiert eine *„untere Plexuslähmung“ (Klumpkesche Lähmung).* Bei ihr sind vorwiegend die kleinen Handmuskeln, evtl. auch die Beugemuskeln des Unterarmes betroffen.

Pars infraclavicularis Fasciculus lateralis

Aus dem Fasciculus lateralis stammen der N. musculocutaneus und der N. medianus.

N. musculocutaneus (C5–7) D–F

Der Nerv tritt durch den M. coracobrachialis und verläuft zwischen dem M. biceps und dem M. brachialis bis zur Ellenbeuge. Er gibt Äste **E20** zur Beugemuskulatur des Oberarmes ab: zum M. coracobrachialis **D21,** zum M. biceps brachii, Caput breve **D22** et Caput longum **D23,** und zum M. brachialis **D24.**

Die sensiblen Fasern des Nerven kommen in der Ellenbeuge durch die Faszie an die Oberfläche und versorgen als N. **cutaneus antebrachii lateralis EF25** die Haut im lateralen Bereich des Unterarms. Bei einer Schädigung des Nerven findet man einen Verlust der Sensibilität in einem kleinen Bezirk der Ellenbeuge; eine Minderung der Sensibilität dehnt sich bis zur Mitte des Unterarmes aus.

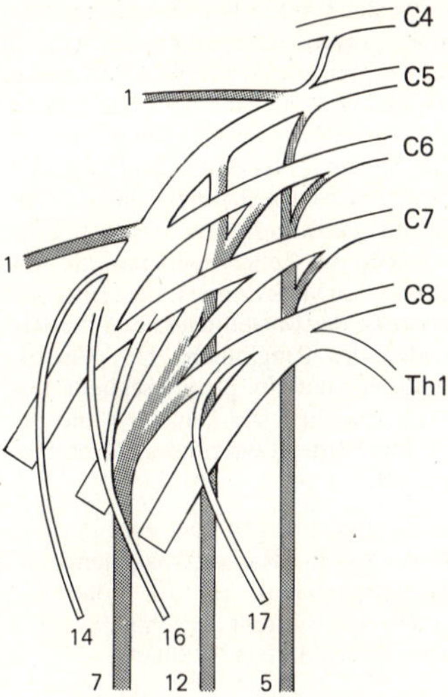

A Pars supraclavicularis des Plexus brachialis

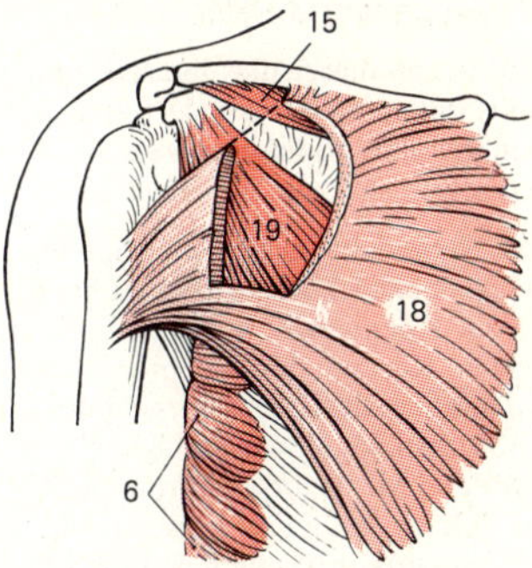

B Muskelversorgung der Pars supraclavicularis; Ansicht von vorn

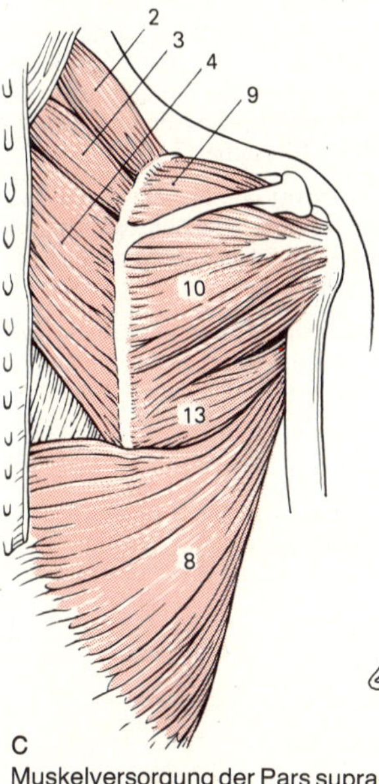

C Muskelversorgung der Pars supraclavicularis; Ansicht von dorsal

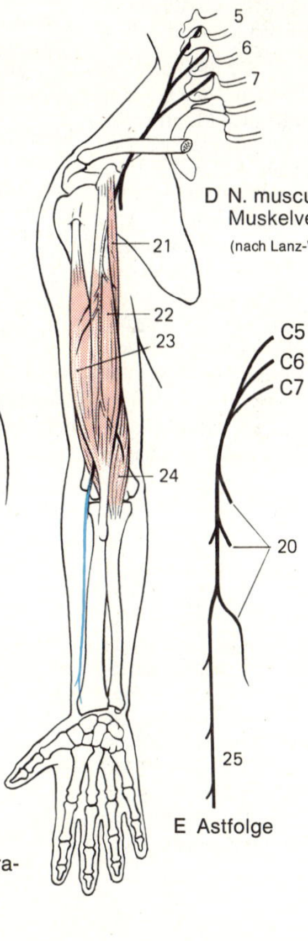

D N. musculocutaneus Muskelversorgung (nach Lanz-Wachsmuth)

E Astfolge

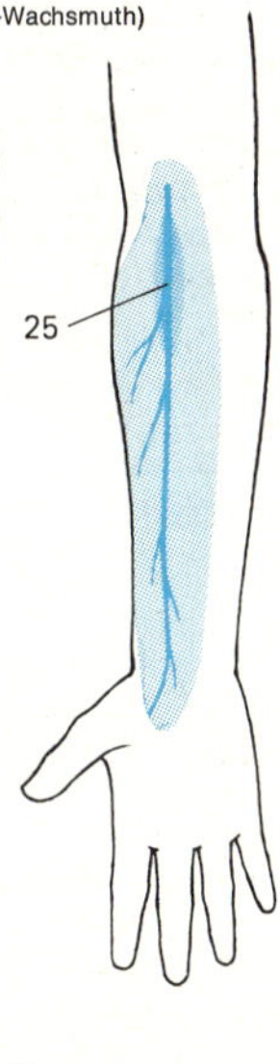

F Hautversorgung

N. medianus (C6–Th1)

Anteile des Fasciculus lateralis und medialis bilden an der Vorderfläche der A. axillaris die **Medianusschlinge AC1** und vereinigen sich zum *N. medianus.*

Der Nerv zieht im Sulcus bicipitalis medialis, oberflächlich von der A. brachialis bis zur Ellenbeuge, wo er zwischen den beiden Köpfen des M. pronator teres hindurch zum Unterarm gelangt. Zwischen dem M. flexor digitorum superficialis und M. flexor digitorum profundus verläuft er bis zum Handgelenk. Vor seinem Durchtritt durch den *Canalis carpi* liegt er oberflächlich zwischen den Sehnen des M. flexor carpi radialis und des M. palmaris longus. Im Canalis carpi zweigt er sich in seine Endäste auf.

Die *Rami musculares* **C2** des Nerven versorgen die **Pronatoren** und den größten Teil der **Unterarmbeuger**: den M. pronator teres **A3,** den M. flexor carpi radialis **A4,** den M. palmaris longus **A5** und den M. flexor digitorum superficialis, Caput radiale **A6** und Caput humeroulnare **A7.** In der Ellenbeuge zweigt der **N. interosseus antebrachii anterior C8** ab und verläuft auf der Membrana interossea zum M. pronator quadratus **A9.** Er gibt Äste an den M. flexor pollicis longus **A10** und an den radialen Anteil des M. flexor digitorum profundus ab.

Im unteren Drittel des Unterarmes geht der sensible **Ramus palmaris n. mediani BC11** zur Haut des Daumenballens, der radialen Seite der Handwurzel und der Hohlhand ab.

Nach seinem Durchtritt durch den Canalis carpi teilt sich der N. medianus in drei Äste: die **Nn. digitales palmares communes** I, II, III **C12,** die sich in Höhe der Fingergrundgelenke in je zwei **Nn. digitales palmares proprii BC13** aufgabeln. Vom *N. digitalis palmaris communis* I geht ein Ast zum Daumenballen (M. abductor pollicis brevis **A14,** Caput superficiale des M. flexor pollicis brevis **A15** und M. opponens pollicis **A16**). Die *Nn. digitales palmares communes* versorgen die Mm. lumbricales I–III **A17.** Sie verlaufen zu den Fingerzwischenräumen und gabeln sich derart auf, daß jedes Paar *Nn. digitales palmares proprii* die Seitenflächen eines Fingerzwischenraumes sensibel versorgt. Das erste Nervenpaar versorgt also die Ulnarseite des Daumens und die Radialseite des Zeigefingers, das zweite die Ulnarseite des Zeigefingers und die Radialseite des Mittelfingers, das dritte die Ulnarseite des Mittelfingers und die Radialseite des Ringfingers. Das Versorgungsgebiet der Nn. proprii schließt dorsal das Endglied des Daumens und die End- und Mittelglieder der anderen Finger ein **B.**

Der N. medianus gibt Äste zum Periost, Ellbogengelenk, Radiokarpalgelenk und Mediokarpalgelenk ab. In Höhe der Handwurzel besteht regelmäßig eine Anastomose mit dem N. ulnaris.

Klinischer Hinweis. Bei einer Schädigung des Nerven ist die Pronation des Unterarmes aufgehoben, die Beugung stark eingeschränkt. An der Hand können Daumen, Zeige- und Mittelfinger in den End- und Mittelphalangen nicht mehr gebeugt werden, wodurch als charakteristisches Merkmal der Medianuslähmung die sog. *Schwurhand* **D** resultiert.

Beim Durchtritt des Nerven durch den Canalis carpi kann es im höheren Alter zu einer Druckschädigung kommen (Karpaltunnelsyndrom).

Hautversorgung: Autonomgebiet der Nerven dunkel, Maximalgebiet hell.

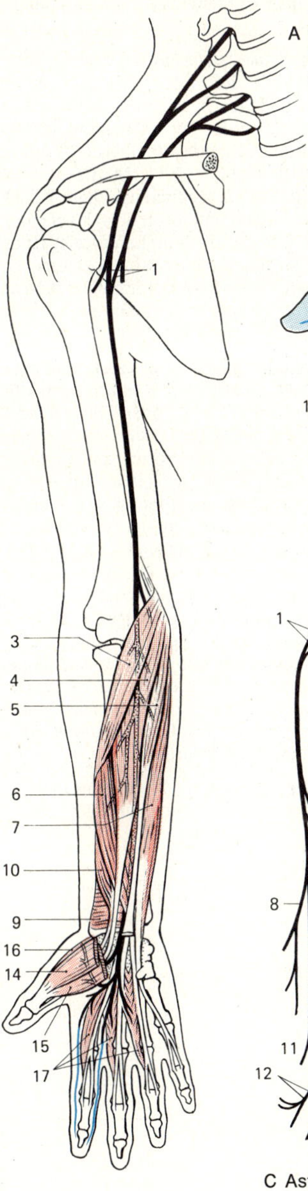

A N. medianus Muskelversorgung
(nach Lanz-Wachsmuth)

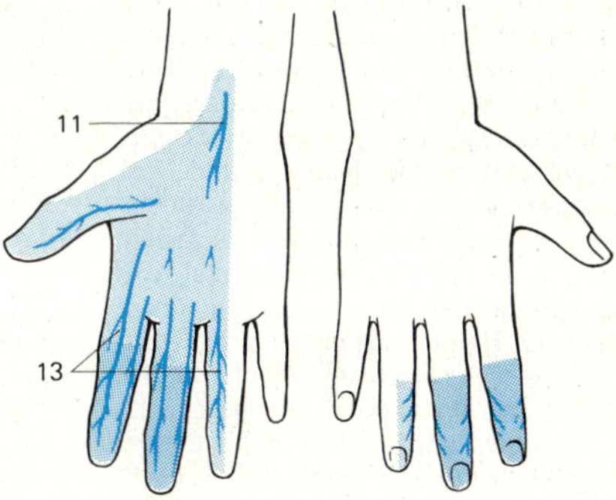

B N. medianus Hautversorgung
(nach Lanz-Wachsmuth)

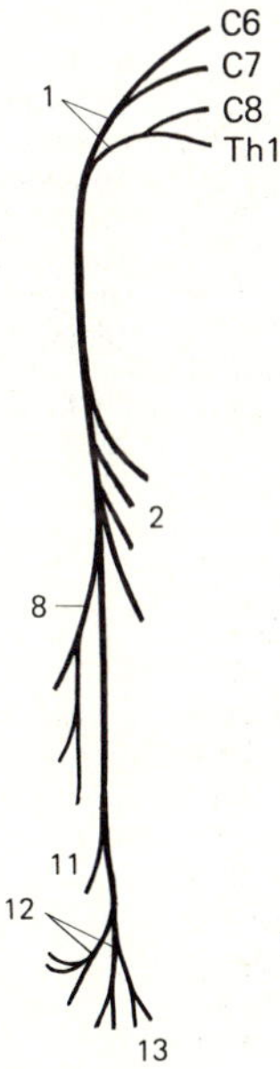

C Astfolge

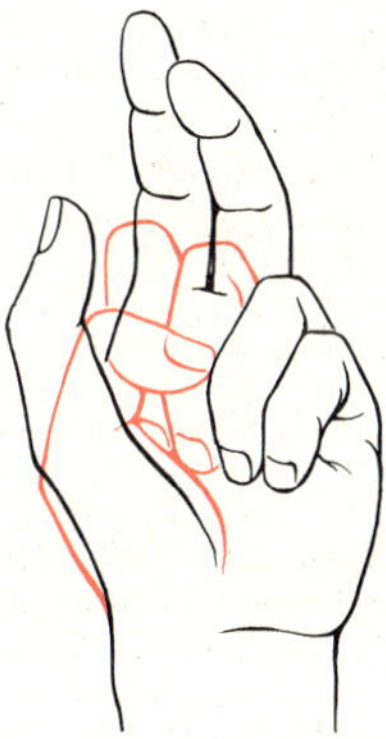

D Lähmung des N. medianus
(nach Lanz-Wachsmuth)

Fasciculus medialis

N. ulnaris (C8–Th1)

Er verläuft am Oberarm anfangs im Sulcus bicipitalis medialis, ohne einen Ast abzugeben.

In der ulnaren Seite des Oberarmes zieht er hinter dem Septum intermusculare mediale abwärts, bedeckt vom Caput mediale des M. triceps. Er überquert das Ellenbogengelenk auf der Streckseite, eingebettet in einer Knochenrinne, *Sulcus nervi ulnaris,* am Epicondylus medialis humeri. Hier ist der Nerv zu tasten, und der Druck verursacht einen elektrisierenden Schmerz, der in die ulnare Seite der Hand ausstrahlt. Der Nerv tritt dann zwischen den beiden Köpfen des M. flexor carpi ulnaris auf die Beugeseite des Unterarmes und verläuft unter diesem Muskel bis zum Handgelenk. Er zieht nicht durch den Canalis carpi, sondern über das Retinaculum flexorum hinweg zur Palmarfläche der Hand, wo er sich in einen *Ramus superficialis* und einen *Ramus profundus* aufteilt.

Im Unterarm gibt er Äste **C1** zum M. flexor carpi ulnaris **A2** und zur ulnaren Hälfte des M. flexor digitorum profundus **A3** ab. In der Mitte des Unterarmes zweigt ein sensibler Ast **Ramus dorsalis n. ulnaris BC4** ab und verläuft zur ulnaren Seite des Handrückens, deren Haut er versorgt. Am übrigen Handrücken überlagert sich sein Versorgungsgebiet mit dem des N. radialis. Ein weiterer sensibler Ast, **Ramus palmaris n. ulnaris BC5** geht im distalen Drittel des Unterarmes ab. Er zieht zur Hohlhand und versorgt die Haut des Kleinfingerballens.

Der **Ramus superficialis** läuft als **N. digitalis palmaris communis** IV **C6** auf den Zwischenraum zwischen Ringfinger und Kleinfinger zu und teilt sich in die **Nn. digitales palmares proprii BC7,** die die Volarflächen des Kleinfingers und die Ulnarseite des Ringfingers sensibel versorgen und an der Streckseite beider Finger auch auf die Endphalangen übergreifen. Ramus communicans cum N. mediano **C8.**

Der **Ramus profundus AC9** senkt sich in die Tiefe der Hohlhand und beschreibt einen Bogen in Richtung auf den Daumenballen. Er gibt Äste ab für alle Muskeln des Kleinfingerballens **C10** (M. abductor digiti V **A11,** M. flexor brevis digiti V **A12**, M. opponens digiti V **A13**), für alle Mm. interossei dorsales et palmares **A14,** für die Mm. lumbricales III und IV **A15** und schließlich am Daumenballen für den M. adductor pollicis **A16** und für das Caput profundum des M. flexor pollicis brevis **A17.**

Klinischer Hinweis. Bei einer Schädigung des N. ulnaris kommt es zur Ausbildung einer sog. *Krallen-* oder *Klauenhand* **D**, bei der die Finger in den Grundgelenken gestreckt, in den Mittel- und Endgelenken aber gebeugt gehalten werden. Diese charakteristische Fingerhaltung kommt durch die Lähmung der Mm. interossei und lumbricales zustande, die die Fingerglieder im Grundgelenk beugen, in den Mittel- und Endgelenken aber strecken. Beim Ausfall der Beuger werden die Finger durch die nun überwiegende Streckmuskulatur in dieser Stellung gehalten. Da außerdem der Kleinfinger und die Adduktoren des Daumens gelähmt sind, können sich Daumen und Kleinfinger nicht mehr berühren.

Hautversorgung: Autonomgebiet der Nerven dunkel, Maximalgebiet hell.

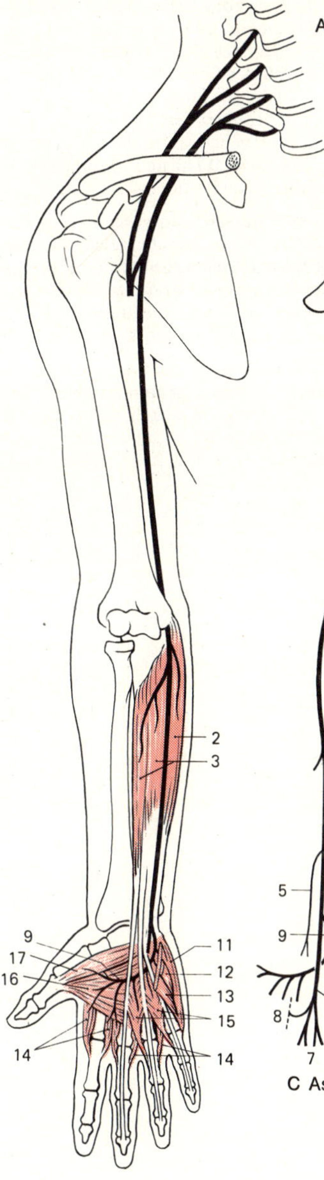

A N. ulnaris Muskelversorgung
(nach Lanz-Wachsmuth)

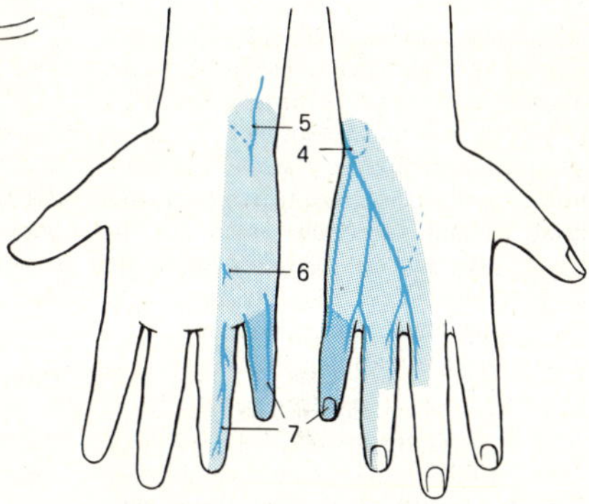

B N. ulnaris Hautversorgung
(nach Lanz-Wachsmuth)

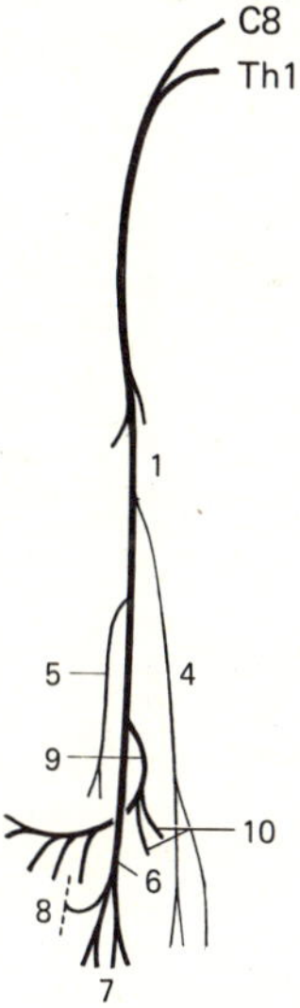

C Astfolge

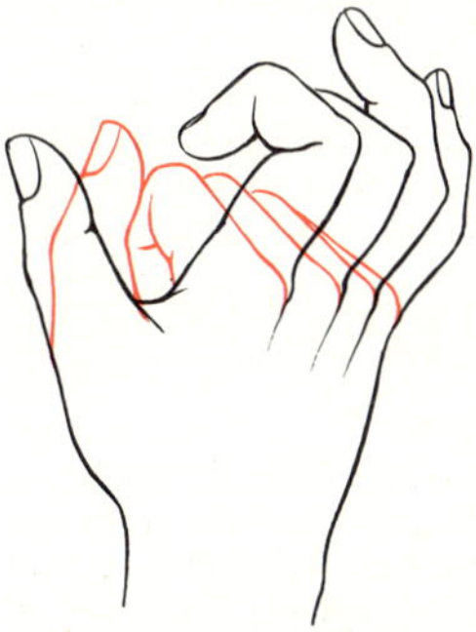

D Lähmung des N. ulnaris
(nach Lanz-Wachsmuth)

Aus dem Fasciculus medialis gehen außer dem N. ulnaris der *N. cutaneus brachii medialis* und der *N. cutaneus antebrachii medialis* ab, beides rein sensible Nerven, welche die Haut an der Medianseite des Armes versorgen.

N. cutaneus brachii medialis (C8–Th1) **AB.** Er tritt unterhalb der Achselhöhle an die Vorderfläche des Oberarmes. Hier verzweigt er sich und versorgt die Haut an der medialen Fläche, zwischen Achselhöhle und Ellenbogengelenk. Dabei greift er mit ventralen Ästen auf die Beugeseite und mit dorsalen Ästen auf die Streckseite des Oberarmes über. Sehr häufig bestehen Anastomosen zum N. intercostobrachialis.

N. cutaneus antebrachii medialis (C8–Th1) **AC.** Er verläuft subfaszial an der Ulnarseite des Oberarmes und tritt im unteren Drittel mit zwei Ästen, dem **Ramus anterior AC1** und dem **Ramus ulnaris AC2,** durch die Faszie. Der Ramus anterior versorgt die mediale Beugeseite des Unterarmes fast bis zur Mittellinie; der Ramus ulnaris die obere Region der medialen Streckseite fast bis zur Mittellinie. Der Versorgungsbezirk des N. cutaneus antebrachii medialis greift etwas auf den Oberarm und auf die Hand über.

Fasciculus posterior

Aus dem Fasciculus posterior gehen der *N. axillaris* und der *N. radialis* hervor.

N. axillaris (C5–C6) D–E

Er verläuft in der Tiefe der Achselhöhle und über die Kapsel des Schultergelenkes um das Collum chirurgicum an die Rückseite des Humerus. Dabei tritt er durch die laterale Achsellücke und zieht unter dem M. deltoideus bis zu dessen vorderem Rand.

Vor dem Durchtritt des Nervenstammes durch die laterale Achsellücke geht ein motorischer Ast **F3** für den M. teres minor **D4** ab, der ebenfalls durch die laterale Achsellücke zieht. In gleicher Höhe zweigt der *N. cutaneus brachii lateralis superior* **EF5** ab und gelangt am Hinterrand des M. deltoideus zur Haut, die er an der Seitenfläche von Schulter und Oberarm versorgt. Vom Nervenstamm, der unter dem Deltamuskel nach vorn zieht, gehen zahlreiche Äste **F6** zum M. deltoideus **D7** ab und versorgen seine verschiedenen Portionen.

Klinischer Hinweis. Infolge seiner Lage auf der Kapsel des Schultergelenkes kann der Nerv bei einer Luxation des Humerus oder bei einer Oberarmhalsfraktur geschädigt werden. Es resultiert dann eine Anästhesie im Hautbezirk über dem Deltamuskel.

Hautversorgung: Autonomgebiet der Nerven dunkel, Maximalgebiet hell.

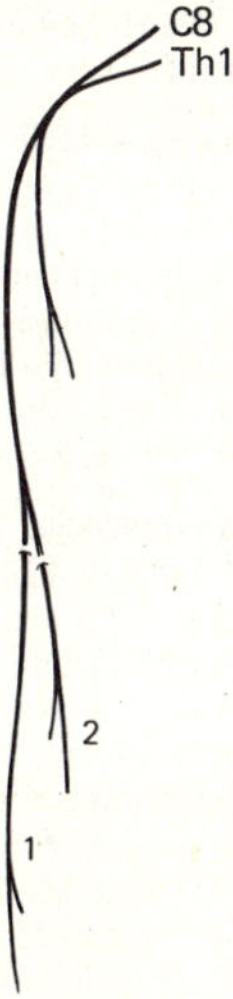

A
Astfolge des N. cutaneus brachii medialis und des N. cutaneus antebrachii medialis

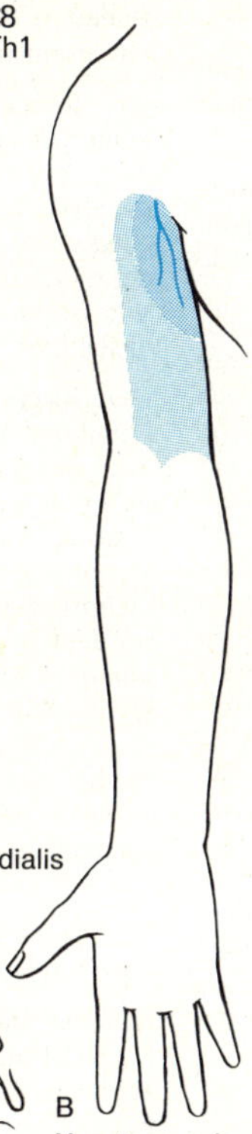

B
N. cutaneus brachii medialis (Lanz-Wachsmuth)

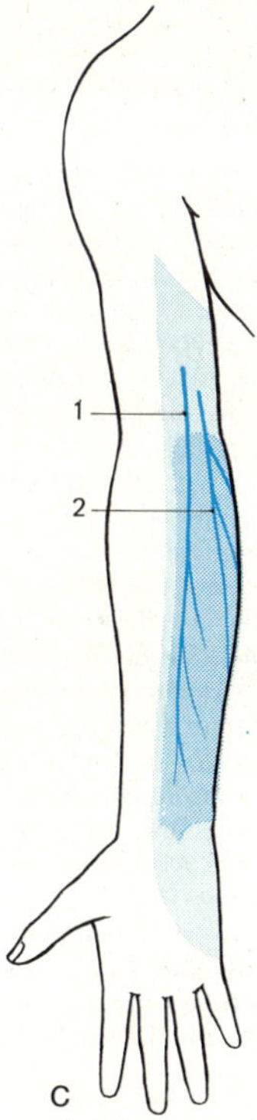

C
N. cutaneus antebrachii medialis (Lanz-Wachsmuth)

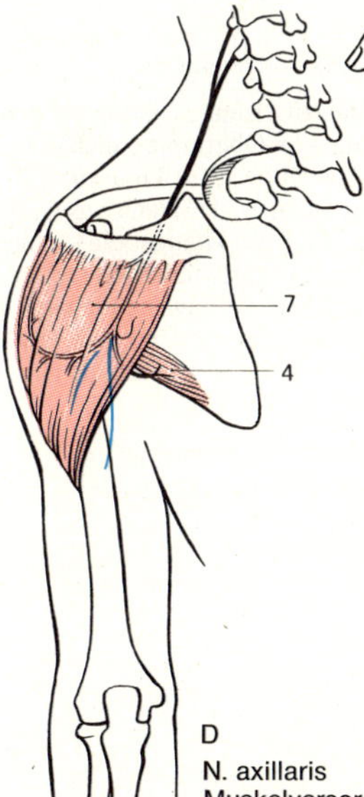

D
N. axillaris
Muskelversorgung
(nach Lanz-Wachsmuth)

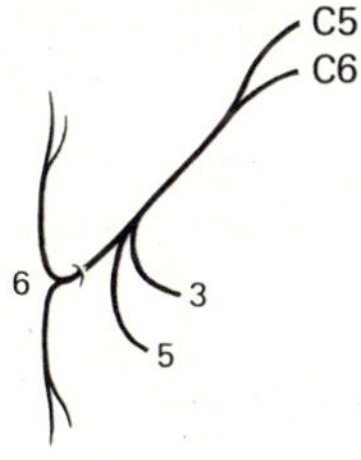

F Astfolge

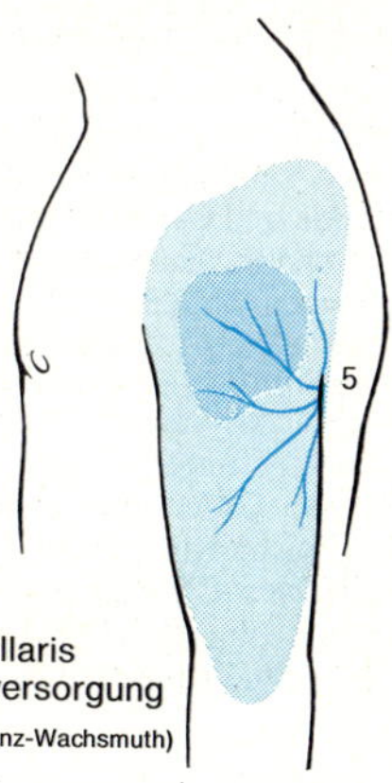

E
N. axillaris
Hautversorgung
(nach Lanz-Wachsmuth)

N. radialis (C5–C8)

Der Hauptnerv des Fasciculus dorsalis versorgt die **Streckmuskulatur** des Ober- und Unterarmes.

Der Nervenstamm zieht von der Axilla in das proximale Drittel des Sulcus bicipitalis medialis und von dort in einem spiraligen Verlauf um die Dorsalfläche des Humerus, dem er im *Sulcus n. radialis* direkt anliegt. Er gelangt im distalen Drittel des Oberarmes auf die Beugeseite zwischen M. brachialis und M. brachioradialis. Im Sulcus n. radialis ist der Nerv auf der knöchernen Unterlage durch Druck oder bei Knochenbrüchen leicht zu verletzen. Auf der Beugeseite überquert er das Ellenbogengelenk und teilt sich in Höhe des Caput radii in seine beiden Endäste, in den *Ramus superficialis* und den *Ramus profundus*. Der Ramus superficialis verläuft am Unterarm weiter an der medialen Fläche des M. brachioradialis und zieht dann im unteren Drittel zwischen M. brachioradialis und Radius auf die Streckseite, um auf den Handrücken zu gelangen. Der Ramus profundus durchbohrt schräg den M. supinator, gibt zahlreiche Muskeläste ab und zieht weiter als dünner *N. interosseus antebrachii posterior* bis zum Handgelenk.

Für den Oberarm gibt der N. radialis den **N. cutaneus brachii posterior ABC1,** der einen Hautbezirk an der Streckseite des Oberarms sensibel versorgt, und den **N. cutaneus brachii lateralis inferior ABC2** ab. Im mittleren Drittel des Oberarms gehen die *Rami musculares* **C3** für den M. triceps **A4** ab, für das Caput longum, Caput laterale und Caput mediale. Vom letzteren zweigt auch der Ast für den M. anconaeus ab **A5**.

Im Oberarmbereich geht der N. cutaneus antebrachii posterior **ABC6** ab, der einen Hautstreifen an der radialen Streckseite des Unterarmes versorgt. In Höhe des Epicondylus lateralis ziehen *Rami musculares* **C7** zum M. brachioradialis **A8** und zum M. extensor carpi radialis longus **A9.** Dann zweigt sich der Nervenstamm in seine beiden Hauptäste am Unterarm auf.

Der **Ramus superficialis BC10** gibt am Handrücken die **Nn. digitales dorsales BC11** ab, die den radialen Handrücken, die Streckseite des Daumens, der Grundglieder des Zeige- und Mittelfingers und der radialen Hälfte der Ringfingerstreckseite sensibel versorgen. Ramus communicans cum N. ulnare **C12.**

Der **Ramus profundus C13** gibt beim Durchtritt durch den M. supinator *Rami musculares* zum M. extensor carpi radialis brevis **A14** und zum M. supinator ab. Danach zweigen motorische Äste für die Handstrecker ab: für den M. extensor digitorum communis **A15,** den M. extensor digiti minimi **A16,** M. extensor carpi ulnaris **A17,** den M. abductor pollicis longus **A18** und den M. extensor pollicis brevis **A19.** Der Endast des Ramus profundus, der **N. interosseus posterior,** gibt schließlich noch Zweige an den M. extensor pollicis longus **A20** und an den M. extensor indicis **A21** ab.

Der Nerv schickt sensible Äste zum Schultergelenk und Handgelenk.

Klinischer Hinweis. Eine Schädigung des Hauptstammes im Oberarmbereich führt zu einem Ausfall der Streckmuskulatur, was sich vor allem an der Hand auswirkt und zur sog. *Fallhand* **D** führt, die für die Radialislähmung charakteristisch ist: weder im Handgelenk noch in den Fingergelenken ist eine Streckung möglich, und die Hand fällt infolgedessen schlaff nach unten.

Hautversorgung: Autonomgebiet der Nerven dunkel, Maximalgebiet hell.

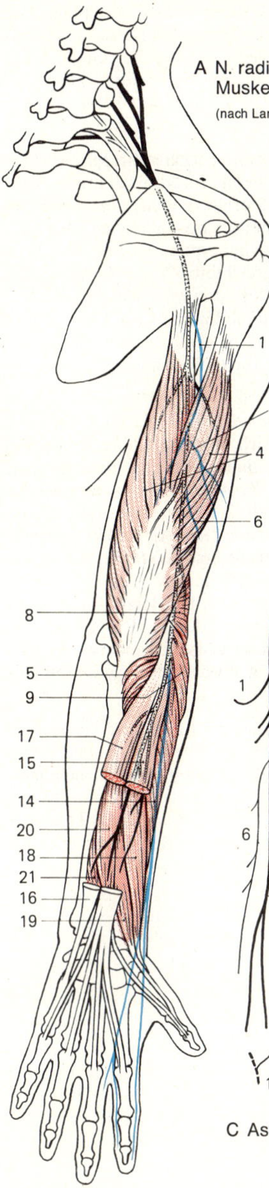

A N. radialis Muskelversorgung
(nach Lanz-Wachsmuth)

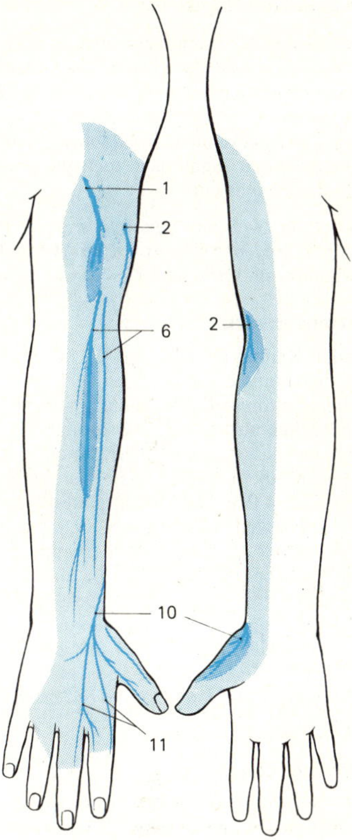

B N. radialis Hautversorgung
(nach Lanz-Wachsmuth)

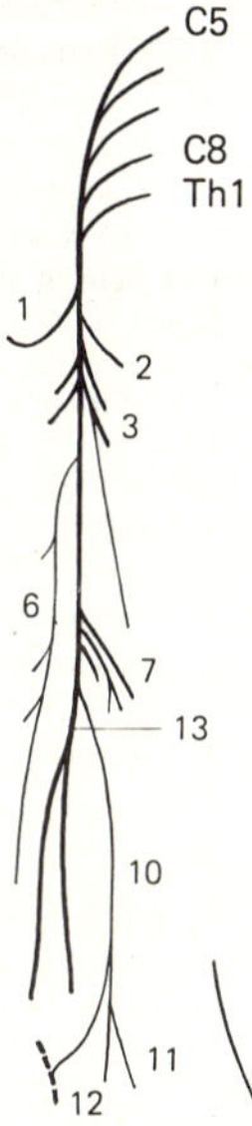

C Astfolge

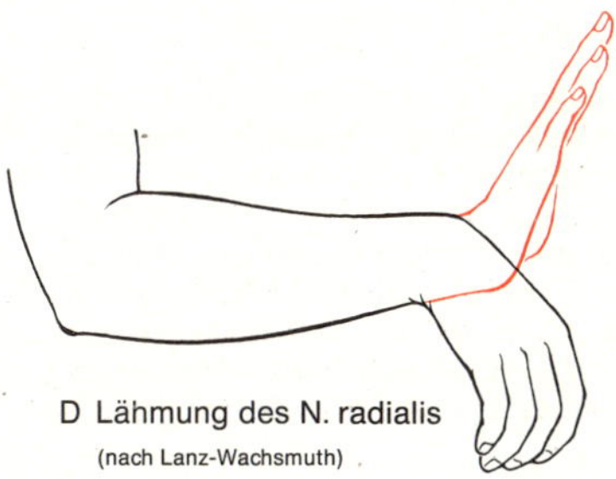

D Lähmung des N. radialis
(nach Lanz-Wachsmuth)

Nerven des Rumpfes

Im Bereich des Rumpfes ist die ursprüngliche Metamerie des Körpers in der Anordnung der Rippen und der dazwischen liegenden Interkostalmuskulatur noch deutlich zu erkennen. In diesen segmentalen Aufbau fügen sich auch die thorakalen Nerven ein.

Jeder der zwölf thorakalen Spinalnerven teilt sich in einen *Ramus dorsalis* **A1** und einen *Ramus ventralis* **A2.**

Rami dorsales

Jeder Ramus dorsalis zerfällt in einen medialen und einen lateralen Ast. Beide versorgen motorisch die tiefe autochthone Rückenmuskulatur. Die sensible Versorgung des Rückens übernehmen vorwiegend die lateralen Äste der Rami dorsales **AD3.** Das Versorgungsgebiet der zervikalen Rami dorsales dehnt sich weit aus und schließt das Hinterhaupt mit ein (**N. occipitalis major D4**). Im Beckenbereich wird die sensible Versorgung des Rückens von den Rami dorsales der lumbalen Spinalnerven L1–L3 und der sakralen Spinalnerven S1–S3 übernommen (**Nn. clunium superiores D5** und **Nn. clunium medii D6**).

Rami ventrales

Die Rami ventrales der Spinalnerven verlaufen als **Nn. intercostales** zwischen den Rippen, anfangs an der Innenfläche des Thorax, später innerhalb der Mm. intercostales interni. Man kann eine obere und eine untere Gruppe von Interkostalnerven unterscheiden.

Die Nerven der **oberen Gruppe** (Th1 bis Th6) verlaufen bis zum Sternum und versorgen die Mm. intercostales **C7,** die Mm. serrati posteriores superior et inferior und den M. transversus thoracis. Sie geben sensible Äste zur Haut des Thorax ab: am Vorderrand des M. serratus anterior die **Rami cutanei laterales AD8,** die sich in ventrale und dorsale Äste teilen, und neben dem Brustbein die **Rami cutanei anteriores AD9,** die sich ebenfalls in ventrale und laterale Äste aufteilen. Die lateralen und medialen Hautäste der Rami ventrales 4–6, die zur Gegend der Brustdrüse ziehen, werden als *Rami mammarii laterales et mediales* bezeichnet.

Die Nerven der **unteren Gruppe** (Th7 bis Th12), deren Interkostalräume nicht mehr am Sternum enden, ziehen über die Rippenknorpel bis zur Linea alba. Sie nehmen dabei einen zunehmend schräg abwärts gerichteten Verlauf und versorgen die Muskulatur der Bauchwand (M. transversus abdominis **C10,** Mm. obliqui abdominis [externus **C11** et internus **C12**], M. rectus abdominis **C13** und M. pyramidalis).

Besonderheiten: Der N. intercostalis 1 beteiligt sich an der Bildung des Plexus brachialis und sendet nur einen dünnen Ast zum Zwischenrippenraum. Der N. intercostalis 2 (oft auch 3) gibt seinen *Ramus cutaneus lateralis* an den Oberarm ab (**N. intercostobrachialis B14**), wo er Verbindungen mit dem *N. cutaneus brachii medialis* eingeht. Der letzte Interkostalnerv, der unter der 12. Rippe verläuft, wird als **N. subcostalis** bezeichnet. Er verläuft schräg abwärts über die Darmbeinkante.

Die Gegend von Leiste und Hüfte wird sensibel von den obersten Ästen des Plexus lumbalis versorgt: vom **N. iliohypogastricus D15** (Ramus lateralis und Ramus anterior), vom **N. ilioinguinalis D16** und vom **N. genitofemoralis** (Ramus genitalis **D17**, Ramus femoralis **D18**).

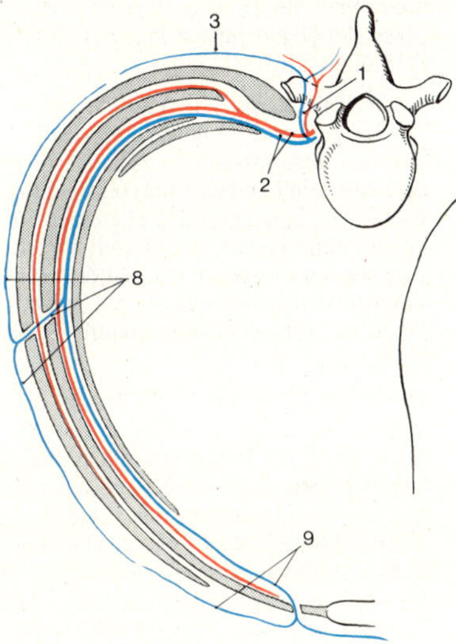

A Verlauf eines Thorakalnerven schematisch

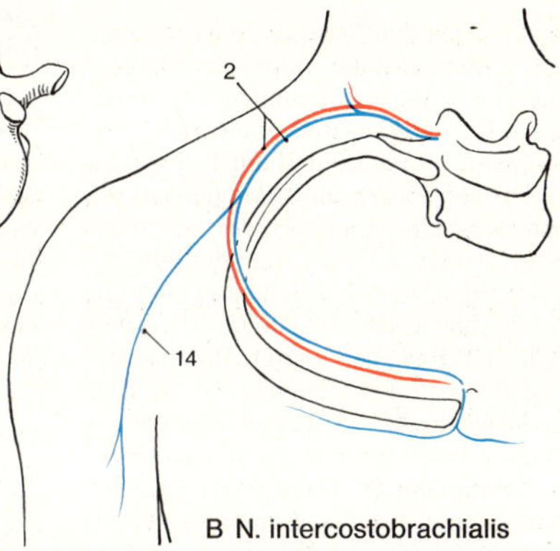

B N. intercostobrachialis

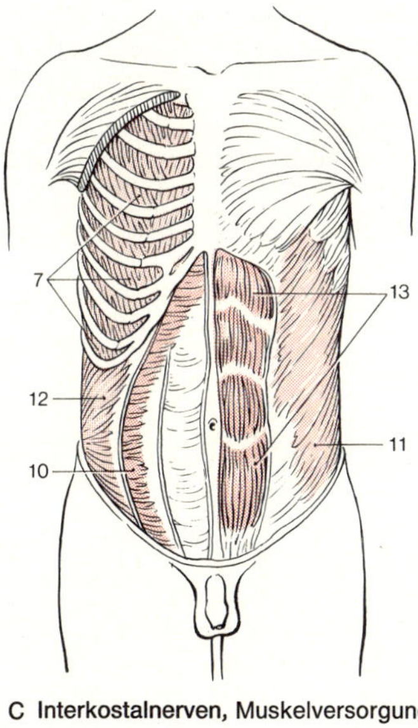

C Interkostalnerven, Muskelversorgung

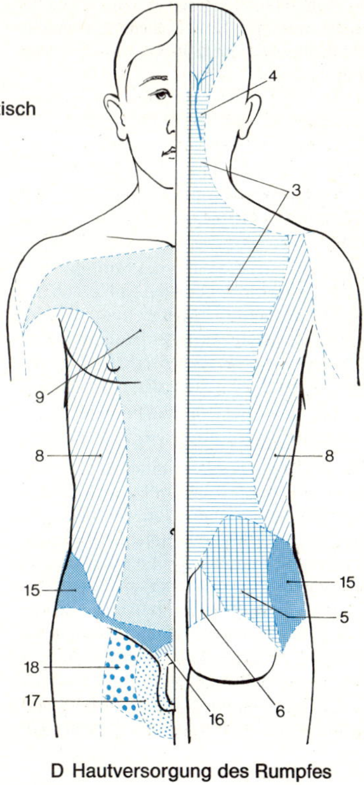

D Hautversorgung des Rumpfes

Plexus lumbosacralis

Er wird von den *Rami ventrales* der lumbalen und sakralen Spinalnerven gebildet. Seine Äste versorgen die untere Extremität sensibel und motorisch. Die Äste von L1 bis L3 und ein Teil von L4 bilden den *Plexus lumbalis,* der mit seinen Wurzeln innerhalb des M. psoas liegt. Außer mehreren kurzen Muskelästen entspringen aus ihm unter anderem der **N. obturatorius A1** und der **N. femoralis A2.** Der Rest des vierten Lumbalastes und der Ast L5 vereinigen sich zum **Truncus lumbosacralis A3,** der sich im kleinen Becken mit den sakralen Ästen 1 bis 3 zum **Plexus sacralis** vereinigt. Die sakralen Äste treten aus den Foramina sacralia pelvina des Kreuzbeins aus und bilden zusammen mit dem Truncus lumbosacralis den Plexus sacralis, von dem als Hauptnerv der **N. ischiadicus A4** abgeht **(N. peronaeus communis A5** und **N. tibialis A6).**

Plexus lumbalis

Der Plexus lumbalis gibt direkte kurze *Rami musculares* an die Hüftmuskulatur ab: an die Mm. psoas major und psoas minor (L1–L5), den M. quadratus lumborum (Th12–L3) und die Mm. intercostales lumborum. Die oberen Nerven des Plexus verhalten sich noch annähernd wie Interkostalnerven. Sie stellen zusammen mit dem *N. subcostalis* **A7** Übergangsnerven zwischen den Interkostalnerven und den Lumbalnerven dar.

Der **N. iliohypogastricus** (Th 12, L1) **A8** verläuft anfangs an der Innenseite des M. quadratus lumborum über die Dorsalfläche der Niere und dann zwischen M. transversus abdominis und M. obliquus internus abdominis. Er beteiligt sich an der Innervation der breiten Bauchmuskulatur. Er gibt zwei Hautäste ab, von denen der Ramus cutaneus lateralis die seitliche Hüftgegend versorgt und der Ramus cutaneus anterior die Aponeurose des M. obliquus externus abdominalis kranial des äußeren Leistenringes durchbohrt und die Haut in diesem Gebiet sowie die Regio pubica versorgt (S. 78 D15, S. 90 C16).

Der **N. ilioinguinalis** (L1) **A9** zieht entlang des Leistenbandes und im Leistenkanal mit dem Samenstrang bis zum Scrotum, bzw. mit dem Lig. teres uteri bei der Frau bis zu den Labia majora. Er beteiligt sich an der Innervation der breiten Bauchmuskeln und versorgt sensibel die Haut des Mons pubis und den oberen Teil des Scrotum, resp. der Labia majora (S. 78 D16).

Der **N. genitofemoralis** (L1, L2) **A10** teilt sich bereits in oder auf dem M. psoas in zwei Äste, den **Ramus genitalis** und den **Ramus femoralis.** Der *Ramus genitalis* verläuft in der Bauchwand über dem Leistenband durch den Leistenkanal und gelangt mit dem Samenstrang zum Scrotum, bei der Frau mit dem Lig. teres uteri zu den Labia majora. Er innerviert den M. cremaster und versorgt sensibel die Haut des Scrotum, resp. der Labia majora, und den gegenüberliegenden Hautbezirk des Oberschenkels (S. 78 D17, S. 90 C15). Der *Ramus femoralis* verläuft unterhalb des Leistenbandes und wird im Hiatus saphenus subkutan. Er versorgt die Haut des Oberschenkels lateral vom Gebiet des Ramus genitalis (S. 78 D18). N. cutaneus femoralis lateralis **A11** (S. 82 A), N. cutaneus femoris posterior **A12** (S. 84 D), N. pudendus **A13** (S. 90 AB1), N. glutaeus superior **A14** (S. 84 E).

A Plexus lumbosacralis
(Präparat Prof. Platzer)

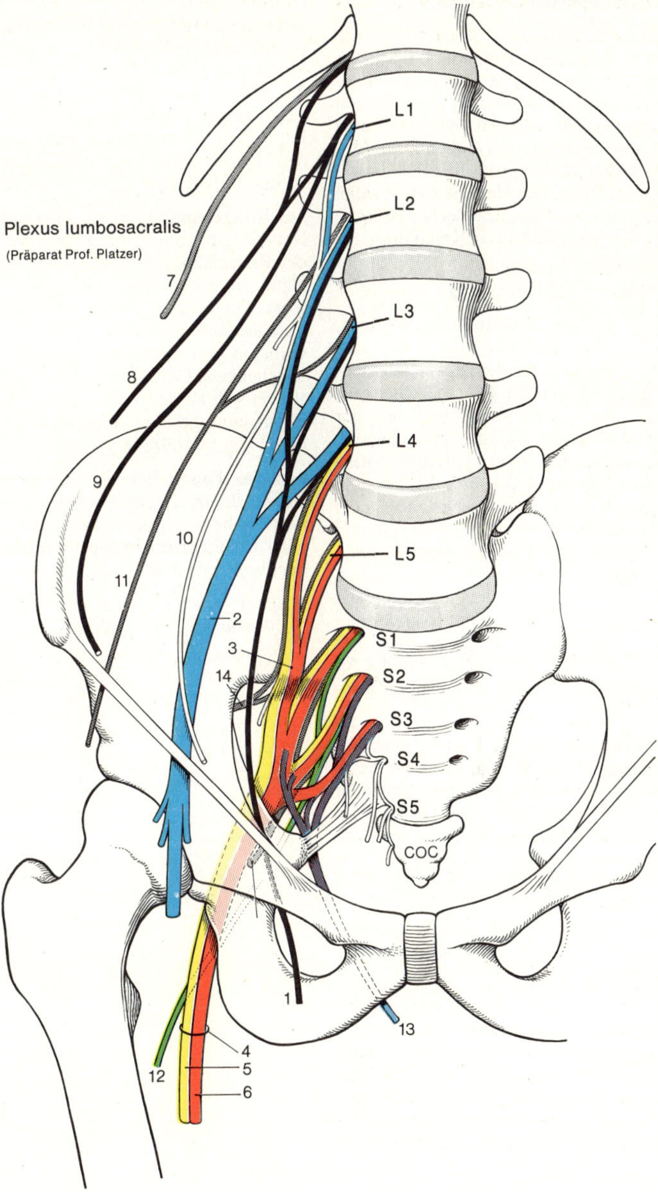

N. cutaneus femoris lateralis (L2–L3) A

Der Nerv verläuft über den M. iliacus bis unter die Spina iliaca anterior superior. Dann zieht er unter dem Leistenband durch den lateralen Abschnitt der Lacuna musculorum zur Außenfläche des Oberschenkels und tritt durch die Fascia lata zur Haut. Der Nerv ist rein sensibel und versorgt die Haut an der Seitenfläche des Oberschenkels bis in Kniehöhe.

N. femoralis(L1–L4)BCD

Der Nerv zieht am lateralen Rand des M. psoas major bis zum Leistenband und unter diesem durch die Lacuna musculorum zur Vorderseite des Oberschenkels. Unter dem Leistenband teilt sich der Nervenstamm in mehrere Äste: eine vorwiegend sensible ventrale Gruppe, **Rami cutanei anteriores CD1,** eine laterale und mediale Gruppe motorischer Äste für die **Streckmuskulatur** des Oberschenkels und in den **N. saphenus BCD2.** Der N. saphenus zieht zum Adduktorenkanal, in den er eintritt. Er durchbricht die Membrana vastoadductoria und verläuft an der medialen Seite des Kniegelenkes und des Unterschenkels gemeinsam mit der V. saphena magna bis zum medialen Knöchel.

Im kleinen Becken gibt der N. femoralis einige feine Äste **D3** zum M. psoas major **B4** und zum M. iliacus **B5** ab. Unter dem Leistenband zieht ein Ast **D6** zum M. pectineus **B7.** Etwas weiter distal zweigen die *Rami cutanei anteriores* CD1 ab, von denen der stärkste auf der Mitte des Oberschenkels bis zum Knie herabzieht. Sie versorgen sensibel die Haut an der vorderen und medialen Fläche des Oberschenkels.

Die *laterale Gruppe* der Muskeläste **D8** besteht aus *Rami musculares* für den M. sartorius **B9,** den M. rectus femoris **B10,** den M. vastus lateralis **B11** und den M. vastus intermedius **B12.** Am medialen Rand des M. sartorius verläuft der *Ramus muscularis* **D13** für den M. vastus medialis **B14.** Die Rami musculares zweigen sich stets in mehrere Äste für die proximalen und distalen Anteile der Muskeln auf. Von den Muskelästen gehen außerdem noch feine sensible Zweige zur Kapsel des Kniegelenkes und zum Periost der Tibia ab. Vom Nervenast für den M. vastus medialis ziehen Zweige zur A. und V. femoralis.

Der **N. saphenus** CD2 ist ein rein sensibler Nerv. Er gibt unterhalb des Kniegelenkes den **Ramus infrapatellaris CD15** ab, der die Haut unterhalb der Kniescheibe versorgt. Die übrigen Zweige, **Rami cutanei cruris mediales,** versorgen die Haut an der vorderen und medialen Fläche des Unterschenkels. Der Versorgungsbezirk erstreckt sich an der Vorderseite über die Tibiakante und kann am medialen Fußrand bis zur Großzehe reichen.

Klinischer Hinweis. Bei einer Lähmung des Nerven kann das Bein im Kniegelenk nicht mehr gestreckt werden. Die Beugung im Hüftgelenk ist abgeschwächt und der Patellarsehnenreflex fehlt.

Hautversorgung: Autonomgebiet der Nerven dunkel, Maximalgebiet hell.

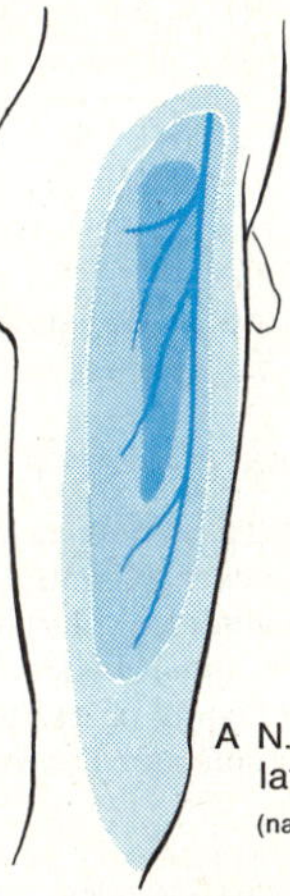

A N. cutaneus femoris lateralis
(nach Lanz-Wachsmuth)

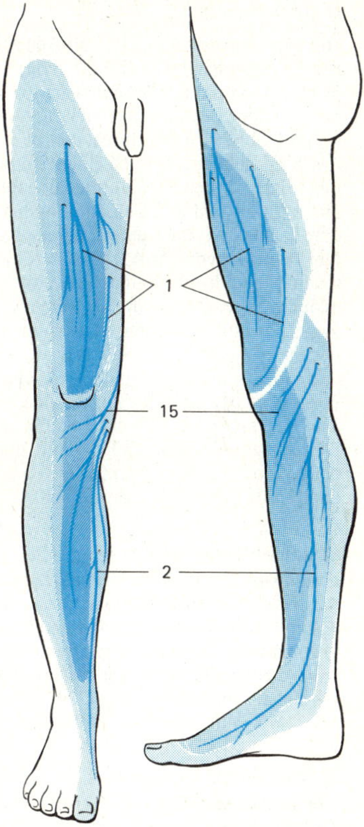

C N. femoralis Hautversorgung
(nach Lanz-Wachsmuth)

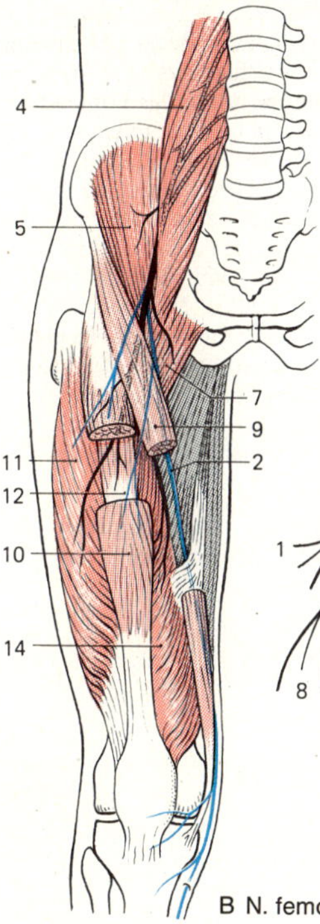

B N. femoralis Muskelversorgung
(nach Lanz-Wachsmuth)

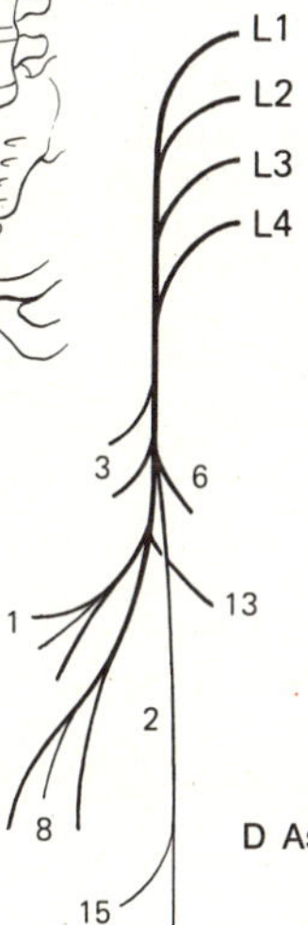

D Astfolge

N. obturatorius (L2–L4) A–C

Der Nerv versorgt motorisch die **Adduktoren** des Oberschenkels. Medial vom M. psoas major zieht er an der Seitenwand des kleinen Beckens abwärts bis zum Canalis obturatorius, durch den er auf das Bein gelangt. Er gibt einen Ramus muscularis für den M. obturatorius externus **AB1** ab und teilt sich dann in einen oberflächlichen und einen tiefen Ast. Der **Ramus superficialis AB2** verläuft zwischen M. adductor longus **A3** und M. adductor brevis **A4,** die er beide versorgt. Er gibt außerdem Äste zum M. pectineus und M. gracilis **A5** ab und entsendet schließlich als Endast einen *Ramus cutaneus* **ABC6** zum distalen Bezirk der medialen Oberschenkelfläche. Der **Ramus profundus AB7** verläuft über den M. obturatorius externus hinweg und dann in die Tiefe zum M. adductor magnus **A8.**

Klinischer Hinweis. Die Lähmung des N. obturatorius (z. B. Beckenbruch) hat den Ausfall der Adduktorenmuskulatur zur Folge. Dadurch werden Stand und Gang beeinträchtigt, und das betroffene Bein kann nicht mehr über das andere Bein geschlagen werden.

Plexus sacralis

Der *Truncus lumbosacralis* (ein Teil von L4 und L5) und die Rami ventrales S1 bis S3 vereinigen sich auf der Vorderfläche des M. piriformis zum Plexus. Von ihm gehen direkte Äste zu Muskeln im Beckenbereich: zum M. piriformis, zu den Mm. gemelli **F9,** zum M. obturatorius internus und zum M. quadratus femoris **F10.**

N. glutaeus superior (L4–S1) E

Der Nerv zieht über den oberen Rand des M. piriformis dorsalwärts durch das Foramen suprapiriforme zu den Mm. glutaeus medius **E11** und glutaeus minimus **E12,** die er beide motorisch versorgt. Zwischen beiden Muskeln verläuft er weiter bis zum M. tensor fasciae latae **E13.**

Klinischer Hinweis: Bei einer Lähmung des Nerven wird die Abduktion des Beines geschwächt. Bei Stand auf dem betroffenen Bein und Anheben des gesunden Beines sinkt die andere Beckenseite ab (Trendelenburgsches Zeichen).

N. glutaeus inferior (L5—S2) F

Der Nerv tritt durch das Foramen infrapiriforme aus dem Becken aus und versorgt mit mehreren Ästen den M. glutaeus maximus **F14.** Bei einer Lähmung des Nerven ist die Streckung im Hüftgelenk (z. B. beim Aufstehen oder Treppensteigen) geschwächt.

N. cutaneus femoris posterior (S1–S3) D

Der Nerv verläßt das Becken zusammen mit dem N. ischiadicus und dem N. glutaeus inferior durch das Foramen infrapiriforme und gelangt unter dem M. glutaeus maximus an die Rückfläche des Oberschenkels. Direkt unter der Fascia lata gelegen, zieht er an der Mitte des Oberschenkels bis in die Kniekehle. Der rein sensible Nerv gibt Äste an den Unterrand des Gesäßes, **Nn. clunium inferiores,** und an die Dammgegend, **Rami perineales**, ab. Er versorgt sensibel die Rückseite des Oberschenkels von der unteren Gesäßgegend bis in die Kniekehle und greift auf die proximale Fläche des Unterschenkels über.

Hautversorgung: Autonomgebiet der Nerven dunkel, Maximalgebiet hell.

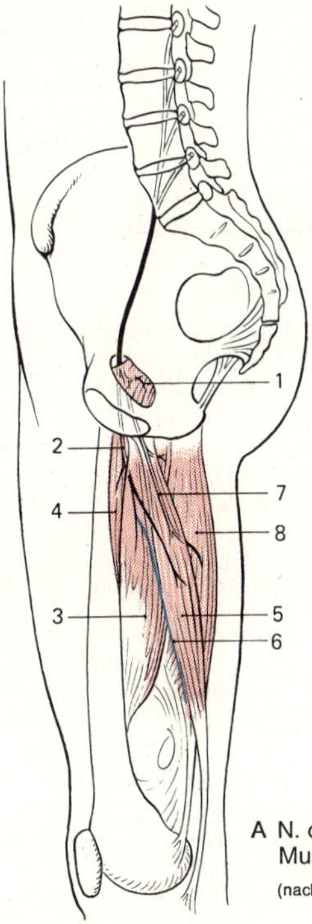

A N. obturatorius
Muskelversorgung
(nach Lanz-Wachsmuth)

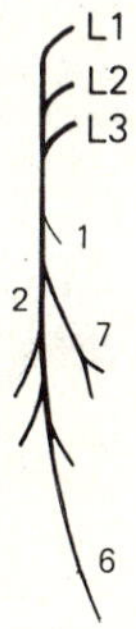

B Astfolge

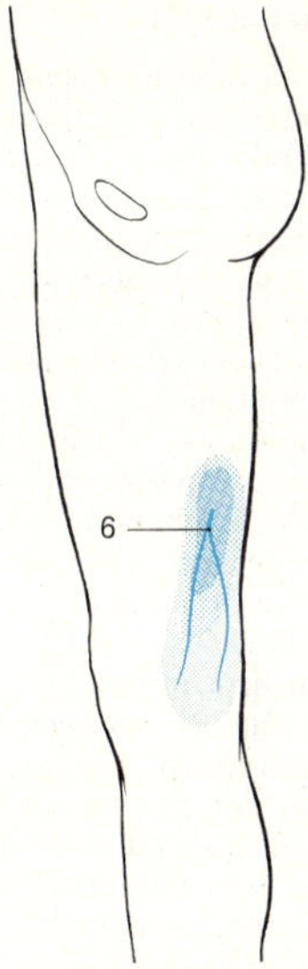

C N. obturatorius
Hautversorgung
(nach Lanz-Wachsmuth)

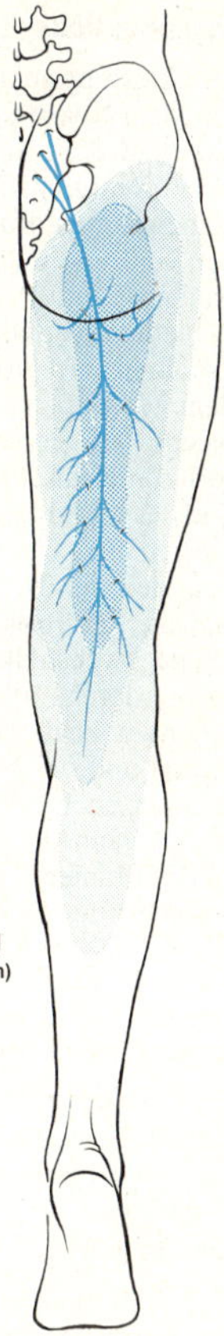

D N. cutaneus
femoris posterior
(nach Lanz-Wachsmuth)

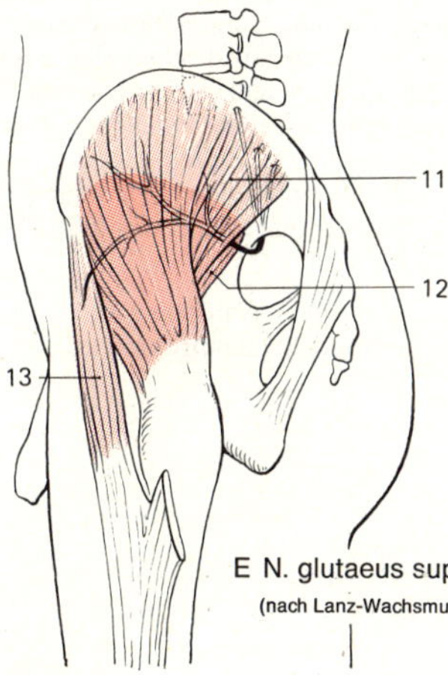

E N. glutaeus superior
(nach Lanz-Wachsmuth)

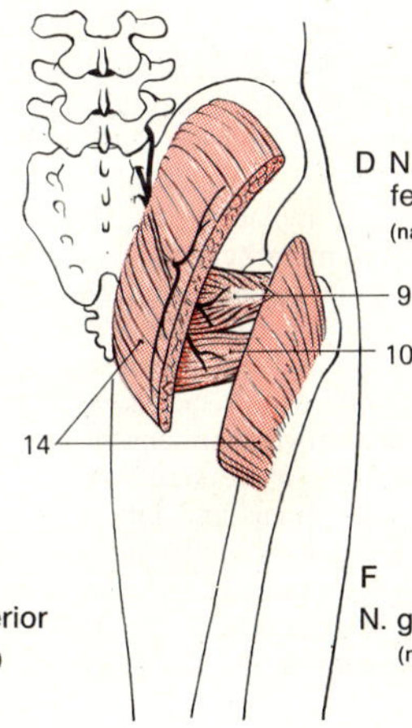

F
N. glutaeus inferior
(nach Lanz-Wachsmuth)

N. ischiadicus (L4–S3) AC1

Der Nerv besteht aus zwei Komponenten, dem **N. peronaeus communis** *(N. fibularis)*, und dem **N. tibialis**, die im kleinen Becken und im Oberschenkel von einer gemeinsamen Bindegewebshülle umgeben sind und daher als ein einheitlicher Nervenstamm imponieren. Der N. ischiadicus verläßt das Becken durch das Foramen infrapiriforme und zieht unter dem M. glutaeus maximus und dem M. biceps, auf der Rückseite des M. obturatorius internus, des M. quadratus femoris und des M. adductor magnus in Richtung Kniegelenk. Über dem Kniegelenk trennen sich der N. peronaeus und der N. tibialis. Im Becken liegt innerhalb der Bindegewebshülle der N. peronaeus oben, der N. tibialis unten. Im Oberschenkel liegt dann der N. peronaeus lateral und der N. tibialis medial. Beide können auch völlig getrennt verlaufen, wobei dann der N. tibialis allein durch das Foramen infrapiriforme austritt, während der N. peronaeus den M. piriformis durchbohrt.

N. peronaeus communis (L4–S2) AC2

Im Oberschenkel geht vom Peronäusanteil des N. ischiadicus ein Ramus muscularis zum Caput breve M. bicipitis femoris **A3** ab.

Nach der Teilung des N. ischiadicus zieht der N. peronaeus communis entlang dem M. biceps am lateralen Rand der Kniekehle zum Caput fibulae. Er wendet sich dann um das Collum fibulae herum zur Vorderfläche des Unterschenkels und tritt in den M. peronaeus longus ein. In diesem Muskel teilt sich der Nerv *(N. peronaeus communis)* in den **N. peronaeus superficialis AC4** und den **N. peronaeus profundus AC5.** Der vorwiegend sensible N. peronaeus superficialis verläuft zwischen M. peronaeus longus und Fibula zum Fußrücken. Der vorwiegend motorische N. peronaeus profundus wendet sich nach vorn zu den Streckmuskeln des Unterschenkels und zieht an der Seitenfläche des M. tibialis anterior zum Fußrücken.

Vom *N. peronaeus communis* gehen am lateralen Rand der Kniekehle zwei Hautäste ab, der **N. cutaneus surae lateralis ABC6,** der die Haut an der lateralen Fläche des Unterschenkels versorgt, und der **Ramus communicans peronaeus C7,** der sich mit dem *N. cutaneus surae medialis* zum *N. suralis* vereinigt.

Der *N. peronaeus superficialis* gibt *Rami musculares* **C8** zu den Mm. peronaei (longus **A9** et brevis **A10**) ab. Der Rest des Nerven ist rein sensibel: er teilt sich in seine Endäste auf, in den **N. cutaneus dorsalis medialis BC11** und in den **N. cutaneus dorsalis intermedius BC12,** welche die Haut des Fußrückens mit Ausnahme des Zwischenzehenraumes zwischen Großzehe und zweiter Zehe versorgen.

Der *N. peronaeus profundus* gibt mehrere *Rami musculares* **C13** an die Streckmuskeln des Unterschenkels und des Fußes ab: an den M. tibialis anterior **A14,** die Mm. extensores digitorum (longus **A15** et brevis **A16**) und die Mm. extensores hallucis (longus **A17** et brevis **A18**). Der Endast ist sensibel und versorgt die einander zugekehrten Hautflächen des Zwischenzehenraumes der Großzehe und der zweiten Zehe **B19.**

Klinischer Hinweis. Eine Schädigung des Nerven betrifft die Fußstrecker. Der Fuß kann im Sprunggelenk nicht mehr angehoben werden. Beim Gehen hängt er nach unten und die Zehen schleifen am Boden. Das Bein muß daher übermäßig angehoben werden, und es resultiert der sog. Hahnentritt.

Hautversorgung: Autonomgebiet der Nerven dunkel, Maximalgebiet hell.

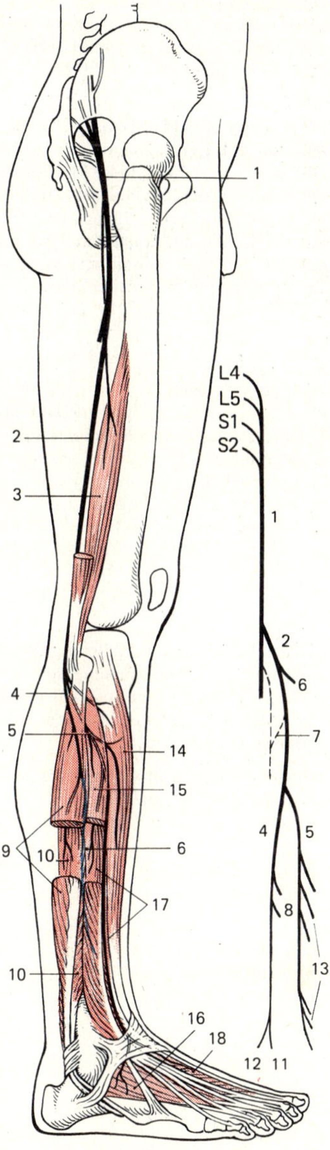

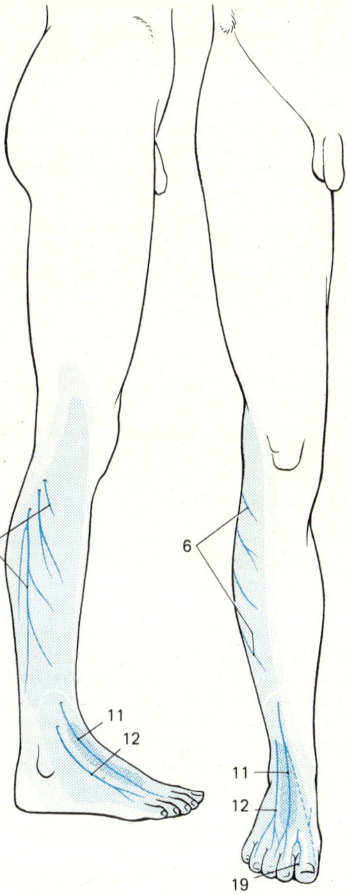

B N. peronaeus communis, Hautversorgung
(nach Lanz-Wachsmuth)

C Astfolge

A N. peronaeus communis, Muskelversorgung (nach Lanz-Wachsmuth)

N. tibialis (L4–S3)

Im Oberschenkel gehen aus dem Tibialisanteil des N. ischiadicus mehrere *motorische Äste* **AC1** ab: für den proximalen und distalen Teil des M. semitendinosus **A2,** für das Caput longum m. bicipitis **A3** und ein sich teilender Ast für den M. semimembranosus **A4** und den medialen Teil des M. adductor magnus **A5.**

Nach der Teilung des N. ischiadicus zieht der N. tibialis senkrecht durch die Mitte der Kniekehle unter den M. gastrocnemius. Er liegt dann unter dem Arcus tendineus des M. soleus und weiter distal zwischen dem M. flexor hallucis longus und dem M. flexor digitorum longus. Zwischen den Sehnen der beiden Muskeln gelangt er an die Rückseite des medialen Knöchels und zieht um ihn herum. Unter dem Knöchel teilt er sich in seine beiden Endäste, den *N. plantaris medialis* und den *N. plantaris lateralis.*

In der Kniekehle zweigt der **N. cutaneus surae medialis C6** ab, der zwischen den beiden Köpfen des M. gastrocnemius abwärts läuft und sich mit dem Ramus communicans peronaeus zum **N. suralis BC7** vereinigt. Dieser zieht lateral von der Achillessehne hinter den lateralen Knöchel und um diesen herum zum lateralen Fußrand. Er gibt die **Rami calcanei laterales BC8** zur Haut der lateralen Fersenseite und den **N. cutaneus dorsalis lateralis BC9** zum lateralen Fußrand ab.

In der Kniekehle gehen außerdem *motorische Äste* **C10** zu den Beugern am Unterschenkel ab: zu den beiden Köpfen des M. gastrocnemius **A11,** zum M. soleus **A12,** M. plantaris und zum M. popliteus **A13.** Vom *Ramus popliteus* zweigt der *N. interosseus cruris* **C14** ab, der an der Rückfläche der Membrane interossea verläuft und das Periost der Tibia, das obere Sprunggelenk und das Tibiofibulargelenk sensibel versorgt. Der N. tibialis gibt während seines Verlaufes unter dem M. soleus *Rami musculares* **C15,** zum M. tibialis posterior **A16,** zum M. flexor digitorum longus **A17** und zum M. flexor hallucis longus **A18** ab. Bevor sich der Nervenstamm in seine Endäste aufgabelt, schickt er die **Rami calcanei mediales BC19** zum medialen Hautbezirk der Ferse.

Der mittlere der beiden Endäste, der **N. plantaris medialis CD20,** innerviert den M. abductor hallucis **D21,** den M. flexor digitorum brevis **D22** und den M. flexor hallucis brevis **D23.** Er teilt sich schließlich in die drei **Nn. digitales plantares communes BC24**, die die Mm. lumbricales 1 u. 2 **D25** versorgen und sich weiter in die Nn. digitales plantares proprii **BC26** für die Haut der Zwischenzehenräume von der Großzehe bis zur vierten Zehe aufgabeln.

Der zweite Endast, **N. plantaris lateralis CD27**, teilt sich in einen **Ramus superficialis C28** mit den *Nn. digitales plantares communes* **C29** und *Nn. proprii* **BC30** für die Haut der Kleinzehengegend und in einen **Ramus profundus CD31** mit *Rami musculares* für die Mm. interossei **D32**, den M. adductor hallucis **D33** und die lateralen drei Mm. lumbricales. M. flexor digiti minimi brevis **D34.**

Klinischer Hinweis. Eine Schädigung des N. tibialis führt zu einer Lähmung der Zehen- und Fußbeuger. Der Fuß kann nicht mehr plantarwärts bewegt werden: der Zehenstand ist unmöglich.

Hautversorgung: Autonomgebiet der Nerven dunkel, Maximalgebiet hell.

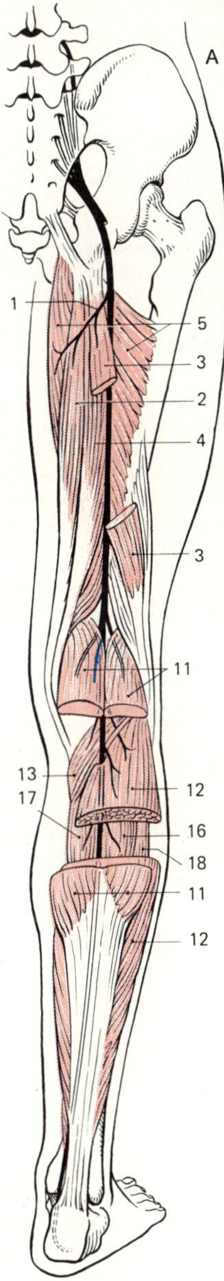

A N. tibialis
Muskelversorgung

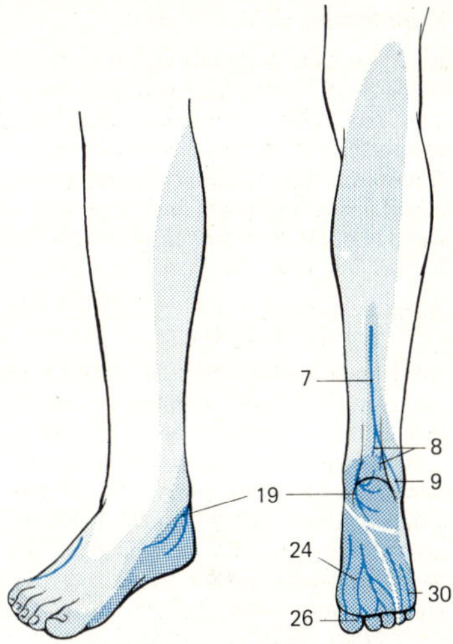

B N. tibialis Hautversorgung
(nach Lanz-Wachsmuth)

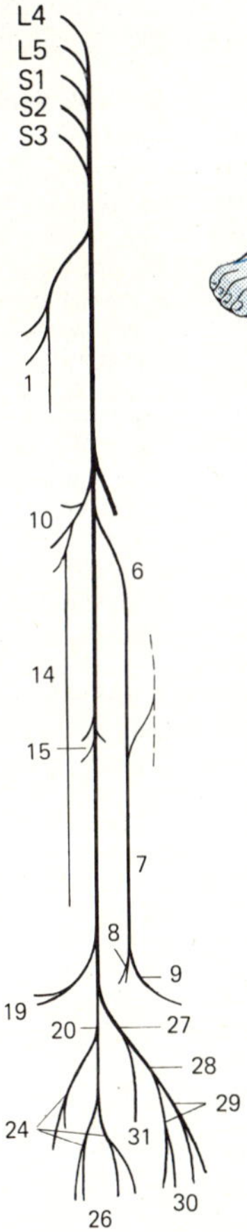

C Astfolge

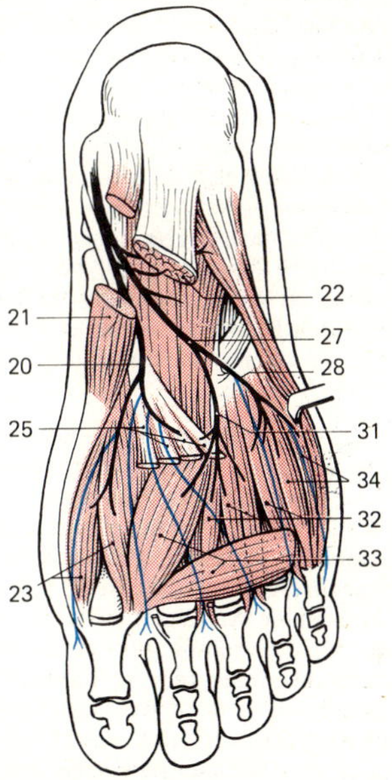

D N. tibialis, Versorgung
der Fußmuskeln (nach Lanz-Wachsmuth)

N. pudendus (S2–S4) **AB1**

Der Nerv tritt durch das Foramen infrapiriforme **AB2** aus dem Becken aus, zieht dorsal um die Spina ischiadica **AB3** herum und tritt durch das Foramen ischiadicum minus **AB4** in die Fossa ischiorectalis ein. Er verläuft dann an deren Seitenwand im *Canalis pudendalis (Alcockscher Kanal)* bis unter die Symphyse und mit seinem Endast auf die Dorsalseite des Penis resp. der Clitoris.

Im Canalis pudendalis gehen zahlreiche Äste ab: Die **Nn. rectales inferiores ABC5**, die auch direkt vom 2. bis 4. Sakralnerven abgehen können, treten durch die Wand des Kanals zum Damm und versorgen motorisch den M. sphincter ani externus **AB6** und sensibel die Haut um den Anus und die unteren Zweidrittel des Canalis analis.

Die **Nn. perineales AB7** gliedern sich in tiefe und oberflächliche Äste. Die tiefen Äste beteiligen sich an der Innervation des M. sphincter ani externus. Weiter oberflächlich versorgen sie den M. bulbospongiosus, M. ischiocavernosus und den M. transversus perinei superficialis. Die oberflächlichen Äste versorgen sensibel die hintere Partie des Scrotum (Nn. scrotales posteriores) **AC8** beim Manne bzw. der Labia majora (Nn. labiales posteriores) **BC9** bei der Frau, beim Manne weiterhin die Schleimhaut der Urethra und den Bulbus penis, bei der Frau das Ostium externum urethrae und das Vestibulum vaginae.

Der Endast, **N. dorsalis penis A10,** resp. **N. dorsalis clitoris B11,** sendet motorische Äste zum M. transversus perinei profundus und zum M. sphincter profundus und zum M. sphincter urethrae **B12.** Nach seinem Durchtritt durch das Diaphragma urogenitale **AB13** gibt er einen Ast zum Corpus cavernosum penis beim Manne, zum Corpus cavernosum clitoridis bei der Frau ab. Beim Manne verläuft er auf dem Penisrücken und gibt sensible Äste für die Penishaut und die Glans ab. Bei der Frau versorgt er sensibel die Clitoris einschließlich der Glans.

Rami musculares (S3 u. S4)

Der M. levator ani und der M. coccygeus werden durch Nervenäste direkt aus dem Plexus sacralis versorgt.

Plexus coccygeus (S4–Co) **AB14**

Die Rami ventrales des 4. und 5. Sakralnerven und des N. coccygeus bilden auf dem M. coccygeus ein feines Geflecht. Von ihm gehen die **Nn. anococcygei** ab, die sensibel die Haut über dem Steißbein und zwischen Steiß und Anus versorgen C14.

Sensible Versorgung von Becken und Damm C

Es beteiligen sich außer den sakralen und kokzygealen Nerven der *N. ilioinguinalis* und *N. genitofemoralis* **C15,** der *N. iliohypogastricus* **C16,** der *N. obturatorius* **C17,** der *N. cutaneus femoris posterior* **C18,** die *Nn. clunium inferiores* **C19** und die *Nn. clunium medii* **C20.**

Äußere Genitalien- Blasen- und Mastdarmöffnung sind Grenzgebiete zwischen unwillkürlicher glatter Eingeweidemuskulatur und willkürlicher quergestreifter Muskulatur. Dementsprechend sind hier vegetative und somatomotorische Fasern miteinander verflochten. Der N. pudendus enthält außer sensiblen, somatomotorischen und sympathischen Fasern auch parasympathische Fasern aus dem Sakralmark. Sympathische Fasern gehen auch als Nn. splanchnici pelvini (Nn. erigentes) vom 2. bis 4. Sakralnerven ab.

A

N. pudendus beim Mann

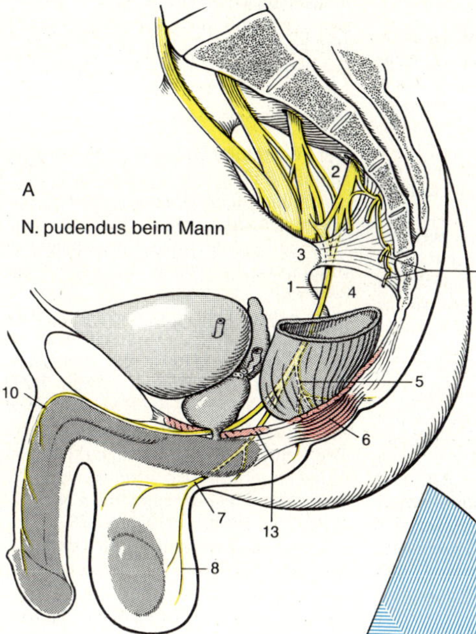

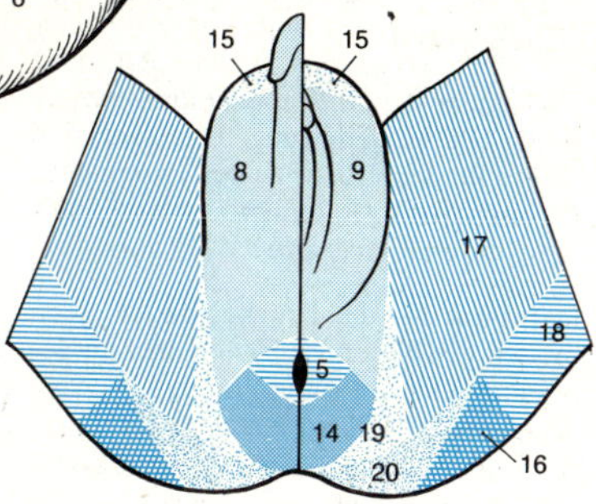

C sensible Versorgung des Dammes
(nach Haymaker u. Woodhall)

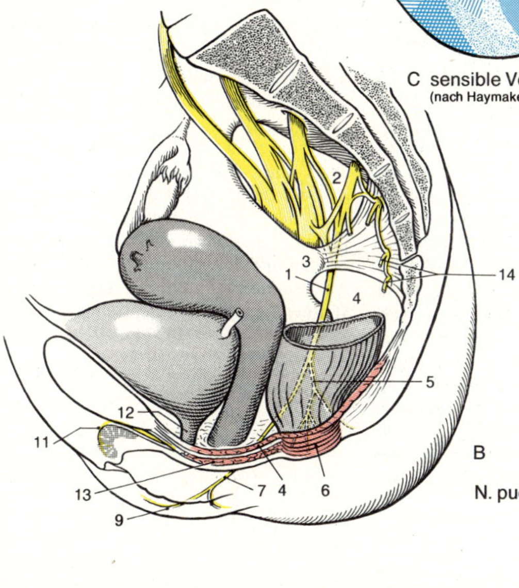

B

N. pudendus bei der Frau

Übersicht

Den **Hirnstamm, Truncus cerebri,** gliedern wir in drei Abschnitte: in die *Medulla oblongata (verlängertes Mark)* **C1,** in den *Pons (Brücke)* **C2** und in das *Mesencephalon (Mittelhirn)* **C3.**

Es handelt sich um den Teil des Gehirns, der während der Embryonalentwicklung von der Chorda dorsalis unterlagert wird und von dem eine Anzahl echter peripherer Nerven (Hirnnerven) abgeht. Das Kleinhirn, das entwicklungsgeschichtlich dazugehört, besprechen wir wegen seiner besonderen Struktur gesondert.

Die **Medulla oblongata** zwischen Pyramidenkreuzung und Unterrand des Pons bildet den Übergang vom Rückenmark zum Gehirn. Bis zum Pons laufen die *Fissura mediana ventralis,* unterbrochen von der *Pyramidenkreuzung* **A4,** und beiderseits der *Sulcus lateralis ventralis* **AD5.** Die Vorderstränge verdicken sich unterhalb der Brücke zu den *Pyramiden, Pyramides* **A6.** Lateral von ihnen wölbt sich bds. die *Olive, Oliva* **AD7** vor.

Der **Pons** A, die Brücke, bildet einen breiten gewölbten Wulst mit einer ausgeprägten Querfaserung. In ihm werden absteigende Bahnen aus dem Großhirn auf Fasern umgeschaltet, die zum Kleinhirn ziehen.

Die dorsale Fläche des Hirnstammes ist vom *Kleinhirn* **C8** überdeckt. Bei seiner Entfernung werden die *Kleinhirnschenkel* bds. durchschnitten: *Pedunculus cerebellaris caudalis (inferior) (Corpus restiforme)* **BD9**. *Pedunculus cerebellaris medius (Brachium pontis)* **BD10** und *Pedunculus cerebellaris cranialis (superior) (Brachium conjunctivum)* **BD11.** Dabei wird der *IV. Ventrikel* **C12** eröffnet, dessen zeltförmiges Dach vom *Velum medullare superius* **C13** und *Velum medullare inferius* **C14** gebildet wird. Es liegt dann der Boden des IV. Ventrikels, die *Fossa rhomboidea (Rautengrube)* B frei. Nach ihr werden Medulla und Pons auch als **Rhombencephalon** *(Rautenhirn)* zusammengefaßt. Die Hinterstränge verdicken sich bds. zum *Tuberculum nuclei cuneati* **B15** und *Tuberculum nuclei gracilis* **B16,** begrenzt durch den *Sulcus medianus dorsalis* **B17** und bds. durch den *Sulcus lateralis dorsalis* **B18.**

Der **IV. Ventrikel** bildet bds. den *Recessus lateralis* **B19,** der sich zum äußeren Liquorraum öffnet. *Apertura lateralis (Foramen Luschkae)* **B20.** Eine unpaare Öffnung liegt unter dem Velum medullare inferius, *Apertura mediana (Foramen Magendii)*. Der Boden der Rautengrube zeigt neben dem *Sulcus medianus* **B21** Vorwölbungen, die durch Hirnnervenkerne hervorgerufen werden: *Eminentia medialis* **B22,** *Colliculus facialis* **B23,** *Trigonum n. hypoglossi* **B24,** *Trigonum n. vagi* **B25** und *Area vestibularis* **B26.** Die Rautengrube wird von markhaltigen Nervenfasern, *Striae medullares,* **B27,** überquert. Die pigmenthaltigen Nervenzellen des Locus caeruleus **B28** schimmern bläulich durch den Boden der Rautengrube. Sie sind überwiegend noradrenerg und projizieren in den Hypothalamus, das limbische System und zum Neocortex (S. 28 A1). Daneben enthält der Locus caeruleus auch peptiderge Neurone (Enkephalin, Neurotensin).

Mesencephalon. Seine Ventralfläche wird von den *Hirnschenkeln, Pedunculi cerebri* **AD29** (absteigende Großhirnbahnen) gebildet. Zwischen ihnen liegt die *Fossa interpeduncularis* **A30,** deren Boden von zahlreichen Gefäßen durchlöchert wird, *Substantia perforata posterior.* An der Dorsalfläche des Mittelhirns liegt die *Vierhügelplatte, Lamina tecti (Lamina quadrigemina)* **BD31** mit zwei oberen und zwei unteren Hügeln, *Colliculi craniales (superiores)* **D32**, Schaltstelle im optischen System, und *Colliculi caudales (inferiores)* **D33,** Schaltstelle im akustischen System.

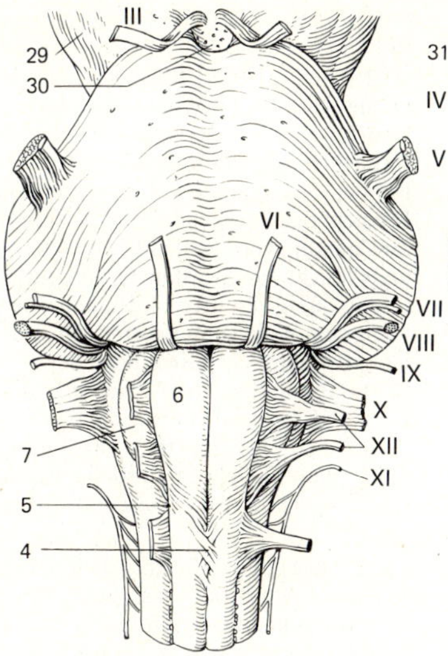

A Hirnstamm von basal

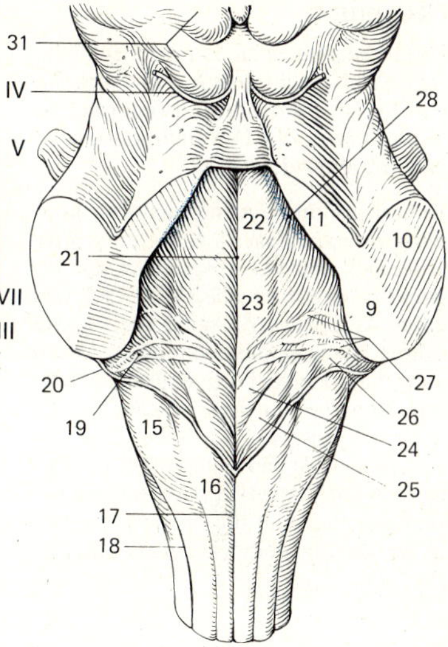

B Hirnstamm von dorsal, Rautengrube

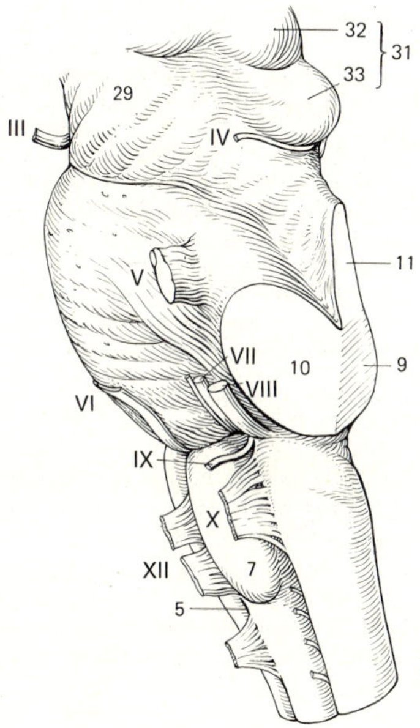

D Hirnstamm von lateral

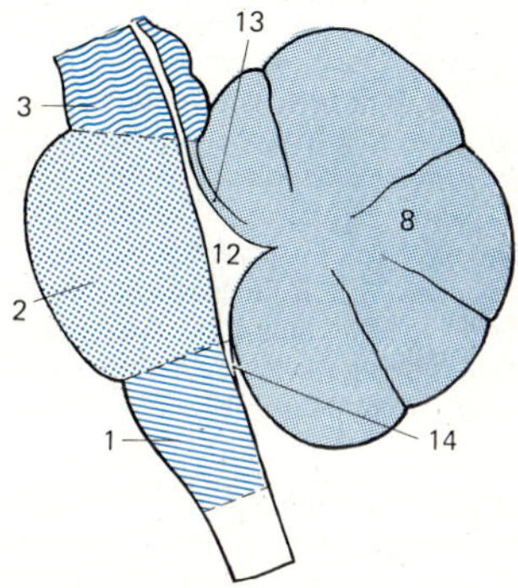

C Gliederung des Hirnstammes

Gliederung

Im Hirnstamm ist die Längszonengliederung des *Neuralrohres* **A1** noch erkennbar. Sie wird durch die Erweiterung des Zentralkanals zum IV. Ventrikel abgeändert **A2** und **A3.**

Die ventrodorsale Anordnung von motorischer *Grundplatte* **A4,** viszeromotorischer **A5** und viszerosensibler **A6** Region und sensibler *Flügelplatte* **A7** wird beim Auseinanderklappen des Neuralrohres zu einer mediolateralen Anordnung am Boden der Rautengrube A2: die *somatomotorische* Zone liegt medial, daneben die viszeromotorische Zone; die *viszerosensible* und *somatosensible* Zone werden nach lateral verlagert. Nach diesem Bauplan sind die Hirnnervenkerne in der Medulla oblongata angeordnet A3 (S. 98 B).

Hirnnerven

Den alten Anatomen folgend unterscheiden wir 12 Hirnnervenpaare, obwohl die ersten zwei Paare keine peripheren Nerven sind. Der **N. olfactorius** (I) besteht aus den Nn. olfactorii, den gebündelten Fortsätzen der Sinneszellen im Riechepithel, die in den Riechkolben **B8** eintreten. Der **N. opticus** (II) ist eine Leitungsbahn des Gehirns: das Ursprungsgebiet der Optikusfasern, die Retina, ist zusammen mit dem Pigmentepithel des Augapfels eine Ausstülpung des Zwischenhirns (S. 320). *Chiasma opticum* **B9,** *Tractus opticus* **B10.**

Die Augenmuskelnerven sind somatomotorische Nerven: Der **N. oculomotorius** (III) verläßt das Gehirn am Boden der *Fossa interpeduncularis* **B11;** der **N. trochlearis** (IV) tritt an der Dorsalfläche des Mittelhirnes aus und zieht um die Pedunculi cerebri zur Basalfläche (S. 93 BD IV); der **N. abducens** (VI) geht vom Unterrand der Brücke ab.

Fünf Nerven haben sich aus den Kiemenbogennerven der niederen Vertebraten entwickelt: **N. trigeminus** (V), **N. facialis** (VII), **N. glossopharyngeus** (IX), **N. vagus** (X) und **N. accessorius** (XI). Die von diesen Nerven versorgte Muskulatur gehörte als Kiemenbogenmuskulatur zum Kopfdarm. Die Nerven waren also ursprünglich viszeromotorische Nerven. Bei den Säugetieren wandelten sich die Kiemenbogenmuskeln zu quergestreifter Muskulatur von Schlund, Mundhöhle und Gesicht um. Sie ist im Gegensatz zur echten quergestreiften Muskulatur nicht völlig dem Willen unterworfen (affektabhängige mimische Reaktion der Gesichtsmuskulatur). Der *N. vestibulocochlearis* (VIII) ist mit seinem vestibulären Anteil eine phylogenetisch alte Verbindung zum Gleichgewichtsapparat, die schon bei niederen Wirbeltieren vorhanden ist.

Der N. trigeminus (V) tritt im lateralen Abschnitt der Brücke aus. Seine *Radix sensoria* zieht zum *Ganglion trigeminale (Ganglion semilunare, Ganglion Gasseri)* **B12**; seine *Radix motoria* **B13** verläuft am Ganglion vorbei. Im Kleinhirnbrückenwinkel verlassen die Nn. facialis (VII) und vestibulocochlearis (VIII) die Medulla. Die Geschmacksfasern des N. facialis treten als selbständiger Nerv, **N. intermedius B14,** aus. Die Nn. glossopharyngeus (IX) und vagus (X) gehen dorsal von der Olive ab. *Ganglion superius nervi vagi* **B15.** Die zervikalen Wurzeln des N. accessorius (XI) schließen sich zur *Radix spinalis* **B16** zusammen. Die oberen aus der Medulla oblongata stammenden Fasern, *Radix cranialis,* treten nach kurzem Verlauf im Nerven als *Ramus internus* **B17** zum N. vagus über.

Der **N. hypoglossus** (XII), ein somatomotorischer Nerv, ist entwicklungsgeschichtlich der Rest einiger Zervikalnerven, die sekundär in den Hirnbereich einbezogen wurden und deren sensible Wurzeln verkümmert sind.

Tractus olfactorius **B18,** Stria olfactoria lateralis **B19,** Substantia perforata anterior **B20,** Hypophysenstiel **B21,** Bochdaleksches Blumenkörbchen **B22** (S. 264 D12).

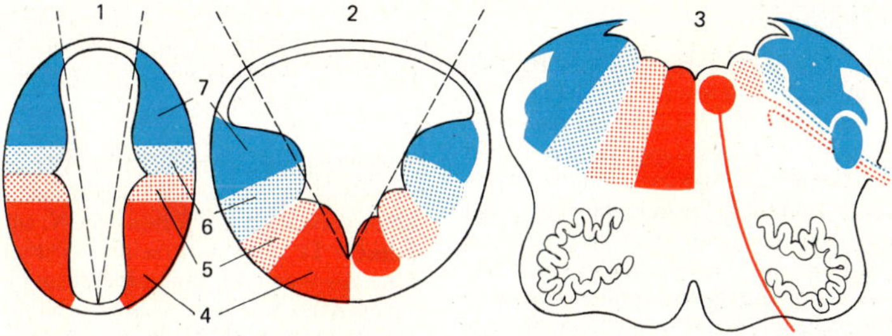

A Längszonengliederung der Medulla oblongata (nach Herrick)

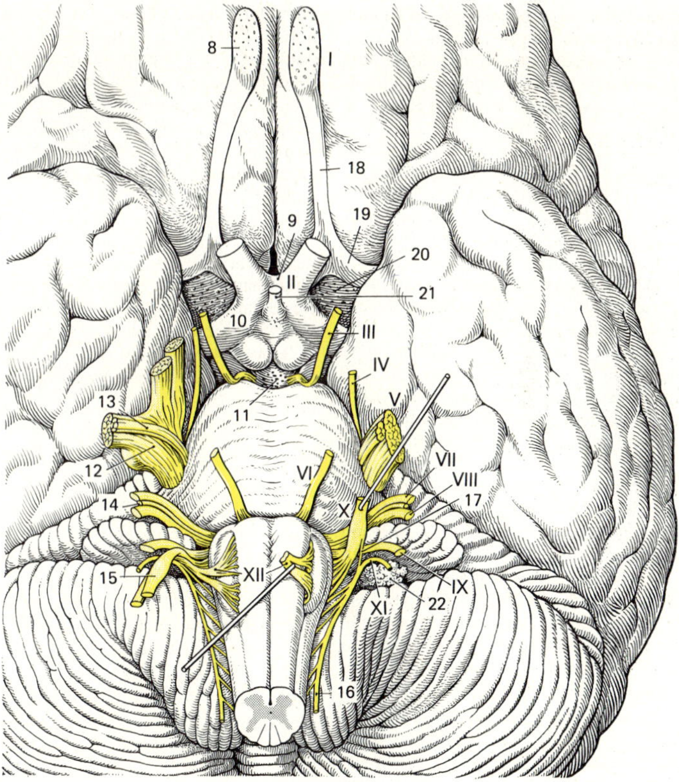

B Hirnnerven, Hirnbasis

Schädelbasis

Die Schädelbasis trägt das Gehirn. Den basalen Hirnflächen entsprechen beiderseits drei knöcherne Gruben: die basale Fläche des Frontallappens liegt in der vorderen Schädelgrube. *Fossa cranii anterior* **1**, die des Temporallappens in der mittleren Schädelgrube, *Fossa cranii media* **2** und die Unterfläche des Kleinhirns in der hinteren Schädelgrube, *Fossa cranii posterior* **3**. Die knöcherne Zusammensetzung und Abgrenzung der Schädelgruben s. Bd. 1, S. 290. Der Schädelinnenraum ist von der harten Hirnhaut, *Dura mater,* ausgkleidet, die mit zwei Blättern sowohl Hirnhülle als auch Periost bildet. Eingescheidet in die beiden Blätter verlaufen die großen venösen Blutleiter (Bd. 2, S. 60, 62). Durch die zahlreichen Foramina der Schädelbasis ziehen Nerven und Blutgefäße (Bd. 1, S. 294).

Am Boden der vorderen Schädelgrube, dicht neben der Mittellinie, treten die *Nervi olfactorii* durch die Öffnungen der dünnen *Lamina cribrosa* zum Riechkolben **4.** Zwischen den beiden mittleren Schädelgruben erhebt sich die Sella turcica (Türkensattel), in deren Grube die mit dem Zwischenhirnboden verbundene *Hypophyse* **5** eingebettet ist. Seitlich von der Sella zieht die *A. carotis interna* **6** durch den *Canalis caroticus* in den Schädelinnenraum. Bei ihrem S-förmigen Verlauf passiert sie den *Sinus cavernosus* **7**. Im medialen Bezirk der Grube tritt der **N. opticus 8** durch den Canalis n. optici in die Schädelhöhle ein, während die Augenmuskelnerven sie durch die Fissura orbitalis verlassen (Bd. 1, S. 286, 330). Der Verlauf der **Nn. abducens 9** und **trochlearis 10** ist durch ihre intradurale Lage gekennzeichnet. Der N. abducens tritt in mittlerer Höhe des Clivus in die Dura ein, der N. trochlearis an der Klivuskante am Ansatz des Tentorium. Der **N. oculomotorius 11** und der N. trochlearis verlaufen durch die laterale Wand des Sinus cavernosus, der N. abducens durch den Sinus laterobasal von der A. carotis interna (Bd. 2, S. 62). Der **N. trigeminus 12** gelangt unter einer Durabrücke in die mittlere Schädelgrube, wo das **Ganglion trigeminale 13** in einer von den beiden Durablättern gebildeten Tasche, dem Cavum trigeminale, liegt. Die drei Trigeminusäste verlassen die Schädelhöhle durch verschiedene Pforten: der **N. ophthalmicus 14** zieht nach seinem Verlauf durch die Wand des Sinus cavernosus mit seinen Ästen durch die Fissura orbitalis, der **N. maxillaris 15** durch das Foramen rotundum und der **N. mandibularis 16** durch das Foramen ovale.

Die beiden hinteren Schädelgruben umschließen das *Foramen magnum* **17,** zu dem der *Clivus* **18** von der Sella steil abfällt. Dem Clivus liegt der Hirnstamm auf, und in die beiden basalen Gruben fügen sich die Kleinhirnhemisphären ein. Vom *Confluens sinuum* **19** aus umgreift der *Sinus transversus* **20** die hintere Schädelgrube und mündet in die *V. jugularis interna* **21.** Die **Nn. facialis 22** und **vestibulocochlearis 23** treten gemeinsam an der Facies posterior des Felsenbeins in den inneren Gehörgang, *Meatus acusticus internus* ein. Basal davon ziehen die **Nn. glossopharyngeus 24, vagus 25** und **accessorius 26** durch den vorderen Abschnitt des *Foramen jugulare.* Die Faserbündel des **N. hypoglossus 27** treten zum Nerv vereinigt durch den Canalis hypoglossalis.

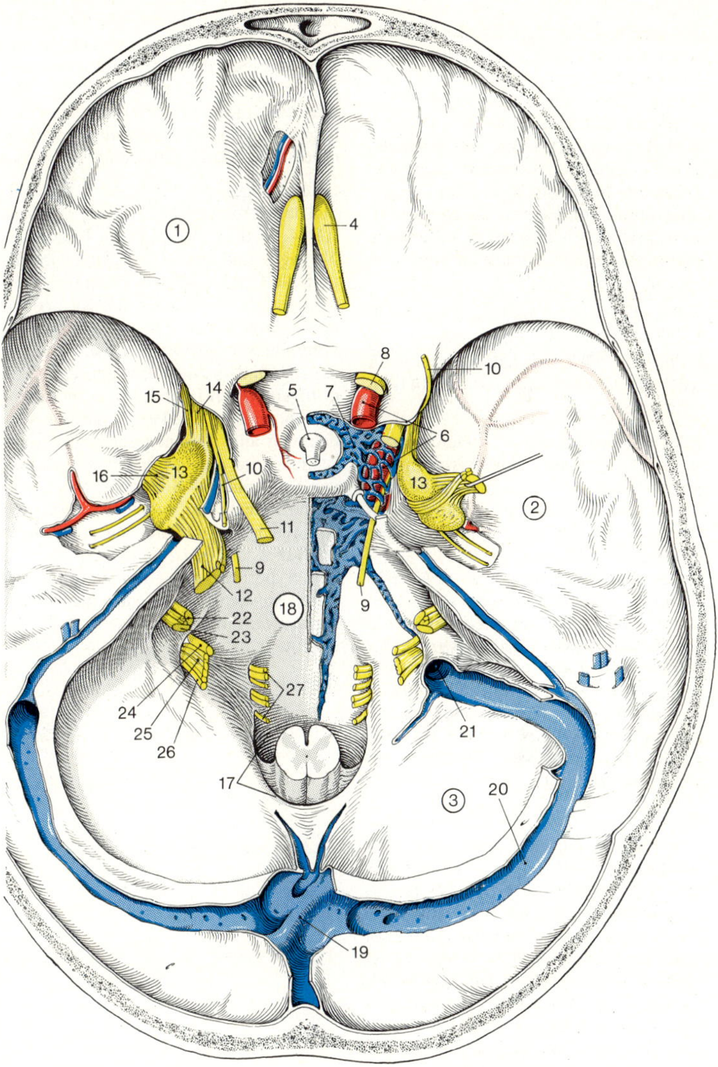

Schädelbasis von oben
(Präparat Prof. Platzer)

Hirnnervenkerne

Entsprechend den Verhältnissen im Rükkenmark, wo das Vorderhorn Ursprungsgebiet der motorischen Fasern und das Hinterhorn Endigungsgebiet der sensiblen Fasern ist, finden wir in der Medulla *Ursprungskerne,* **Nuclei origines**, mit den Zellen der efferenten Fasern und *Endkerne,* **Nuclei terminales**, für die Endigung afferenter Fasern, deren pseudounipolare Zellen in sensiblen Ganglien außerhalb des Hirnstammes liegen.

Die somatomotorischen Kerne liegen neben der Mittellinie: *Nucleus n. hypoglossi* **AB1** (Zungenmuskulatur), *Nucleus n. abducentis* **AB2,** *Nucleus n. trochlearis* **AB3,** *Nucleus n. oculomotorii* **AB4** (Augenmuskeln).

Lateral schließen sich die viszeromotorischen Kerne an: die echten viszeromotorischen, zum Parasympathicus gehörigen Kerne und die ehemals viszeromotorischen Kerne der umgewandelten Kiemenbogenmuskulatur. Zu den parasympathischen Kernen gehören der *Nucleus dorsalis n. vagi* **AB5** (Eingeweide), der *Nucleus salivotorius inferior* **AB6** (präganglionäre Fasern für die *Parotis),* der *Nucleus salivatorius* superior **AB7** (präganglionäre Fasern für die *Submandibular-* und *Sublingualdrüse)* und der *Nucleus Edinger-Westphal* **AB8** (präganglionäre Fasern für den *M. sphincter pupillae* u. *M. ciliaris).*

Die Kernreihe der motorischen Kiemenbogennerven beginnt kaudal mit dem *Nucleus spinalis n. accessorii* **AB9** (Schultermuskeln), der sich bis in das Zervikalmark erstreckt. Sie setzt sich kranial fort mit dem *Nucleus ambiguus* **AB10,** dem motorischen Kern des *N. vagus* u. *N. glossopharyngeus* (Schlund- und Kehlkopfmuskulatur) und dem *Nucleus n. facialis* **AB11** (Gesichtsmuskulatur). Der Fazialiskern liegt, wie alle motorischen Kerne der Kiemenbogennerven, in der Tiefe. Seine Fasern beschreiben einen dorsalwärts gerichteten Bogen, verlaufen am Boden der Rautengrube *(Colliculus facialis)* um den Abduzenskern herum *(Fazialisknie, Genu internum n. facialis* **A12**), um dann wieder zum unteren Brückenrand abzusteigen, wo sie aus der Medulla austreten. Der kranialste motorische Kern der Kiemenbogennerven ist der *Nucleus motorius n. trigemini* **AB13** (Kaumuskulatur).

Lateral liegen die sensiblen Kerne: medial der viszerosensible *Nucleus solitarius* **AB14,** in dem die sensiblen Fasern des *N. vagus* und des *N. glossopharyngeus* und alle Geschmacksfasern enden. Weiter lateral erstreckt sich das Kerngebiet des *N. trigeminus, das mit dem Nucleus pontinus n. trigemini (Nucleus principalis)* **AB15,** dem *Nucleus mesencephalicus n. trigemini* **AB16** und dem *Nucleus spinalis n. trigemini* **AB17** die größte Ausdehnung aller Hirnnervenkerne besitzt. In ihm enden alle Fasern der exterozeptiven Sensibilität von Gesicht, Mund und Kieferhöhlen. Am weitesten lateral liegt schließlich das Areal der *Nuclei vestibulares* **B18** u. der *Nuclei cochleares* **B19,** in denen die Fasern der *Radix vestibularis* (Gleichgewichtsorgan) und der *Radix cochlearis* (Hörorgan) des *N. vestibulocochlearis* enden.

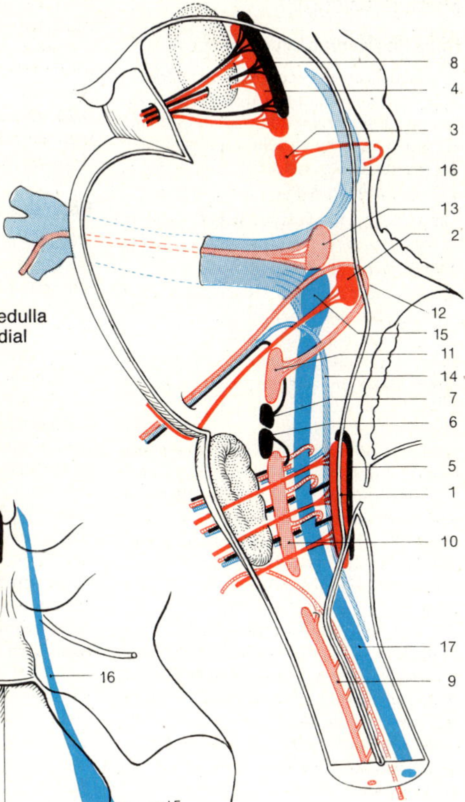

A

Kerne der Hirnnerven; Medianschnitt durch die Medulla oblongata, Ansicht von medial

(nach Braus u. Elze)

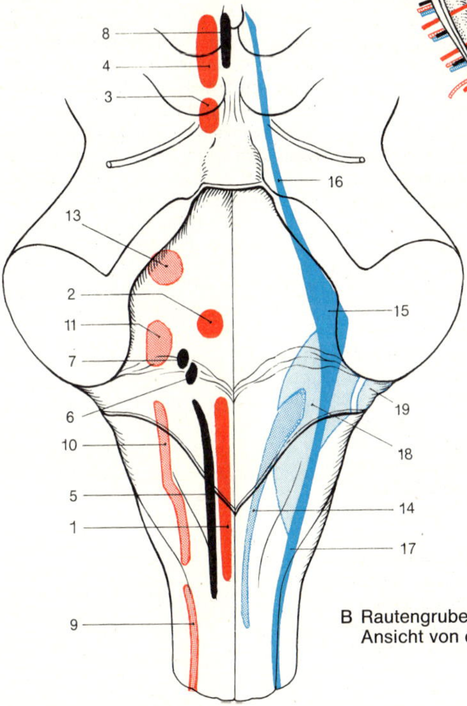

B Rautengrube mit Hirnnervenkernen, Ansicht von dorsal

Medulla oblongata

Höhe des Nervus hypoglossus A

(halbschematisch; Zellbild links, Markscheidenbild rechts). Im dorsalen Abschnitt, *Tegmentum* oder *Haube,* sind die Hirnnervenkerne zu sehen, im ventralen Abschnitt *Olive* **AB1** (S. 154 A11) u. *Pyramidenbahn* **AB2.**

In der Haube liegen medial der großzellige *Nucleus nervi hypoglossi* **AB3** und dorsal davon der *Nucleus dorsalis n. vagi* **AB4** und der *Nucleus solitarius* **AB5,** der eine große Zahl peptiderger Neurone enthält. Dorsolateral enden die Hinterstränge des Rückenmarks im *Nucleus gracilis* **A6** und im *Nucleus cuneatus* **AB7,** in denen die sekundäre sensible Bahn, der *Lemniscus medialis,* entspringt. Ventral vom Nucleus cuneatus der Kern der spinalen Trigeminuswurzel, *Nucleus spinalis n. trigemini* **AB8.** Im mittleren Feld fallen die großen Zellen des *Nucleus ambiguus* **AB9** auf. Sie liegen im Bereich der *Formatio reticularis,* von der sich nur der etwas dichtere *Nucleus reticularis lateralis,* **AB10** abgrenzen läßt. Die *Olive* A1, deren Fasern zum Kleinhirn ziehen, ist von zwei Nebenkernen begleitet. *Nucleus olivaris dorsalis* **AB11** u. *Nucleus olivaris medialis* **AB12.** An der Ventralfläche der Pyramiden zieht sich der *Nucleus arcuatus* **AB13** hin, in dem Kollaterale der Pyramidenbahn umgeschaltet werden (*Tractus arcuatocerebellaris* S. 154 B18).

Fasern des *N. hypoglossus* **A14** durchqueren die Medulla bis zu ihrem Austritt zwischen Pyramide und Olive. Dorsal vom Hypoglossuskern ist der *Fasciculus longitudinalis dorsalis* **AB15,** lateral der *Tractus solitarius* **AB16** und ventral der *Fasciculus longitudinalis medialis* **AB17** getroffen. Von den Hinterstrangkernen strahlen in breiter Fläche die *Fibrae arcuatae internae* **A18** in den *Lemniscus medialis* **A19** ein. Lateral verläuft der *Tractus spinalis n. trigemini* **A20,** und dorsal vom Olivenhauptkern steigt die zentrale Haubenbahn *Tractus tegmentalis centralis* **A21** (extrapyramidal-motorisch) abwärts. Durch den Hilus der Olive ziehen die Fasern des *Tractus olivocerebellaris* **A22** und um den lateralen Rand die *Fibrae arcuatae superficiales* **A23** (Nucleus arcuatus, Cerebellum). Der ventrale Bezirk wird von der *Pyramidenbahn* A2 eingenommen.

Höhe des Nervus vagus B

Der IV. Ventrikel hat sich erweitert. An seinem Boden sind die gleichen Kernsäulen wie auf A getroffen. Ventral vom *Hypoglossuskern* B3 erscheint der *Nucleus Roller* **B24** und dorsal der *Nucleus intercalatus (Staderini)* **B25;** Faserverbindungen beider Kerne sind unbekannt. Im lateralen Feld verschwinden die Hinterstrangkerne und machen den *Nuclei vestibulares (Nucleus vestibularis medialis* **B26**) Platz. Die kreuzenden Fasern bilden in der Mittellinie der Medulla eine *Naht, Raphe* **B27.** Zu beiden Seiten der Raphe liegen die schmalen Zellgruppen der Raphekerne *(Nuclei raphes)* **B28,** deren serotoninerge Neurone zum Hypothalamus, Riechhirn und limbischen System projizieren. Die Raphekerne sind außerdem reich an peptidergen Neuronen (VIP, Enkephalin, Neurotensin und Thyroliberin). Am lateralen Rande sammeln sich die zum Kleinhirn ziehenden spinalen Fasern im *Pedunculus cerebellaris caudalis (inferior) (Corpus restiforme)* **B29.** Die aus- und eintretenden Fasern des *N. vagus* **B30** durchqueren die Medulla. Ventral von ihnen steigen am lateralen Rande der *Tractus spinothalamicus* **B31** und der *Tractus spinocerebellaris* **B32** aufwärts. Dorsal von der Olive sammeln sich die *Fibrae olivocerebellares* **B33,** um zum Pedunculus cerebellaris caudalis (inferior) zu ziehen.

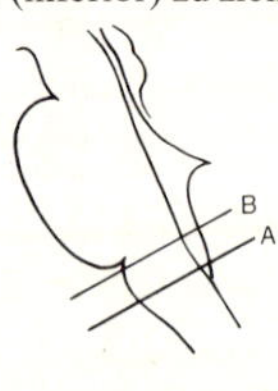

Schnittlage

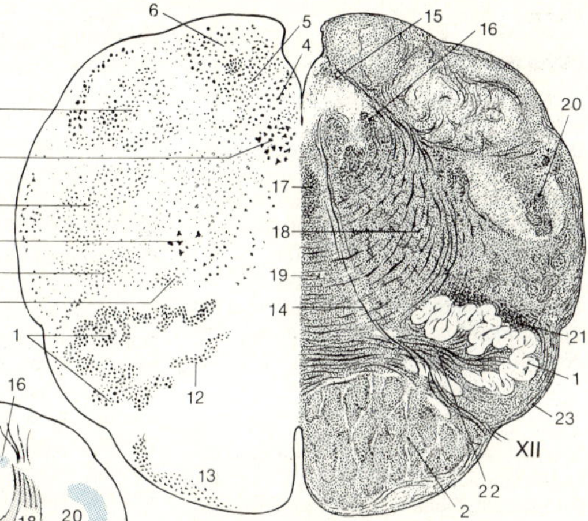

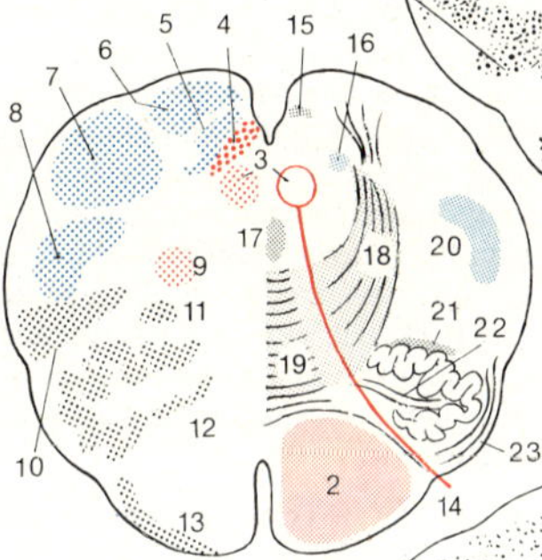

A Querschnitt durch die Medulla oblongata
in Höhe des N. hypoglossus

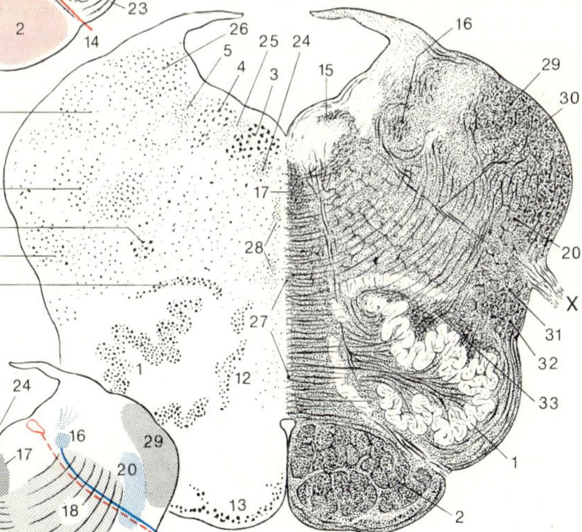

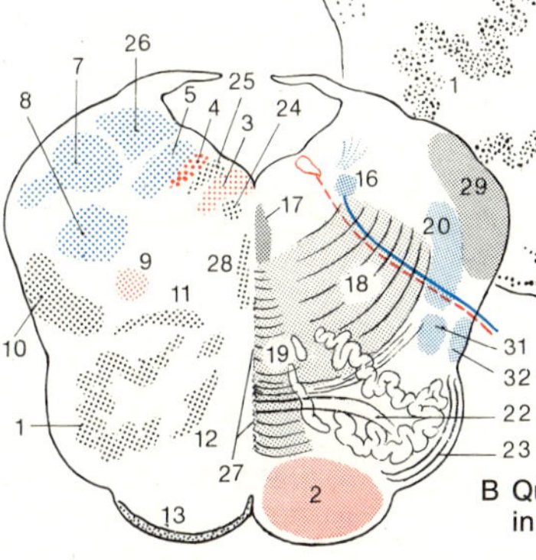

B Querschnitt durch die Medulla oblongata
in Höhe des N. vagus

Pons

Höhe des Fazialisknies A

(halbschematisch; Zellbild links, Markscheidenbild rechts). Unter dem Boden der Rautengrube liegt der großzellige *Nucleus n. abducentis* **A1,** ventrolateral davon der *Nucleus n. facialis* **A2.** Zwischen Abduzens- und Fazialiskern erkennt man den viszeroefferenten *Nucleus salivatorius superior* **A3.** Das laterale Feld nehmen die sensiblen Endkerne des *N. vestibularis* und *N. trigeminus* ein, *Nucleus vestibularis medialis* **A4,** *Nucleus vestibularis lateralis* **A5** und der *Nucleus spinalis n. trigemini* **A6.**

Um den Abduzenskern A1 schlagen die Fasern des N. facialis einen Bogen und bilden den *Colliculus facialis* **A7.** Man unterscheidet einen aufsteigenden **A8** und einen kranial vom abgebildeten Schnitt liegenden absteigenden Schenkel. Der Scheitel ist das Fazialisknie. *Genu internum n. facialis* **A9.** Die Fasern des *N. abducens* **A10** ziehen durch das mediale Feld der Haube abwärts. Medial vom Abduzenskern ist der *Fasciculus longitudinalis medialis* **AB11** getroffen, dorsal der *Fasciculus longitudinalis dorsalis* **AB12.** In der Tiefe der Brückenhaube verlaufen der *Tractus tegmentalis centralis* **AB13** und der *Tractus spinothalamicus* **A14.** Vom ventralen Cochleariskern sammeln sich die sekundären Fasern der Hörbahn als breite Faserplatte, *Corpus trapezoideum* **AB15** und kreuzen ventral vom *Lemniscus medialis* **A16** zur Gegenseite, wo sie im *Lemniscus lateralis* **B17** aufsteigen. Sie werden teilweise in den angelagerten Kernen des Trapezkörpers, dem *Nucleus ventralis corporis trapezoidei* **A18,** dem *Nucleus dorsalis corporis trapezoidei* (Oliva superior) **AB19** umgeschaltet. Im lateralen Feld liegt der *Tractus spinalis n. trigemini* **A20.**

Der Brückenfuß wird von den querverlaufenden Brückenfasern, *Fibrae pontis transversae* **A21**, gebildet. Es sind kortikopontine Fasern, die in den Brückenkernen, *Nuclei pontis* **A22,** umgeschaltet werden, und pontozerebelläre Fasern, die bereits umgeschaltet sind und im *Pedunculus cerebellaris medius (Brachium pontis)* **A23** zum Kleinhirn ziehen. Inmitten der längsgetroffenen Fasermassen liegt die quer getroffene Faserplatte der *Pyramidenbahn* **A24.**

Höhe des Nervus trigeminus B

Das mediale Feld der Brückenhaube wird von den Nuclei tegmenti eingenommen. Die Kerne, von denen sich nur der Nucleus tegmentalis centralis inferior (Nucleus papilliformis) **B25** gut abgrenzen läßt, gehören zur Substantia reticularis. Im lateralen Feld hat der Trigeminuskomplex seine größte Ausdehnung gewonnen: lateral der *Nucleus pontinus n. trigemini* **B26,** medial davon der *Nucleus motorius n. trigemini* **B27** und dorsal der Kern der mesenzephalen Trigeminuswurzel **B28.** Die ein- und austretenden Fasern sammeln sich zu einem kräftigen Stamm, der an der ventralen Fläche der Brücke austritt.

Ventral von den Trigeminuskernen liegt der *Lemniscus lateralis* B17, der *Trapezkörper* B15 und an ihn angelagert der *Nucleus dorsalis corporis trapezoidei* B19. Von den auf- und absteigenden langen Bahnen sind der *Fasciculus longitudinalis dorsalis* B12, der *Fasciculus longitudinalis medialis* B11 und der *Tractus tegmentalis centralis* B13 zu erkennen. *Brückenhaube* **AB29,** *Brückenfuß* **AB30.**

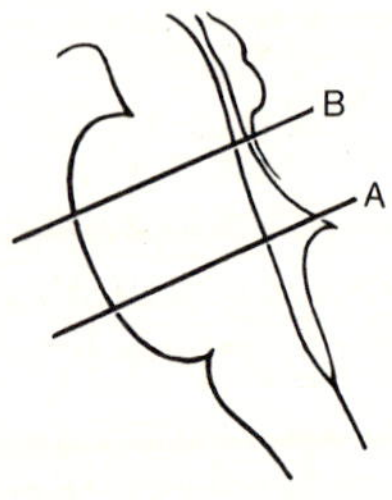

Schnittlage

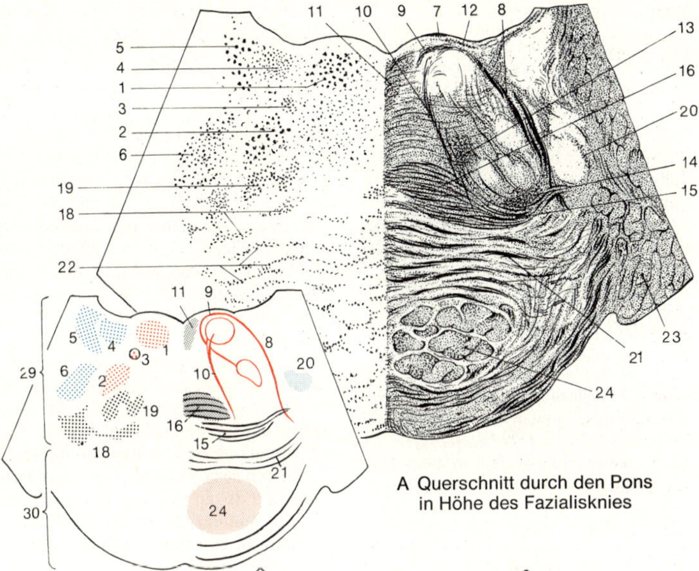

A Querschnitt durch den Pons
in Höhe des Fazialisknies

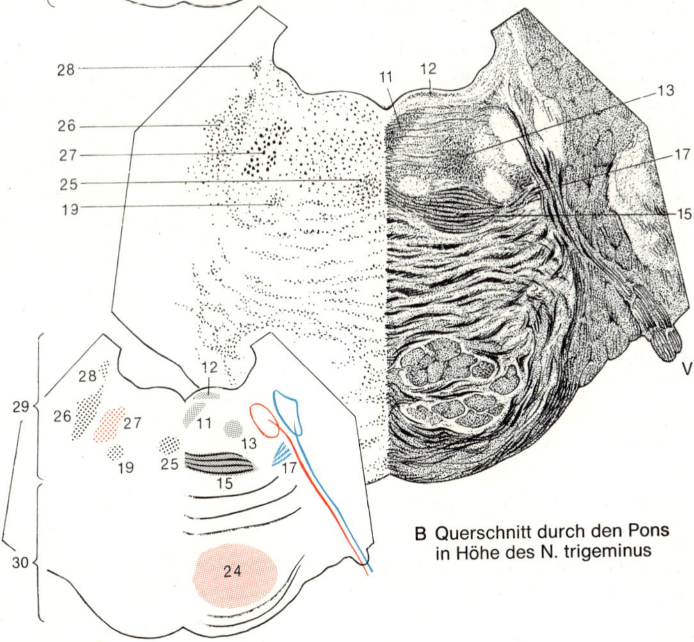

B Querschnitt durch den Pons
in Höhe des N. trigeminus

Nervus hypoglossus

Der XII. Hirnnerv ist ein rein somotomotorischer Nerv für die Zungenmuskulatur. Sein Kern **B1** bildet eine Säule von großen multipolaren Nervenzellen am Boden der Rautengrube *(Trigonum n. hypoglossi)*. Er besteht aus einer Anzahl Zellgruppen, von denen jede einen bestimmten Zungenmuskel innerviert. Die Nervenfasern treten zwischen Pyramide und Olive aus und bilden zwei Bündel, die sich zum Nervenstamm vereinigen.

Durch den *Canalis hypoglossalis* **B2** verläßt er den Schädel und zieht lateral vom N. vagus und der A. carotis interna abwärts. Dabei beschreibt er einen Bogen, **Arcus n. hypoglossi A3,** und erreicht etwas oberhalb des Zungenbeines zwischen *M. hyoglossus* und *M. mylohyoideus* die Zungenwurzel, wo er sich in seine Endäste aufteilt.

An den Nerven lagern sich Faserbündel des 1. und 2. Zervikalnerven an. Sie bilden die **Ansa cervicalis profunda** (Äste für die unteren Zungenbeinmuskulatur), indem sie als **Radix superior A4** wieder abzweigen und sich mit der **Radix inferior A5** (2. und 3. Zervikalnerv) vereinigen. Die zervikalen Fasern für den *M. geniohyoideus* **A6** und den *M. thyrohyoideus* **A7** verlaufen weiter im N. hypoglossus. Der N. hypoglossus gibt Äste, **Rami linguales**, an den *M. hyoglossus* **A8,** *M. genioglossus* **A9,** *M. styloglossus* **A10** und an die Eigenmuskeln des Zungenkörpers **A11** ab. Die Versorgung der Zungenmuskulatur ist streng gleichseitig.

Klinischer Hinweis. Bei Schädigung des N. hypoglossus kommt es zu einer halbseitigen Schrumpfung der Zunge (Hemiatrophie). Beim Herausstrecken weicht die Zunge nach der geschädigten Seite ab, da der M. genioglossus, der die Zunge nach vorn bewegt, auf der intakten Seite überwiegt.

Nervus accessorius

Der XI. Hirnnerv ist ein rein motorischer Nerv, dessen Ramus externus die **Mm. sternocleidomastoideus D12** und **trapezius D13** versorgt. Sein Kern, *Nucleus spinalis nervi accessorii* **C14,** bildet eine schmale Zellsäule von C1 bis C5 oder C6. Die großen multipolaren Nervenzellen liegen am lateralen Rande des Vorderhornes. Die Zellen des kaudalen Abschnittes versorgen den M. trapezius, die des kranialen Abschnittes den M. sternocleidomastoideus. Die Nervenfasern treten aus der Seitenfläche des Zervikalmarks zwischen Vorder- und Hinterwurzel aus und vereinigen sich zu einem Strang, der neben dem Rückenmark durch das Foramen magnum als **Radix spinalis C15** in den Schädel eintritt. Hier schließen sich Faserbündel aus dem kaudalen Teil des *Nucleus ambiguus* als **Radix cranialis C16** an den Nerven an. Beide Komponenten ziehen durch das *Foramen jugulare* **C17.** Gleich nach dem Durchtritt treten die Fasern aus dem Nucleus ambiguus als **Ramus internus C18** zum N. vagus **C19** über. Die Fasern aus dem Zervikalmark bilden den **Ramus externus C20,** der als *N. accessorius* den M. sternocleidomastoideus und den M. trapezius versorgt. Er zieht durch den M. sternocleidomastoideus und erreicht mit seinen Endästen den M. trapezius.

Klinischer Hinweis. Bei einer Schädigung des Nerven tritt eine Kopfschiefhaltung auf. Der Arm kann nicht mehr über die Horizontale gehoben werden.

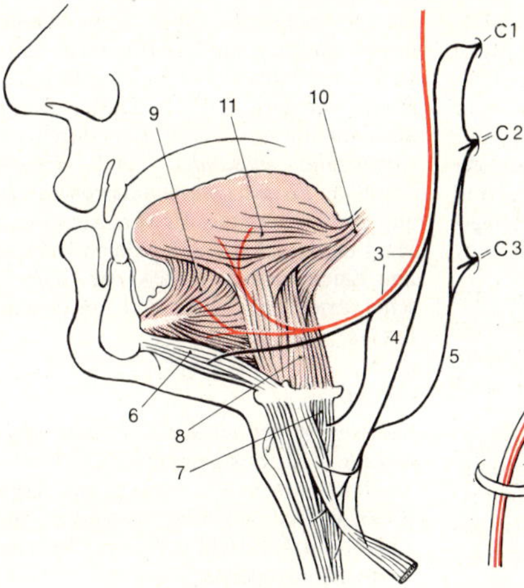

A N. hypoglossus
Muskelversorgung

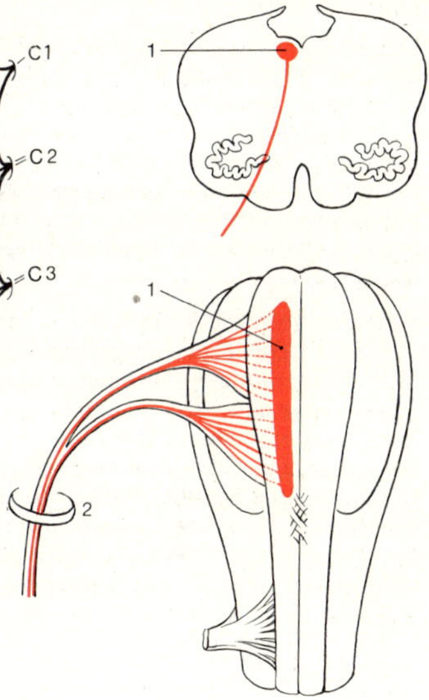

B Kerngebiet und Austritt
des N. hypoglossus

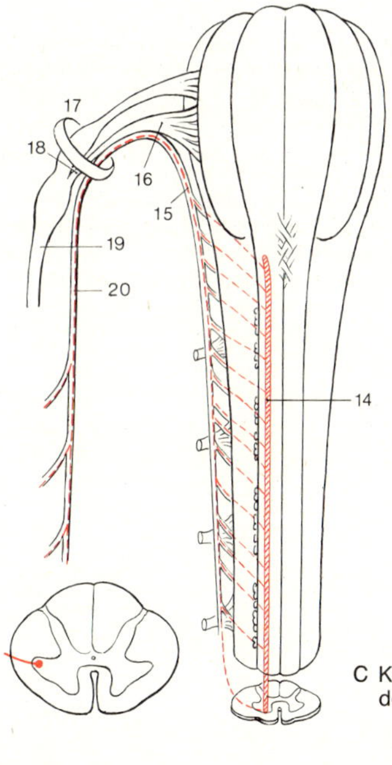

C Kerngebiet und Austritt
des N. accessorius

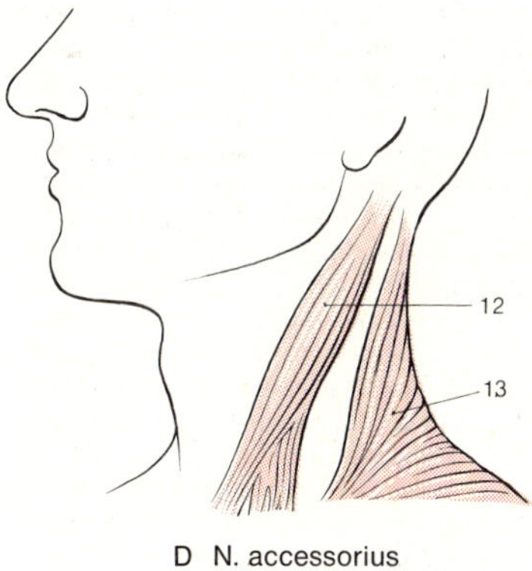

D N. accessorius
Muskelversorgung

Nervus vagus

Der X. Hirnnerv versorgt nicht nur Bezirke im Kopfbereich wie die übrigen Hirnnerven, sondern steigt in den Thorakal- und Abdominalraum hinab, wo er sich in den Eingeweiden plexusartig aufzweigt. Er ist der stärkste **parasympathische Nerv** des vegetativen Nervensystems und damit der wichtigste **Antagonist des Sympathicus** (S. 272).

Er enthält folgende Komponenten: *motorische* Fasern (Kiemenbogenmuskulatur), *exterozeptiv sensible* Fasern, *viszeromotorische* und *viszerosensible* Fasern und *Geschmacksfasern*. Die Fasern treten direkt hinter der Olive aus, vereinigen sich zum Nervenstamm und verlassen den Schädel durch das *Foramen jugulare* **B1.** Im Foramen bildet der Nerv das **Ganglion superius** *(Ganglion jugulare)* **B2** und nach dem Durchtritt das wesentlich größere **Ganglion inferius** *(Ganglion nodosum)* **B3.**

Die Fasern für die Kiemenbogenmuskulatur **AB4** gehen von großen multipolaren Nervenzellen des **Nucleus ambiguus AB5** ab. Die viszeromotorischen Fasern **AB6** entspringen im kleinzelligen **Nucleus dorsalis n. vagi AB7,** der lateral vom Nucleus n. hypoglossi am Boden der Rautengrube liegt. Die exterozeptiv sensiblen Fasern **AB8** entstammen Nervenzellen im *Ganglion superius*. Sie steigen mit der *spinalen Trigeminuswurzel* **B9** abwärts und enden im **Nucleus spinalis n. trigemini B10.** Die Zellen der viszerosensiblen Fasern **AB11** liegen im *Ganglion inferius*. Die Fasern ziehen als Bestandteil des **Tractus solitarius B12** kaudalwärts und enden in verschiedenen Höhen des **Nucleus solitarius AB13.** Der Kern ist reich an peptidergen Neuronen (VIP, Corticoliberin, Dynorphin). Die Geschmacksfasern **AB14** gehen ebenfalls von Zellen des *Ganglion inferius* ab und enden im kranialen Abschnitt des *Nucleus solitarius*.

Kopfbereich

Der N. vagus gibt außer einem *Ramus meningeus* (sensible Versorgung der Dura in der hinteren Schädelgrube) den **Ramus auricularis B15** ab. Dieser zweigt am Ganglion superius ab, zieht durch den *Canaliculus mastoideus* und erreicht durch die *Fissura tympanomastoidea* den äußeren Gehörgang. Er versorgt dessen Haut im dorsalen und kaudalen Bereich und einen kleinen Bezirk der Ohrmuschel *(exterozeptiv sensible* Komponente des Nerven) CD.

Halsteil

Der Nerv steigt mit der A. carotis interna, der A. carotis communis und der V. jugularis interna, in eine gemeinsame Bindegewebshülle eingeschlossen, am Hals abwärts und tritt mit ihnen durch die obere Thoraxapertur.

Er gibt folgende Äste ab:

1. **Rami pharyngei B16** in Höhe des Ganglion inferius. Sie vereinigen sich im Pharynx mit Fasern des *N. glossopharyngeus* und des *Sympathicus* zum **Plexus pharyngeus.** Dieser bildet an der Außenfläche der Muskulatur und in der Submukosa des Pharynx ein Geflecht aus feinen Fasern mit Nervenzellgruppen. Die Vagusfasern versorgen sensibel die Schleimhaut der Trachea und des Oesophagus einschließlich der Epiglottis EF. Die auf der Epiglottis gelegenen Geschmacksknospen E werden ebenfalls vom N. vagus versorgt. N. laryngeus superior **B17.**

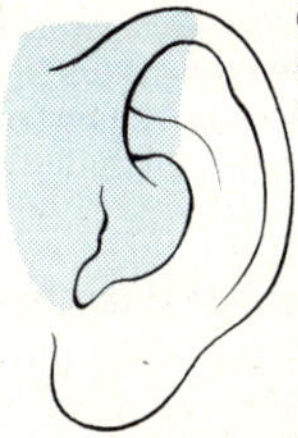

C
sensible Versorgung
des äußeren Ohres

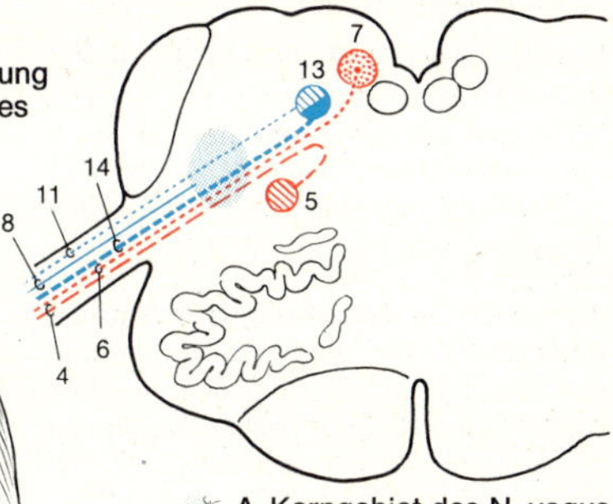

A Kerngebiet des N. vagus

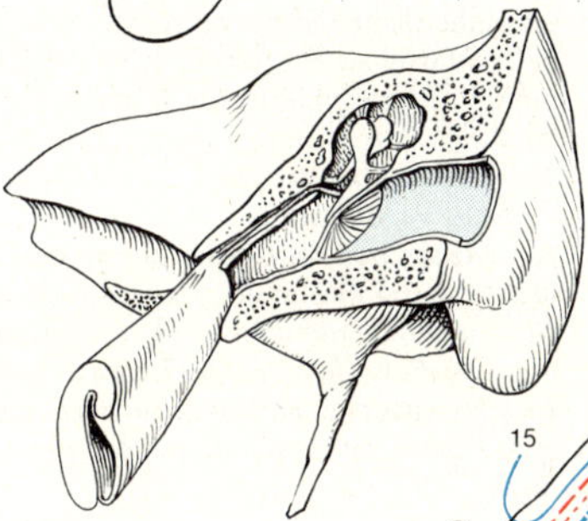

D sensible Versorgung
des äußeren Gehörganges

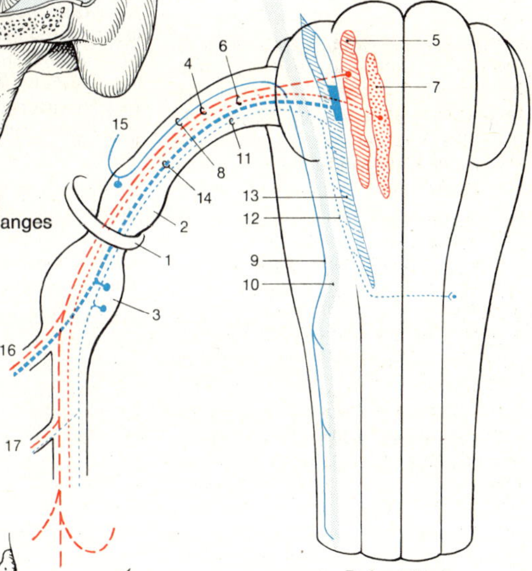

B Austritt des
N. vagus

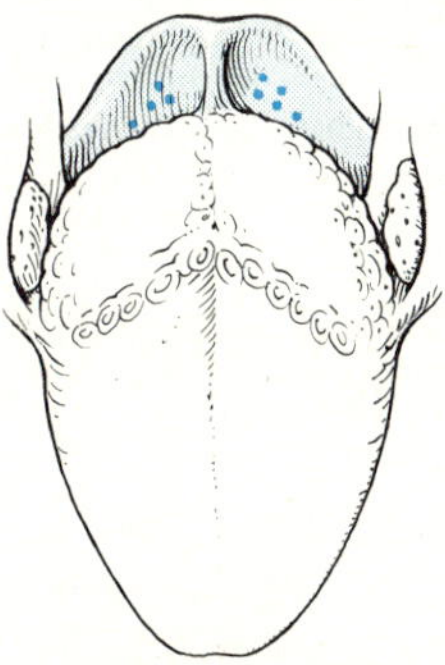

E Zunge, sensible
Versorgung und
Geschmack

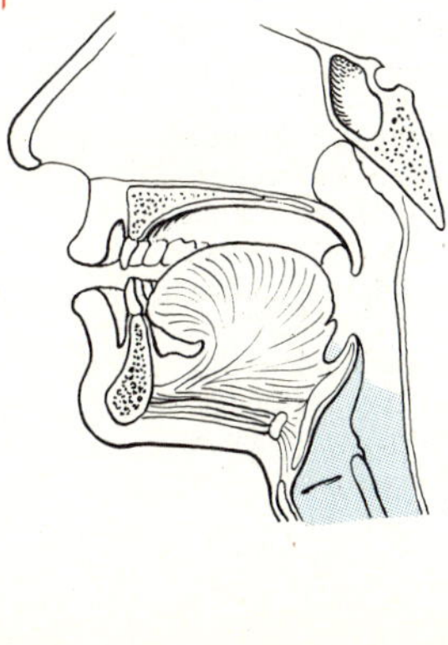

F
sensible Versorgung
des Rachens

Nervus vagus, Halsteil (Fortsetzung)

Rami pharyngei. Die motorischen Vagusfasern innervieren Muskeln des weichen Gaumens und des Schlundes: Muskeln der Tonsillarnische, den *M. levator veli palatini* und die *Mm. constrictores pharyngis* **B1.**

2. **N. laryngeus superior A2.** Er entspringt unterhalb des Ganglion inferius und teilt sich in Höhe des Zungenbeins in einen *Ramus externus* (motorischer Ast für den *M. cricothyroideus)* und einen *Ramus internus* (sensibler Ast für die Schleimhaut des Kehlkopfes bis herab zu den Stimmlippen).

3. **N. laryngeus recurrens A3.** Er zweigt im Thorax ab, nachdem der N. vagus links über den *Aortenbogen* **A4** und rechts über die *A. subclavia* **A5** gezogen ist. Er läuft links um die Aorta und das Lig. arteriosum und rechts um die A. subclavia herum und steigt an ihrer Rückseite wieder empor. Zwischen Trachea und Oesophagus, an die er die **Rami tracheales A6** und **Rami oesophagei** abgibt, zieht er bis zum Kehlkopf. Sein Endast, **N. laryngeus inferior A7,** versorgt motorisch alle Kehlkopfmuskeln außer dem M. cricothyroideus und sensibel die Kehlkopfschleimhaut unterhalb der Stimmlippen.

Die motorischen Fasern entstammen dem **Nucleus ambiguus C,** dessen Zellgruppen eine topische Gliederung erkennen lassen: im kranialen Teil entspringen Fasern des *N. glossopharyngeus,* darunter solche für den *N. laryngeus superior* und kaudal für den *N. laryngeus inferior,* wobei die Neurone für Abduktion und Adduktion untereinander angeordnet sind.

4. **Rami cardiaci cervicales** *(präganglionäre parasympathische* Fasern). Die *Rami superiores* **A8** gehen in wechselnder Höhe ab und verlaufen mit den großen Gefäßen zum Herzen, wo sie in den parasympathischen Ganglien des *Plexus cardiacus* enden. In einem der Äste verlaufen viszerosensible Fasern, welche Meldungen über die Aortenwandspannung leiten. Ihre Reizung verursacht Blutdruckabfall *(Depressornerv).* Die *Rami cardiaci cervicales inferiores* **A9** gehen vom N. laryngeus recurrens oder vom Hauptstamm ab und enden in den Ganglien des *Plexus cardiacus.*

Thorakaler und abdominaler Teil

Der N. vagus verliert seinen Charakter als einheitlicher Nerv und verbreitet sich geflechtartig als Eingeweidenerv. Er bildet den *Plexus pulmonalis* **A10** am Lungenhilus, den er dorsal überkreuzt, den *Plexus oesophageus* **A11,** von dem der *Truncus vagalis anterior* **A12** und *Truncus vagalis posterior* **A13** zur vorderen und hinteren Fläche des Magens ziehen, *Rami gastrici anteriores* **A14** *et posteriores.* Die *Rami hepatici* **A15** ziehen zum *Plexus hepaticus,* die *Rami coeliaci* **A16** zum *Plexus coeliacus* und die *Rami renales* **A17** zum *Plexus renalis.*

Die *viszeromotorischen (präganglionär parasympathischen)* Fasern entspringen aus dem **Nucleus dorsalis n. vagi**, in dem sich eine topische Gliederung der Eingeweideversorgung nachweisen läßt **D.**

Klinischer Hinweis. Bei einer Schädigung des N. vagus findet man Ausfälle in Rachen und Kehlkopf (Bd. 2, S. 124): bei einseitiger Lähmung des *M. levator veli palatini* **F18** werden das Gaumensegel und Zäpfchen zur gesunden Seite gezogen. Das Stimmband der betroffenen Seite **F19** bleibt infolge der Lähmung der inneren Kehlkopfmuskeln in *Kadaverstellung* unbeweglich *(Rekurrenslähmung).*

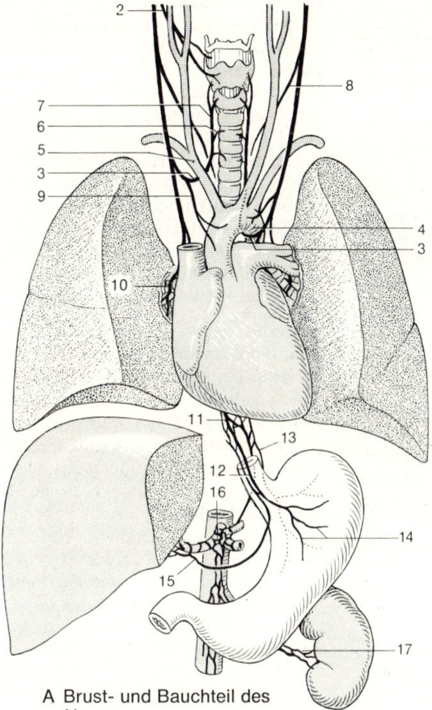

A Brust- und Bauchteil des N. vagus (nach Feneis)

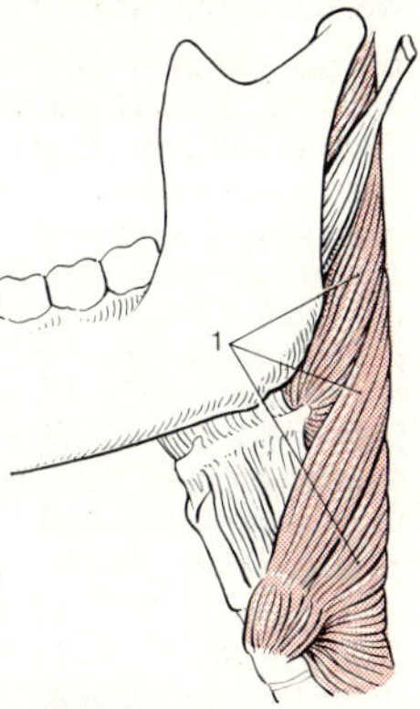

B N. vagus Muskelversorgung

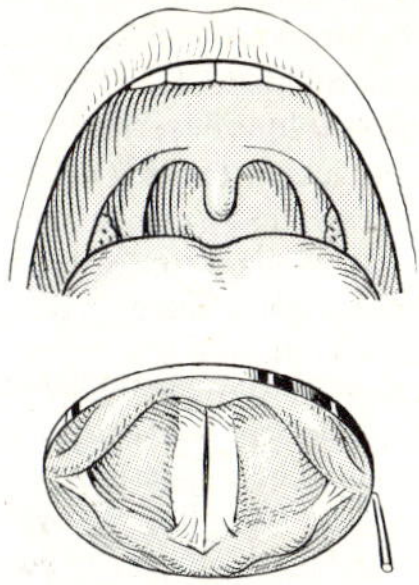

E Gaumensegel und Stimmbänder normal

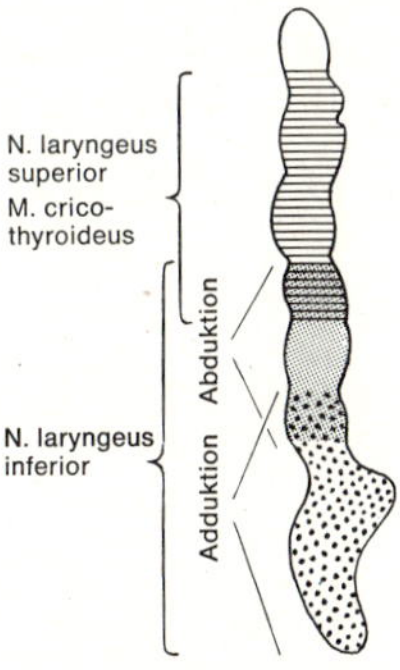

C
Somatotopik des Nucleus ambiguus
(nach Crosby, Humphrey, Lauer)

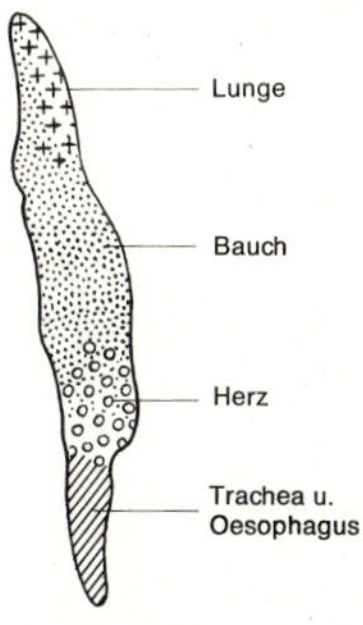

D
Somatotopik des Nucleus dorsalis n. vagi
(nach Getz u. Sienes)

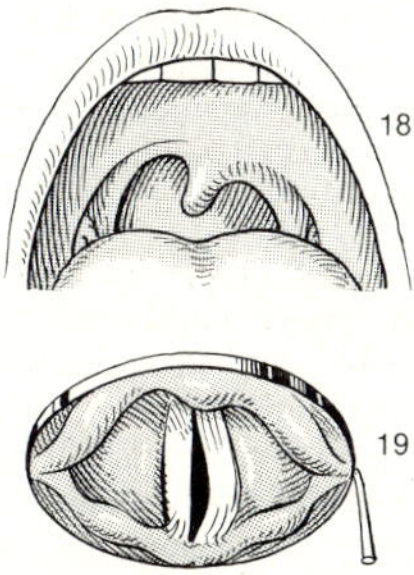

F Gaumensegel u. Stimmbänder bei linksseitiger Vaguslähmung

Nervus glossopharyngeus

Der IX. Hirnnerv versorgt sensibel das *Mittelohr,* Bezirke der *Zunge* und des *Pharynx* und motorisch Muskeln des *Pharynx.* Er enthält *motorische, viszeromotorisch, viszerosensible* und *Geschmacksfasern.* Hinter der Olive tritt er direkt über dem N. vagus aus der Medulla aus und verläßt den Schädel zusammen mit dem N. vagus durch das **Foramen jugulare B1.** Im Foramen bildet er das **Ganglion superius B2** und nach dem Durchtritt das größere **Ganglion inferius** *(Ganglion petrosum)* **B3.** Lateral von der A. carotis interna und dem Pharynx zieht er bogenförmig zum Zungengrund, wo er sich in mehrere Endäste aufzweigt.

Die motorischen Fasern **AB4** stammen aus dem kranialen Abschnitt des **Nucleus ambiguus AB5**, die viszeroefferenten (sekretorischen) **AB6** aus dem **Nucleus salivatorius inferior AB7.** Die Zellen der viszerosensiblen Fasern **AB8** und der Geschmacksfasern **AB9** liegen im *Ganglion inferius* und steigen im **Tractus solitarius B10** abwärts, um in bestimmten Höhen des **Nucleus solitarius AB11** zu enden.

Der erste Ast, **N. tympanicus B12,** geht mit viszerosensiblen und präganglionären sekretorischen Fasern in der Fossula petrosa vom Ganglion inferius ab. Er zieht durch den *Canaliculus tympanicus* in die *Paukenhöhle,* wo er sympathische Fasern aus dem Plexus der A. carotis interna über den *N. caroticotympanicus* empfängt und den **Plexus tympanicus** bildet. Er versorgt sensibel die Schleimhaut der Paukenhöhle und der *Tuba auditiva (Eustachii)* C. Die sekretorischen Fasern ziehen als N. petrosus minor zum Ganglion oticum (S. 122).

Außer Verbindungen zum N. vagus, N. facialis und zum Sympathicus geht vom Ganglion inferius der **Ramus sinus carotici B13** *(viszerosensibel)* ab, der zur Teilungsstelle der A. carotis communis herabzieht und in der Wand des *Sinus caroticus* **B14** und im *Glomus caroticum* **B15** endet (Bd. 2, S. 164C).

Der Nerv leitet die Impulse der *Mechanorezeptoren* des Sinus und der *Chemorezeptoren* des Glomus zur Medulla und über Kollateralen zum dorsalen Vaguskern (afferenter Schenkel des Sinusreflexes). Vom Vaguskern laufen präganglionäre Fasern zu Nervenzellgruppen in den Vorhöfen des Herzens, deren Axone (postganglionäre parasympathische Fasern) am Sinusknoten und Atrioventrikularknoten enden (efferenter Schenkel des Sinusreflexes). Durch dieses System werden Blutdruck und Schlagfrequenz des Herzens registriert und reguliert.

Weiterhin gehen ab die **Rami pharyngei B16,** die zusammen mit dem Anteil des N. vagus den Plexus pharyngeus bilden und sich an der sensiblen E und motorischen Versorgung des Pharynx beteiligen. Ein motorischer Ast, *Ramus musculi stylopharyngei* **B17**, innerviert den *M. stylopharyngeus,* und einige sensible **Rami tonsillares D18** ziehen zu den Tonsillen und zum weichen Gaumen. Unterhalb der Tonsillen zweigt sich der Nerv in die **Rami linguales D19** auf, die das hintere Drittel der Zunge einschl. der Papillae vallatae sowohl mit sensiblen als auch mit Geschmacksfasern versorgen **D20.**

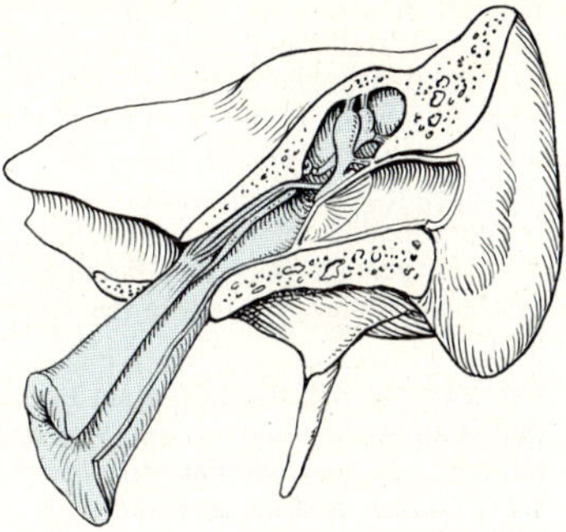

C sensible Versorgung des Mittelohres

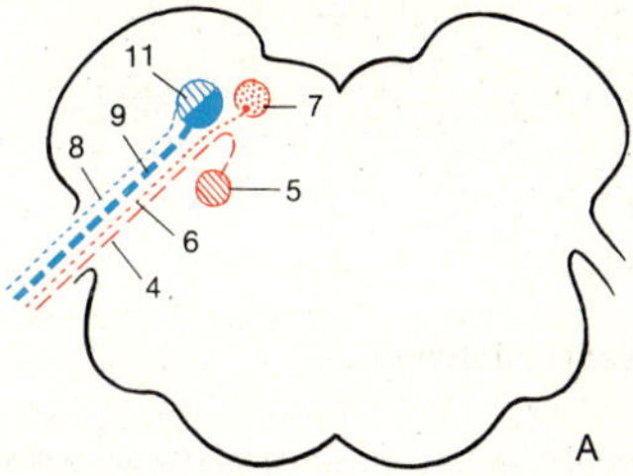

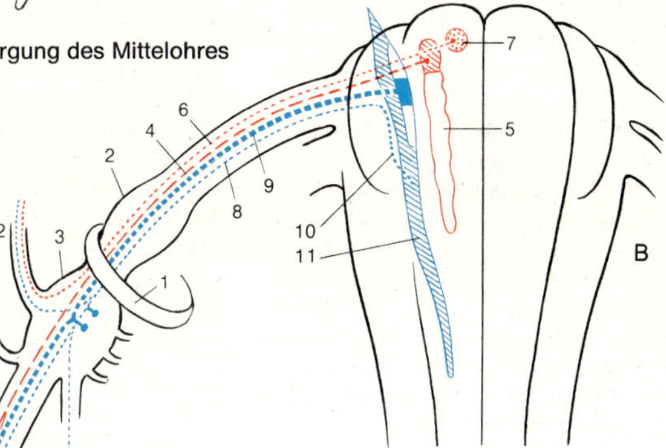

A und B Kerngebiet und Austritt des N. glossopharyngeus

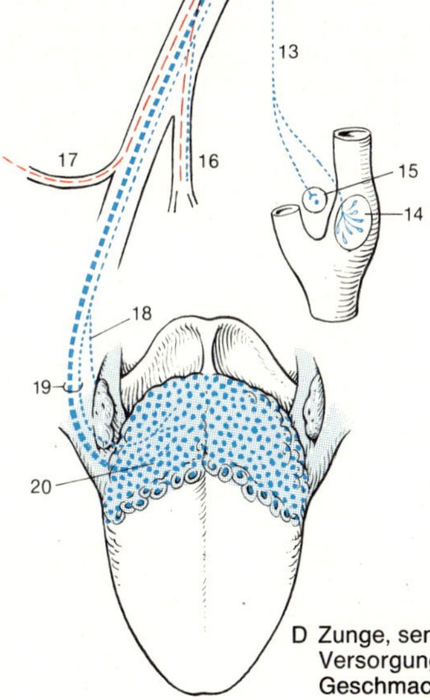

D Zunge, sensible Versorgung und Geschmack

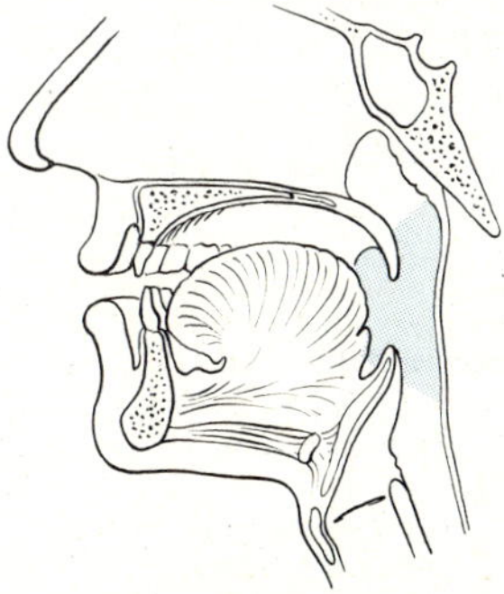

E sensible Versorgung des Rachens

Nervus vestibulocochlearis

Der VIII. Hirnnerv ist ein afferenter Nerv, der sich aus zwei Komponenten zusammensetzt: der Radix cochlearis für das Hörorgan und der Radix vestibularis für das Gleichgewichtsorgan.

Radix cochlearis A

Die Fasern des Nerven entspringen den bipolaren Nervenzellen des **Ganglion spirale A1,** das als Zellband dem spiraligen Verlauf der Cochlea folgt. Die peripheren Fortsätze der Zellen enden an den Haarzellen des *Cortischen Organs;* die zentralen Fortsätze bilden kleine Bündel, die sich zum *Tractus spiralis foraminosus* **A2** formieren und sich am Boden des inneren Gehörganges, *Meatus acusticus internus* zur **Radix cochlearis A3** vereinigen. Diese zieht, zusammen mit der *Radix vestibularis* von einer gemeinsamen Bindegewebshülle umgeben, durch den *Meatus acusticus internus* in die Schädelhöhle. Beim Eintritt des VIII. Hirnnerven in die Medulla im Kleinhirnbrückenwinkel liegt die kochleäre Komponente dorsal, die vestibuläre ventral.

Die Kochlearisfasern enden im **Nucleus cochlearis ventralis A4** und im **Nucleus cochlearis dorsalis A5.** Vom ventralen Kern kreuzen die sekundären Fasern zur Gegenseite **(Corpus trapezoideum A6** S. 102 AB15) und steigen, z. T. in den *Trapezkernen* umgeschaltet, als *laterale Schleifenbahn,* **Lemniscus lateralis A7,** aufwärts (zentrale Hörbahn S. 354). Die aus dem dorsalen Kochleariskern stammenden Fasern kreuzen z. T. als **Striae medullares** *(Striae acusticae dorsales)* dicht unter dem Boden der Rautengrube und steigen ebenfalls im Lemniscus lateralis nach oben.

Radix vestibularis B

Die Fasern des Nerven stammen von den bipolaren Nervenzellen des **Ganglion vestibulare B8,** das im Fundus des Meatus acusticus internus liegt. Die peripheren Fortsätze der Zellen enden an den Sinnesepithelien der *Bogengänge* **B9,** des *Sacculus* **B10** und *Utriculus* **B11** (S. 352D). Die zentralen Fortsätze vereinigen sich zur Radix vestibularis **B12** und enden nach Aufgabelung in auf- und absteigende Äste in den Nuclei vestibulares der Medulla oblongata. Nur ein kleiner Teil gelangt über den Pedunculus cerebellaris inferior direkt in das Kleinhirn.

Die Vestibulariskerne liegen am Boden der Rautengrube unter dem Recessus lateralis: **Nucleus superior** *(Bechterew)* **B13, Nucleus medialis** *(Schwalbe)* **B14, Nucleus lateralis** *(Deiters)* **B15** und **Nucleus inferior B16.** Die primären Vestibularisfasern enden vorwiegend im Nucleus medialis. Von den Vestibulariskernen laufen sekundäre Fasern zum Kleinhirn, zu den Augenmuskelkernen und in das Rückenmark **(Tractus vestibulospinalis B17).**

Die Funktion des Vestibularapparates ist von entscheidender Bedeutung für das Gleichgewicht und die aufrechte Haltung. Diesem Zwecke dienen die Bahnen zum Kleinhirn und zum Rückenmark. Die vestibulospinale Bahn beeinflußt den Muskeltonus in den verschiedenen Körperpartien. Unter der Kontrolle des Vestibularapparates stehen besonders die Kopfbewegungen und die Fixierung des Blickes bei Bewegungen (Bahnen zu den Augenmuskelkernen).

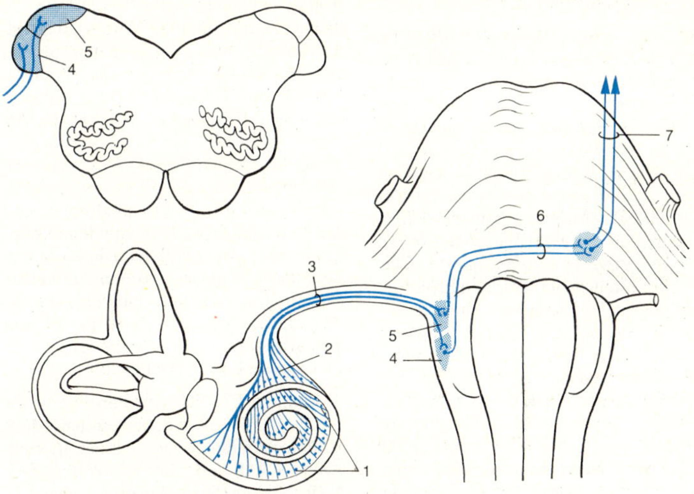

A N. vestibulocochlearis; Kerngebiet und Eintritt der Radix cochlearis

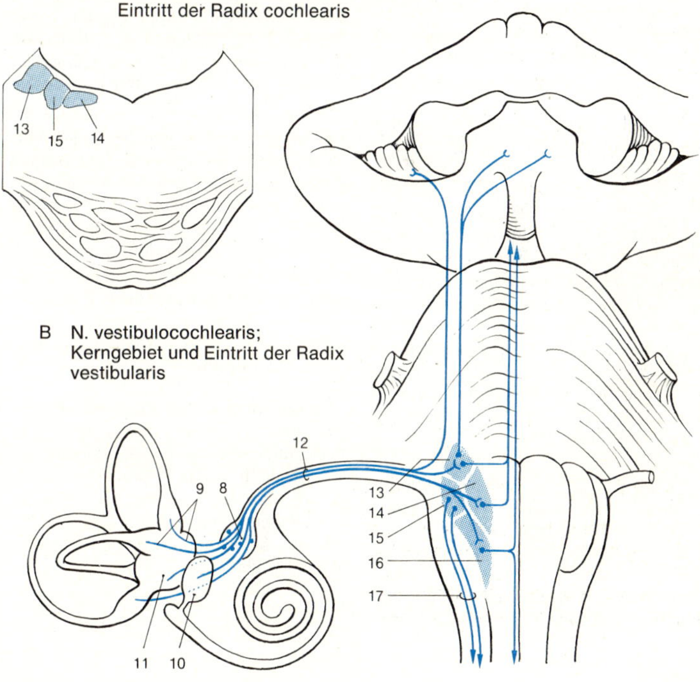

B N. vestibulocochlearis; Kerngebiet und Eintritt der Radix vestibularis

Nervus facialis

Der VII. Hirnnerv führt *motorische* Fasern für die mimische Muskulatur des Gesichts und in einem separat aus dem Hirnstamm austretenden Nervenbündel, dem *N. intermedius, Geschmacksfasern* und *viszeroefferente (sekretorische)* Fasern. Die motorischen Fasern **AB1** entstammen den großen multipolaren Nervenzellen des **Nucleus n. facialis AB2.** Sie beschreiben einen Bogen um den *Abduzenskern* **AB3** *(Genu internum n. facialis)* und treten an der lateralen Fläche der Medulla am Unterrand des Pons aus. Die Zellen der präganglionären sekretorischen Fasern **AB4** bilden den **Nucleus salivatorius superior AB5**. Die Geschmacksfasern **AB6**, deren pseudounipolare Ursprungszellen im **Ganglion geniculi BC7** liegen, enden im kranialen Abschnitt des **Nucleus solitarius AB8**. Viszeroefferente und gustatorische Fasern bilden keinen Bogen um den Abduzenskern, sondern schließen sich dem absteigenden Schenkel des Nerven an und treten als **N. intermedius B9** zwischen N. facialis und N. vestibulocochlearis aus.

Beide Anteile des Nerven ziehen durch den inneren Gehörgang, *Meatus acusticus internus* (Pars petrosa ossis temporalis, Porus acusticus internus Bd. 1, S. 290 A34), und treten als ein Nervenstamm in den *Canalis facialis* ein. An der Abbiegung des Nerven im Felsenbein *(äußeres Fazialisknie)* liegt das *Ganglion geniculi* BC7. Der Kanal verläuft dann über der Paukenhöhle (S. 342 A10) und wendet sich nach kaudal zum **Foramen stylomastoideum BC10,** durch das der Nerv den Schädel verläßt. In der *Glandula parotidea* teilt er sich in seine Endäste auf **(Plexus parotideus E11).**

Innerhalb des Canalis facialis gehen der **N. petrosus major BC12,** der **N. stapedius BC13** u. die **Chorda tympani BC14** ab. Der *N. petrosus major* (präganglionäre sekretorische Fasern für Tränendrüse, Nasendrüsen und Gaumendrüsen) zweigt vom Ganglion geniculi ab, zieht durch den *Hiatus canalis n. petrosi majoris* in die Schädelhöhle, über die Vorderfläche des Felsenbeins, durch das Foramen lacerum und schließlich durch den *Canalis pterygoideus* zum *Ganglion pterygopalatinum* **C15.** Der *N. stapedius* versorgt den M. stapedius im Mittelohr. Die *Chorda tympani* (Geschmacksfasern für die vorderen Zweidrittel der Zunge D u. präganglionäre Fasern für die Submandibular- und Sublingualdrüse und verschiedenen Zungendrüsen) zweigt oberhalb des Foramen stylomastoideum ab, verläuft unter der Schleimhaut durch die Paukenhöhle (S. 341 A20) und weiter durch die Fissura petrotympanica, um sich schließlich dem *N. lingualis* **C16** anzuschließen.

Vor seinem Eintritt in die Parotis gibt der N. facialis den **N. auricularis posterior E17** u. Äste zum hinteren Bauch des *M. digastricus* **CE18** und zum *M. stylohyoideus* **C19** ab. Vom Plexus parotideus gehen ab die *Rami temporales* **E20,** *Rami zygomatici* **E21,** *Rami buccales* **E22,** der *Ramus marginalis mandibulae* **E23** und der *Ramus colli* **E24** für das *Platysma*. Die Äste versorgen die gesamte mimische Muskulatur.

Die unter dem Platysma liegenden Verzweigungen des Ramus colli bilden durch Anastomosen mit den Ästen des sensiblen N. transversus colli (S. 66 CB17) die *Ansa cervicalis superficialis*. Die von ihr abgehenden Ästchen sind gemischte sensibel-motorische Nerven. Endverzweigungen der Rami temporales, Rami buccales und des Ramus marginalis mandibulae bilden mit Ästen des Trigeminus ähnliche Geflechte.

Klinischer Hinweis. Bei einer Schädigung des Nerven resultiert eine schlaffe Lähmung aller Muskeln auf der betroffenen Gesichtshälfte. Die Mundpartie hängt herab, und das Auge kann nicht mehr geschlossen werden F. Es besteht eine erhöhte Schallempfindlichkeit, Hyperakusis (S. 342 C).

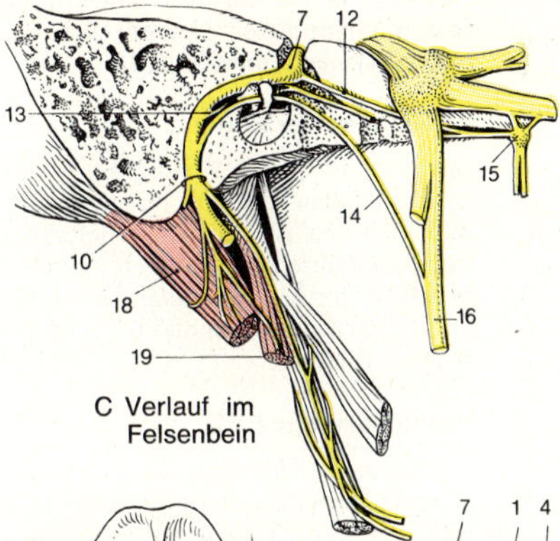

C Verlauf im Felsenbein

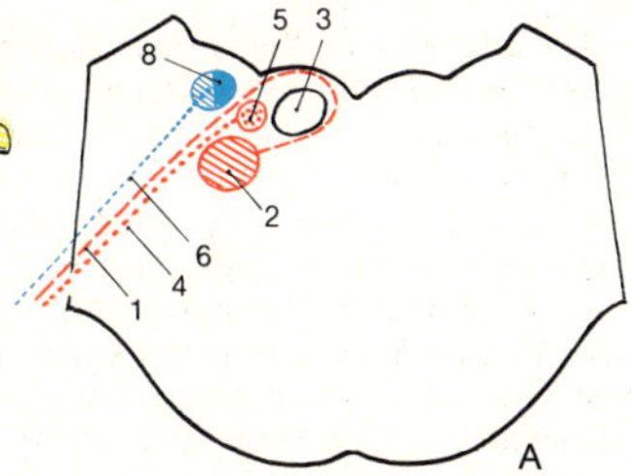

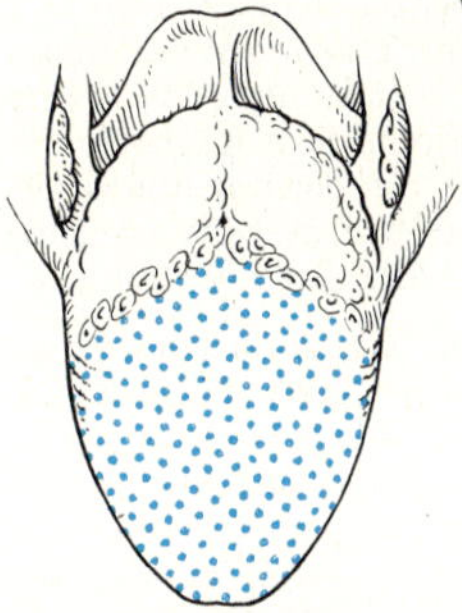

D Zunge, Geschmack

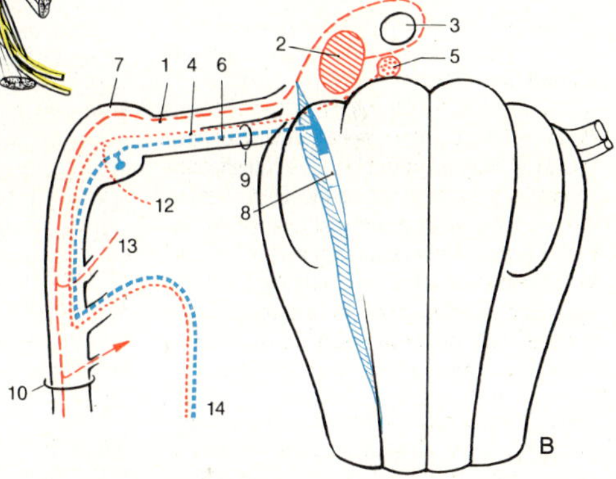

A und B Kerngebiet und Austritt des N. facialis

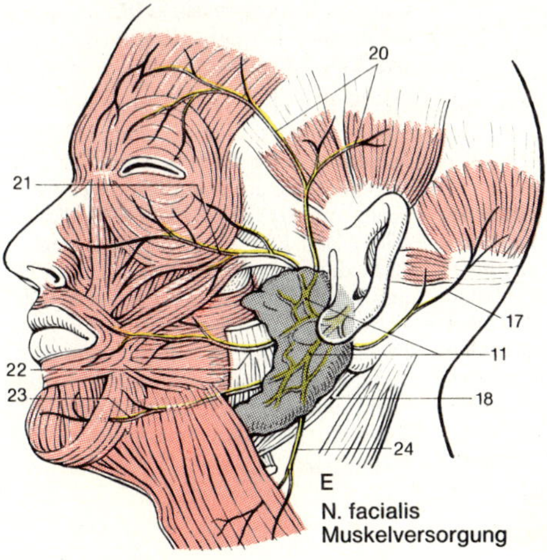

E N. facialis Muskelversorgung

F linksseitige Lähmung des N. facialis

Nervus trigeminus

Der V. Hirnnerv führt *sensible* Fasern für Haut und Schleimhäute des Gesichtes und *motorische* Fasern für die Kaumuskulatur, für den M. mylohyoideus, Venter anterior m. digastrici und wahrscheinlich auch für den M. tensor veli palatini und den M. tensor tympani. Er tritt aus der Brücke mit einer dickeren **Radix sensoria** *(Portio major)* und einer dünneren **Radix motoria** *(Portio minor)* und zieht nach vorn über das Felsenbein. Das *Ganglion trigeminale (Ganglion semilunare Gasseri)* liegt in einer Duratasche, *Cavum trigeminale,* und gibt drei Hauptäste ab: *N. ophthalmicus, N. maxillaris* und *N. mandibularis.*

Die sensiblen Fasern **B1** entstammen den pseudounipolaren Zellen des **Ganglion trigeminale B2,** deren zentrale Fortsätze in den sensiblen Trigeminuskernen enden. Im **Nucleus pontinus n. trigemini** *(Nucleus principalis)* **AB3** enden vorwiegend die Fasern der *epikritischen* Sensibilität, im **Nucleus spinalis n. trigemini BC4** die Fasern der *protopathischen* Sensibilität. Als **Tractus spinalis B5** steigen Fasern bis in das obere Zervikalmark herab und enden in somatotopischer Anordnung C: die Fasern für die periorale Region enden kranial, die Fasern für die anschließenden Hautbezirke weiter kaudal. Die Fasern für den äußersten Halbkreis enden am weitesten kaudal (zwiebelschalenförmige Anordnung der zentralen sensiblen Versorgung). Der **Tractus mesencephalicus B6** leitet *propriozeptiv-sensible* Impulse aus der Kaumuskulatur.

Der **Nucleus mesencephalicus n. trigemini AB7** besteht aus pseudounipolaren Nervenzellen, deren Fortsätze ohne Unterbrechung durch das Ganglion trigeminale laufen. Es handelt sich um die einzigen sensiblen Fasern, deren Ursprungszellen nicht in einem Ganglion außerhalb des ZNS, sondern in einem Kern des Hirnstammes liegen, der gewissermaßen ein im Gehirn liegengebliebenes sensibles Ganglion darstellt.

Die motorischen Fasern stammen von großen multipolaren Nervenzellen des **Nucleus motorius n. trigemini AB8.**

Schleimhautversorgung

Der *N. ophthalmicus* versorgt Stirn- und Keilbeinhöhlen sowie die Nasenscheidewand **D9,** der *N. maxillaris* Kieferhöhlen, Nasenmuscheln, Gaumen und Gingiva **D10,** der *N. mandibularis* den unteren Bereich der Mundhöhle und die Wangen **D11.**

N. ophthalmicus E 12

Er gibt einen rückläufigen *Ramus tentorii* ab und teilt sich auf in den *N. lacrimalis* **E13,** *N. frontalis* **E14** und *N. nasociliaris* **E15.** Diese Äste ziehen durch die Fissura orbitalis superior in die Augenhöhle; der N. nasociliaris tritt durch den medialen Abschnitt der Fissur, die beiden anderen Äste durch den lateralen Abschnitt.

Der **N. lacrimalis** verläuft zur Tränendrüse **E16** und innerviert die Haut des lateralen Augenwinkels. Über einen Ramus communicans werden ihm vom *N. zygomaticus* postganglionäre parasympathisch sekretorische Fasern zur Innervation der Tränendrüse zugeführt.

Der **N. frontalis** teilt sich in den **N. supratrochlearis E17** (medialer Augenwinkel) und den **N. supraorbitalis E18,** der durch die *Incisura supraorbitalis* tritt (Conjunctiva, Oberlid und Stirnhaut).

Der **N. nasociliaris** verläuft zum medialen Augenwinkel, den er mit seinem Endast, **N. infratrochlearis E19,** versorgt. Er gibt folgende Äste ab: einen Ramus communicans zum *Ganglion ciliare* **E20,** die **Nn. ciliares longi E21** zum Augapfel, den **N. ethmoidalis posterior E22** (Keilbeinhöhle und Siebbeinzellen) und den **N. ethmoidalis anterior E23,** der durch das *Foramen ethmoidale anterius* zur Siebbeinplatte und durch diese in die Nasenhöhle zieht. Sein Endast *Ramus nasalis externus,* versorgt die Haut von Nasenrücken und Nasenspitze.

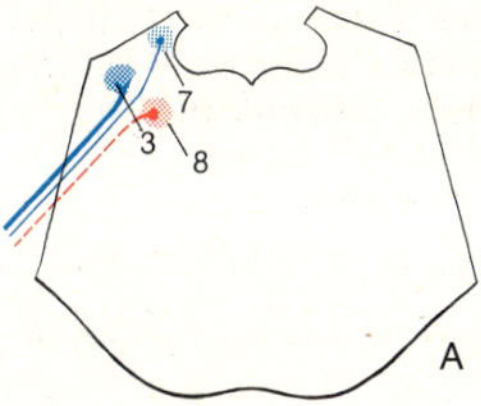

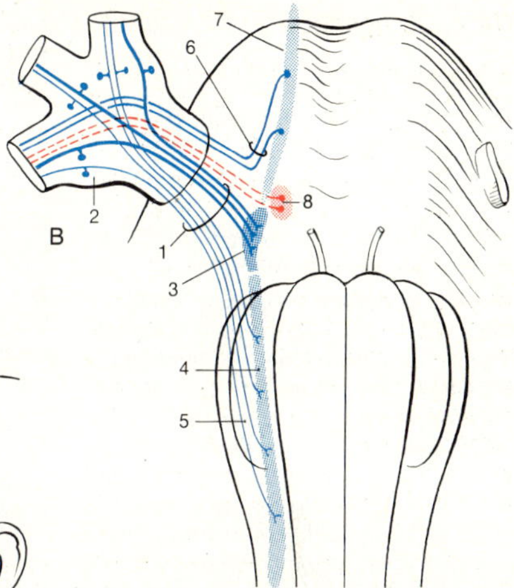

A und B Kerngebiet und Austritt des N. trigeminus

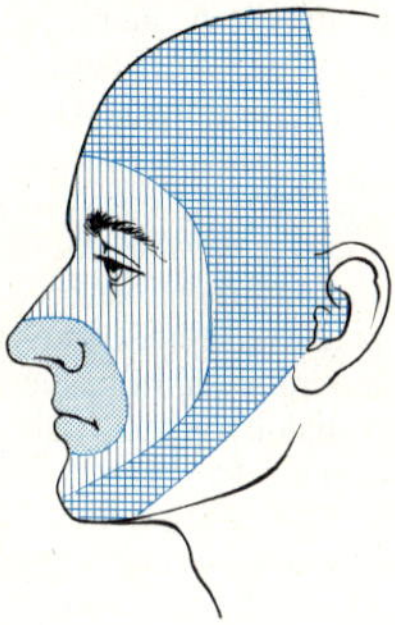

C
Somatotopik des spinalen Trigeminuskernes
(nach Dejerine)

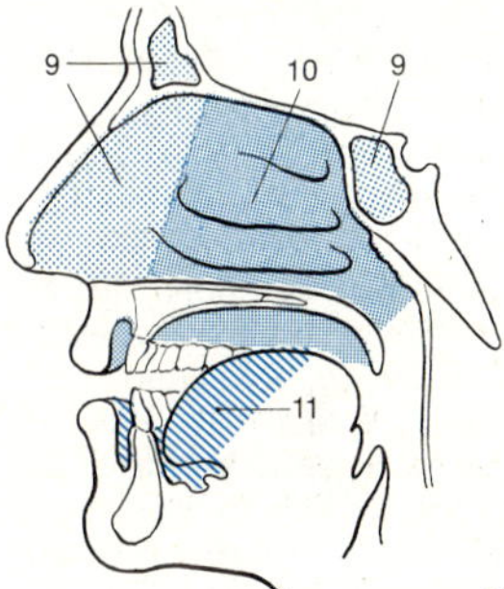

D sensible Versorgung der Schleimhaut

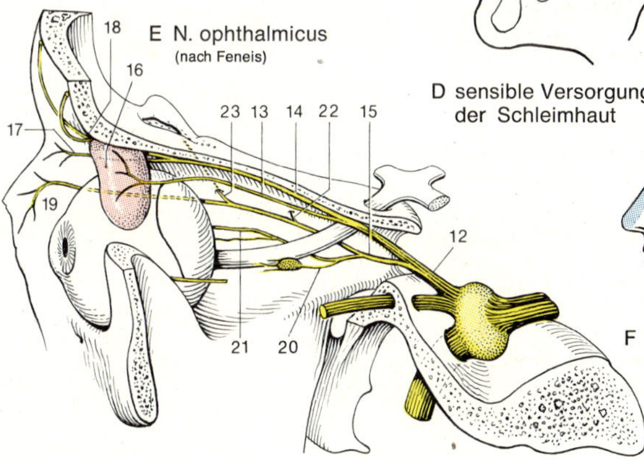

E N. ophthalmicus
(nach Feneis)

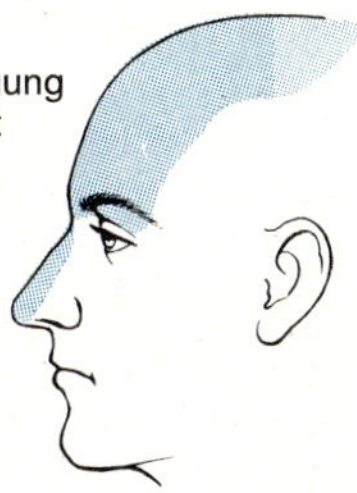

F N. ophthalmicus Hautversorgung

Nervus trigeminus (Fortsetzung)

N. maxillaris A 1

Der Nerv zieht, nach Abgabe eines *Ramus meningeus,* durch das *Foramen rotundum* **A2** in die Fossa pterygopalatina, wo er sich in den *N. zygomaticus,* die *Rami ganglionares (Nn. pterygopalatini)* und in den *N. infraorbitalis* teilt.

Der **N. zygomaticus A3** gelangt durch die Fissura orbitalis inferior an die laterale Wand der Augenhöhle. Er gibt einen Ramus communicans (postganglionäre parasympathisch sekretorische Fasern für die Tränendrüse vom Ganglion pterygopalatinum) zum N. lacrimalis ab und teilt sich in den **Ramus zygomaticotemporalis A4** (Schläfe) und in den **Ramus zygomaticofacialis A5** (Haut über dem Jochbogen).

Die **Rami ganglionares A6** sind zwei bis drei feine Fäden, die zum Ganglion pterygopalatinum ziehen. Die Fasern versorgen sensibel den oberen Pharynx, Nasenhöhle, harten und weichen Gaumen.

Der **N. infraorbitalis A7** gelangt durch die Fissura orbitalis inferior in die Augenhöhle und durch den Canalis infraorbitalis **A8** zur Wange, wo er die Haut zwischen Unterlid und Oberlippe versorgt **B.** Von ihm gehen ab die **Nn. alveolares superiores posteriores A9** (Molaren), der **N. alveolaris superior medius A10** (Prämolaren) und die **Nn. alveolares superiores anteriores A11** (Schneidezähne). Die Nerven bilden oberhalt der Alveolen den **Plexus dentalis superior.**

N. mandibularis C

Der Nerv teilt sich nach dem Durchtritt durch das *Foramen ovale* und nach Abgabe eines *Ramus meningeus* **C12** in der Fossa infratemporalis in den *N. auriculotemporalis, N. lingualis, N. alveolaris inferior,* den *N. buccalis* und die rein *motorischen Äste.*

Die rein **motorischen Äste** verlassen den N. mandibularis kurz nach seinem Durchtritt durch das Foramen: der **N. massetericus C13** für den M. masseter **F14,** die **Nn. temporales profundi C15** für den M. temporalis **F16,** die **Nn. pterygoidei C17** für die Mm. pterygoidei **F18.** Motorische Fasern für den M. tensor tympani und für den M. tensor veli palatini ziehen zum Ganglion oticum (S. 122 AB1) und verlassen es als **N. musculi tensoris tympani** und als **N. musculi tensoris veli palatini.**

Der **N. auriculotemporalis C19** (Haut der Schläfe, äußerer Gehörgang und Trommelfell) entspringt meist mit zwei Wurzeln, die die A. meningea media umgreifen (S. 123 A15) und sich dann zum Nerven vereinigen. Der **N. lingualis C20** steigt im Bogen zum Zungengrund herab. Er versorgt die vorderen Zweidrittel der Zunge sensibel **D.** Die Geschmacksfasern empfängt er von der Chorda tympani (N. facialis). Der **N. alveolaris inferior C21** enthält motorische Fasern für den M. mylohyoideus und den vorderen Bauch des M. digastricus, außerdem sensible Fasern, die in den Canalis mandibularis eintreten und zahlreiche **Rami dentales inferiores C22** für die Zähne des Unterkiefers abgeben. Der Hautast des Nerven, **N. mentalis C23,** tritt durch das Foramen mentale und versorgt sensibel Kinn, Unterlippe und die Haut über dem Corpus mandibulae **E.** Der **N. buccalis C24** zieht durch den M. buccinator **C25** und versorgt die Schleimhaut der Wange.

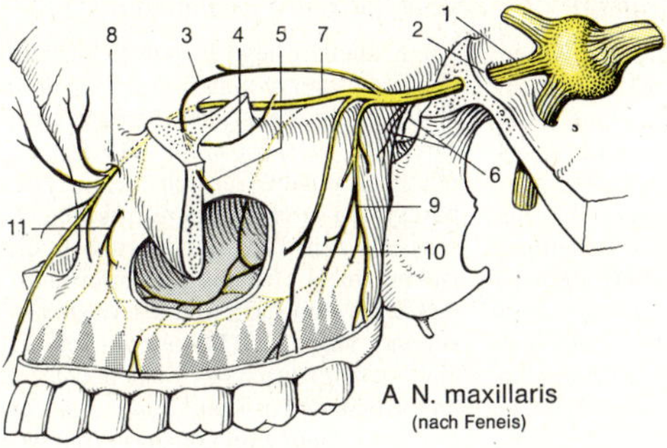

A N. maxillaris
(nach Feneis)

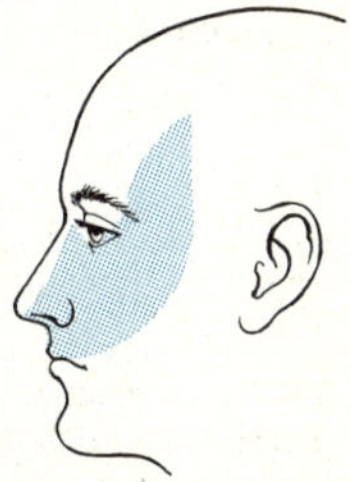

B Hautversorgung

C N. mandibularis
(nach Feneis)

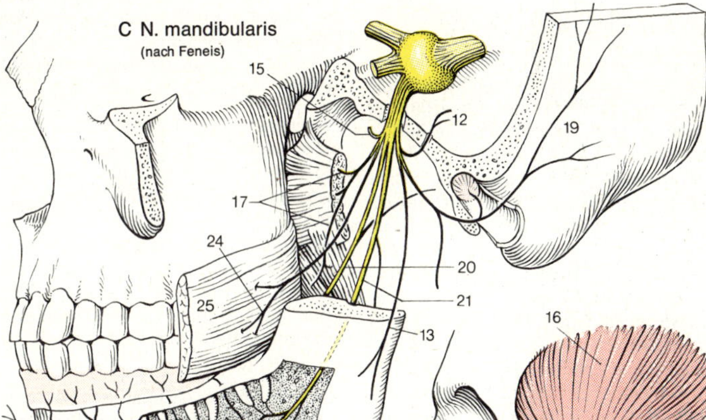

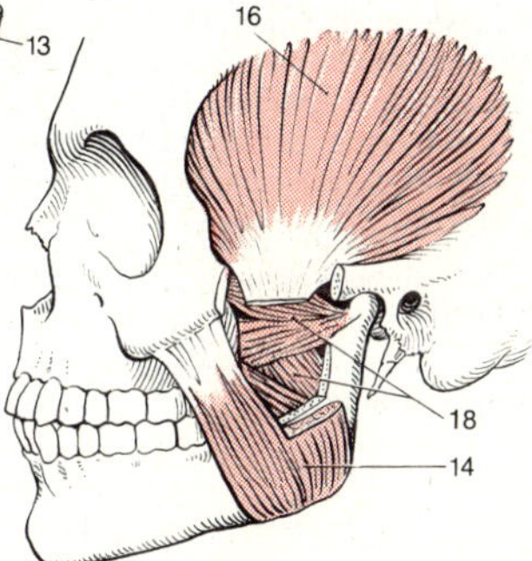

F Muskelversorgung

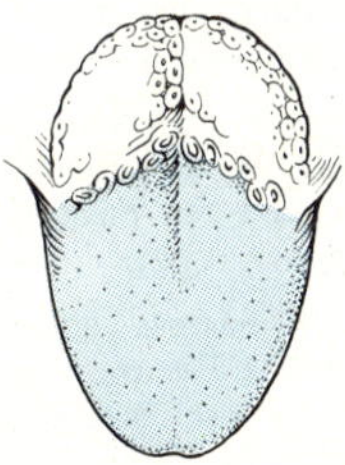

D Zunge,
sensible Versorgung

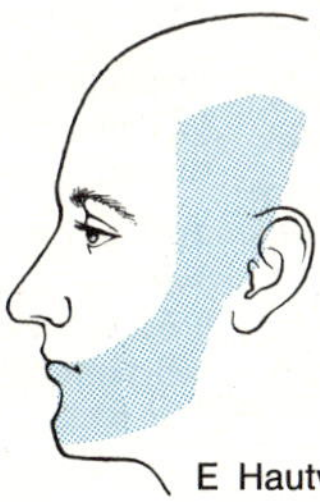

E Hautversorgung

Parasympathische Ganglien

Die Fasern der viszeroefferenten Kerne (motorisch und sekretorisch) werden in parasympathischen Ganglien auf postganglionäre Fasern umgeschaltet. Jedes Ganglion besitzt außer der parasympathischen Wurzel (präganglionäre Fasern) eine sympathische Wurzel (Umschaltung in den Ganglien des Grenzstranges S. 276) und eine sensible Wurzel, deren Fasern die Ganglien ohne Unterbrechung durchlaufen. Die abgehenden Äste eines Ganglion enthalten dann in der Regel sympathische, parasympathische und sensible Fasern.

Ganglion ciliare AB 1

Es liegt als kleiner flacher Körper lateral vom N. opticus in der Orbita. Seine parasympathischen Fasern aus dem Edinger-Westphalschen Kern verlaufen im N. oculomotorius **AB 2** und treten als *Radix oculomotoria* **AB 3** (parasympathische Wurzel) zum Ganglion über. Die präganglionären sympathischen Fasern entspringen im Seitenhorn des Rückenmarks C8–Th2 (**Centrum ciliospinale B 4**) und werden im *Ganglion cervicale superius* **B 5** umgeschaltet. Die postganglionären Fasern steigen im Plexus caroticus **B 6** aufwärts und ziehen als *Radix sympathica* **B 7** zum Ganglion. Sensible Fasern stammen vom *N. nasociliaris* (Radix nasociliaris) **AB 8.**

Vom Ganglion ziehen die **Nn. ciliares breves AB 9** zum Augapfel und treten durch die Sclera in das Innere des Bulbus. Ihre parasympathischen Fasern innervieren den *M. ciliaris* (Akkommodation) und den *M. sphincter pupillae,* ihre sympathischen den *M. dilatator pupillae.*

Klinischer Hinweis: Die Pupille wird antagonistisch von parasympathischen (Pupillenverengerung) und sympathischen (Pupillenerweiterung) Fasern innerviert. Bei Schädigung des Centrum ciliospinale oder der Spinalwurzeln C8, Th1 (untere Plexuslähmung S. 68) kommt es zu einer gleichseitigen Pupillenverengerung.

Ganglion pterygopalatinum AB 10

Das Ganglion liegt an der Vorderwand der Fossa pterygopalatina unterhalb des N. maxillaris **AB 11,** der die **Rami ganglionares** *(Nn. pterygopalatini)* **AB 12** an das Ganglion abgibt (sensible Wurzel). Die parasympathischen sekretorischen Fasern aus dem Ncl. salivatorius superior ziehen im N. facialis (N. intermedius) **AB 13** bis zum Fazialisknie, wo sie als **N. petrosus major AB 14** abzweigen. Der Nerv gelangt durch das *Foramen lacerum* an die Schädelbasis und durch den *Canalis pterygoideus* zum Ganglion (parasympathische Wurzel). Sympathische Fasern vom Plexus caroticus bilden den **N. petrosus profundus AB 15** (sympathische Wurzel) und vereinigen sich mit dem N. petrosus major zum **N. canalis pterygoidei AB 16.**

Die abgehenden Äste führen sekretorische Fasern für die Tränendrüse und für die Drüsen der Nasenhöhle. Die parasympathischen Fasern **B 17** für die Tränendrüse **AB 18** werden im Ganglion umgeschaltet. Die postganglionären Fasern ziehen in den Rami ganglionares B 12 zum N. maxillaris B 11 und erreichen über den N. zygomaticus **AB 19** und seine Anastomose **A 20** zum N. lacrimalis **A 21** die Tränendrüse.

Die übrigen parasympathisch sekretorischen Fasern verlaufen in den **Rami orbitales B 22** zu den hinteren Siebbeinzellen, in den **Rami nasales posteriores laterales B 23** zu den Nasenmuscheln, im **N. nasopalatinus** (incisivus) über die Nasenscheidewand und durch den Canalis incisivus zum vorderen Bezirk des Gaumens und in den **Nn. palatini AB 24** zum harten und weichen Gaumen.

Geschmacksfasern **B 25** für den weichen Gaumen verlaufen in den Nn. palatini und im N. petrosus major.

Blaue Linie: sensible Fasern, blaue Punkte: parasympathische Fasern, rote Punkte: sympathische Fasern, blau gestrichelt: Geschmacksfasern.

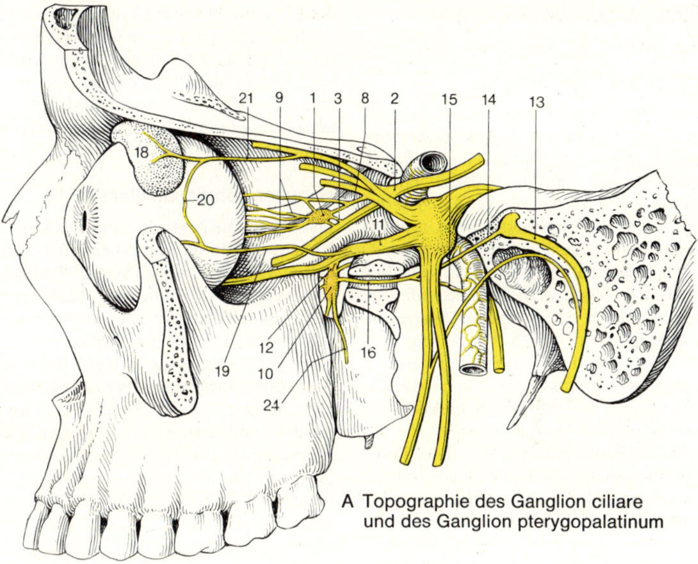

A Topographie des Ganglion ciliare
und des Ganglion pterygopalatinum

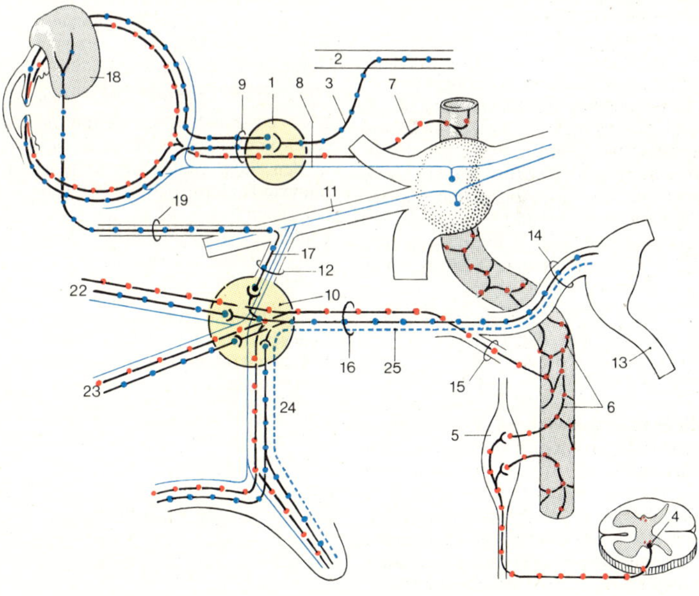

B Leitungsbahnen des Ganglion ciliare und des Ganglion pterygopalatinum

Parasympathische Ganglien (Fortsetzung)

Ganglion oticum AB 1

Das Ganglion liegt als flacher Körper unterhalb des Foramen ovale an der medialen Seite des *N. mandibularis* **A 2,** von dem sensible und motorische Fasern *(sensible-motorische Wurzel* **AB 3**) in das Ganglion eintreten und ohne Umschaltung hindurchziehen. Die präganglionären parasympathischen Fasern entstammen dem *Nucleus salivatorius inferior.* Sie verlaufen im N. glossopharyngeus und zweigen mit dem N. tympanicus vom Ganglion inferius n. glossopharyngei in der Fossula petrosa zur Paukenhöhle ab. Als feiner Ast **N. petrosus minor AB 4** *(parasympathische Wurzel)* verlassen die Fasern die Paukenhöhle durch den Hiatus canalis petrosi minoris. Der Nerv verläuft unter der Dura an der Oberfläche des Felsenbeins und erreicht nach Durchtritt durch das Foramen lacerum das Ganglion oticum. Die Fasern der *sympathischen Wurzel* **AB 5** stammen vom Plexus der A. meningea media.

Die motorischen Fasern der Radix motoria n. trigemini, die das Ganglion durchlaufen, verlassen es im **N. tensoris veli palatini B 6** (Gaumensegel) und im **N. tensoris tympani B 7** (für den M. tensor tympani, der das Trommelfell spannt). *Motorische Fasern* **B 8** für den *M. levator veli palatini* aus dem N. facialis VII sollen in der Chorda tympani **AB 9** verlaufen und über den *Ramus communicans cum Chorda tympani* **AB 10** in das Ganglion übertreten. Sie ziehen ohne Umschaltung hindurch und gelangen über einen Ramus communicans **A 11** in den N. petrosus major **A 12,** mit dem sie das Ganglion pterygopalatinum **A 13** erreichen. In den Nn. palatini **A 14** ziehen sie zum Gaumen.

Die postganglionären parasympathisch-sekretorischen Fasern treten zusammen mit sympathischen Fasern über eine Anastomose in den *N. auriculotemporalis* **AB 15** ein und von ihm über eine weitere Anastomose in den *N. facialis* **AB 16,** mit dessen Ästen sie sich in der *Parotis* **AB 17** verzweigen. Sie versorgen außer der Parotis über den *N. buccalis* und den *N. alveolaris inferior* die Glandulae buccales et labiales.

Ganglion submandibulare AB 18

Das Ganglion liegt mit einigen kleinen Nebenganglien im Mundboden über der *Glandula submandibularis* **AB 19** an der Unterseite des *N. lingualis* **AB 20,** mit dem es durch mehrere Rami ganglionares verbunden ist. Seine präganglionären parasympathischen Fasern **B 21,** die dem *Nucleus salivatorius superior* entstammen, verlaufen im N. facialis (N. intermedius) und verlassen ihn mit den Geschmacksfasern **B 22** in der *Chorda tympani* B 9. In ihr gelangen sie zum N. lingualis B 20 und ziehen in ihm zum Mundboden, wo sie in das Ganglion übertreten. Postganglionäre sympathische Fasern aus dem Plexus der A. carotis externa erreichen das Ganglion über den *Ramus sympathicus* **B 23,** der vom Geflecht der A. facialis abgeht, und ziehen ohne Umschaltung hindurch.

Die postganglionären parasympathischen und sympathischen Fasern treten in den *Rami glandulares* teilweise zur Submandibulardrüse über, teilweise ziehen sie im N. lingualis weiter zur *Sublingualdrüse* **AB 24** und zu den Drüsen in den vorderen Zweidrittel der Zunge. Ganglion ciliare **A 25.**

Rot gestrichelt: motorische Fasern,
blau gestrichelt: Geschmacksfasern,
blaue Punkte: parasympathische Fasern,
rote Punkte: sympathische Fasern.

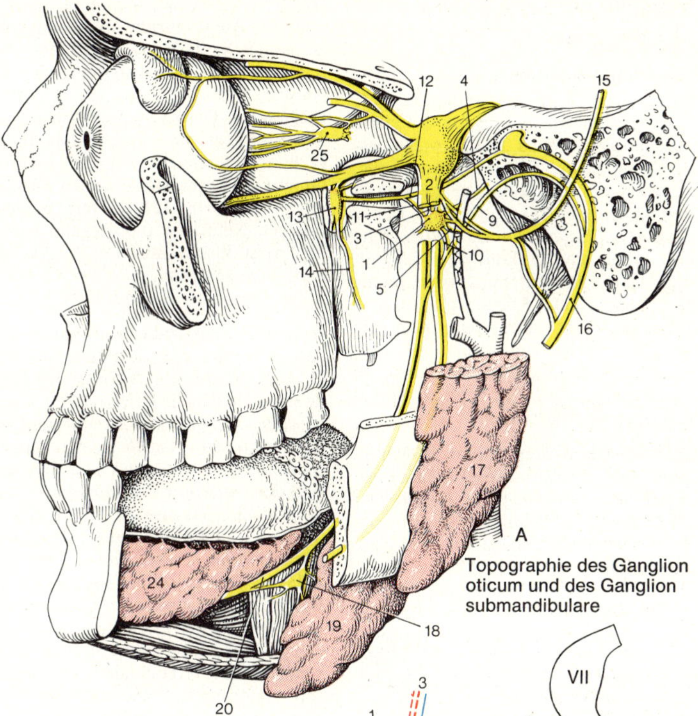

A
Topographie des Ganglion oticum und des Ganglion submandibulare

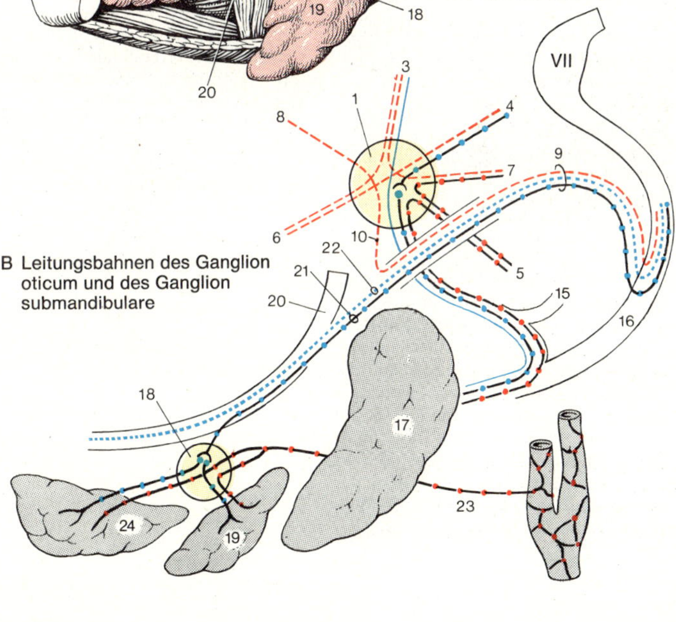

B Leitungsbahnen des Ganglion oticum und des Ganglion submandibulare

Mittelhirn

Gliederung

Der Hirnstamm besitzt mit gewissen Abwandlungen in *Medulla oblongata* **A1,** *Pons* **A2** und *Mesencephalon* **A3** einen gleichartigen Aufbau. Der entwicklungsgeschichtlich alte Teil des Hirnstammes, der allen drei Abschnitten gemeinsam ist und die Hirnnervenkerne enthält, ist das **Tegmentum,** *Haube,* **A4.** Es wird in Höhe der Medulla und des Pons vom Kleinhirn überlagert, im Mittelhirn vom **Tectum** *(Vierhügelplatte)* **A5** bedeckt. Die basale Etage enthält vor allem die großen vom Endhirn absteigenden Bahnen; sie bilden in der Medulla die *Pyramiden* **A6,** im Pons den *Brückenfuß* **A7** und im Mesencephalon die **Pedunculi cerebri A8.**

Das Ventrikelsystem erfährt im Mittelhirn eine hochgradige Verengerung, **Aquaeductus cerebri** *(Sylvii)* **A–D9.** Der Hohlraum des Neuralrohres wird während der Entwicklung durch die Volumenzunahme der Mittelhirnhaube zunehmend eingeengt B. Der alte Bauplan des Neuralrohres bleibt dabei erhalten: ventral liegen die motorischen Abkömmlinge der Grundplatte, *Nucleus n. oculomotorii* **BC10,** *Nucleus trochlearis* (Augenmuskeln), *Nucleus ruber* **C11** und *Substantia nigra* **C12** (extrapyramidalmotorisches System); dorsal liegen die sensiblen Abkömmlinge der Flügelplatte, *Tectum mesencephali* **C13** (Schaltstätte für akustische und optische Bahnen).

Schnitt durch das Mittelhirn D

(Höhe der unteren Zweihügel). Dorsal ist der *Colliculus inferior* mit seinem Kern **D14** (Umschaltung der zentralen Hörbahn) getroffen. Basal erscheint das Übergangsgebiet zwischen Pons und Pedunculi cerebri und die kaudalsten Zellgruppen der *Substantia nigra* **D15.** Im Mittelfeld des Tegmentum fällt unter dem Aquädukt der großzellige *Nucleus n. trochlearis* **D16** auf, über dem der *Nucleus dorsalis tegmenti* **D17** liegt. Weiter lateral die Zellen des *Locus caeruleus* **D18** (bis in das Mittelhirn reichendes pontines Atemzentrum mit adrenergen Neuronen S. 93 B28). Über ihm sind relativ große Zellen verstreut, die den *Nucleus mesencephalicus n. trigemini* **D19** bilden. Das laterale Feld wird vom *Nucleus tegmenti pedunculopontinus* **D20** eingenommen. An der unteren Grenze des Tegmentum liegt der *Nucleus interpeduncularis* **D21,** der reich an peptidergen Neuronen (vorwiegend Enkephalin) ist. In ihm endet der vom *Nucleus habenulae* herabsteigende *Tractus habenulopeduncularis* (S. 164 A13).

In den Nucleus colliculi inferioris D14 strahlt ventral der *Lemniscus lateralis* **D22** ein (S. 355 A5). Am lateralen Rande sammeln sich die Fasern des *Pedunculus colliculi inferioris* **D23,** um zum *Corpus geniculatum mediale* zu ziehen (zentrale Hörbahn S. 356). Im medialen Feld sind der *Fasciculus longitudinalis medialis* **D24** (S. 134) und die Kreuzung der oberen Kleinhirnschenkel, *Decussatio pedunculorum cerebellarium superiorum* **D25** (156 B5), getroffen. Lateral liegt die Faserplatte des *Lemniscus medialis* **D26** (S. 132B). Die Fasern des *Pedunculus cerebri* **D27** sind quergetroffen und von wenigen querverlaufenden Brückenfasern unterbrochen. Zentrales Höhlengrau, *Griseum centrale* **D28.**

Schnittlage

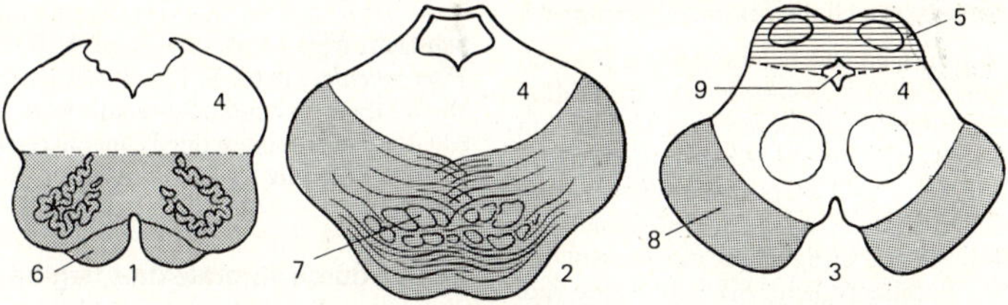

A Aufbau von Medulla oblongata, Pons und Mittelhirn.

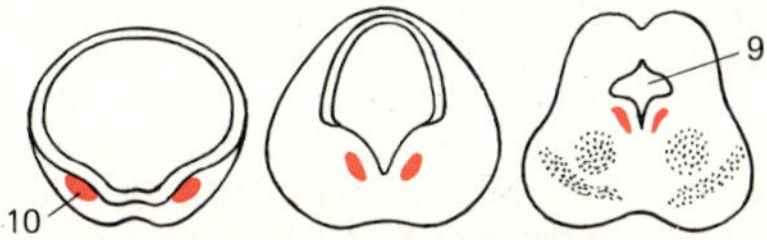

B Entwicklung des Mittelhirns

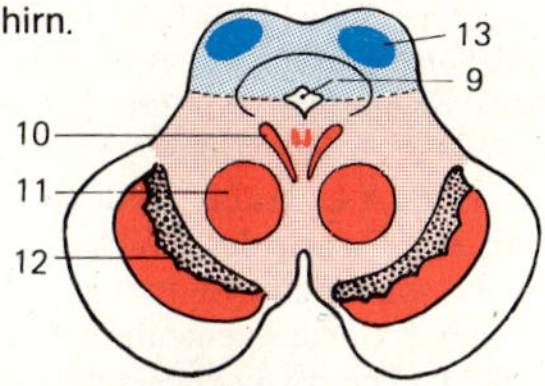

C Gliederung in Grund- und Flügelplatte

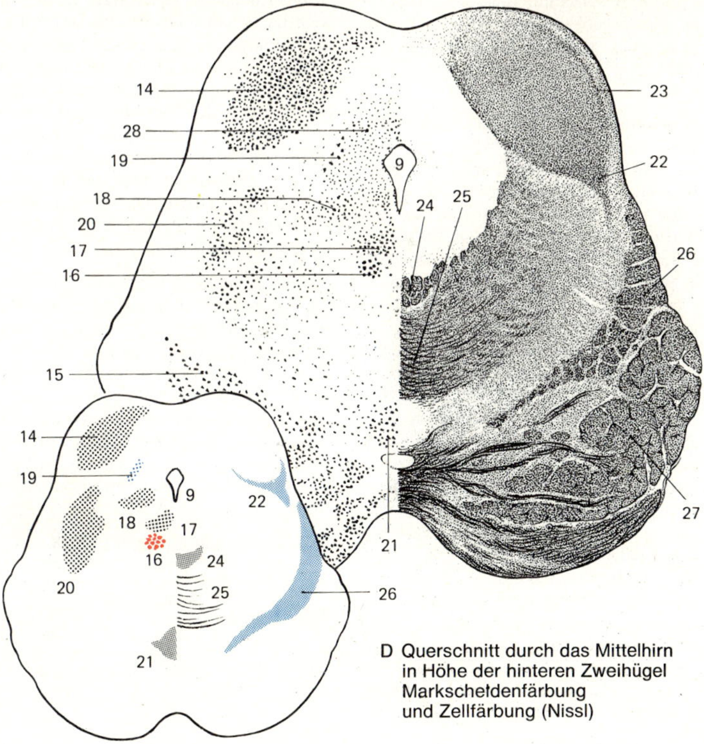

D Querschnitt durch das Mittelhirn in Höhe der hinteren Zweihügel Markscheidenfärbung und Zellfärbung (Nissl)

Schnitt durch die oberen Zweihügel A

Dorsal sind die beiden oberen Zweihügel, *Colliculi superiores* **A1,** getroffen. Sie sind bei niederen Vertebraten das wichtigste optische Zentrum mit mehreren Zell- und Faserschichten. Beim Menschen sind sie nur noch eine Schaltstelle für Reflexbewegungen der Augen und für Pupillenreflexe. Sie haben eine rudimentäre Schichtenstruktur. Im *Stratum griseum superficiale* **A2** enden Fasern von okzipitalen Feldern der Hirnrinde (*Tractus corticotectalis* **A3**). Das *Stratum opticum* **A4,** das bei niederen Vertebraten aus Fasern des Tractus opticus besteht, wird beim Menschen von Fasern aus dem Corpus geniculatum laterale gebildet. Die tiefer liegenden Zell- und Faserschichten kann man als *Stratum lemnisci* **A5** zusammenfassen. In ihm enden der Tractus spinotectalis (S. 50 A5), Fasern des medialen und lateralen Lemniscus und Faserbündel der Colliculi inferiores.

Der Aquädukt ist vom zentralen Höhlengrau, *Griseum centrale* **AB6,** umgeben. Es enthält eine große Zahl peptiderger Neurone (VIP, Enkephalin, Cholecystokinin u. a.). Lateral von ihm liegt der *Nucleus mesencephalicus n. trigemini* **A7,** ventral von ihm der **Nucleus n. oculomotorii A8** und der Edinger-Westphalsche Kern **A9** (S. 130 A19). Dorsal von beiden Kernen verläuft der *Fasciculus longitudinalis dorsalis* (S. 136B) und ventral von ihnen der *Fasciculus longitudinalis medialis* **A10** (S. 134). Der Hauptkern des Tegmentum ist der **Nucleus ruber AB11** (S. 128, 141 A2), der durch eine Kapsel aus ein- und austretenden Fasern (u. a. *Fasciculus dentatorubralis* **A12**) begrenzt wird. An seinem medialen Rande ziehen die Faserbündel des *N. oculomotorius* **A13** ventralwärts. Über die Mittellinie kreuzen tektospinale (Pupillenreflex) und tektorubrale Fasern in der *Decussatio tegmenti superior (Meynert)* **A14** und tegmentospinale Fasern in der *Decussatio inferior (Forel)* **A15.** Das laterale Feld nimmt der **Lemniscus medialis AB16** ein.

Ventral grenzt an das Tegmentum die **Substantia nigra** (*Pars compacta* **A17** und *Pars reticulata* **A18,** S. 128, 141 A1). Die Basis bilden zu beiden Seiten die kortikofugalen Fasermassen der **Pedunculi cerebri AB19.** *Corpus geniculatum mediale* **AB20.**

Schnitt durch die prätektale Region

Die vor den Colliculi superiores gelegene **Regio praetectalis B21** stellt den Übergang vom Mittelhirn zum Zwischenhirn dar. Es sind infolgedessen auf dem Schnitt bereits Strukturen des Zwischenhirns getroffen: dorsal bds. der *Pulvinar* **B22** und in der Mitte die *Commissura epithalamica (posterior)* **B23,** basal die *Corpora mamillaria* **B24.** Dorsolateral erstreckt sich die Regio praetectalis mit dem **Nucleus praetectalis principalis B25.** Er ist eine wichtige Schaltstelle für den Lichtreflex der Pupillen. In ihm enden Fasern des Tractus opticus und Fasern der okzipitalen Rindenfelder. Eine efferente Bahn des Kerns zieht über die Commissura epithalamica zum Edinger-Westphalschen Kern. Ventral vom Aquädukt liegen der **Nucleus Darkschewitsch B26** und der **Nucleus interstitialis** *(Cajal)* **B27,** Schaltstellen im System des Fasciculus longitudinalis medialis.

Tierexperimente haben gezeigt, daß der *Nucleus interstitialis Cajal* und der weiter oral gelegene *Nucleus praestitialis* innerhalb des extrapyramidal-motorischen Systems (S. 288) wichtige Schaltstellen für automatische Bewegungsabläufe sind (S. 181B). Im Nucleus interstitialis liegen die wesentlichen Schaltungen für Körperdrehung um die Längsachse, im Nucleus praestitialis für die Aufrichtung von Kopf und Oberkörper (S. 180).

Commissura supramamillaris **B28.**

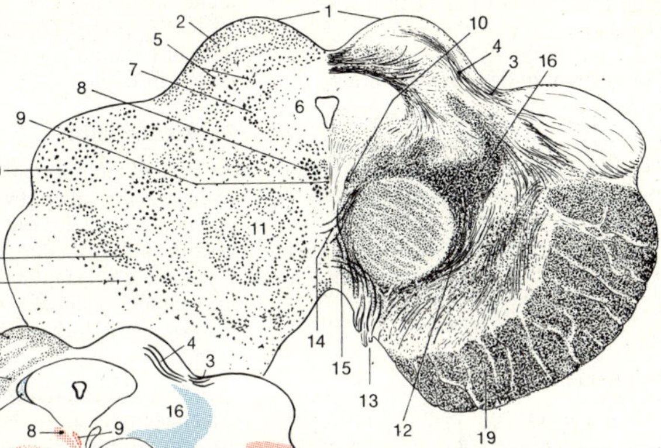

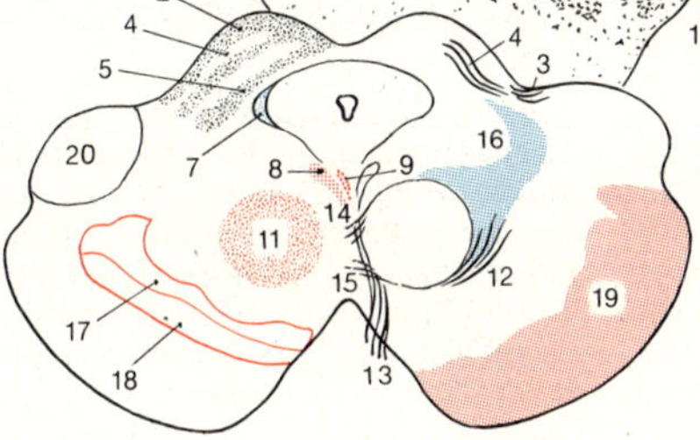

A Querschnitt durch das Mittelhirn in Höhe der vorderen Zweihügel

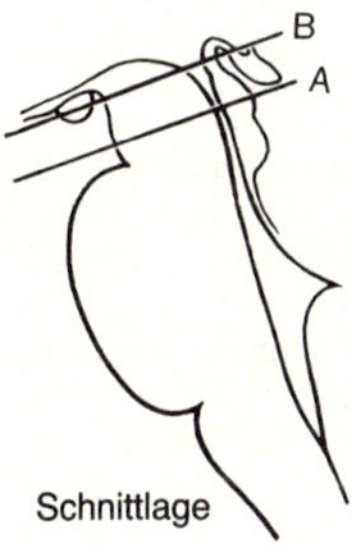

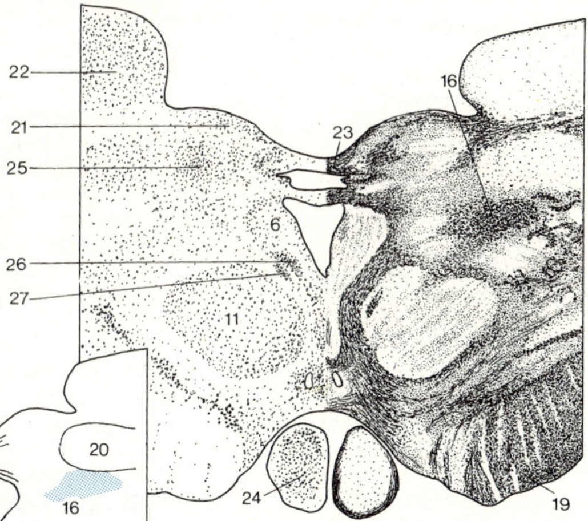

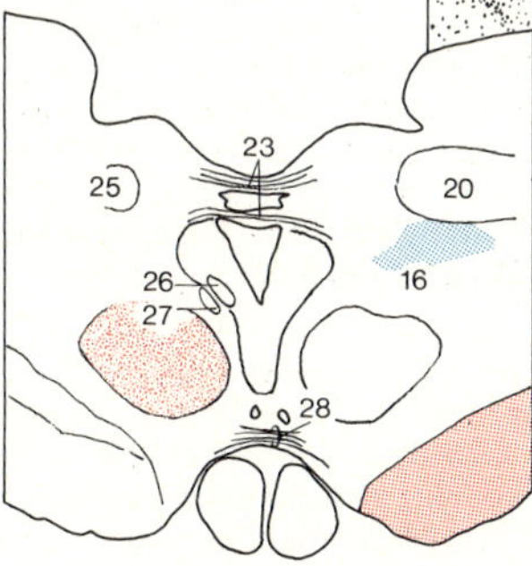

B Querschnitt durch das Mittelhirn in Höhe der Regio praetectalis

Nucleus ruber und Substantia nigra

Seitenansicht des Hirnstammes

Die beiden großen Kerne schieben sich weit gegen das Zwischenhirn vor. Die **Substantia nigra AB1** reicht von der oralen Partie der *Brücke* **A2** bis zum *Pallidum* **AB3** im Zwischenhirn. Beide Kerne werden als wichtige Schaltstätten dem extrapyramidalen System zugerechnet (S. 288).

Nucleus ruber AB4

Der Kern hat auf dem frischen Hirnschnitt eine rötliche Farbe (hoher Eisengehalt, S. 140). Er besteht aus einem kleinzelligen *(Neorubrum)* und einem großzelligen Anteil *(Palaeorubrum)*. Das Palaeorubrum ist ein kleiner, ventrokaudal gelegener Bezirk.

Afferente Verbindungen: 1. *Fasciculus dentatorubralis* **B5** vom *Nucleus dentatus* **B6** des Kleinhirns verläuft im *Pedunculus cerebellaris superior* und endet im kontralateralen roten Kern, 2. *Tractus tectorubralis* **B7** von den oberen Zweihügeln endet im homo- und kontralateralen Palaeorubrum, 3. *Tractus pallidorubralis* **B8,** pallidotegmentale Bündel vom inneren Pallidumglied, 4. *Tractus corticorubralis* **B9** vom frontalen und präzentralen Cortex endet im gleichseitigen roten Kern.

Efferente Verbindungen: 1. *rubroretikuläre* und *rubrooliväre Fasern* **B10** verlaufen in der *zentralen Haubenbahn* (S. 136A) und enden überwiegend in der *Olive* (Neuronenkreis: Nucleus dentatus – Nucleus ruber – Olive – Cerebellum), 2. *Tractus rubrospinalis* **B11** (beim Menschen schwach entwickelt) kreuzt in der Forelschen Haubenkreuzung und endet im Zervikalmark.

Der Nucleus ruber ist eine Schalt- und Kontrollstelle für zerebelläre, pallidäre und kortikal-motorische Impulse, wichtig für Muskeltonus, Körperhaltung und Gehbewegung. Seine Schädigung führt zu Ruhetremor (Zittern), Veränderung des Muskeltonus und choreatisch-athetotischer Bewegungsunruhe.

Substantia nigra

Sie besteht aus der dunklen **Pars compacta** (Nervenzellen mit schwarzem Melaninpigment C) und der **Pars reticulata** (rötlich gefärbt und besonders eisenhaltig). Die Bahnen der Substantia nigra bilden keine kompakten Bündel, sondern schwer nachweisbare lockere Züge feiner Fasern.

Afferente Verbindungen: im anterioren Teil enden 1. Fasern des Nucleus caudatus, *Fasciculus strionigralis* **B12,** 2. Fasern der frontalen Rinde (Area 9 bis 12). *Fibrae corticonigrales* **B13.** Im kaudalen Teil des Kerns enden 3. Fasern des Putamen **B14** und 4. Fasern der präzentralen Rinde (Area 4 und 6) **B15.**

Efferente Verbindungen: 1. **Fibrae nigrostriatales B16** ziehen von der Pars compacta zum Striatum, 2. Fasern von der Pars reticulata zum Thalamus.

Die Hauptmasse der efferenten Fasern steigt zum Striatum auf, mit dem die Substantia nigra durch das **nigrostriatale System** funktionell eng verbunden ist. In den Axonen der **dopaminergen Nigerneurone** (Pars compacta) wandert Dopamin in das Putamen und wird dort in den Boutons terminaux gespeichert. Bei einer Durchtrennung der nigrostriatalen Bahn sinkt der Dopamingehalt des Putamen ab (S. 250). Es besteht zwischen Substantia nigra und Putamen eine korrespondierende Topik: kraniale und kaudale Abschnitte des Nucleus niger sind mit entsprechenden Abschnitten des Caudatum und Putamen verbunden.

Die Substantia nigra soll besondere Bedeutung für die unwillkürliche Mitbewegungen und den raschen Bewegungsbeginn *(Starterfunktion)* haben. Ihre Schädigung führt zu Muskelstarre, Ruhetremor, Wegfall der Mitbewegungen und zu mimischer Starre *(Maskengesicht)*.

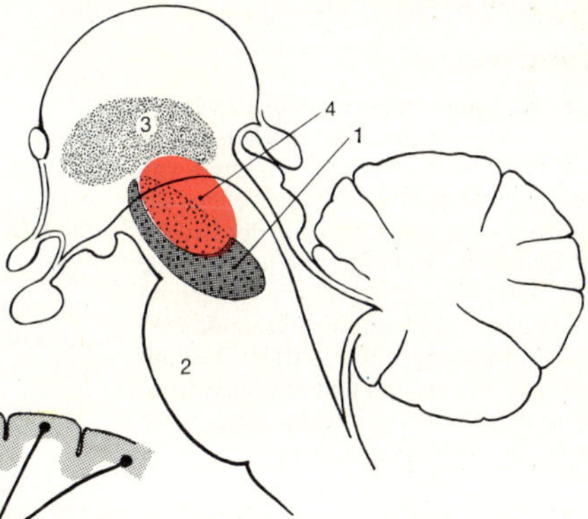

A Lage des Nucleus ruber und der Substantia nigra im Hirnstamm
Ansicht von lateral

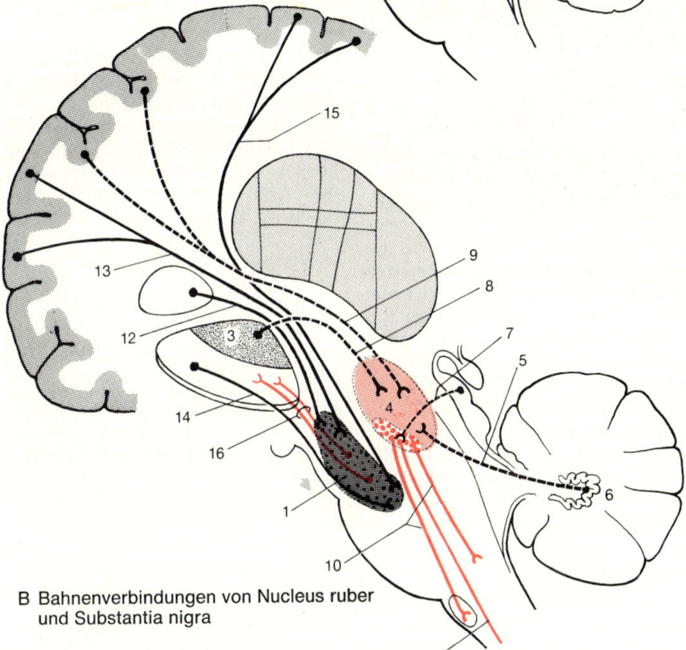

B Bahnenverbindungen von Nucleus ruber und Substantia nigra

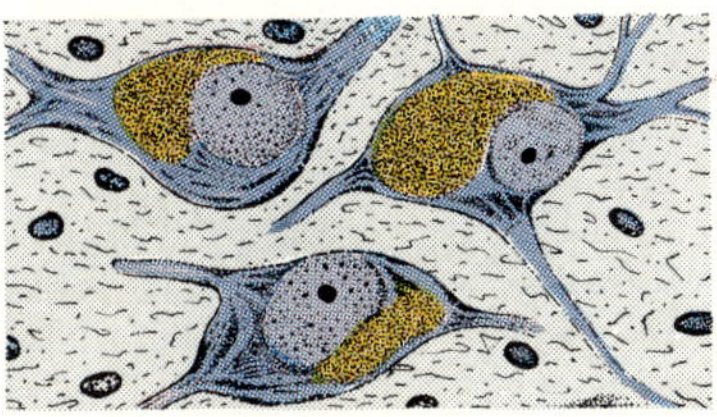

C melaninhaltige Nervenzellen der Substantia nigra

Augenmuskelnerven

N. abducens C1

Der VI. Hirnnerv ist ein *somatomotorischer Nerv, der den* **M. rectus lateralis E2** innerviert. Seine Fasern stammen von großen multipolaren Nervenzellen des **Nucleus n. abducentis C3,** der in der Brücke am Boden der Rautengrube liegt (S. 102 A1). Die Fasern treten am Unterrand der Brücke oberhalb der Pyramide aus. Nach einem langen intraduralen Verlauf zieht der Nerv durch den Sinus cavernosus und verläßt die Schädelhöhle durch die *Fissura orbitalis superior.*

N. trochlearis BC4

Der IV. Hirnnerv (rein *somatomotorisch*) innerviert den **M. obliquus superior E5.** Seine Fasern nehmen von großen multipolaren Nervenzellen des **Nucleus n. trochlearis BC6** (S. 124 D16) ihren Ursprung. Dieser liegt im Mittelhirn unter dem Aquädukt, und zwar in Höhe der unteren Zweihügel. Die Fasern steigen im Bogen nach dorsal, kreuzen über dem Aquädukt und verlassen das Mittelhirn am Unterrand der unteren Zweihügel. Der Nerv verläßt als einziger Hirnnerv den Hirnstamm an der Dorsalfläche. Er zieht im Subarachnoidalraum (S. 270) zur Schädelbasis herab, wo er am Rande des Tentorium in die Dura eintritt und weiter durch die laterale Wand des Sinus cavernosus verläuft. Er tritt durch die Fissura orbitalis superior in die Orbita ein.

N. oculomotorius AC7

Der III. Hirnnerv enthält *somatomotorische* und *viszeromotorische* **A8** Fasern. Er innerviert die restlichen äußeren Augenmuskeln und mit seinem viszeromotorischen Anteil die inneren Augenmuskeln. Die Fasern treten aus dem Boden der Fossa interpeduncularis am medialen Rande des Pedunculus cerebri im Sulcus oculomotorius aus. Lateral von der Sella durchbohren sie die Dura, durchlaufen das Dach und dann die laterale Wand des Sinus cavernosus und gelangen durch die *Fissura orbitalis superior* in die Orbita. Hier teilt sich der Nerv in einen *Ramus superior,* der den *M. levator palpebrae superioris* und den *M. rectus superior* **E9** versorgt, und in einen *Ramus inferior,* der den *M. rectus inferior* **E10,** *M. rectus medialis* **E11** und den *M. obliquus inferior* **E12** versorgt.

Die somatomotorischen Fasern gehen von großen multipolaren Nervenzellen des **Nucleus n. oculomotorii AC13** (S. 126 A8) ab, der im Mittelhirn unter dem Aquädukt in Höhe der vorderen Zweihügel liegt.

Die longitudinal angeordneten Zellgruppen innervieren bestimmte Muskeln: Zellen für den M. rectus inferior **D14** liegen dorsolateral, für den M. rectus superior **D15** dorsomedial, darunter die für den M. obliquus inferior **D16,** ventral die für den M. rectus medialis **D17,** dorsokaudal die für den M. levator palpebrae superioris **D18** (Nucleus oculomotorius caudalis centralis). Zwischen den beiden paarigen Hauptkernen liegt im mittleren Drittel meist eine unpaare Zellgruppe, der *Kern von Perlia,* der für die Konvergenz (S. 336) von Bedeutung sein soll.

Die präganglionären parasympathisch-viszeromotorischen Fasern stammen vom kleinzelligen **Edinger-Westphalschen Kern**, *Nucleus oculomotorius accessorius* **AD19.** Sie ziehen vom N. oculomotorius zum Ganglion ciliare, wo sie umgeschaltet werden. Die postganglionären Fasern treten durch die Sclera in den Bulbus ein und innervieren den *M. ciliaris* **F20** und den *M. sphincter pupillae* **F21.**

Augenmuskeln S. 318.

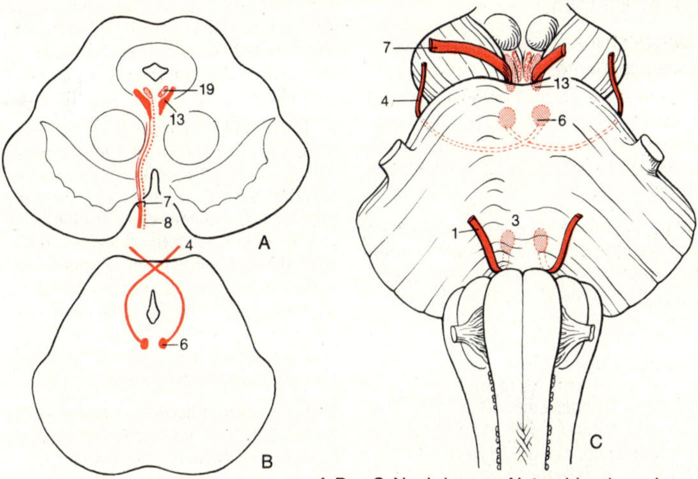

A B u. C N. abducens, N. trochlearis und N. oculomotorius
Kerngebiet und Austritt der Nerven

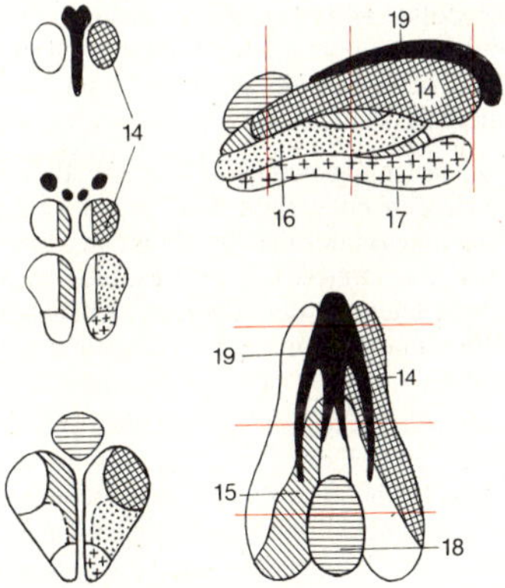

D Somatotopik des Okulomotoriuskernes
(nach Warwick)

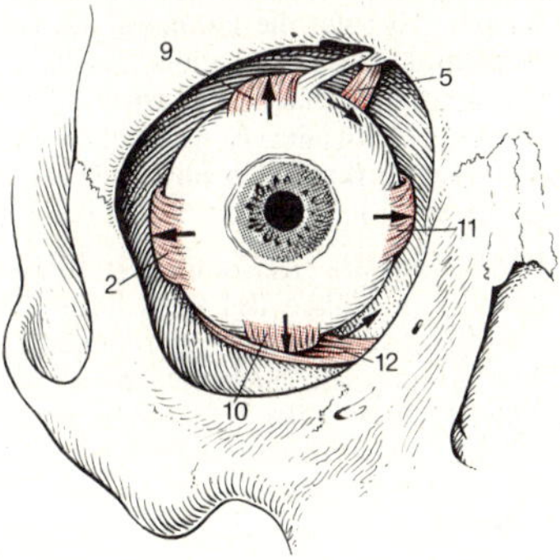

E äußere Augenmuskeln

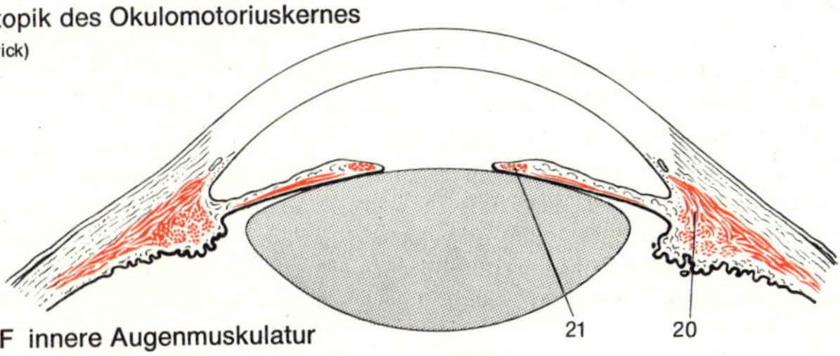

F innere Augenmuskulatur

Lange Bahnen

Tractus corticospinalis und Fibrae corticonucleares

Die Pyramidenbahn, *Tractus corticospinalis* (S. 53 A, 286), verläuft in der basalen Etage des Hirnstammes und bildet in der Medulla oblongata die Pyramiden (S. 92 A 6).

Eine Anzahl Pyramidenbahnfasern enden an den motorischen Hirnnervenkernen *(Fibrae corticonucleares): 1. doppelseitig* am Okulomotoriuskern III, motorischen Trigeminuskern V, kaudalen Teil des Fazialiskerns VII (Stirnmuskulatur), Nucleus ambiguus X; 2. *gekreuzt* am gegenseitigen Kern: Abduzenskern VI, am rostralen Teil des Fazialiskerns VII (Gesichtsmuskulatur mit Ausnahme der Stirnmuskulatur) am Hypoglossuskern XII; 3. *ungekreuzt* am gleichseitigen Kern: Trochleariskern IV (?).

Klinischer Hinweis. Bei der *zentralen Fazialisparese,* bei der die Lähmung der Gesichtsmuskulatur durch eine Schädigung der kortikobulbären Fasern zustande kommt, bleibt die Beweglichkeit der doppelseitig versorgten Stirnmuskulatur erhalten.

Fibrae aberrantes *(Déjérine)* **A1:** In verschiedenen Höhen des Mittelhirns und des Pons zweigen feine Faserbündel von den Fibrae corticonucleares ab und vereinigen sich zum *Tractus aberrans mesencephali* und *Tractus aberrans pontis.* Beide verlaufen im *Lemniscus medialis* **A2** abwärts und enden im gegenseitigen Abduzens-VI und Hypoglossuskern XII, in beiden Nuclei ambigui X und im spinalen Akzessoriuskern XI.

Lemniscus medialis

Das Fasersystem umfaßt die wichtigsten aufsteigenden Bahnen der exterozeptiven Sensibilität aus Rückenmark und Hirnstamm. Es wird unterteilt in den *Lemniscus spinalis* und den *Lemniscus trigeminalis.* Im Lemniscus spinalis werden die sensiblen Bahnen für Rumpf und Extremitäten zusammengefaßt *(Tractus bulbothalamicus, Tractus spinothalamicus, Tractus spinotectalis),* im Lemniscus trigeminalis die sensiblen Fasern für das Gesicht *(Fasciculus tegmentalis ventralis).*

1. **Tractus bulbothalamicus B3.** Die Fasern stellen die Fortsetzung der Rückenmark-Hinterstränge **B4** (epikritische Sensibilität) dar. Sie entspringen im Nucleus gracilis **B5** und Nucleus cuneatus **B6,** kreuzen als Fibrae arcuatae (Decussatio lemnisci **B7**) und bilden den Lemniscus medialis im engeren Sinne (S. 100 A19). Anfangs liegen die Kuneatusfasern dorsal von den Grazilisfasern, in Brücke und Mittelhirn liegen sie medial von ihnen. Sie enden im Thalamus.

2. **Tractus spinothalamicus** *(lateralis et ventralis)* **B8.** Die Fasern (protopathische Sensibilität: Schmerz, Temperatur, grobe Tastempfindung) sind bereits in den verschiedenen Rückenmarkshöhen auf die Gegenseite gekreuzt und bilden in der Medulla etwas verstreute, lockere Bündel *(Lemniscus spinalis).* Erst im Mittelhirn schließen sie sich dem Lemniscus medialis an (S. 124 D 26, S. 126 A 16).

3. **Tractus spinotectalis B9.** Seine Fasern verlaufen mit denen des Tractus spinothalamicus lateralis. Sie bilden im Mittelhirn die laterale Spitze des Lemniscus und enden in den oberen Zweihügeln (Pupillenreaktion bei Schmerzempfindung).

4. **Fasciculus tegmentalis ventralis** *(Spitzer)* **B10.** Die Fasern (protopathische und epikritische Sensibilität des Gesichtes) kreuzen in kleinen Bündeln vom *Nucleus spinalis n. trigemini* und vom *Nucleus pontinus n. trigemini* zur Gegenseite *(Lemniscus trigeminalis)* und schließen sich in Höhe des Pons dem Lemniscus medialis an. Sie enden im Thalamus.

5. **Sekundäre Geschmacksfasern B11.** Sie entspringen dem rostralen Teil des Nucleus solitarius **B12,** kreuzen wahrscheinlich auf die Gegenseite und nehmen den medialen Rand des Lemniscus ein. Sie enden im Thalamus.

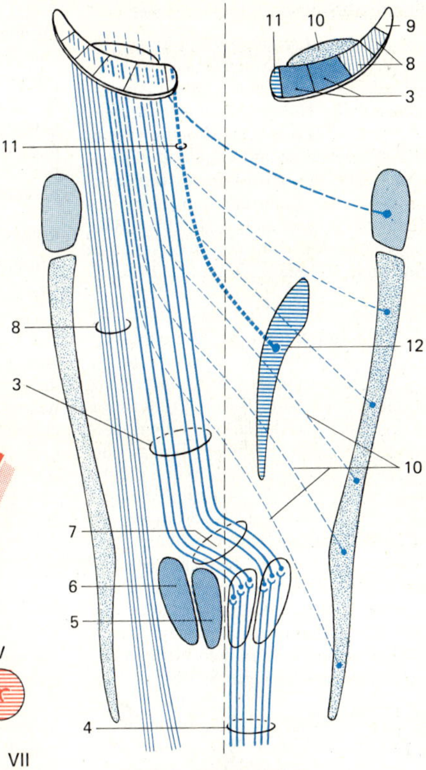

B aufsteigende Bahnen, Lemniscus medialis

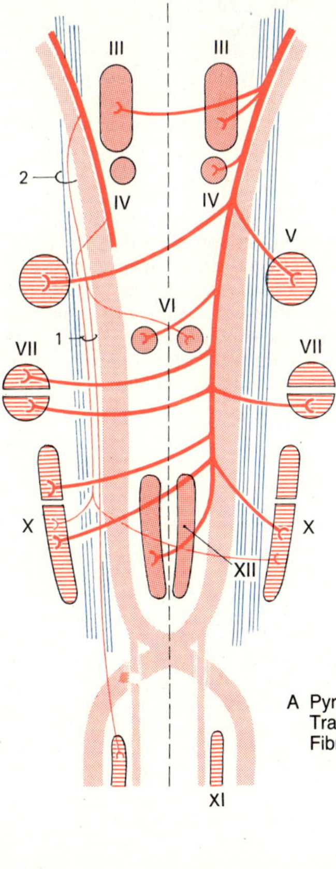

A Pyramidenbahnsystem: Tractus corticospinalis und Fibrae corticonucleares

Fasciculus longitudinalis medialis

Das *mediale Längsbündel* ist keine einheitliche Faserbahn, sondern enthält verschiedene Fasersysteme, die in unterschiedlichen Höhen ein- und austreten. Es reicht vom rostralen Mittelhirn bis in das Rückenmark und verknüpft zahlreiche Kerne des Hirnstammes miteinander. Auf den Querschnitten durch den Hirnstamm ist es im Mittelfeld der Haube, ventral vom zentralen Höhlengrau zu finden (S. 100 AB 17, 102 A 11, 124 D 24).

Vestibulärer Anteil. Vom lateralen **1,** medialen **2** und unteren **3** Vestibulariskern ziehen gekreuzte und ungekreuzte Fasern im Längsbündel zum Abduzenskern **4** und zu den motorischen Vorderhornzellen des Zervikalmarkes. Vom oberen Vestibulariskern **5** steigen Fasern zum gleichseitigen Trochlearis- **6** und Okulomotoriuskern **7** auf. Vestibularisfasern enden schließlich im gleichseitigen und gegenseitigen Nucleus interstitialis Cajal **8** und im Nucleus Darkschewitsch **9** (Kreuzung in der Commissura epithalamica **10**). Durch das Längsbündel wird der Vestibularapparat mit den Augen- und Halsmuskeln und dem extrapyramidalen System verknüpft (S. 358).

Extrapyramidaler Anteil. Der Nucleus interstitialis Cajal und der Nucleus Darkschewitsch sind in den Verlauf des Längsbündels eingeschaltet. Sie erhalten Fasern aus dem Striatum und Pallidum und gekreuzte Fasern aus dem Kleinhirn. Im Längsbündel senden sie einen Faserzug, *Fasciculus interstitiospinalis* **11** zum kaudalen Hirnstamm und in das Rückenmark.

Internukleärer Anteil. Er besteht aus Verbindungsfasern zwischen motorischen Hirnnervenkernen: zwischen dem Abduzens- 4 und dem Okulomotoriuskern 7, dem Fazialis- **12** und dem Okulomotoriuskern, dem Fazialiskern und dem motorischen Trigeminuskern **13,** dem Hypoglossuskern **14** und dem Nucleus ambiguus **15.**

Durch die Verknüpfung der motorischen Hirnnervenkerne wird ein funktionelles Zusammenspiel bestimmter Muskelgruppen möglich, so die Koordination der Augenmuskeln bei Bulbusbewegungen, der Lidmuskeln bei Schluß und Öffnung der Lider, der Kaumuskulatur und der Zungen- und Schlundmuskulatur beim Schlucken und Sprechen.

Internukleäre Verbindungen der Trigeminuskerne

Nur wenige sekundäre Trigeminusfasern treten in das mediale Längsbündel ein. Die Mehrzahl verläuft im dorsolateralen Bezirk der Haube überwiegend ungekreuzt zu motorischen Hirnnervenkernen und bildet die Grundlage für zahlreiche wichtige Reflexe. Gekreuzte und ungekreuzte Fasern ziehen zum Fazialiskern als Grundlage für den Kornealreflex. Es bestehen Verbindungen zum Nucleus salivatorius superior für den Tränenreflex. Fasern zum Hypoglossuskern, zum Nucleus ambiguus und zu Vorderhornzellen des Zervikalmarkes (Ursprungszellen des N. phrenicus) ermöglichen den Niesreflex. Der Würg- und Schluckreflex beruht auf Faserverbindungen zum Nucleus ambiguus, zum dorsalen Vaguskern und zum motorischen Trigeminuskern. Verknüpfungen mit dem dorsalen Vaguskern stellen die Bahn für den okulokardialen Reflex dar (Verlangsamung des Herzschlages bei Druck auf die Bulbi).

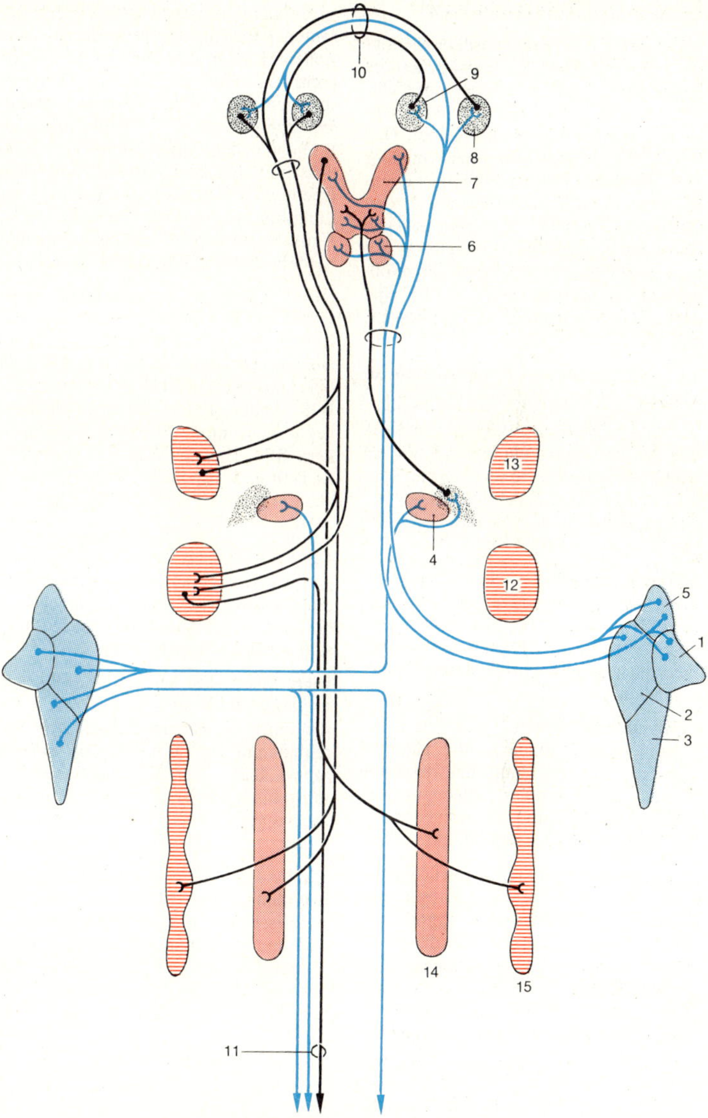

Fasciculus longitudinalis medialis,
mediales Längsbündel
(nach Crosby, Humphrey u. Lauer)

Tractus tegmentalis centralis A

Die *zentrale Haubenbahn* ist der wichtigste efferente Weg des extrapyramidal motorischen Systems (S. 288). Sie verläuft vom Mittelhirn bis zur unteren **Olive A1,** wo der Hauptanteil endet. Der Rest soll sich über kurze nacheinander geschaltete Neurone *(Fibrae reticuloreticulares* **A2**) bis in das Rückenmark fortsetzen. Im kaudalen Mittelhirn liegt die Bahn dorsolateral von der Kreuzung der oberen Kleinhirnschenkel; im Pons bildet sie im Mittelfeld der Haube eine große, unscharf begrenzte Faserplatte (S. 102 AB 13).

Sie setzt sich aus drei Komponenten zusammen:

1. **Fibrae pallidoolivares A3** aus dem *Striatum* **A4** und dem *Pallidum* **A5,** die im pallidotegmentalen Bündel **A6** zur Kapsel des roten Kerns **A7** und weiter zur Olive ziehen. Ihnen schließen sich Fasern aus der *Zona incerta* **A8** an.

2. **Fibrae rubroolivares A9** aus dem kleinzelligen Anteil des roten Kerns, die beim Menschen einen starken Faserzug, *Fasciculus rubroolivaris (Probst-Gamper)* bilden, die wichtigste absteigende Bahn des roten Kerns.

3. **Fibrae reticuloolivares A10** treten aus verschiedenen Höhen in die Haubenbahn ein: aus der Umgebung des roten Kerns, dem zentralen Höhlengrau des Aquädukts **A11** und aus der Formatio reticularis der Brücke und der Medulla.

Die Impulse, die der Olive von den extrapyramidal motorischen Zentren und wahrscheinlich auch von der motorischen Rinde zufließen, werden über die *Fibrae olivocerebellares* **A12** zur Kleinhirnrinde weitergeleitet.

Fasciculus longitudinalis dorsalis B

Das *dorsale Längsbündel (Schützsches Bündel* S. 184 B11) enthält auf- und absteigende Fasersysteme, die den Hypothalamus mit verschiedenen Kernen des Hirnstammes verknüpfen und eine Verbindung zwischen den viszeroefferenten parasympathischen Kernen herstellen. Ein großer Teil der Fasern ist peptiderg (Somatostatin u. a.). Sie entspringen bzw. enden im *Septum,* im *oralen Hypothalamus,* im *Tuber cinereum* **B13** und in den *Corpora mamillaria* **B14.** Sie sammeln sich im Mittelhirn unter dem Ependym des Aquädukts und bilden das Längsbündel, das am Boden des IV. Ventrikels subependymal bis zur unteren Medulla zieht (S. 100 AB 15, 102 AB 12).

Fasern gehen ab zu den zwei *oberen Hügeln* **B15,** zu den parasympathischen Kernen: *Nucleus Edinger-Westphal* **B16,** *Nucleus salivatorius superior* **B17** und *inferior* **B18** und zum *dorsalen Vaguskern* **B19.** Andere Fasern enden in Hirnnervenkernen: im motorischen *Trigeminuskern* **B20,** *Fazialis-* **B21** und *Hypoglossuskern* **B22.** Ein Faseraustausch besteht auch mit den Kernen der Formatio reticularis.

Über den *Nucleus dorsalis tegmenti* werden dem Längsbündel olfaktorische Impulse zugeführt (Ganglion habenulae – Nucleus interpeduncularis – Nucleus dorsalis tegmenti, S. 164 A11).

Lange aufsteigende Bahnen: Vom *Nucleus solitarius* **B23** steigen Fasern, wahrscheinlich Geschmacksfasern, zum Hypothalamus auf. Vom *Nucleus dorsalis raphes* **B24** lassen sich die Fasern der serotoninergen Neurone fluoreszenzmikroskopisch bis in die Septumregion verfolgen.

Das dorsale Längsbündel empfängt u. a. hypothalamische, olfaktorische und gustatorische Impulse, die den motorischen und sekretorischen Kernen des Hirnstammes weitervermittelt werden (reflektorische Zungenbewegung, Speichelsekretion).

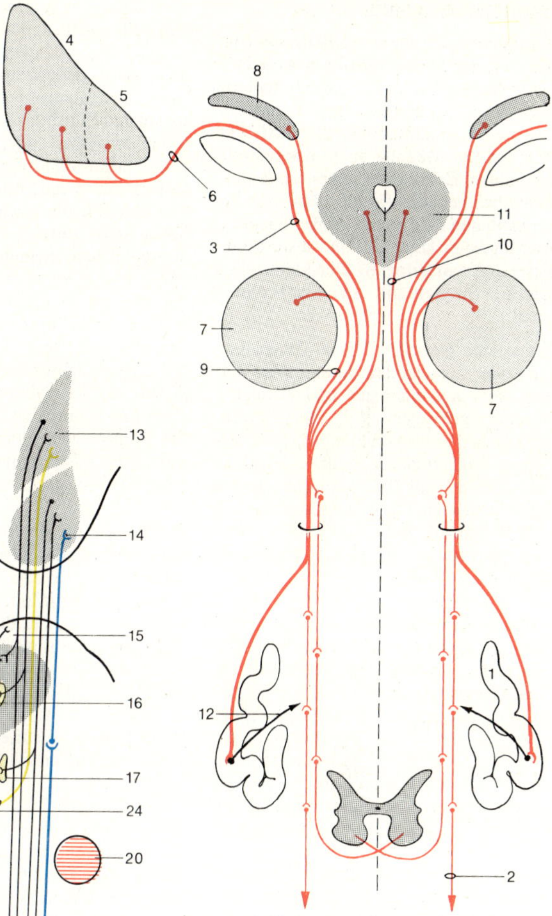

A Tractus tegmentalis centralis, zentrale Haubenbahn (nach Spatz)

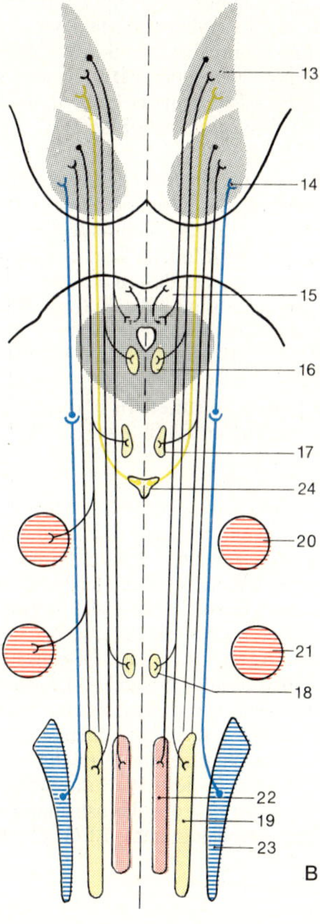

B Fasciculus longitudinalis dorsalis, dorsales Längsbündel

Formatio reticularis

Die verstreuten Nervenzellen des Tegmentum und ihre netzartig verknüpften Fortsätze werden als Formatio reticularis bezeichnet. Sie nimmt den mittleren Bezirk des Tegmentum ein und erstreckt sich von der Medulla bis in das rostrale Mittelhirn. Es lassen sich mehrere unterschiedlich gebaute Areale abgrenzen A. Im medialen Feld liegen großzellige Kerne, von denen lange auf- und absteigende Faserzüge entspringen. Der kleinzellige laterale Streifen gilt als Assoziationsareal.

Zahlreiche Nervenzellen besitzen lange auf- oder absteigende Axone oder solche, die sich in einen auf- und absteigenden Ast aufzweigen. Die Golgi-Imprägnation zeigt, daß von einer solchen Nervenzelle **B1** zugleich kaudale Hirnnervenkerne **B2** und Zwischenhirnkerne **B3** erreicht werden. Die Formatio reticularis enthält eine große Zahl peptiderger Nervenzellen (u. a. Enkephalin, Neurotensin).

Afferente Verbindungen. Erregungen aller Sinnesqualitäten erreichen die Formatio reticularis. Sensible spinoretikuläre Fasern enden im medialen Feld von Medulla und Pons, ebenso sekundäre Fasern der Trigeminus- und Vestibulariskerne. Kollaterale des Lemniscus lateralis führen akustische Impulse zu, Fasern des Fasciculus tectoreticularis optische Impulse. Reizexperimente zeigen, daß Retikularisneurone mehr durch sensible (Schmerz), akustische und vestibuläre als durch optische Reize erregt werden. Weitere afferente Fasern stammen aus der Hirnrinde, dem Kleinhirn, dem Nucleus ruber und dem Pallidum.

Efferente Verbindungen. Von den medialen Feldern der Medulla und des Pons zieht der **Tractus reticulospinalis** (S. 52 B5 u. 6) in das Rückenmark. Bündel des **Fasciculus reticulothalamicus** (S. 168B) steigen zu den interlaminären Kernen des Thalamus (Truncothalamus) auf. Faserbündel aus dem Mittelhirn enden im oralen Hypothalamus und im Septum.

Atem und Kreislaufzentrum. Gruppen von Nervenzellen regulieren Atmung, Herzschlag und Blutdruck (Änderung bei körperlicher Arbeit oder seelischer Erregung). Man lokalisiert die Neurone für Inspiration in das Mittelfeld der unteren Medulla **C4,** die für Exspiration weiter dorsal und lateral **C5.** Im Pons liegen übergeordnete Schaltstätten für Hemmung und Erregung *(Locus caeruleus)* der Atmung. In die Regelung von Herzfrequenz und Blutdruck sind die vegetativen Kerne des N. glossopharyngeus und N. vagus eingeschaltet. Die elektrische Reizung im kaudalen Mittelfeld der Medulla führt zum Absinken des Blutdrukkes *(Depressorenzentrum* **D6**), in der übrigen Formatio reticularis der Medulla zu einem Anstieg des Blutdruckes **D7.**

Beeinflussung der Motorik. Die spinale Motorik wird von der Formatio reticularis in differenzierter Weise beeinflußt. Im medialen Feld der Medulla liegt ein Hemmungszentrum, bei dessen Reizung der Muskeltonus absinkt, die Reflexe erlöschen und die elektrische Reizung der motorischen Hirnrinde keine Reaktionen mehr auslöst. Die Formatio reticularis in Pons und Mittelhirn übt dagegen einen fördernden Einfluß auf die Motorik aus.

Aufsteigendes Aktivierungssystem. Über die Verbindungen mit den interlaminären Kernen des Thalamus übt die Formatio reticularis einen Einfluß auf den Wachzustand aus. Wenn Impulse der sensorischen oder kortikalen Zuflüsse sie verstärkt erregen, wird der Organismus schlagartig in einen hellen Wachzustand versetzt, eine Vorbedingung für Aufmerksamkeit und Wahrnehmung. Bei elektrischer Reizung der Formatio reticularis läßt sich diese Weckfunktion in der Veränderung des Hirnstrombildes (Elektroenzephalogramm, EEG) objektivieren.

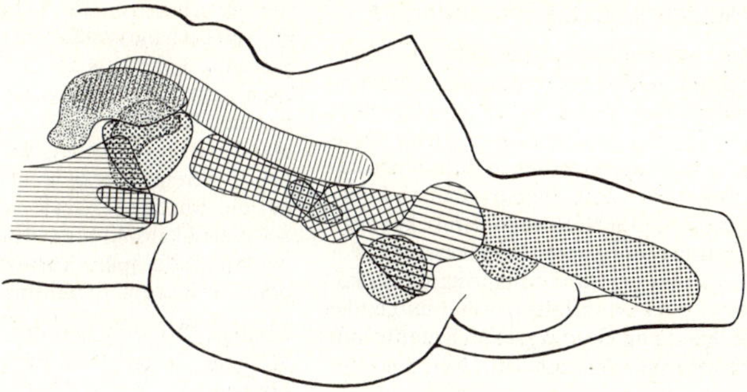

A Ausdehnung und Gliederung der Formatio reticularis beim Menschen (nach Olszewski)

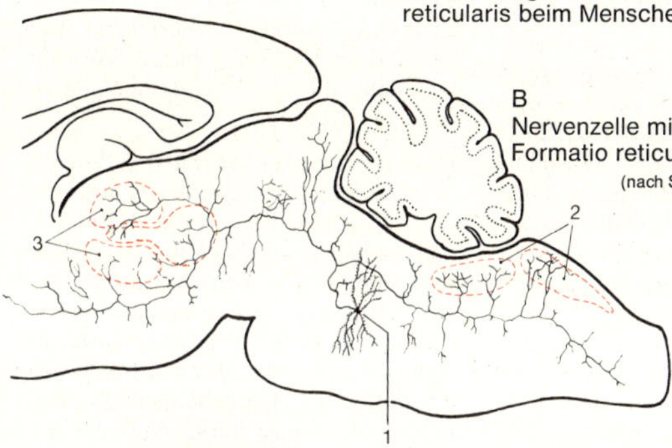

B Nervenzelle mit Dendritenverzweigung; Formatio reticularis der Ratte (nach Scheibel u. Scheibel)

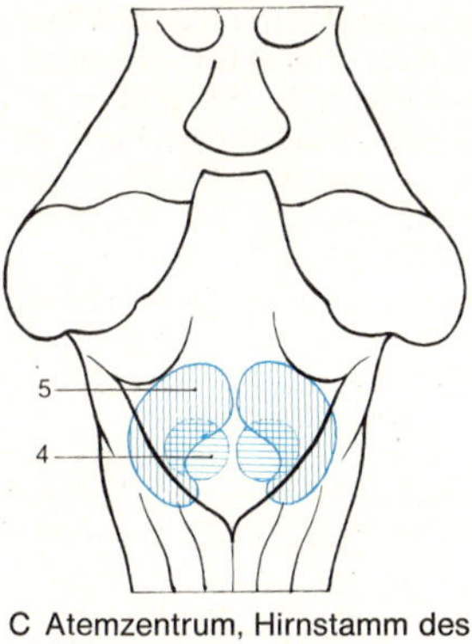

C Atemzentrum, Hirnstamm des Affen (nach Beaton u. Magoun)

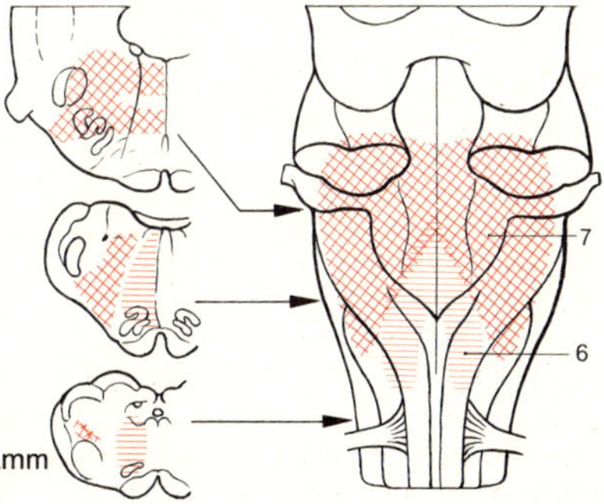

D Kreislaufzentrum, Hirnstamm der Katze (nach Alexander)

Histochemie des Hirnstammes

Die verschiedenen Bezirke des Hirnstamms zeichnen sich durch einen unterschiedlichen Gehalt an chemischen Substanzen aus. Die Abgrenzung von Arealen nach ihrer chemischen Zusammensetzung wird als *Chemoarchitektonik* bezeichnet. Der Nachweis chemischer Substanzen kann nach Zerkleinerung der Hirnsubstanz durch quantitative chemische Analyse erfolgen oder durch die Behandlung histologischer Schnitte mit bestimmten Reagenzien, was eine genaue Lokalisation der Substanz im Gewebe erlaubt. Beide Methoden ergänzen einander.

Eine der ersten Substanzen, deren unterschiedliche Verteilung nachgewiesen wurde, war das *Eisen.* Mit der Berliner-Blau-Reaktion läßt sich in der Substantia nigra **A1** und im Pallidum ein hoher Eisengehalt, im Nucleus ruber **A2,** Nucleus dentatus des Kleinhirns und im Striatum ein geringerer sichtbar machen. Das Eisen ist in Form von kleinen Partikeln in Nerven- und Gliazellen enthalten. Der hohe Eisengehalt gilt als Merkmal der zum extrapyramidal-motorischen System (S. 288) zusammengefaßten Kerne.

Transmittersubstanzen und die Enzyme, die für ihren Auf- und Abbau erforderlich sind, zeigen ausgeprägte regionale Differenzen. Während katecholaminerge und serotoninerge Neurone bestimmte Kerne im Tegmentum bilden (S. 28) zeichnen sich die motorischen Hirnnervenkerne durch einen hohen Gehalt an Acetylcholin, resp. Acetylcholinesterase aus. Die quantitative chemische Analyse des Gewebes ergibt einen relativ hohen Gehalt an *Noradrenalin* im Tegmentum des Mittelhirns **B3,** einen erheblich geringeren im Tectum **B4** und in der Medulla **B5.** Der *Dopamingehalt* ist in der Substantia nigra B1 besonders hoch, in den übrigen Strukturen des Hirnstammes dagegen sehr gering.

Fermente des Zellstoffwechsels lassen ebenfalls in ihrer Verteilung regionale Unterschiede erkennen. Die Aktivität der oxidativen Enzyme ist generell in der grauen Substanz höher als in der weißen. Im Hirnstamm ist die Aktivität in den Kernen der Hirnnerven, der unteren Olive und den Brückenkernen besonders hoch. Die Differenzen beziehen sich nicht nur auf die einzelnen Areale, sondern auch auf die Lokalisation der Enzymaktivität in den Zellkörpern (somatischer Typ) oder im Neuropil (dendritischer Typ).

Neuropil. Die zwischen den Zellkörpern gelegene, in der Nissl-Färbung amorph erscheinende Zwischensubstanz wird als das Neuropil bezeichnet. Es besteht vor allem aus Dendriten, weiterhin aus Axonen, Gliazellen und Gliazellfortsätzen. Die Mehrzahl aller synaptischer Kontakte liegt im Neuropil.

Die Verteilung der *Sukzinodehydrogenase SDH* (Enzym des Zitronensäurezyklus) in der Medulla ist ein Beispiel für die unterschiedliche Lokalisation im Gewebe: im Nucleus oculomotorius **C6** ist die Aktivität in den Perikarya und im Neuropil stark, im *Nucleus solitarius* **C7** hingegen in beiden schwach. Im *Nucleus dorsalis n. vagi* **C8** heben sich die Zellkörper durch ihre starke Aktivität vom Neuropil ab. Im *Nucleus gracilis* **C9** wiederum läßt das stark aktive Neuropil die schwach reagierenden Perikarya als helle Flecken erscheinen. Die Faserzüge (z. B. der *Tractus solitarius* **C10**) zeigen eine sehr geringe Aktivität. Die Verteilungsweise der Enzyme ist für jedes Kerngebiet typisch und wird als **Enzymmuster** bezeichnet.

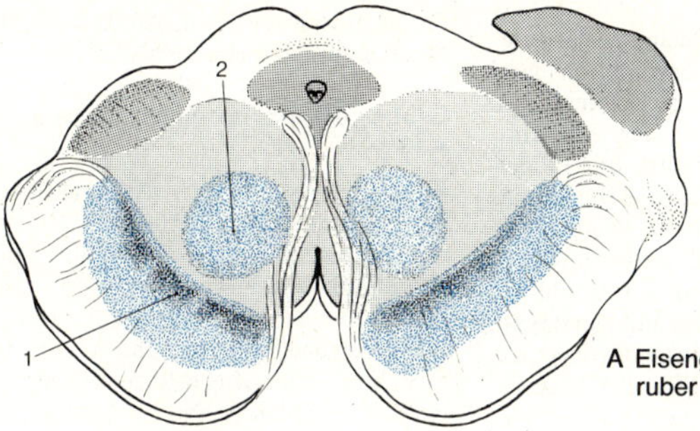

A Eisengehalt von Nucleus ruber und Substantia nigra
(nach Spatz)

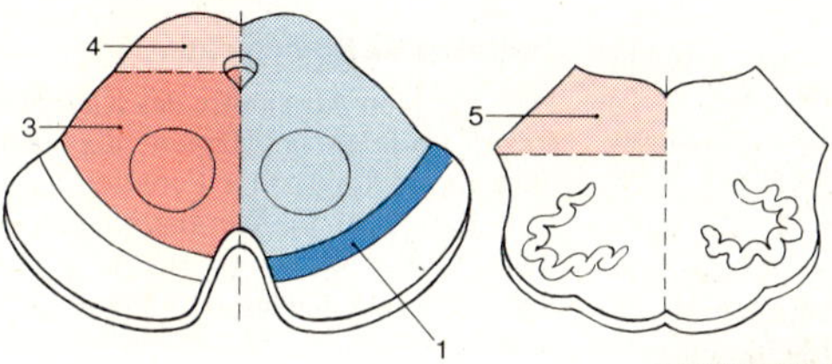

B Verteilung von Noradrenalin und Dopamin im Hirnstamm (Mensch)
(nach Bertler)

C Medulla oblongata (Kaninchen); Sukzinodehydrogenaseaktivität
(nach Friede)

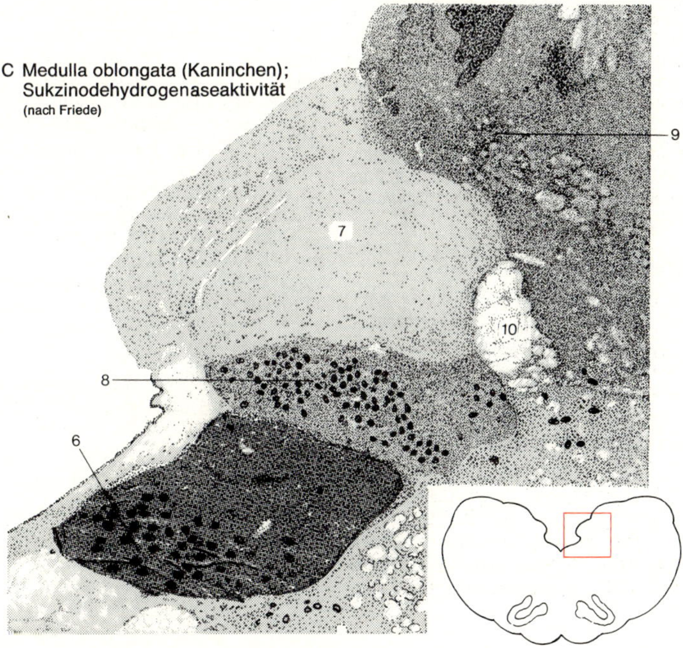

Gliederung

Das Kleinhirn, **Cerebellum,** ist das Integrationsorgan für Koordination und Feinabstimmung der Körperbewegungen und für die Regulierung des Muskeltonus. Es entwickelt sich aus der Flügelplatte des Hirnstammes und bildet das Dach des IV. Ventrikels. Seine obere Fläche, **Facies superior C** wird vom Großhirn überdeckt. In seine untere Fläche, **Facies inferior D** ist die Medulla oblongata eingelagert. Man unterscheidet einen unpaaren Mittelteil, den *Wurm,* **Vermis cerebelli ACD1B** und die beiden *Kleinhirnhemisphären.* Die Dreiteilung ist nur an der Facies inferior deutlich. Hier bildet der Wurm den Boden einer Furche, *Vallecula cerebelli* **D2.** Die Kleinhirnoberfläche weist eine Vielzahl schmaler, annähernd parallel verlaufender Windungen, **Folia cerebelli,** auf.

Aufgrund phylogenetischer Studien unterscheidet man am Kleinhirn alte (früh entwickelte, bei allen Wirbeltieren vorhandene) und neue (spät entwickelte, nur bei Säugetieren vorhandene) Anteile. Danach zerfällt das Kleinhirn in zwei Teile: in den **Lobus flocculonodularis** und das **Corpus cerebelli A3.** Beide werden durch die *Fissura posterolateralis* **A4** getrennt. Das Corpus cerebelli wiederum wird durch die *Fissura prima* **AC5** in einen **Lobus anterior** und einen **Lobus posterior** unterteilt.

Lobus flocculonodularis A6

Er ist zusammen mit der Lingula **AB7** der älteste Anteil **(Archicerebellum).** Durch seine Faserverbindungen ist er funktionell mit den Vestibulariskernen verbunden **(Vestibulocerebellum).**

Lobus anterior corporis cerebelli A8

Er ist ein alter Bestandteil, der mit seinen mittleren, zum Wurm gehörigen Abschnitten (*Lobulus centralis* **ABC9,** *Culmen* **ABC10)** und anderen Abschnitten des Wurms (*Uvula* **ABD11,** *Pyramis* **ABD12**) das **Palaeocerebellum** bildet. Dieses nimmt die spinozerebellären Bahnen für die propriozeptive Sensibilität aus der Muskulatur auf **(Spinocerebellum).**

Lobus posterior corporis cerebelli A13

Er ist der neue Anteil **(Neocerebellum),** dessen starke Vergrößerung bei den Primaten wesentlich zur Ausbildung der Kleinhirnhemisphären beiträgt. Er nimmt über die Brückenkerne die großen kortikozerebellären Leitungen von der Großhirnrinde auf **(Pontocerebellum)** und stellt den Apparat für die Feinabstimmung der willkürlichen Bewegungen dar.

Traditionelle Nomenklatur

Die einzelnen Abschnitte des Kleinhirns tragen traditionelle Namen, die nichts über Entwicklung oder Funktion aussagen. Bei dieser Gliederung hängen die meisten Abschnitte des Wurms jeweils mit einem Lappenpaar der Hemisphären zusammen: der *Lobulus centralis* ABC9, bds. mit der *Ala lobuli centralis* **A14,** das *Culmen* ABC10 mit dem *Lobulus quadrangularis* **AC15,** das *Declive* **ABC16** mit dem *Lobulus simplex* **AC17,** das *Folium* **ABC18** mit dem *Lobulus semilunaris superior* **ACD19,** das *Tuber* **ABD20** mit dem *Lobulus semilunaris inferior* **AD21** und einem Teil des *Lobulus gracilis* **AD22,** *Pyramis* ABD12 mit einem Teil des *Lobulus gracilis* und dem *Lobulus biventer* **AD23,** die *Uvula AB11* mit der *Tonsilla* **A24** und dem *Paraflocculus* **A25,** der *Nodulus* **AB26** mit dem *Flocculus* **AD27.** Lediglich die *Lingula* AB7 ist mit keinem Seitenlappen verbunden.

Der Pfeil A in Abb. B bezieht sich auf Abb. A, S. 145.

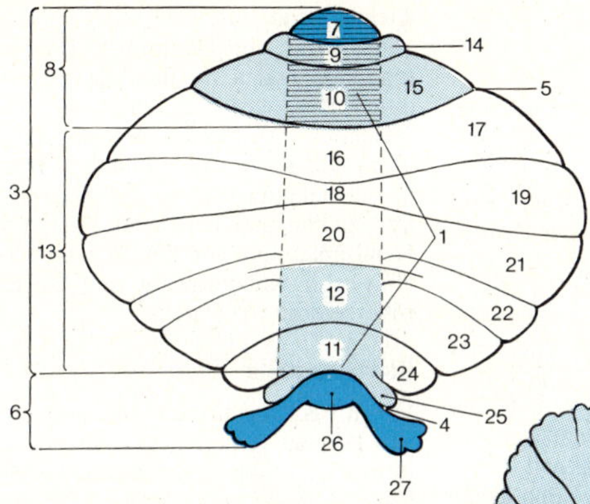

A Gliederung des Kleinhirns

B Medianschnitt durch den Wurm

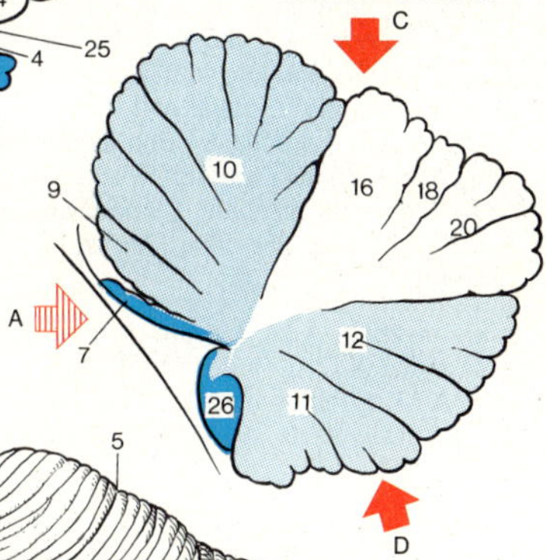

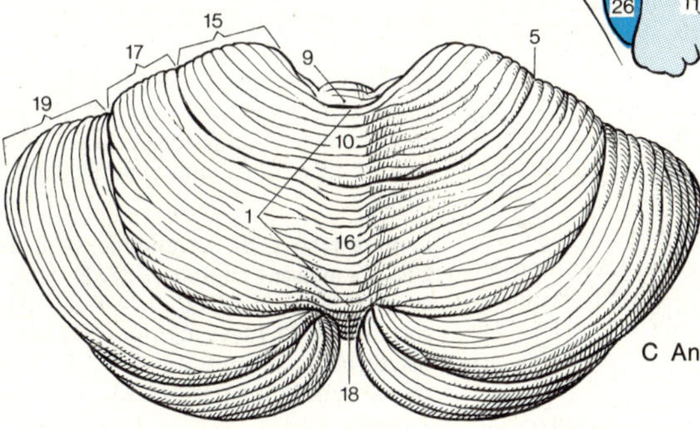

C Ansicht von oben

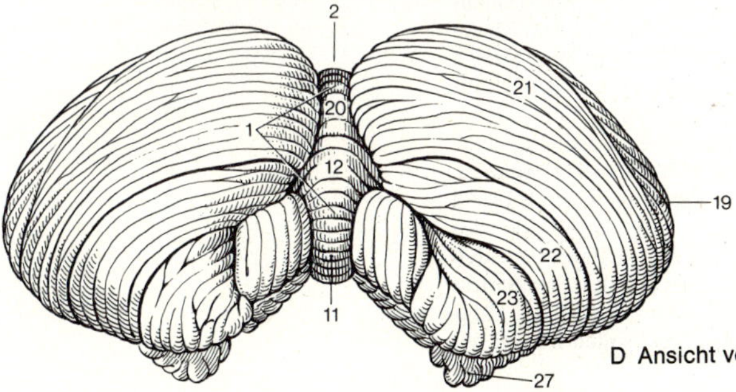

D Ansicht von unten

Kleinhirnstiele, Kerne

Vorderfläche A

Das Kleinhirn ist mit dem Hirnstamm zu beiden Seiten durch die Kleinhirnstiele, **Pedunculi cerebellares, A1** verbunden. Durch sie verlaufen alle afferenten und efferenten Bahnen. Erst nach ihrer Durchtrennung und nach der Entfernung von Pons und Medulla wird die Kleinhirnvorderfläche vollständig sichtbar. Zwischen den Kleinhirnstielen liegt das Dach des IV. Ventrikels mit dem *Velum medullare superius* **A2** und dem *Velum medullare inferius* **A3.** Die ventralen Abschnitte des Wurms, *Lingula* **A4,** *Lobulus centralis* **A5,** *Nodulus* **A6** und *Uvula* **A7** liegen frei, ebenso wie der *Flocculus* **A8.** Die Vallecula cerebelli **A9** wird an beiden Seiten von den *Tonsillen* **A10** eingefaßt.

Lobulus biventer **A11,** Lobulus semilunaris superior **A12,** Lobulus semilunaris inferior **A13,** Lobulus simplex **A14,** Lobulus quadrangularis **A15,** Ala lobuli centralis **A16.**

Kerne B

Auf dem Querschnitt werden Rinde und Kerne des Kleinhirns sichtbar. Die Furchen geben zahlreiche Abzweigungen ab, so daß eine blattartige Konfiguration der angeschnittenen Windungen resultiert. Auf dem Sagittalschnitt entsteht so das Bild eines Baumes, *Arbor vitae* **C17.**

In der Tiefe des Marklagers liegen die Kleinhirnkerne: der **Nucleus fastigii** (Dachkern) **B18** nahe der Mittellinie im Marklager des Wurms. Er empfängt Fasern von der Rinde des Wurms, den Vestibulariskernen und der unteren Olive. Seine Fasern schickt er zu den Vestibulariskernen und anderen Kernen der Medulla. Der **Nucleus globosus** (Kugelkern) **B19** soll ebenfalls Fasern von der Rinde des Wurms empfangen und Fasern zu den Kernen der Medulla schicken. Im **Nucleus emboliformis** (Pfropfkern) **B20,** am Hilus des Nucleus dentatus, sollen Fasern der Kleinhirnrinde aus dem Grenzgebiet zwischen Wurm und Hemisphäre (Pars intermedia) enden. Seine Fasern ziehen durch den oberen Kleinhirnstiel zum Thalamus. Der **Nucleus dentatus** (Zahnkern) **B21** ist ein stark gefaltetes Band, das medial offen bleibt *(Hilus nuclei dentati).* In ihm enden die Rindenfasern der Hemisphäre und von ihm ziehen Fasern als oberer Kleinhirnstiel zum Nucleus ruber und zum Thalamus.

Kleinhirnstiele

Die in das Kleinhirn ein- und austretenden Bahnen verlaufen über drei Kleinhirnstiele: 1. über den **Pedunculus cerebellaris caudalis (inferior)**, Corpus restiforme, **AC22,** der von der unteren Medulla aufsteigt. Er enthält die spinozerebellären Bahnen und die Verbindungen mit den Vestibulariskernen; 2. über den **Pedunculus cerebellaris medius** (Brachium pontis) **AC23** mit den Fasermassen aus dem Pons. Sie entspringen von den Brückenkernen und bilden die Fortsetzung der kortikopontinen Bahnen; 3. über den **Pedunculus cerebellaris cranialis (superior)**, Brachium conjunctivum, **AC24,** der die austretenden Fasersysteme enthält, die zum Nucleus ruber und zum Thalamus ziehen.

Lamina tecti **C25,** Lemniscus medialis **C26,** Lemniscus lateralis **C27,** N. trigeminus **C28,** N. facialis **C29,** N. vestibulocochlearis **C30,** Oliva inferior **C31,** Tractus tegmentalis centralis **C32,** Tractus spinocerebellaris anterior **C33.**

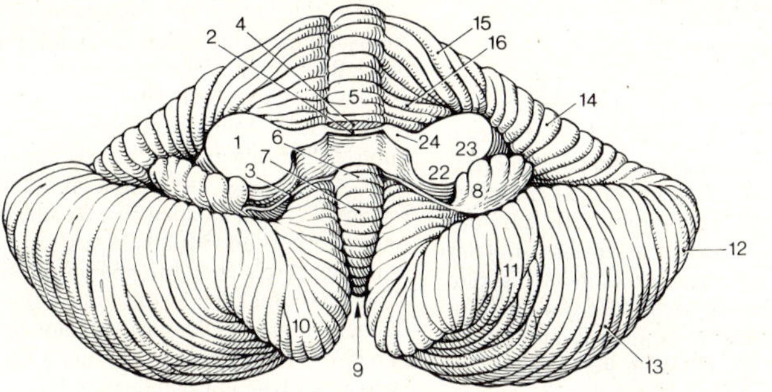

A Ansicht von vorn

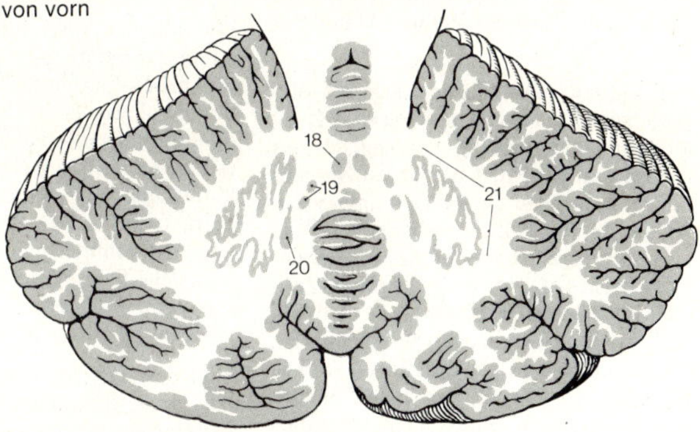

B Kleinhirnkerne

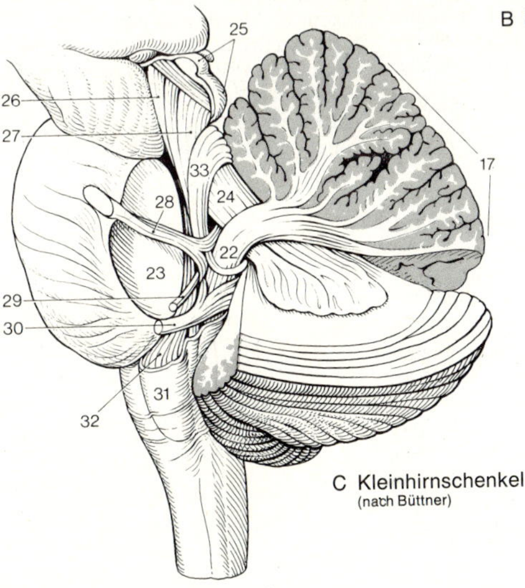

C Kleinhirnschenkel
(nach Büttner)

Kleinhirnrinde

Übersicht A

Die Rinde liegt direkt unter der Oberfläche und folgt dem Verlauf der Furchen und Windungen. Wenn man die Oberfläche dieses Windungsreliefs auf eine Ebene projiziert, so ergibt sich für das menschliche Kleinhirn in orokaudaler Ausdehnung (von der Lingula bis zum Nodulus) eine Kortexfläche von 1 m Länge. Die Rinde ist in allen Regionen des Kleinhirns gleichmäßig gebaut. Sie besteht aus drei Schichten: der *Molekularschicht,* der *Purkinje-Zellschicht* und der *Körnerschicht.*

Die unter der Oberfläche gelegene Molekularschicht, **Stratum moleculare A1,** ist zellarm und besteht vorwiegend aus marklosen Fasern. Unter ihren Nervenzellen kann man die *äußeren Sternzellen* (nahe der Oberfläche gelegen) und die *inneren Sternzellen* oder *Korbzellen* unterscheiden. Die schmale Purkinje-Zellschicht, **Stratum ganglionare A2,** wird von den großen Nervenzellen des Kleinhirns, den *Purkinje-Zellen,* gebildet. An sie schließt sich die Körnerschicht, **Stratum granulare A3,** an. Sie ist außerordentlich zellreich und besteht aus dichtgepackten kleinen Nervenzellen, den Körnerzellen. Vereinzelt liegen hier auch größere Elemente, die *Golgi-Zellen.*

Purkinje-Zelle B–D

Sie ist die größte und charakteristischste Zelle des Kleinhirns. In der Nissl-Färbung stellt sich lediglich der birnenförmige, mit groben Nissl-Schollen angefüllte Zellkörper **B4** dar. Bei den häufig anzutreffenden blassen Purkinje-Zellen ohne Nissl-Schollen handelt es sich um Exemplare in einem besonderen Funktionszustand (S. 18). Auch der Abgang von zwei oder drei Dendriten **B5** am oberen Pol der Zelle ist zu erkennen. Aber ihre gesamte Ausdehnung mit allen ihren Fortsätzen ist nur mit der Golgi-Imprägnation sichtbar zu machen. Die primären Dendritenstämme zweigen sich in weitere Äste und diese wieder in feine Verästelungen auf, so daß ein Dendritenbaum **B6** entsteht. Dieser breitet sich wie die Zweige eines Spalierbaumes zweidimensional in einer Ebene aus. Die Purkinje-Zellen zeigen eine streng geometrische Anordnung: sie bilden in relativ regelmäßigen Abständen eine Reihe zwischen Körner- und Molekularschicht und schicken ihren Dendritenbaum in die Molekularschicht bis an die äußere Oberfläche. Die flachen Dendritenbäume stehen dabei ausnahmslos quer zum Längsverlauf der Kleinhirnwindungen D.

Die initialen Abschnitte des Dendritenbaumes (primäre und sekundäre Dendriten) haben eine glatte Oberfläche **C7,** die mit Parallelsynapsen bedeckt sind. Die feinen Endverzweigungen sind übersät mit kurzgestielten Dornen **C8.** Eine Purkinje-Zelle trägt zirka 60 000 solcher Dornsynapsen. Am glatten und am dornigen Abschnitt der Zelle enden verschiedene Fasersysteme: am glatten Abschnitt die *Kletterfasern* und am dornigen Abschnitt die *Parallelfasern* (S. 150).

Von der Basis der Purkinje-Zelle geht das Axon **B9** ab und zieht durch die Körnerschicht in die weiße Substanz. Die Axone der Purkinje-Zellen enden an den Nervenzellen der Kleinhirnkerne. Sie geben rückläufige Kollaterale ab. Die Purkinje-Zellen in Wurm und Flocculus enthalten zu einem großen Teil das Neuropeptid Motilin als Transmitter.

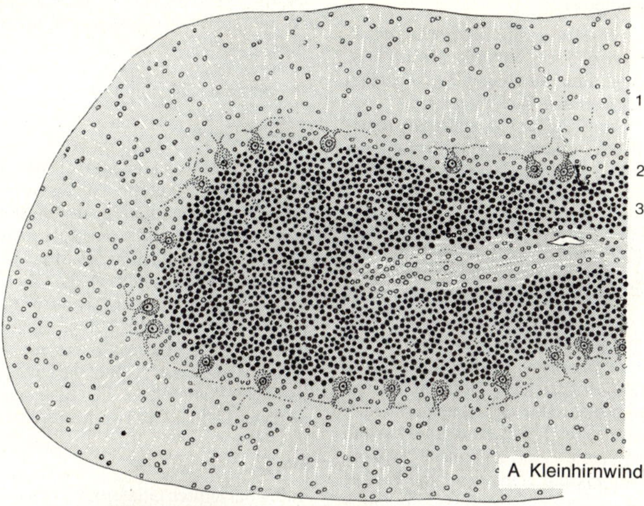

A Kleinhirnwindung

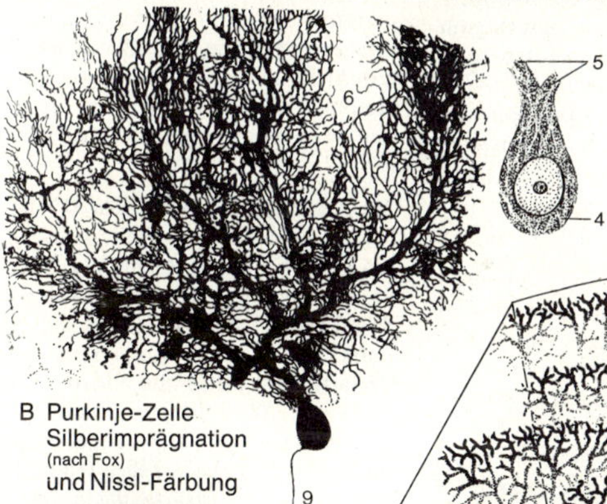

B Purkinje-Zelle
Silberimprägnation
(nach Fox)
und Nissl-Färbung

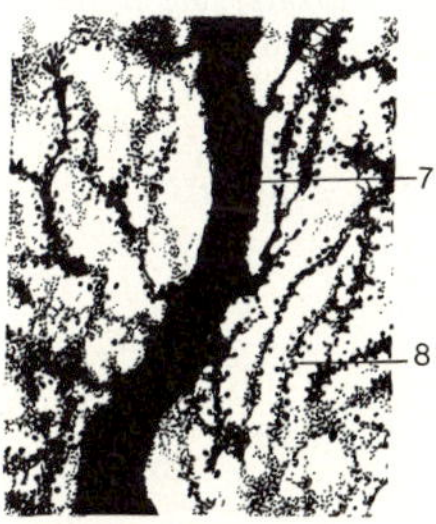

C Ausschnitt aus B

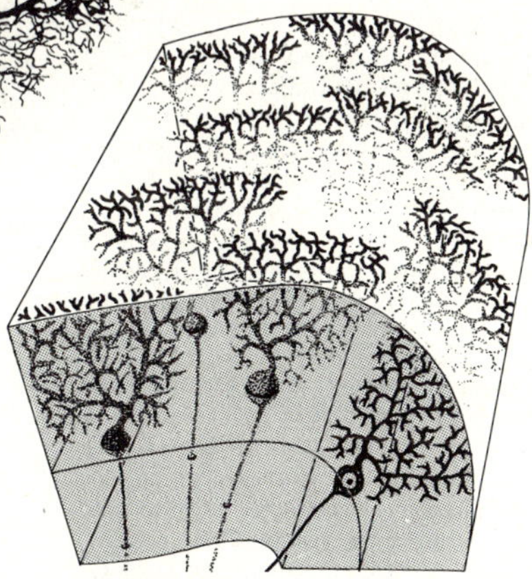

D Anordnung der Purkinje-Zellen in einem Folium

Sternzellen A

In der oberen Hälfte der Molekularschicht liegen die äußeren Sternzellen. Die Dendriten der kleinen Nervenzellen verlaufen in alle Richtungen und erreichen zirka 12 Purkinje-Dendritenbäume. Ihre Axone enden an den Körpern der Purkinje-Zellen oder verlaufen horizontal unter der Windungsoberfläche.

Im unteren Drittel der Molekularschicht liegen die etwas größeren inneren Sternzellen, auch **Korbzellen A1** genannt, mit einem langen horizontal oberhalb der Purkinje-Zellkörper verlaufenden Axon. Von diesen gehen Kollaterale ab, deren Endverzweigungen um die Körper der Purkinje-Zellen ein Geflecht (einen Korb) bilden. Das elektronenmikroskopische Bild zeigt, daß die Korbfasern mit der Purkinje-Zelle zahlreiche synaptische Kontakte **B2** eingehen, und zwar an der Basis des Zellkörpers und am initialen Abschnitt des Axons bis zum Beginn der Markscheide. Der übrige Körper der Purkinje-Zelle ist von *Bergmann-Glia* **B3** eingehüllt. Die Lokalisation am Axonabgang deutet auf den *hemmenden Charakter* der *Korbzellen* hin.

Körnerzellen C

Die kleinen dicht gelagerten Nervenzellen bilden die Körnerschicht. Bei starker Vergrößerung erkennt man in der Golgi-Imprägnation drei bis fünf kurze Dendriten, die an ihren Endaufzweigungen klauenartige Verdickungen tragen. Das dünne Axon **C4** der Körnerzelle steigt senkrecht durch die Purkinje-Zellschicht in die Molekularschicht empor, wo es sich rechtwinklig in zwei *Parallelfasern* aufzweigt.

Glomeruli cerebellosi. In der Körnerschicht liegen kleine zellfreie Inseln (Glomeruli), in denen die klauenartigen Dendritenendigungen der Körnerzellen mit den Endigungen afferenter Nervenfasern *(Moosfasern)* in synaptischen Kontakt treten. Außerdem enden hier auch die kurzen Axone der *Golgi-Zellen*. Das elektronenmikroskopische Bild zeigt einen komplizierten, ineinandergeschachtelten synaptischen Komplex *(glomerulusartige Synapse* S. 24 C), der von einer Gliazellkapsel eingehüllt wird.

Golgi-Zellen E

Sie sind wesentlich größer als die Körnerzellen und liegen verstreut in der Körnerschicht, vorwiegend etwas unterhalb der Purkinje-Zellen. Ihr Dendritenbaum, der sich hauptsächlich in der Molekularschicht verzweigt und bis an die Oberfläche des Kleinhirns reicht, ist nicht flach wie der der Purkinje-Zellen, sondern breitet sich allseitig im Raume aus. Die Zellen haben kurze Axone, die entweder in einem Glomerulus enden oder sich in ein dichtes feines Faserwerk aufsplittern.

Glia D

Außer bekannten Gliaformen, *Oligodendrozyten* **D5** und protoplasmatischen *Astrozyten* **D6,** die besonders in der Körnerschicht häufig sind, trifft man für das Kleinhirn typische Formen an: die *Bergmann-Glia* und die gefiederten *Fañanas-Zellen.*

Die **Bergmannschen Stützzellen D7** liegen zwischen den Purkinje-Zellen und schikken lange Fasern senkrecht zur Oberfläche, wo sie mit kleinen Endfüßchen eine gliöse Grenzmembran gegen die Hirnhäute bilden. Die Stützfasern tragen blattartige Fortsätze und bilden ein dichtes Gerüst. Wo Purkinje-Zellen zugrunde gehen, beginnt die Bergmann-Glia zu wuchern. Die **Fañanas-Zellen D8** besitzen mehrere kurze Fortsätze, die in charakteristischer Weise gefiedert sind.

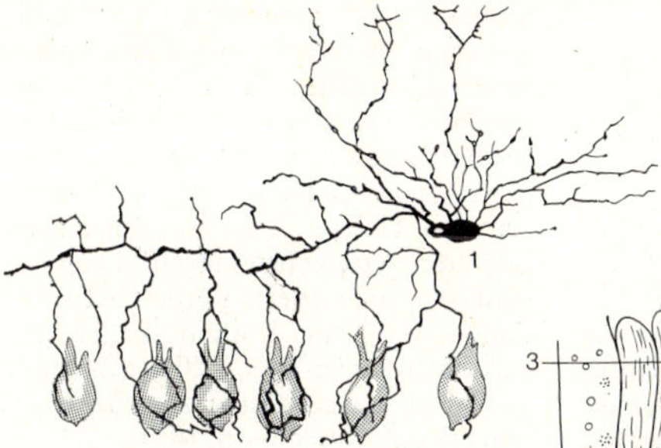

A Korbzelle
(nach Jakob)

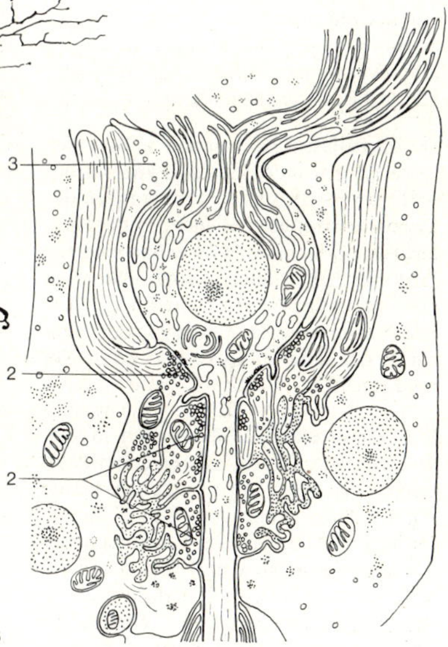

B Purkinje-Zelle mit Korbzellsynapsen
elektronenmikroskopisches Schema
(nach Hámori u. Szentágothai)

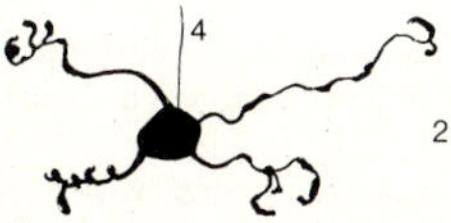

C Körnerzelle

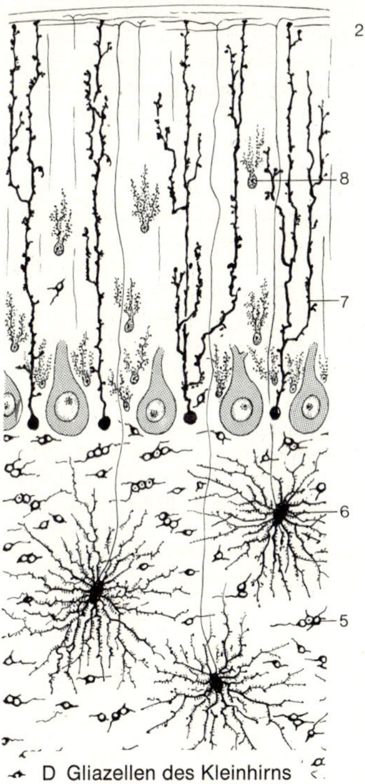

D Gliazellen des Kleinhirns

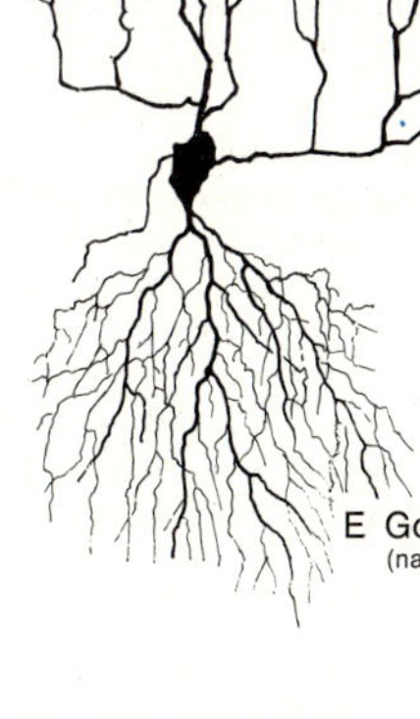

E Golgi-Zelle
(nach Jakob)

Neuronenschaltung

Afferente Fasern AB

Die afferenten Fasersysteme enden in der Kleinhirnrinde und geben Axonkollateralen an die Kleinhirnkerne ab. Es gibt zwei verschiedene Endigungstypen: Kletterfasern und Moosfasern.

Die **Kletterfasern AC1** enden an den Purkinje-Zellen, indem sie sich aufsplittern und rankenartig den Verzweigungen des Dendritenbaumes anliegen. Eine Kletterfaser endet jeweils an einer *einzigen* Purkinje-Zelle, über Axonkollateralen noch an einigen Stern- und Korbzellen. Die Kletterfasern stammen von den Neuronen der unteren Olive und ihren Nebenkernen.

Die **Moosfasern BC2** teilen sich in *weit divergierende Zweige* auf und geben zahlreiche Seitenäste ab, an denen kleine Rosetten mit kugeligen Enden sitzen. Diese fügen sich in die Endklauen der Körnerzelldendriten und bilden mit ihnen Synapsen **B3.** Als Moosfasern enden die spinozerebellären und pontozerebellären Bahnen, ebenso Fasern aus Kernen der Medulla.

Cortex C

Der Bau der Kleinhirnrinde wird bestimmt durch die querstehenden flachen Dendritenbäume der Purkinje-Zellen **ACD4** und die längsverlaufenden **Parallelfasern BC5,** die mit den Purkinje-Dendriten Synapsen bilden. Die Purkinje-Zellen sind die efferenten Elemente der Rinde. Erregungen werden ihnen durch die Kletterfaser C1 in direktem Kontakt und durch die Moosfasern C2 indirekt unter Zwischenschaltung auf Körnerzellen **CD6** zugeleitet. Die Axone der Körnerzellen zweigen sich in der Molekularschicht in jeweils zwei Parallelfasern auf, die zusammen zirka 3 mm lang sind und ungefähr durch 350 Dendritenbäume ziehen. Durch jeden Dendritenbaum sollen zirka 200 000 Parallelfasern verlaufen.

Sternzellen **C7,** Korbzellen **C8** und Golgi-Zellen **C9** sind inhibitorische Schaltneurone, welche die Purkinje-Zellen hemmen. Sie werden von jedem einlaufenden Impuls miterregt, entweder über Synapsen in den Glomeruli, über Synapsen von Golgi-Zellen mit Moosfasern oder über Axonkollaterale afferenter Fasern. Auf diese Weise werden bei Erregung einer Reihe Purkinje-Zellen alle benachbarten Purkinje-Zellen gehemmt: es kommt zu einer Abgrenzung der Erregung (Kontrastbildung S. 30 D).

Funktionsprinzip des Kleinhirns D

Die Axone der Purkinje-Zellen D4, die an den Neuronen der subkortikalen Kerne **D10** (Kleinhirnkerne und Vestibulariskerne) enden, wirken nicht erregend, sondern hemmend. *Purkinje-Zellen sind inhibitorische Neurone* mit einem hohen Gehalt an GABA, die einen stark hemmenden Einfluß auf die Nervenzellen der Kleinhirnkerne ausüben. Diese empfangen ständige Erregungen ausschließlich über die Axonkollateralen **D11** der afferenten Fasern **D12.** Eine Weiterleitung dieser Impulse kann aber nicht erfolgen, da die Kerne unter der hemmenden Kontrolle der Purkinje-Zellen stehen. Erst wenn Purkinje-Zellen durch inhibitorische Schaltneurone **D13** gehemmt werden, fällt ihre Bremswirkung weg, und es kommt in den entsprechenden Kernabschnitten zur Weiterleitung der Erregung.

Die Kleinhirnkerne sind also *selbständige Schaltzentren,* die Impulse erhalten und weitergeben und in denen eine ständige tonische Erregung besteht. Die Weiterleitung wird von der Kleinhirnrinde durch fein abgestimmte Hemmung und Enthemmung reguliert.

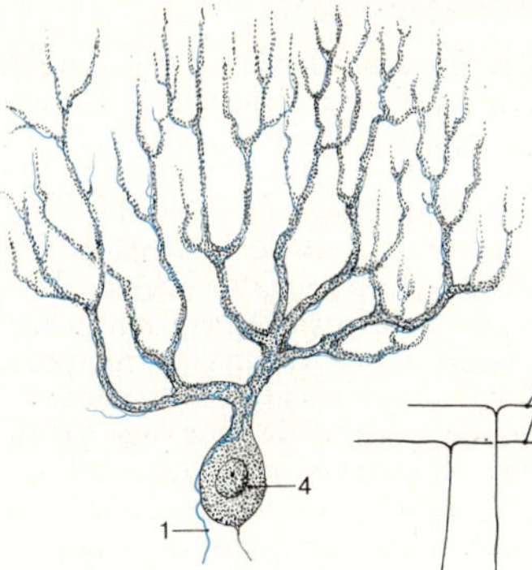

A Endigung einer Kletterfaser

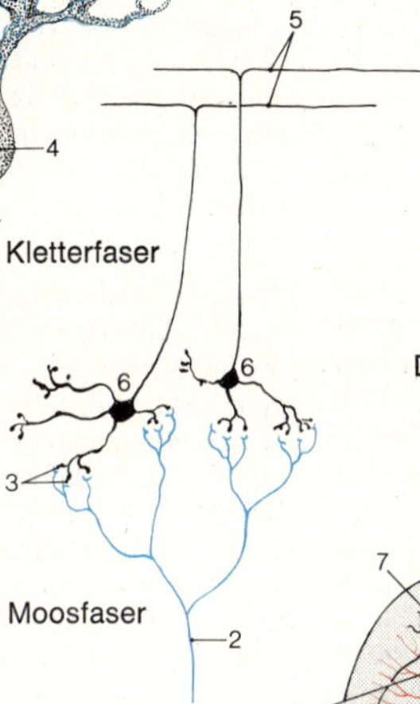

B Endigung einer Moosfaser

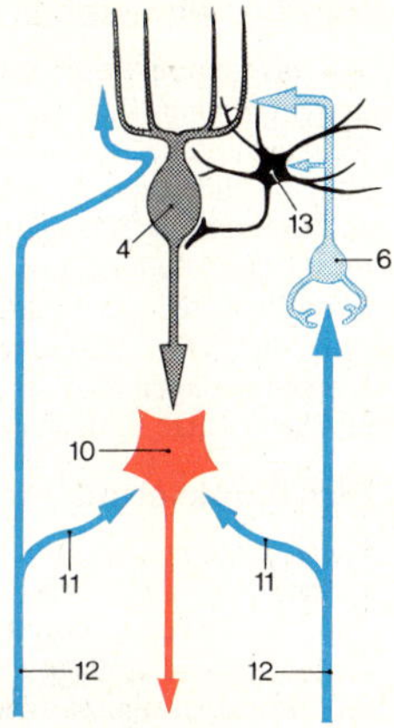

D Neuronenverbindung zwischen Rinde und Kernen
(nach Eccles, Ito u. Szentágothai)

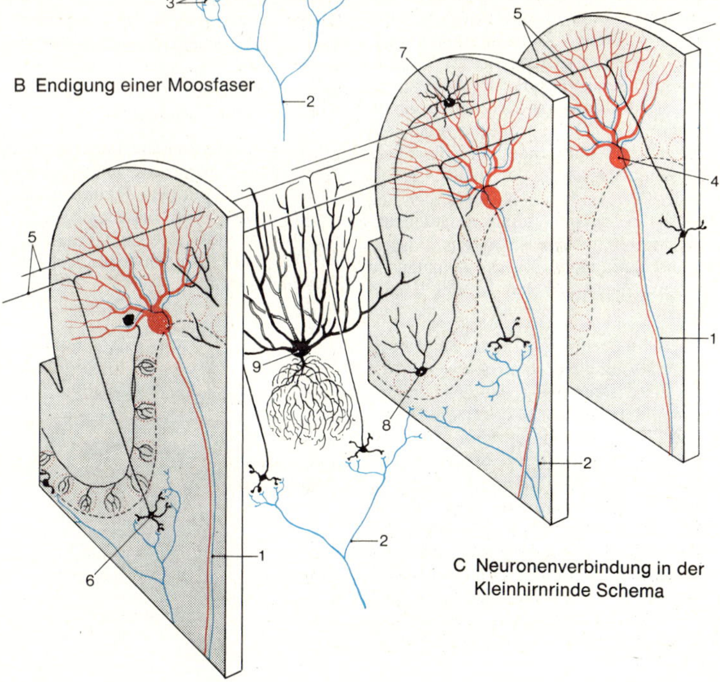

C Neuronenverbindung in der Kleinhirnrinde Schema

Funktionelle Gliederung

Die afferenten Fasersysteme enden in umschriebenen Bezirken der Rinde und die kortikofugalen Fasern der verschiedenen Rindenbezirke wiederum ziehen zu bestimmten Abschnitten der Kleinhirnkerne. Die Faserprojektion stellt die Grundlage für die funktionelle Gliederung dar. Die Verhältnisse sind durch Untersuchungen an Versuchstieren (Kaninchen, Katze, Affen) geklärt worden.

Faserprojektion AB

Die Endigungsweise der **afferenten Fasersysteme** läßt eine Dreiteilung des Kleinhirns in *Wurm, Hemisphäre* und in eine zwischen beiden liegende Zone, *Zona intermedia*, erkennen. Die spinozerebellären Fasern, *Tractus spinocerebellaris dorsalis, Tractus spinocerebellaris ventralis* und *Tractus cuneocerebellaris,* enden als Moosfasern im Wurm des Vorderlappens, in Pyramis, Uvula und der lateral davon liegenden Zona intermedia **A1.** Die kortikopontozerebellären Fasern, die durch den Brückenarm eintreten, enden als Moosfasern in der Kleinhirnhemisphäre **A2.** Die vestibulozerebellären Axone schließlich enden im Lobus flocculonodularis und in der Uvula **A3.** Die in der Olive und ihren Nebenkernen und im Ncl. reticularis lateralis umgeschalteten afferenten Bahnen enden entsprechend ihrer Herkunft: die spinalen im Wurm, die kortikalen in der Hemisphäre.

Auch bei der Projektion der **kortikofugalen Axone** auf die Kleinhirnkerne wird die erwähnte Dreiteilung deutlich. In den Vestibulariskernen **B4** enden Fasern aus dem Wurm (Lobus anterior, Pyramis, Uvula u. Nodulus) und dem Flocculus **B5.** Im Ncl. fastigii **B6** enden Fasern aus dem gesamten Wurm **B7.** Der Nucleus emboliformis und Nucleus globosus (bei Versuchstieren ein Komplex) **B8** empfangen die Fasern der Zona intermedia **B9,** und im Nucleus dentatus **B10** schließlich enden die Fasermassen der Hemisphäre **B11.**

Reizergebnisse CD

Die Bahnen enden in einer gesetzmäßigen Anordnung, wobei untere Extremität, Rumpf, obere Extremität und Kopfgebiet nacheinander angeordnet sind. Diese *somatotopische Gliederung* wurde durch Reizexperimente bestätigt. Bei elektrischer Reizung der Kleinhirnrinde am dezerebrierten Tier erhält man Kontraktionen und Tonusveränderungen in den Extensoren und Flexoren der Extremitäten, konjugierte Augenbewegungen und Kontraktionen in Gesichts- und Halsmuskeln C (obere und untere Fläche des Kleinhirns sind auf eine Ebene projiziert).

Entsprechende Ergebnisse erzielt man durch taktile Reize in den verschiedenen Körperpartien bei gleichzeitiger elektrischer Ableitung der dadurch hervorgerufenen Potentiale in der Kleinhirnrinde *(evoked potentials)* D. Die Lokalisation der Potentiale ergibt ebenfalls die Repräsentation der gleichseitigen Körperhälfte im Lobus anterior und Lobulus simplex **D12** und die doppelseitige Vertretung im Lobulus paramedianus **D13.**

Da diese somatotopische Vertretung bei Kaninchen, Katze, Hund und Affe nachgewiesen ist, kann man annehmen, daß sie in gleicher Weise bei allen Säugetieren vorhanden ist. Die für das menschliche Kleinhirn zu erwartende Lokalisation gibt E wieder.

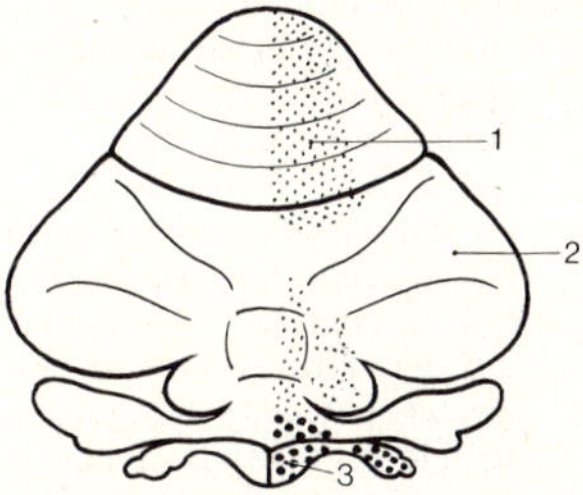

A Endigung des Tractus vestibulocerebellaris und der Tractus spinocerebellares
(nach Brodal)

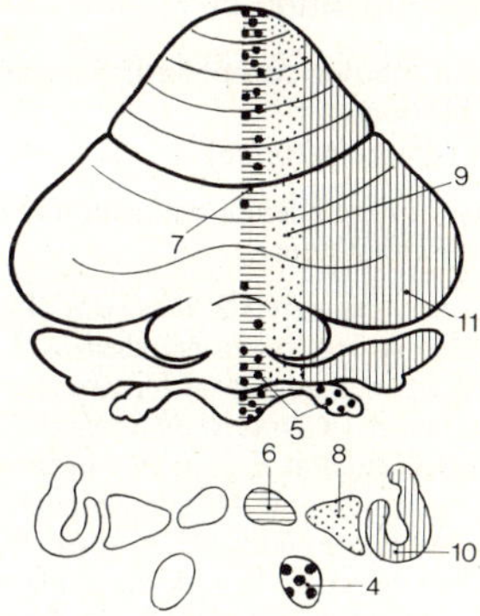

B Projektion der Rinde auf die Kleinhirnkerne und Nucleus vestibularis
(nach Jansen u. Brodal)

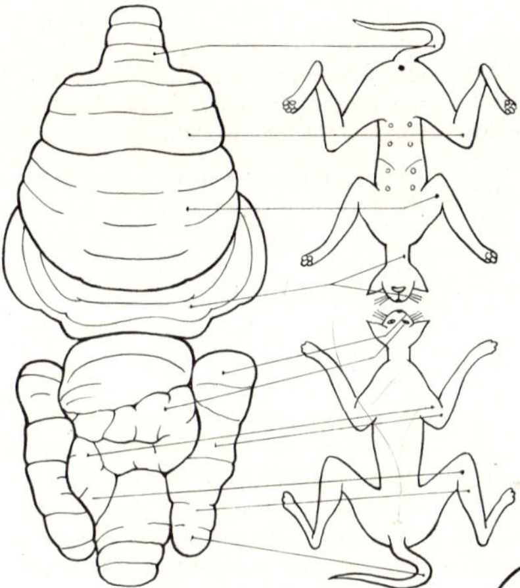

C Somatotopik der Rinde, motorische Effekte bei der Katze
(nach Hampson, Harrison u. Woolsey)

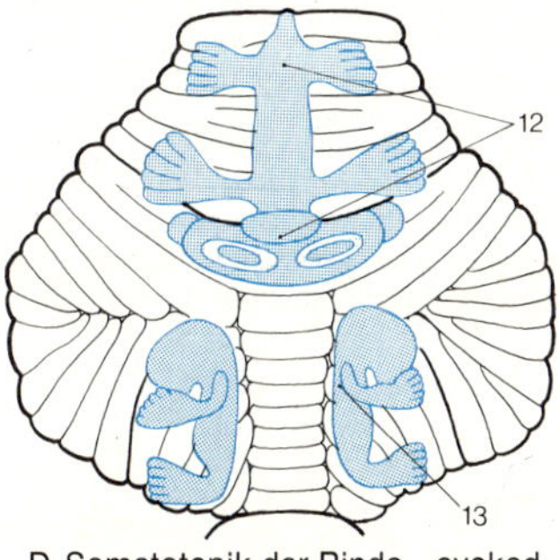

D Somatotopik der Rinde, „evoked potentials" bei sensibler Reizung
(nach Snider)

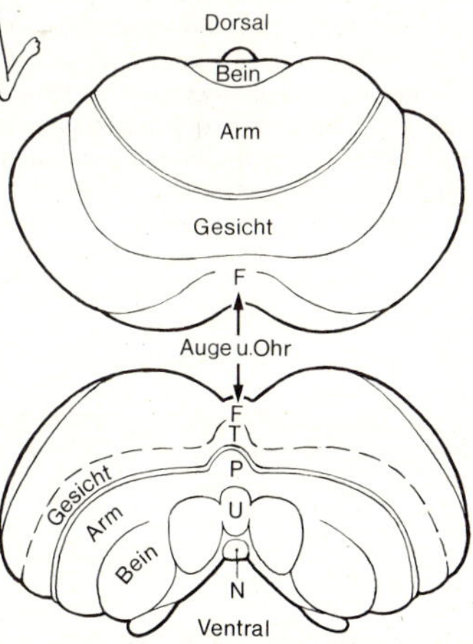

E Hypothetische Somatotopik der Rinde beim Menschen
(nach Hampson, Harrison u. Woolsey)

Leitungsbahnen

Pedunculus cerebellaris caudalis (inferior)

(Corpus restiforme)

Der untere Kleinhirnstiel enthält folgende Fasersysteme:

Tractus spinocerebellaris dorsalis (Flechsig) **A1** und **Tractus cuneocerebellaris A2.** Die Fasern nehmen ihren Ursprung von den Zellen der *Clarkeschen Säule* **A3,** in der die afferenten Fasern der propriozeptiven Sensibilität (Muskelspindeln, Sehnenorgane) enden. Das Versorgungsgebiet der dorsalen Kleinhirnbahn beschränkt sich auf die unteren Extremitäten und den unteren Rumpf. Ihre Fasern enden als Moosfasern in Wurm und Zona intermedia des Lobus anterior und in der Pyramide. Die entsprechenden Fasern für die obere Extremität und den oberen Teil des Rumpfes sammeln sich im *Nucleus cuneatus lateralis* (Monakow) **A4** und ziehen als Tractus cuneocerebellaris zu den gleichen Bezirken. Der Tractus spinocerebellaris ventralis erreicht das Kleinhirn über den Pedunculus cerebellaris cranialis (superior).

Tractus vestibulocerebellaris C. Zum Kleinhirn ziehen primäre und sekundäre vestibuläre Fasern. Die primären Fasern **C5** stammen aus dem *Ganglion vestibulare* **C6** (vorwiegend von den Bogengängen) und ziehen ohne Umschaltung zur Kleinhirnrinde. Die sekundären Fasern **C7** werden in den *Vestibulariskernen* **C8** umgeschaltet. Alle Fasern enden in Nodulus, Flocculus **C9,** Nucleus fastigii **C10** und z. T. in der Uvula. Die Verbindung mit den Vestibulariskernen enthält auch zerebellofugale Fasern, *Tractus cerebellovestibularis,* die aus den genannten Endigungsgebieten und vom Wurm des Lobus anterior stammen. Sie werden z. T. im lateralen Vestibulariskern umgeschaltet und ziehen im *Tractus vestibulospinalis* in das Rückenmark.

Tractus olivocerebellaris A. Die untere Olive **A11,** die man als einen nach ventral verlagerten Kleinhirnkern ansehen kann, sendet alle Fasern zum Kleinhirn. Sie und ihre Nebenkerne empfangen aufsteigende Fasern aus dem Rückenmark *(Tractus spinoolivaris)* **A12,** Fasern von der Großhirnrinde und von extrapyramidalen Kernen *(zentrale Haubenbahn).* Die Fasern werden in bestimmten Abschniten der Olive auf den Tractus olivocerebellaris **A13** umgeschaltet, der auf die Gegenseite kreuzt und zur kontralateralen Kleinhirnhälfte zieht. Die Fasern des Olivenkomplexes enden in der Kleinhirnrinde als Kletterfasern. Die Fasern der Nebenolive (Endstätte der spinoolivären Bahn) ziehen zur Rinde von Wurm und Zona intermedia des Lobus anterior, die Fasern des Hauptkerns (Endstätte der kortikalen und der Haubenbahnfasern) zur Rinde der Kleinhirnhemisphären.

Tractus reticulocerebellaris, Tractus nucleocerebellaris, Tractus arcuatocerebellaris B. Der *Nucleus reticularis lateralis* **B14** empfängt exterozeptive sensible Fasern, die mit den spinothalamischen Bahnen aufwärts steigen. Die nachgeschalteten Fasern verlaufen als *Tractus reticulocerebellaris* **B15** durch den gleichseitigen Kleinhirnstiel zu Wurm und Hemisphäre. Der *Tractus nucleocerebellaris* **B16** vermittelt vor allem von den Trigeminuskernen **B17** taktile Impulse aus dem Gesichtsbereich zum Kleinhirn. Die Fasern des *Tractus arcuatocerebellaris* **B18** entspringen im Nucleus arcuatus **B19** und ziehen zum Boden des IV. Ventrikels, wo sie als *Striae medullares* erscheinen. Sie verlaufen gekreuzt und ungekreuzt und sollen im Flocculus enden.

Der *Fasciculus uncinatus,* eine zerebellospinale Bahn, die im gegenseitigen Ncl. fastigii ihren Ursprung hat, ist beim Menschen nicht sicher nachgewiesen.

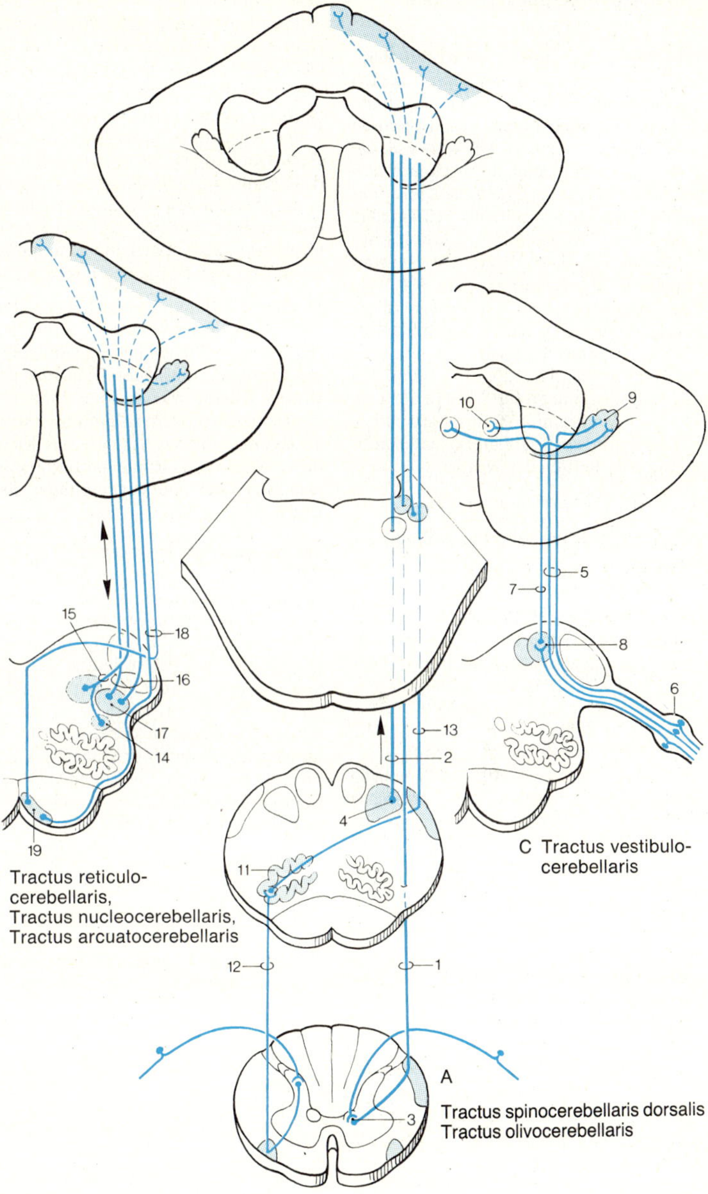

B Tractus reticulocerebellaris, Tractus nucleocerebellaris, Tractus arcuatocerebellaris

C Tractus vestibulocerebellaris

A Tractus spinocerebellaris dorsalis, Tractus olivocerebellaris

Pedunculus cerebellaris medius

(Brachium pontis) A

Von der Großhirnrinde, dem Frontallappen und dem Temporallappen, ziehen Bahnen zum Pons. Sie bilden zusammen mit der Pyramidenbahn die Hirnschenkel, *Pedunculi cerebri* **A1,** wobei sie die lateralen und medialen Abschnitte einnehmen: lateral der *Tractus temporopontinus* (Türcksches Bündel) **A2,** medial der *Tractus frontopontinus* (Arnoldsches Bündel) **A3.** Die Fasern (1. Neuron) enden in den Brückenkernen **A4.** Von den Brückenkernen kreuzen Fasern (2. Neuron) zur Gegenseite und bilden als *Tractus pontocerebellaris* den mittleren Kleinhirnstiel. Die Fasern enden als Moosfasern zum größten Teil in der kontralateralen Kleinhirnhemisphäre und zu einem geringen Teil bilateral in den mittleren Abschnitten des Wurms.

Pedunculus cerebellaris cranialis (superior)

(Brachium conjunctivum) B

Durch den oberen Kleinhirnstiel läuft der größte Teil der efferenten Kleinhirnbahnen. Das einzige afferente Bündel, das durch ihn eintritt, ist der *Tractus spinocerebellaris ventralis.* Die efferenten Fasern des oberen Kleinhirnstiels treten in Höhe der unteren Zweihügel in die Mittelhirnhaube ein und kreuzen in der **Decussatio pedunculorum cerebellarium cranialium** (Wernekinck) **B5** auf die Gegenseite, wo sie sich in einen absteigenden **B6** und einen aufsteigenden Schenkel **B7** aufspalten. Die absteigenden Faserbündel stammen von Nucleus fastigii **B8** und Nucleus globosus **B9.** Sie enden in den medialen Kernen der Formatio reticularis **B10** in Pons und Medulla, wo eine Umschaltung auf den *Tractus reticulospinalis* erfolgt. Die Kleinhirnimpulse werden also über zwei Bahnen zum Rückenmark geleitet: über den *Tractus reticulospinalis* und den *Tractus vestibulospinalis,* von denen aus über Schaltneurone die Vorderhornzellen beeinflußt werden.

Die Fasern des stärkeren aufsteigenden Schenkels stammen überwiegend vom Ncl. dentatus **B11,** z. T. auch vom Nucleus emboliformis. Sie enden 1. im Nucleus ruber **B12,** in seiner Umgebung und in verschiedenen Kernen der Mittelhirnhaube (Nucleus Edinger-Westphal, Nucleus Darkschewitsch u. a.), durch die das Kleinhirn Anschluß an das extrapyramidale System gewinnt; 2. im Thalamus dorsalis **B13,** von wo die Impulse zur Großhirnrinde, vorwiegend zum motorischen Cortex, weitergeleitet werden.

Durch diese Bahnenverbindung entsteht ein großer Neuronenkreis: zerebelläre Impulse beeinflussen über das Brachium conjunctivum und den Thalamus den Cortex. Dieser wieder beeinflußt über die kortikopontozerebellären und kortikoolivozerebellären Systeme das Kleinhirn. Motorische Rinde und Kleinhirn stehen so unter einer gegenseitigen Kontrolle.

Tractus spinocerebellaris ventralis (Gowers) **B14.** Seine Fasern nehmen ihren Ursprung im Hinterhorn, wo die Umschaltung vorwiegend von Fasern aus den Sehnenorganen (S. 290 E) erfolgt. Die nachgeschalteten Bündel verlaufen gekreuzt und ungekreuzt, treten aber nicht in den unteren Kleinhirnstiel ein, sondern ziehen bis zum Oberrand der Brücke, wo sie umbiegen und durch den oberen Kleinhirnstiel eintreten C. Sie enden als Moosfasern in Wurm und Zona intermedia des Lobus anterior und in der Uvula.

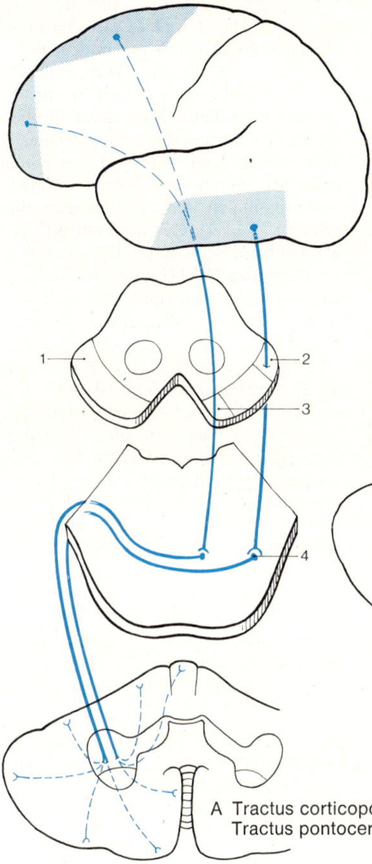

A Tractus corticopontinus,
Tractus pontocerebellaris

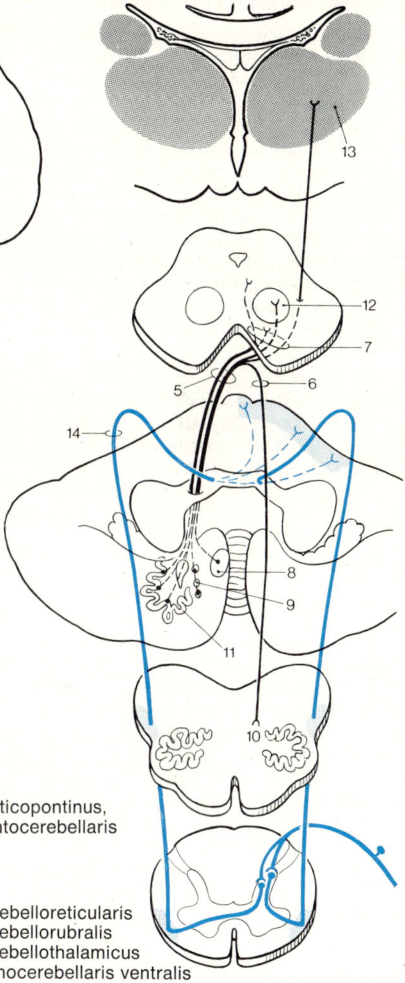

B Tractus cerebelloreticularis
Tractus cerebellorubralis
Tractus cerebellothalamicus
Tractus spinocerebellaris ventralis

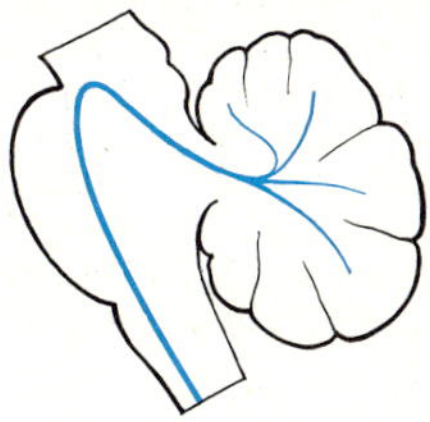

C Tractus spino-
cerebellaris ventralis

Entwicklung des Prosencephalon

Gehirn und Rückenmark entwickeln sich aus dem Neuralrohr, in dessen vorderem Abschnitt (dem zukünftigen Gehirn) sich mehrere Bläschen bilden: das *Rautenhirn-* **A1,** *Mittelhirn-* **A2,** *Zwischenhirn-* **A3** und *Endhirnbläschen* **A4.** Die Seitenwände der Bläschen verdicken sich und werden zur eigentlichen Hirnsubstanz, in der sich die Nervenzellen und ihre Fortsätze differenzieren. Der Entwicklungsprozeß beginnt im Rautenhirnbläschen und greift auf das Mittelhirn- und Zwischenhirnbläschen über. Die Entwicklung des Endhirnbläschens ist stark verzögert. In seinem Bereich bilden sich zu beiden Seiten zwei dünnwandige Blasen, so daß man im Endhirnabschnitt drei Teile unterscheiden kann: die beiden symmetrischen *Hemisphärenblasen* **A5** und den unpaaren Mittelteil *(Telencephalon impar)* **A6**, der die Vorderwand des III. Ventrikels bildet *(Lamina terminalis).*

Die Endhirnblasen überdecken mehr und mehr den Zwischenhirnabschnitt. Da sie sich besonders stark nach kaudal ausdehnen, kommt es zu einer Verschiebung der *Zwischenhirn-Endhirn-Grenze.* Sie verläuft ursprünglich als frontale Grenzlinie **A7,** nimmt aber mehr und mehr einen schrägen Verlauf **A8** und wird schließlich zur seitlichen Grenze des Zwischenhirns **A9.** Dieses kommt dadurch zwischen beide Hemisphären zu liegen und besitzt kaum noch eine äußere Oberfläche. Die ursprünglich hintereinander liegenden Hirnabschnitte Mittelhirn, Zwischenhirn und Endhirn sind dann im reifen Gehirn weitgehend ineinandergeschoben.

Telodiencephale Grenze. An der Oberfläche des Gehirns erscheint lediglich der Zwischenhirnboden, der an der Hirnbasis (S. 12) das *Chiasma,* das *Tuber cinereum* und die *Corpora mamillaria* bildet. Das Zwischenhirndach wird erst sichtbar, wenn man durch einen Horizontalschnitt C den Balken entfernt. Man blickt dann auf das Dach des III. Ventrikels und die beiden Thalami. Der ganze Bezirk ist von einer gefäßführenden Bindegewebsplatte, der *Tela choroidea* **D10,** bedeckt, bei deren Entfernung der III. Ventrikel eröffnet wird. Die Hirnsubstanz ist über dem III. Ventrikel und an der medialen Hemisphärenwand hochgradig verdünnt und wird durch vordringende Gefäßschlingen in den Ventrikelhohlraum eingestülpt (S. 264). Die im Ventrikel liegenden Gefäßkonvolute bilden den *Plexus choroideus* **D11** (Liquorproduktion). Entfernt man Tela und Plexus choroideus, so reißt man die dünnen Hirnwände mit weg und es bleibt eine Abrißlinie zurück, die *Taenia choroidea* **B12.** Bis zu dieser Abrißlinie liegt dann die Oberfläche des *Thalamus* frei **B13.** Lateral davon wird sie noch von der verdünnten Hemisphärenwand bedeckt. Der Abschnitt der verdünnten Hemisphärenwand zwischen Plexusansatz und *V. thalamostriata* **BDE14** wird als **Lamina affixa BD15** bezeichnet. Diese legt sich der dorsalen Fläche des Thalamus an und ist im reifen Gehirn mit ihr verwachsen **E16.** Beim Blick von oben markiert die zwischen Thalamus und Nucleus caudatus **BDE17** verlaufende V. thalamostriata B14 die Grenze zwischen Diencephalon und Telencephalon.

Fornix **BC18,** Epiphyse **BC19,** Vierhügelplatte **B20,** Habenula **B21,** Fissura telodiencephalica **D22.**

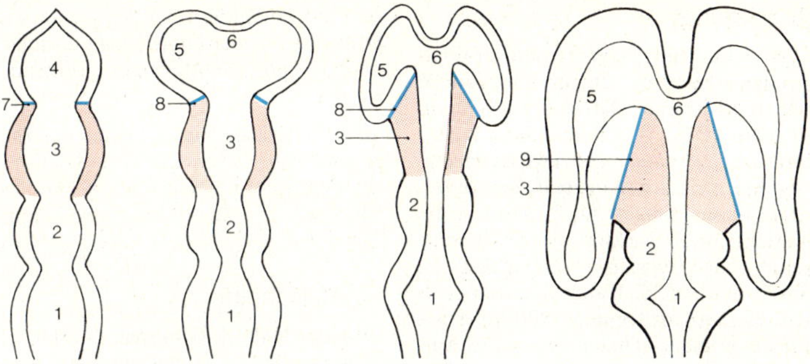

A Entwicklung des Zwischenhirns
(nach Schwalbe)

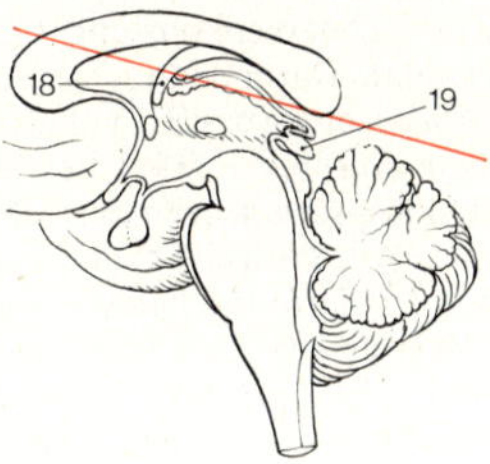

C Schnittlage von B

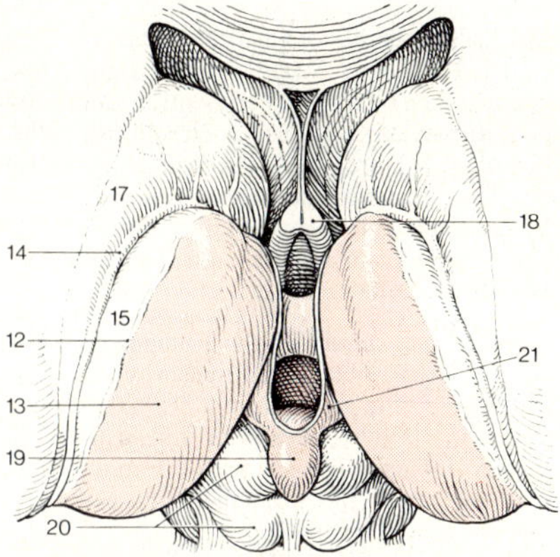

B Zwischenhirn von oben, Horizontalschnitt nach Entfernung von Balken, Fornix und Plexus choroideus

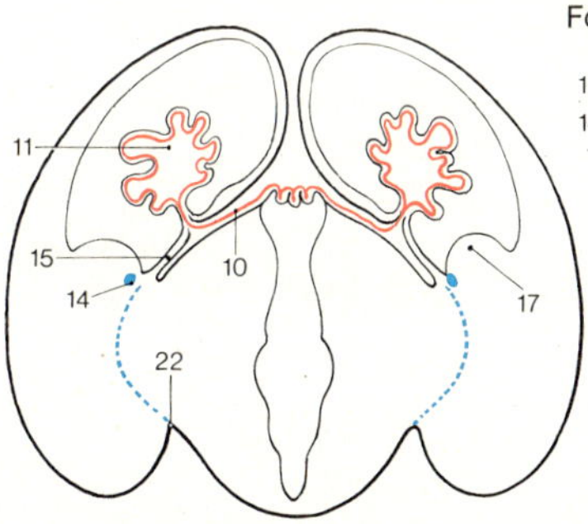

D Lamina affixa, embryonales Gehirn, Frontalschnitt

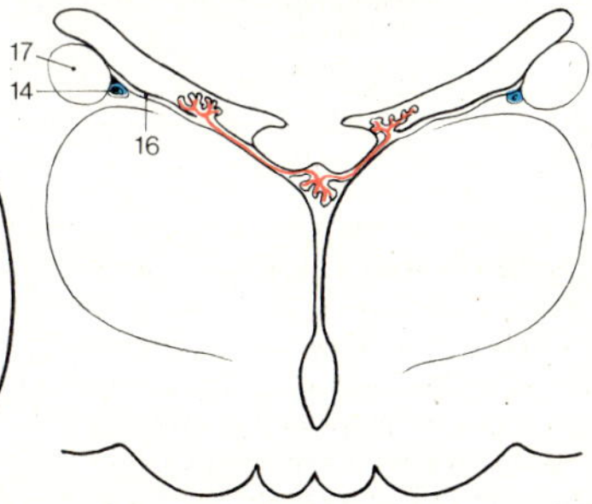

E Lamina affixa im reifen Gehirn, Frontalschnitt

Gliederung

Das Zwischenhirn läßt sich in vier übereinander gelagerte Etagen einteilen: in den *Epithalamus* **ABC1,** den *Thalamus dorsalis* **ABC2,** den *Subthalamus* **ABC3** und den *Hypothalamus* **ABC4.** Im embryonalen Gehirn ist die einfache Anordnung dieser Etagen noch deutlich. Im Verlauf der Entwicklung wird sie jedoch durch das regional unterschiedliche Wachstum erheblich abgeändert. Vor allem die außerordentliche Massenzunahme des dorsalen Thalamus und die Ausdehnung des Hypothalamus im Bereich des Tuber cinereum bestimmen den Aufbau des reifen Zwischenhirns.

Der **Epithalamus** besteht aus den Habenulae (S. 164), einer Schaltstätte für Bahnen zwischen olfaktorischen Zentren und dem Hirnstamm, und aus der Zirbeldrüse (Epiphyse). Durch die Größenzunahme des Thalamus wird der dorsal gelegene Epithalamus B1 nach medial verlagert und erscheint nur noch als ein Anhang des dorsalen Thalamus C1.

Der **Thalamus dorsalis** ist die Endigungsstätte der sensiblen und sensorischen Bahnen (kutane Sensibilität, Geschmack, optische, akustische und vestibuläre Bahnen). Er ist durch efferente und afferente Fasersysteme mit der Großhirnrinde verbunden.

Der **Subthalamus** ist die Fortsetzung der Mittelhirnhaube. Er enthält Kerne des extrapyramidal-motorischen Systems (Zona incerta, Corpus subthalamicum, Globus pallidus) und kann als die motorische Zone des Zwischenhirns gelten.

Der *Globus pallidus* **CD5** ist ein Abkömmling des Zwischenhirns, der während der Entwicklung durch die einwachsenden Fasermassen der Capsula interna **CD6** von den übrigen grauen Bezirken des Zwischenhirns abgetrennt wird, so daß er in das Endhirn verlagert erscheint. Nur ein kleiner Rest des Pallidum verbleibt medial im Verband des Zwischenhirns; es ist der Nucleus entopeduncularis. Als Bestandteil des extrapyramidalen Systems sollte der Globus pallidus folgerichtig zum Subthalamus gerechnet werden.

Der **Hypothalamus** bildet die unterste Etage und den Boden des Zwischenhirns, aus dem sich die Neurohypophyse ausstülpt **A7.** Er ist das oberste Regulationszentrum des vegetativen Nervensystems.

Frontalschnitte

Schnitt in Höhe des Chiasma (Markscheidenfärbung) D. Bei einem Schnitt durch die Vorderwand des III. Ventrikels werden Anteile des Zwischenhirns und des Endhirns getroffen. Ventral liegt die Faserplatte der Sehnervenkreuzung, *Chiasma opticum* **D8.** Darüber öffnet sich eine rostrale Ausbuchtung des III. Ventrikels, der *Recessus praeopticus* **D9.** Lateral von der inneren Kapsel erscheint der Globus pallidus D5. Alle übrigen Strukturen gehören zum Endhirn: die beiden Seitenventrikel **D10** und das vom *Septum pellucidum* **D11** umschlossene *Cavum septi pellucidi* **D12,** der *Nucleus caudatus* **D13,** das *Putamen* **CD14** und an der Basis die *Area olfactoria* **D15** (Substantia perforata anterior). Der Balken, *Corpus callosum* **D16** und die *Commissura rostralis* **D17** verbinden beide Hemisphären. Weitere getroffene Fasersysteme sind der *Fornix* **D18** und die *Stria olfactoria lateralis* **D19.**

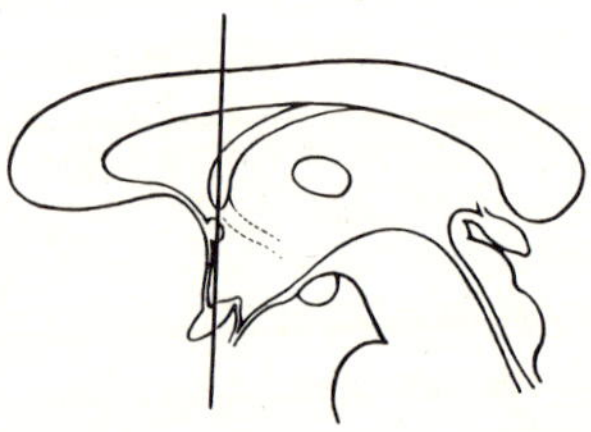

Schnittlage

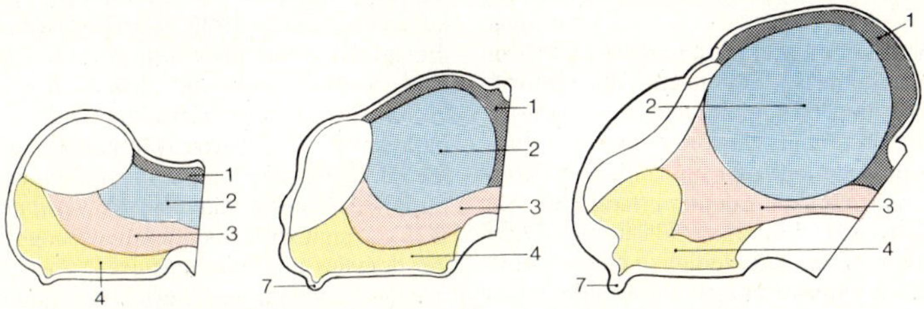

A Entwicklung der Zwischenhirnetagen

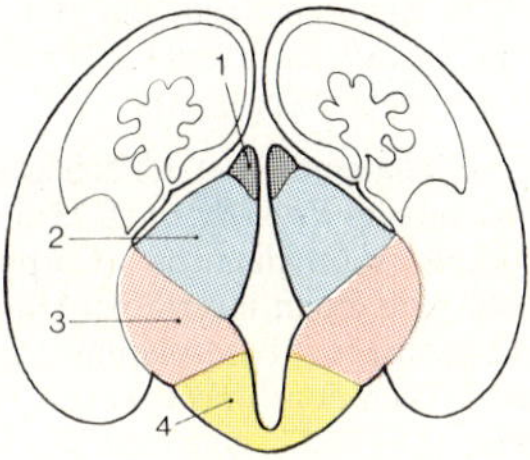

B Aufbau des Zwischenhirns embryonales Gehirn

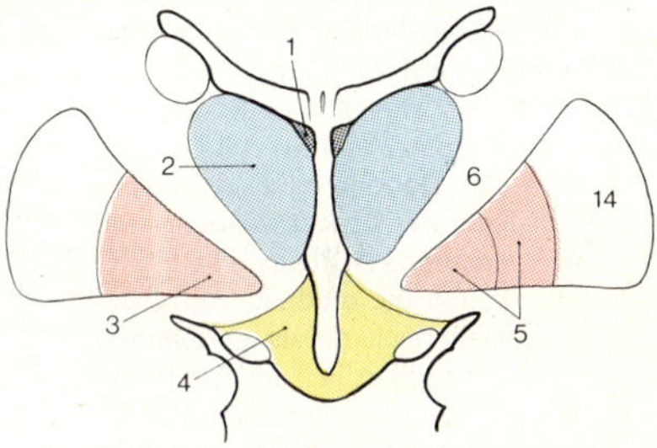

C Aufbau des Zwischenhirns beim Erwachsenen

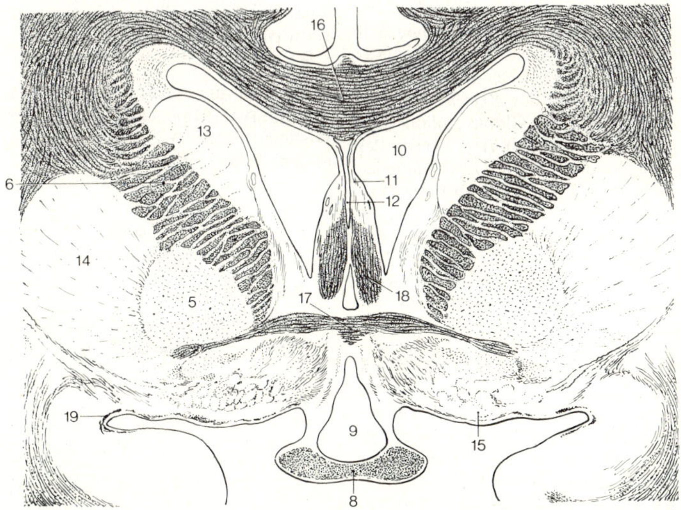

D Frontalschnitt durch die rostrale Wand des III. Ventrikels (nach Villiger u. Ludwig)

Schnitt durch das Tuber cinereum (Markscheidenfärbung) A. Der Schnitt liegt dicht hinter dem Foramen interventriculare (Monroi). Seitenventrikel und dritter Ventrikel sind durch den dünnen Ansatz des Plexus choroideus **A1** getrennt. Von ihm zieht sich bis zur *V. thalamostriata* **AB2** die *Lamina affixa* **AB3.** Sie überdeckt die dorsale Fläche des **Thalamus A4,** von dem lediglich die anteriore Kerngruppe erscheint. Ventrolateral von ihm, getrennt durch die *Capsula interna* **AB5,** liegt der **Globus pallidus AB6.** Er ist in zwei Teile gegliedert, das *innere* **A7** und das *äußere* **A8** *Pallidumglied.* Durch seinen größeren Markgehalt hebt er sich vom angrenzenden *Putamen* **AB9** ab. An seinem basalen Rand und an seiner Spitze treten der *Fasciculus lenticularis* und die *Ansa lenticularis* **A10** aus. Die letztere beschreibt um die mediale Spitze des Pallidum einen nach dorsal gerichteten Bogen. Den ventralen Teil des Zwischenhirns nimmt der Hypothalamus *(Tuber cinereum* **A11** und *Infundibulum* **A12**) ein, der hier ausgesprochen markarm erscheint, im Gegensatz zum stark markhaltigen *Tractus opticus* **AB13.**

Zu beiden Seiten wird das Zwischenhirn vom Endhirn eingeschlossen, ohne daß eine deutliche Grenze zu erkennen ist. Die nächstliegenden Endhirnkerne sind das *Putamen* und der *Nucleus caudatus* **AB14.** Ventral vom Globus pallidus liegt ein zum Endhirn gehöriger Kern, der **Nucleus basalis** (Meynert, *Substantia innominata*) **A15.** Er empfängt Fasern aus der Mittelhirnhaube. Seine großen cholinergen Nervenzellen projizieren diffus in den gesamten Neocortex. Der *Fornix* **AB16** ist infolge seines bogenförmigen Verlaufs zweimal getroffen (S. 219C).

Schnitt in Höhe der Corpora mamillaria (Markscheidenfärbung) B. Der Schnitt zeigt die beiden Thalami, deren Volumenzunahme zu einem sekundären Zusammenwachsen in der Mittellinie geführt hat, *Adhaesio interthalamica* **B17.** Markhaltige Faserlamellen, *Laminae medullares thalami,* unterteilen den Thalamus in mehrere große Kernkomplexe. Dorsal liegt der *anteriore Kernbezirk* **B18,** ventral davon die *mediale Kerngruppe* **B19,** die medial an einige kleinere paraventrikuläre Kerne **B20** grenzt und lateral durch die *Lamina medullaris interna* **B21** von der *lateralen Kerngruppe* **B22** getrennt wird. Deren Gliederung in ein dorsales und ein ventrales Areal ist weniger deutlich markiert. Der ganze Komplex wird von einem schmalen schalenförmigen Kern, *Nucleus reticularis thalami* **B23** eingeschlossen, der durch die *Lamina medullaris* externa **B24** vom lateralen Kerngebiet abgesetzt ist.

Ventral vom Thalamus liegt der **Subthalamus** (S. 180) mit der *Zona incerta* **B25** und dem Nucleus subthalamicus (Corpus Luysi) **B26.** Die Zona incerta wird von zwei markhaltigen Faserplatten begrenzt, dorsal von *Forels Feld H1 (Fasciculus thalamicus)* **B27**, und ventral von *Forels Feld H2 (Fasciculus lenticularis)* **B28.** Unter dem Nucleus subthalamicus erscheint der rostrale Pol der *Substantia nigra* **B29.** Den Zwischenhirnboden bilden die beiden **Corpora mamillaria B30.** Vom Corpus mamillare steigt der *Fasciculus mamillothalamicus (Vicq d'Azyrsches Bündel)* **B31** zum Thalamus auf.

Corpus callosum **AB32,** Corpus amygdaloideum **A33,** Hippocampus **B34,** Commissura rostralis **A35**, Stria medullaris thalami **B36** (S. 164 A2).

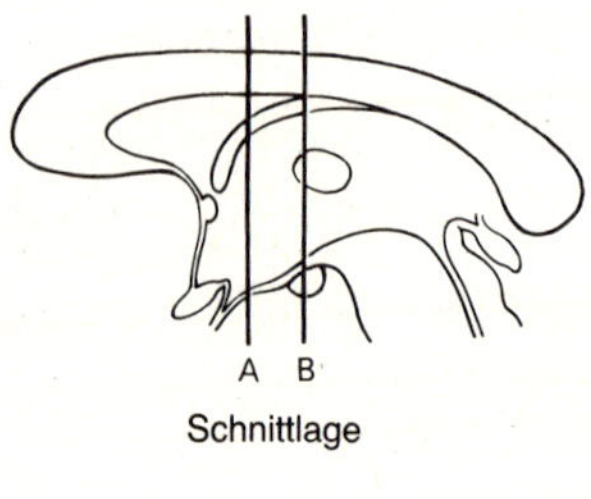

Schnittlage

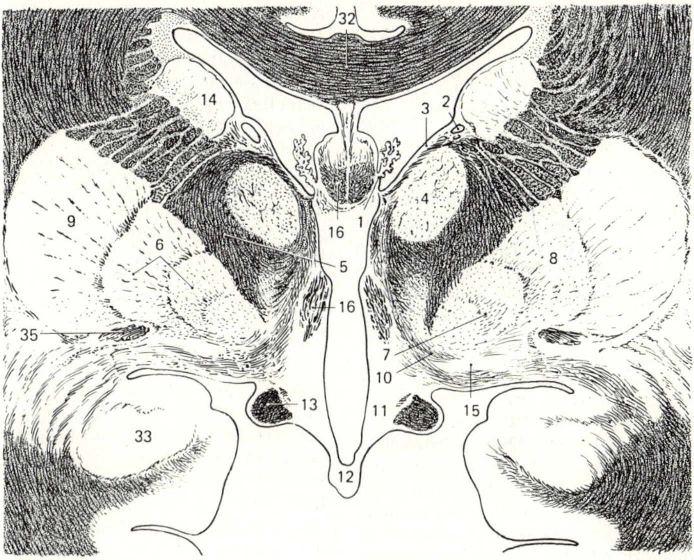

A Schnitt durch das Zwischenhirn in Höhe des Tuber cinereum (nach Villiger u. Ludwig)

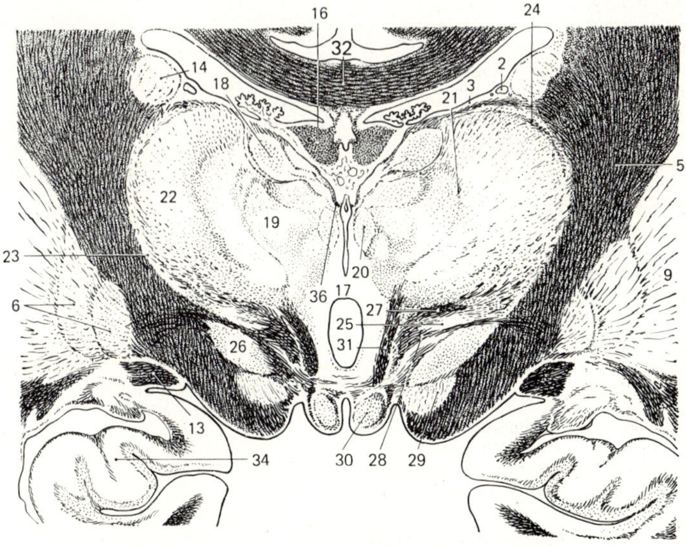

B Schnitt durch das Zwischenhirn in Höhe der Corpora mamillaria (nach Villiger u. Ludwig)

Epithalamus

Zum Epithalamus rechnen wir die *Habenula* mit den *Nuclei habenulae,* der *Commissura habenularum* und der *Stria medullaris,* die *Epiphyse* und die *Commissura epithalamica* (posterior).

Die **Habenula A1** (S. 158 B21) bildet mit ihren afferenten und efferenten Bahnen ein Schaltsystem, in dem olfaktorische Impulse zu efferenten (salivatorischen und motorischen) Kernen des Hirnstammes übermittelt werden. Auf diesem Wege soll der Einfluß der Riechempfindung auf die Nahrungsaufnahme zustande kommen. Der Nucleus habenulae besitzt zahlreiche peptiderge Nervenzellen.

Die afferenten Bahnen erreichen die Habenulakerne über die **Stria medullaris thalami A2.** Diese enthält Fasern aus den *Septumkernen* **A3,** der *Substantia perforata anterior* **A4** und der *Regio praeoptica* **A5.** Weiterhin empfäng sie Fasern aus dem *Corpus amygdaloideum* **A6,** die aus der *Stria terminalis* **A7** übertreten.

Die efferenten Bahnen ziehen in das Mittelhirn. Der **Tractus habenulotectalis A8** führt den oberen Zweihügeln olfaktorische Impulse zu. Der **Tractus habenulotegmentalis A9** endet im *Nucleus dorsalis tegmenti* **A10**, wo ein Anschluß an das dorsale Längsbündel (S. 136 B) mit Verbindungen zu den salivatorischen und den motorischen Kernen der Kau- und Schluckmuskulatur besteht (Riechreize führen zu Speichel- und Magensaftsekretion). Der **Tractus habenulopeduncularis**, *Tractus retroflexus Meynert* **A11** endet im *Nucleus interpeduncularis* **A12** (S. 124 D21), der mit verschiedenen Kernen der Formatio reticularis in Verbindung steht. Bulbus olfactorius **A13,** Chiasma **A14,** Hypophyse **A15.**

Die **Epiphyse, Glandula pinealis** (Zirbeldrüse) **A16B** liegt als kleiner zapfenförmiger Körper an der Hinterwand des III. Ventrikels und über der Vierhügelplatte (S. 158 B19). Ihre Zellen, die *Pinealozyten,* werden von bindegewebigen Septen zu Läppchen zusammengefaßt. Sie besitzen in der Silberimprägnation lange Fortsätze mit kolbigen Endauftreibungen C, die vorwiegend an Gefäßen enden D. Beim Erwachsenen enthält die Epiphyse größere Verkalkungen **B17**, die im Röntgenbild zu erkennen sind.

Die Epiphyse ist bei niederen Vertebraten ein lichtempfindliches Organ, das entweder durch ein spezielles Parietalauge oder nur durch das Hindurchschimmern des Lichtes durch die dünne Schädeldecke den Wechsel von hell und dunkel registriert. Dadurch ist sie in den Tag- und Nachtrhythmus des Organismus eingeschaltet und reguliert z. B. bei Amphibien den Wechsel der Hautpigmentierung (tags Dunkelpigmentierung, nachts Abblassung) und einen entsprechenden Wechsel in der Verhaltensweise der Tiere. Sie registriert auch den Wechsel von heller Sommer- und dunkler Winterzeit und beeinfluß die jahreszeitlichen Veränderungen der Gonaden.

Beim Menschen soll die Epiphyse die Ausreifung der Genitalien bis zur Pubertät hemmen. Sie soll wie bei den Tieren eine antigonadotrope Funktion haben. In einigen Fällen von Zerstörung der Epiphyse bei Kindern wurde ein Hypergenitalismus beobachtet. Recessus pinealis **B18** Commissura habenularum **B19.**

Commissura epithalamica (posterior) B20

Nicht alle Fasersysteme, die durch sie hindurchziehen, sind bekannt. Es kreuzen in ihr habenulotektale Fasern. Von den verschiedenen prätektalen Kernen, die Fasern durch die Kommissur schikken, sind der Nucleus interstitialis Cajal und der Nucleus Darkschewitsch die wichtigsten. Auch vestibuläre Fasern sollen in ihr kreuzen (S. 126 B23).

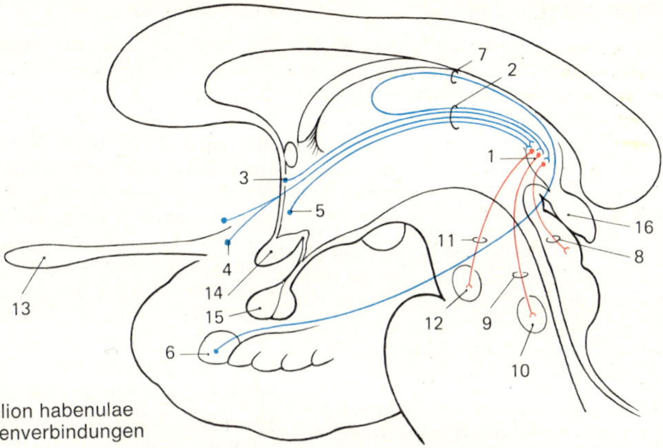

A Ganglion habenulae
Bahnenverbindungen

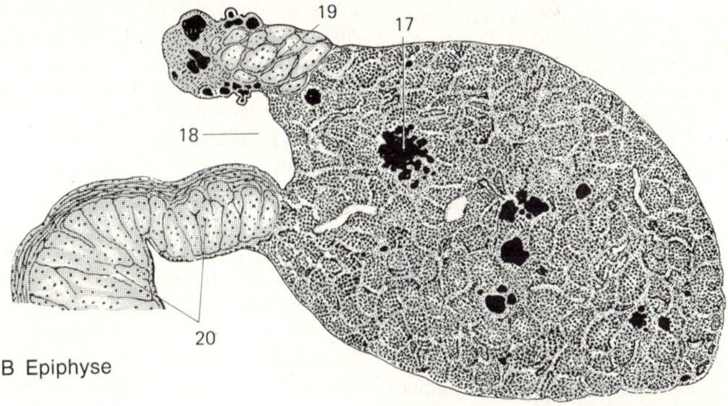

B Epiphyse

C Pinealozyten
Silberimprägnation
(nach Hortega)

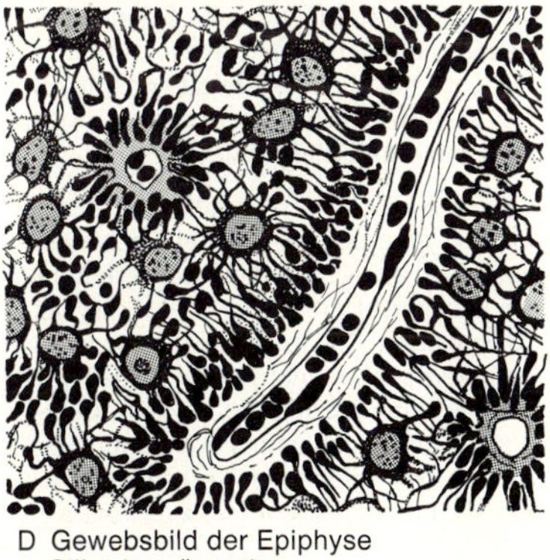

D Gewebsbild der Epiphyse
Silberimprägnation
(nach Hortega)

Thalamus dorsalis

Die Thalami dorsales sind zwei große Kernkomplexe von annähernd ovaler Gestalt. Ihre medialen Flächen bilden die Wände des dritten Ventrikels, ihre lateralen grenzen an die innere Kapsel. Sie erstrecken sich von den Foramina interventricularia bis zur Vierhügelplatte des Mittelhirns.

Die beiden Thalami sind die Endstätten der meisten Sinnesbahnen, die fast alle gekreuzt im gegenseitigen Thalamus enden. Faserbündel verbinden den Thalamus auch mit Kleinhirn, Globus pallidus, Striatum und Hypothalamus.

Mit der Hirnrinde ist der Thalamus **A1** durch den Stabkranz, **Radiatio thalami A**, verbunden. Die Fasern verlaufen schräg durch die innere Kapsel zur Hirnrinde. Als stärkere Bündel heben sich der *Pedunculus thalami anterior* **A2** (zum Frontallappen), der *Pedunculus superior* **A3** (zum Parietallappen), der *Pedunculus posterior* **A4** (zum Okzipitallappen) und der *Pedunculus inferior* (zum Temporallappen) ab.

Die vielfältigen Faserverbindungen weisen auf die zentrale Funktion des Thalamus hin, der in die meisten Systeme direkt oder indirekt eingeschaltet ist. Dementsprechend ist er auch kein einheitliches Gebilde, sondern ein mannigfaltig gegliederter Komplex unterschiedlich gebauter Kerngruppen. Nachdem Bewegungsstörungen und Schmerzzustände durch stereotaktische Operationen am Thalamus behandelt werden, ist die Kenntnis seines elementaren Aufbaus von praktischer Bedeutung.

Aufgrund der Faserverbindungen unterscheidet man zwei Arten von Thalamuskernen: 1. die Kerne, die Faserbeziehungen zur Hirnrinde haben, werden als *Palliothalamus* oder als *spezifische Thalamuskerne* zusammengefaßt; 2. die Kerne, die keine Beziehung zur Rinde haben, sondern mit dem Hirnstamm verbunden sind, bilden den *Truncothalamus* oder die *unspezifischen Thalamuskerne*.

Palliothalamus

Die rindenabhängigen Thalamuskerne werden in Kerngruppen (Territorien) zusammengefaßt: (1) die anteriore Kerngruppe, *Nuclei anteriores* (gelb) **BD5,** (2) die mediale Kerngruppe, *Nuclei mediales* (rot) **BD6,** die laterale Kerngruppe, *Nuclei ventrolaterales* (blau) **CD7,** die in eine (3) laterale Gruppe, *Nuclei laterales,* und eine (4) ventrale Gruppe, *Nuclei ventrales,* gegliedert wird, (5) das Corpus geniculatum laterale, *Nucleus geniculatus lateralis* **BC8,** (6) das Corpus geniculatum mediale, *Nucleus geniculatus medialis* **BC9,** (7) das *Pulvinar* **BC10** und (8) der *Nucleus reticularis* **D11.**

Die Kerngebiete werden durch Faserschichten getrennt: durch die *Lamina medullaris interna* **D12** (zwischen der medialen Kerngruppe und dem lateralen und anterioren Kerngebiet) und durch die *Lamina medullaris externa* **D13** (zwischen dem lateralen Kerngebiet und dem Nucleus reticularis thalami, der den Thalamus an der lateralen Fläche umgibt).

Der Nucleus reticularis und die unspezifischen Kerne mit Ausnahme des *Nucleus centromedianus* **B14** sind bei der Rekonstruktion der Kerngebiete weggelassen worden. Das vorderste Kerngebiet sind die Nuclei anteriores B5, an die sich kaudal die Nuclei mediales B6 anschließen. Im lateralen Territorium unterscheiden wir eine dorsal gelegene Kerngruppe, die Lateralkerne, *Nucleus lateralis dorsalis* **C15** und *Nucleus lateralis posterior* **C16,** und eine ventral gelegene, die Ventralkerne, *Nucleus ventralis anterior* **C17,** *Nucleus ventralis lateralis* **C18** und *Nucleus ventralis posterior* **C19.**

Nucleus dorsalis superficialis **BC20,** Foramen interventriculare **B21,** Commissura rostralis **C22,** Chiasma **C23,** Corpus mamillare **C24,** Tractus opticus **C25.** Schnittfläche des Balkens **A26.**

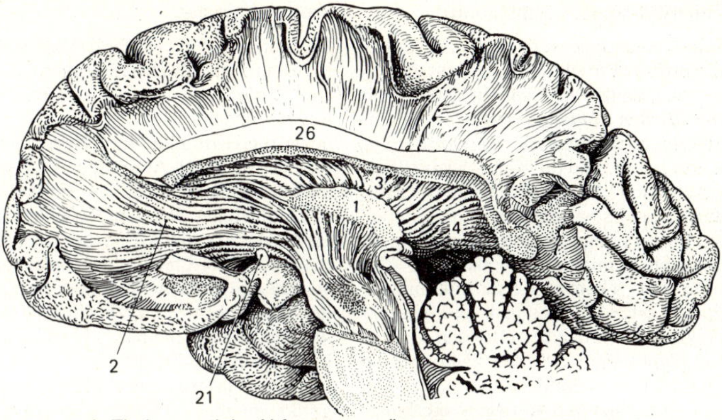

A Thalamusstiele, Abfaserungspräparat (nach Ludwig u. Klingler)

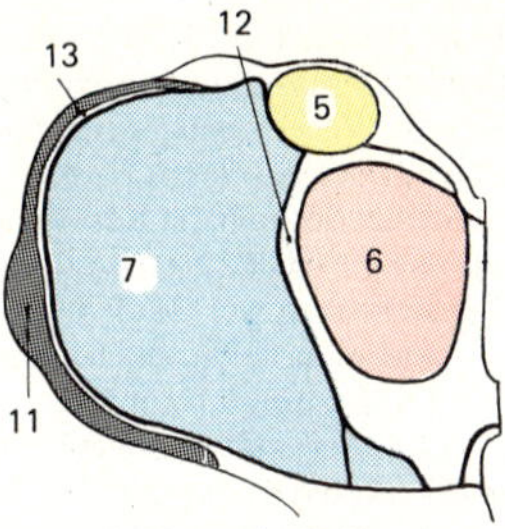

D Frontalschnitt mit Kerngliederung

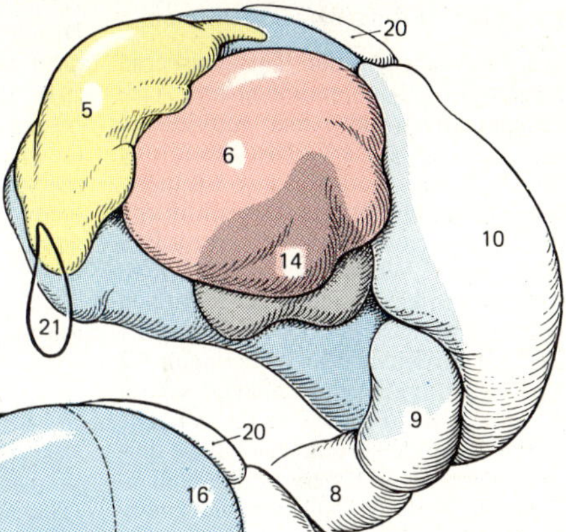

B Medianansicht

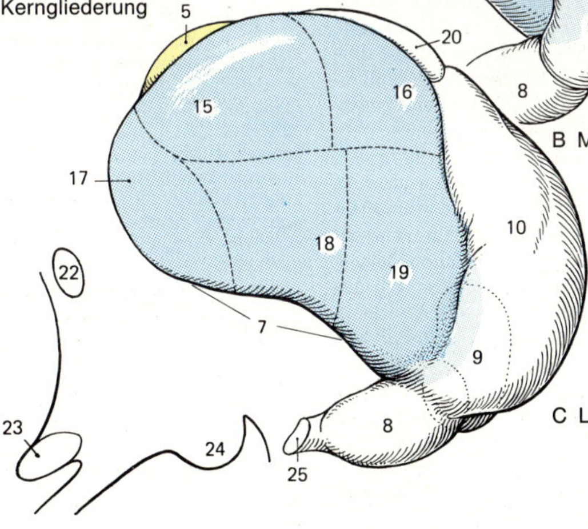

C Lateralansicht

BC Rekonstruktion der Thalamusterritorien

Palliothalamus (Fortsetzung)

Jede Kerngruppe ist mit einem bestimmten Bezirk (Projektionsfeld) der Hirnrinde verknüpft. Man spricht daher von *spezifischen Thalamuskernen.* In diesem System projizieren die Kerne auf ihre Kortexareale und die Kortexbezirke umgekehrt auf die entsprechenden Thalamuskerne. Es besteht ein Neuronenkreis mit einem thalamokortikalen und einem kortikothalamischen Schenkel. Die Neurone der Thalamuskerne übermitteln dem Cortex Erregungen und werden rückläufig von den betreffenden Kortexbezirken beeinflußt. Man kann also die Funktion eines Rindenareals nicht ohne den dazugehörigen Kern und die Funktion eines Thalamuskerns nicht ohne das dazugehörige Rindenareal betrachten.

Die Nervenzellen der Thalamuskerne reagieren auf die Abtrennung ihrer Axonenendigungen mit einer retrograden Degeneration (S. 18). Die Zerstörung umschriebener Kortexbezirke hat daher den Untergang der Nervenzellen in den dazugehörigen Thalamuskernen zur Folge. Auf diese Weise lassen sich die thalamischen Projektionsfelder der Hirnrinde abgrenzen A. Die Nuclei anteriores **A1** sind mit der Rinde des Gyrus cinguli **A2** verbunden, die Nuclei mediales **A3** mit der Rinde des Frontallappens **A4.** Die Lateralkerne **A5** projizieren auf die dorsale und mediale Rinde des Parietallappens **A6,** wobei der Nucleus dorsolateralis teilweise den retrosplenialen Abschnitt des Gyrus cinguli versorgen soll. Von den Ventralkernen ist der Nucleus ventralis anterior **A7** mit der prämotorischen Rinde **A8,** der Nucleus ventralis lateralis **A9** mit der motorischen Präzentralregion **A10** und der Nucleus ventralis posterior **A11** mit der sensiblen Postzentralregion **A12** verknüpft. Das Pulvinar **A13** projiziert auf Rindenabschnitte des Parietal- und Temporallappens **A14** und auf den Cuneus **A15.** Der Nucleus geniculatus lateralis **A16** ist durch die Sehbahn mit der Sehrinde **A17,** der Nucleus geniculatus medialis **A18** durch die Hörbahn mit der Hörrinde **A19** verbunden.

Truncothalamus

Die Kerne haben Faserbeziehungen zum Hirnstamm, zu Zwischenhirnkernen und zum Corpus striatum, jedoch keine anatomisch nachweisbare direkte Verbindung zur Hirnrinde. Ihre Nervenzellen bleiben auch nach Abtragung der gesamten Hirnrinde unbeschädigt; sie sind rindenunabhängig. Wir unterscheiden zwei Gruppen: (1) die Kerne des zentralen thalamischen Höhlengraus (**Nuclei mediani**) **B20,** die als kleine Zellhaufen entlang der Wand des dritten Ventrikels liegen, und (2) die intralaminären Kerne (**Nuclei intralaminares**) **B21,** die in die Lamina medullaris interna eingelagert sind. Der größte von ihnen ist der **Nucleus centromedianus B22.**

Die elektrische Reizung der Kerne führt nicht zur Erregung einzelner Rindenbezirke, sondern zur Veränderung der elektrischen Aktivität der gesamten Hirnrinde. Man bezeichnet deshalb die Kerne als *unspezifische Kerne.* Die Bahnen, auf denen die Beeinflussung der Rindenaktivität erfolgt, sind nicht bekannt. In den intralaminären Kernen enden aufsteigende Bahnen der Foramatio reticularis (aufsteigendes Aktivierungssystem S. 138).

Die Thalamusgliederung von Haßler weicht vor allem in der Unterteilung des lateroventralen Kernkomplexes ab. Der oralste Kern ist dabei der *Nucleus lateropolaris* **C23.** Dann folgt die Gliederung in eine dorsale, eine ventrale und eine dazwischen liegende zentrale Etage. Die drei Etagen zerfallen weiter in einen oralen, intermediären und kaudalen Abschnitt, so daß man dorsal einen *Nucleus dorsooralis* **C24,** *Nucleus dorsointermedius* **C25** und *Nucleus dorsocaudalis* **C26** unterscheiden kann, ventral einen *Nucleus ventrooralis* **C27,** Nucleus ventrointermedius **C28** und *Nucleus ventrocaudalis* **C29.**

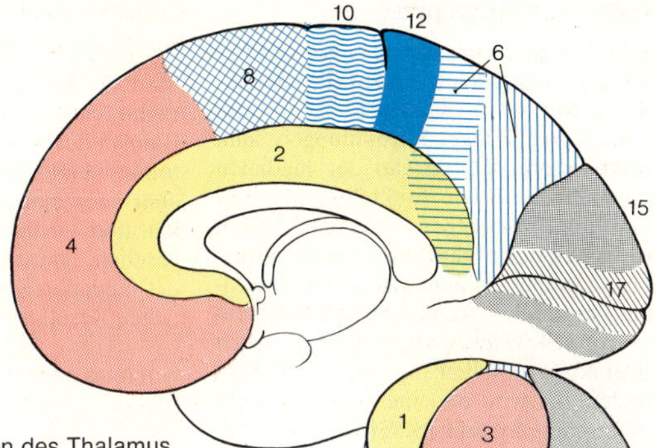

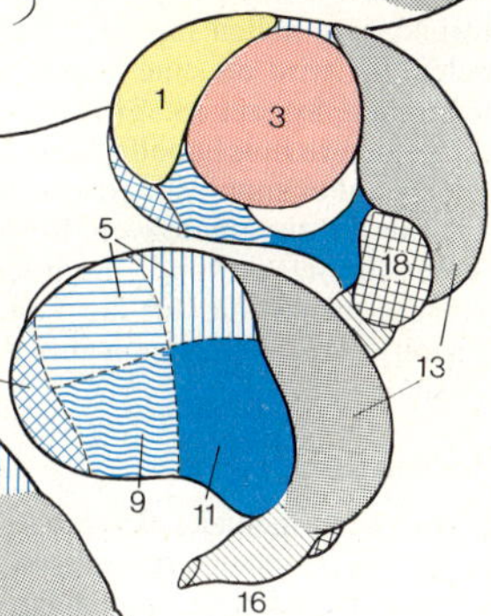

A Rindenprojektion des Thalamus
(nach Walker)

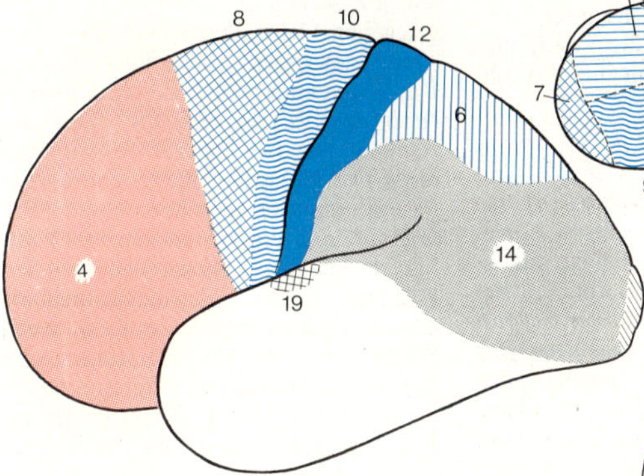

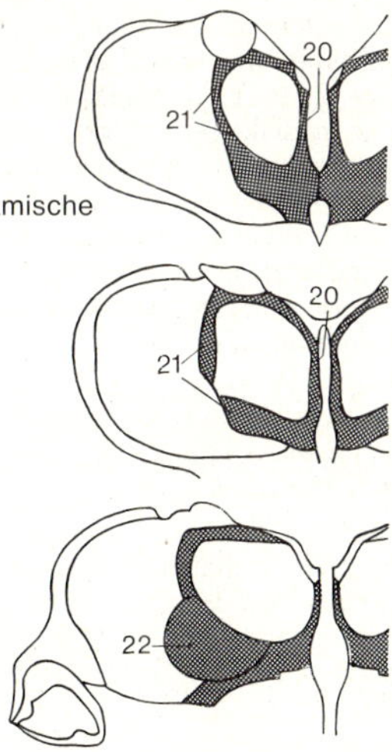

B trunkothalamische Kerne

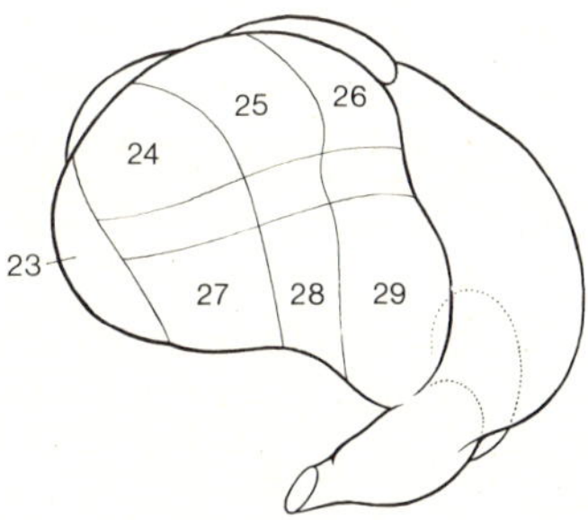

C Kerngliederung nach Hassler

Anteriore Kerngruppe

(Territorium anterius) **A1.** Sie besteht aus einem Hauptkern und mehreren kleineren Kernen. Von allen Kernen bestehen doppelläufige Verbindungen zum **Gyrus cinguli A2,** der an der medialen Hemisphärenfläche direkt über dem Balken liegt. Vorwiegend afferente Fasern erreichen den anterioren Kern vom Corpus mamillare **A3** als starkes markhaltiges Bündel, **Tractus mamillothalamicus** *(Vicq d'Azyrsches Bündel)* **A4.** Auch Fornixfasern sollen im anterioren Kern enden. Er wird als eine Schaltstätte im limbischen System (S. 310) angesehen. Die genauere funktionelle Bedeutung ist jedoch unbekannt. Elektrische Reizungen führen zu vegetativen Reaktionen (Veränderungen von Blutdruck und Atemfrequenz), die auf die Verbindungen mit dem Hypothalamus zurückzuführen sind.

Mediale Kerngruppe

(Territorium mediale) **B5.** Sie setzt sich aus einem medialen großzelligen, einem lateralen kleinzelligen und einem kaudalen Kern zusammen. Alle Kerne projizieren zum **Frontallappen**, und zwar zur *prämotorischen, polaren* und *orbitalen Rinde* **B6.** Über den unteren Thalamusstiel ziehen afferente Faserbündel vom **Globus pallidus B7** und vom *Nucleus basalis Meynert* (S. 162) zur medialen Kerngruppe. Der mediale großzellige Bezirk hat Faserbeziehungen zum Hypothalamus **B8** (präoptische Region und Tuber cinereum) und zum Corpus amygdaloideum. Der laterale kleinzellige Bezirk empfängt Fasern aus den benachbarten Ventralkernen des Thalamus.

Über die Bahnen aus dem Hypothalamus und den Ventralkernen sollen dem medialen Kernkomplex viszerale und somatische Impulse zufließen, die hier integriert und durch den vorderen Thalamusstiel zur frontalen Rinde weitergeleitet werden. Auf diesem Wege soll die affektive Grundstimmung, die wesentlich durch unbewußte Reize aus der viszeralen und somatischen Sphäre mitbestimmt wird, bewußt werden.

Man hat bei Patienten mit schweren Erregungszuständen die thalamokortikalen Bahnen durchtrennt (präfrontale Leukotomie) und danach eine Beruhigung, aber auch eine allgemeine Gleichgültigkeit und Verflachung der Persönlichkeit gesehen. Die stereotaktische Zerstörung des medialen Kernbezirkes führt zu ähnlichen Resultaten.

Nucleus centromedianus

(Centre médian Luys) **C9.** Er ist der größte der trunkothalamischen Kerne und gehört zu den intralaminären Kernen, die das mediale Kerngebiet einhüllen. Er zerfällt in einen ventrokaudal gelegenen kleinzelligen und einen dorsooral gelegenen großzelligen Bezirk. Die in ihm endenden Fasern des *Pedunculus cerebellaris cranialis (superior)* stammen aus dem *Nucleus emboliformis cerebelli* **C10.** Außer diesen gekreuzten Fasern nimmt er auch homolaterale Fasern aus der *Formatio reticularis* **C11** auf. Fasern aus dem inneren Pallidumglied **C12** zweigen vom Fasciculus lenticularis ab und strahlen in den Kern ein. Auch Fasern von der präzentralen Rinde (Area 4) sollen in ihm enden. Efferente Faserbündel ziehen vom großzelligen Bezirk zum **Nucleus caudatus C13** und vom kleinzelligen zum **Putamen C14.** Durch diese Bahnen wird eine Verbindung zwischen Kleinhirn und Striatum hergestellt.

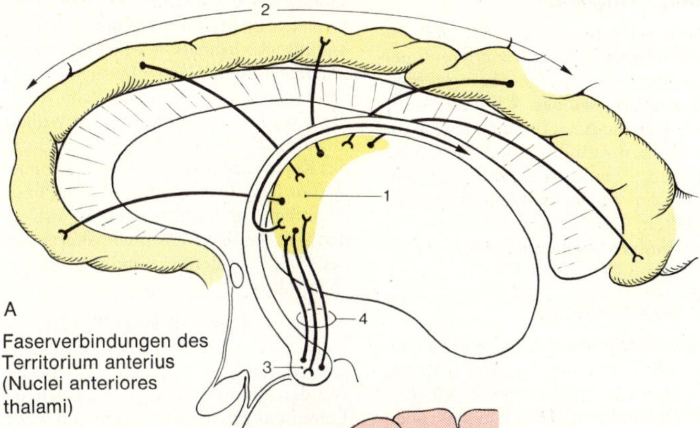

A

Faserverbindungen des Territorium anterius (Nuclei anteriores thalami)

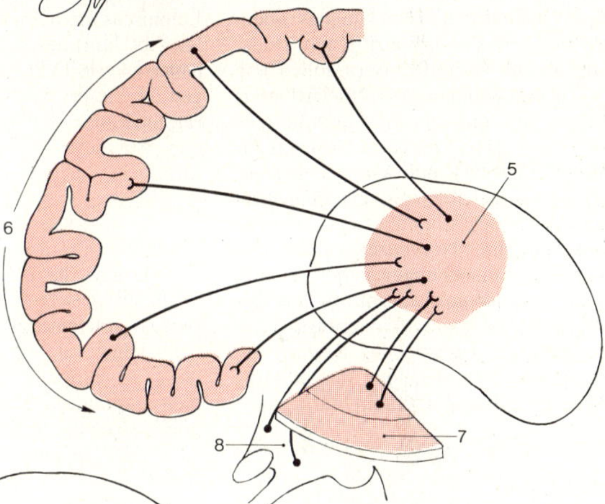

B Faserverbindungen des Territorium mediale (Nuclei mediales thalami)

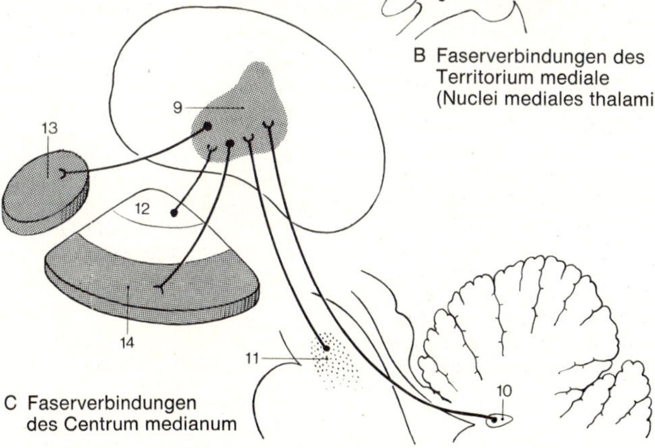

C Faserverbindungen des Centrum medianum

Laterale Kerngruppe

Die Lateralkerne, Nuclei laterales, bilden die dorsale Etage des lateroventralen Kernkomplexes. Beide Lateralkerne, **Nucleus lateralis dorsalis A1** und **Nucleus lateralis posterior A2**, erhalten keine extrathalamischen Zuflüsse, sondern sind nur mit anderen Thalamuskernen verbunden und werden daher als Integrationskerne angesehen. Sie senden ihre efferenten Fasern zum Parietallappen **A3.**

Ventrale Kerngruppe

Nucleus ventralis anterior (VA) A4. Er empfängt seine afferenten Fasern vor allem vom inneren Pallidumglied **A5** (Ursprung wahrscheinlich im Nucleus caudatus) und von den unspezifischen Thalamuskernen. Weitere Fasern sollen von der Substantia nigra, dem Nucleus interstitialis cajal und von der Formatio reticularis stammen. Der Kern projiziert zur prämotorischen Rinde **A6,** soll aber nur teilweise rindenabhängig sein, denn nach Schädigung des Rindenbezirkes geht nur die Hälfte seiner Nervenzellen zugrunde. Neuere Untersuchungen haben die Bedeutung des Nucleus ventralis anterior für das aufsteigende Aktivierungssystem (S. 138) aufgedeckt; die Reizung im Kerngebiet führt zu einer Veränderung der elektrischen Rindenaktivität.

Nucleus ventralis lateralis (VL) AB7. Das wichtigste afferente System des Kerns sind die Fasern des gekreuzten Pedunculus cerebellaris cranialis (superior) **A8.** Im vorderen Abschnitt des Nucleus ventralis lateralis enden Fasern aus dem Globus pallidus (Fasciculus thalamicus) **A9.** Die efferenten Fasern **A10** ziehen zur Rinde des Gyrus praecentralis **A11.** In diesem System tritt eine somatotopische Ordnung des Nucleus ventralis lateralis zutage: die Fasern des lateralen Kernareals ziehen zur Beinregion der präzentralen Rinde, die anschließenden Areale zur Rumpf- und Armregion und die medialen zur Kopfregion B7. Thalamuskern und Rindenbezirk zeigen also eine korrespondierende topische Gliederung. Informationen aus dem Kleinhirn (Körperhaltung, Koordination, Muskeltonus) erreichen auf dem Wege über den Nucleus ventralis lateralis die motorische Rinde; das Kleinhirn beeinflußt so die Willkürmotorik. Ein schmaler kaudaler Bezirk des Kerns wird als *Nucleus ventralis intermedius* **B12** abgetrennt, in dem der Fasciculus tegmentalis dorsolateralis Forel aus den gleichseitigen Vestibulariskernen endet (Kopf- und Blickwendung zur gleichen Seite).

Nucleus ventralis posterior (VP) A13. Der Kern ist die Endstätte der gekreuzten, sekundären sensiblen Bahnen **A14.** Der von den Hinterstrangkernen ausgehende Lemniscus medialis strahlt in den lateralen Abschnitt des Kerns, **Nucleus ventralis posterolateralis (VPL) B15** ein. Dabei liegen die Fasern des Nucleus gracilis lateral, die Fasern des Nucleus cuneatus medial. Auf diese Weise kommt eine somatotopische Gliederung des Kerns zustande, die auch elektrophysiologisch nachgewiesen ist: lateral wird die untere Extremität repräsentiert, weiter medial der Rumpf und die obere Extremität. Im medialen Abschnitt des Kerns, **Nucleus ventralis posteromedialis (VPM) B16,** enden die sekundären Trigeminusfasern, Lemniscus trigeminalis. Sie leiten die sensiblen Empfindungen von Kopf und Mundhöhle, so daß sich insgesamt ein Homunculus der gegenseitigen Körperhälfte ergibt. Am weitesten medial ist das Endigungsgebiet der sekundären Geschmacksbahn gelegen. Die Bahnen der protopathischen Sensibilität, Tractus spinothalamicus und Schmerzfasern des Trigeminus, sollen in den basalen Bezirken des Kerns enden, und zwar doppelseitig. Die efferenten Fasern des Kerns **A17** ziehen zur sensiblen Postzentralregion (S. 236), deren somatotopische Ordnung durch die topische Gliederung des Nucleus ventralis posterior und seiner Projektion auf die Rinde bedingt ist.

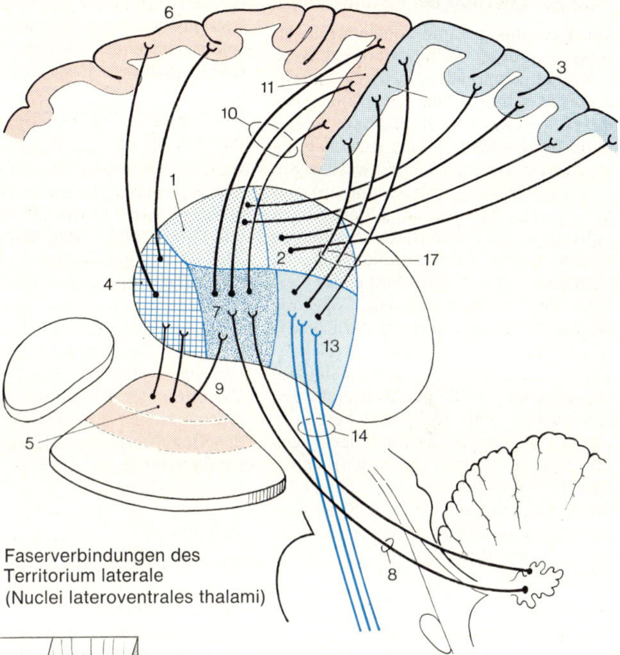

A Faserverbindungen des Territorium laterale (Nuclei lateroventrales thalami)

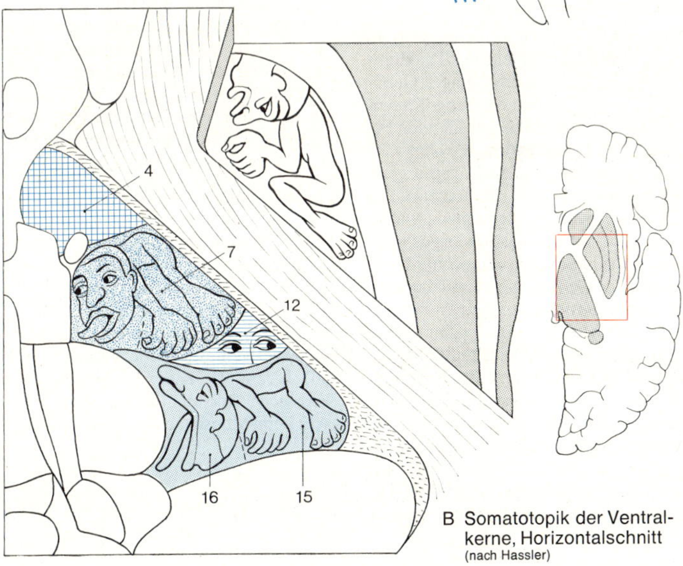

B Somatotopik der Ventralkerne, Horizontalschnitt (nach Hassler)

Funktionelle Topik der Ventralkerne

Die Kenntnis der funktionellen Gliederung erlaubt es, durch stereotaktische Ausschaltungen im *Nucleus ventralis posterior* schwere Schmerzen ohne Beeinträchtigung der Berührungsempfindung zu beseitigen. Durch Ausschaltung im *Nucleus ventralis lateralis* werden Bewegungsstörungen (Hyperkinesen) behoben, ohne daß gleichzeitig Lähmungen auftreten. Die bei den Ausschaltungen erforderlichen Reizkontrollen ergeben Hinweise auf die Vertretung der verschiedenen Körperregionen. Wie die Reizkarte A zeigt, verläuft das Körperschema schräg von dorsolateral (Beinregion |, Armregion —) nach mediobasal (Kopfregion ○). Bei den Reizkontrollen des Nucleus ventralis lateralis kommt es auch zu unwillkürlichen Lautäußerungen (●) oder zu eruptiv hervorgestoßenen Sätzen (○), wobei sich entsprechend der Hemisphärendominanz (S. 248) die Dominanz des einen der beiden Thalami zeigt (beim Rechtshänder des linken Thalamus) B.

Corpus geniculatum laterale

Der Kern **C1** liegt etwas abgesondert an der ventrokaudalen Fläche des Thalamus und stellt ein relativ selbständiges Gebilde dar. Er zeigt eine Schichtung in sechs Zellagen, die von den einstrahlenden Faserzügen des **Tractus opticus** getrennt werden. In jedem der beiden Corpora geniculata enden gekreuzte und ungekreuzte Optikusfasern in gesetzmäßiger Anordnung (S. 242 A). Im linken Corpus geniculatum laterale ist die temporale Netzhauthälfte des linken Auges und die nasale Netzhauthälfte des rechten Auges vertreten, im rechten Corpus geniculatum laterale die temporale Netzhauthälfte des rechten Auges und die nasale Netzhauthälfte des linken Auges (S. 332). Die Fasern aus der *Macula,* der Region des schärfsten Sehens, enden in einem mittleren keilförmigen Bezirk, der durch alle Zellschichten reicht (S. 178 A9). Die Nervenzellen des Geniculatum laterale schicken ihre Fortsätze zur Sehrinde, der **Area striata C2** an der medialen Hemisphärenfläche des Okzipitallappens **(zentrale Sehstrahlung o. Radiatio optica).**

Corpus geniculatum mediale

Der Kern **D3** ist die dienzephale Schaltstätte der Hörbahn. Medial vom lateralen Geniculatum erscheint er als ein äußerlich sichtbarer Höcker. Die afferenten Fasern bilden das **Brachium colliculi inferioris** vom gleichseitigen *Colliculus inferior* **D4.** Einige Faserbündel der Hörbahn kommen vom *Nucleus corporis trapezoides* und den gleichseitigen Kochleariskernen, die Mehrzahl jedoch stammt von den gegenseitigen Kochleariskernen. Die efferenten Fasern des Geniculatum mediale ziehen zur Hörrinde **D5,** die auf den **Heschlschen Querwindungen, Gyri temporales transversi** (S. 238 C1) des Temporallappens liegt.

Pulvinar

Das Pulvinar (S. 166 BC10) nimmt das kaudale Drittel des Thalamus ein und läßt sich in mehrere Kerne unterteilen. Seine funktionelle Bedeutung ist ungeklärt. Da es keine extrathalamischen Zuflüsse erhält, ist es als ein Integrationskern anzusehen. Afferente Fasern aus dem Geniculatum laterale, Kollaterale von Optikusfasern, wahrscheinlich auch Fasern aus dem Geniculatum mediale, treten in das Pulvinar ein.

Doppelläufige Faserverbindungen bestehen zwischen dem Pulvinar und der Rinde des Parietallappens und des dorsalen Temporallappens. Das Pulvinar ist also nicht nur in das optische und akustische System eingeschaltet, sondern auch mit den für Sprache und symbolisches Denken wichtigen Rindenbezirken (S. 232, 236) verknüpft. Eine Schädigung oder elektrische Reizung des Pulvinar verursacht beim Menschen Sprachstörungen.

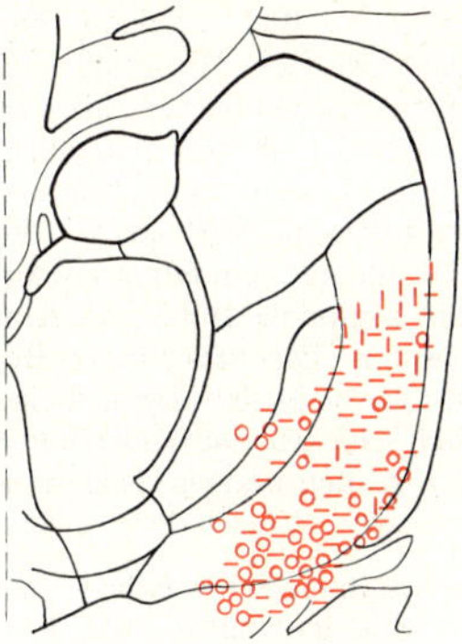

A Motorische Effekte bei Reizung des lateralen Ventralkerns (nach Schaltenbrand, Spuler, Wahren u. Rümler)

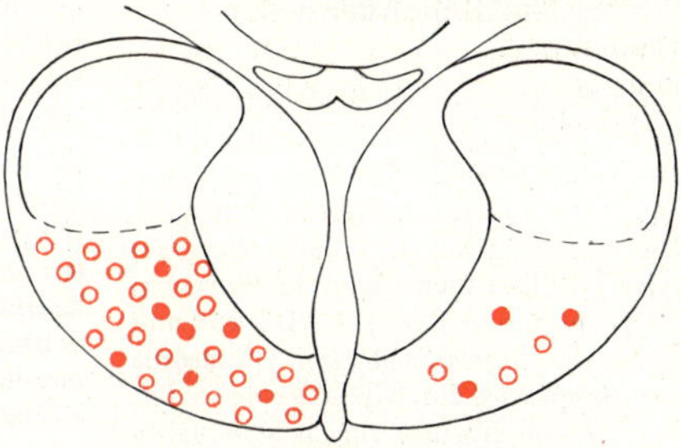

B Sprach- und Lautäußerung bei Reizung des lateralen Ventralkerns (nach Schaltenbrand, Spuler, Wahren u. Rümler)

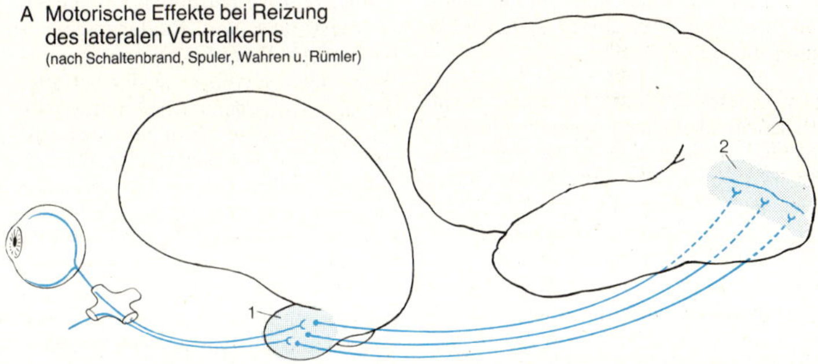

C Faserverbindungen des Corpus geniculatum laterale

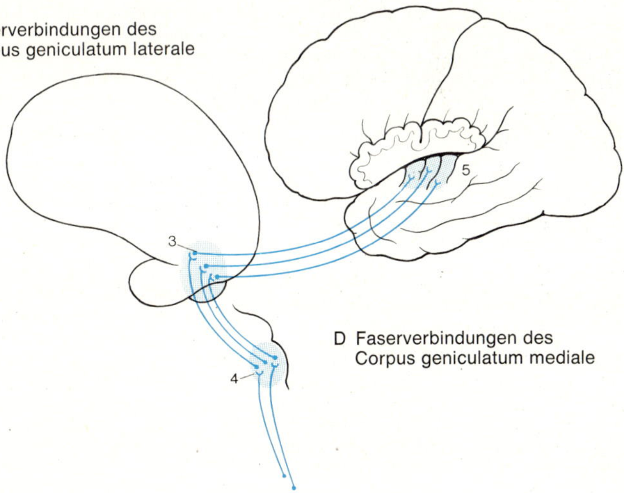

D Faserverbindungen des Corpus geniculatum mediale

Frontalschnitt durch den oralen Thalamus

Die anteriore und mediale Kerngruppe heben sich im Markscheidenbild durch ihre spärliche und feine Markzeichnung deutlich vom lateralen Kernkomplex ab. Die dorsal gelegenen **Nuclei anteriores ABC1** wölben sich gegen das Foramen interventriculare Monroi **AB2** vor und bilden die *Eminentia thalami.* Die **mediale Kerngruppe** wird durch die *Lamina medullaris interna* **B3** und die intralaminären Kerne **C4** eingehüllt und von der lateralen Region abgegrenzt. Man kann an ihr einen inneren großzelligen Anteil **AC5** und einen äußeren, lateral um den inneren liegenden kleinzelligen Anteil **AC6** unterscheiden.

Den größten Teil des Thalamus macht die **lateroventrale Kerngruppe** aus, die sich als eine breite Schale um den medialen Bezirk lagert. Sie ist erheblich markreicher und läßt im Markfaserbild einen Unterschied zwischen dem dorsalen und dem ventralen Bezirk erkennen. Der ventrale Kernbezirk besitzt gegenüber dem dorsalen (Nucleus lateralis dorsalis) **BC7** eine stärkere und auch gröbere Markfaserung. Er zeigt bereits im Übersichtsbild eine Gliederung in eine innere und eine äußere Abteilung. Auf dem Schnitt ist der *Nucleus ventralis lateralis* getroffen. In seinem medialen Abschnitt **ABC8** enden Fasern aus der Mittelhirnhaube. Lateral davon ist der orale Teil des Kerns **ABC9** getroffen, in dem die Faserbündel des Pedunculus cerebellaris superior enden und der in seiner Projektion zur Präzentralregion (Area 4) eine somatotopische Gliederung aufweist.

Die laterale Fläche des Thalamus wird vom **Nucleus reticularis thalami ABC10** gebildet. Dieser umgibt als schmale Zellschicht lateral den ganzen Thalamus wie eine Schale und erstreckt sich vom oralen Pol, wo er am breitesten ist, bis zum Pulvinar und zum Corpus geniculatum laterale. Vom lateralen Kernbezirk ist er durch eine Markfaserlamelle, *Lamina medullaris externa* **B11,** getrennt. Die Beziehungen zwischen Hirnrinde und Nucleus reticularis sind für verschiedene Abschnitte des Kerns unterschiedlich: die frontale Rinde steht mit dem oralen Bezirk des Kerns in Verbindung, die temporale Rinde mit dem mittleren Anteil und die okzipitale Rinde mit dem kaudalen Anteil. Die funktionelle Bedeutung des Kerns ist unbekannt. Seine Nervenzellen schicken eine Vielzahl von Kollateralen zu den übrigen Thalamuskernen.

Die Faserbeziehungen zwischen den Thalamuskernen und bestimmten Rindenbezirken werden durch experimentelle Zerstörung von Rindenabschnitten oder durch Faserdurchtrennung aufgedeckt. Die Nervenzellen der betreffenden Kerne erleiden nach Durchtrennung ihrer Axone eine retrograde Degeneration (S. 18). Bei den Nervenzellen des Nucleus reticularis soll es sich jedoch nicht um eine retrograde, sondern um eine transneuronale Zelldegeneration handeln, d. h., daß die Zellen nicht wegen Durchtrennung ihres Axons, sondern wegen des Ausfalls der afferenten Fasern, die an ihnen enden, zugrunde gehen. Danach würde die Rinde auf den Nucleus reticularis, dieser jedoch nicht zur Rinde projizieren.

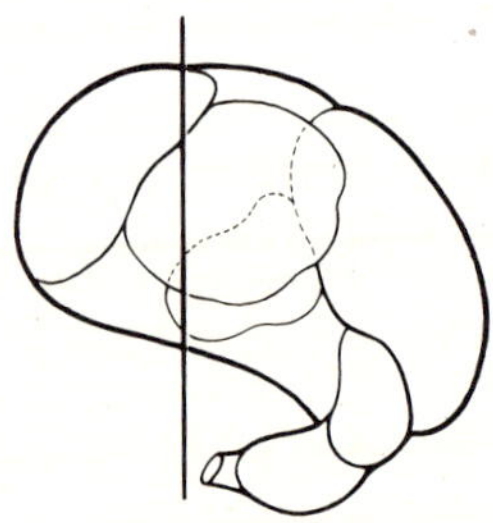

Schnittlage

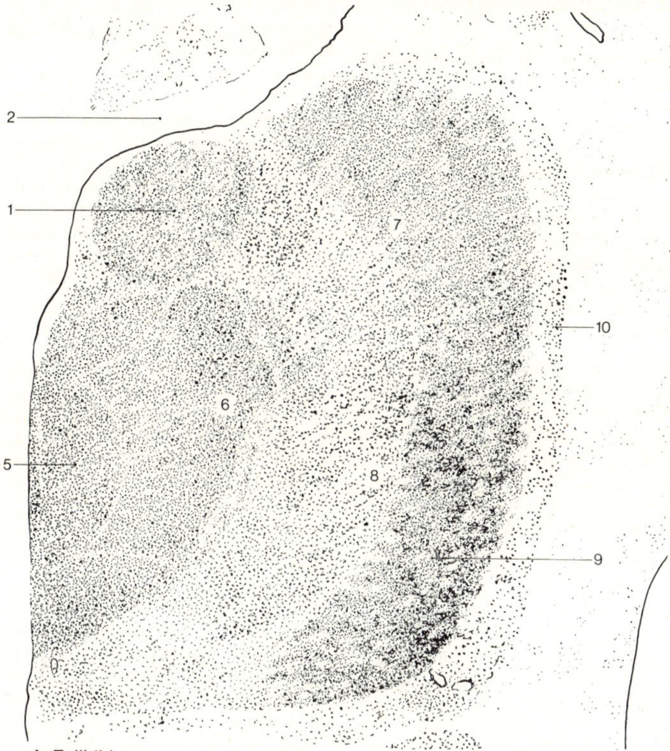

A Zellbild

Frontalschnitt durch den rostralen Thalamus (halbschematisch)

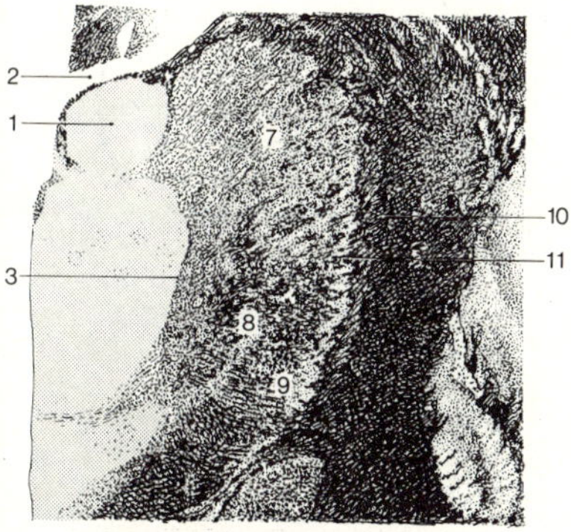

B Markscheidenbild

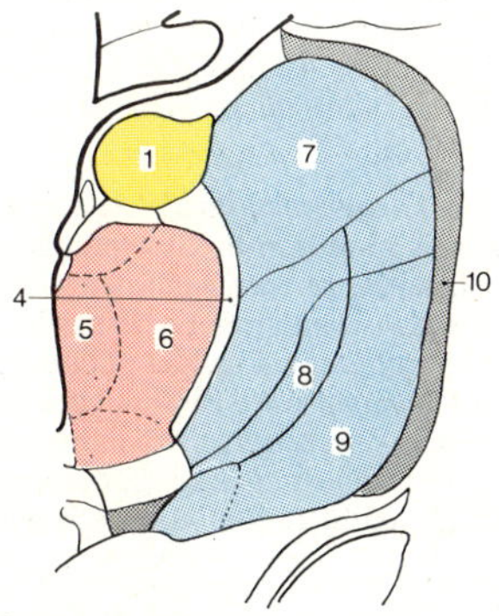

C Kerngliederung (nach Hassler)

Frontalschnitt durch den kaudalen Thalamus

In dieser Höhe sind wiederum die **mediale ABC1** und die **lateroventrale Kerngruppe ABC2** getroffen. Es sind die am weitesten kaudal gelegenen Bezirke des medialen Kerns. Dorsal werden sie durch eine schmale Marklamelle vom *Nucleus dorsalis superficialis* **ABC3** getrennt. Lateral sind sie von der Lamina medullaris interna und den intralaminären Kernen umgeben. Diese trunkothalamischen Anteile erreichen hier mit dem *Nucleus centromedianus* **ABC4** eine besondere Ausdehnung.

Dorsal schieben sich die oralsten Kernbezirke des **Pulvinar ABC5** zwischen die mediale und laterale Kerngruppe. Der orale Bezirk des Pulvinar projiziert zu den oberen Windungen des Temporallappens und soll Fasern aus dem lateralen Lemniscus empfangen, also ein Integrationskern im akustischen System sein.

Im lateroventralen Gebiet ist der *Nucleus ventralis posterior* **ABC6** getroffen, in dem der *Lemniscus medialis,* die spinothalamischen Bahnen und die sekundären Trigeminusfasern einstrahlen. Der äußere Abschnitt, in dem die Fasern für Extremitäten und Rumpf enden, ist markfaserreich und zellärmer als der innere Abschnitt, der die Fasern für den Kopfbereich aufnimmt. Dieser zeichnet sich durch einen größeren Zellreichtum und eine feinere Markfaserung aus. Er umschließt den Nucleus centralis ventral und lateral und erscheint im Markscheidenbild als halbmondförmige Figur, daher auch als *Nucleus semilunaris* **B7** bezeichnet.

Das **Corpus geniculatum laterale ABC8** liegt etwas abseits vom Gesamtkomplex des Thalamus an der ventralen Oberfläche des Zwischenhirns. Es besitzt basal eine Einbuchtung und bildet mit seinem lateralen Anteil einen Buckel *(lateraler Kniehöcker)*. Es zeichnet sich durch eine markante Schichtung aus, an der man sechs Zellagen und fünf dazwischenliegende Faserlamellen unterscheiden kann. Die Faserschichten werden von den Fasern des Tractus opticus gebildet, die sich in gesetzmäßiger Weise aufteilen und an den Nervenzellen der verschiedenen Schichten enden (S. 242A). Von diesen Schichten sind die oberen vier kleinzellig, die unteren zwei großzellig. In der zweiten, dritten und fünften Schicht enden Fasern von der Netzhaut des gleichseitigen Auges (ungekreuzte Optikusfasern), in der ersten, vierten und sechsten Schicht Fasern vom gegenseitigen Auge (gekreuzte Optikusfasern). Die Fasern aus dem Ort des schärfsten Sehens, der *Macula,* enden in einem mittleren keilförmigen Gebiet **A9.** Wenn die Macula zerstört wird, kommt es in diesem Gebiet zu einer transneuronalen Degeneration der Geniculatumzellen. Das Geniculatum laterale wird von einer dichten Markfaserkapsel umgeben. Es sind die dorsal und lateral austretenden Fasern der *zentralen Sehstrahlung (Radiatio optica)* (S. 244C).

Medial vom Corpus geniculatum laterale ist die kaudale Partie des *Corpus geniculatum mediale* **ABC10** angeschnitten. Der *Nucleus reticularis* **AC11** bildet die laterale Kapsel. Er verbreitert sich ventral und umschließt auch das Geniculatum laterale.

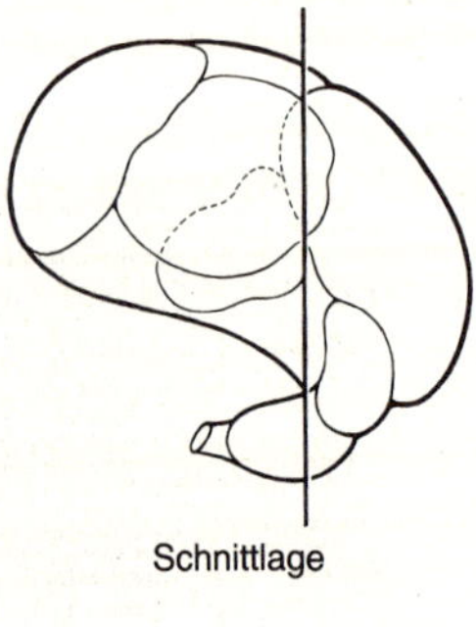

Schnittlage

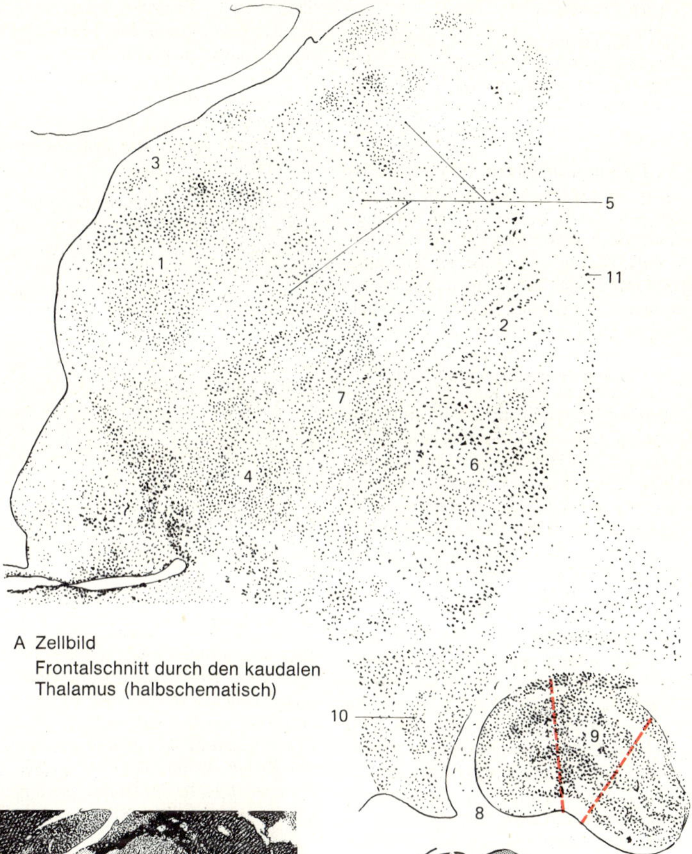

A Zellbild

Frontalschnitt durch den kaudalen Thalamus (halbschematisch)

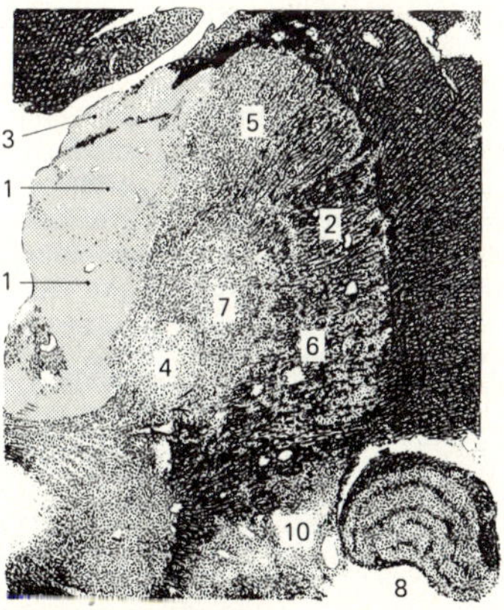

B Markscheidenbild

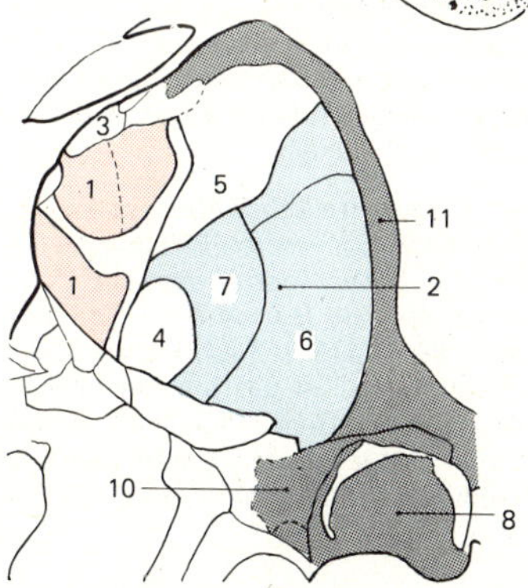

C Kerngliederung (nach Hassler)

Subthalamus

Die **Zona incerta A1** (S. 162 B25) zwischen *Forels Feld H1* **A2** und *Feld H2* **A3** (S. 162 B27, B28) soll eine Schaltstätte für absteigende Fasern des Globus pallidus sein.

Der **Nucleus subthalamicus** (Corpus Luysi) **A4** (S. 162 B26) zwischen dem Feld *H2* und der *Capsula interna* **A5** hat enge Faserbeziehungen zum Pallidum A6: afferente Fasern vom äußeren Pallidumglied, efferente Fasern zum inneren Pallidumglied. Doppelläufige Bündel ziehen zum Tegmentum und zum gegenseitigen Nucleus subthalamicus und Globus pallidus (Commissura supramamillaris).

Klinischer Hinweis. Eine Schädigung des Nucleus subthalamicus führt beim Menschen zu Bewegungsunruhe, die sich anfallsweise zu starken Schleuderbewegungen eines Armes oder der ganzen gegenseitigen Körperhälfte steigert (Hemiballismus). Bei Affen kann durch Zerstörung des Nucleus subthalamicus die gleiche Symptomatik erzeugt werden.

Der **Globus pallidus A6** (S. 162 AB6) wird durch eine Markfaserlamelle in ein äußeres und ein inneres Glied geteilt. Beide Teile stehen miteinander sowie mit dem *Putamen* **A7** und dem *Nucleus caudatus* **A8** in enger Faserverbindung. Doppelläufige Beziehungen bestehen zum *Nucleus subthalamicus,* wobei die subthalamopallidalen Fasern **A9** im inneren Glied enden und die pallidosubthalamischen Fasern **A10** dem äußeren Glied entspringen. Nigropallidale Fasern **A11** ziehen von der *Substantia nigra* **A12** zum inneren Pallidumglied.

Der **Fasciculus lenticularis A13** tritt am dorsalen Rand des inneren Pallidumgliedes aus und bildet ventral von der Zona incerta das *Feld H2 von Forel.* Die **Ansa lenticularis A14** (S. 162 A10) formiert sich im ventralen Teil des inneren Gliedes und zieht im Bogen durch die innere Kapsel. Nach neueren Untersuchungen vereinigen sich Fasciculus und Ansa lenticularis zum **Fasciculus thalamicus A15,** der das *Feld H1 von Forel* bildet und in den Thalamus einstrahlt (Nucleus ventralis anterior, Nucleus ventralis lateralis, Nucleus medialis). Fasern vom inneren Pallidumglied ziehen als pallidotegmentale Bündel **A16** in das Tegmentum des Mittelhirns.

Klinischer Hinweis. Entgegen der alten Ansicht, daß der Parkinsonismus (Schüttellähmung) Ausdruck einer Pallidumschädigung sei, hat die Zerstörung des Pallidum zu keinerlei Bewegungsstörungen geführt. Einseitige Ausschaltung des Pallidum bei Parkinsonpatienten beseitigt auf der Gegenseite die Muskelsteifheit und verringert den Tremor. Doppelseitige Ausschaltung führt zu psychischen Störungen (Hirnleistungsschwäche: Reizbarkeit, rasche Ermüdbarkeit, Konzentrationsmangel).

Reizergebnisse im Subthalamus B

Bei elektrischer Reizung tritt eine Erhöhung des Muskeltonus, eine erhöhte Reflexerregbarkeit und eine Förderung von kortikal ausgelösten Bewegungen ein.

Von bestimmten Bezirken lassen sich automatische Bewegungsabläufe hervorrufen. Da auch durchziehende Faserbündel getroffen werden, geben die Reizeffekte keine Auskunft über die Funktion einzelner Kerne. Kopfsenkung (↓) erfolgt bei Reizung in Höhe der Commissura posterior (Faserbereich des Nucleus interstitialis), Kopfhebung (↑) medial im prärubralen Feld. Das Feld der Raddrehung und Wälzbewegung (↺) entspricht dem Faserbereich des Pedunculus cerebellaris cranialis (superior). Im Feld der ipsiversiven Wendebewegung (←) wird der Fasciculus tegmentalis dorsolateralis (vestibulothalamische Bahn) getroffen. Das Areal der kontraversiven Wendebewegung (→) entspricht der Zona incerta. Fornix **B17.** Tractus mamillothalamicus **B18.**

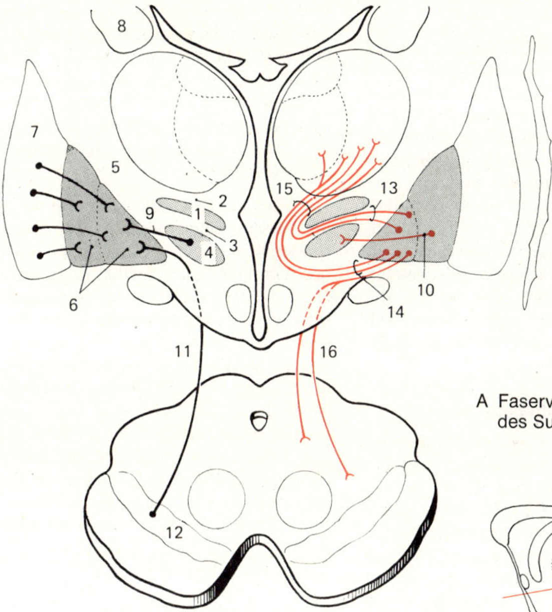

A Faserverbindungen des Subthalamus

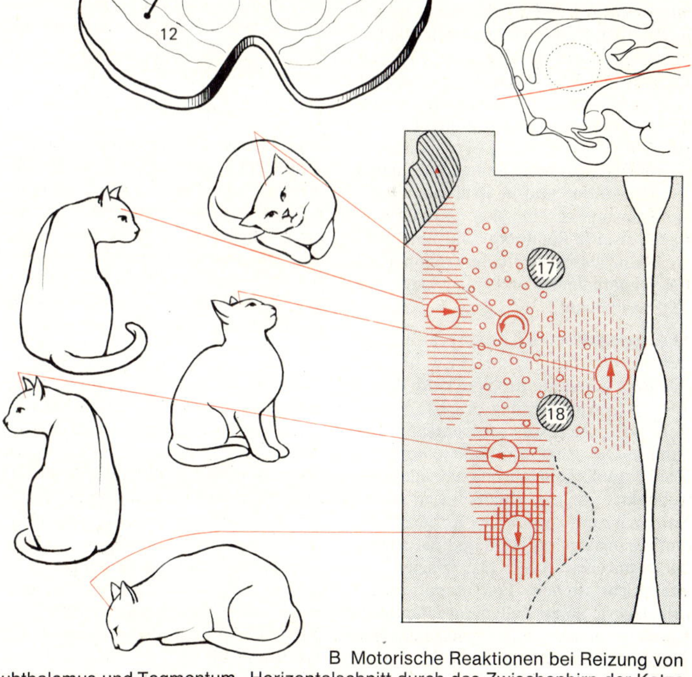

B Motorische Reaktionen bei Reizung von Subthalamus und Tegmentum Horizontalschnitt durch das Zwischenhirn der Katze

(nach Hess)

Hypothalamus

Der Hypothalamus bildet die unterste Etage und den Boden des Zwischenhirns mit dem *Chiasma opticum,* dem *Tuber cinereum,* das trichterförmig in das Infundibulum (Hypophysenstiel) übergeht, und den *Corpora mamillaria.* Er ist die zentrale Region für die Steuerung der vegetativen Funktionen und beeinflußt nicht nur das vegetativ-nervöse System, sondern über seine Verbindungen zur Hypophyse auch das endokrin-vaskuläre System und koordiniert beide. Wir gliedern den Hypothalamus in zwei Abschnitte: den *markarmen* und den *markreichen Hypothalamus.*

Markarmer Hypothalamus

Er umfaßt die vor dem Chiasma liegende *Regio praeoptica,* das *Tuber cinereum,* das vom Tuber dorsolateral gelegene *laterale Feld* **A1** und die *Area dorsocaudalis* **B2** über den Corpora mamillaria. Der markarme Hypothalamus ist die an peptidergen Neuronen reichste Hirnregion. Die verschiedenen Neuropeptide sind hier in diffus verstreuten Zellen (Luliberin, Cholecystokinin, Thyroliberin), in periventrikulären Zellansammlungen (Somatostatin) und in wechselnder Zusammensetzung in den Kernarealen nachweisbar. Peptiderg sind eine Vielzahl von Faserverbindungen innerhalb des Hypothalamus und einige lange Projektionsbahnen.

Die **Regio praeoptica C3** erstreckt sich von der *Commissura rostralis* **C4** bis zum *Chiasma* **C5** als kleinzelliges Feld, das die rostralste Ausbuchtung des III. Ventrikels, den Recessus praeopticus, umrahmt. Die Region enthält eine große Zahl peptiderger Neurone (vor allem Enkephalin). An sie schließen sich kaudal zwei markante großzellige Kerne an: der **Nucleus supraopticus AC6** und der **Nucleus paraventricularis AC7.** Der Nucleus supraopticus ist dem Tractus opticus **A8** angelagert. Seine Zellen enthalten u. a. Cholecystokinin und Dynorphin. Der Nucleus paraventricularis liegt nahe der Wand des III. Ventrikels, nur durch eine Gliafaserschicht vom Ependym getrennt, und erstreckt sich als schmales Band schräg nach oben bis in die Gegend der Zona incerta. In seinen peptidergen Nervenzellen sind Corticoliberin, Neurotensin, Cholecystokinin u. a. Neuropeptide nachweisbar.

Der Hauptkern des **Tuber cinereum A9** ist der **Nucleus ventromedialis AC10,** der als runder Körper den größten Teil des Tuber einnimmt. Er besitzt mittelgroße Nervenzellen, darunter zahlreiche peptiderge Zellen (vorwiegend Neurotensin), und ist von einer feinen Faserkapsel, Fasern des Fasciculus pallidohypothalamicus, umgeben. Der **Nucleus dorsomedialis AC11** ist schwächer entwickelt und enthält kleine Nervenzellen. Am Abgang des Infundibulum liegt der kleinzellige **Nucleus infundibularis AC12.** Seine Zellen umschließen ringförmig den Recessus infundibularis und reichen direkt bis an das Ependym. Die Zellen des Kerns enthalten vor allem Endorphin und ACTH.

Markreicher Hypothalamus

Das **Corpus mamillare BC13** bildet als rundlicher Wulst den kaudalen Abschnitt des Hypothalamus. Es ist ein markhaltiges Gebiet, das von einer starken Markkapsel umgeben ist. Diese wird von den ein- und austretenden Faserbahnen gebildet: medial von Fasern des *Fasciculus mamillothalamicus (Vicq d'Azyr)* und des *Fasciculus mamillotegmentalis* (Gudden), lateral von Fasern des *Fornix.*

Das Corpus mamillare zerfällt in einen medialen und einen lateralen Kern. Der große *mediale Kern* **B14** besitzt kleine Nervenzellen. Er hat die Gestalt einer Kugel und bildet allein den an der Hirnbasis sichtbaren runden Körper. Der *laterale Kern* **B15** sitzt dem medialen Kern dorsolateral als kleine Kappe auf. Das Corpus mamillare wird umgeben von Kernbezirken des markarmen Hypothalamus: dem *Nucleus praemamillaris* **C16** und dem *Nucleus tuberomamillaris* **B17.** *Fornix* **AC18.**

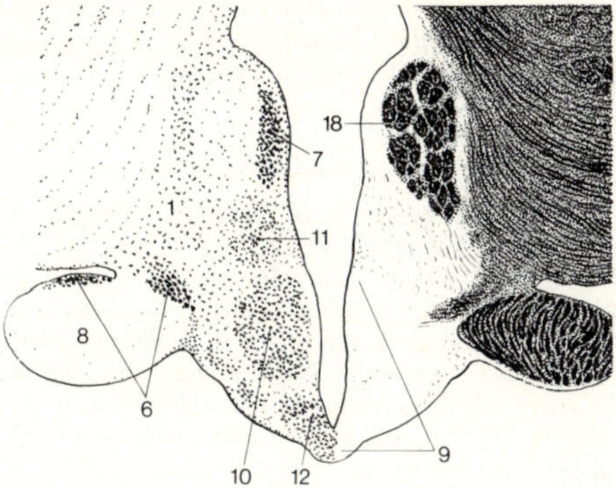

A Frontalschnitt durch das Tuber cinereum, (markarmer Hypothalamus)

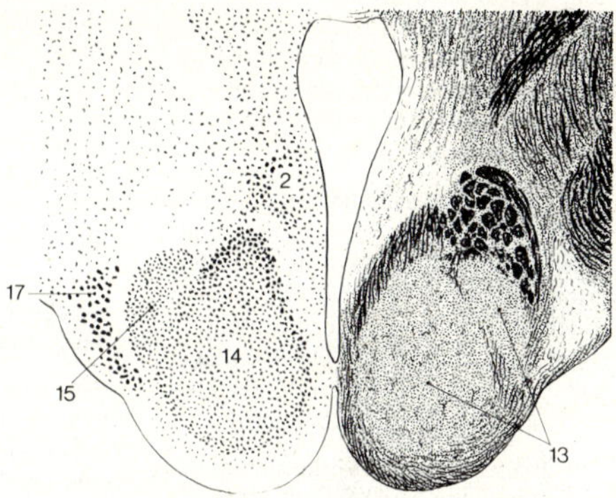

B Frontalschnitt durch das Corpus mamillare, (markreicher Hypothalamus)

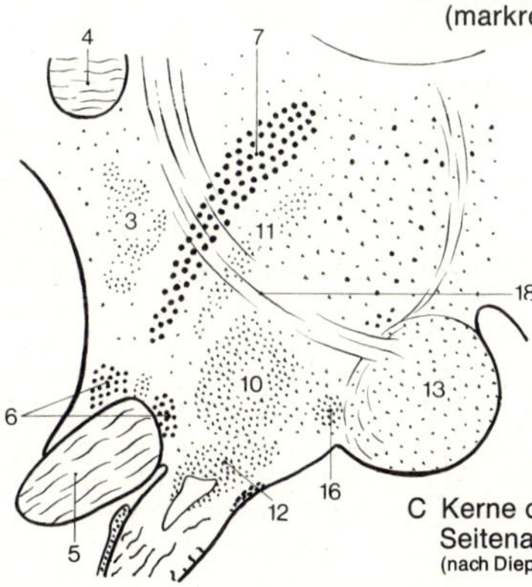

C Kerne des Hypothalamus Seitenansicht
(nach Diepen)

Gefäßversorgung

Die enge Verknüpfung zwischen Nervensystem und endokrinem System findet ihren Ausdruck in der ungewöhnlich starken Gefäßversorgung einzelner hypothalamischer Kerne. Der *Nucleus supraopticus* **A1** und der *Nucleus paraventricularis* **A2** sind zirka sechsfach stärker vaskularisiert als die übrige graue Substanz. Ihre Nervenzellen haben einen engen Kontakt zu den Kapillaren, die sie vereinzelt sogar umschließen (endozelluläre Kapillaren).

Faserbeziehung des markarmen Hypothalamus B

Eine Vielzahl von Verbindungen leitet dem Hypothalamus olfaktorische, gustatorische, viszerosensible und somatosensible Impulse zu. Es handelt sich meist um lockere divergierende Systeme, die fast alle doppelläufig sind. Die wichtigsten sind folgende:

Das **mediale Vorderhirnbündel** *(Fasciculus telencephalicus medialis)*, Fibrae olfactohypothalamotegmentales **B3,** verbindet fast alle hypothalamischen Kerne mit den Riechzentren und mit der Formatio reticularis des Mittelhirns. Das Bündel enthält eine große Zahl peptiderger Fasern (VIP, Enkephalin, Somatostatin).

Die **Stria terminalis B4** verbindet in einem bogenförmigen Verlauf entlang dem Nucleus caudatus das *Corpus amygdaloideum* **B5** (S. 212, 214) mit der *Regio praeoptica* **B6** und dem *Nucleus ventromedialis* **B7.** Sie ist reich an peptidergen Fasern.

Die Fasern des **Fornix B8** (S. 218, B15, C) stammen von den Pyramidenzellen des Hippocampus **B9** und enden im Corpus mamillare **B10.**. Ein großer Teil der Fornixfasern ist peptiderg. In Höhe der Commissura rostralis zweigen vom Fornix Fasern zur Regio praeoptica und zu den *Tuberkernen* B7 ab.

Der **Fasciculus longitudinalis dorsalis,** das Schützsche Bündel (S. 136B), **B11** ist der wichtigste Bestandteil eines ausgedehnten periventrikulären Fasersystems. Seine Fasern formieren sich am Übergang zum Mittelhirn zu einem geschlossenen Bündel, das den Hypothalamus mit den Kernen des Hirnstammes verbindet.

Thalamus- und Pallidumverbindungen. Die hypothalamischen Kerne sind durch periventrikuläre Fasern mit dem *Nucleus medialis thalami* **B12** verbunden, dessen Fasern zur frontalen Rinde projizieren. Auf diese Weise kommt eine indirekte Verbindung zwischen Hypothalamus und frontalem Cortex zustande. Vom Globus pallidus zieht der *Fasciculus pallidohypothalamicus* zu den Tuberkernen (Nucleus ventromedialis).

Kommissuren. Die im Bereich des Hypothalamus liegenden Kommissuren enthalten kaum Fasern hypothalamischer Kerne: in der Commissura supraoptica dorsalis (Ganser) und der Commissura supraoptica ventralis (Gudden) kreuzen Fasern aus Mittelhirn und Pons, in der Commissura supramamillaris Fasern subthalamischer Kerne.

Faserbeziehungen des markreichen Hypothalamus C

Vorwiegend afferente Bahnen des Corpus mamillare C10 sind der **Fornix** C8, dessen Fasern zum größten Teil im Corpus mamillare enden, und der **Pedunculus corporis mamillaris C13** aus den Haubenkernen des Mittelhirnes, der auch Geschmacksfasern, Vestibularisfasern und Fasern aus dem Lemniscus medialis enthalten soll.

Vorwiegend efferente Bahnen sind der **Tractus mamillothalamicus** (Vicq d'Azyr) **C14** (S. 162 B31), der zum *Nucleus anterior thalami* **C15** aufsteigt. Durch die Projektion des anterioren Kerns zum Gyrus cinguli besteht eine Verbindung zwischen Hypothalamus und limbischer Rinde. Der **Fasciculus mamillotegmentalis C16** endet in den Haubenkernen des Mittelhirnes. Alle Bahnen haben einen hohen Anteil an peptidergen Fasern.

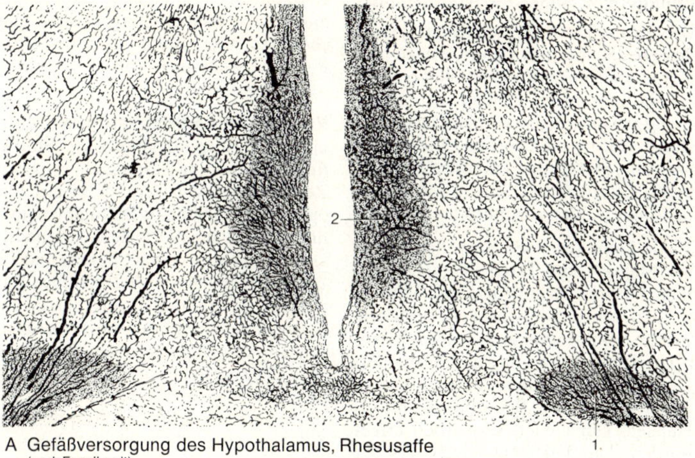

A Gefäßversorgung des Hypothalamus, Rhesusaffe
(nach Engelhardt)

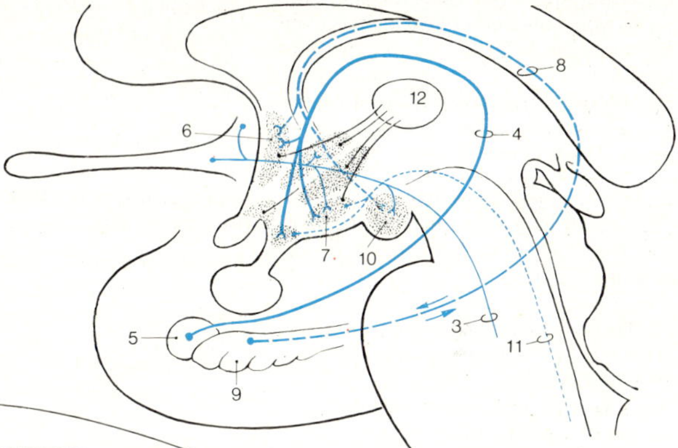

B Faserverbindungen des markarmen Hypothalamus

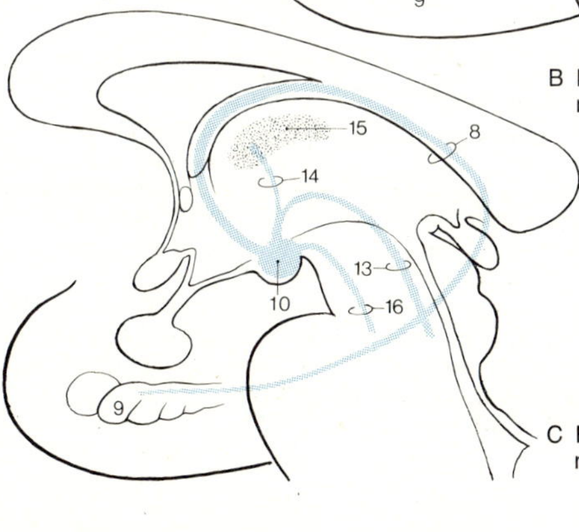

C Faserverbindungen des markreichen Hypothalamus

Funktionelle Topik des Hypothalamus

Die Zentren des Hypothalamus beeinflussen alle für das innere Milieu des Körpers wichtigen Vorgänge und regulieren die Leistungen der Organe entsprechend der jeweiligen körperlichen Belastung: Wärme-, Wasser- und Elektrolythaushalt, Herzaktion, Kreislauf und Atmung, Stoffwechsel, Schlaf- und Wachrhythmus werden von ihnen kontrolliert.

Vitale Funktionen wie Nahrungsaufnahme, Magen-Darm-Tätigkeit und Defäkation, Flüssigkeitsaufnahme und Miktion werden von hier aus genauso gesteuert wie die der Arterhaltung dienenden Prozesse der Fortpflanzung und Sexualität. Die vitalen Aktivitäten werden ausgelöst durch körperliche Bedürfnisse, die als Hunger, Durst oder Sexualtrieb erlebt werden. Die Triebhandlungen, die der Erhaltung des Organismus dienen, sind meist von einer erheblichen affektiven Komponente begleitet: Lust- oder Unlustgefühl, Freude, Angst oder Wut. Beim Zustandekommen dieser Emotionen spielen hypothalamische Erregungen eine große Rolle.

Dynamogene und trophotrope Zone AB. Elektrische Reizungen im Hypothalamus rufen vegetative Reaktionen hervor, die sich in zwei Gruppen ordnen lassen: solche, die der Regeneration und den Stoffwechselvorgängen dienen (gekennzeichnet durch Pupillenverengung ◊, Atemverlangsamung ~, Blutdruckabfall ∪, Miktion ⦃, Defäkation ⁝), und solche, die der umweltorientierten Leistungssteigerung dienen (Pupillenerweiterung ○, Atembeschleunigung ɲ, Blutdruckanstieg ∩). Die Häufung der Reizeffekte in bestimmten Regionen ergibt für die leistungssteigernden Mechanismen eine dorsokaudal und lateral gelegene *dynamogene oder ergotrope Zone* **B1** und für die regenerationsfördernden Mechanismen eine mehr ventrooral gelegene *trophotrope Zone* **B2.** Die beiden Zonen entsprechen der Gliederung des peripheren vegetativen Nervensystems in Sympathicus und Parasympathicus (S. 272).

Reizkontrollen im kaudalen Hypothalamus des Menschen **C** ergeben die gleichen Resultate: Blutdruckanstieg (rot), Pupillenerweiterung (blau), Atembeschleunigung (///).

Reiz- und Ausschaltungsexperimente zeigen die Bedeutung umschriebener Bezirke für die Steuerung bestimmter Prozesse: Zerstörung des Tuber im Bereich des Nucleus infundibularis **D3** führt bei juvenilen Tieren zur Atrophie der Keimdrüsen. Läsionen zwischen Chiasma und Tuber bewirken dagegen bei infantilen Ratten sexuelle Frühreife. Brunstphasen und Sexualverhalten werden durch Ausschaltungen im Hypothalamus beeinflußt. Ausschaltungen im kaudalen Hypothalamus **E4** zwischen Tuber und Nucleus praemamillaris führen zu Adipsie (Ausfall spontaner Flüssigkeitsaufnahme). Ausschaltungen weiter dorsal ergeben eine Aphagie (Nahrungsverweigerung), Reizungen **F5** dagegen eine Hyperphagie (Freßsucht). Im vorderen Hypothalamus, in Höhe des Chiasma, liegt ein für die Körpertemperatur verantwortlicher Bezirk. In der Umgebung des Fornix lassen sich durch Reizung Wutreaktionen und aggressives Verhalten erzeugen (perifornikale Wutzone).

Klinischer Hinweis. Beim Menschen führen pathologische Prozesse im Hypothalamus zu ähnlichen Veränderungen (sexuelle Frühreife, Fettsucht, Magersucht).

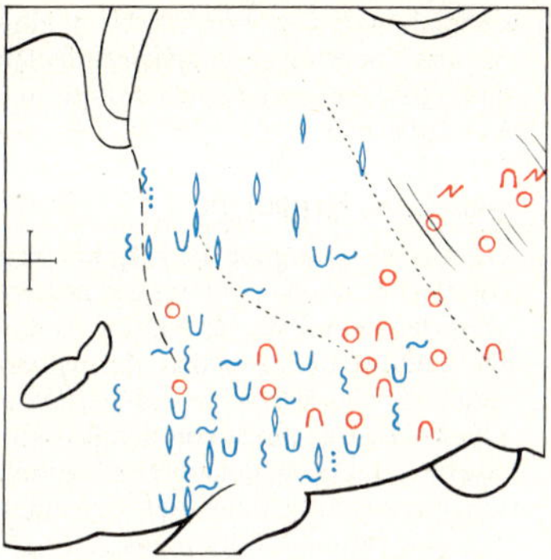

A Trophotrope und ergotrope Zone Zwischenhirn, Katze, Reizkarte
(nach Hess)

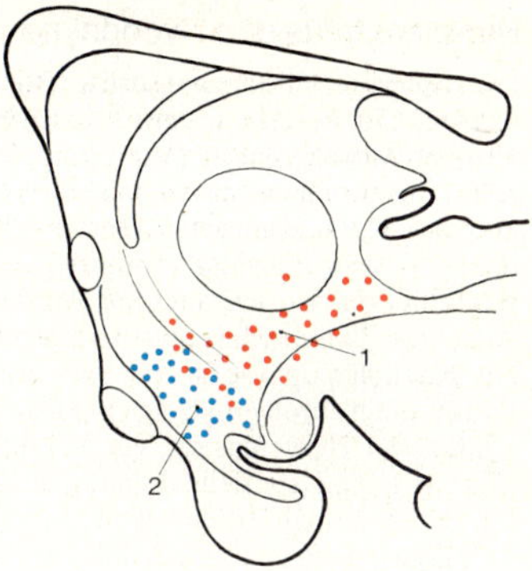

B Trophotrope und ergotrope Zone, schematisch, Katze

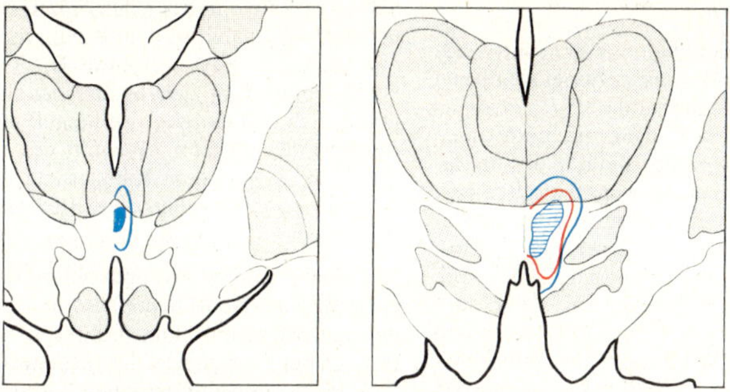

C Reizeffekte im kaudalen Hypothalamus, Mensch
(nach Sano, Yoshioka, Ogishiwa u.a.)

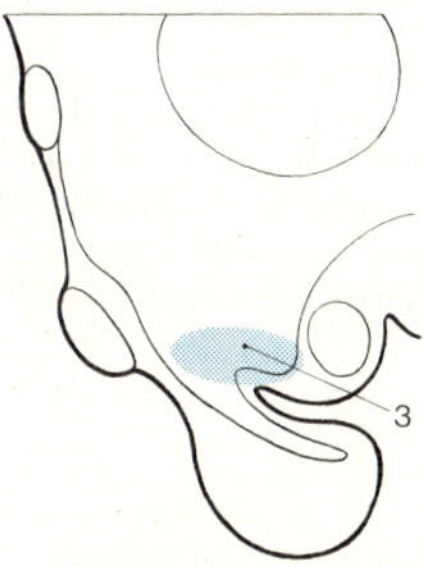

D Gonadotrope Region bei Katze und Kaninchen
(nach Bustamante, Spatz u. Weisschedel)

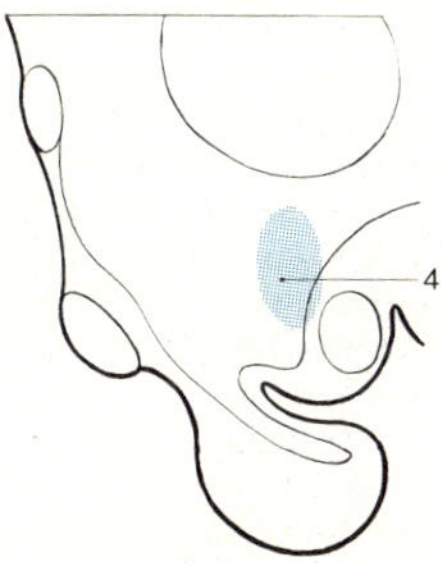

E Adipsie, Ausschaltungsexperiment, Ratte
(nach Stevenson)

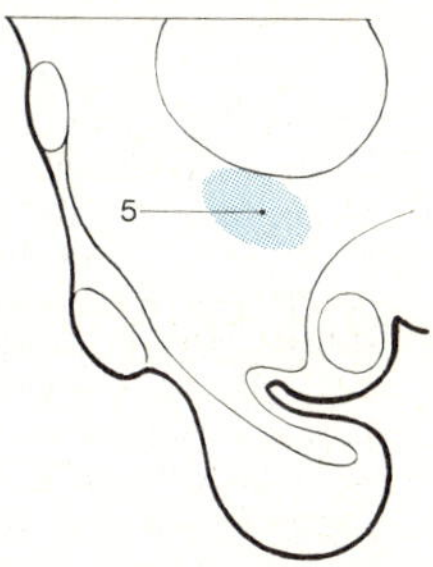

F Hyperphagie, Reizexperiment, Katze
(nach Brügge)

Hypothalamus und Hypophyse

Die **Hypophyse,** Hirnanhangsdrüse (Bd. 2, S. 154f, 170) besteht aus zwei Abschnitten: der **Adenohypophyse** (Vorderlappen) **AB1,** die aus einer Ausstülpung des primitiven Kopfdarmdaches hervorgeht, und der **Neurohypophyse** (Hinterlappen) **AB2,** bei der es sich um eine Ausstülpung des Zwischenhirnbodens handelt. Die Adenohypophyse ist eine endokrine Drüse, die Neurohypophyse ein Hirnabschnitt, der Nervenfasern, ein Kapillarnetz und eine spezielle Gliaform, die Pituizyten enthält. Beide Hypophysenteile grenzen mit einer Kontaktfläche aneinander, in deren Bereich das Nervensystem und das endokrinvaskuläre System miteinander verknüpft sind.

Infundibulum

(Trichter oder Hypophysenstiel) **A3.** Das Tuber cinereum verjüngt sich basal zum *Infundibulum* und dem *Recessus infundibularis* **A4.** Der trichterförmige Abgang des Infundibulum, in dessen Bereich es zu einem Kontakt zwischen nervösem und endokrinem System kommt (neurohämale Zone), wird auch als *Eminentia mediana tuberis* bezeichnet. Die Adenohypophyse reicht mit einer dünnen Gewebsschicht bis zum Tuber und bedeckt die Vorderseite des Infundibulum *(Pars infundibularis adenohypophyseos* **A5**) und mit einigen Gewebsinseln **A6** auch seine Rückseite. Man kann also einen proximalen, an das Tuber anschließenden Abschnitt (Infundibulum und Pars infundibularis adenohypophyseos) und einen distalen, in der Sella turcica gelegenen Abschnitt (Adenohypophyse mit *Pars intermedia* **A7** und *Hypophysenhöhle* **A8** und Neurohypophyse) unterscheiden. Für die Verflechtung von nervösem und endokrinem System ist die *proximale Kontaktfläche* von besonderer Bedeutung. Hier fehlt die äußere Gliafaserdeckschicht **A9,** die sonst die übrige Hirnoberfläche abdichtet, und es treten *Spezialgefäße* C aus der Adenohypophyse in das Infundibulum ein. Es handelt sich dabei um Gefäßschlingen mit einem zu- und einem abführenden Schenkel, die einen gewundenen, manchmal spiraligen Verlauf D haben.

Gefäße der Hypophyse

Die Gefäßversorgung der Hypophyse gewährleistet die Koppelung des nervösen und des endokrin-vaskulären Anteils. Die zuführenden Gefäße, *A. hypophysialis superior* **E10** und *A. hypophysialis inferior* **E11** zweigen von der A. carotis interna ab. Die beiden oberen Hypophysenarterien bilden um den proximalen Teil des Infundibulum einen arteriellen Ring, von dem aus kleine Arterien durch den adenohypophysären Belag in das Infundibulum ziehen und sich als *Spezialgefäße* **E12** aufsplittern. Deren rückläufige Schenkel sammeln sich in den *Portalgefäßen* **E13,** die das Blut dem Kapillarnetz der Adenohypophyse zuführen. Die Trabekelarterien **E14** ziehen zur Adenohypophyse und versorgen von kaudal aufsteigend den distalen Abschnitt des Infundibulum. Aus dem Kapillarnetz der Adenohypophyse gelangt das Blut dann in die Venen.

Die beiden unteren Hypophysenarterien versorgen die Neurohypophyse und bilden außerdem mit einigen Zweigen im Bereich der Pars intermedia Spezialgefäße **E15,** deren Blut über kurze Portalgefäße ebenfalls in das Kapillarnetz der Adenohypophyse gelangt.

Die Adenohypophyse erhält also keinen direkten arteriellen Zufluß. Dieser erfolgt in das Infundibulum und in die Neurohypophyse, von denen das Blut über die Portalgefäße in die Adenohypophyse gelangt und dann erst in den venösen Schenkel **E16** der Blutbahn abfließt.

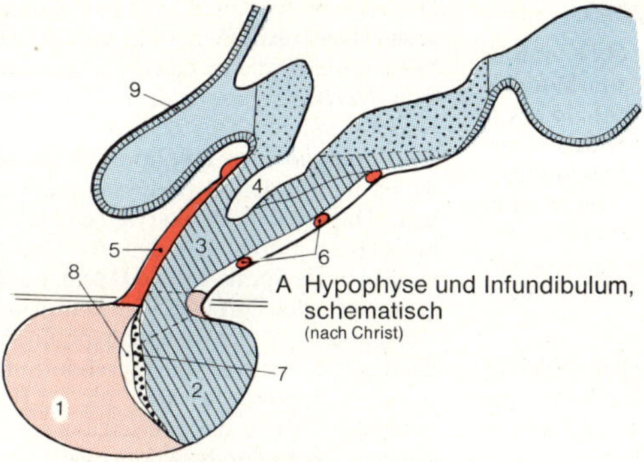

A Hypophyse und Infundibulum, schematisch
(nach Christ)

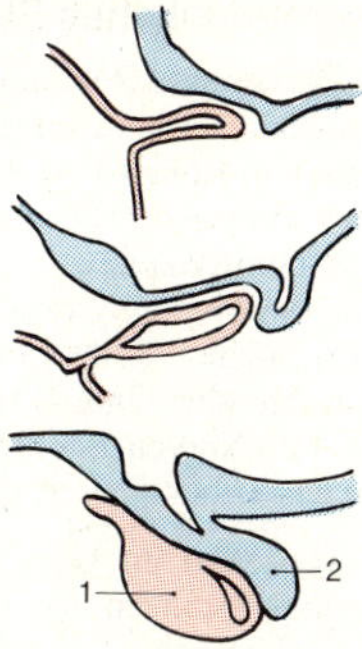

B Entwicklung

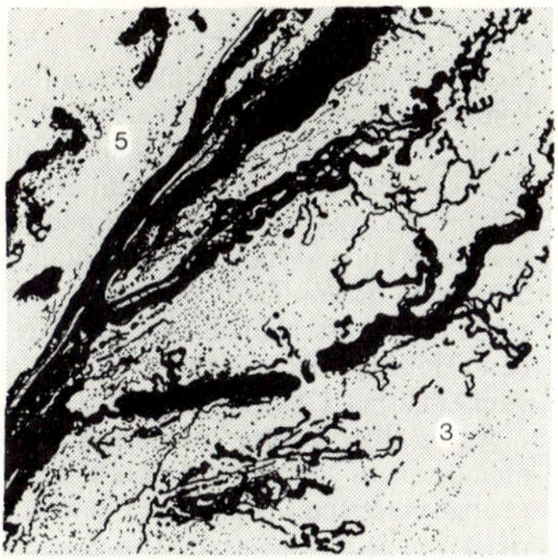

C Spezialgefäße des Infundibulum
(nach Christ)

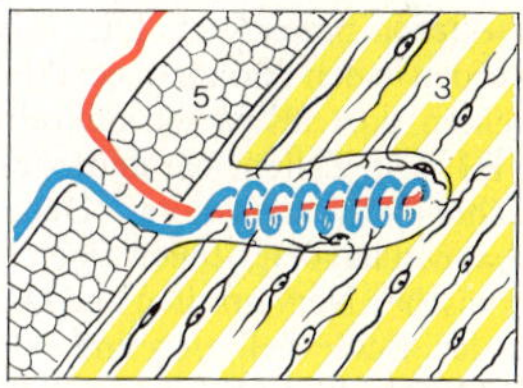

D Spezialgefäß, schematisch
(nach Sloper)

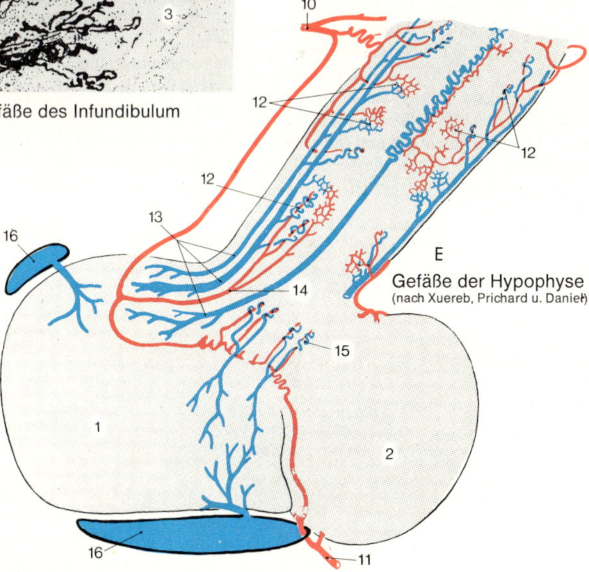

E Gefäße der Hypophyse
(nach Xuereb, Prichard u. Daniel)

Neuroendokrines System

Die Hypophyse steht unter der Kontrolle hypothalamischer Zentren. Marklose Faserbündel ziehen vom Hypothalamus in den Hypophysenstiel und in den Hypophysenhinterlappen. Nach Durchschneidung des Hypophysenstiels kommt es zu retrograden Zellveränderungen, bei hochsitzender Unterbrechung zu ausgedehntem Nervenzellschwund in den Kernen des Tuber cinereum.

Nervenzellen im Hypothalamus produzieren Substanzen, die in den Axonen bis in die Hypophyse wandern und dort in die Blutbahn übertreten. Diese endokrine Funktion von Nervenzellen wird als **Neurosekretion** bezeichnet. Die Substanzen werden in den Perikarya gebildet und erscheinen dort als kleine Sekrettröpfchen **B1**. Die Zellen, bei denen es sich um echte Nervenzellen mit Dendriten und Axonen handelt, stellen einen Übergang zwischen Nervenzellen und Drüsenzellen dar. Beide Zellarten sind ektodermaler Herkunft und weisen in Physiologie und Metabolismus verwandtschaftliche Beziehungen auf. Sie produzieren beide eine bestimmte Substanz, die sie auf einen nervalen oder humoralen Reiz hin ausscheiden: die Nervenzellen **A2** die Überträgersubstanz, die Drüsenzellen **A3** ihr Sekret. Übergangsformen zwischen beiden sind die neurosekretorischen Nervenzellen **A4** und die endokrinen Drüsenzellen **A5**, die beide ihr Sekret in die Blutbahn abgeben.

Hypothalamo-hypophysäre Faserbahnen. Entsprechend dem Aufbau der Hypophyse aus einem Vorderlappen (Adenohypophyse) und einem Hinterlappen (Neurohypophyse) gibt es zwei verschiedene Fasersysteme, die vom Hypothalamus zur Hypophyse ziehen. Bei beiden wird die Koppelung des neuralen mit dem endokrinen System durch die Nacheinanderschaltung von Nervenfasern und Kapillaren erreicht: *neurovaskuläre Kette.*

Das *tuberoinfundibuläre System,* **Tractus tuberoinfundibularis** D, besteht aus dünnen Nervenfasern, die in den Tuberkernen, dem *Nucleus ventromedialis* **D6**, dem *Nucleus dorsomedialis* **D7** und dem *Nucleus infundibularis* **D8**, ihren Ursprung haben und in den Hypophysenstiel ziehen. Die in den Perikarya gebildeten Substanzen treten von den Axonendigungen in die Spezialgefäße **D9** über und gelangen in den Portalgefäßen **D10** in das Kapillargeflecht der Adenohypophyse. Es handelt sich um stimulierende Substanzen, *Releasing factors,* die in der Adenohypophyse die Freisetzung glandotroper Hormone bewirken (Bd. 2, S. 153, 156).

Die Produktion bestimmter *Releasing factors* kann nicht auf einzelne hypothalamische Kerne bezogen werden. Die Regionen, von denen durch elektrische Reizung eine vermehrte Sekretion hervorgerufen werden kann, entsprechen nicht den Tuberkernen. Die Stimulation der Regio praeoptica **C11** bewirkt eine vermehrte Ausscheidung von luteotropem Hormon. Die Stimulation kaudal vom Chiasma **C12** führt zur Ausschüttung von thyrotropem Hormon, die Stimulation des ventralen Hypothalamus (Tuber cinereum bis Recessus mamillaris) **C13** zur Ausschüttung von gonadotropem Hormon.

Chiasma **CD14**, Corpus mamillare **CD15**.

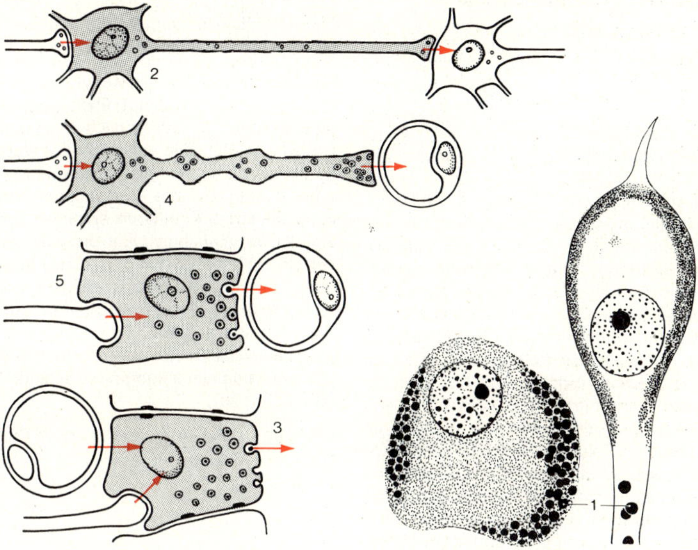

A Nervenzellen und Drüsenzellen

B neurosekretorische Zellen, Mensch
(nach Gaupp u. Scharrer)

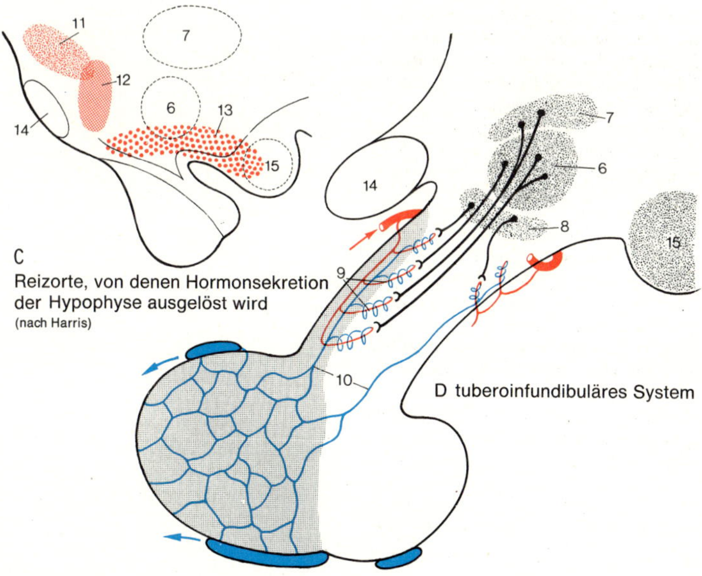

C
Reizorte, von denen Hormonsekretion der Hypophyse ausgelöst wird
(nach Harris)

D tuberoinfundibuläres System

Neuroendokrines System (Fortsetzung)

Die zweite Verbindung, das *hypothalamohypophysäre System,* **Tractus supraopticohypophysialis et paraventriculohypophysialis** D nimmt seinen Ursprung im *Nucleus supraopticus* **D1** und im *Nucleus paraventricularis* **D2.** Die Fasern ziehen durch den Hypophysenstiel in den Hypophysenhinterlappen und enden hier an Kapillaren. Auf diesem Wege wandern die Hormone, die in den Nervenzellen der beiden hypothalamischen Kerne gebildet werden, bis zu den Axonendigungen und treten von diesen in die Blutbahn über. Die elektrische Reizung im Bereich des Nucleus supraopticus **C3** führt zu einer vermehrten Ausschüttung von Adiuretin (Vasopressin), die Reizung im Bereich des Nucleus paraventricularis **C4** zu einer vermehrten Absonderung von Oxytocin. In diesem System geben die Nervenzellen nicht stimulierende Substanzen ab, die in einer endokrinen Drüse die Abgabe von Hormonen bewirken, sondern sie produzieren selbst Hormone. Die Trägersubstanzen, an die die Hormone während ihrer Wanderung in den Axonen gebunden sind, lassen sich histologisch nachweisen. Es sind gomoripositive Substanzen, die vielfach zu Auftreibungen der Axone führen *(Herring-Körper* **B5**).

Im elektronenmikroskopischen Bild erscheinen die neurosekretorischen Substanzen in den Axonen und in den Anschwellungen als Granula, die wesentlich größer als die synaptischen Vesikel sind. Die Axone bilden an den Kapillaren der Neurophypophyse kolbenförmige Endigungen **AD6,** die außer den großen Granula auch kleine klare synaptische Vesikel enthalten. Den Kapillarwänden fehlt an den Kontaktstellen mit den Axonendigungen die Gliadeckschicht, die im Zentralnervensystem die Grenze zwischen ektodermalem und mesodermalem Gewebe bildet und alle Gefäße einhüllt. Hier findet der Übertritt des Neurosekrets in die Blutbahn statt. An den Endkolben liegen auch Synapsen **A7,** deren Herkunft nicht bekannt ist, die aber zweifellos die Sekretabgabe beeinflussen.

Man nimmt an, daß die Regulation der Neurosekretion nicht nur über synaptische Kontakte, sondern auch über den Blutweg erfolgt. Die ungewöhnlich starke Vaskularisation der hypothalamischen Kerne und das Vorkommen von endozellulären Kapillaren sprechen für eine solche Annahme. Auf diese Weise besteht ein humoraler Weg der Rückmeldung und es wird ein Regelkreis zur Kontrolle der Hormonproduktion und Ausscheidung gebildet, der einen neuralen Schenkel (Tractus supraopticohypophysialis) und einen humoralen Schenkel (Blutbahn) hat.

Chiasma **CD8,** Corpus mamillare **CD9.**

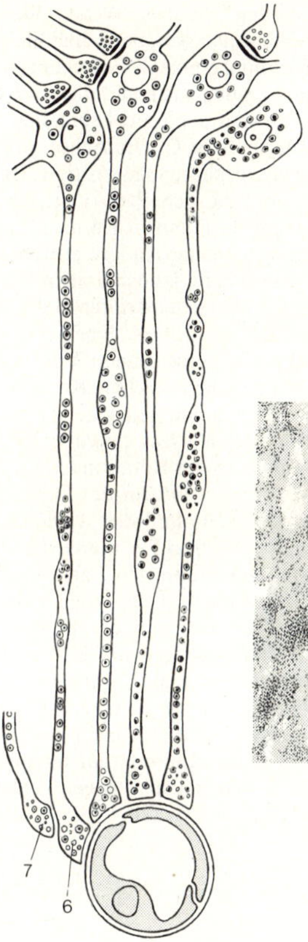

A elektronenmikroskopisches Schema des Tractus supraoptico-hypophysialis (nach Bargmann)

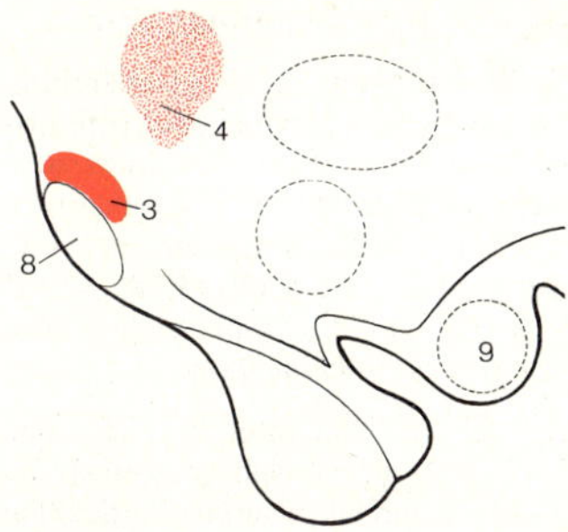

C Reizorte, von denen Hormonsekretion ausgelöst wird (nach Harris)

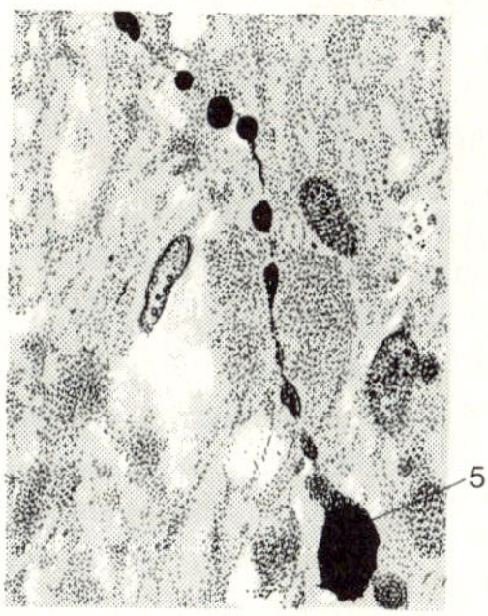

B Herring-Körper (nach Hild)

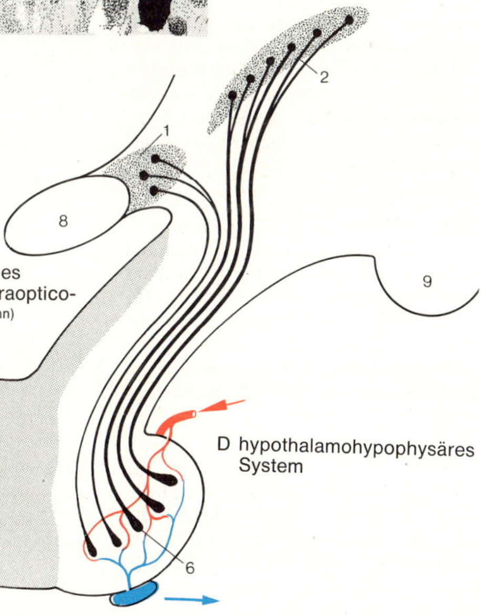

D hypothalamohypophysäres System

Gliederung der Hemisphäre

An der embryonalen Hemisphärenblase erkennt man am klarsten den Aufbau des Telencephalon aus vier Abschnitten, von denen sich einige früh entwickeln (alte Anteile), andere hingegen spät (neue Anteile). Die vier Abschnitte sind das *Palaeopallium,* das *Striatum,* das *Neopallium* und das *Archipallium.*

Als **Pallium**, Hirnmantel, bezeichnet man die Wand der Hemisphäre, weil sie Zwischenhirn und Hirnstamm überdeckt und wie ein Mantel umhüllt.

Das **Palaeopallium AB1** ist der älteste Abschnitt der Hemisphäre. Es bildet ihren Boden und entspricht mit dem *Bulbus olfactorius* **A2** und dem anschließenden **Palaeocortex** dem Riechhirn, *Rhinencephalon,* im engeren Sinne. Über dem *Palaeopallium* entwickelt sich das **Striatum AB3**, das auch ein Abschnitt der Hemisphärenwand ist, obwohl es nicht an der Außenfläche der Hemisphäre erscheint. Den größten Teil nimmt das **Neopallium AB4** ein. Der an seiner Außenfläche gelegene **Neocortex** entwickelt sich sehr spät. Ventral schließt er ein Übergangsgebiet zum Palaeocortex ein, das über dem Striatum liegt: die **Insel.** Die mediale Hemisphärenwand wird vom **Archipallium AB5** gebildet, einem alten Anteil, der später mit seinem Rindenband, dem **Archicortex,** zum *Ammonshorn* eingerollt wird.

Die Verhältnisse am reifen Gehirn werden bestimmt durch die starke Entfaltung des Neocortex, der den Palaeocortex und den Übergangscortex der Insel in die Tiefe abgedrängt hat. Der Archicortex ist nach kaudal verlagert worden und erscheint auf Abb. B nur noch als eine dünne Schicht an der Oberfläche des Balkens.

Rotation der Hemisphäre

Während der Entwicklung dehnt sich die Hemisphärenblase nicht gleichmäßig nach allen Richtungen aus, sondern erweitert sich vorwiegend in kaudaler und basaler Richtung. Auf diese Weise bildet sich der Temporallappen, der schließlich in oraler Richtung umbiegt. Es kommt so eine Kreisbewegung zustande, die in geringerem Ausmaß auch am Frontallappen zu beobachten ist C. Die Achse, um welche die Hemisphärenblase rotiert, ist die Inselregion, die sich ebenso wie das darunter gelegene *Putamen* **E6** nicht an der Bewegung beteiligt. Andere Strukturen der Hemisphäre jedoch folgen ihr und besitzen schließlich im reifen Gehirn eine bogenförmige Gestalt. Der *Seitenventrikel* **D7** bildet mit seinem Vorder- und Unterhorn einen solchen Kreisbogen. Der weiter außen gelegene Anteil des Striatum, der *Nucleus caudatus* **E8,** nimmt ebenfalls an der Rotation teil und folgt genau der Bogenform des Seitenventrikels. Der Hauptteil des *Archipallium,* der *Hippocampus* **F9,** wandert aus seiner ursprünglich dorsalen Lage nach basal und liegt dann im Temporallappen. Der archipalliale Rest auf der Balkenoberfläche, *Indusium griseum* **F10** und der *Fornix* **F11,** zeigen die bogenförmige Ausdehnung des Archipalliums. Auch der *Balken* **F12** dehnt sich nach kaudal aus, folgt aber der Rotation nur unvollständig, da er sich erst spät, gegen Ende dieses Prozesses, entwickelt.

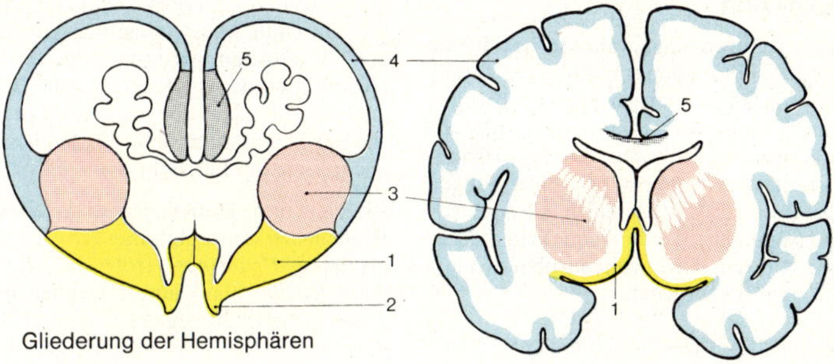

Gliederung der Hemisphären

A embryonales Gehirn

B Erwachsenengehirn

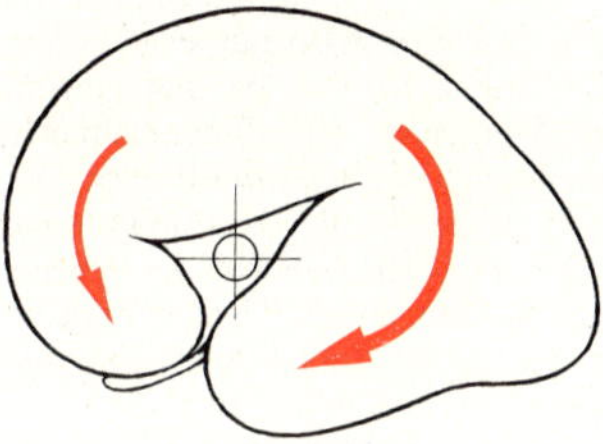

C Rotation der Hemisphären
(nach Chr. Jakob u. nach Spatz)

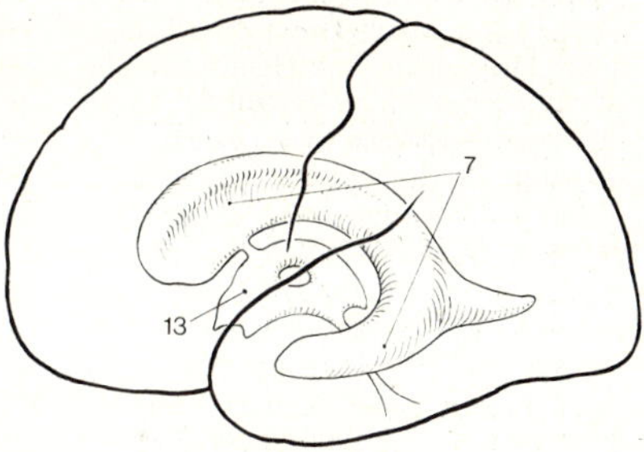

D Seitenventrikel

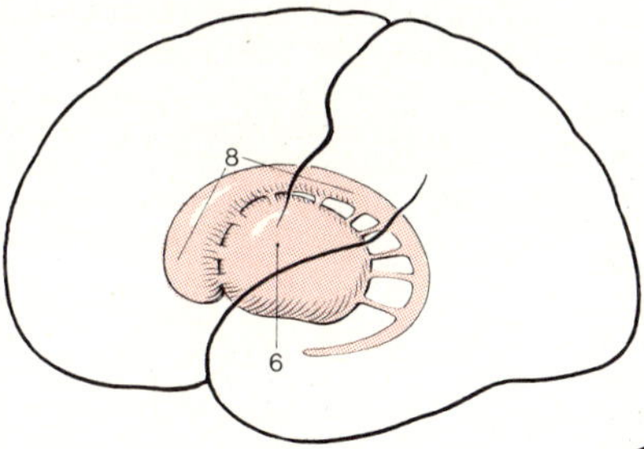

E Nucleus caudatus und Putamen

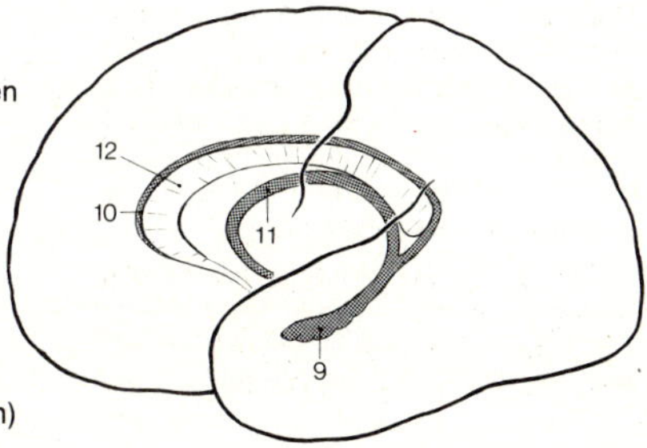

F Hippocampus (Archipallium)

Evolution

Das Endhirn zeigt während der Evolution der Primaten ein ähnliches Verhalten wie bei der menschlichen Embryonalentwicklung: es entfaltet sich spät und überwächst dann die übrigen Hirnabschnitte. So liegt beim primitiven Säugergehirn (Igel) das Kleinhirn **A1** noch völlig frei und wird dann in der Primatenreihe von den Endhirnhemisphären mehr und mehr überdeckt.

Das **Palaeopallium** (Riechhirn gelb) **ABC2** mit dem *Bulbus olfactorius* **ABC3** und dem *Lobus piriformis* **ABC4** ist im primitiven Säugergehirn der größte Hemisphärenabschnitt. Das **Archipallium** (grau) **A–D5** hat hier noch seine ursprüngliche dorsale Position über dem Zwischenhirn inne. Die beiden alten Hemisphärenbestandteile werden im Verlauf der Evolution vom **Neopallium** (blau) **A–D6** überwachsen. Noch beim Halbaffen hat das Palaeopallium eine beträchtliche Ausdehnung. Beim Menschen aber ist es an der Hirnbasis in die Tiefe abgedrängt worden und erscheint nicht mehr auf der Seitenansicht des Gehirns. Der *Hippocampus* (Archipallium), der beim Igel über dem Zwischenhirn liegt, erscheint beim Menschen **D5** basal als Bestandteil des Temporallappens.

Die Lageveränderungen entsprechen weitgehend der Rotation der Hemisphäre während der Embryonalentwicklung und führen ebenfalls zur Ausbildung des Temporallappens **BCD7.** Er fehlt noch am Gehirn des Igels, ist aber am Gehirn von Tupaja (Baumhörnchen), dem primitivsten Primaten, als eine nach ventral gerichtete Ausladung zu erkennen. Bei den Halbaffen hat sich dann ein schräg nach kaudal gerichteter Temporallappen gebildet, der beim Menschen schließlich nach oral umbiegt. Im Bereich des Neopalliums kommt es außerdem zur Entwicklung von Furchen und Windungen. Das Neopallium der primitiven Säugetiere ist glatt *(lissenzephale Gehirne).* Erst bei den höheren Säugetieren tritt ein Windungsrelief auf *(gyrenzephale Gehirne).* Durch die Ausbildung von Furchen und Windungen wird die Fläche der Hirnrinde stark vergrößert. Nur ein Drittel der Rindenfläche liegt an der Oberfläche der Hemisphäre, zwei Drittel liegen in der Tiefe der Furchen.

Am Neocortex kann man zwei Arten von Rindenbezirken unterscheiden: 1. die primären *Ursprungs-* (rot) und *Endigungsgebiete* (blau) langer Bahnen und 2. die dazwischen liegenden sekundären *Assoziationsgebiete* (hellblau). Das Ursprungsgebiet der motorischen Bahnen, der motorische Cortex **A–D8**, macht beim Igel den gesamten Frontallappen **BCD9** aus. Ein Assoziationsgebiet erscheint zuerst bei Tupaja und gewinnt beim Menschen eine ungewöhnliche Ausdehnung. An den motorischen Cortex schließt sich kaudal das Endigungsgebiet der sensiblen Bahnen, der sensible Cortex **A–D10**, an. Durch die Vergrößerung des angrenzenden Assoziationsgebietes wird beim Menschen die Endigungsstätte der Sehbahn, der optische Cortex **A–D11**, zum größten Teil auf die mediale Hemisphärenfläche verlagert. Das Endigungsgebiet der Hörbahn, der akustische Cortex **CD12**, wird durch die Ausdehnung der temporalen Assoziationsbezirke in die Tiefe des Sulcus lateralis verlagert. Die Assoziationsgebiete dehnen sich also während der Evolution wesentlich stärker aus als die Primärgebiete und machen beim Menschen den größten Teil des Neocortex aus.

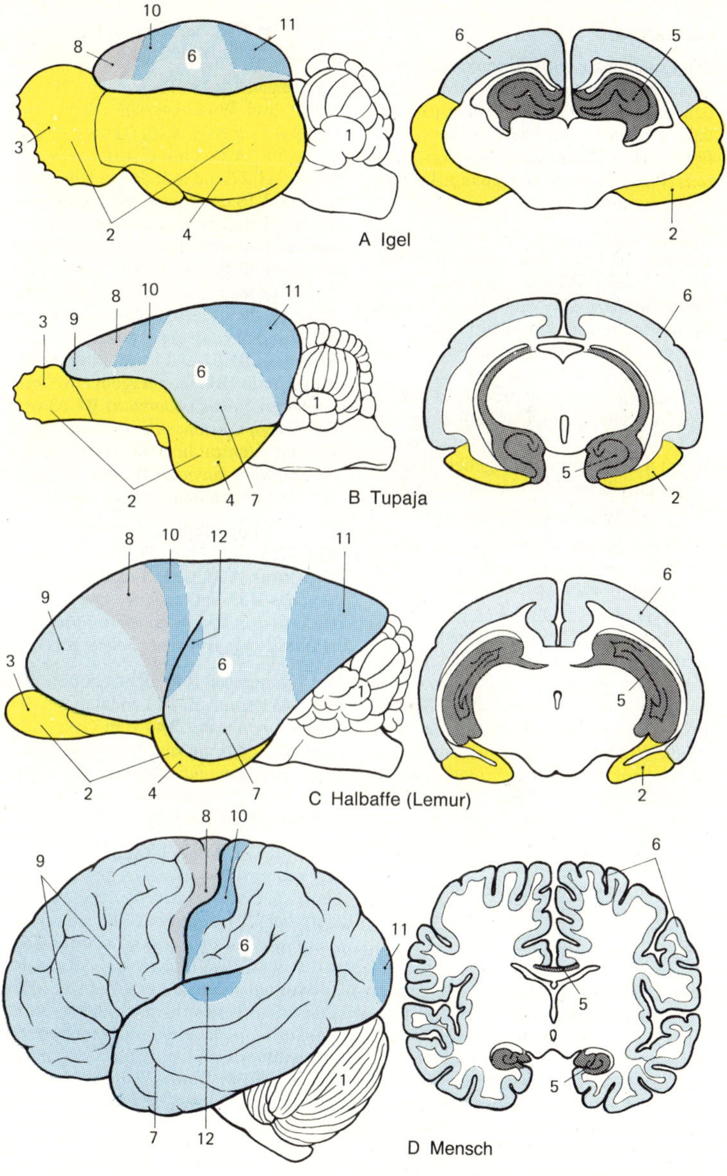

Evolution des Endhirns (in Anlehnung an Edinger, Elliot Smith, Le Gros Clark)

Hirnlappen

Die Hemisphäre wird in vier Hirnlappen, **Lobi cerebri,** gegliedert: in den Stirnlappen, *Lobus frontalis* (rot), den Scheitellappen, *Lobus parietalis* (blau schraffiert), den Schläfenlappen, *Lobus temporalis* (blau) und den Hinterhauptslappen, *Lobus occipitalis* (grau).

Die Hemisphärenoberfläche besteht aus Furchen, **Sulci,** und Windungen, **Gyri**. Wir unterscheiden *Primär-, Sekundär-* und *Tertiärfurchen.* Die zuerst auftretenden Primärfurchen sind in allen Gehirnen in gleicher Weise ausgebildet (Sulcus centralis, Sulcus calcarinus). Die Sekundärfurchen variieren, und die zuletzt auftretenden Teritärfurchen verlaufen regellos und sind in jedem Gehirn verschieden. So hat jedes Gehirn sein eigenes Oberflächenrelief, das wie die Gesichtszüge Ausdruck der Individualität ist.

Der **Frontallappen** reicht vom *Frontalpol* **AC1** bis zum **Sulcus centralis A2,** der zusammen mit dem *Sulcus praecentralis* **A3** den **Gyrus praecentralis A4** begrenzt. Dieser wird mit dem **Gyrus postcentralis A5** als **Zentralregion** zusammengefaßt. Sie erstreckt sich jenseits der *Mantelkante* **AB6** auf den *Gyrus paracentralis* **B7.** Der Frontallappen enthält außerdem drei große Windungszüge: den *Gyrus frontalis superior* **A8,** *Gyrus frontalis medius* **A9** und *Gyrus frontalis inferior* **A10,** getrennt durch den *Sulcus frontalis superior* **A11** und *Sulcus frontalis inferior* **A12.** Am Gyrus frontalis inferior lassen sich drei Teile unterscheiden, welche den Sulcus lateralis begrenzen: die *Pars opercularis* **A14,** *Pars triangularis* **A15** und *Pars orbitalis* **A16.**

Der **Parietallappen** schließt sich an den Frontallappen mit dem Gyrus postcentralis A5 an, der kaudal durch den *Sulcus postcentralis* **A17** begrenzt wird. Es folgen der *Lobulus parietalis superior* **A18** und der *Lobulus parietalis inferior* **A19,** die der *Sulcus intraparietalis* **A20** trennt. Um das Ende des Sulcus lateralis herum liegt der *Gyrus supramarginalis* **A21** und ventral der **Gyrus angularis A22.** Die mediale Fläche bildet der *Praecuneus* **B23.**

Der **Temporallappen** (*Temporalpol* **AC24)** enthält drei Windungszüge: den *Gyrus temporalis superior* **A25,** *Gyrus temporalis medius* **A26** und *Gyrus temporalis inferior* **AC27,** die vom *Sulcus temporalis superior* **A28** und *Sulcus temporalis inferior* **A29** getrennt werden. Die *Gyri temporales transversi* auf der Dorsalfläche des Scheitellappens liegen in der Tiefe des Sulcus lateralis (S. 222). An der medialen Fläche unterscheiden wir den *Gyrus parahippocampalis* **BC30,** der oral in den *Uncus* **BC31** und kaudal in den *Gyrus lingualis* **BC32** übergeht. Er wird durch den *Sulcus collateralis* **BC33** vom *Gyrus occipitotemporalis medialis* **BC34** getrennt. Ventral liegt der *Gyrus occipitotemporalis lateralis* **BC35,** begrenzt vom *Sulcus occipitotemporalis* **BC36.**

Der **Okzipitallappen** (*Okzipitalpol* **ABC37)** wird vom *Sulcus occipitalis transversus* **A38** und vom tiefen **Sulcus calcarinus B39** durchzogen. Der letztere begrenzt zusammen mit dem *Sulcus parietooccipitalis* **B40** den *Cuneus* **B41.**

Der **Gyrus cinguli B42** zieht um den Balken **B43** herum. Er ist kaudal durch den *Sulcus hippocampi* **B44** vom *Gyrus dentatus* **B45** getrennt und läuft oral in den *Gyrus paraterminalis* **B46** und in die *Area subcallosa* (Area parolfactoria) **B47** aus. *Isthmus gyri cinguli* **B48.**

Hirnbasis. Die basale Fläche des Frontallappens wird von den *Gyri orbitales* **C49** bedeckt. Entlang der Mantelkante verläuft der *Gyrus rectus* **C50,** lateral begrenzt durch den *Sulcus olfactorius* **C51,** in den der *Bulbus olfactorius* **C52** und der *Tractus olfactorius* eingebettet sind. Der Tractus teilt sich in die beiden *Striae olfactoriae,* welche die *Substantia perforata anterior* **C53** umgreifen. *Sulcus hippocampi* **C54,** *Fissura longitudinalis cerebri* **C55,** Sulcus lateralis **AC56.**

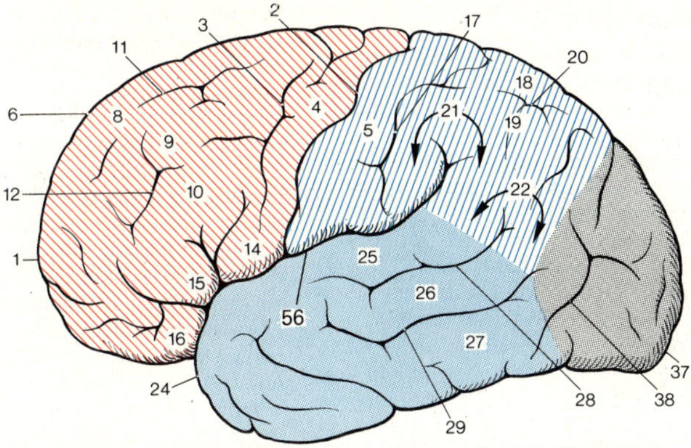

A Seitenansicht der Hemisphäre

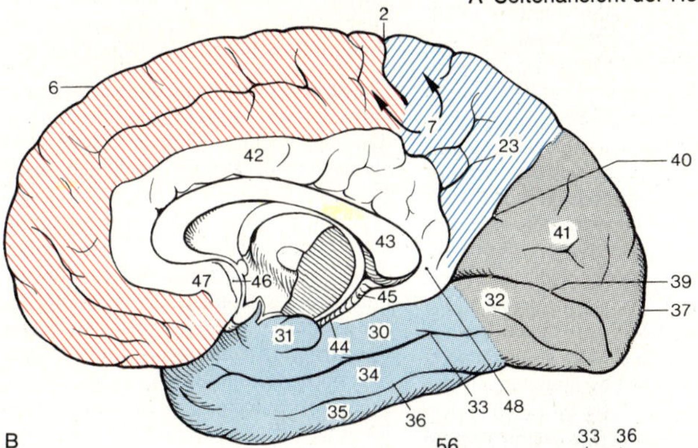

B
Mediananansicht der Hemisphäre

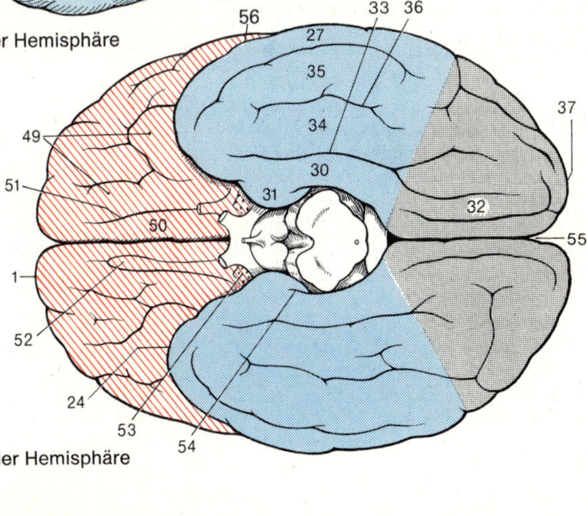

C Basalansicht der Hemisphäre

Frontalschnitte

Schnittebene des Tractus-olfactorius-Abganges A. (Blick auf die Rückfläche der Hirnscheibe). Auf den Schnittflächen beider Hemisphären, die durch die *Fissura longitudinalis cerebri* **AB1** getrennt werden, läßt sich die graue Substanz, Hirnrinde und Kerne, von der weißen Substanz, dem Marklager, unterscheiden. Der *Balken* **AB2** verbindet beide Hemisphären. Über dem Balken ist der *Gyrus cinguli* **AB3** getroffen.

An der Seitenfläche senkt sich der *Sulcus lateralis* **AB4** ein. Dorsal von ihm liegt der Frontallappen mit dem *Gyrus frontalis superior* **AB5,** *Gyrus frontalis medius* **AB6** und *Gyrus frontalis inferior* **AB7.** Sie werden voneinander durch den Sulcus frontalis superior **AB8** und den *Sulcus frontalis inferior* **AB9** getrennt. Ventral vom Sulcus lateralis liegt der Temporallappen mit dem *Gyrus temporalis superior* **AB10,** *Gyrus temporalis medius* **AB11** und *Gyrus temporalis inferior* **AB12.** Die temporalen Gyri werden durch den Sulcus temporalis superior **AB13** und den *Sulcus temporalis inferior* **AB14** getrennt. In der Tiefe erweitert sich der Sulcus lateralis zur *Fossa lateralis (Fossa Sylvii)* **AB15,** an deren innerer Fläche die Insel liegt. Die Inselrinde erstreckt sich basal fast bis zum Abgang des *Tractus olfactorius* **A16**. Sie ist ein Übergangsgebiet zwischen Palaeocortex und Neocortex.

In der Tiefe der Hemisphäre liegt das *Corpus striatum,* das von der *Capsula interna* **AB17** in den *Nucleus caudatus* **AB18** und das *Putamen* **AB19** geteilt wird. Vom Seitenventrikel ist das *Vorderhorn* **AB20** getroffen. Seine laterale Wand bildet der Nucleus caudatus und seine mediale das *Septum pellucidum* **AB21,** das einen Hohlraum, *Cavum septi pellucidi* **AB22**, enthält. An der lateralen Fläche des Putamen liegt ein schmaler schalenartiger Streifen grauer Substanz, das *Claustrum* **AB23.** Es wird vom Putamen durch die *Capsula externa* **AB24** und von der Inselrinde durch die *Capsula extrema* **AB25** getrennt.

Schnittebene der Commissura rostralis B. In dieser Höhe sind der mittlere Bereich des Frontallappens und der Temporallappen getroffen. Die Fossa lateralis ist geschlossen, und die Insel wird vom frontalen **AB26** und vom temporalen Operculum **AB27** bedeckt. Den ventralen Bereich beider Hemisphären verbindet die *Commissura rostralis* **B28,** in der Fasern des Palaeocortex und des temporalen Neocortex kreuzen. Über der Kommissur erscheint der Globus pallidus **B29** (Zwischenhirnanteil) und nahe der Mittellinie das *Septum pellucidum* AB21, und zwar sein breiter ventraler Abschnitt, der die Septumkerne enthält (auch als *Pedunculus septi pellucidi* bezeichnet). Die mediobasale Fläche der Hemisphäre ist vom *Palaeocortex,* der Riechrinde **B30** bedeckt. Chiasma **B31.**

Claustrum. Das Claustrum wurde früher entweder mit dem Corpus striatum zu den sog. Basalganglien gerechnet oder als zusätzliche Rindenschicht der Inselrinde zugeordnet. Entwicklungsgeschichtliche und vergleichend anatomische Untersuchungen sprechen jedoch dafür, daß es sich um Zellgruppen des Palaeocortex handelt, die während der Entwicklung verlagert worden sind. Das Claustrum geht mit seiner breiten Basis in paläokortikale Bezirke über (in die präpiriforme Rinde und in den lateralen Kern des Nucleus amygdalae). Von der Rinde des Parietal-, Temporal- und Okzipitallappens sollen marklose Nervenfasern in topischer Anordnung im Claustrum enden. Über die Funktion des Claustrum ist nichts bekannt.

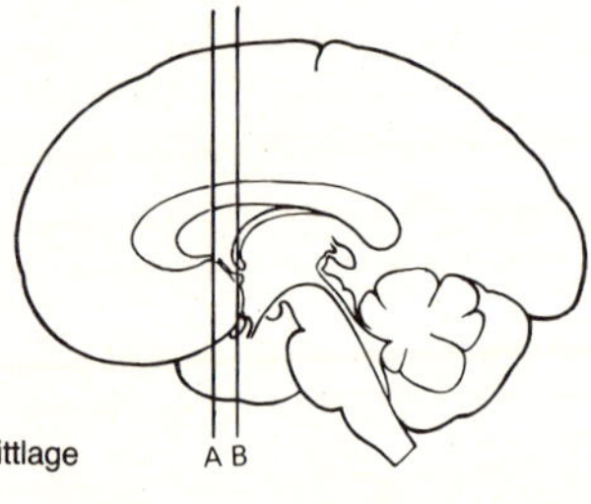

Schnittlage

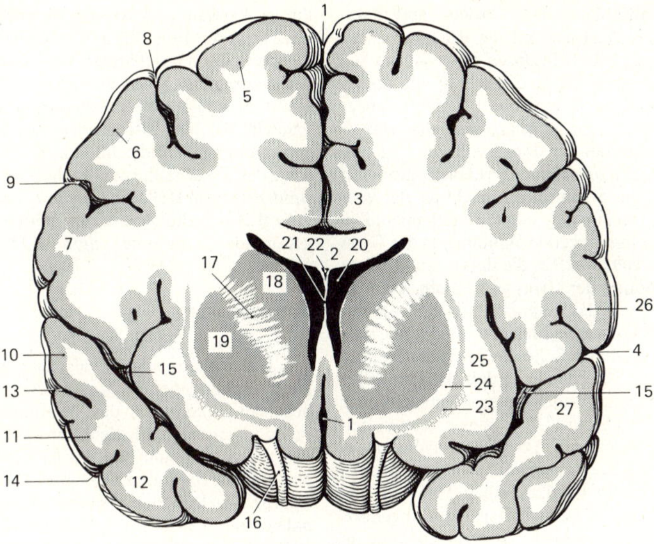

A Frontalschnitt, Abgang des Tractus olfactorius

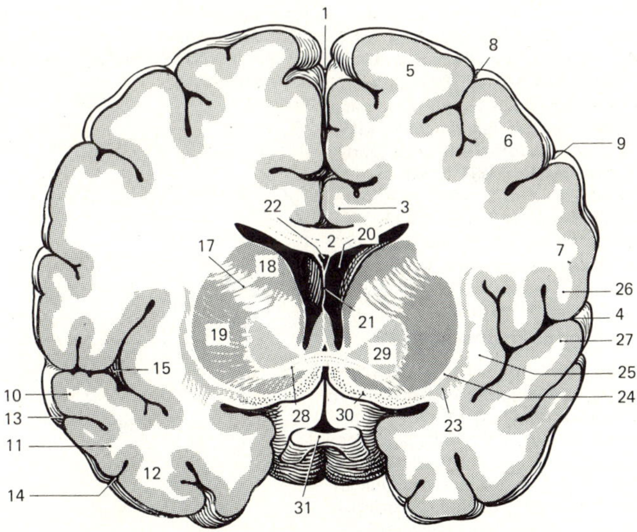

B Frontalschnitt, Höhe der Commissura anterior

Schnittebene des Corpus amygdaloideum A (Blick auf die Rückfläche der Hirnscheibe). In dieser Höhe ist der **Sulcus centralis AB1,** der schräg von dorsokaudal nach ventrooral verläuft, angeschnitten. Er ist relativ weit oral getroffen, so daß der dorsal von ihm liegende *Frontallappen* einen erheblich größeren Teil des Schnittes ausmacht als der ventral von ihm liegende Parietallappen. Die über ihm liegende Windung ist der **Gyrus praecentralis AB2,** die unter ihm liegende Windung der **Gyrus postcentralis AB3.** In der Tiefe des Temporallappens erscheint das **Corpus amygdaloideum A4.** Es reicht an der medialen Seite des Temporallappens bis zur Oberfläche, so daß man es z. T. als Rinde, z. T. als Kern ansehen kann oder besser als eine Übergangsformation beider Strukturen. Da nicht nur die umgebende periamygdaläre Rinde, sondern auch seine kortikomediale Hälfte zu den primären olfaktorischen Zentren gehört, rechnen wir das Corpus amygdaloideum trotz seines Kerncharakters zum Palaeocortex. Über ihm endet mit breiter Basis das *Claustrum* **AB5.**

Zwischen den Hemisphären liegt jetzt das Zwischenhirn mit *Thalamus* **AB6,** *Globus pallidus* **AB7** und *Hypothalamus* **A8.** Den dienzephalen Kernen ist lateral das *Corpus striatum* mit *Putamen* **AB9** und *Nucleus caudatus* **AB10** angelagert. Unter dem *Balken* **AB11** ist das starke Faserbündel des *Fornix* **AB12** getroffen. *Fissura longitudinalis cerebri* **AB13,** *Sulcus lateralis cerebri* **AB14,** *Fossa lateralis* **AB15,** *Tractus opticus* **A16,** *Infundibulum* **A17.**

Schnittebene des Hippocampus B

Nachdem das Corpus amygdaloideum auf weiter kaudal gelegenen Schnitten verschwunden ist, erscheint an der medialen Fläche des Temporallappens der **Hippocampus B18,** der wichtigste Anteil des Archicortex. Er ist eine nach innen eingerollte Rindenformation, die sich gegen das Unterhorn des Seitenventrikels vorwölbt. Die Fossa lateralis B15 ist in ihrem kaudalen Abschnitt getroffen. Hier zeigt die Innenfläche des temporalen Operculum ausgeprägte Windungen, bei denen es sich um die schräg angeschnittenen **Gyri temporales transversi B19** handelt, die Heschlschen Querwindungen mit der Hörrinde. Im ventralen Bereich des Zwischenhirns sind das *Corpus subthalamicum* **B20,** die *Corpora mamillaria* **B21** und die bereits zum Mittelhirn gehörende *Substantia nigra* **B22** zu sehen.

Basalganglien

Die grauen Kernkomplexe in der Tiefe der Hemisphäre werden als Basalganglien zusammengefaßt. Manche Autoren bezeichnen damit nur das Striatum und Pallidum, andere schließen auch das Corpus amygdaloideum und das Claustrum ein, manche sogar den Thalamus. Da der Begriff Basalganglien vage und mangelhaft definiert ist, wird er in dieser Darstellung nicht verwendet. Von den alten Anatomen wurden Pallidum und Putamen als Nucleus lentiformis, Linsenkern, zusammengefaßt (noch erhalten in *Ansa* oder *Fasciculus lentiformis).* Die Bezeichnung Nucleus lentiformis wird nicht mehr verwendet.

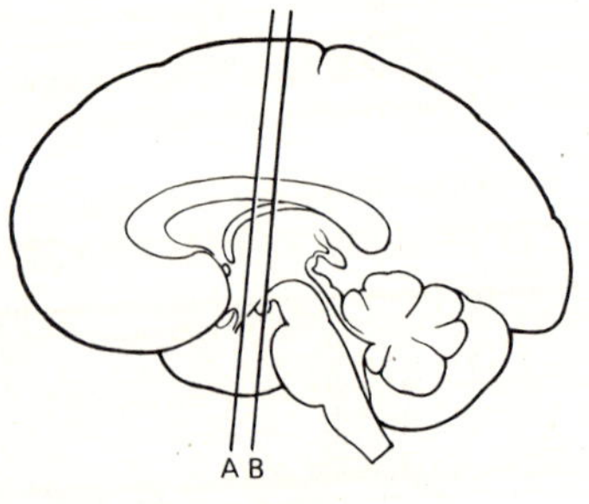

Schnittlage

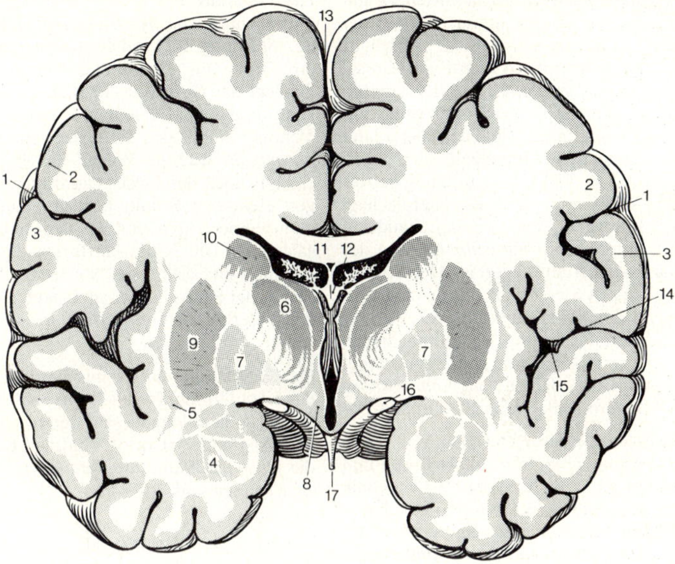

A Frontalschnitt, Höhe des Nucleus amygdalae

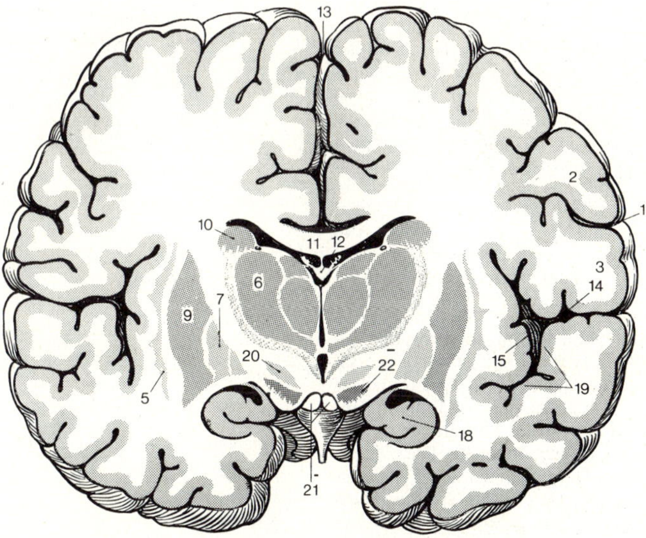

B Frontalschnitt, Hippocampus

Schnittebene in Höhe von Mittelhirn und Brücke A. An der lateralen Wand der Hemisphäre ist der kaudale Abschnitt der *Fossa lateralis* **A1** eröffnet. Dorsal vom *Sulcus lateralis* **A2** liegt der Parietallappen, ventral der Temporallappen. Seine dorsalen, in der Tiefe des Sulcus lateralis liegenden Windungen, *Gyri transversi* **A3** (S. 238 C1) sind schräg getroffen. Am Grunde der Fossa lateralis liegt die Inselrinde, die von den kaudalen Ausläufern des *Claustrum* **A4** und des *Putamen* **A5** unterlagert ist. Der *Nucleus caudatus* **A6** erscheint an der lateralen Wand des Seitenventrikels **A7.** An der medialen Fläche des Temporallappens, überlagert vom *Gyrus parahippocampalis* **A8,** ist die Rinde zum *Ammonshorn* **A9** eingerollt. Balken **A10,** Fornix **A11.**

Zwischen beiden Hemisphären liegt das Übergangsgebiet von Zwischenhirn und Mittelhirn. Vom Thalamus **A12** sind die kaudalen Kerngebiete getroffen. Abgesondert vom Hauptkomplex liegt das *Corpus geniculatum laterale* **A13,** medial an der Ventrikelwand der *Nucleus habenulae* **A14.** Die Schnittlage orientiert sich an der Forelschen Achse, so daß Endhirn und Zwischenhirn frontal getroffen sind. Die Strukturen des Mittelhirns und der Brücke (Meynertsche Achse) sind dagegen schräg angeschnitten (S. 4 B). Dorsal liegt der Aquädukt **A15,** darunter die *Decussatio pedunculorum cerebellarium cranialium* **A16.** Zu beiden Seiten zieht ein schmaler Streifen dunkler Zellen abwärts, die *Substantia nigra* **A17.** Lateral davon sind die *Pedunculi cerebri* **A18** getroffen, deren Fasermassen in ihrem Verlauf von der inneren Kapsel bis in die Brücke **A19** zu verfolgen sind.

Schnittebene des Splenium corporis callosi B. Auf dem Schnitt gehört der dorsale Teil der Hemisphäre zum Parietallappen, der ventrale Teil zum Temporallappen, der in dieser Schnitthöhe in den Okzipitallappen übergeht. Die Grenze zwischen Parietallappen und Temporallappen ist im Bereich des *Gyrus angularis* **B20** anzunehmen. Sulcus lateralis und Fossa lateralis sind nicht mehr getroffen. Die Schnittfläche des Balkens in Höhe des *Splenium* **B21** zeichnet sich durch ihre Breite aus. Dorsal und ventral von ihr liegt der *Gyrus cinguli* **B22,** der bogenförmig um das Splenium herumzieht. Ventral schließt sich der *Gyrus parahippocampalis* **B23** an. Weder der Hippocampus noch der Sulcus calcarinus sind getroffen. Der Schnitt liegt also hinter dem Hippocampus und vor dem Sulcus calcarinus. Die Seitenventrikel sind auffallend weit: es ist der vorderste Abschnitt der Hinterhörner am Übergang in die Unterhörner und in die Partes centrales.

Der Unterfläche der Hemisphären liegt das Kleinhirn an. In der Mitte erscheint die Medulla oblongata, auf deren schrägem Abschnitt der vierte Ventrikel **B24,** die *Oliven* **B25** und die *Pyramiden* **B26** zu erkennen sind.

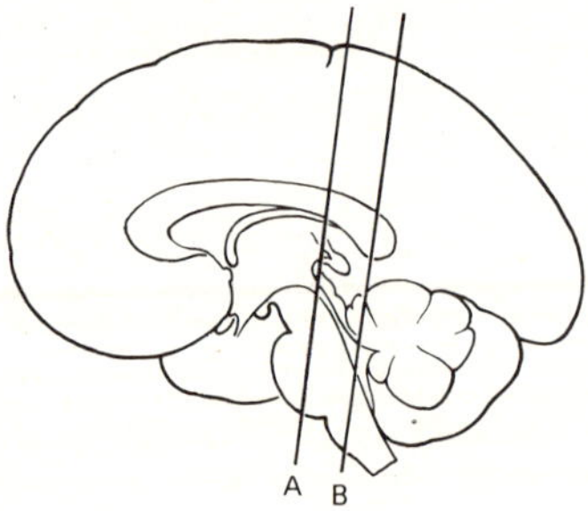

Schnittlage

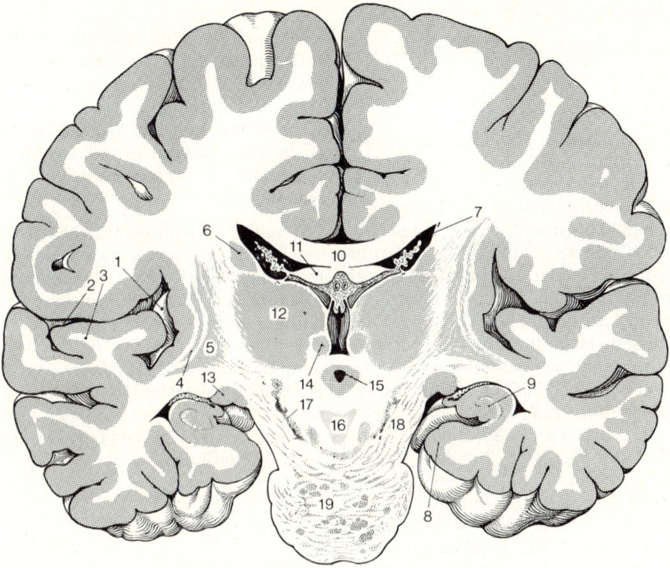

A Frontalschnitt in Höhe von Mittelhirn und Brücke

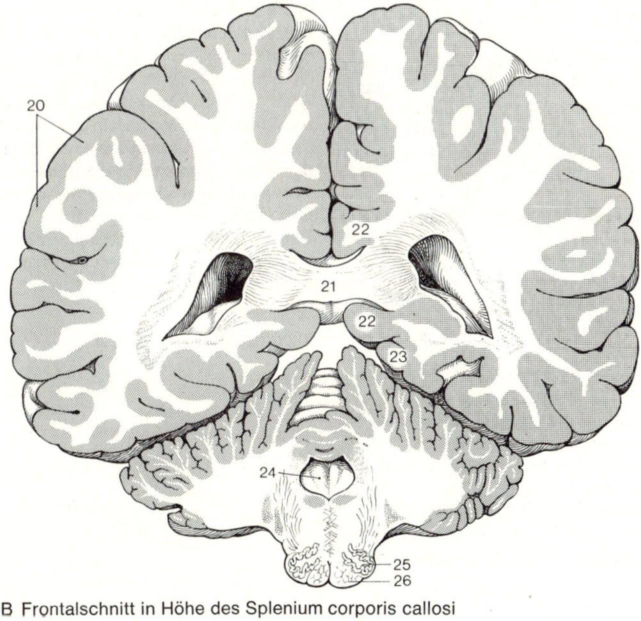

B Frontalschnitt in Höhe des Splenium corporis callosi

Horizontalschnitte

Balkenoberfläche und Seitenventrikel A. Durch das Gehirn wurde oberhalb des Balkens ein Horizontalschnitt gelegt und durch Entfernung des tiefen Marklagers die Oberfläche des Balkens und die Seitenventrikel zur Darstellung gebracht. Oben ist der Frontallappen **A1,** seitlich der Temporallappen **A2** und unten der Okzipitallappen **A3** durchschnitten. Die Dorsalfläche des Balkens **A4** gehört zur freien von Pia und Arachnoidea bedeckten Oberfläche des Gehirns. In der Tiefe liegend wird sie von den Windungen der medialen Hemisphärenwand bedeckt. Rostral senkt sich die Balkenoberfläche ventralwärts und bildet die Rundung des *Genu corporis callosi* **A5,** kaudal bildet sie die Rundung des *Splenium corporis callosi* **A6** (S. 246). Auf dem Balken verlaufen vier weiße Faserstränge: auf jeder Balkenhälfte eine *Stria longitudinalis lateralis* **A7** und eine *Stria longitudinalis medialis* **A8.** Sie enthalten Faserbahnen, die vom Hippocampus zur Area subcallosa ziehen. Zwischen beiden Striae longitudinales liegt eine dünne Schicht grauer Substanz, die eine schmale Lage von Nervenzellen enthält, das *Indusium griseum.* Es handelt sich dabei um einen Rindenabschnitt des Archicortex, der infolge der starken Entwicklung des Balkens (S. 6) eine Rückbildung erlitten hat.

Im Bereich der Frontallappen sind die Vorderhörner **A9** der Seitenventrikel eröffnet, im Bereich der Okzipitallappen die Hinterhörner **A10.** Den Boden des Unterhornes bildet die Vorwölbung des *Hippocampus* **A11.** Pars centralis und Unterhorn des Seitenventrikels enthalten den *Plexus choroideus* **A12** (S. 264).

Darstellung des Zwischenhirndaches B. Es handelt sich um einen schrägen Horizontalschnitt unterhalb des Balkens mit Entfernung des ganzen Balkens. Mit der Eröffnung der beiden Seitenventrikel erscheint die Dorsalfläche des *Nucleus caudatus* **B13** und medial angrenzend die Dorsalfläche des *Thalamus* **B14.** Vom Zwischenhirn ist weiterhin die *Epiphyse* **B15** und mit ihr verbunden die beiden *Habenulae* **B16** zu sehen. Zwischen den beiden Kaudatumköpfen sind die beiden *Fornices* **B17** in ihrem rostralen Verlauf (Columnae fornicis) getroffen. Von ihnen zieht das *Septum pellucidum* **B18** zum Balken.

Die seitliche Hemisphärenwand besitzt ein besonders breites, zwischen Rinde und Ventrikel gelegenes Marklager, das *Centrum semiovale* **B19.** In dieses schneidet der *Sulcus centralis* **B20** ein und trennt den Frontallappen (in der Abbildung oben) vom Parietallappen (in der Abbildung darunter). Vom Sulcus centralis ausgehend kann man den *Gyrus praecentralis* **B21** und den *Gyrus postcentralis* **B22** auffinden.

In der *Fissura longitudinalis cerebri* **AB23** ist kaudal das *Kleinhirn* **B24** zu erkennen. Der kaudale Teil der Hemisphäre wird vom Okzipitallappen gebildet. In seinem Bereich liegt die **Area striata B25,** die Sehrinde. Sie nimmt vorwiegend den **Sulcus calcarinus B26** an der medialen Fläche des Okzipitallappens ein und erstreckt sich nur ein kleines Stück auf den Okzipitalpol. Schon makroskopisch ist sie durch einen weißen Streifen, den **Gennarischen Streifen B27,** der die Rinde in zwei graue Bänder teilt, von der übrigen Rinde zu unterscheiden. Der Gennarische Streifen ist ein breites Band markhaltiger Nervenfasern, dem im übrigen Neocortex der etwas schmälere äußere Baillargersche Streifen entspricht.

Tectum mesencephali **B28.**

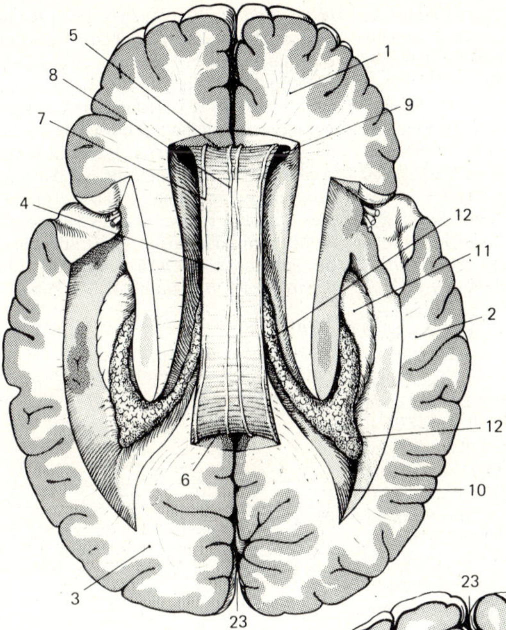

A Horizontalschnitt mit Balken-oberfläche

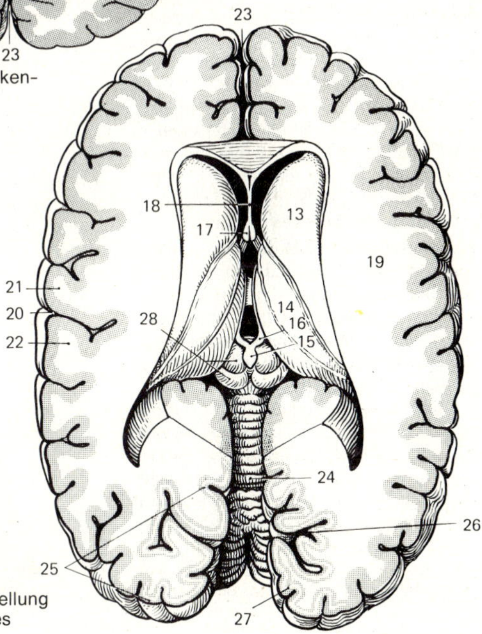

B Horizontalschnitt, Darstellung des Zwischenhirndaches

Horizontalschnitt durch das Striatum A. In dieser Höhe wird die *Fossa lateralis cerebri* **AB1** in ihrer Längsausdehnung eröffnet. Der *Sulcus lateralis* **A2** liegt relativ weit oral, vor ihm das *Operculum frontale* **AB3** und kaudal von ihm das langgestreckte *Operculum temporale* **AB4.** Auch an den tiefen Strukturen des Endhirns, am *Claustrum* **AB5** und am *Putamen* **AB6,** erkennt man die Längsausdehnung. Die bogenförmigen Strukturen sind zweimal getroffen: der *Balken* **A7** erscheint oral mit seinem vorderen Abschnitt, dem *Genu corporis callosi,* und kaudal mit seinem Ende, dem *Splenium.* Auch der Nucleus caudatus ist zweimal angeschnitten, oral das *Caput nuclei caudati* **AB8** und kaudal die *Cauda nuclei caudati* **AB9**, seitlich vom *Thalamusanschnitt* **AB10.** Der Thalamus wird vom *Globus pallidus* **AB11** durch die *Capsula interna getrennt, die auf Horizontalschnitten die Form eines Hakens mit dem Crus anterius* **A12** und dem *Crus posterius* **A13** hat. Der Seitenventrikel ist ebenfalls zweimal eröffnet: Im Bereich des Frontallappens ist sein *Vorderhorn* **A14** angeschnitten und kaudal der Übergang in das *Hinterhorn* **A15.** Beide Vorderhörner werden durch das Septum pellucidum **A16** getrennt, das sich zwischen Balken und Fornix **A17** spannt. Frontallappen **AB18,** Temporallappen **A19,** Okzipitallappen **A20,** Fissura longitudinals cerebri **AB21,** Area striata **A22.**

Horizontalschnitt in Höhe der Commissura rostralis B. Während der Frontallappen und der Temporallappen noch in ganzer Ausdehnung auf der Schnittfläche erscheinen, ist der Okzipitallappen nur in seinem vorderen Bereich am Übergang in den Temporallappen angeschnitten. Zwischen beide Hemisphären schiebt sich kegelförmig die Dorsalfläche des Kleinhirns **B23.** Das Vorderhorn des Seitenventrikels und der Balken sind nicht mehr getroffen. Statt dessen erscheint als Verbindung zwischen beiden Hemisphären die *Commissura rostralis* **B24.** Die beiden *Columnae fornicis* **B25,** die auf dem oberen Schnitt dicht beieinander lagen, sind in Höhe der vorderen Kommissur auseinandergewichen. Von der *Capsula interna* besitzt nur noch das *Crus posterior* B13 die übliche Breite, das *Crus anterius* B12 ist lediglich mit einigen Faserzügen angedeutet. Infolgedessen ist das *Caput nuclei caudati* B8 nicht mehr vom *Putamen* B6 getrennt, so daß das Striatum einen einheitlichen Kernkomplex darstellt. Im Bereich des Temporallappens wird das eingerollte Rindenband des Ammonshorns **B26,** überlagert vom *Gyrus parahippocampalis* **B27** sichtbar.

Tectum mesencephali **B28.**

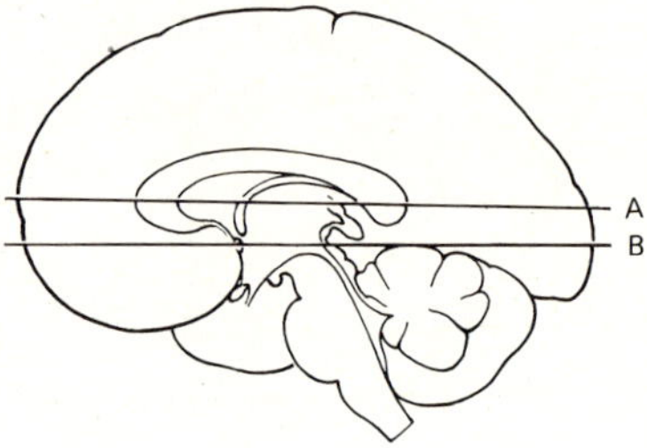

Schnittlage

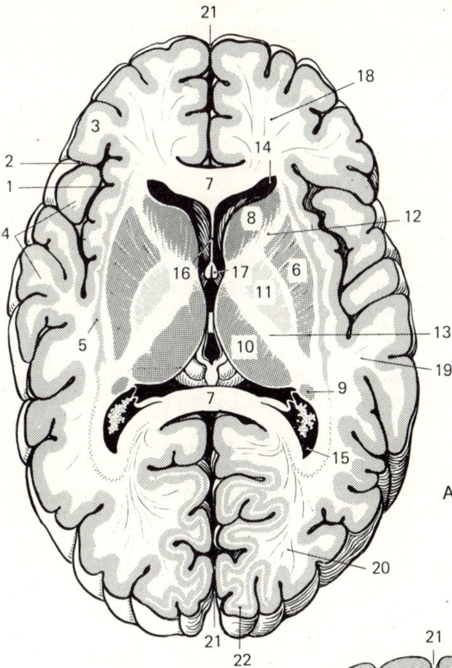

A Horizontalschnitt
Höhe des Striatum

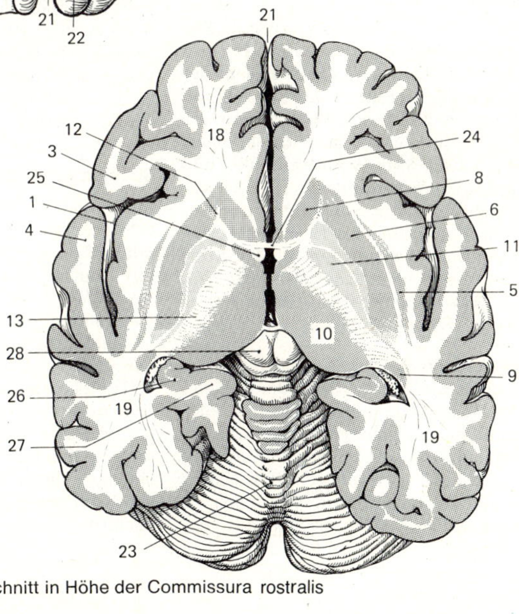

B Horizontalschnitt in Höhe der Commissura rostralis

Palaeocortex

Der Palaeocortex ist der älteste Rindenbezirk des Endhirns. Er bildet zusammen mit dem Bulbus olfactorius und dem Tractus olfactorius das sog. Riechhirn, **Rhinencephalon.** Bei primitiven Säugetieren (Igel A) macht er den größten Teil des Endhirns aus. Rostral liegt ein großer massiger *Bulbus olfactorius* **A1,** an den sich das *Tuberculum olfactorium* **A2,** die Riechrinde, anschließt. Die übrige Hirnbasis nimmt der *Lobus piriformis* **A3** mit dem *Uncus* **A4** ein. Er enthält verschiedene Rindenbezirke: lateral die *Regio praepiriformis* **A5,** medial das *Diagonale Band von Broca,* Bandeletta diagonalis **A6** und kaudal die *Regio periamygdalaris* **A7.** Der kaudale Teil des *Lobus piriformis* wird von der *Regio entorhinalis* **A8,** einem Übergangsgebiet zwischen Archicortex und Neocortex, eingenommen. Medial erscheint ein Anteil des Hippocampus, der Uncus mit der oberflächlichen *Fascia dentata* **A9.**

Beim Menschen B hat die starke Ausdehnung des Neocortex den Palaeocortex in die Tiefe verlagert, wo er nur noch einen kleinen Teil der Hirnbasis ausmacht. Der schmale *Bulbus olfactorius* **B10** wird durch den *Tractus olfactorius* **B11** mit der Riechrinde verbunden. Am *Trigonum olfactorium* **B12** teilen sich die Fasern des Tractus in zwei (oft auch drei o. mehr) Bündel auf: *Stria olfactoria medialis* **B13** und *Stria olfactoria lateralis* **B14.** Sie umfassen das *Tuberculum olfactorium,* das beim Menschen in die Tiefe gesunken ist *(Substantia perforata anterior* **B15).** Sie wird kaudal vom *Diagonalen Band Brocas* **B16** begrenzt, das afferente Fasern für den Bulbus führen soll.

Die übrigen Bezirke des *Lobus piriformis* sind beim Menschen durch die Rotation der Hemisphäre weitgehend auf die Medialfläche des Temporallappens verlagert worden, wo sie den *Gyrus ambiens* **B17** und den *Gyrus semilunaris* **B18** bilden. Der Gyrus ambiens wird von der *präpiriformen Rinde* **B19** eingenommen, der Gyrus semilunaris von der periamygdalären *Rinde* **B20.** Ventrokaudal davon wölbt sich der *Uncus* **B21** mit dem oberflächlichen Ende der *Fascia dentata, dem Giacominischen Bändchen,* vor. Er geht über in den *Gyrus parahippocampalis* **B22,** der von der *entorhinalen Rinde* **B23** bedeckt wird.

Bulbus olfactorius

Der Bulbus olfactoris D ist beim Menschen, der zu den *Mikrosmatikern* gehört, zurückgebildet. Säugetiere mit hochentwickeltem Geruchssinn *(Makrosmatiker)* besitzen einen großen und kompliziert gebauten Bulbus (S. 196 AB3). Am menschlichen Bulbus kann man eine *Lamina glomerulosa* **D24,** eine *Lamina mitralis* **D25** und eine *Lamina granularis* **D26** unterscheiden. In der Lamina glomerulosa gehen die Mitralzellen synaptische Kontakte mit den Endigungen der Nervi olfactorii ein. Die Axone der Mitralzellen ziehen durch den Tractus olfactorius zu den primären Riechzentren. Der Tractus olfactorius enthält in seiner ganzen Länge eine diskontinuierliche Ansammlung von mittelgroßen Nervenzellen, den *Nucleus olfactorius anterior.* Die Axone schließen sich den Fasern des Tractus olfactorius an und kreuzen teilweise zum Bulbus olfactorius der Gegenseite.

Substantia perforata anterior

In der durch zahlreiche Gefäßeintritte **C27** gekennzeichneten Substantia perforata anterior liegt außen eine unregelmäßige Schicht kleiner Pyramiden, *Lamina pyramidalis* **C28,** innen die lockere *Lamina multiformis* **C29** mit einzelnen Haufen dunkler Zellen, den *Callejaschen Inseln* **C30.** Kern des diagonalen Bandes **C31,** Fissura longitudinalis cerebri **C32,** Seitenventrikel **C33,** Gyrus paraterminalis **C34,** Bulbus olfactorius, Tractus olfactorius und Substantia perforata anterior enthalten eine große Zahl von peptidergen Nervenzellen (Corticoliberin, Enkephalin u. a.).

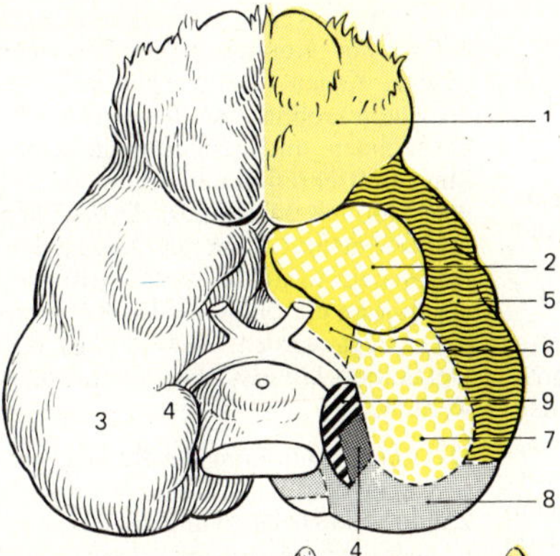

A Hirnbasis, Igel
(nach Stephan)

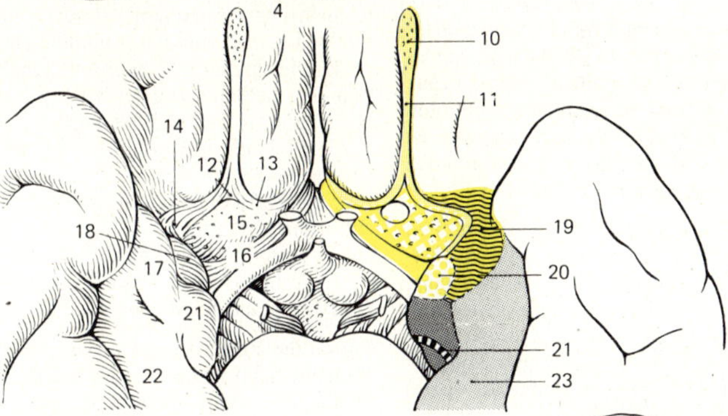

B Hirnbasis, Mensch

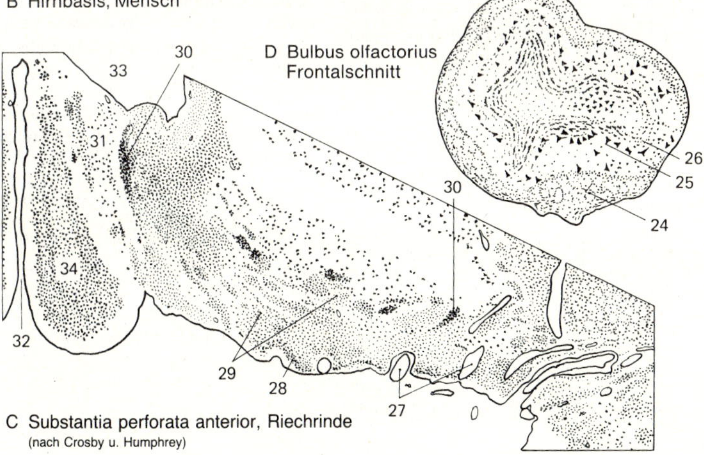

D Bulbus olfactorius
Frontalschnitt

C Substantia perforata anterior, Riechrinde
(nach Crosby u. Humphrey)

Corpus amygdaloideum

Der Mandelkern liegt an der medialen Fläche des Temporallappens B. Er besteht aus einem Rindenanteil, *Nucleus corticalis,* und einem in der Tiefe liegenden Kernanteil und ist als eine Übergangsformation zwischen Rinde und Kern anzusehen. Über dem Kernkomplex liegt die *periamygdaläre Rinde* **A1.**

Subnuclei. Der Komplex wird in mehrere Unterkerne gegliedert: in den oberflächlich gelegenen *Nucleus corticalis* **A2,** den *Nucleus centralis* **A3,** den *Nucleus basalis* **DE4**, an dem man einen kleinzelligen *medialen Teil* **A5** und einen großzelligen *lateralen Teil* **A6** unterscheidet, und in den *Nucleus lateralis* **A7.** Die Zugehörigkeit des Nucleus medialis **A8** zum Amygdalakomplex ist fraglich. Das Corpus amygdaloideum ist reich an peptidergen Nervenzellen. Im Nucleus centralis ist vor allem Enkephalin und Corticoliberin, im Nucleus lateralis VIP nachzuweisen.

Man faßt die Subnuclei in zwei Gruppen zusammen: in die phylogenetisch alte **kortikomediale Gruppe** (Nucleus corticalis, Nucleus centralis) und in die phylogenetisch jüngere **basolaterale** Gruppe (Nucleus basalis, Nucleus lateralis). Die *kortikomediale Gruppe* empfängt Fasern des Bulbus olfactorius und ist das Ursprungsgebiet der Stria terminalis. Die *laterobasale* Gruppe hat Faserbeziehungen mit der präpiriformen und entorhinalen Rinde. Elektrophysiologische Ableitungen haben gezeigt, daß nur die kortikomediale Gruppe olfaktorische Impulse empfängt, die basolaterale Gruppe hingegen optische und akustische Impulse.

Funktionelle Gliederung. Elektrische Reizungen des Kerns und seiner Umgebung führen zu vegetativen und emotionalen Reaktionen. Wut (●) oder Fluchtverhalten (○) mit entsprechenden vegetativen Erscheinungen (Pupillenerweiterung, Blutdruckanstieg, Beschleunigung der Herz- und Atemfrequenz) sind aus dem Sammelgebiet der Stria-terminalis-Fasern auszulösen E. An anderen Punkten erhält man eine Aufmerksamkeitsreaktion mit Kopfwendung. Reizungen können Kauen (⊙), Lecken (●) oder Speichelsekretion (▲) hervorrufen D. Sie können auch Nahrungsaufnahme, Magensaftsekretion und erhöhte intestinale Motilität oder Freßsucht bewirken. Hypersexualität kann im Anschluß an Reizungen auftreten, aber auch durch Zerstörung der basolateralen Kerngruppe erzeugt werden. Miktion (△) oder Defäkation können ebenfalls ausgelöst werden.

Die topische Ordnung der Reizergebnisse ist schwierig, da viele Fasern den Kernkomplex durchziehen und die Reizeffekte nicht nur vom Reizort, sondern auch von den getroffenen Faserbündeln anderer Kerne herrühren. Neuerdings rechnet man den medialen Teil des Nucleus basalis zur kortikomedialen Kerngruppe und versucht, beide Kerngruppen mit einem unterschiedlichen Verhalten zu korrelieren: die kortikomediale Kerngruppe **C9** soll einen fördernden Einfluß auf aggressives Verhalten, Sexualtrieb, Freßtrieb u. a. ausüben, die laterale Kerngruppe **C10** dagegen einen dämpfenden.

Durch die Reizung des Corpus amygdaloideum beim Menschen (diagnostische Maßnahme bei Behandlung schwerer Epilepsie) können Wut oder Angst, aber auch das Gefühl der Ruhe und Entspannung ausgelöst werden. Die Patienten können sich „wie verwandelt“ oder „wie in einer anderen Welt“ fühlen. Die Reaktion wird wesentlich von der emotionalen Ausgangslage am Beginn der Reizung beeinflußt.

Tractus opticus **A–E11**, Hypothalamus **A12,** Claustrum **A13.**

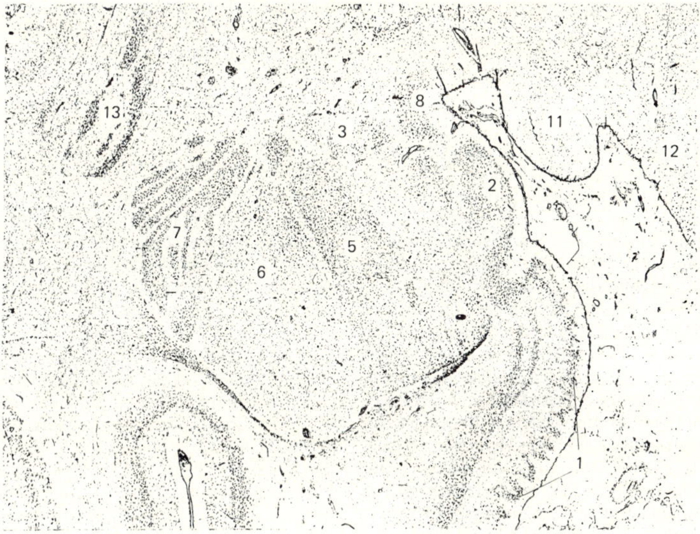

A Gliederung des Corpus amygdaloideum, Frontalschnitt, halbschematisch

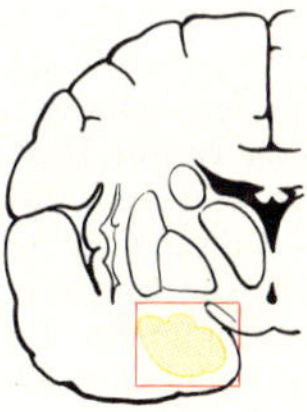

B Schnittlage

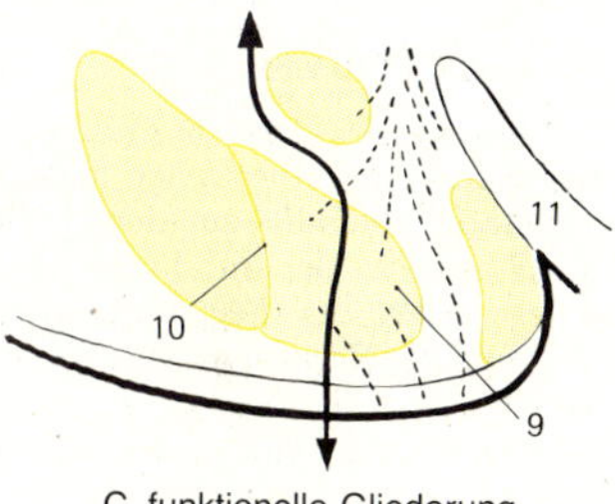

C funktionelle Gliederung
(nach Koikegami)

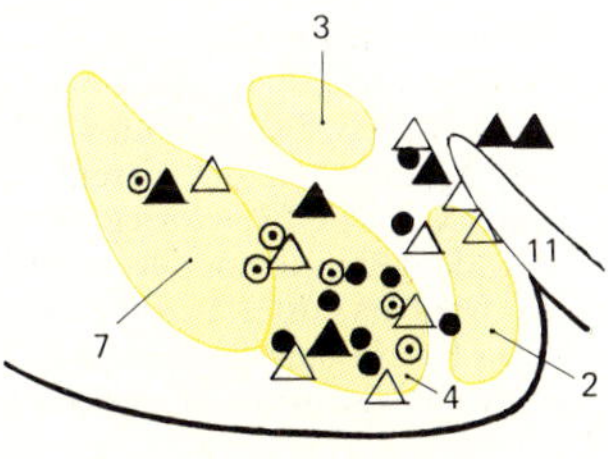

D vegetative Reaktionen, Reizexperiment, Katze
(nach Ursin u. Kaada)

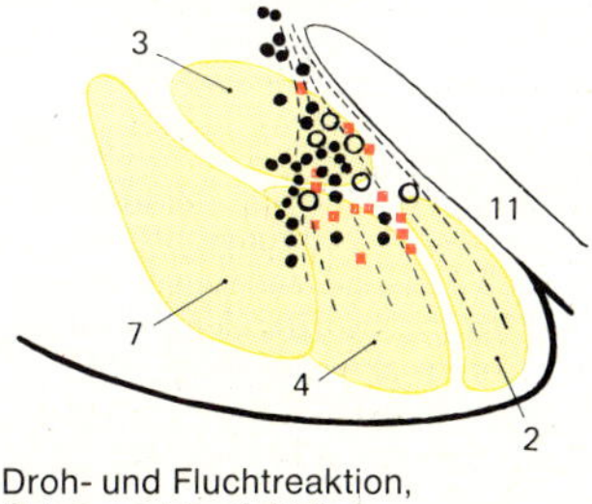

E Droh- und Fluchtreaktion, Reizexperiment, Katze
(nach de Molina u. Hunsperger)

Faserverbindungen

Bulbus olfactorius A

Die gebündelten Axone der Riechzellen **A1** (S. 308C) ziehen als *Nn. olfactorii* (1. Neuron) durch die Öffnungen der Lamina cribriformis **A2** zum Bulbus olfactorius **A3.** Hier enden sie an den Dendriten der **Mitralzellen A4,** mit denen sie *Glomeruli* **A5** bilden. Im Glomerulussystem hat eine Vielzahl von Sinneszellen Kontakt mit einer Mitralzelle. Weitere Zellformen, Körnerzellen und Büschelzellen, gehören zum Integrationsapparat des Bulbus. Die Axone der Mitralzellen (2. Neuron) ziehen im **Tractus olfactorius A6** zu den primären Riechzentren. Entlang des Tractus olfactorius liegen verstreut mittelgroße Nervenzellen, **Nucleus olfactorius anterior AC7.** An ihnen enden Axone oder deren Kollaterale von Mitralzellen. Die Fortsätze der Nervenzellen ziehen zum Teil über die Commissura rostralis zum Bulbus olfactorius der Gegenseite, wo sie die *Stria olfactoria medialis* **B8** bilden.

Stria olfactoria lateralis B

Nach neueren Untersuchungen verlaufen alle Fasern der Mitralzellen in der Stria olfactoria lateralis zu den primären Riechzentren: der *Substantia perforata anterior* **B9,** der *Regio praepiriformis* **B10** und der *Regio periamygdalaris* **B11,** einschließlich des Nucleus corticalis des Corpus amygdaloideum. Bei der Regio praepiriformis und periamygdalaris soll es sich um die eigentliche Riechrinde für die bewußte Wahrnehmung der Geruchsreize handeln. Die Stria olfactoria medialis soll ausschließlich von der Riechrinde zum Bulbus führende Fasern enthalten.

Von der Riechrinde verlaufen Fasersysteme (olfaktorische Impulse für Nahrungssuche, Nahrungsaufnahme und Sexualverhalten) zur Regio entorhinalis **B12,** zum basolateralen Kernkomplex des Corpus amygdaloideum **B13,** zu anterioren und lateralen Abschnitten des Hypothalamus **B14** und zum großzelligen Kern der Nuclei mediales thalami **B15.** Durch Fasern zu den Habenulakernen **B16** (S. 164A) kommt eine Verbindung zu den Zentren des Hirnstammes zustande. Diese Assoziationsbahnen gehören nicht mehr zum olfaktorischen System.

Corpus amygdaloideum

Die basolaterale Kerngruppe empfängt Fasern von der prämotorischen, frontopolaren und temporalen Rinde, vom großzelligen Kern der Nuclei mediales thalami und von unspezifischen Thalamuskernen. Das wichtigste efferente Fasersystem des *Corpus amygdaloideum* ist die **Stria terminalis B17.** Sie nimmt einen bogenförmigen Verlauf in der Grenzfurche zwischen dem Nucleus caudatus und dem Thalamus bis zur Commissura rostralis. Dabei liegt sie unter der V. thalamostriata (S. 159 B14, 163 AB2). Ihre Fasern enden in den *Septumkernen* **B18,** in der *Regio praeoptica* **B19** und in den Kernen des *Hypothalamus.* Faserbündel treten von der Stria terminalis in die Stria medullaris **B20** über und ziehen zu den Habenulakernen. Andere efferente Bündel aus dem basolateralen Anteil des Corpus amygdaloideum ziehen als ventrale **amygdalofugale FasernB21** zur *entorhinalen Rinde,* zum *Hypothalamus* und zum *Nucleus medialis thalami,* von dem weitere Verbindungen zum Frontallappen führen. Die Stria terminalis ist reich an peptidergen Fasern. Chiasma **B22.**

Commissura rostralis C

In der Pars anterior der Kommissur kreuzen Fasern des Tractus olfactorius (Nucleus olfactorius anterior) **C7** und Fasern der Riechrinde **C9** zur Gegenseite. Beim Menschen ist die Pars anterior nur schwach entwickelt. Den Hauptteil bildet die Pars posterior, in der Fasern des temporalen Cortex **C23,** vorwiegend aus der Rinde des Gyrus temporalis medialis kreuzen. Die Pars posterior enthält auch kreuzende Fasern der Corpora amygdaloidea C13 und der Stria terminalis C17.

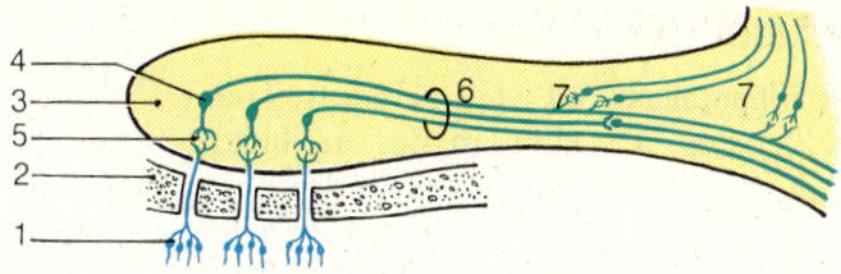

A Bulbus olfactorius

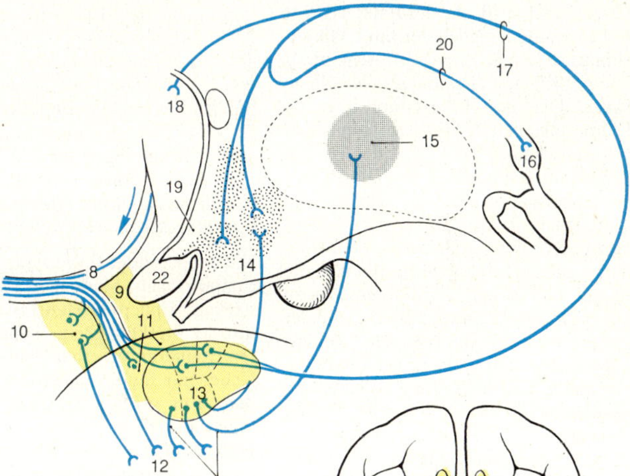

B Stria olfactoria lateralis

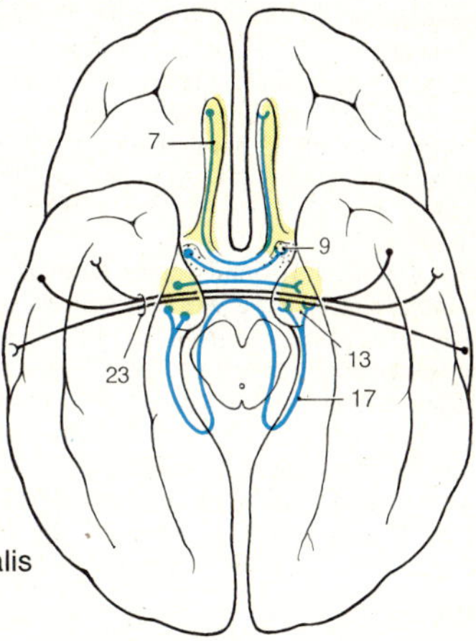

C Commissura rostralis

Archicortex

Der **Hippocampus A 1** ist der Hauptteil des Archicortex. Er liegt an der medialen Fläche des Temporallappens, und zwar in der Tiefe, weitgehend überlagert vom Gyrus parahippocampalis. An dem Präparat A wurde die linke Hemisphäre entfernt (Schnittfläche des Balkens) **A2**, und es wurde lediglich der linke Hippocampus stehen gelassen. Er erscheint als eine mit Klauen, *Digitationes,* versehene Tatze. Der im Hintergrund liegende Temporallappen der rechten Hemisphäre veranschaulicht die Lage des Hippocampus im Temporallappen. Die Hippocampusformation erstreckt sich bis zum kaudalen Ende des Balkens. Hier wird sie zu einer dünnen Schicht grauer Substanz reduziert, **Indusium griseum A3,** die an der Oberfläche des Balkens bis zu seinem rostralen Ende in die Gegend der *Commissura rostralis* **A4** zieht. Beiderseits verlaufen hier auch zwei dünne Faserbündel, **Stria longitudinalis lateralis** und **medialis** *Lancisii* (S. 206 A7, A8). Auf der Dorsalfläche des Hippocampus liegt ein starkes Faserband, **Fimbria hippocampi A–D5,** das sich unter dem Balken von ihm trennt und als **Fornix A6** (Gewölbe) im Bogen bis zum *Corpus mamillare* **A7** zieht.

Auf einem Horizontalschnitt durch den Temporallappen werden das *Unterhorn* **B8** und das *Hinterhorn* **B9** des Seitenventrikels eröffnet und die Vorwölbung des Hippocampus in den Ventrikel sichtbar. Medial, bereits an der Außenfläche des Temporallappens, liegt die *Fimbrie* BC5 und unter ihr der **Gyrus dentatus BC10,** vom *Gyrus parahippocampalis* **BC11** durch den *Sulcus hippocampi* **BC12** getrennt.

Auf Frontalschnitten bildet die Rinde ein eingerolltes Band, das *Ammonshorn,* **Cornu ammonis**, das sich gegen den Ventrikel vorwölbt, bedeckt von einer Faserschicht, dem **Alveus hippocampi C13.** In verschiedenen Schnitthöhen zeigt das Ammonshorn erhebliche Variationen D. Tractus opticus **C14,** Plexus choroideus **C15.**

Der Hippocampus, der früher zum Riechhirn gerechnet wurde, hat keine unmittelbare Beziehung zum Geruchssinn. Er ist bei Reptilien, die keinen Neocortex besitzen, das oberste Integrationsorgan des Endhirns. Elektrische Ableitungen vom Hippocampus der Säuger zeigen, daß er optische, akustische, taktile, viszerale und nur in geringem Maße olfaktorische Impulse empfängt. Er ist ein Integrationsorgan, das über seine Verbindungen mit dem Hypothalamus, den Septumkernen und dem Gyrus cinguli das endokrine, viszerale und emotionale Geschehen beeinflußt.

Die doppelseitige Entfernung des Hippocampus beim Menschen (Behandlung schwerer Epilepsien) führt zu einem Verlust der Merkfähigkeit. Während die alten Erinnerungen erhalten bleiben, kann Neues nur für Sekunden behalten werden. Ein solches Sekundengedächtnis kann über Jahre bestehen bleiben. Die Hippokampusneurone besitzen eine sehr niedrige Reizschwelle für Krampfentladungen. Dem Hippocampus wird daher beim Zustandekommen von epileptischen Krampfanfällen, Dämmerzuständen und Gedächtnislücken eine besondere Bedeutung beigemessen.

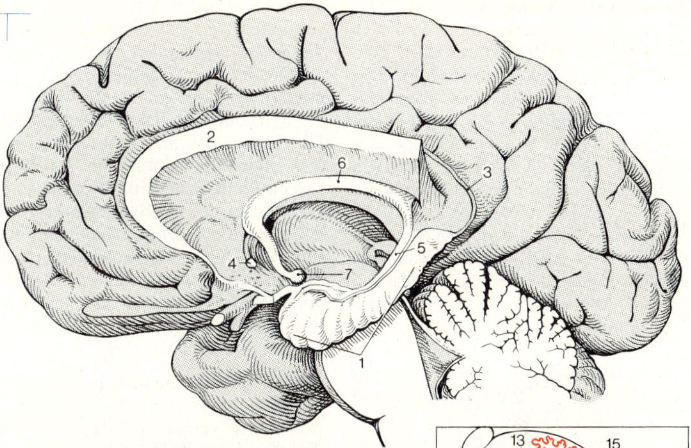

A Hippocampus nach Entfernung der übrigen linken Hemisphäre
(nach Ludwig u. Klingler)

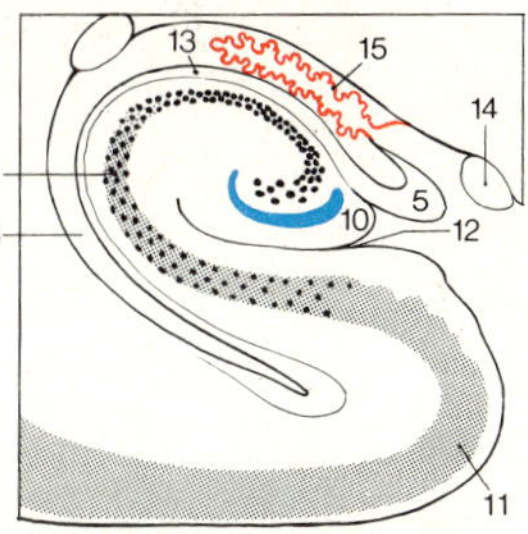

C Frontalschnitt durch den Hippocampus, Ammonshorn, Schema

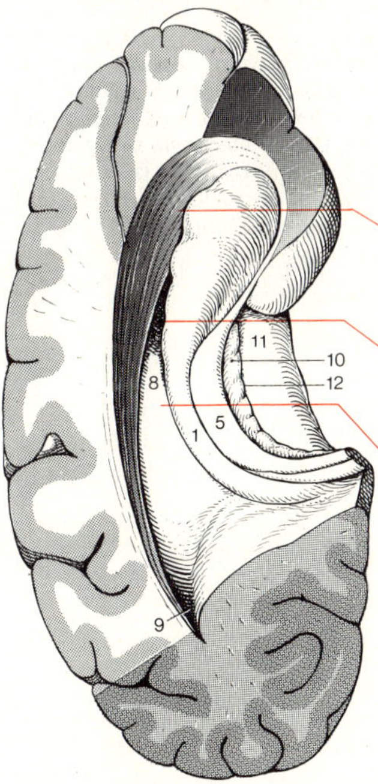

B Hippocampus von oben
(nach Sobotta)

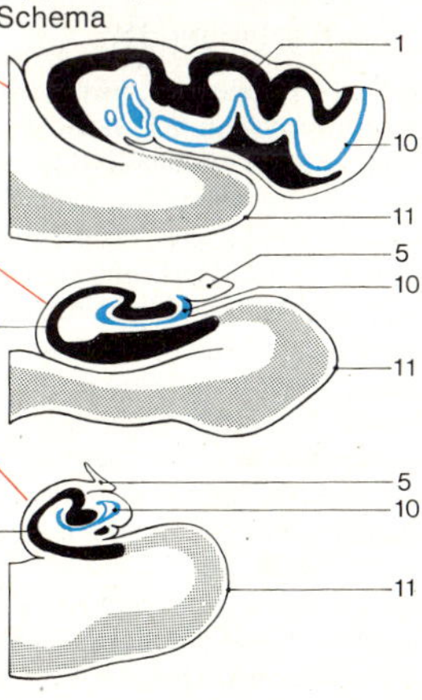

D Ammonshorn in verschiedenen Schnitthöhen

Ammonshorn, Cornu ammonis. Das Rindenband des Hippocampus wird nach seiner Breite, Zellgröße und nach Zelldichte in vier Abschnitte unterteilt: Das Feld CA1 **A1** enthält kleine Pyramidenzellen. Das Feld CA2 **A2** ist durch ein schmales dichtes Band großer Pyramidenzellen, das Feld CA3 **A3** durch ein breites lockeres Band großer Pyramidenzellen gekennzeichnet. Das Feld CA4 **A4** schließlich bildet den aufgelockerten Abschluß. Er wird von dem schmalen dunklen Zellband des **Gyrus dentatus A5 (Fascia dentata)** eingefaßt. Der Gyrus dentatus ist mit der Oberfläche des eingerollten Ammonshorns verschmolzen und erscheint nur zu einem geringen Teil an der Hirnoberfläche. Er wird durch den *Sulcus hippocampi* **A6** vom *Gyrus parahippocampalis* **A7** und durch den *Sulcus fimbriodentatus* **A8** von der *Fimbria hippocampi* **A9** getrennt. Die innere an den Ventrikel grenzende Schicht ist der *Alveus hippocampi* **A10,** in dem sich die efferenten Fasern sammeln, bevor sie den Hippocampus über die Fimbria verlassen. Das Übergangsgebiet zwischen Ammonshorn und der angrenzenden entorhinalen Rinde **A11** wird als **Subiculum A12** bezeichnet.

Faserverbindungen

Afferente Bahnen: 1. Als wichtigstes afferentes System gelten die Faserbündel aus der **Regio entorhinalis B13**, in der Bahnen aus primären Riechzentren (Regio praepiriformis), aus dem Corpus amygdaloideum und aus verschiedenen Bezirken des Neocortex enden. Direkte Verbindungen zwischen Bulbus olfactorius und Hippocampus sind nicht nachgewiesen. 2. Im **Cingulum B14** sammeln sich die Fasern aus dem Gyrus cinguli und ziehen vorwiegend zum Subiculum. 3. Im **Fornix B15** verlaufen Bündel aus den *Septumkernen* **B16,** vor allem aber Fasern aus dem Hippocampus und der Regio entorhinalis der anderen Hemisphäre (über die *Commissura fornicis).*

Efferente Bahnen: Abgesehen von wenigen Fasern, die den Hippocampus über die *Striae longitudinales* **B17** verlassen, enthält der Fornix alle efferenten Bahnen. Er zerfällt in einen *präkommissuralen* und einen *postkommissuralen* Teil. Die Fasern des **präkommissuralen Fornix B18** enden im Septum, in der Regio praeoptica **B19** und im Hypothalamus. Die Fasern des **postkommissuralen Fornix B21** enden im *Corpus mamillare* **B22** (überwiegend im *Nucleus medialis corporis mamillaris),* im *Nucleus anterior thalami* **B23** und im *Hypothalamus.* Einige Fornixfasern ziehen bis in das zentrale Höhlengrau des Mittelhirns.

In den Bahnensystemen ist ein großer Neuronenkreis erkennbar: Hippocampusimpulse verlaufen über den Fornix zum Nucleus anterior thalami. Dieser ist mit dem Gyrus cinguli verknüpft, von dem aus eine Rückmeldung über das Cingulum zum Hippocampus erfolgt (S. 310C).

Fornix (Gewölbe). An der Unterfläche des Balkens vereinigen sich die beiden *Crura fornicis* **C24** zur *Commissura fornicis* **C25** *(Psalterium)* und bilden das *Corpus fornicis* **C26,** das sich über dem Foramen Monroi wieder in zwei *Columnae fornicis* **C27** teilt.

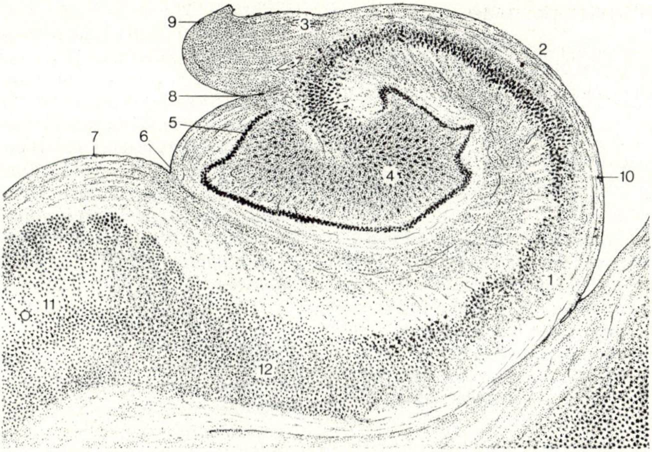

A Ammonshorn, Frontalschnitt durch den Hippocampus

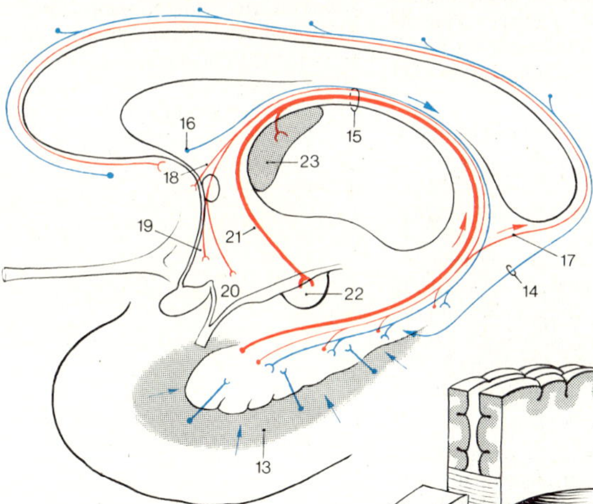

B Faserverbindungen des Hippocampus

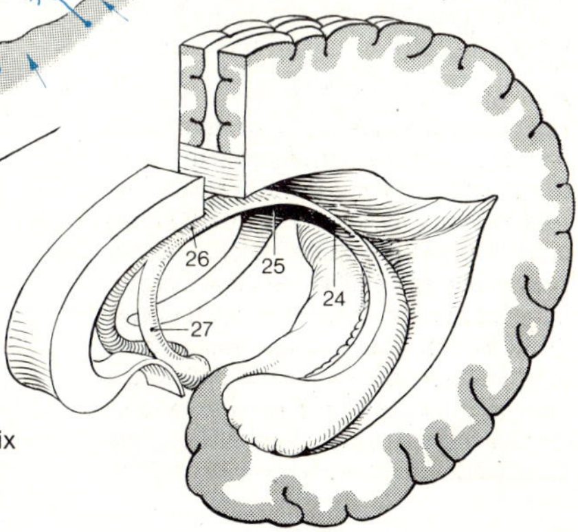

C Hippocampus und Fornix
(nach Feneis)

Hippokampusrinde

Der Aufbau des Archicortex ist einfacher als der des Neocortex, so daß Neuronenschaltungen hier leichter aufzuklären sind. Die Hippokampusrinde gehört zu den wenigen Bezirken des Gehirns, in denen hemmende und erregende Neurone sowohl histologisch als auch elektrophysiologisch identifiziert worden sind.

Die Felder CA1 **A1,** CA2 **A2** und CA3 **A3** zeigen in Organisation und Faserverbindungen Unterschiede. Die afferenten Fasern treten zum größten Teil über den **Tractus perforans A4** in das Ammonshorn ein, nur in geringer Menge über den Alveus. Sie enden an den Dendritenverzweigungen der **Pyramidenzellen A5.** Ein Teil der Fasern zieht zu den *Körnerzellen* **A6** des Gyrus dentatus, deren Axone als *Moosfasern* **A7** ebenfalls mit den Dendriten der Pyramidenzellen synaptische Kontakte haben. Moosfasern ziehen allerdings nur durch die Felder CA3 und CA4. Sie fehlen in den Feldern CA1 und CA2.

Die Pyramidenzellen sind die efferenten Elemente, deren Axone sich im **Alveus AB8** sammeln und durch die **Fimbria A9** die Rinde verlassen. Von den Axonen gehen rückläufige Kollateralen ab, *Schaffer-Kollateralen* **A10,** welche die Dendritenbäume zahlreicher Pyramidenzellen durchlaufen. Die zum Septum ziehenden efferenten Fasern stammen aus den Feldern CA3 und CA4, die Fasern für das Corpus mamillare und den Nucleus anterior thalami aus CA1.

Schichtengliederung. Das Ammonshorn besteht aus folgenden Schichten: innen der *Alveus* AB8 mit den efferenten Fasern, dann das *Stratum oriens* **BC11** mit multipolaren **Korbzellen BC12,** deren Axone sich aufsplittern und das Stratum pyramidale mit einem dichten Fasergeflecht **B13** ausfüllen. Die Fasern hüllen die Pyramidenzellkörper ein und haben mit ihnen synaptische Kontakte (axosomatische Synapsen). Korbzellen sind hemmende Neurone, die von Axonkollateralen der Pyramidenzellen erregt werden und bei Entladung einer Pyramidenzelle die Hemmung der Nachbarpyramiden bewirken. Die Pyramidenzellen bilden das *Stratum pyramidale* **BC14.** Ihre Spitzen sind dem folgenden *Stratum radiatum* **BC15** zugekehrt, ihre Basen dem *Stratum oriens.* In beide Richtungen schicken sie einen dichten Dendritenbaum. Der lange Apikaldendrit reicht mit seinen Verzweigungen bis in das *Stratum lacunosum* **BC16** und das *Stratum moleculare* **BC17.**

Die **afferenten Fasern** aus verschiedenen Herkunftsgebieten verlaufen in verschiedenen Schichten. Ein großer Teil der Kommissurenfasern aus Hippocampus und Regio entorhinalis der anderen Hemisphären zieht durch das *Stratum oriens* BC11. Die Fasern der gleichseitigen Regio entorhinalis ziehen durch das *Stratum lacunosum* BC16 und *Stratum moleculare* BC17 und gehen Kontakte mit den äußersten Verzweigungen der Apikaldendriten ein **C18.** Die Schaffer-Kollateralen C10 haben Kontakt mit dem distalen Abschnitt der Apikaldendriten und die Moosfasern C7 mit dem proximalen Abschnitt.

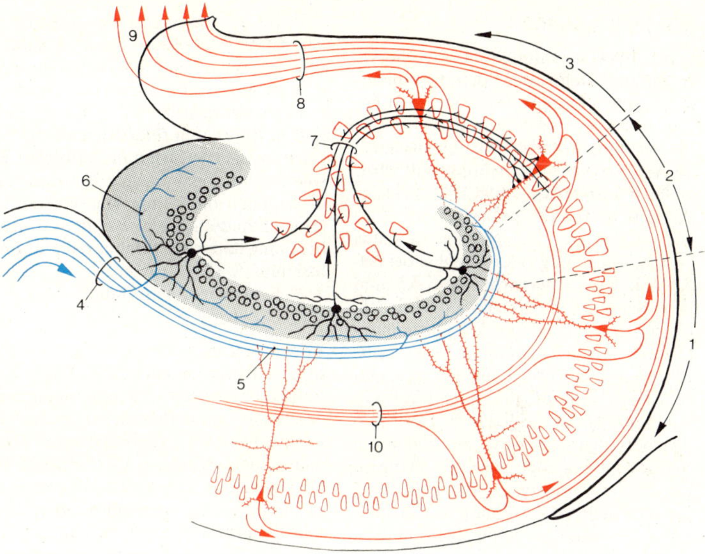

A Organisation des Hippocampus
(nach Cajal)

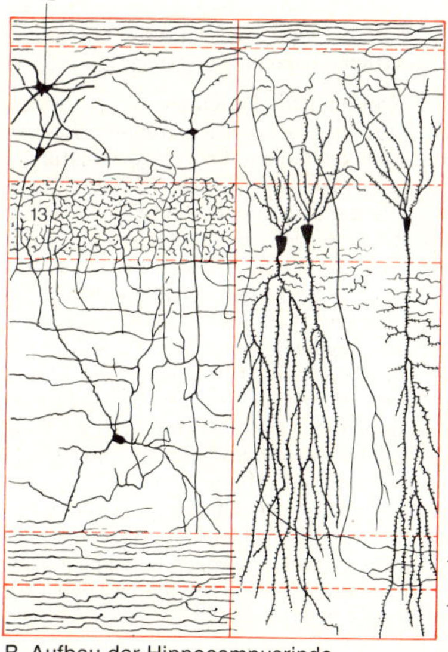

B Aufbau der Hippocampusrinde
Silberimprägnation (nach Cajal)

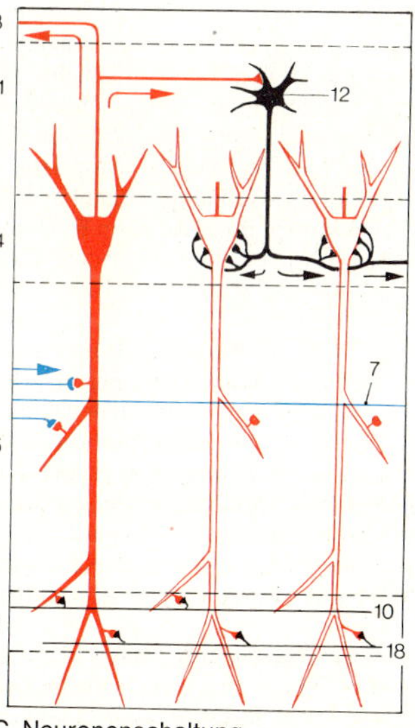

C Neuronenschaltung
(in Anlehnung an Andersen, Blackstad u. Lömo)

Corpus striatum

Das Corpus striatum gilt als die oberste Integrationsstelle des extrapyramidalmotorischen Systems (S. 288). Es ist ein großer grauer Komplex in der Tiefe der Hemisphäre, der durch die Capsula interna **AB1** in zwei Abschnitte geteilt wird: in den **Nucleus caudatus ABCD2** und in das **Putamen ABD3** (S. 200 AB18 u. 19, S. 202 AB9 u. 10). Der Nucleus caudatus besteht aus dem großen **Caput nuclei caudati A4,** dem **Corpus nuclei caudati A5,** und dem Schwanz, **Cauda nuclei caudati A6.** Corpus amygdaloideum **A7.** Die immunhistochemische Darstellung von Transmittersubstanzen zeigt eine fleckige, mosaikartige Struktur, die durch die Endigungsbezirke verschiedener Faserbahnen hervorgerufen wird. Sie bilden ein System miteinander zusammenhängender Felder *(Striosome),* die sich durch ihren Gehalt an bestimmten Transmittern (Substanz P, Enkephalin) vom übrigen Gewebe abheben.

Afferente Bahnen: 1. **Fibrae corticostriatales B8.** Von allen Arealen des Neocortex ziehen Fasern zum Corpus striatum. Es sind Axone von mittelgroßen und kleinen Pyramidenzellen der 5. Schicht. Eine vom Striatum zum Cortex führende Faserverbindung existiert hingegen nicht. In der kortikostriatalen Projektion ist eine topische Ordnung erkennbar **C:** der Frontallappen projiziert zum Kaudatumkopf (grau), es folgen Parietal- (rosa), Okzipital- (schwarz) und Temporallappen (blau). Die Projektion der motorischen Präzentralregion läßt im Putamen ein Körperschema erkennen **D:** Kopf (blau), Arm (rot) und Bein (Kreuze). Eine somatotopische Projektion der sensiblen Postzentralregion ist im dorsolateralen Bereich des Nucleus caudatus nachgewiesen. Die Fasern der Zentralregion sind die einzigen, die teilweise über den Balken zum gegenseitigen Striatum kreuzen **B9.**

2. **Fibrae centrostriatales B10.** Die Faserbündel, die von Nucleus centromedialis thalami zum Striatum ziehen, entspringen für den Nucleus caudatus im dorsalen Teil, für das Putamen im ventralen Teil des Kerns. Über sie erreichen Impulse vom Kleinhirn und von der Formatio reticularis des Mittelhirns das Striatum.

3. **Fibrae nigrostriatales B11.** Nigrostriatale Fasern lassen sich fluoreszenzmikroskopisch bis in das Striatum verfolgen. Es sind Fasern dopaminerger Neurone, die in Gruppen die innere Kapsel kreuzen (Kammbündel). Sie ziehen ohne Unterbrechung durch den Globus pallidus zum Striatum (S. 128 B16).

4. Serotoninerge Faserbündel von den Raphekernen.

Efferente Bahnen: 1. Die efferenten Fasern ziehen zum Globus pallidus. Die Fasern des Nucleus caudatus enden in den dorsalen Abschnitten der beiden Pallidumglieder **B12,** die Fasern des Putamen in den ventralen Abschnitten **B13.** Hier werden sie auf pallidofugale Systeme umgeschaltet: auf pallidosubthalamische Fasern, auf die Ansa lenticularis, den Fasciculus lenticularis und auf pallidotegmentale Fasern (S. 180 A).

2. **Fibrae strionigrales B14.** Fasern des Nucleus caudatus enden im oralen Abschnitt, Fasern des Putamen im kaudalen Abschnitt der Substantia nigra (S. 128 B).

Funktionelle Bedeutung: Die topische Ordnung der kortikostriatalen Fasersysteme und die mosaikartige Struktur zeigen, daß das Corpus striatum in eine Vielzahl funktionell verschiedener Sektoren zerfällt. Es empfängt Erregungen vom frontalen Cortex, von den optischen, akustischen, taktilen Rindenfeldern und ihren Assoziationsarealen. Diese Regionen sollen über das Striatum Einfluß auf die Motorik gewinnen („sensorimotorische Integration", „kognitive Funktion" des Striatum). Es übt keine direkte Kontrolle über die elementaren Abläufe der Motorik aus (seine Zerstörung führt zu keinen nennenswerten motorischen Ausfällen). Es soll vielmehr als übergeordneter Integrationsapparat das Verhalten eines Individuums beeinflussen.

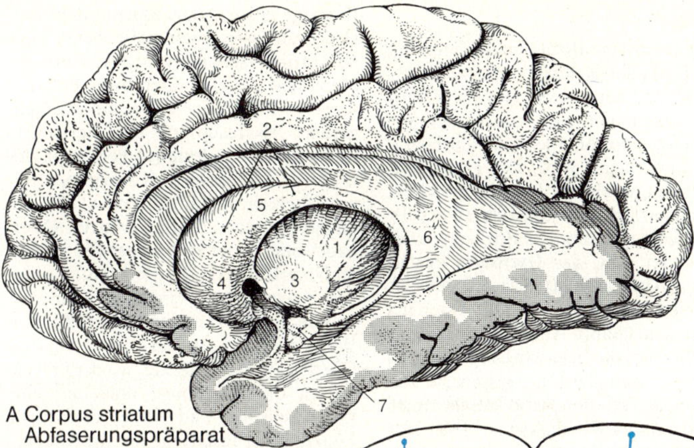

A Corpus striatum
Abfaserungspräparat
(nach Ludwig und Klinger)

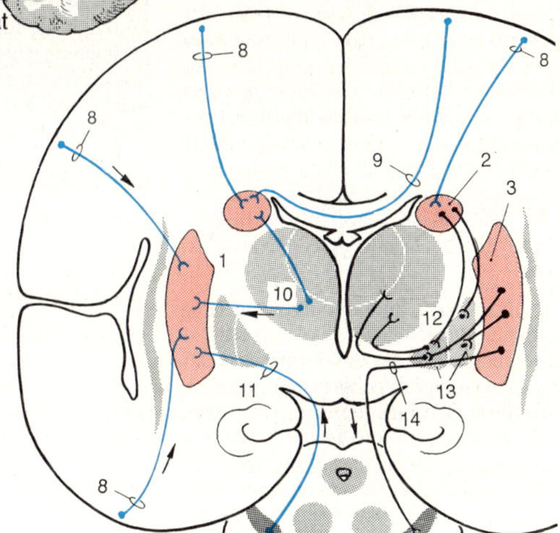

B Faserverbindungen
des Corpus striatum

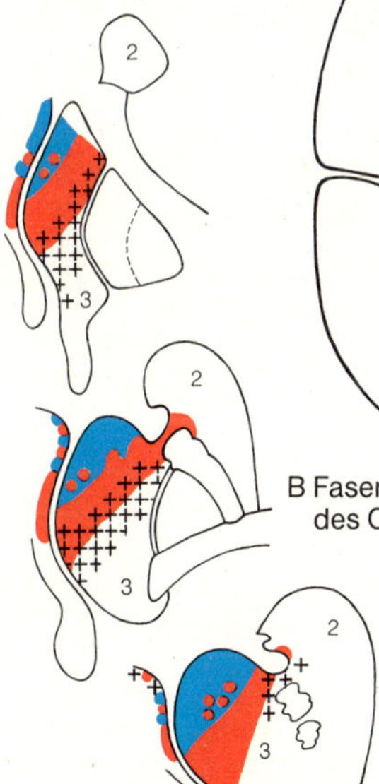

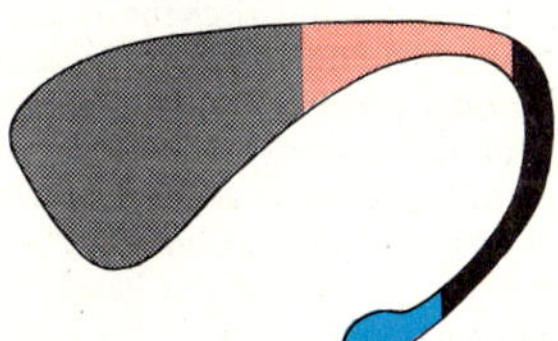

D Projektion der Präzentralregion auf das Putamen, Affe (nach Künzle)

C Projektion des Cortex auf den Nucleus caudatus, Affe
(nach Kemp und Powell)

Insula

Als Insel wird ein Bezirk an der lateralen Oberfläche der Hemisphäre bezeichnet, der während der Entwicklung im Wachstum zurückbleibt und von den stärker wachsenden Nachbargebieten der Hemisphäre überlagert wird. Die Hemisphärenanteile, welche die Insel überdecken, bezeichnen wir als **Opercula** (Deckel). Nach den angrenzenden Hirnlappen unterscheidet man das **Operculum frontale A1,** das **Operculum parietale A2** und das **Operculum temporale A3.** Die Opercula sind an dem Gehirn Abb. A auseinandergedrängt, um die Insel zur Darstellung zu bringen. Normalerweise lassen sie nur einen Spalt frei, den **Sulcus lateralis cerebri** *(Fissura Sylvii* S. 10 A4), der sich zur **Fossa lateralis** (S. 202 AB 15) über der Insel erweitert. Die Insel hat ungefähr die Form eines Dreiecks, das auf seinen drei Seiten vom **Sulcus circularis insulae A4** begrenzt wird. Der *Sulcus centralis insulae* **A5** teilt die Insel in einen oralen und einen kaudalen Abschnitt. Am unteren Pol, **Limen insulae A6,** geht die Inselregion in die Riechrinde, den Palaeocortex, über.

Die Inselrinde bildet einen Übergang zwischen Palaeocortex und Neocortex. Der untere Pol der Insel wird von der zum Palaeocortex gehörenden **präpiriformen Rinde B7** eingenommen. Der obere Teil der Insel ist vom Isocortex **B8** mit der üblichen Sechsschichtung (S. 226) bedeckt. Zwischen beiden liegt ein Übergangsgebiet, der **Mesocortex B9.** Er besitzt im Gegensatz zum Palaeocortex zwar eine Sechsschichtung, diese ist aber im Vergleich zum Neocortex nur wenig ausgeprägt. Charakteristisch für den Mesocortex ist die fünfte Schicht **C10,** die als schmaler dunkler Streifen innerhalb des Rindenbandes besonders deutlich hervortritt. Sie enthält palisadenartig dichtliegende schmale Pyramidenzellen, wie man sie sonst nur noch in der Rinde des Gyrus cinguli findet.

Reizergebnisse D. Die Reizung der Inselrinde, die wegen der versteckten Lage des Bezirkes sehr schwierig ist, wurde am Menschen bei der operativen Behandlung besonderer Epilepsieformen durchgeführt. Es resultierte eine vermehrte (+) oder verminderte (–) Peristaltik des Magens. An manchen Reizpunkten traten Übelkeit und Brechreiz auf (●), an anderen wurden Sensationen im Oberbauch bzw. in der Magengegend (×) oder im Unterbauch (○) empfunden. An einigen Reizpunkten wurden Geschmacksempfindungen wahrgenommen (● blau). Wenn die Reizkarte auch keine topische Gliederung der Effekte wiedergibt, so weisen die Ergebnisse doch auf eine viszerosensible und viszeromotorische Funktion der Inselrinde hin. In Affenexperimenten wurden außer Speichelsekretion auch motorische Reaktionen der Gesichts- und Extremitätenmuskulatur erzeugt. Beim Menschen führt die operative Entfernung der Inselregion zu keinen funktionellen Ausfällen.

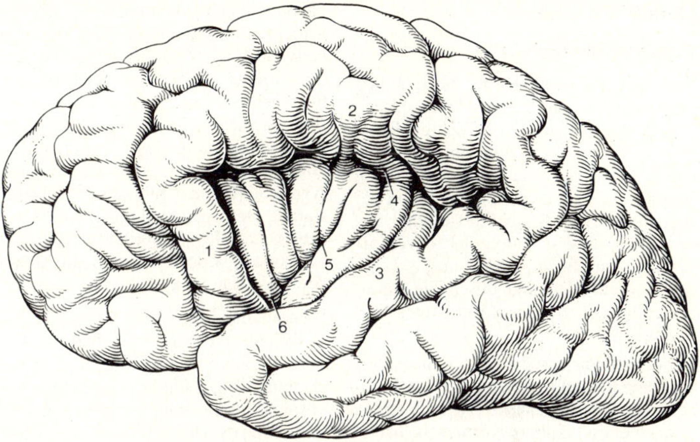

A Insel, Opercula auseinandergedrängt
(nach Retzius)

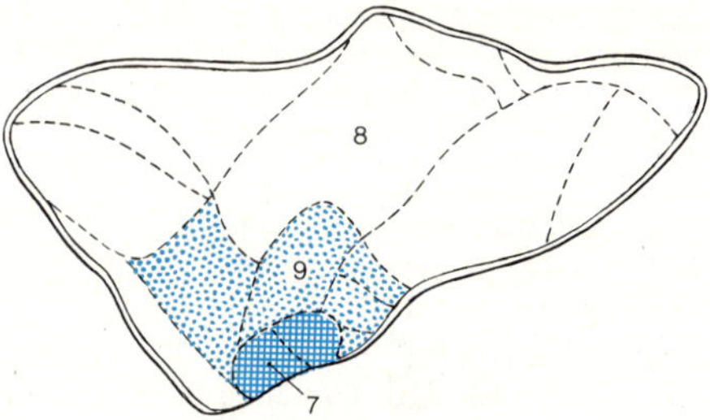

B Rindenfelder der Insel
(nach Brockhaus)

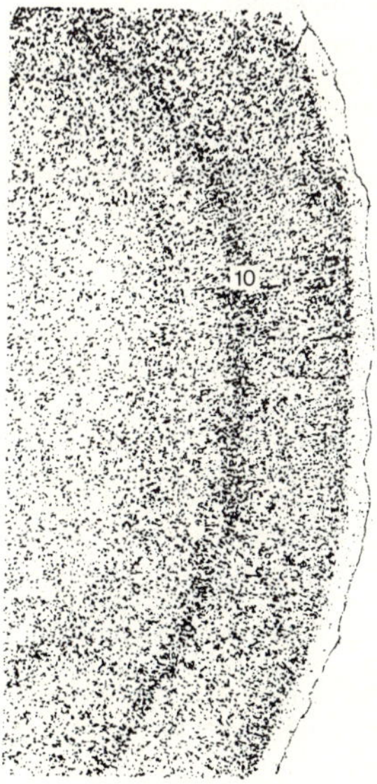

C Mesocortex

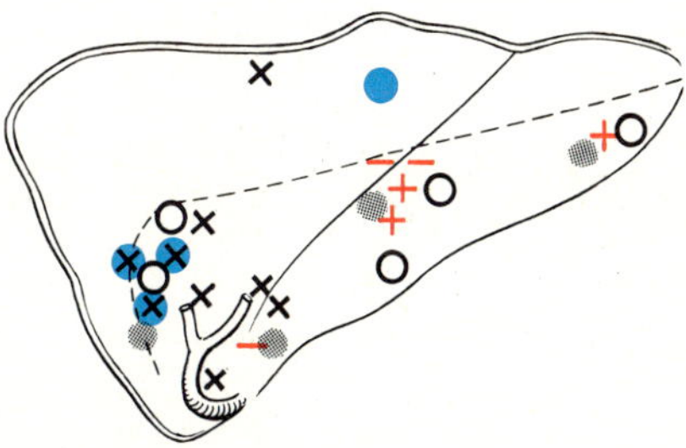

D Reizkarte der Inselrinde, Mensch
(nach Penfield u. Faulk)

Neocortex

Rindenschichten

Der Neocortex läßt eine Sechsschichtung erkennen, die parallel zur Hemisphärenoberfläche verläuft. Die Schichtengliederung kommt in der Silberimprägnation **A1,** in der Zellfärbung nach Nissl **A2,** in der Markscheidenfärbung **A3** und in der Pigmentfärbung **B** zur Darstellung. Die Schichten unterscheiden sich durch die verschiedene Form, Größe und Zahl ihrer Nervenzellen und durch die unterschiedliche Dichte der markhaltigen Nervenfasern.

In der **Zellfärbung** A2 erscheint die äußerste Schicht, **Lamina molecularis** (I) **A4** zellarm. Die **Lamina granularis externa** (Lamina corpuscularis), äußere Körnerschicht (II) **A5,** ist dicht mit kleinen Körnerzellen angefüllt. Die **Lamina pyramidalis,** äußere Pyramidenschicht (III) **A6,** enthält überwiegend mittelgroße Pyramidenzellen. Die **Lamina granularis interna,** innere Körnerschicht (IV) **A7,** besteht aus dichtliegenden kleinen Körnerzellen. Die **Lamina ganglionaris,** innere Pyramidenschicht (V) **A8,** ist durch ihren Gehalt an großen Pyramidenzellen charakterisiert. Die **Lamina multiformis** (VI) **A9** mit locker liegenden unterschiedlichen Zellformen bildet den Abschluß.

Die **Silberimprägnation** A1, welche die Nervenzellen mit allen Fortsätzen darstellt (S. 17), erlaubt es, die Körnerzellen der Schicht II als kleine Pyramidenzellen und Sternzellen, die Körner der Schicht IV überwiegend als Sternzellen (verschiedene Arten von Zwischenneuronen) zu identifizieren. Die Pyramidenzelle **C** ist die charakteristische Nervenzelle des Neocortex. Ihr Axon **C10** geht von der Basis ab, an deren Rand sich die basalen Dendriten **C11** verzweigen. Zur Cortexoberfläche steigt ein langer starker Dendrit, der **Apikaldendrit C12,** auf. Die Dendriten sind mit tausenden Dornen bedeckt, an denen Synapsen liegen.

Die **Markscheidenfärbung** A3 der Nervenfasern läßt infolge der unterschiedlichen Dichte der Tangentialfasern folgende Schichten erkennen: die *Lamina tangentialis* **A13,** die *Lamina dysfibrosa* **A14,** die *Lamina suprastriata* **A15,** der sehr faserdichte äußere **A16** und innere **A17** *Baillargersche Streifen.* Der äußere Streifen kommt durch die Aufzweigung der afferenten Fasern, der innere durch Axonkollaterale der Pyramidenzellen zustande. Den Abschluß bildet die *Lamina substriata* **A18.** Außerdem besteht eine vertikale Gliederung durch die Bündel der *Radiärfasern* **A19.**

Pigmentfärbung B. Die verschiedenen Nervenzellen sind unterschiedlich pigmentiert. Pyramidenzellen enthalten diskretes feinkörniges Pigment im ganzen Zellkörper, seltener eine dichte Pigmentansammlung (S. 16 D11). Sternzellen besitzen grobkörniges Pigment oder sind pigmentfrei. Der unterschiedliche Pigmentgehalt führt zu einer charakteristischen Schichtung der Rinde, meist mit zwei pigmentarmen Streifen, die im allgemeinen den beiden Baillargerschen Streifen entsprechen.

Vertikale Kolumnen

Die elementaren Funktionseinheiten des Neocortex sind vertikale, durch alle Rindenschichten reichende Zellkolumnen, die einen Durchmesser von 200 bis 300 μm besitzen. Elektrophysiologische Untersuchungen haben gezeigt, daß in den kortikalen Projektionsfeldern jede Zellsäule mit einem umschriebenen peripheren Bezirk von Sinneszellen verbunden ist. Bei Reizung des peripheren Feldes antwortet stets die ganze Kolumne.

Die Fasern der Assoziationsbahnen (S. 246) verbinden kortikale Kolumnen miteinander **D:** die Fasern einer Kolumne **D20** verlaufen entweder zu Kolumnen der gleichen Hemisphäre oder über den Balken zu meist symmetrisch lokalisierten Kolumnen der gegenseitigen Hemisphäre. Die Aufzweigungen einer Faser enden an verschiedenen Kolumnen **(D21).** Man schätzt, daß der Neocortex aus 4 Millionen Kolumnen aufgebaut ist.

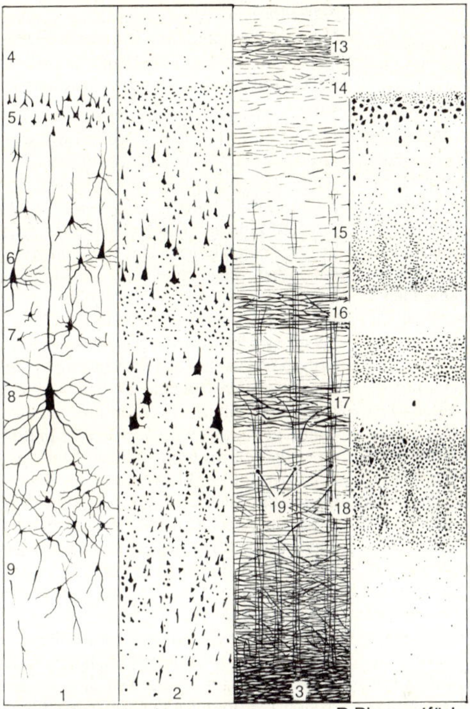

A Schichten des Neocortex, Silberimprägnation, Zellfärbung, Markscheidenfärbung
(nach Brodmann)

B Pigmentfärbung
(nach Braak)

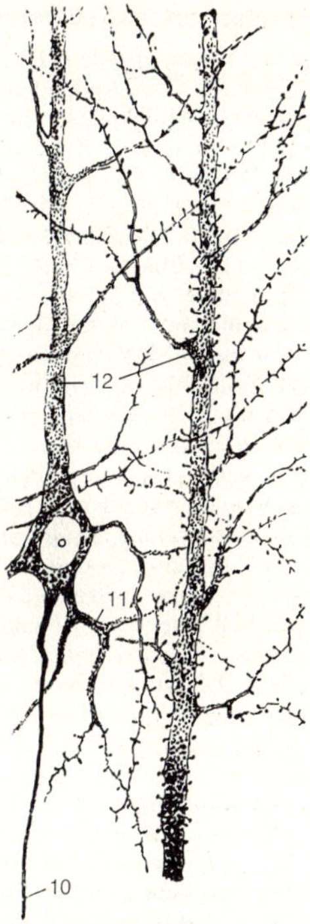

C Pyramidenzelle und Apikaldendrit
(nach Cajal)

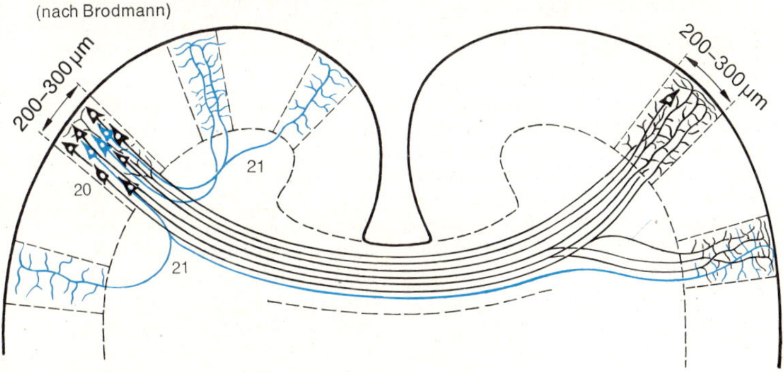

D Verbindung von vertikalen Kolumnen im Neocortex
(Szentágothai nach Goldman u. Nauta)

Zellformen des Neocortex

Die Pyramidenzelle **A1** ist gekennzeichnet durch einen Apikaldendriten **A2,** der bis in die Molekularschicht aufsteigt und sich in ihr aufzweigt, weiterhin durch ihre zahlreichen Basaldendriten **A3.** Ihr Axon gibt zahlreiche rückläufige Kollaterale ab **A4.** Die zellarme Lamina molecularis (I) enthält die *Cajal-Zellen* **A5** mit tangential verlaufenden Axonen. Die verschiedenen Arten der Körner- oder Sternzellen sind überwiegend Zwischenneurone, die wir in unterschiedlicher Dichte in allen Schichten antreffen. Zu ihnen gehören die *Martinotti-Zellen* **A6** mit vertikal aufsteigenden Axonen, die sich in verschiedenen Rindenschichten aufsplittern und bis in die Molekularschicht reichen. Lange auf- oder absteigende Axone besitzen die Zellen mit zwei vertikal orientierten Dendritenbäumen, *Cellules à double boucet dendritique* von Cajal **A7** (vorwiegend in Lamina II, III und IV). Bei manchen Sternzellen splittert sich das Axon nach kurzem Verlauf buschartig auf **A8** oder es teilt sich und endet mit korbartigen Geflechten an benachbarten Pyramidenzellen *(Korbzellen)* **A9.** Die Axonaufgabelungen können einen horizontalen Verlauf nehmen und an entfernten Pyramiden enden **A10.** Durch den Nachweis von GABA in den Synapsen der Korbzellen ist ihre hemmende Funktion gesichert.

Das Modul-Konzept

Die Ergebnisse histologischer und elektrophysiologischer Untersuchungen erlauben es, Modelle zu entwerfen, in denen die geschilderten Zellformen zu einem funktionellen Verband geordnet sind. Dabei stellt man sich die vertikale Kolumne als ein Modul vor, d. h. als eine Gruppe von Elementen, die eine funktionelle Einheit bilden.

Die efferenten Elemente der Kolumne sind die Pyramidenzellen **B11.** Ihre Axone verlaufen entweder zu anderen kortikalen Kolumnen, wo ihre Endaufzweigungen an den Dornen anderer Pyramidenzellen enden, oder zu subkortikalen Neuronenverbänden. Die zahlreichen Axonkollateralen A4 enden an den Pyramidenzellen näher gelegener Kolumnen.

Wir unterscheiden zwei Arten von afferenten Fasern: die Assoziationsfasern aus anderen Kolumnen und die spezifischen sensorischen Fasern von den peripheren Sinnesfeldern. Die *Assoziationsfasern* **B12** geben in allen Schichten Äste ab, die an den Dornen der Pyramidenzellen enden. Sie steigen bis in die Molekularschicht auf, in der sie sich in horizontal verlaufende Fasern aufzweigen. Diese haben im Umkreis von 3 mm synaptische Kontakte mit den Apikaldendriten. Die von ihnen übertragene Erregung reicht zwar weit über die Kolumne hinaus, bleibt aber aufgrund der beschränkten synaptischen Kontakte schwach. Die *spezifischen Fasern* **B13** enden in der Lamina IV an Zwischenneuronen **B14,** vor allem an den Cellules à double boucet dendritique **B15.** Deren Axone steigen senkrecht an den Apikaldendriten empor und bilden mit deren Dornen Ketten von Synapsen **B16.** Diese Serien von Synapsen bewirken eine starke Impulsübertragung. Die Korbzellen **B17,** hemmende Zwischenneurone, schicken ihre Axone zu den Pyramidenzellen der benachbarten Kolumnen und hemmen sie. Auf diese Weise wird die Erregung begrenzt (Kontrastbildung S. 30D). Die Axone der Martinotti-Zellen **B18** steigen bis in die Molekularschicht und zweigen sich in ihr auf.

Die Zahl der Nervenzellen in einer Kolumne schätzt man auf 2500, davon zirka 100 Pyramidenzellen. Dabei ist allerdings zu berücksichtigen, daß eine vertikale Kolumne keine histologisch klar abgegrenzte Formation ist. Möglicherweise handelt es sich dabei nicht um eine konstante morphologische Einheit, sondern um eine funktionelle Einheit, die sich nach der jeweiligen Erregungslage auf- und abbaut.

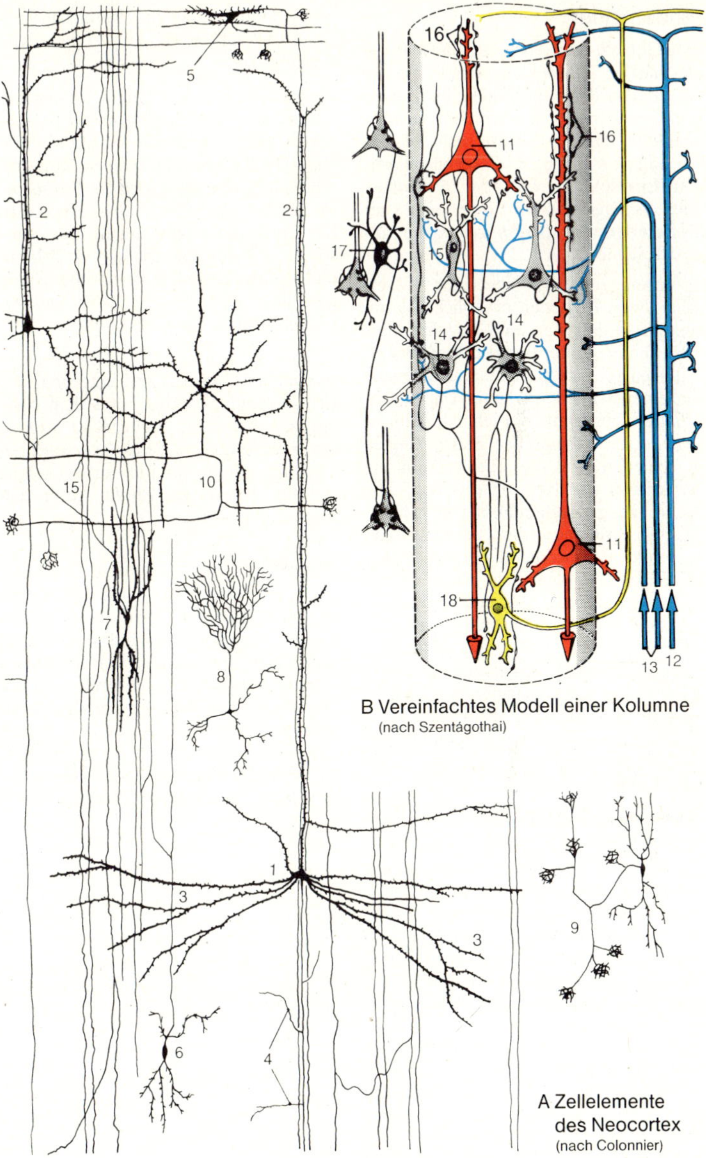

B Vereinfachtes Modell einer Kolumne
(nach Szentágothai)

A Zellelemente des Neocortex
(nach Colonnier)

Rindenfelder

Alle Gebiete des Neocortex machen eine gleichartige Entwicklung durch: an der Oberfläche der Hemisphäre bildet sich zuerst eine breite Zellschicht, die *Rindenplatte,* die sich dann in sechs Schichten aufspaltet. Wegen dieser gleichartigen Entwicklung wird der Neocortex auch als *isogenetischer Cortex* oder kurz als **Isocortex** oder als *homogenetische Rinde* bezeichnet.

Trotzdem zeigt der Neocortex in verschiedenen Regionen erhebliche Variationen, so daß man eine Anzahl unterschiedlich gebauter Bezirke, **Rindenfelder,** unterscheiden kann. In ihnen können die einzelnen Schichten sehr verschieden beschaffen sein: breit oder schmal, zelldicht oder locker gebaut. Die Zellen können verschieden groß sein oder es kann ein bestimmter Zelltyp vorherrschen. Die Abgrenzung einzelner Felder nach derartigen Kriterien bezeichnet man als Architektonik. Entsprechend der angewandten Färbemethode spricht man von einer Zytoarchitektonik, Myeloarchitektonik oder Pigmentarchitektonik. Auf der Oberfläche der Hemisphäre kann man ähnlich einer Landkarte eine Karte der Rindenfelder rekonstruieren. Die von Korbinian Brodmann entworfene zytoarchitektonische Karte der Rindenfelder ist vielfach bestätigt und allgemein anerkannt. AB.

Rindentypen. Ein besonderes Kennzeichen der Projektionsfelder (Endstätten der aufsteigenden Sinnesbahnen) ist die starke Ausbildung der Körnerschichten. Sowohl in der sensiblen Rinde (Area 3) als auch in der Hörrinde (Area 41 und 42) sind die Körnerschichten (Lamina II und IV) stark verbreitert und zellreich, während die Pyramidenzellschichten zurücktreten. Wir sprechen von einem *Koniocortex* (κονια Sand, Sandkörner). In der Sehrinde (Area 17) ist es sogar zu einer Verdoppelung der IV. Schicht gekommen. Umgekehrt sind in der motorischen Rinde (Area 4 und 6) die Körnerschichten zugunsten der Pyramidenschichten weitgehend, in manchen Bereichen vollständig zurückgebildet *(agranuläre Rinde).*

Grenzformationen. Überall, wo der Isocortex an den Archicortex oder Palaeocortex grenzt, wird seine Struktur einfacher. Diese etwas primitiver strukturierte Übergangsformation wird als *Proisocortex* bezeichnet. Zum Proisocortex wird die Rinde des Gyrus cinguli, die retrospleniale Rinde (um das hintere Balkenende gelegen) und Teile der Inselrinde gerechnet. Der Proisocortex ist phylogenetisch älter als der Neocortex.

Auch Palaeocortex und Archicortex sind von einem Grenzstreifen umgeben, der sich in seiner Struktur etwas dem Neocortex nähert. Das Grenzgebiet wird als *Periarchicortex* und *Peripalaeocortex* bezeichnet. Zum Periarchicortex gehört z. B. die *entorhinale Rinde,* die an den Hippocampus grenzt.

Allocortex

Dem *Isocortex* wird oft der *Allocortex* gegenübergestellt. Unter diesem Begriff werden Palaeocortex und Archicortex zusammengefaßt. Da es sich bei beiden sowohl genetisch als auch strukturell und funktionell um völlig verschiedene Endhirnabschnitte handelt, ist eine solche Zusammenfassung nicht berechtigt. Gemeinsam ist ihnen lediglich, daß sie anders (ἀλλος) sind als der Isocortex.

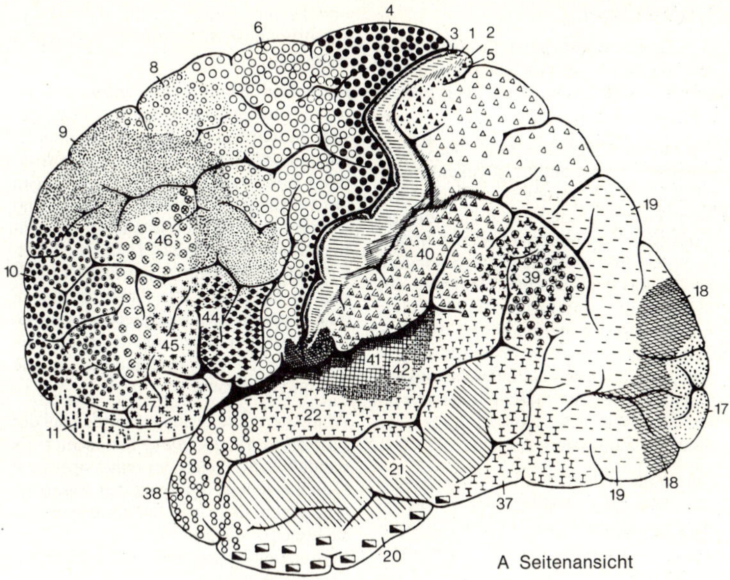

A Seitenansicht

Rindenfelder der Hemisphäre
(nach Brodmann)

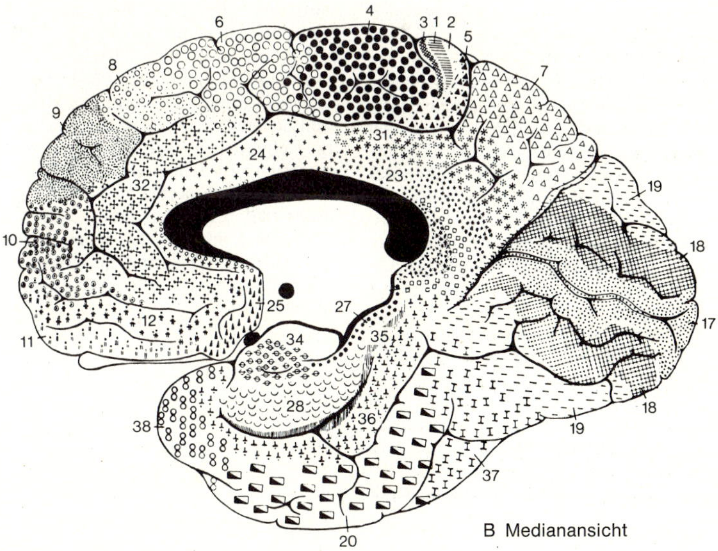

B Medianansicht

Frontallappen

Wir unterscheiden die Präzentralregion (die eigentliche motorische Rinde), die prämotorische, die polare und die orbitale (basale) Rindenregion.

Agranuläre Rinde. Die Rinde der **Präzentralregion** (Area 4 und 6) ist gekennzeichnet durch Reduzierung oder Verlust der Körnerschichten und durch die Verbreiterung der Pyramidenschichten. Charakteristisch sind außerdem die besondere Breite und der fließende Übergang der Rinde in das Marklager. Die Merkmale sind besonders in der Rinde der Area 4 A ausgeprägt, deren V. Schicht in bestimmten Bezirken (4γ▲) die *Betzschen* **Riesenpyramidenzellen A1** enthält. Diese besitzen die stärksten und längsten Axone, die bis in das Sakralmark reichen.

Zum Vergleich ist die Rinde der prämotorischen Area 9 abgebildet B. Sie ist nicht nur schmäler und durch eine betonte VI. Schicht besser vom Marklager abgesetzt, sondern sie besitzt auch gut ausgebildete Körnerschichten (II u. IV).

Die agranuläre Rinde ist das Hauptursprungsgebiet der Pyramidenbahn und gilt als Prototyp des motorischen Cortex. Es enden in ihr allerdings auch afferente Fasern und bei Reizung der Haut an Streck- und Beugeseite der Extremitäten lassen sich in der Präzentralregion elektrische Potentiale ableiten. Es handelt sich dabei wahrscheinlich um afferente Systeme zur Kontrolle und feineren Regulierung der Motorik. Umgekehrt kann man durch verstärkte Reizung an manchen Punkten der Postzentralregion (somatosensorischer Cortex), des Parietallappens und der prämotorischen frontalen Region motorische Reaktionen hervorrufen. Die Physiologen sprechen daher von einer *motorisch-sensorischen Region,* Ms I (überwiegend motorisch) und von einer *sensorisch-motorischen Region,* Sm I (überwiegend sensorisch). Diese Befunde ändern jedoch nichts an dem fundamentalen Tatbestand, daß der präzentrale Cortex die motorische Rinde und der postzentrale Cortex die somatosensorische (taktilsensible) Rinde repräsentieren.

Granuläre Rinde. Der *prämotorische, polare* und *orbitale* (basale) *Cortex* besitzt gut entwickelte Körnerschichten B. Eine Schädigung dieser granulären frontalen Rinde hat schwere Veränderungen der Persönlichkeit zur Folge. Dabei sind weniger die formalen intellektuellen Fähigkeiten als vielmehr Initiative, Zielstrebigkeit, Konzentration und Kritikfähigkeit betroffen. Die Patienten zeigen eine läppische selbstzufriedene Euphorie, interessieren sich nur für alltägliche Kleinigkeiten und sind unfähig, in die Zukunft zu planen.

Ähnliche Veränderungen wurden bei der *präfrontalen Leukotomie* beobachtet. Es handelt sich dabei um eine operative Durchtrennung der frontalen Faserverbindungen, die zur Behandlung von tobsüchtigen Geisteskranken und von Patienten mit schwersten Schmerzzuständen durchgeführt wurden (jetzt durch Psychopharmaka überholt). Man erzielte dadurch eine dauernde Beruhigung und Gleichgültigkeit der Patienten. Dabei wurde eine eigenartige Veränderung in der emotionalen Sphäre beobachtet: Die Patienten nahmen ihre Schmerzen zwar noch wahr, sie empfanden sie aber nicht mehr als störend. Die vorher unerträglichen Schmerzen waren ihnen gleichgültig. Tiefgreifende Charakterveränderungen treten nach Schädigung der orbitalen Rinde (**basaler Neocortex** S. 14) auf. Bei bisher differenzierten und gebildeten Menschen kommt es zu einem Abbau von Anstand, Takt und Schamgefühl, was zu schweren sozialen Entgleisungen führen kann.

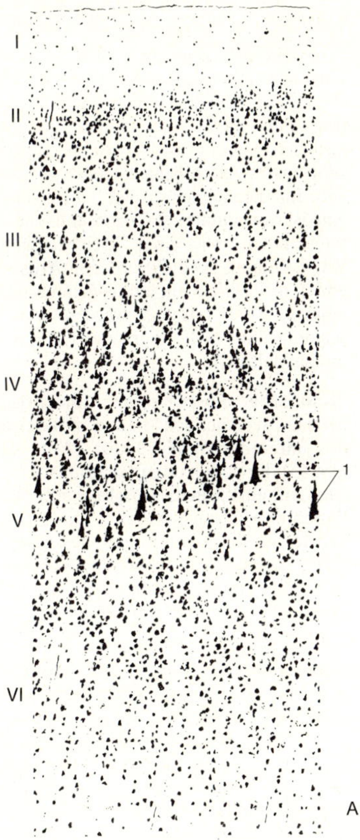

A Area 4,
motorische Rinde

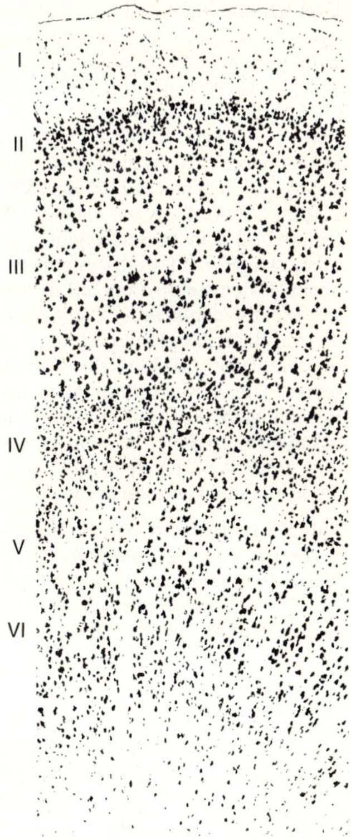

B Area 9

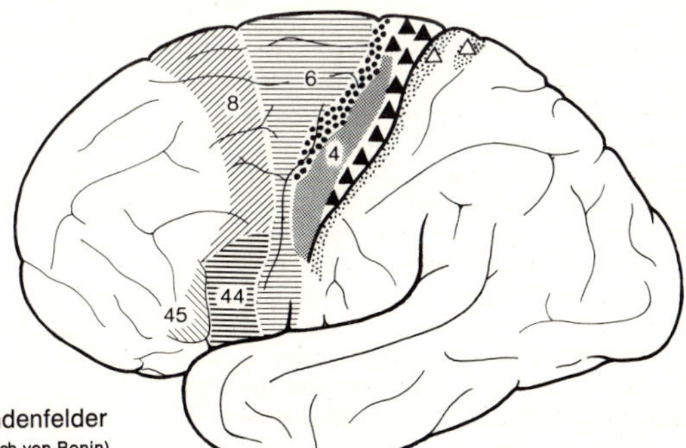

C präzentrale Rindenfelder
Area 4 u. 6 (nach von Bonin)

Präzentralregion A und B 1. Bei der elektrischen Reizung einzelner Rindenabschnitte kommt es zu Muskelkontraktionen in bestimmten Körperregionen. Es ergibt sich eine somatotopische Gliederung, bei der die Kopfregion über dem Sulcus lateralis liegt, zuunterst die Vertretung für Schlund **A 2**, Zunge **A 3** und Lippen. Dorsal folgen Hand, Arm, Rumpf und Bein, dessen Region über die Mantelkante auf die Medianfläche reicht. Es entsteht so ein auf dem Kopf stehender *Homunculus.* Die Areale für die einzelnen Körperpartien sind von unterschiedlicher Größe: die Körperabschnitte, deren Muskulatur differenzierte Bewegungen auszuführen hat, sind in besonders großen Arealen vertreten. Den größten Bezirk nehmen Finger und Hand ein, den kleinsten der Rumpf.

Jede Körperhälfte ist in der kontralateralen Hemisphäre vertreten, also die linke Körperhälfte in der rechten Hemisphäre, die rechte Körperhälfte in der linken. Bilateral reagieren bei einseitiger Reizung die Kau-, Kehlkopf- und Gaumenmuskeln, teilweise auch die Rumpfmuskeln. Streng kontralateral reagieren Gesichts- und Extremitätenmuskeln. Die Vertretung der Extremitäten ist so angeordnet, daß die distalen Extremitätenabschnitte in der Tiefe der Zentralfurche liegen, die proximalen Abschnitte weiter rostral auf der Präzentralwindung B 1.

Supplementäre motorische Felder. Außer der Präzentralregion gibt es noch zwei zusätzliche motorische Felder. Die *zweite motorisch-sensorische Region,* Ms II **B 4,** liegt auf der medialen Fläche der Hemisphäre über dem Gyrus cinguli und nimmt den Bezirk der Area 4 und 6 ein. Eine somatotopische Gliederung ist beim Affen, nicht jedoch beim Menschen nachgewiesen. Die *zweite sensorisch-motorische Region,* Sm II **B 5,** die überwiegend eine taktil sensorische und weniger eine motorische Region ist, liegt über dem Sulcus lateralis und entspricht ungefähr der Area 40. Welche funktionelle Bedeutung diesen Bezirken im gesamten motorischen System zukommt, ist noch ungeklärt.

Frontales Blickzentrum C. Konjugierte Augenbewegungen lassen sich durch elektrische Reizungen von der Präzentralregion und vor allem von der Area 8 auslösen. Sie gilt als das frontale Blickzentrum für willkürliche Augenbewegungen. Im allgemeinen erfolgt bei Reizung eine Blickwendung zur Gegenseite, unter Umständen mit einer gleichzeitigen Kopfwendung. Die Fasern der Area 8 enden nicht direkt an den Augenmuskelkernen. Ihre Impulse werden wahrscheinlich im Ncl. interstitialis (Cajal) umgeschaltet.

Motorische Sprachregion (Brocasches Feld) D. Bei einer Schädigung im Bereich der unteren Frontalwindung (Area 44 und 45) der dominanten Hemisphäre (S. 248) tritt eine **motorische Aphasie** auf. Die Patienten sind nicht mehr in der Lage, Worte zu formulieren und auszusprechen, obwohl die Sprechmuskulatur (Lippen, Zunge, Kehlkopf) nicht gelähmt ist. Das Sprachverständnis ist dabei erhalten.

Man kann sicherlich das Sprachvermögen nicht in einem umschriebenen Rindenbezirk lokalisieren (Sprachzentrum). Die Sprache ist eine der höchsten zerebralen Leistungen, an deren Funktionieren weite Bereiche des Cortex beteiligt sind. Zweifellos ist aber das Brocasche Feld eine entscheidende Schaltstätte in der komplexen neuronalen Grundlage des Sprechens. (Sensorische Aphasie S. 248.)

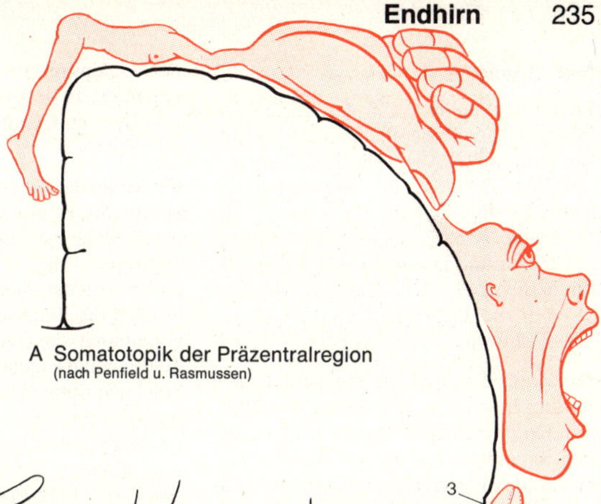

A Somatotopik der Präzentralregion
(nach Penfield u. Rasmussen)

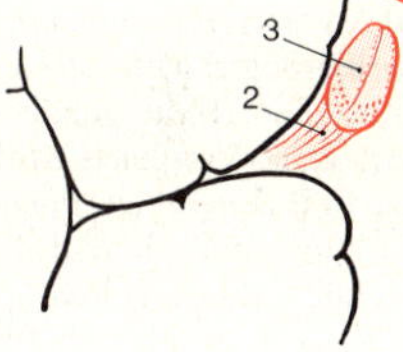

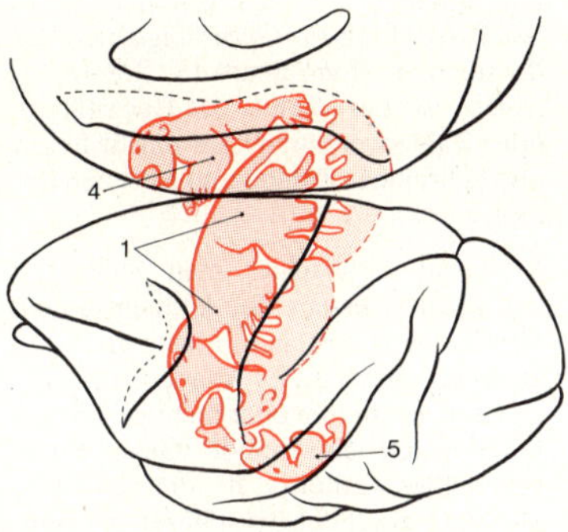

B motorische Felder, Affe
(nach Woolsey)

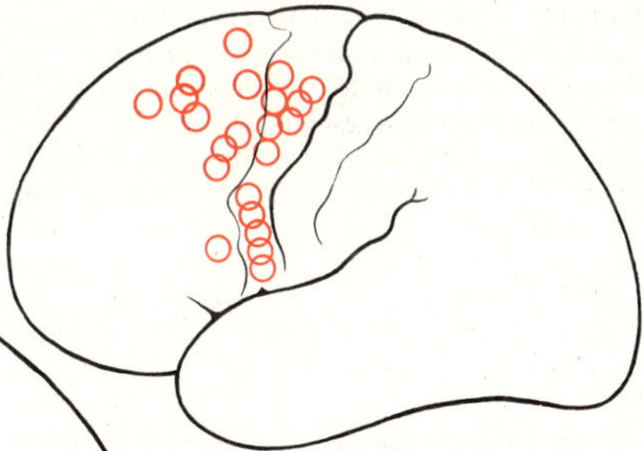

C frontale Augenfelder
(nach Penfield)

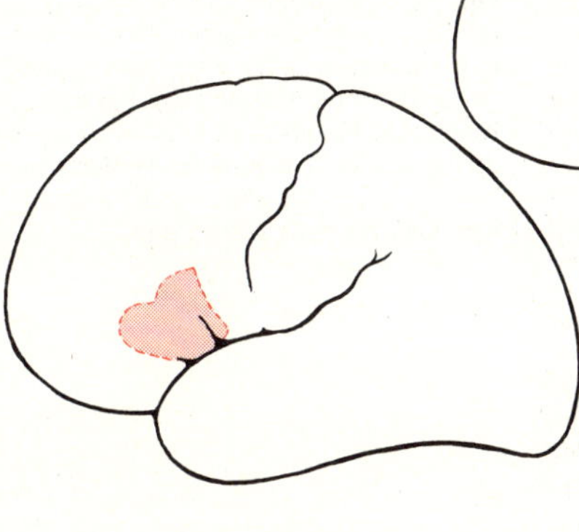

D motorisches Sprachzentrum
(Broca)

Parietallappen

Postzentralregion. Auf der vordersten Windung des Parietallappens, dem *Gyrus postcentralis,* liegt die Endstätte der sensiblen Bahnen, die **somatosensorische Rinde.** Es sind die Felder 3, 1 und 2, von denen die Area 3 auf der Vorderfläche des Gyrus und in der Tiefe der Zentralfurche liegt, die Area 1 als ein schmaler Streifen die Kuppe des Gyrus und die Area 2 die Rückfläche bedeckt.

Die Rinde der Area 3 **A** ist gegenüber der motorischen Rinde hochgradig verschmälert und gegen das Marklager deutlich abgesetzt. Die Pyramidenschichten (III und V) sind verschmälert und zellarm, die Körnerschichten dagegen stark verbreitert. Die Rinde gehört zum *Koniocortex.* Zum Vergleich ist die Rinde der Area 40 **B** abgebildet, die den *Gyrus supramarginalis* bedeckt und als Prototyp der parietalen Rinde gelten kann. Hier sind sowohl Körner- als auch Pyramidenschichten gut ausgebildet und die durch alle Schichten verlaufende Radiärstreifung besonders deutlich.

Die somatosensorische Rinde empfängt ihre afferenten Fasern vom Nucleus ventralis posterior thalami in einer somatotopischen Ordnung, so daß sich eine Repräsentation der kontralateralen Körperpartien in bestimmten Rindenabschnitten ergibt: über dem Sulcus lateralis liegt die Region für Schlund und Mundhöhle **C1,** darüber die Regionen für Gesicht, Arm, Rumpf und Bein. Die Beinregion reicht über die Mantelkante auf die Medianfläche, wo die Vertretung von Blase, Mastdarm und Genitalien **C2** den Abschluß bildet. Die Hautbezirke mit differenzierter Sensibilität, wie Hand und Gesicht, sind in besonders großen Rindenarealen vertreten. Die Regionen der distalen Extremitätenabschnitte sind allgemein größer als die der proximalen Abschnitte.

Nach klinischen und elektrophysiologischen Untersuchungen ist die oberflächliche Hautsensibilität in der Area 3, die Tiefensensibilität (vorwiegend Impulse der Gelenkrezeptoren) in der Area 2 vertreten. In der Area 2 werden Position und Bewegungen der Extremitäten ständig registriert.

Funktionelle Bedeutung der parietalen Rinde. Sie ist durch psychische Ausfälle bei Schädigung des Parietallappens bekannt geworden. Es können verschiedene Formen der *Agnosie* auftreten. Dabei werden die Sinneseindrücke zwar wahrgenommen, die Gegenstände in ihrer Bedeutung und Eigenart aber nicht erkannt. Solche Störungen können sich auf taktile, optische oder akustische Wahrnehmungen beziehen. Es kann zu Störungen des symbolischen Denkens kommen, wenn der Parietallappen *(Gyrus angularis)* der dominanten Hemisphäre (S. 248 A) betroffen ist: ein Verlust des Buchstaben- oder Zahlenverständnisses macht Lesen und Schreiben, Zählen und Rechnen unmöglich.

Weiterhin beobachtet man Störungen des *Körperschemas.* Sie können in dem Unvermögen bestehen, rechts und links zu unterscheiden. Es können auch die eigenen gelähmten oder nicht gelähmten Gliedmaßen als fremde Gegenstände empfunden werden, z. B. der eigene Arm als schwere auf der Brust liegende Eisenstange. Die Störung kann eine ganze Körperhälfte betreffen, die dann als eine andere Person, „mein Bruder", empfunden wird *(Hemidepersonalisation).*

Die parietale Rinde, die zwischen dem taktilen und dem optischen Cortex liegt und mit beiden durch enge Faserverbindungen verknüpft ist, soll eine besondere Bedeutung für das Zustandekommen der dreidimensionalen Raumvorstellung haben. Bei einer Schädigung des Parietallappens kann diese gestört sein.

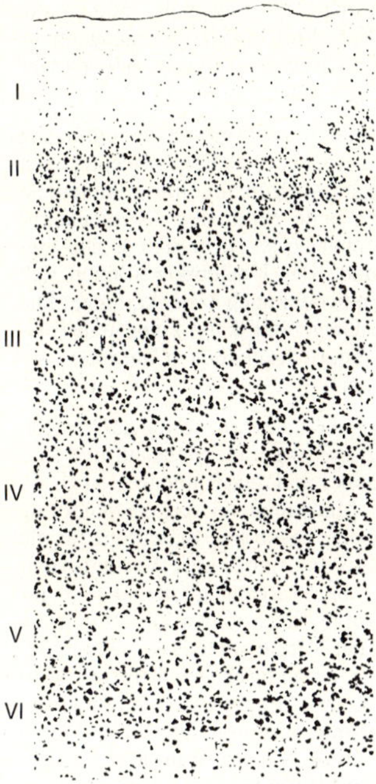

A Area 3, sensible Rinde

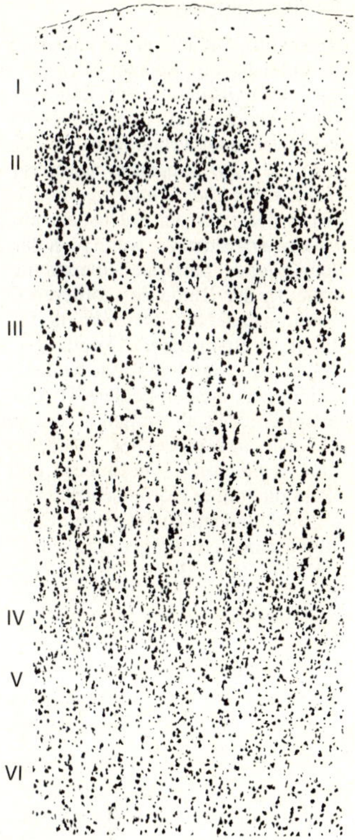

B Area 40

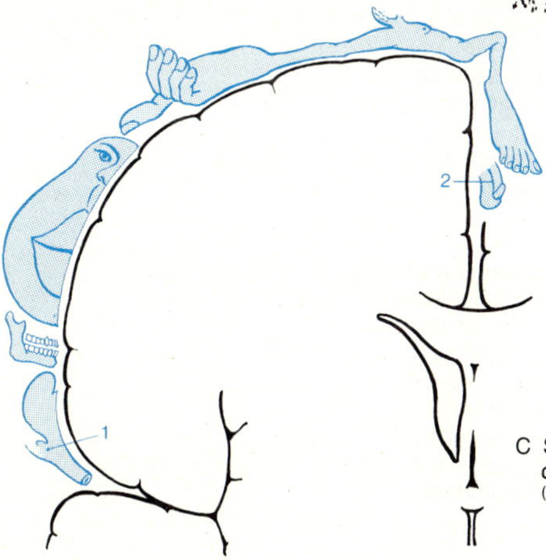

C Somatotopische Gliederung der Postzentralregion
(nach Penfield u. Rasmussen)

Temporallappen

Hörregion. Die Hauptwindungen an der Seitenfläche des Temporallappens nehmen überwiegend einen Längsverlauf. Demgegenüber fallen an der Dorsalfläche zwei querverlaufende Windungen auf, die **Gyri temporales transversi,** die *Heschlschen Querwindungen,* **C1.** Sie liegen in der Tiefe des Sulcus lateralis und werden erst sichtbar, wenn man das darüberliegende parietale Operculum entfernt. In der Rinde der vorderen Querwindung endet die *Hörstrahlung* (S. 356), die ihren Ursprung im Corpus geniculatum mediale hat. Die Rinde beider Querwindungen, die den Feldern 41 **A** und 42 entspricht, gilt als *Hörrinde.* Sie gehört wie alle rezeptorischen Rindenareale zum *Koniocortex.* Die äußere und vor allem die innere Körnerschicht (IV) sind zellreich und stark verbreitert. Die Pyramidenschichten dagegen sind schmal und enthalten nur kleine Pyramidenzellen. Zum Vergleich ist die Rinde der Area 21 **B** abgebildet, die den *Gyrus temporalis medius* bedeckt. Es ist ein typischer temporaler Cortex mit markanten Körnerschichten, breiten Pyramidenschichten und einer deutlichen Radiärstreifung.

Durch elektrische Reizungen im Bereich der Area 22 in Nachbarschaft der Querwindungen werden akustische Sensationen, wie Summen, Brummen oder Klingeln, hervorgerufen. Der akustische Cortex ist nach Tonfrequenzen organisiert (tonotopische Gliederung S. 356C). Man nimmt an, daß in der Hörrinde des Menschen die höchsten Frequenzen medial, die tiefsten Frequenzen lateral registriert werden.

Funktionelle Bedeutung der temporalen Rinde. Bei der elektrischen Reizung des übrigen Temporallappens (während der operativen Behandlung von Temporallappenepilepsie durchgeführt), treten Halluzinationen auf, deren Inhalt bruchstückhafte vergangene Erlebnisbilder sind. Die Patienten hören Stimmen bekannter Personen aus ihrer Jugendzeit. Sie durchleben nochmals momentane Episoden ihrer eigenen Vergangenheit. Es sind vorwiegend akustische, seltener optische Halluzinationen.

Während der Temporallappenreizung kann es aber auch zu Fehleinschätzungen der gegenwärtigen Situation kommen. So können neue Eindrücke als altbekannt erscheinen *(Déjà-vu-Erlebnis).* Die Gegenstände der Umgebung können sich entfernen oder auch näher kommen. Die ganze Umgebung kann einen unheimlichen oder drohenden Charakter annehmen.

Derartige Phänomene treten nur bei Reizung des Temporallappens auf und sind von keiner anderen Rindenregion zu erzielen. Man nimmt an, daß die temporale Rinde eine besondere Bedeutung für die bewußte und unbewußte Verfügbarkeit der eigenen Vergangenheit und der in ihr gemachten Erfahrungen hat. Nur wenn die in der Vergangenheit gemachten Erfahrungen ständig gegenwärtig sind, können wir neue Eindrücke richtig beurteilen und interpretieren. Ohne diese Fähigkeit würden wir uns in unserer Umwelt nicht zurechtfinden. Man hat daher die temporale Rinde auch als *interpretativen Cortex* bezeichnet.

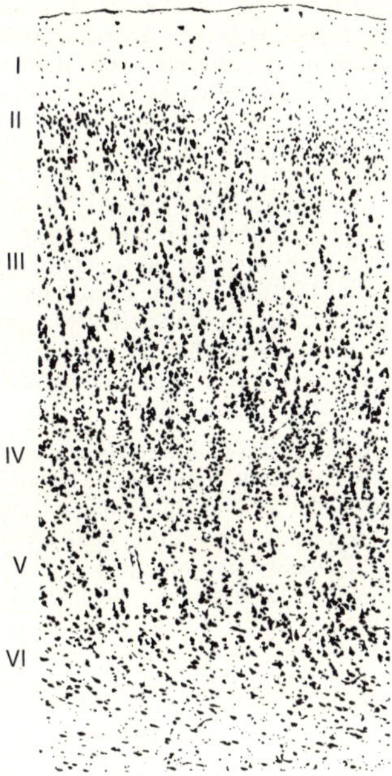

A Area 41, Hörrinde

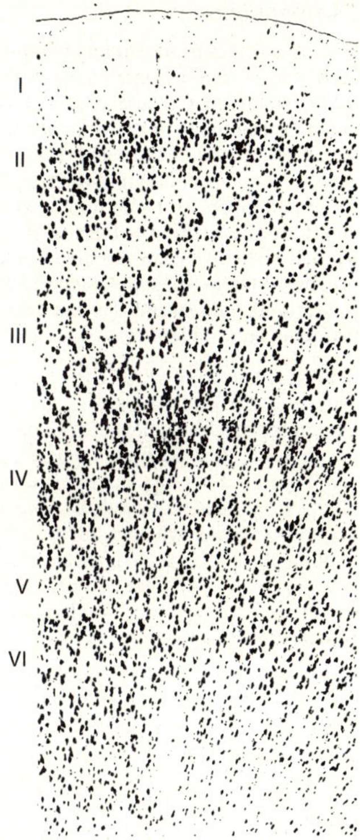

B Area 21

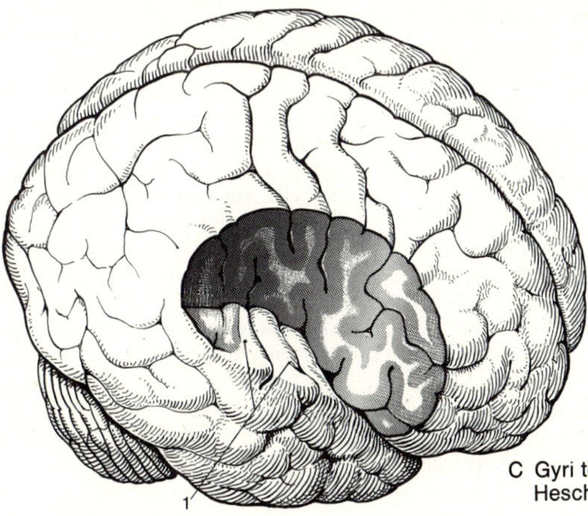

C Gyri temporales transversi,
Heschlsche Querwindungen

Okzipitallappen

Die mediale Fläche des Okzipitallappens wird von dem horizontal verlaufenden **Sulcus calcarinus BC1** durchzogen, dessen tiefer Einsenkung ein Wulst an der Ventrikelfläche, der **Calcar avis B2,** entspricht. Auf Frontalschnitten durch den Okzipitallappen hebt sich im Marklager eine Faserplatte ab, das **Tapetum B3.** Es handelt sich dabei um Kommissurenfasern des Balkens, die durch das Splenium ziehen und bogenförmig in den Okzipitallappen ausstrahlen *(Forceps major)*.

Sehrinde. Die Area 17 **AC4** (rechte Bildseite) ist die Endigungsstätte der Sehstrahlung. Die Rinde liegt auf der medialen Fläche des Okzipitallappens und greift nur am Pol etwas auf die Konvexität über. Sie kleidet den Sulcus calcarinus aus und erstreckt sich noch auf die dorsale und ventrale Lippe. Die Area 17 wird von der Area 18 **A5** (linke Bildseite) und der Area 19 umgeben, die als optische Integrationsfelder gelten.

Die Rinde der Area 17 ist wie alle rezeptorischen Rindenbezirke durch eine Reduzierung der Pyramidenschichten und eine starke Ausbildung der Körnerschichten gekennzeichnet. Die Rinde ist sehr schmal und durch eine zellreiche Lamina VI vom Marklager abgesetzt. Die innere Körnerschicht (IV) wird durch eine zellarme Zone (IV b), die dem *Gennarischen Streifen* im Markscheidenbild entspricht, geteilt. In dieser zellarmen Zone liegen auffallend große Zellen, Riesensternzellen oder *Meynertsche Zellen.* Die beiden zellreichen Lagen der inneren Körnerschicht (IVa und IVc) enthalten sehr kleine Körnerzellen. Sie gehören zu den zelldichtesten Schichten der ganzen Hirnrinde. Die Area 18 besitzt eine einheitliche Körnerschicht aus großen Körnerzellen, und die Area 19 schließlich bildet einen Übergang zur parietalen und temporalen Rinde.

Funktionelle Organisation. Aufgrund elektrophysiologischer Untersuchungen an der Sehrinde von Versuchstieren unterscheidet man zwei Hauptarten von Nervenzellen in der Area striata: *einfache Zellen* und *komplexe Zellen.* Beide Zellarten sind histologisch noch nicht identifiziert. Eine einfache Zelle empfängt ihre Impulse von einer Zellgruppe der Netzhaut (rezeptives Feld). Sie reagiert am stärksten auf schmale Streifen von Licht, auf dunkle Streifen vor hellem Hintergrund oder auf gerade Grenzen zwischen Hell und Dunkel. Entscheidend ist die Orientierung der Streifen. Manche Zellen reagieren nur auf horizontale Lichtstreifen, andere nur auf vertikale und andere nur auf schräge.

Komplexe Zellen reagieren ebenfalls auf Lichtstreifen mit bestimmter Orientierung. Während aber eine einfache Zelle nur von ihrem rezeptiven Feld erregt wird, antwortet eine komplexe Zelle auf bewegliche Lichtstreifen, die über die Retina wandern. Jede komplexe Zelle wird von einer großen Anzahl einfacher Zellen stimuliert. Man nimmt an, daß die Axone zahlreicher einfacher Zellen an einer komplexen Zelle enden. Die inneren Körnerschichten bestehen fast nur aus einfachen Zellen, während die komplexen Zellen gehäuft in der äußeren Körnerschicht vorkommen. In der Area 18 und 19 sind mehr als die Hälfte aller Nervenzellen *komplexe* oder *hyperkomplexe* Zellen. Ihnen wird eine besondere Bedeutung für die Gestaltwahrnehmung beigemessen.

Bei elektrischer Reizung der Sehrinde werden Lichtfunken oder Blitze wahrgenommen. Bei Reizung der Area 18 und 19 sollen auch Figuren und Gestalten erscheinen. Außerdem kommt es dabei zu Blickwendungen *(okzipitales Blickzentrum)*. Die vom Okzipitallappen ausgelösten Augenbewegungen sind rein reflektorisch, im Gegensatz zu den willkürlichen Bewegungen, die vom frontalen Blickzentrum dirigiert werden.

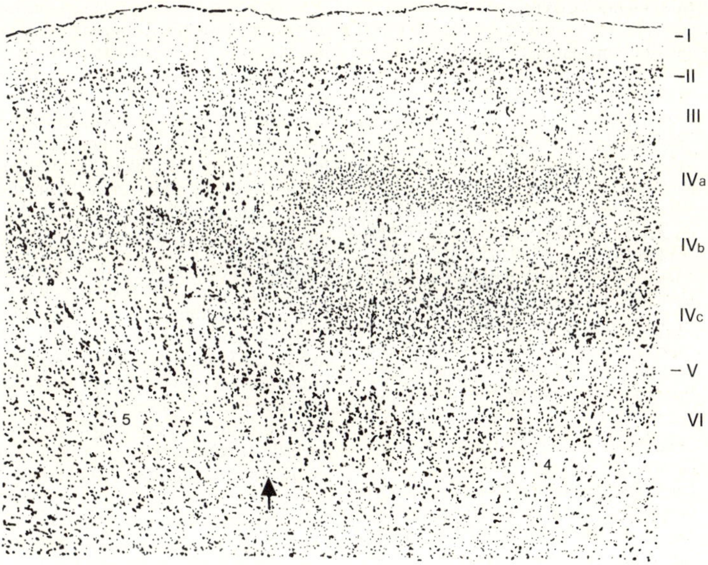

A Area 18 und 17 (nach Brodmann)

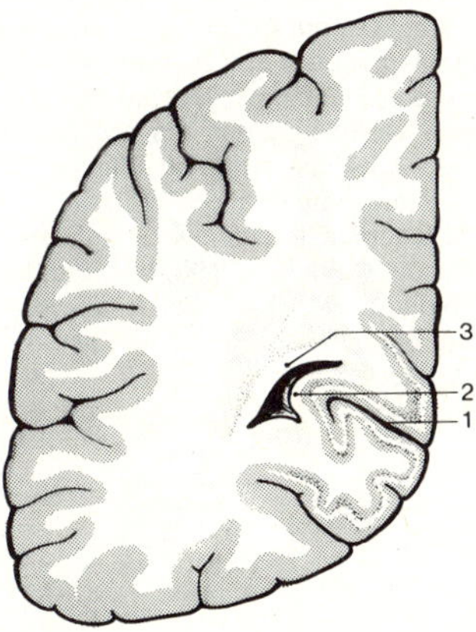

B Okzipitallappen, Frontalschnitt

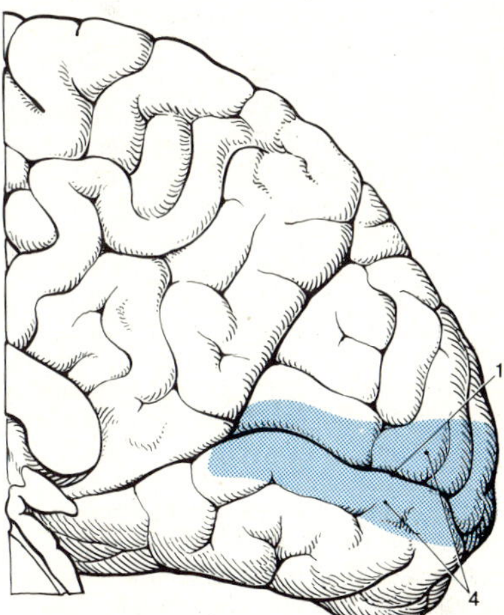

C Medianschnitt mit Area 17

Kolumnengliederung der Sehrinde. In der Sehrinde besteht neben dem Aufbau aus Zellschichten eine funktionelle Gliederung in Kolumnen, die vertikal zu den Zellschichten durch die ganze Breite des Cortex verlaufen und einen Durchmesser von 0,3 bis 0,5 mm haben. Jede Kolumne ist mit einem umschriebenen Bezirk der Netzhaut verknüpft. Bei Erregung der Sinneszellen eines solchen Bezirkes reagieren stets alle Nervenzellen der betreffenden Kolumne (S. 226, 228). Jede Kolumne ist mit einem peripheren Feld in nur einer der beiden Retinae verbunden. In der Sehrinde **A1** reihen sich abwechselnd eine Kolumne für die rechte Retina und eine für die linke aneinander *(Kolumnen der okulären Dominanz)*. Die Erregungen beider Retinae verlaufen also in der ganzen Sehbahn getrennt.

Im **Corpus geniculatum laterale** enden die Nervenfasern von zwei korrespondierenden Netzhauthälften: Im linken Geniculatum **A2** enden die Fasern aus den linken Retinahälften beider Augen (rechte Gesichtsfeldhälften), im rechten Geniculatum die Fasern aus den rechten Retinahälften (linke Gesichtsfeldhälften). Die Fasern für korrespondierende Bezirke in beiden Netzhauthälften enden in verschiedenen Zellschichten des Geniculatums: Die ungekreuzten Fasern **A3** von der gleichseitigen Retina ziehen zur zweiten, dritten und fünften Schicht, die gekreuzten Fasern **A4** von der gegenseitigen Retina zur ersten, vierten und sechsten Schicht. Die Nervenzellen, an denen die Opticusfasern zweier korrespondierender Netzhautpunkte enden, liegen in einer durch alle Zellschichten verlaufenden Linie *(Projektionskolumne)*. Ihre Axone projizieren über die Sehstrahlung **A5** zur Sehrinde. Jede Geniculatumfaser soll sich sehr stark verzweigen und an mehreren tausend Sternzellen der Lamina IV enden. Dabei ziehen die Fasern, welche die Erregung der gleichseitigen Retina weiterleiten, zu anderen Kolumnen als die Fasern für die Erregung der gegenseitigen Retina.

Die **Gliederung der Sehrinde in vertikale Kolumnen** kann sichtbar gemacht werden, indem man Versuchstieren radioaktiv markierte ^{14}C-Desoxyglukose verabreicht und die unterschiedliche Verteilung der Substanz autoradiographisch nachweist. Erregte Nervenzellen nehmen bei einem erhöhten Stoffwechsel rasch ^{14}C-Desoxyglukose auf, ruhende Zellen dagegen nicht.

Die Sehrinde eines Versuchstieres (Rhesusaffe), dessen beide Augen geöffnet sind, zeigt eine streifenförmige Verteilung der Substanz, die der bekannten Zellschichtung entspricht **B6**. Die Laminae I, II, III und V haben einen geringen Glukosegehalt, die Lamina VI einen stärkeren und die Lamina IV schließlich den stärksten. Sind beide Augen des Versuchstieres geschlossen, so findet man keine Schichtendifferenz, sondern eine gleichförmige Konzentration im ganzen Cortex **B7**. Ist nun das eine Auge des Versuchstieres geschlossen und das andere geöffnet, so tritt eine senkrecht zur laminären Schichtung verlaufende Kolumnenbildung auf, bei der intensiv dunkle Kolumnen mit hellen abwechseln **B8**. In den hellen Kolumnen, deren Nervenzellen keine neue Glukose aufgenommen haben, ist die Retina des geschlossenen Auges repräsentiert. Die dunklen Kolumnen mit neu eingebauter ^{14}C-Desoxyglukose empfangen dagegen die Erregungen von der Retina des geöffneten Auges. Auch hier tritt die Lamina IV infolge ihrer intensiven Schwärzung besonders hervor. In einem kleinen Bezirk fehlen die Kolumnen **B9**. Hier sind die monokulären Regionen der Retina vertreten, der äußerste Retinarand und der blinde Fleck.

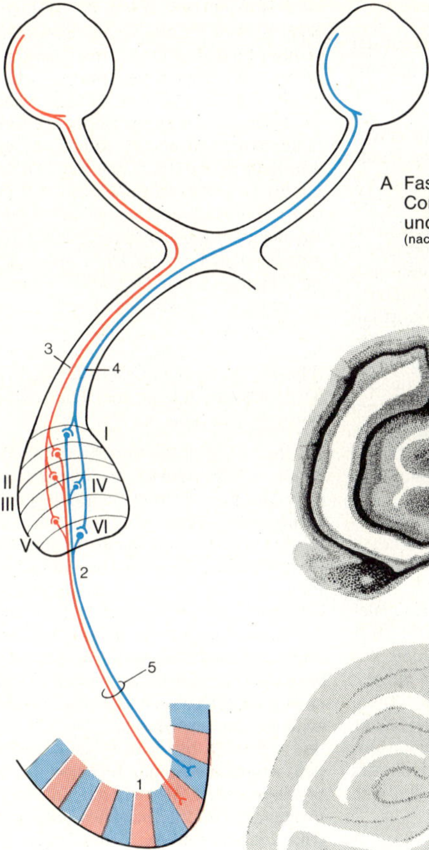

A Faserbeziehung zwischen Corpus geniculatum laterale und Sehrinde
(nach W. B. Spatz)

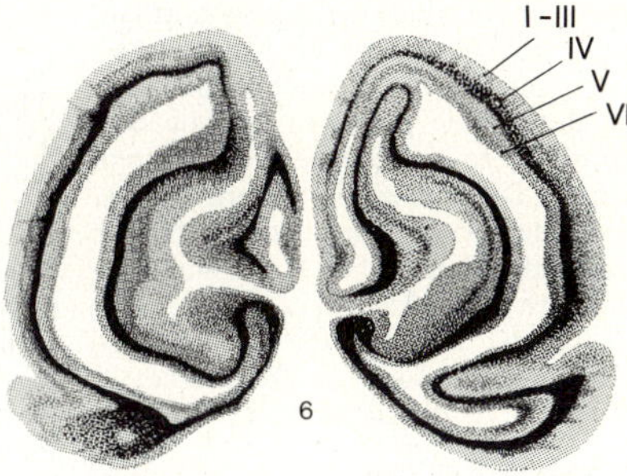

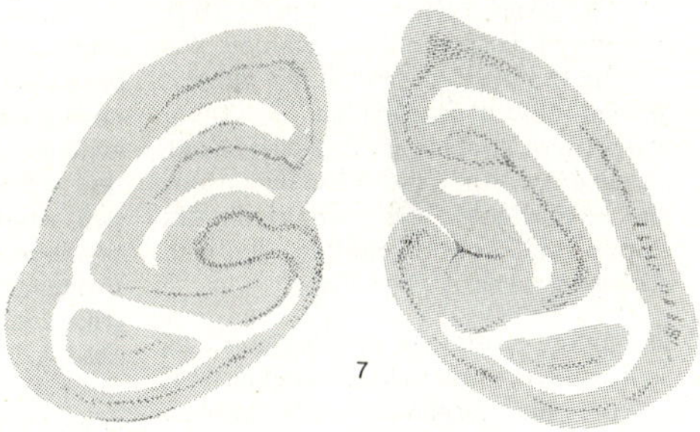

B funktionelle Kolumnen der Sehrinde
(nach Kennedy, Des Rosiers, Sakurada, Shinohara, Reivich, Jehle u. Sokoloff)

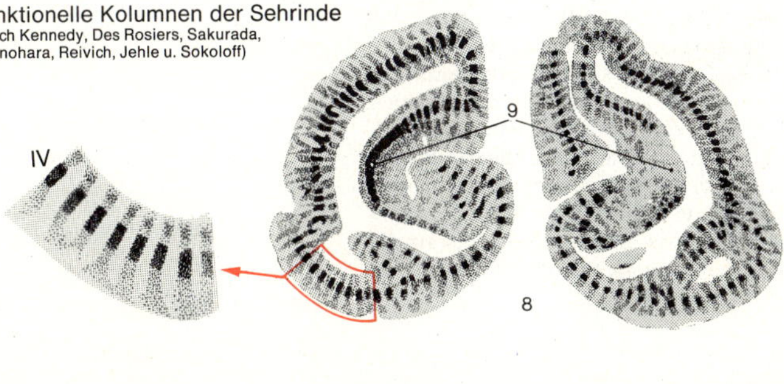

Faserbahnen

Zwischen der Hirnrinde und den in der Tiefe gelegenen grauen Kernen liegt eine breite Schicht weißer Substanz, das **Marklager.** Es handelt sich dabei um Fasermassen, die entweder von Nervenzellen der Rinde abgehen oder zur Rinde ziehen und an kortikalen Nervenzellen enden. Man unterscheidet drei verschiedene Arten von Fasersystemen: die *Projektionsfasern,* die *Assoziationsfasern* und die *Kommissurenfasern.* Die Projektionsfasern stellen eine Verbindung zwischen der Hirnrinde und den subkortikalen Zentren her, entweder als aufsteigende Systeme, die in der Rinde enden, oder als absteigende Systeme, die von der Hirnrinde zu tiefer liegenden Zentren ziehen. Die Assoziationsfasern stellen Verbindungen zwischen den verschiedenen Rindenbezirken her. Die Kommissurenfasern schließlich verknüpfen die Cortices beider Hemisphären. Sie sind eigentlich nichts anderes als interhemisphärische Assoziationsfasern.

Projektionsfasern. Die von verschiedenen Kortexbezirken absteigenden Bahnen treten fächerförmig zusammen, um die innere Kapsel zu bilden. Die aufsteigenden Fasern durchlaufen die innere Kapsel und strahlen dann fächerförmig auseinander. Auf diese Weise bilden auf- und absteigende Fasern unterhalb des Cortex eine Art Strahlenkranz, den man als **Corona radiata A1** bezeichnet.

Die innere Kapsel, **Capsula interna A2** B, stellt auf Horizontalschnitten einen Winkel dar mit einem vorderen Schenkel, **Crus anterius B3,** der vom Kaudatumkopf **B4**, Globus pallidus **B5** und Putamen **B6** begrenzt wird, und mit einem hinteren Schenkel, **Crus posterius B7,** der vom Thalamus **B8,** Globus pallidus und Putamen begrenzt wird. Zwischen beiden Schenkeln liegt das Knie, **Genu capsulae internae B9**. Die verschiedenen Faserbahnen durchlaufen die innere Kapsel in bestimmten Abschnitten. Durch den vorderen Schenkel ziehen die frontopontine Bahn **B10** und der vordere Thalamusstiel **B11.** Im Bereich des Genu capsulae internae liegen die Fibrae corticonucleares. Daran schließen sich im hinteren Schenkel die Fasern des *Tractus corticospinalis* an, und zwar in somatotopischer Ordnung: obere Extremität, Rumpf und untere Extremität. Durch den gleichen Abschnitt ziehen die thalamokortikalen Fasern zur Area 4 und die aus der Area 6 stammenden kortikorubralen und kortikotegmentalen Fasern. Der kaudale Teil des hinteren Schenkels wird von Fasern des dorsalen Thalamusstiels **B12** eingenommen, die zur Postzentralregion ziehen. Durch das kaudale Ende ziehen in schrägem Verlauf die Fasern des hinteren Thalamusstiels **B13** und des Tractus temporopontinus **B14.**

Zu den wichtigsten Projektionsbahnen gehören die **Hörstrahlung** und die **Sehstrahlung.** Die Fasern der Hörstrahlung entspringen im Corpus geniculatum mediale, ziehen über das Geniculatum laterale hinweg und kreuzen am Unterrande des Putamens die innere Kapsel. Im Marklager des Temporallappens steigen sie dann fast senkrecht zur vorderen Querwindung empor (S. 238, 356). Die Sehstrahlung hat ihren Ursprung im Corpus geniculatum laterale. Die Fasern fächern sich zu einer breiten Marklamelle **A15** auf und verlaufen bis in den Temporallappen, wo sie das temporale Knie **C16** der Sehbahn bilden. Sie ziehen dann bogenförmig um das Unterhorn des Seitenventrikels herum und durch das Marklager des Okzipitallappens zum Sulcus calcarinus **C17.** Corpus callosum **A18,** Pedunculus cerebri **A19.**

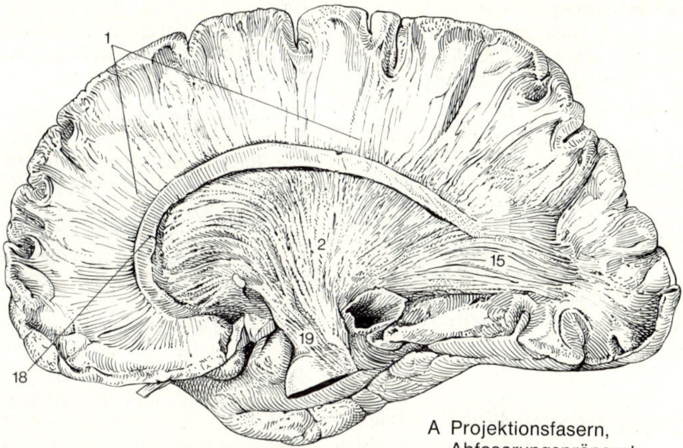

A Projektionsfasern, Abfaserungspräparat (nach Ludwig u. Klingler)

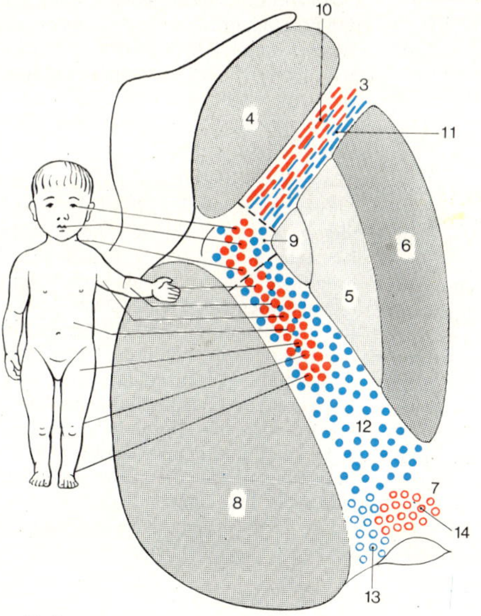

B Somatotopik der Capsula interna

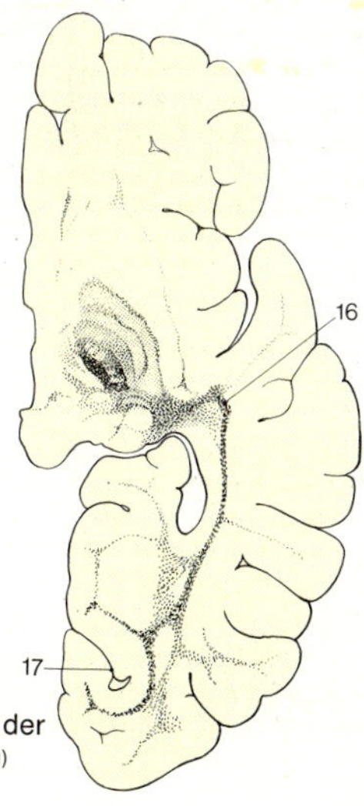

C Sehstrahlung während der Markreifung (nach Flechsig)

Assoziationsfasern. Die Verbindungen zwischen verschiedenen Kortexbezirken sind von sehr unterschiedlicher Länge. Man unterscheidet einfacherweise zwischen kurzen und langen Assoziationsfasern. Die kurzen Assoziationsfasern, **Fibrae arcuatae** B, stellen Beziehungen innerhalb eines Hirnlappens **B1** oder von einer Windung zur nächsten her **B2.** Die kürzesten Fasern verbinden direkt benachbarte Rindenabschnitte. Sie treten nach einem kurzen Verlauf in der weißen Substanz wieder in die Rinde ein. Man bezeichnet sie als U-Fasern. Die Schicht der U-Fasern liegt direkt unter dem Cortex.

Die **langen Assoziationsfasern** verknüpfen die verschiedenen Hirnlappen und bilden makroskopisch darstellbare geschlossene Bündel. Das **Cingulum D3** ist ein starkes, unter dem Gyrus cinguli liegendes System von kürzeren und längeren Fasern, das dem ganzen Verlauf des Gyrus cinguli folgt. Die langen Fasern erstrecken sich von der parolfaktorischen Region und dem Rostrum des Balkens bis zur Regio entorhinalis. Der *Fasciculus subcallosus* **CD4** liegt dorsolateral von Nucleus caudatus unter der Balkenstrahlung. Seine Fasern verbinden den Frontallappen mit dem Temporal- und Okzipitallappen. Ein Teil der Fasern zieht zur Inselregion, ein anderer soll den Frontallappen mit dem Nucleus caudatus verbinden. Der *Fasciculus longitudinalis superior* **ACD5,** der dorsolateral vom Putamen liegt, ist ein starkes Assoziationsbündel zwischen Frontal- und Okzipitallappen mit Faserabgängen zum Parietal- und Temporallappen. Durch den ventralen Teil der Capsula extrema zieht der *Fasciculus frontooccipitalis inferior* **ACD6** vom Frontallappen zum Okzipitallappen. Zwischen Okzipital- und Temporallappen erstreckt sich der *Fasciculus longitudinalis inferior* **C7.** Der *Fasciculus uncinatus* **AC8** verbindet die temporale Rinde mit der frontalen. Seine ventrale Partie stellt eine Verbindung zwischen der entorhinalen Rinde und der orbitalen Rinde des Frontallappens her. Weitere Faserbündel sind der *Fasciculus occipitalis verticalis* **AC9** und der *Fasciculus orbitofrontalis* **C10.**

Kommissurenfasern. Die interhemisphärischen Assoziationsfasern ziehen durch den Balken, die Commissura rostralis (S. 214 C) und die Commissura fornicis (S. 218 C25) zur gegenseitigen Hemisphäre. Die wichtigste Kommissur des Neocortex ist der Balken, **Corpus callosum** E. Sein gebogener oraler Abschnitt ist das *Genu corporis callosi,* Balkenknie **E11,** mit dem spitz zulaufenden *Rostrum* **E12.** Es folgt der Mittelteil, *Truncus* **E13,** und das verdickte Ende, *Splenium corporis callosi* **E14.** Die Balkenfasern breiten sich im Marklager beider Hemisphären aus und bilden die Balkenstrahlung. Die Fasern, die U-förmig durch das Genu corporis callosi ziehen und die beiden Frontallappen verbinden, werden als *Forceps minor* **F15** bezeichnet, diejenigen, die durch das Splenium ziehen und die beiden Okzipitallappen verbinden, als *Forceps major* **F16** (kleine Zange und große Zange).

Wir unterscheiden homotope und heterotope interhemisphärische Fasern. *Homotope Fasern* verbinden die gleichen Kortexbezirke in beiden Hemisphären, *heterotope Fasern* verschiedene Areale. Die überwiegende Mehrzahl der Balkenfasern ist homotop. Nicht alle Areale sind in gleichem Maße mit ihrem Gegenstück in der anderen Hemisphäre verbunden. Die Hand- und Fußabschnitte beider somatosensorischer Regionen besitzen z. B. keine interhemisphärischen Faserbeziehungen; auch die beiden Sehrinden sind nicht miteinander verknüpft. Sehr starke Faserverbindungen bestehen dagegen zwischen den beiden Areae 18.

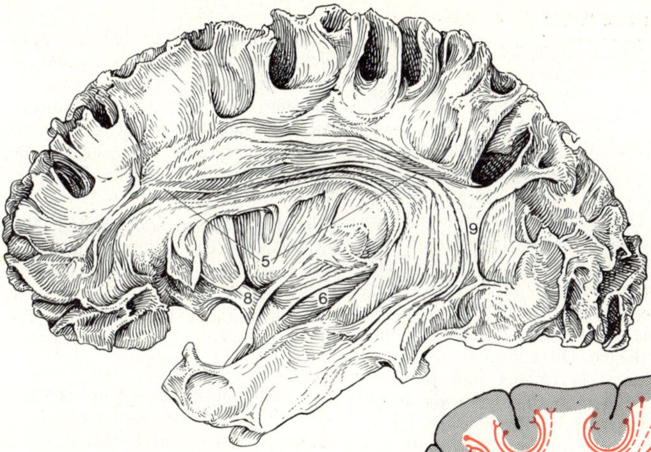

A lange Assoziationsfasern, Abfaserungspräparat (nach Ludwig u. Klingler)

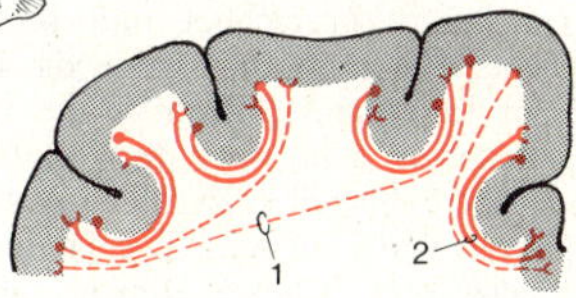

B kurze Assoziationsfasern

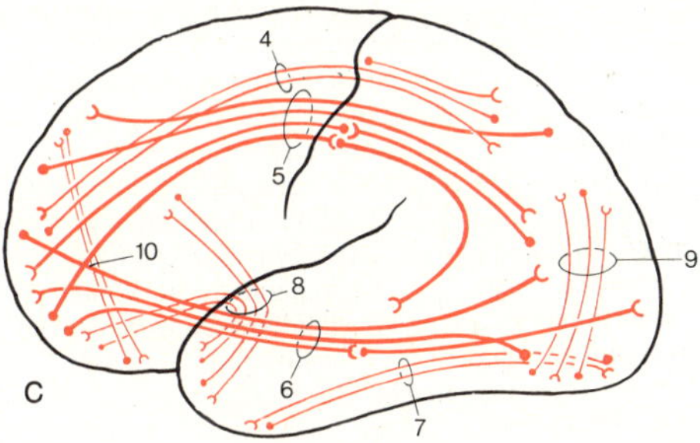

C

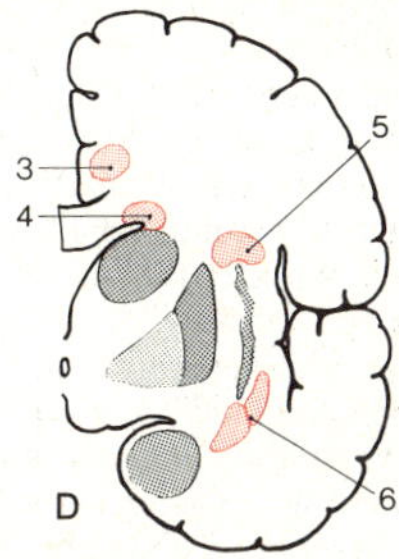

D

CD lange Assoziationsfasern, Seitenansicht und Frontalschnitt

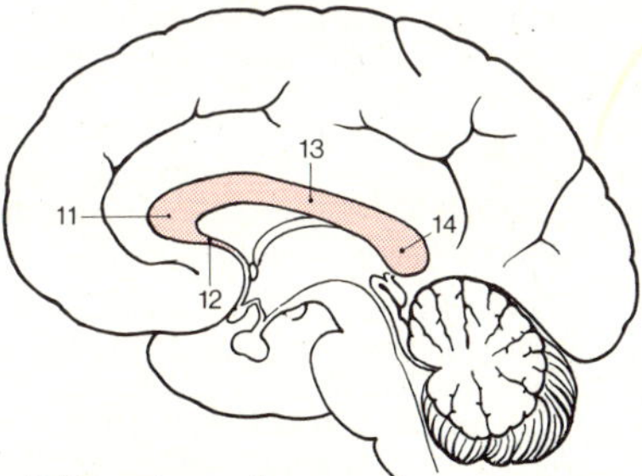

E Kommissurenfasern, Balken

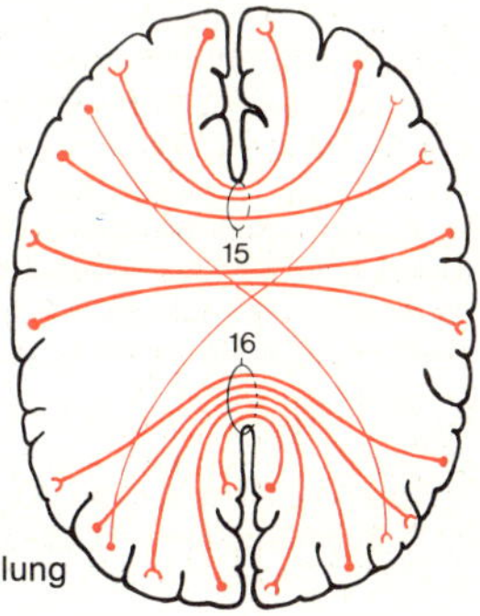

F Balkenstrahlung

Hemisphärenasymmetrie

An die Hirnrinde ist das Bewußtsein gebunden. Nur diejenigen Sinnesreize werden bewußt, welche bis zur Hirnrinde geleitet werden.

Nur der Mensch besitzt die Fähigkeit der Sprache, die als innere Sprache Voraussetzung des Denkens, als gesprochene Rede Grundlage der Kommunikation und als Schrift fixierte Information über Jahrtausende hinweg ist. Sie ist beim einzelnen Menschen an die Unversehrtheit bestimmter kortikaler Areale gebunden, die in der Regel nur in einer Hemisphäre liegen. Diese wird als *dominante Hemisphäre* bezeichnet und ist beim Rechtshänder normalerweise die linke. Beim Linkshänder kann es die rechte Hemisphäre sein, aber auch die linke, oder die Fähigkeit kann in beiden Hemisphären vertreten sein. Die Händigkeit ist also kein sicherer Hinweis für die Dominanz der gegenseitigen Hemisphäre.

Im hinteren Bereich des Gyrus temporalis superior der dominanten Hemisphäre liegt das sog. **Wernickesche Sprachzentrum A1,** bei dessen Schädigung eine Störung des Wortverständnisses auftritt (sensorische Aphasie). Es handelt sich um ein Integrationsgebiet, das unentbehrlich für die ständige Verfügbarkeit erlernter Wortbilder und für die Interpretation gehörter oder gesprochener Rede ist. Sensorisch aphasische Patienten geben einen sinnlosen Wortsalat von sich, und die Reden ihrer Mitmenschen klingen für sie wie eine unverständliche fremde Sprache. Eine Schädigung des *Gyrus angularis* **A2** hat eine Schreibunfähigkeit *(Agraphie)* und Leseunfähigkeit *(Alexie)* zur Folge. Gyrus supramarginalis **A3**; Brocasches Feld **A4** (S. 234D); Region, deren Reizung eine Störung des spontanen Sprechens oder Schreibens bewirkt **A5.**

Bei einer Schädigung der rechten (nichtdominanten) Hemisphäre kann die visuell-räumliche Orientierung oder das Musikverständnis gestört sein (Amusie). Bei erhaltener Sprache ist die Sprachmelodie und die emotionale Tönung der Sprache beeinträchtigt. Vielfach hat man beiden Hemisphären verschiedene Denkweisen zugeschrieben: die linke dominante Hemisphäre soll logisch, rational und analytisch arbeiten, die rechte ganzheitlich, synthetisch, intuitiv. Diese Verallgemeinerungen sind zu einem guten Teil spekulativ.

Balkendurchtrennung *(split brain).* Nach Balkendurchtrennung tritt keine Veränderung der Persönlichkeit oder der Intelligenz ein. Die Patienten sind im Alltag völlig unauffällig. Erst besondere Prüfungen des taktilen und visuellen Systems lassen Ausfälle erkennen B.

Die Tastempfindung der linken Hand wird in der rechten Hemisphäre registriert, die der rechten Hand in der linken Hemisphäre (beim Rechtshänder die dominante Hemisphäre mit dem Sprachvermögen). Die optischen Reize, welche die beiden linken Netzhauthälften treffen, werden in die linke Hemisphäre geleitet, die Reize für die rechten Netzhauthälften in die rechte Hemisphäre (S. 332). Die Prüfung zeigt nun, daß Rechtshänder mit durchtrenntem Balken nur noch mit ihren linken Netzhauthälften lesen können. Gegenstände, die sie mit den rechten Netzhauthälften wahrnehmen, können sie nicht benennen. Sie können jedoch durch Handbewegungen den Gebrauch der Gegenstände verdeutlichen. Das gleiche Phänomen ergibt sich, wenn die Personen bei verdeckter Sicht Gegenstände in die linke Hand bekommen: sie können sie nicht verbal bezeichnen, sondern nur durch Gesten den Gebrauch andeuten. Bei Wahrnehmungen mit der rechten Hand oder den linken Netzhauthälften, die mit der „sprechenden“ Hemisphäre verbunden sind, kann sofort die Bezeichnung genannt werden.

Bewegungen der einen Extremität können nicht von der gegenseitigen Extremität wiederholt werden, denn die eine Hemisphäre kann sich nicht daran erinnern, welche Impulse von der anderen ausgegangen sind.

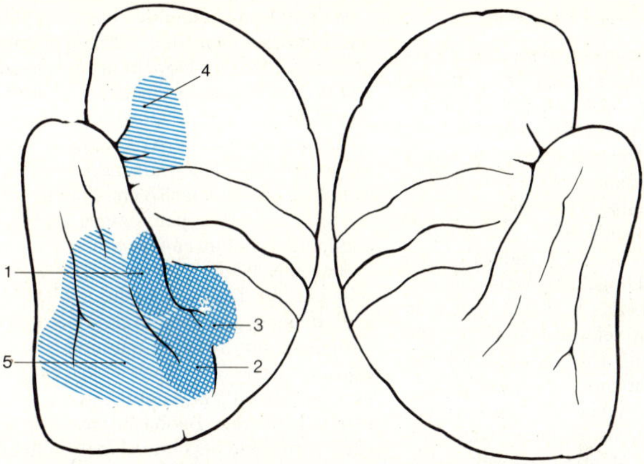

A Sprach- und Schreibregionen beim Rechtshänder

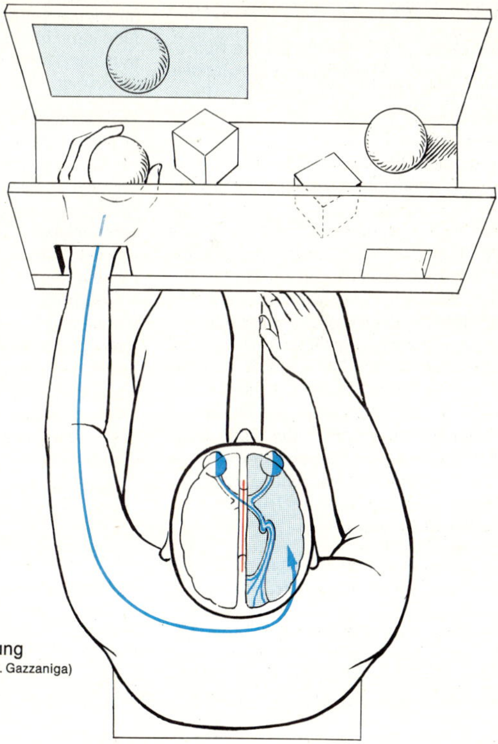

B Reaktion nach Balkendurchtrennung
(in Anlehnung an Sperry u. Gazzaniga)

Histochemie des Vorderhirns

Transmittersubstanzen. Ausgeprägte regionale Differenzen findet man in der Verteilung der Transmittersubstanzen. Die Lokalisation der **Katecholamine** Noradrenalin und Dopamin zeigt im Striatum und im Hypothalamus große Unterschiede. Im Striatum findet man bei einem nur mäßigen Gehalt an *Noradrenalin* **A1** eine außerordentlich hohe Konzentration an *Dopamin* **A2.** Umgekehrt weist der Hypothalamus bei einer geringen Menge an Dopamin einen sehr hohen Gehalt an Noradrenalin auf. Der Gehalt der Hirnrinde an Katecholaminen ist sehr gering, obwohl sich in vielen Abschnitten fluoreszenzmikroskopisch feine katecholaminerge Nervenfasern nachweisen lassen. Peptiderg sind zahlreiche kurze Zwischenneurone.

Die als Nachweis für cholinerge Neurone dienende **Acetylcholinesterase-Reaktion** fällt im Nucleus caudatus und im Putamen am stärksten aus B. Relativ stark ist sie in einigen thalamischen Kernen (trunkothalamische Kerne und Geniculatum laterale) und in der dorsalen Partie des Nucleus amygdalae. Im Cortex ist sie sehr gering. Am ehesten findet man noch eine Reaktion in der motorischen Rinde (vereinzelte Zellen) und im Hippocampus. Hier zeigt das Rindenband einen auffallenden Kontrast zwischen den einzelnen Feldern: im Gegensatz zu dem schwach reagierenden Feld CA 1 **C3** zeigen die Felder CA 2 bis 4 **C4** eine wesentlich stärkere Reaktion. Im Neocortex fallen die Nachweise der bekannten Überträgersubstanzen sehr schwach aus. Man muß daher annehmen, daß hier Transmitter eine Rolle spielen, die bisher noch unbekannt sind.

Striatum. Nucleus caudatus und Putamen zeichnen sich nicht nur durch den ungewöhnlich hohen Gehalt an Transmittersubstanzen aus, sondern auch durch eine Überlappung cholinerger und dopaminerger Transmitter. Im allgemeinen kann man graue Kerne mit einem besonderen Gehalt an Katecholaminen oder an Acetylcholin unterscheiden. Das Striatum enthält beide. Der Dopamingehalt rührt von den Endigungen der dopaminergen Nigerneurone her. Die vorwiegend im Neuropil lokalisierte Acetylcholinesterase ist ebenfalls auf Axonendigungen zu beziehen. Man kann also annehmen, daß im Striatum ein dopaminerges und ein cholinerges System enden, wobei ein Antagonismus beider Systeme sehr wahrscheinlich ist. Dopamin und Acetylcholin sind in einem ganz bestimmten Mengenverhältnis im Striatum enthalten. Bei Störung dieses Gleichgewichtes kommt es zu schweren Veränderungen der Motorik. Klinische Beobachtungen sprechen dafür, daß bei einem Überschuß an Dopamin eine verstärkte Motorik mit unwillkürlichen Bewegungen und Grimassieren eintritt, bei einem Mangel an Dopamin hingegen eine Bewegungsarmut mit Muskelsteifheit *(Parkinsonsche Krankheit)*.

Die **Fermente** der Zellatmung, des Energiestoffwechsels und des Strukturstoffwechsels zeigen keine derartig starken regionalen Verschiedenheiten. Im Neocortex zeichnen sich die sensorischen Rindenbezirke durch einen vergleichsweise höheren Gehalt an oxidativen Fermenten aus. Nur in der Rinde des Ammonshornes ist es gelungen, eine unterschiedliche Enzymverteilung in den verschiedenen Rindenschichten darzustellen. Saure Phosphatase und Succinodehydrogenase sind im Stratum pyramidale **D5** nachzuweisen, ATPase im Stratum oriens **D6** und Aldolase im Stratum radiatum **D7.**

Im Bereich der Moosfasern in C3 und C4 (S. 220) wurde **Zink** nachgewiesen, das vor allem in den Moosfaserendigungen angereichert ist.

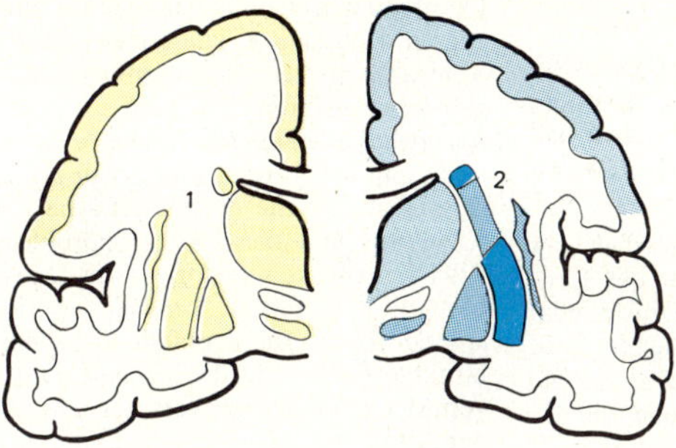

A Verteilung von Noradrenalin und Dopamin im Endhirn (nach Bertler)

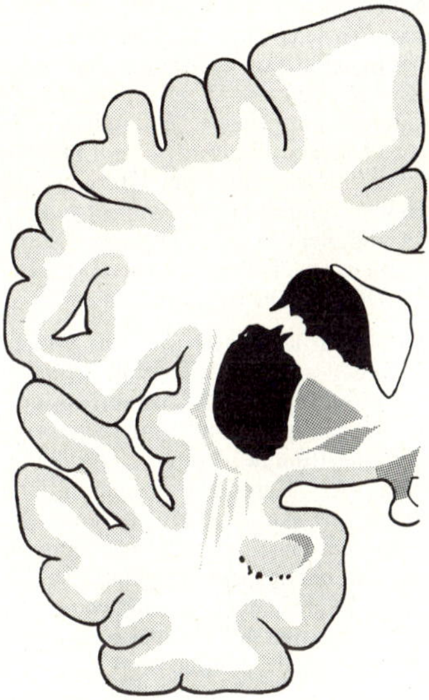

B Acetylcholinesterase-Nachweis im Endhirn (nach Giacomo)

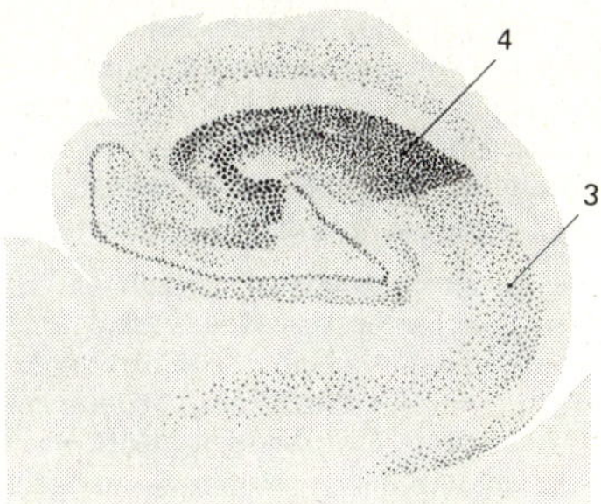

C Acetylcholinesterase-Reaktion im Ammonshorn (nach Ishii u. Friede)

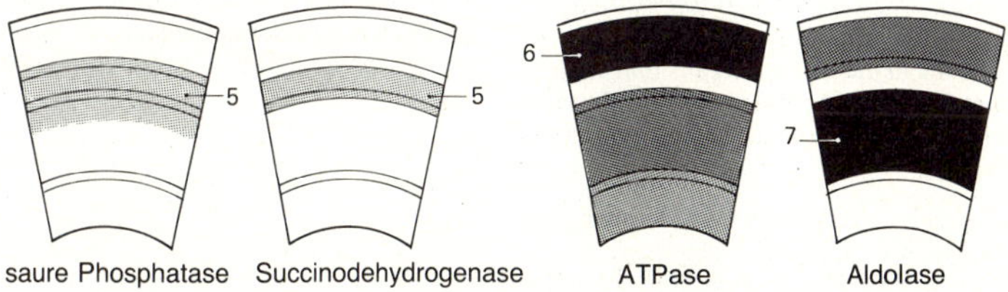

D Enzymmuster der Hippokampusrinde H3 (nach Fleischhauer u. nach Lowry)

Arterien

Das Gehirn wird von vier großen Arterien versorgt: den zwei Aa. carotides internae (Bd. 2, S. 54, 58, 62f, 156) und den zwei Aa. vertebrales (Bd. 2, S. 52, 58, 132).

Die **A. carotis interna 1** tritt medial vom Processus clinoideus anterior des Keilbeins durch die Dura. Subarachnoidal gibt sie die A. hypophysialis superior (S. 188 E10), die *A. ophthalmica,* die *A. communicans posterior* 16 und die *A. choroidea anterior* 2 ab. Danach teilt sie sich in ihre beiden großen Endäste, die *A. cerebri anterior* 4 und die *A. cerebri media* 7.

Die **A. choroidea anterior 2** zieht entlang dem Tractus opticus bis zum Plexus choroideus **3** im Unterhorn des Seitenventrikels. Die von ihr abgehenden feinen Äste versorgen den Tractus opticus, das temporale Knie der Sehstrahlung, den Hippocampus, die Cauda nuclei caudati und das Corpus amygdaloideum.

Die **A. cerebri anterior 4** verläuft an der medialen Fläche der Hemisphäre über dem Balken. Die beiden Aa. cerebri anteriores werden durch die *A. communicans anterior* **5** verbunden. Kurz nach Abzweigung der A. communicans geht die rückläufige A. centralis longa (A. recurrens) **6**, die Heubnersche Arterie, ab. Sie tritt durch die Substantia perforata anterior in die Hirnsubstanz ein und versorgt den vorderen Schenkel der inneren Kapsel, das angrenzende Gebiet des Kaudatumkopfes und des Putamens.

Die **A. cerebri media 7** zieht seitwärts zum Sulcus lateralis und gibt über der Substantia perforata 8 bis 10 *Rami striati* ab, die in die Hirnsubstanz eintreten. Am Eingang in die Fossa lateralis teilt sie sich in mehrere starke Äste, die sich über die seitliche Oberfläche der Hemisphäre ausbreiten.

Die beiden **Aa. vertebrales 8**, die von den beiden Aa. subclaviae abgehen, treten durch das Foramen magnum in die Schädelhöhle ein und vereinigen sich am Oberrand der Medulla oblongata zur unpaaren **A. basilaris 9**. Diese steigt an der Ventralfläche der Brücke aufwärts und gabelt sich an ihrem Oberrand in die zwei **Aa. cerebri posteriores 10** auf. Die A. vertebralis gibt die *A. cerebelli inferior posterior* **11** ab, welche die Unterfläche des Kleinhirns und den Plexus choroideus des IV. Ventrikels versorgt. Von der A. basilaris geht die *A. cerebelli inferior anterior* **12** ab, die ebenfalls die Kleinhirnunterfläche und die seitliche Partie von Medulla und Pons versorgt. Als feiner Ast zieht die *A. labyrinthi* **13** mit dem N. facialis und dem N. vestibulocochlearis durch den Meatus acusticus internus in das Innenohr. Sie kann von der A. basilaris oder von der A. cerebelli inferior anterior entspringen. Zahlreiche Ästchen treten als *Rami ad pontem* **14** direkt in die Brücke ein. Am Oberrand der Brücke verläuft die *A. cerebelli superior* **15** und zieht in der Tiefe der Cisterna ambiens um die Pedunculi cerebri herum zur Dorsalfläche des Kleinhirns.

Circulus arteriosus cerebri (Willisii). Die *Aa. communicantes posteriores* **16** verbinden zu beiden Seiten die Aa. cerebri posteriores mit den Aa. carotides internae, so daß der Blutstrom der Vertebralarterien mit dem der Karotiden kommunizieren kann. Die Aa. cerebri anteriores sind wiederum durch die A. communicans anterior miteinander verknüpft. Auf diese Weise entsteht ein geschlossener arterieller Ring an der Hirnbasis. Die Anastomosen sind allerdings oft so dünn, daß über sie kein nennenswerter Blutaustausch stattfinden kann. Unter normalen intrakraniellen Druckverhältnissen wird jede Hemisphäre von der gleichseitigen A. carotis interna und der gleichseitigen A. cerebri posterior gespeist.

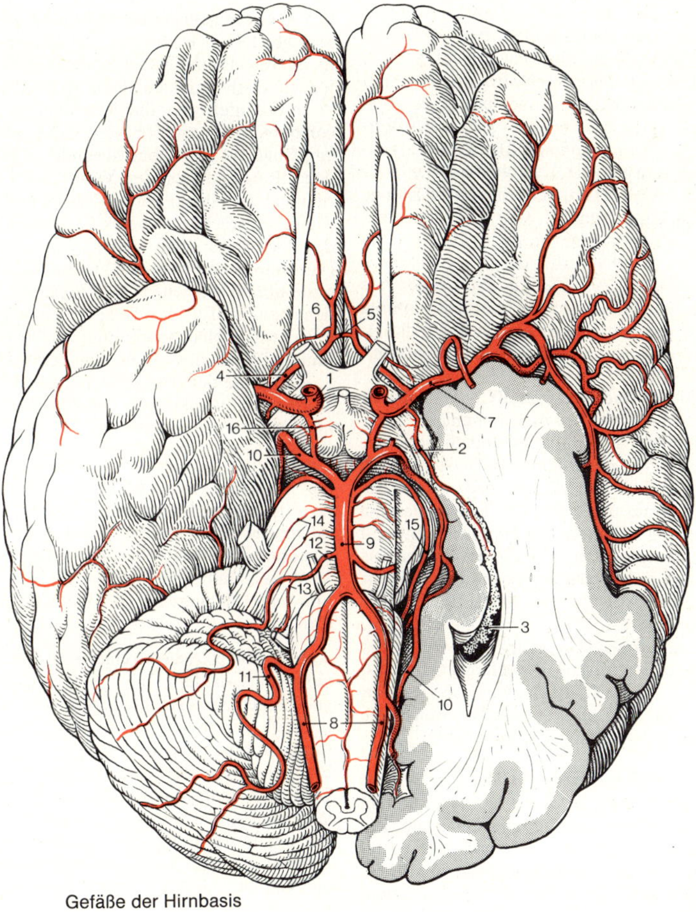

Gefäße der Hirnbasis

Arteria carotis interna

Man unterscheidet bei der **A. carotis interna C1** eine *Pars cervicalis* (Halsteil zwischen Karotisgabel und Schädelbasis), eine *Pars petrosa* (im Canalis caroticus des Felsenbeins), eine *Pars cavernosa* (innerhalb des Sinus cavernosus, S. 96.7) und eine *Pars cerebralis.* Im Abschnitt der Pars cavernosa und der Pars cerebralis hat die Arterie einen S-förmigen Verlauf *(Karotissiphon* **C2***).* In der Pars cavernosa geht die *A. hypophysialis inferior* (S. 188 A11) ab, weiterhin kleine Zweige zur Dura, zum IV. und V. Hirnnerven. Nach Abgang der *A. hypophysialis superior* (S. 188 A10), der *A. ophthalmica* und der *A. choroidea anterior* in der Pars cerebralis teilt sich die A. carotis interna in die beiden großen Endäste, die *A. cerebri anterior* und die *A. cerebri media.*

Die **A. cerebri anterior BC3** wendet sich nach Abgabe der A. communicans anterior zur Fissura longitudinalis cerebri. Die *Pars postcommunicalis (A. pericallosa)* **BC4** der Arterie verläuft um das Rostrum und das Genu corporis callosi **B5** an der medialen Hemisphärenwand entlang der Dorsalfläche des Balkens bis zum Sulcus parietooccipitalis. Von ihr laufen Äste zur Basalfläche des Frontallappens *(A. frontobasalis medialis* **B6***).* Die übrigen Zweige breiten sich an der medialen Fläche der Hemisphäre aus, *Rami frontales* **BC7,** *A. callosomarginalis* **BC8,** *A. paracentralis* **B9,** welche die motorische Beinregion versorgt.

Die **A. cerebri media AC10** zieht seitwärts zum Grund der Fossa lateralis und teilt sich hier in mehrere Astgruppen auf. Die Arterie wird in drei Abschnitte unterteilt: in die *Pars sphenoidalis,* von der die *Aa. centrales* (feine Äste für Striatum, Thalamus und innere Kapsel) abgehen, in die *Pars insularis* mit den kurzen *Aa. insulares* **C11** für die Inselrinde, mit der *A. frontobasalis lateralis* **A12** und mit den *Aa. temporales* **A13** für die Rinde des Temporallappens; den letzten Abschnitt, *Pars terminalis,* bilden die langen Äste für die Rinde der Zentralregion und des Parietallappens **AC14.** In der Aufzweigung und im Verlauf der einzelnen Arterien bestehen erhebliche Variationen.

Die **A. cerebri posterior BC15** ist entwicklungsgeschichtlich ein Zweig der A. carotis interna. Beim Erwachsenen liegt sie jedoch relativ weit kaudal. Da sie mit der A. carotis interna nur durch die dünne A. communicans posterior verbunden ist, empfängt sie den überwiegenden Teil ihrer Blutzufuhr von den Vertebralarterien und wird daher deren Versorgungsgebiet zugerechnet. Dieses besteht aus den subtentoriellen Hirnabschnitten (Hirnstamm und Kleinhirn) und dem supratentoriell gelegenen Okzipitallappen, dem basalen Teil des Temporallappens und den kaudalen Abschnitten von Striatum und Thalamus (Tentorium cerebelli S. 270). Alle davor liegenden Teile des Vorderhirns werden von der A. carotis interna mit Blut versorgt.

Die A. cerebri posterior verzweigt sich an der medialen Fläche des Okzipitallappens und an der Basalfläche des Temporallappens. Sie gibt die A. choroidea posterior zum Plexus choroideus des III. Ventrikels und feine Ästchen für Striatum und Thalamus ab. A. ophthalmica **C16.**

Abb. C gibt das Schema eines Karotisangiogramms wieder. Dabei wird zu diagnostischen Zwecken ein Kontrastmittel in die A. carotis interna gespitzt, das in wenigen Sekunden das Versorgungsgebiet der Arterie durchfließt. Eine sofort gemachte Röntgenaufnahme bringt den arteriellen Gefäßbaum zur Darstellung. Bei der Betrachtung arteriographischer Bilder muß man berücksichtigen, daß alle Gefäße auf einer Ebene abgebildet werden.

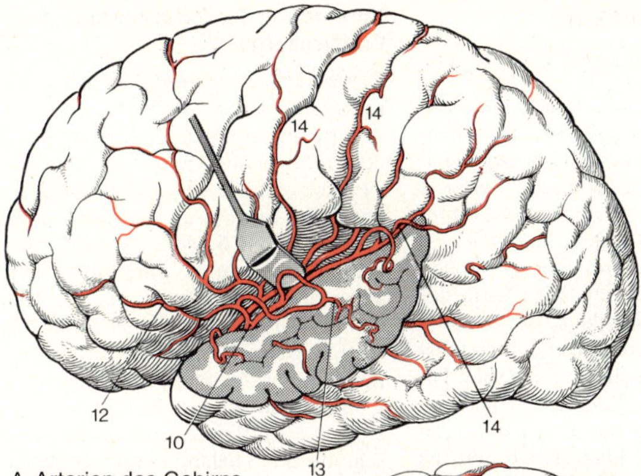

A Arterien des Gehirns,
Seitenansicht

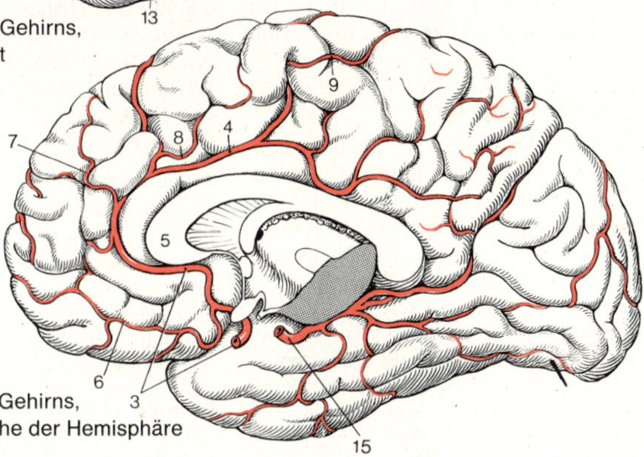

B Arterien des Gehirns,
mediale Fläche der Hemisphäre

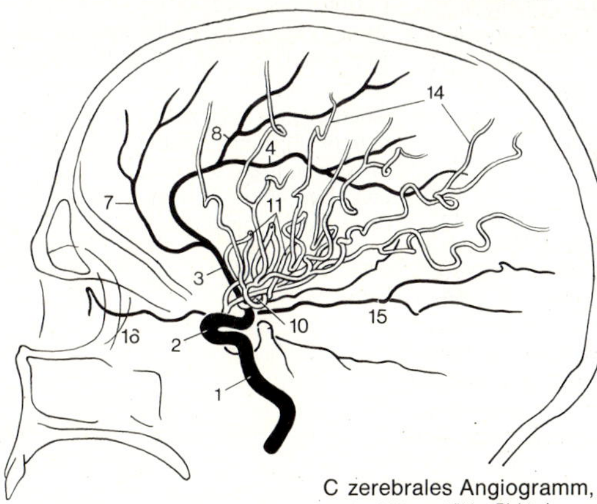

C zerebrales Angiogramm, arterielle Phase
(nach Krayenbühl u. Richter)

Versorgungsgebiete

A. cerebri anterior AB 1

Die kurzen zentralen Äste der A. cerebri anterior ziehen zum Chiasma, zum Septum pellucidum, zu Rostrum und Genu corporis callosi, die lange *Heubnersche Arterie* zur medialen Partie des Caput nuclei caudati und zum vorderen Schenkel der inneren Kapsel. Die kortikalen Äste versorgen die mediale Partie der Frontalhirnbasis mit dem Riechlappen, weiterhin den frontalen und parietalen Cortex an der medialen Hemisphärenoberfläche und den Balken bis zum Splenium. Der Versorgungsbereich der Arterie greift über die Mantelkante auf die dorsalen Windungen der Konvexität über.

A. cerebri media AB 2

Die *Rami striati* der A. cerebri media enden im Globus pallidus, in Teilen des Thalamus, in Knie und Abschnitten des vorderen Schenkels der inneren Kapsel. Die von den Inselarterien abgehenden Äste splittern sich in der Inselrinde und im Claustrum auf und reichen bis in die Capsula externa. Das Versorgungsgebiet der Rami corticales umfaßt die Seitenfläche des Frontal-, Parietal- und Temporallappens und schließt einen großen Teil der Zentralregion und den Temporalpol ein. Die Äste versorgen nicht nur die Rinde, sondern auch die weiße Substanz bis zum Seitenventrikel, darunter den mittleren Teil der Sehstrahlung.

A. cerebri posterior AB 3

Die A. cerebri posterior gibt feine kurze Äste ab, welche die Pedunculi cerebri, Pulvinar, Corpora geniculata, Vierhügelplatte und Splenium corporis callosi versorgen. Das kortikale Versorgungsgebiet nimmt den basalen Teil des Temporallappens und den Okzipitallappen mit der Sehrinde ein, die im Bereich des Okzipitalpoles aber auch von den untersten Zweigen der A. cerebri media erreicht werden kann.

Versorgung der Zwischenhirn- und Endhirnkerne

Caput nuclei caudati, Putamen und innere Kapsel werden von der Heubnerschen Arterie und von den *Rami striati* **D4** der A. cerebri media **D5** versorgt. Einen sehr wechselnden Anteil an der Versorgung der tiefen Strukturen hat die *A. choroidea anterior* **C6,** deren Äste nicht nur zum Hippocampus und zum Corpus amygdaloideum, sondern auch zu Teilen von Pallidum und Thalamus ziehen. Der rostrale Bereich des Thalamus erhält einen aus der A. communicans posterior **C7** stammenden Ast, Ramus thalamicus **C8.** Die mittleren und kaudalen Abschnitte des Thalamus werden über die A. basilaris **C9** versorgt, von der direkte Äste **C10** zum Thalamus ziehen können. Weitere feine thalamischen Äste gehen von der A. choroidea posterior **C11** und der A. cerebri posterior **C12** ab.

Vaskularisation. Die großen zerebralen Gefäße liegen ausnahmslos an der Oberfläche des Gehirns. Von ihnen dringen kleine Arterien und Arteriolen senkrecht in die Hirnsubstanz ein und splittern sich auf. Das Kapillarnetz ist in der grauen Substanz sehr dicht, in der weißen Substanz wesentlich weitmaschiger.

Klinischer Hinweis. Beim plötzlichen Verschluß einer Arterie durch Blutgerinnsel, Luftbläschen oder Fetttröpfchen im Blutstrom (Embolie) geht das Hirngewebe im Versorgungsbereich der betreffenden Arterie zugrunde. Die Anastomosen zwischen den Gefäßbezirken reichen bei einem plötzlichen Verschluß nicht für eine Mitversorgung durch Nachbarbezirke aus. Besonders betroffen sind die A. cerebri media und ihre Äste.

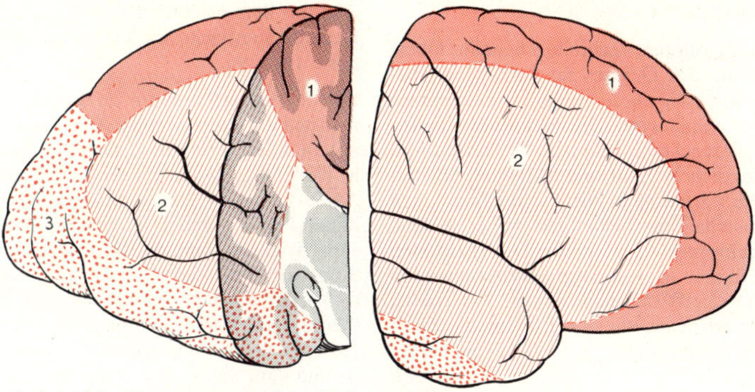

A Arterielle Versorgungsbezirke, Seitenansicht

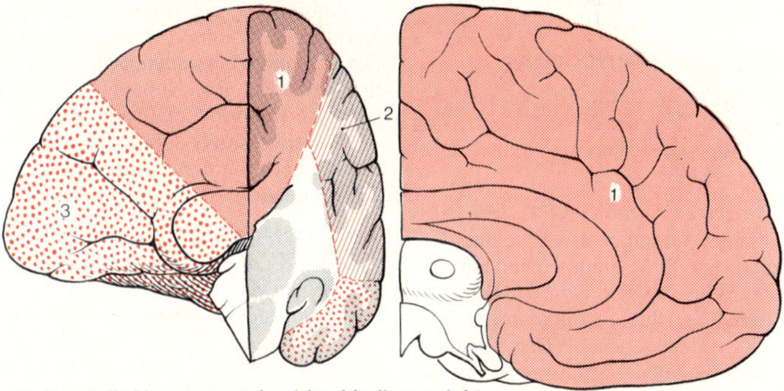

B Arterielle Versorgungsbezirke, Medianansicht

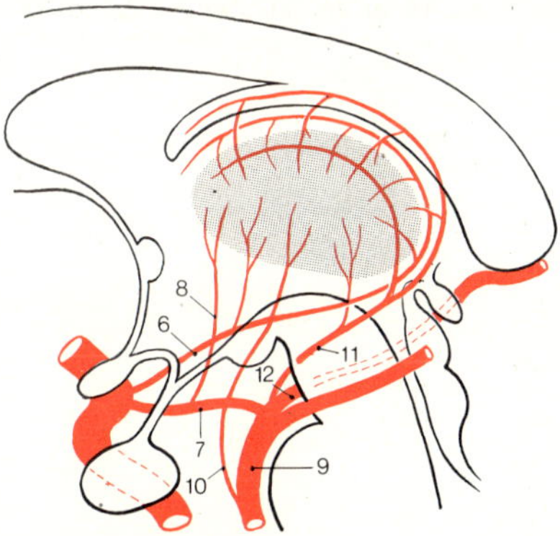

C Arterielle Versorgung des Thalamus
(nach Van den Bergh u. Vander Eeken)

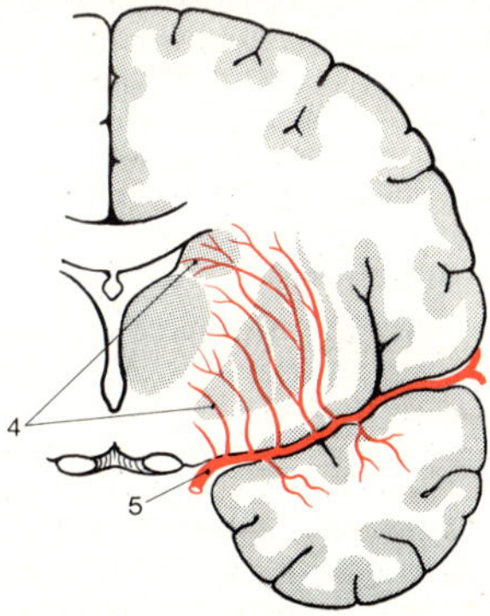

D Arterielle Versorgung des Striatum

Venen

Die größeren Venen liegen an der Oberfläche des Gehirns im Subarachnoidalraum; einige tiefe Venen verlaufen unter dem Ependym. Die zerebralen Venen besitzen keine Klappen. Sie zeigen hinsichtlich Verlauf und Mündung erhebliche Variationen. Nicht selten findet man anstelle einer bekannten größeren Vene mehrere kleine Gefäße. Die Hirnvenen faßt man in zwei Gruppen zusammen: in die oberflächlichen Venen, *Vv. cerebri superficiales,* die ihr Blut in die Sinus durae matris (Bd. 2, S. 60, 62) entleeren, und in die tiefen Venen, *Vv. cerebri profundae,* die ihr Blut in die *V. magna cerebri* (Galeni) abgeben.

Venae cerebri superficiales

Wir unterscheiden die Gruppe der oberen Venen, *Vv. cerebri superiores,* und die Gruppe der unteren Venen, *Vv. cerebri inferiores.*

Die **Vv. cerebri superiores AC1,** zirka 10 bis 15 Venen, sammeln das Blut aus dem Frontal- und Parietallappen und leiten es in den *Sinus sagittalis superior* **BC2.** Sie verlaufen im Subarachnoidalraum und münden in die *Lacunae laterales* **BC3,** Ausbuchtungen des Sinus sagittalis superior. In ihrem Verlauf müssen sie eine kurze Strecke den Subduralspalt durchziehen. Die dünnwandigen Venen können hier bei Schädeltraumen leicht zerreißen und in den Subduralspalt bluten (Subduralhämatom). Die Einmündungen der Venen in den Sinus sagittalis superior ist eigenartigerweise schräg gegen den im Sinus herrschenden Blutstrom gestellt.

Die **Vv. cerebri inferiores** nehmen das Blut aus dem Temporallappen und aus den basalen Regionen des Okzipitallappens auf und münden in den *Sinus transversus* und *Sinus petrosus superior.* Die größte und konstanteste dieser Venen ist die im Sulcus lateralis gelegene *V. cerebri media superficialis* **AC4,** die oft aus mehreren Venenstämmen besteht. Sie leitet das Blut aus dem größten Teil der lateralen Hemisphärenfläche in den Sinus cavernosus ab (S. 96.7).

Die oberen und unteren zerebralen Venen sind nur durch wenige Anastomosen miteinander verbunden. Die wichtigste ist die *V. anastomotica superior* (Trolard) **AC5,** die in den Sinus sagittalis superior mündet und mit der V. cerebri media superficialis verbunden ist. Auch die im Sulcus centralis verlaufende *V. centralis* (Rolandi) **C6** kann mit der V. cerebri media anastomosieren. Eine Verbindung zwischen der V. cerebri media superficialis und dem Sinus transversus bildet die *V. anastomotica inferior* (Labbé) **AC7.**

In Abb. C ist die venöse Phase eines Karotisangiogramms (S. 254) dargestellt. Einige wenige Sekunden nach der Injektion gemachte Rö.-Aufnahme zeigt das über den venösen Gefäßbaum abfließende Kontrastmittel. Oberflächliche und tiefe Venen kommen auf einer Ebene zur Darstellung.

Tiefe Venen (S. 260): *V. cerebri magna* (Galeni) **BC8,** *V. cerebri interna* **BC9,** *V. thalamostriata (V. terminalis)* **C10,** *V. septi pellucidi* **C11,** Foramen interventriculare **C12,** *V. basalis* (Rosenthalsche Vene) **C13,** Sinus rectus **BC14,** Sinus sagittalis inferior **BC15,** Confluens sinuum **BC16** (S. 96.19); die großen Blutleiter, Sinus durae matris s. Bd. 2, S. 60, 62.

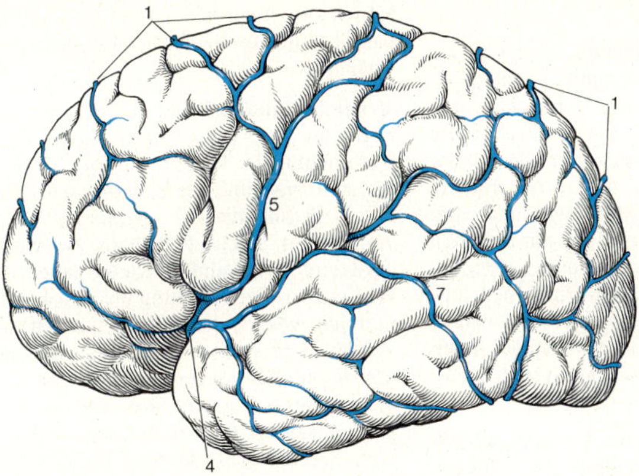

A Venen des Gehirns, Seitenansicht

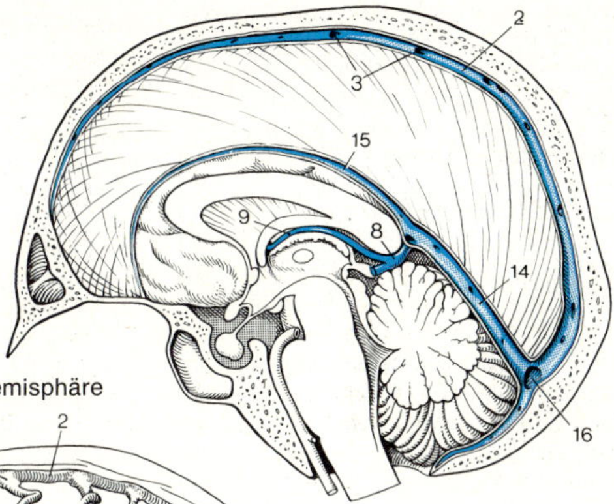

B Venen des Gehirns,
mediale Fläche der Hemisphäre

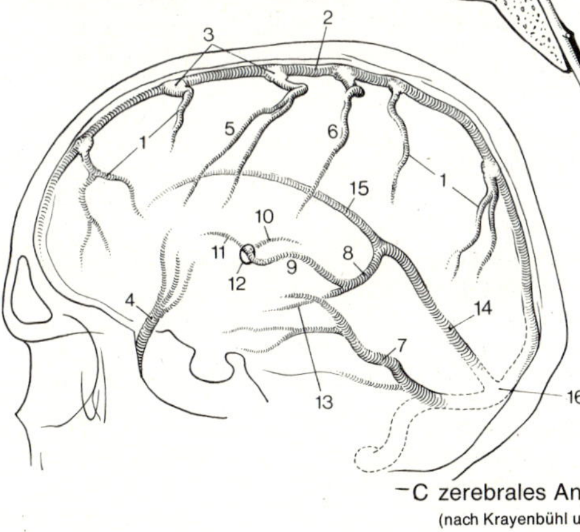

C zerebrales Angiogramm, venöse Phase
(nach Krayenbühl u. Richter)

Tiefe Venen

Die **Vv. cerebri profundae** sammeln das Blut aus dem Zwischenhirn, den tiefliegenden Strukturen der Hemisphäre und aus dem tiefen Marklager. Außerdem kommen dünne *transzerebrale Venen* entlang den Fasern der Corona radiata aus dem äußeren Marklager und vom Cortex. Sie sind Verbindungen zwischen dem oberflächlichen und dem tiefen Abflußbereich. Die tiefen Hirnvenen entleeren ihr Blut in die *V. cerebri magna* (Galeni). Das Drainagesystem der tiefen Venen wird daher auch als System der V. cerebri magna bezeichnet.

V. cerebri magna AB 1. Sie ist ein kurzer Gefäßstamm, der durch den Zusammenschluß von vier Venen gebildet wird, den beiden *Vv. cerebri internae* und den beiden *Vv. basales.* Sie verläuft bogenförmig um das Splenium corporis callosi nach oben und mündet in den Sinus rectus. Venen von der Kleinhirnoberfläche und vom Okzipitallappen **B 2** können in sie münden.

V. basalis (Rosenthalsche Vene) **AB 3.** Sie entsteht im Bereich der Substantia perforata anterior **A 4** durch die Vereinigung der *V. cerebri anterior* und mit der *V. cerebri media profunda.*

Die **V. cerebri anterior A 5** empfängt das Blut der vorderen Zweidrittel des Balkens und der angrenzenden Windungen. Sie zieht um das Genu corporis callosi zur Basis des Frontallappens. Die **V. cerebri media profunda A 6** kommt von der Inselregion und nimmt die Venen vom basalen Teil des Putamen und des Globus pallidus auf.

Die V. basalis überquert den Tractus opticus und zieht um den Pedunculus cerebri **A 7** in der Cisterna ambiens aufwärts bis unter das Splenium, wo sie in die V. cerebri magna mündet. Auf ihrem Wege nimmt sie zahlreiche venöse Zuflüsse auf: Venen vom Chiasma und vom Hypothalamus, die *V. interpeduncularis* **A 8,** die *V. choroidea inferior* **A 9** vom Plexus choroideus **A 10** des Unterhorns, Venen vom inneren Segment des Globus pallidus und von den basalen Partien des Thalamus.

V. cerebri interna AB 11. Sie entsteht am Foramen interventriculare durch die Vereinigung der *V. septi pellucidi,* der *V. thalamostriata* und der *V. choroidea.*
Die **V. thalamostriata** *(V. terminalis)* **B 12** verläuft im Sulcus terminalis zwischen Thalamus **B 13** und Nucleus caudatus **B 14** in rostraler Richtung bis zum Foramen interventriculare. Sie erhält venöse Zuflüsse vom Nucleus caudatus, vom angrenzenden Marklager und vom lateralen Winkel des Seitenventrikels. Die **V. septi pellucidi anterior B 15** nimmt venöse Äste vom Septum pellucidum **B 16** und aus dem tiefen frontalen Marklager auf. Die **V. choroidea superior B 17** verläuft mit dem Plexus choroideus bis in das Unterhorn. Sie nimmt außer den Plexusgefäßen die Venen vom Hippocampus und aus dem tiefen temporalen Marklager auf.

Die V. cerebri interna zieht vom Foramen interventriculare über die mediale Fläche des Thalamus am Rande des Zwischenhirndaches bis in die Epiphysengegend, wo sie mit der V. cerebri interna der Gegenseite und den Vv. basales die V. cerebri magna bildet. Auf ihrem Wege erhält sie Zuflüsse vom Fornix **B 18** von dorsalen Partien des Thalamus, von der Epiphyse **B 19** und variabel vom tiefen Marklager des Okzipitallappens.
Kurz zusammengefaßt: Die Drainage der dorsalen Gebiete von Thalamus, Pallidum und Striatum erfolgt über die V. cerebri interna, die Drainage der ventralen Gebiete über die V. basalis.
V. cerebri media superficialis **A 20.**

Klinischer Hinweis. Beim Verschluß einer Hirnvene kommt es im betroffenen Gebiet zu Blutstauung und zu Blutungen. Bei Geburtstraumen kann das Zerreißen der V. thalamostriata bei Neugeborenen zu Blutungen in die Ventrikel führen.

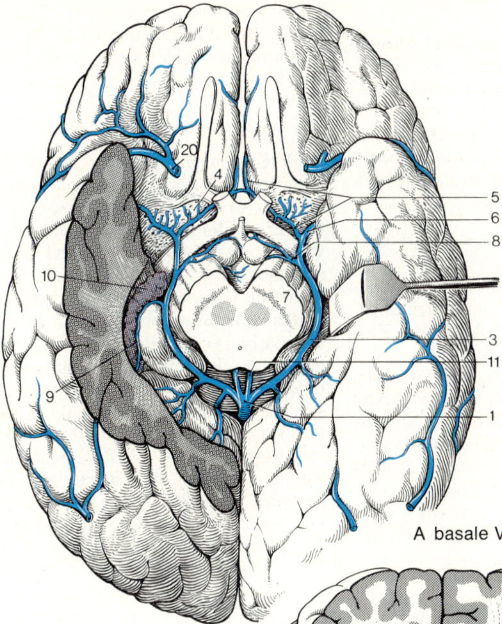

A basale Venen des Gehirns

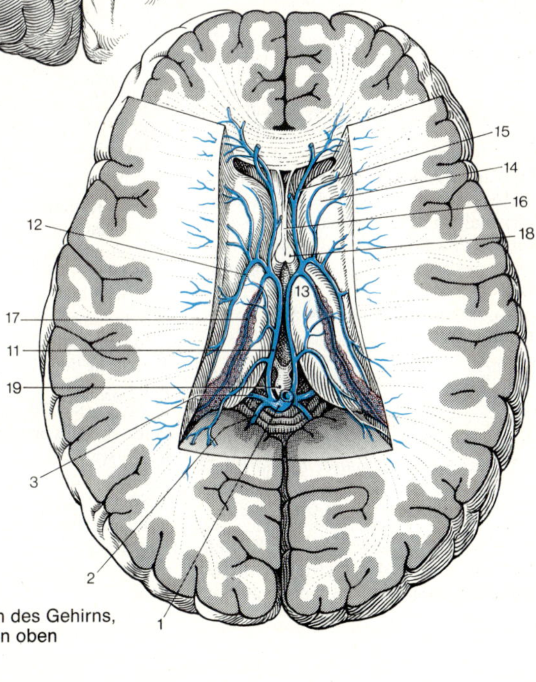

B tiefe Venen des Gehirns, Ansicht von oben

Übersicht

Das ZNS ist allseitig von einer Flüssigkeit, dem *Liquor cerebrospinalis,* umgeben. Dieser füllt auch die inneren Hohlräume des Gehirns, die Ventrikel, so daß man innere und äußere Liquorräume unterscheiden kann. Beide kommunizieren im Bereich des IV. Ventrikels miteinander.

Innere Liquorräume. Das Ventrikelsystem besteht aus vier Ventrikeln: den beiden Seitenventrikeln (Ventriculi laterales, I und II) **A1** der Endhirnhemisphären, dem III. Ventrikel **ABC2** des Zwischenhirns und dem IV. Ventrikel **ABC3** des Rautenhirns (Pons und Medulla oblongata). Die beiden Seitenventrikel stehen mit dem III. Ventrikel durch das auf jeder Seite vor dem Thalamus gelegene **Foramen interventriculare** *(Monroi)* **AC4** in Verbindung. Der III. Ventrikel wiederum kommuniziert durch einen Engpaß, den **Aquaeductus cerebri** *(Sylvii)* **ABC5** mit dem IV. Ventrikel.

Der **Seitenventrikel** hat entsprechend der Hemisphärenrotation (S. 194) die Form eines Halbkreises mit einem kaudal ausladenden Sporn. Wir unterscheiden an ihm mehrere Abschnitte: Das Vorderhorn, *Cornu frontale,* **BC6** im Frontallappen, lateral vom Kaudatumkopf, medial vom Septum pellucidum und dorsal vom Balken begrenzt, die enge *Pars centralis* (Cella media) **BC7** über dem Thalamus, das Unterhorn, *Cornu temporale,* **BC8** im Temporallappen und das Hinterhorn, *Cornu occipitale,* **BC9** im Okzipitallappen.

Die Seitenwand des **III. Ventrikels** bildet der Thalamus mit der Adhaesio interthalamica **C10** (S. 10) und der Hypothalamus. Oral springen der *Recessus opticus* **C11** und der *Recessus infundibularis* **C12** vor, kaudal der *Recessus suprapinealis* **C13** und der *Recessus pinealis* **C14.**

Der **IV. Ventrikel** bildet über der Rautengrube einen zeltförmigen Raum zwischen Kleinhirn und Medulla und entsendet nach beiden Seiten einen langen *Recessus lateralis* **BC15,** an dessen Ende sich die *Apertura lateralis ventriculi quarti* (Foramen Luschkae) befindet. Am Ansatz des Velum medullare inferius liegt median die *Apertura mediana* (Magendii).

Äußere Liquorräume. Der äußere Liquorraum liegt zwischen den beiden Blättern der weichen Hirnhaut. Nach innen wird er von der Pia mater und nach außen von der Arachnoidea begrenzt (Subarachnoidealraum S. 270 A13). Er ist über der Konvexität der Hemisphären schmal und erweitert sich nur an der Hirnbasis in einigen Bezirken zu den sog. *Zisternen.* Während die Pia mater der Oberfläche des ZNS dicht anliegt, spannt sich die Arachnoidea über Furchen und Gruben, so daß im Bereich tieferer Einsenkungen größere mit Liquor gefüllte Räume entstehen, die **Cisternae subarachnoideales.** Der größte Raum ist die *Cisterna cerebellomedullaris* **A16** zwischen Kleinhirn und Medulla. Im Winkel von Zwischenhirnboden, Pedunculi cerebri und Pons liegt die *Cisterna interpeduncularis* **A17** und davor, in der Umgebung des Chiasmas, die *Cisterna chiasmatis* **A18.** Die Kleinhirnoberfläche, Vierhügelplatte und Epiphyse begrenzen die von weitmaschigem Bindegewebe durchzogene *Cisterna ambiens* **A19.**

Liquorzirkulation. Der Liquor wird vom Plexus choroideus gebildet. Er fließt von den Seitenventrikeln in den III. Ventrikel und von diesem durch den Aquädukt in den IV. Ventrikel. Hier tritt er durch die mediane und die seitlichen Aperturen in den äußeren Liquorraum über. Die Ableitung des Liquors in die venöse Blutbahn geschieht z. T. in den Arachnoidealzotten (S. 270 A15), die sich in die venösen Sinus bzw. in die Lacunae laterales vorstülpen, z. T. an den Abgängen der Spinalnerven, wo ein Übertritt in die dichten Venenplexus und in die Nervenscheiden (Ableitung in die Lymphbahn) stattfindet.

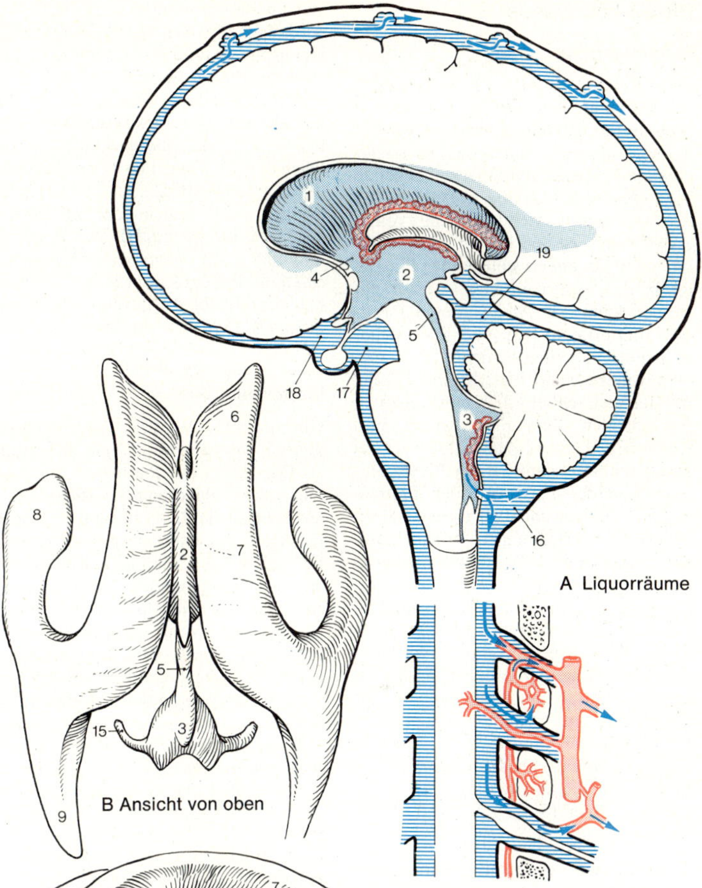

A Liquorräume

B Ansicht von oben

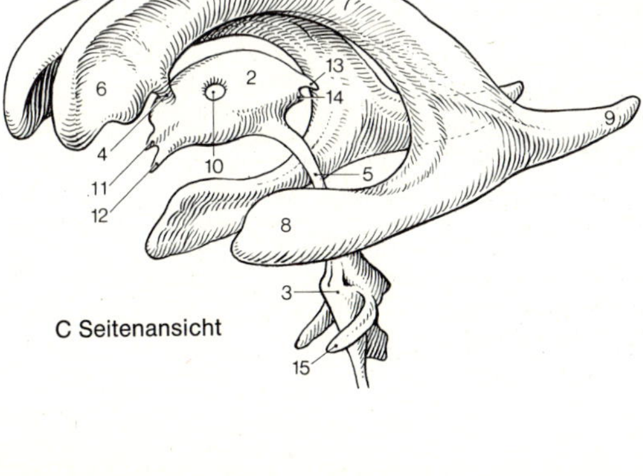

C Seitenansicht

B C Ventrikelsystem

Plexus choroideus

Seitenventrikel

Beim Plexus choroideus handelt es sich um Konvolute von Gefäßzotten, die von bestimmten Wandabschnitten ausgehend in die Ventrikel hineinragen. Der an der medialen Hemisphärenfläche liegende Wandabschnitt *(Lamina choroidea)* **A1** verdünnt sich während der Embryonalentwicklung, so daß er von den Gefäßschlingen der außen anliegenden Pia mater in das Ventrikellumen vorgedrängt werden kann **A2.** Am Anfang der Entwicklung erkennt man, daß alle Gefäßkonvolute von einer Schicht der dünnen Hemisphärenwand bedeckt sind. Diese wandelt sich schließlich in eine Lage von Epithelzellen, dem *Plexusepithel,* um. Der fertige Plexus besteht also aus zwei Komponenten: dem gefäßhaltigen Bindegewebe der Pia und einer Epithelschicht (umgewandelte Hemisphärenwand). Er hat sich in den Ventrikelhohlraum eingestülpt und ist mit der äußeren Pia nur noch durch einen schmalen Spalt, die *Fissura choroidea* **A3,** verbunden. Bei der Entfernung des Plexus choroideus reißen an diesem Spalt die verdünnten Abschnitte der Hemisphärenwand ab. Die Abrißlinien bezeichnen wir als **Tänien.** Die eine Abrißlinie setzt am Fornix und an der Fimbrie an (S. 216 A6, ACD5) und wird als *Taenia fornicis* **C4** bezeichnet, die andere läuft entlang der Lamina affixa (S. 158 D15, E16) als *Taenia choroidea* **C5.**

Entsprechend der Hemisphärenrotation (S. 194) beschreibt der Plexus an der medialen Ventrikelwand einen Halbkreis, der vom Foramen interventriculare über die Pars centralis **C6** bis in das Unterhorn **C7** reicht. Das Vorderhorn **C8** und Hinterhorn **C9** enthalten keinen Plexus.

Tela choroidea

Wenn die Hemisphären das Zwischenhirn überwachsen, werden die weichen Häute beider Hirnteile aufeinandergelagert und es entsteht eine Art Duplikatur **A10**: die *Tela choroidea* B, eine zwischen Hemisphären und Zwischenhirn ausgespannte Bindegewebsplatte. An ihren seitlichen Rändern bildet die Pia die Gefäßzotten für den Plexus der Seitenventrikel und medial überdeckt die Tela das Dach des III. Ventrikels *(Tela choroidea ventriculi tertii* **BC11**). In ihrem Bereich dringen zwei Reihen von Gefäßzotten gegen das Lumen des III. Ventrikels vor und bilden den *Plexus choroideus ventriculi tertii.* Bei der Entfernung des Ventrikeldaches bleibt als Abrißlinie die *Taenia thalami* **C12** zurück, die entlang der Stria medullaris über den Thalamus verläuft.

Vierter Ventrikel

Über dem IV. Ventrikel bildet sich die *Tela choroidea ventriculi quarti* ebenfalls als Duplikatur der Pia mater, und zwar durch die Anlagerung der Kleinhirnunterfläche an die Rautenhirnoberfläche **E.** Das Dach des Rautenhirns wird zu einer Epithelschicht verdünnt, welche die von der Tela ausgehenden Gefäßzotten in den Ventrikel einstülpen. Die Tela choroidea des IV. Ventrikels besteht nur aus Pia, da die Arachnoidea nicht der Kleinhirnfläche anliegt, sondern sich über die Cisterna cerebellomedullaris spannt. Am Ansatz der Tela oberhalb einer schmalen Marklamelle, des *Obex* **D13,** liegt die *Apertura mediana* (Magendii) **D14**. Zu beiden Seiten öffnen sich die *Aperturae laterales* (Luschkae), durch die das laterale Ende des Plexus choroideus hervorquillt (Bochdaleksches Blumenkörbchen **D15**).

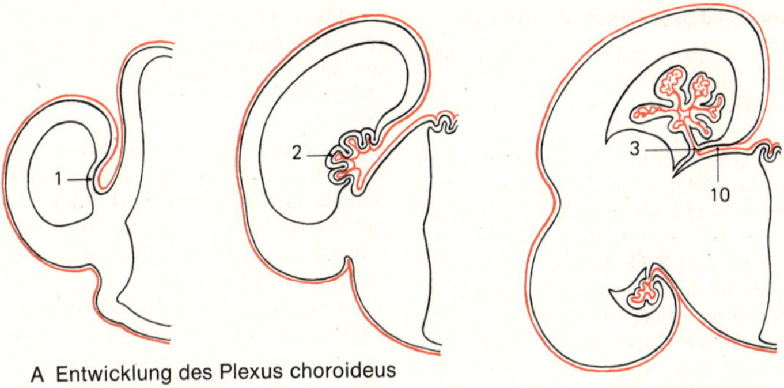

A Entwicklung des Plexus choroideus

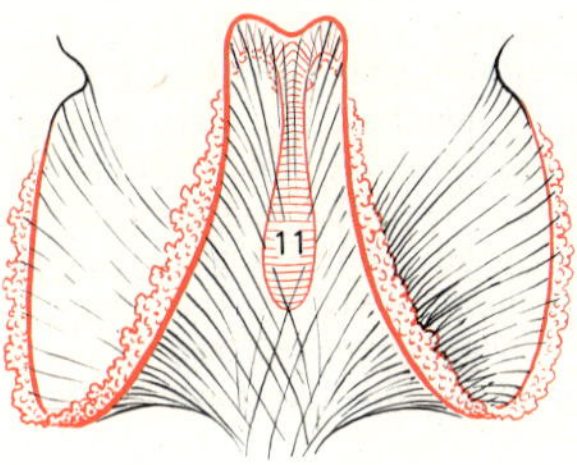

B Tela choroidea

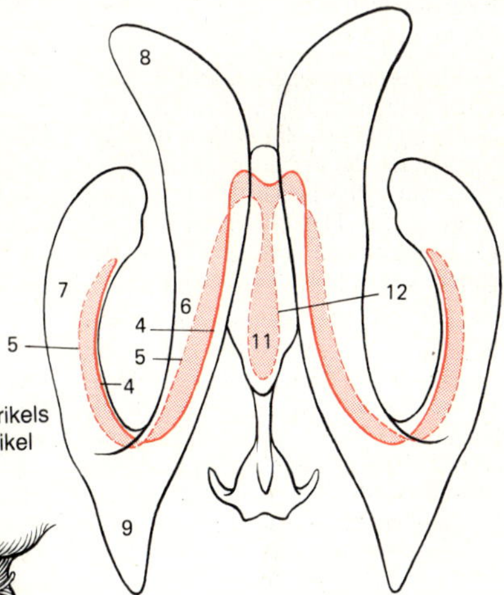

C Tänien des III. Ventrikels und der Seitenventrikel

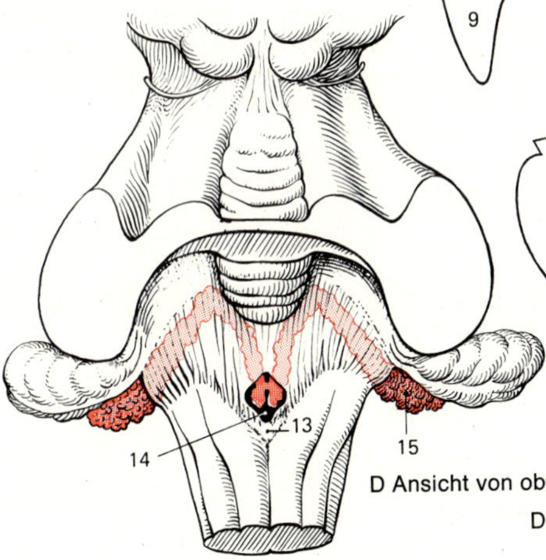

D Ansicht von oben

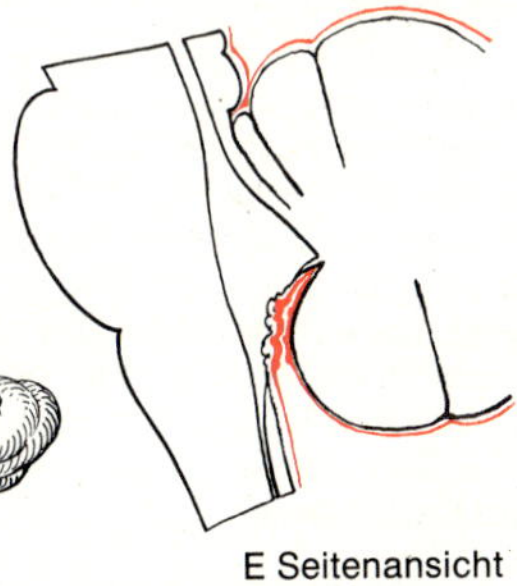

E Seitenansicht

D E Plexus des IV. Ventrikels

Histologie des Plexus choroideus

Der Plexus **A** besitzt durch seine baumartigen Verästelungen eine sehr große Oberfläche. Jede Aufzweigung enthält ein oder mehrere Gefäße, Arterien, Kapillaren und dünnwandige venöse Kavernen. Die Gefäße sind umgeben von einem lockeren Maschenwerk kollagener Fasern **B1** und dieses wieder ist vom Plexusepithel **B** überzogen. Das Plexusepithel ist eine einschichtige Lage kubischer Zellen, die an ihrer Oberfläche einen feinen Bürstensaum tragen. Das Cytoplasma der Zellen enthält Vakuolen und gröbere Granula, Lipoid- und Glykogeneinschlüsse.

Der Plexus choroideus gilt als Bildungsstätte des Liquors. Es findet ein Übertritt von Flüssigkeit aus dem Gefäßsystem des Plexus durch die Epithelien in den Ventrikel statt. Ob es sich dabei um eine Sekretion des Plexusepithels oder um eine Dialyse, d. h. eine Art Filtration, handelt, ist nicht sicher entschieden.

Genauso wie die weichen und harten Hirnhäute ist der Plexus reichlich mit Nerven versorgt (N. trigeminus, N. vagus und vegetative Fasern versorgen die Hirnhäute). Plexus und Hirnhäute sind daher schmerzempfindlich, während die Hirnsubstanz größtenteils schmerzunempfindlich ist.

Ependym

Die Wände des Ventrikelsystems sind von einer einschichtigen Zellage, dem Ependym, C ausgekleidet. Die Epdendymzellen geben einen radiär in die Hirnsubstanz verlaufenden Fortsatz, die Ependymfaser, ab. Ihre dem Ventrikellumen zugekehrte Oberfläche trägt oft einige Flimmerhaare. Der Zellkörper enthält kleine Granula, die *Blepharoblasten* **C2,** die meist in einer Reihe unter der Oberfläche angeordnet sind.

Im elektronenmikroskopischen Bild zeigt die ventrikuläre Oberfläche der Ependymzelle unregelmäßige vesikelhaltige Evaginationen **D3.** Die Flimmerhaare **D4** enthalten eine Zentralfaser **D5,** um die eine Anzahl peripherer Fasern **D6** kreisförmig angeordnet ist. Die Basis jeder Zilie ist von einer granulären Zone **D7** umgeben, in die zahlreiche kurze Wurzeln **D8** einstrahlen. Auf einer Seite befindet sich der *Basalfuß* **D9**, der möglicherweise für die Richtung des Zilienschlages von Bedeutung ist. An den Seitenflächen sind die Ependymzellen durch *Zonulae adhaerentes* **D10** und durch *Zonulae occludentes* **D11,** die den Liquorraum gegen die Hirnsubstanz abdichten, miteinander verbunden. Nervenzellfortsätze **D12.** Unter dem Epdendym liegt eine zellarme Schicht radiär oder horizontal verlaufender Gliafasern **C13** und daran anschließend die *subependymäre Gliazellschicht* **C14.** In ihr trifft man außer Astrozyten Übergangsformen zwischen Ependymzellen und Astrozyten und Haufen kleiner dunkler Elemente an. Die subependymäre Zone, in der eine ständige Neubildung von Gliazellen stattfinden soll, enthält also vorwiegend undifferenzierte Gliaformen.

Die Ventrikelwand ist in verschiedenen Regionen sehr unterschiedlich gebaut. Streckenweise kann der Ependymbelag oder die subependymäre Gliafaserschicht völlig fehlen. Die subependymäre Gliazellschicht ist am stärksten über dem Kaudatumkopf und an der Basis des Vorderhornes ausgebildet. Über dem Hippocampus hingegen fehlt sie.

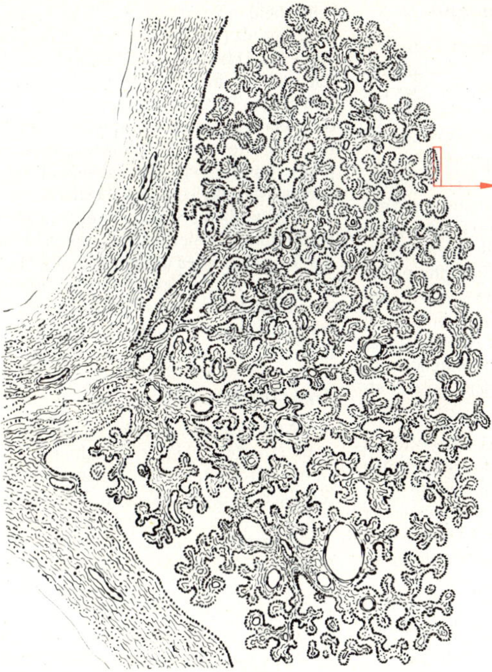

A Plexus choroideus

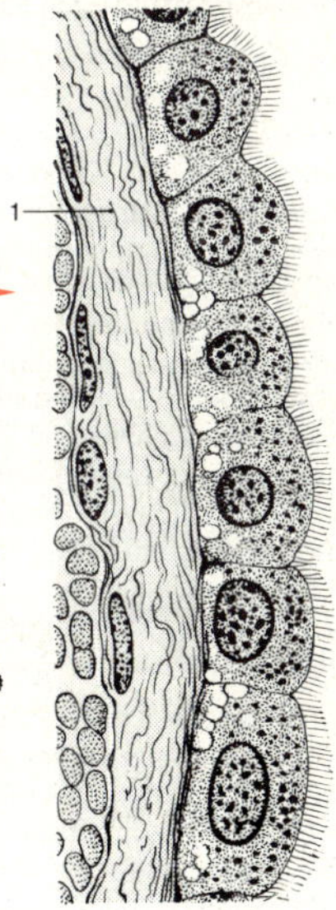

B Plexusepithel

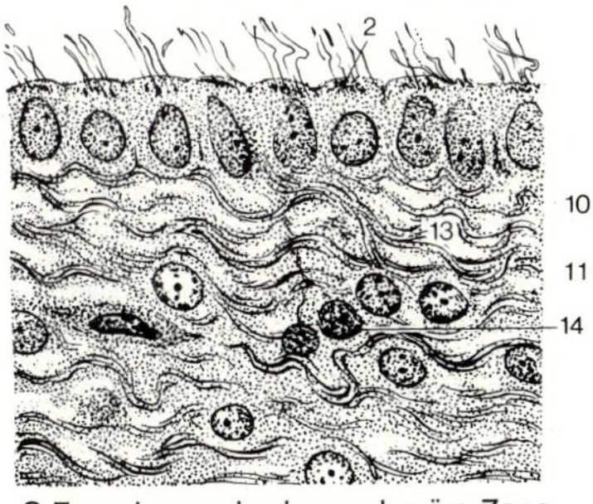

C Ependym und subependymäre Zone

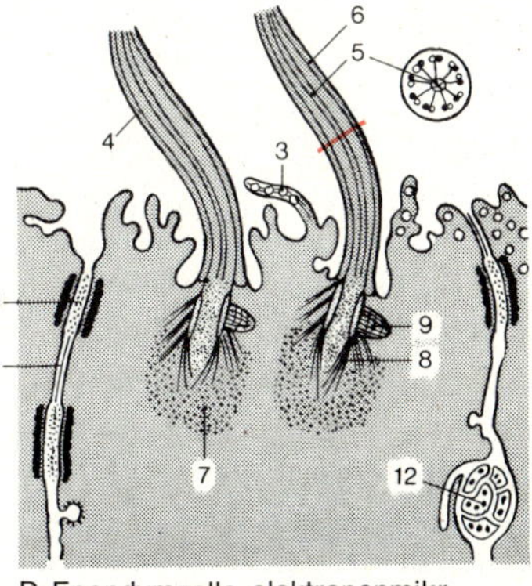

D Ependymzelle, elektronenmikr. Schema (nach Brightman u. Palay)

Zirkumventrikuläre Organe

Das Ependym hat bei niederen Vertebraten sekretorische und wahrscheinlich auch rezeptorische Funktionen. Das hat zur Ausbildung besonderer Strukturen geführt, die auch bei Säugetieren nachzuweisen sind. Zu diesen sog. *zirkumventrikulären Organen* gehören das Organum vasculosum laminae terminalis, das Subfornikalorgan, die Paraphyse, das Subkommissuralorgan und die Area postrema. Die Epiphyse und Hypophyse, die eigentlich ebenfalls hierzu gerechnet werden müßten, sind hier ausgenommen. Die Organe sind beim Menschen zurückgebildet und manche treten lediglich vorübergehend während der Embryonalentwicklung auf.

Ihre Funktion ist unbekannt. Es bestehen nur Vermutungen über ihre Bedeutung für die Regulation des Liquordrucks und der Liquorzusammensetzung und über ihre Beziehung zum neuroendokrinen System des Hypothalamus. Auffällig ist ihre Lage an Engstellen des Ventrikelsystems, ihre starke Vaskularisation und das Vorhandensein von Hohlräumen (sog. *Saftspalten*).

Organum vasculosum laminae terminalis AD 1

Es liegt in der Lamina terminalis, die sich als rostraler Abschluß des III. Ventrikels zwischen der Commissura rostralis und dem Chiasma ausspannt. Man kann an ihm eine äußere, unter der Pia gelegene, stark vaskularisierte Zone und eine vorwiegend aus Glia bestehende innere Zone unterscheiden. Die Gefäße bilden einen dichten Plexus mit sinusartigen Erweiterungen. In der inneren Zone verlaufen Nervenfasern aus dem Nucleus supraopticus mit gomoripositivem Material (Herring-Körper S. 195 B5). Außerdem erhält es peptiderge Fasern aus dem Hypothalamus.

Subfornikalorgan BD 2

Das *Organum subfornicale* liegt als kleines stecknadelkopfgroßes Knötchen zwischen beiden Foramina interventricularia im Dach des III. Ventrikels am oralen Ende der Tela choroidea. Außer Gliazellen und vereinzelten Nervenzellen enthält es sog. Parenchymzellen, große runde Elemente, deren neuronaler Charakter umstritten ist. Elektronenmikroskopisch lassen sich Ependymkanälchen nachweisen, die von der Oberfläche eindringen und mit weiten interzellulären Spalträumen in Verbindung stehen. Von der Tela choroidea dringen Gefäßschlingen in das Innere des Subfornikalorgans ein. Peptiderge Nervenfasern (Somatostatin, Luliberin) enden an Kapillaren und im Bereich der Ependymkanälchen.

Area postrema CD 3

Als Area postrema bezeichnet man zwei symmetrische schmale Abschnitte am Boden der Rautengrube, die am trichterförmigen Eingang des Zentralkanals liegen. Das lockere Gewebe dieses Bezirkes enthält zahlreiche kleine Hohlräume. Es besteht aus Glia und sog. Parenchymzellen, die jetzt allgemein als neuronale Elemente angesehen werden. Das Gewebe enthält eine Vielzahl gewundener Kapillaren, die im elektronenmikroskopischen Bild stark gefenstert sind. Die Area postrema ist daher einer der wenigen Hirnbezirke, in denen die Blut-Hirn-Schranke durchlässig ist (S. 40 C, D).

Paraphyse und Subkommissuralorgan

Beide Strukturen treten beim Menschen nur vorübergehend während der Embryonalentwicklung auf (transitorische Bildungen). Die Paraphyse stellt eine kleine sackartige Ausstülpung im Dach des III. Ventrikels kaudal von den Foramina interventricularia dar. Das Subkommissuralorgan **D4** besteht aus einem Komplex zylindrischer Ependymzellen unter der Commissura epithalamica. Diese geben ein Sekret ab, das sich nicht im Liquor auflöst, sondern zu einem langen dünnen Faden verdichtet, dem Reißnerschen Faden. Bei Tieren, deren Zentralkanal nicht obliteriert ist, reicht der Reißnersche Faden bis in das untere Rückenmark.

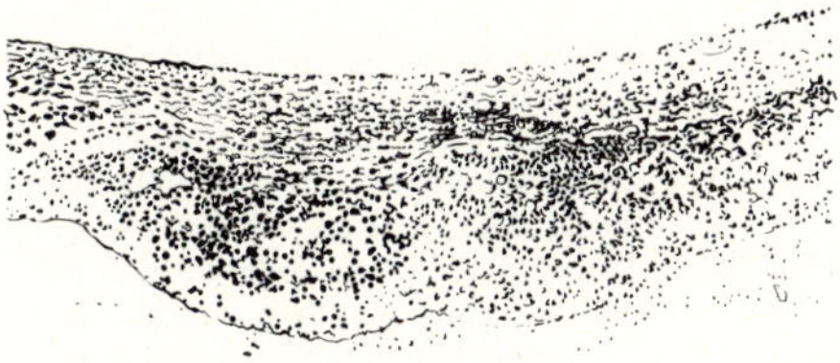

A Organum vasculosum laminae terminalis, horizontal (nach Kuhlenbeck)

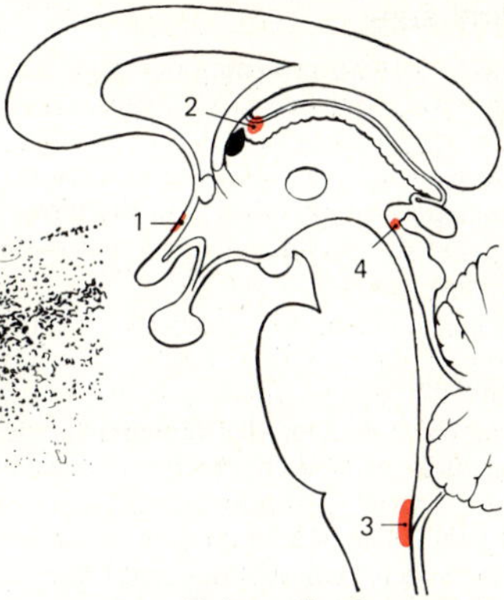

D Lage der Organe

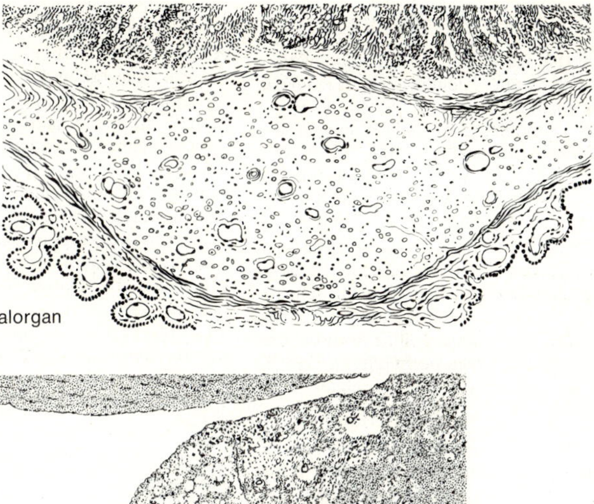

B Subfornikalorgan

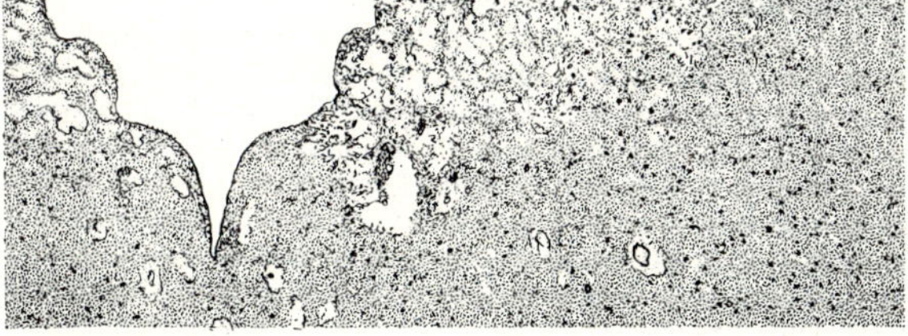

C Area postrema

Hirnhäute

Das Gehirn wird von mesodermalen Hüllen, den Hirnhäuten, Meninges, umgeben. Außen liegt die harte Hirnhaut, *Pachymeninx* oder *Dura mater* **A1,** innen die *Leptomeninx,* die in zwei Blätter zerfällt, in die *Arachnoidea* **A2** und in die *Pia mater* **A3.**

Dura mater

Die Dura kleidet die Innenfläche des Schädels aus und bildet zugleich das Periost. Von ihr springen starke Septen weit in den Schädelinnenraum vor. Zwischen den beiden Hemisphären senkt sich die **Falx cerebri B4,** die Großhirnsichel, ein. Der Ansatz der Falx beginnt rostral an der Crista galli und zieht über die Crista frontalis bis zur Protuberantia occipitalis interna, wo sie in das nach beiden Seiten ausgespannte Kleinhirnzelt, **Tentorium cerebelli B5** übergeht. Sie teilt die obere Schädelhöhle, so daß jede Hemisphäre in einem eigenen Raum Halt findet. Das Tentorium cerebelli spannt sich zeltartig über das in der hinteren Schädelgrube liegende Kleinhirn. Es ist entlang dem Sulcus transversus ossis occipitalis und an der oberen Kante des Felsenbeins befestigt und läßt oral eine weite Öffnung für den Durchtritt des Hirnstamms frei **B6.** An der Unterseite des Tentoriums und entlang der Crista occipitalis springt die Falx cerebelli in die hintere Schädelgrube vor.

In die beiden Blätter der Dura sind die großen venösen Blutleiter, *Sinus durae matris,* eingebettet (Bd. 2, S. 60, 62). Anschnitt des *Sinus sagittalis superior* **B8,** des *Sinus transversus* **B9.**

Durch Durataschen sind manche Gebilde vom übrigen Innenraum abgekapselt. So spannt sich über die Sella turcica das Diaphragma sellae **B10** und läßt durch den Hiatus diaphragmatis **B11** den Hypophysenstiel durchtreten. An der Vorderfläche des Felsenbeins ist das Ganglion trigeminale von einer Duratasche, *Cavum trigeminale* (Meckeli), eingeschlossen.

Arachnoidea

Die Arachnoidea, Spinngewebshaut, A2 liegt der Innenfläche der Dura dicht an und ist von ihr nur durch einen kapillären Spalt, **Spatium subdurale A12,** getrennt. Sie umschließt den liquorhaltigen Subarachnoidalraum, **Cavum subarachnoideale A13,** und ist mit der Pia durch Trabekel **A14** und Septen verbunden, die ein dichtes Maschenwerk bilden und ein System kommunizierender Kammern entstehen lassen.

In die großen Blutleiter schieben sich gestielte pilzartige Wucherungen der Arachnoidea vor, die *Granula meningea* oder **Pacchionischen Granulationen A15.** Sie bestehen aus einem arachnoidalen Maschenwerk und sind von Mesothel überzogen. Die Dura, die sie noch umschließt, ist membranartig verdünnt. Die Arachnoidalzotten sind am häufigsten in der Umgebung des Sinus sagittalis superior **A16,** an den Lacunae laterales **A17,** seltener an den Austrittsstellen der Spinalnerven anzutreffen. Im Bereich der Zotten soll Liquor in das venöse Blut übertreten. Bei älteren Menschen können die Zotten auch in den Knochen vordringen (Bildung von Foveolae granulares) und sich in die Venen der Diploe einstülpen **A18.** Kopfschwarte **A19,** Knochen **A20,** Diploe **A21** (Bd. 1, S. 20 D5).

Pia mater

Die Pia A3 ist die gefäßführende Hirnhaut. Sie grenzt direkt an die Hirnsubstanz und bildet die mesodermale Seite der Pia-Glia-Grenze. Von ihr gehen die Gefäße in die Hirnsubstanz ab und werden von ihr noch ein Stück in die Tiefe begleitet (Piatrichter).

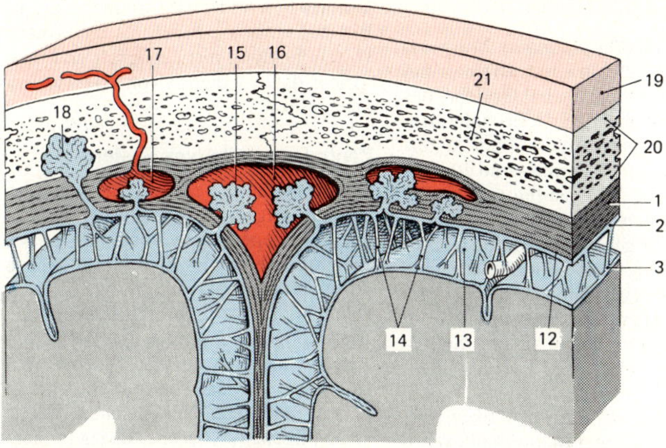

A Hirnhäute und Subarachnoidalraum

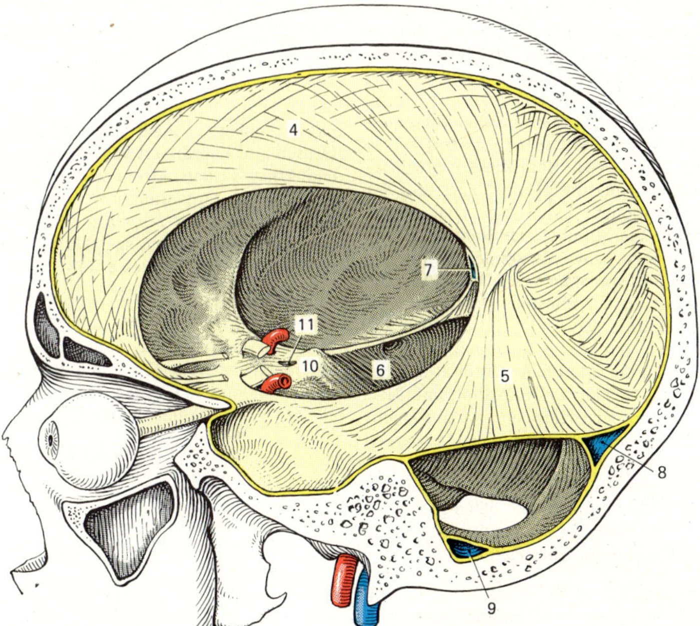

B Harte Hirnhaut, Dura mater

Übersicht

Das *vegetative* oder *autonome Nervensystem* versorgt die inneren Organe und ihre Hüllen. Nahezu alle Gewebe des Körpers sind von einem Geflecht feinster Nervenfasern durchsetzt. Man unterscheidet afferente (sensible) und efferente (motorische und sekretorische) Fasern. Die Zellen, von denen die efferenten Fasern ausgehen, bilden im Körper verstreute, von einer Bindegewebshülle umgebene Nervenzellhaufen, die vegetativen Ganglien. Die Nervenzellen der sensiblen Fasern liegen in den Spinalganglien.

Die Hauptaufgabe des vegetativen Nervensystems ist die Konstanterhaltung des inneren Milieus im Organismus und die Regulierung der Organfunktionen entsprechend den wechselnden Umwelterfordernissen. Diese Regulation wird durch das Zusammenspiel der beiden antagonistisch wirkenden Teile des autonomen Systems, des *Orthosympathicus* (oder einfach **Sympathicus) 1** und des **Parasympathicus 2** bewerkstelligt. Eine Erregung des Sympathicus erfolgt bei erhöhter körperlicher Leistung. Es treten eine Erhöhung des Blutdrucks, eine Beschleunigung des Herzschlages und der Atemfrequenz, eine Erweiterung der Pupillen, ein Sträuben der Haare und eine vermehrte Schweißabsonderung auf. Die Motilität von Magen und Darm sowie die Sekretion der intestinalen Drüsen wird gleichzeitig gedämpft. Bei einem Überwiegen des Parasympathicus dagegen werden die intestinale Motilität und Sekretion verstärkt, Defäkation und Miktion gefördert, Herz- und Atemfrequenz verlangsamt und die Pupillen verengert. Der Sympathicus dient der Leistungssteigerung in Streß- und Notfallsituationen, der Parasympathicus hingegen dem Stoffwechsel, der Regeneration und dem Aufbau körperlicher Reserven.

Die Aufteilung des vegetativen Systems in einen sympathischen und einen parasympathischen Anteil bezieht sich auf die motorischen und sekretorischen Fasern. Bei den sensiblen Fasern ist eine solche Unterscheidung nicht möglich und man spricht daher lediglich von *viszerosensiblen* Fasern.

Zentrales vegetatives System

Wir unterscheiden ein peripheres und ein zentrales vegetatives System. Die zentralen Zellgruppen des Sympathicus und des Parasympathicus liegen in verschiedenen Abschnitten. Parasympathische Nervenzellen bilden Kerne im Hirnstamm: den *Ncl. Edinger-Westphal* **3,** die *Nuclei salivatorii* **4** und den dorsalen Vaguskern **5** (S. 98, 108). Das Sakralmark enthält parasympathische Nervenzellen **6.** Die sympathischen Neurone dagegen nehmen das Seitenhorn im Thorakalmark und im oberen Lumbalmark **7** ein. Die Lokalisation der parasympathischen Kerne ist also eine *kraniosakrale,* die der sympathischen Kerne eine *thorakolumbale.*

Das oberste Integrationsorgan des autonomen Systems ist der **Hypothalamus.** Durch seine Verbindungen zur Hypophyse reguliert er auch die endokrinen Drüsen und koordiniert vegetatives und endokrines System. An der zentralen Regulation der Organfunktion sind auch Zellgruppen in der *Formatio reticularis* des Hirnstammes beteiligt (Herz- und Atemfrequenz, Blutdruck S. 138).

Truncus sympathicus **8,** Ganglion cervicale superior **9**, Ganglion stellatum **10,** Ganglion coeliacum **11,** Ganglion mesentericum superius **12**, Ganglion mesentericum inferius **13,** Plexus hypogastricus **14,** N. splanchnicus major **15**.

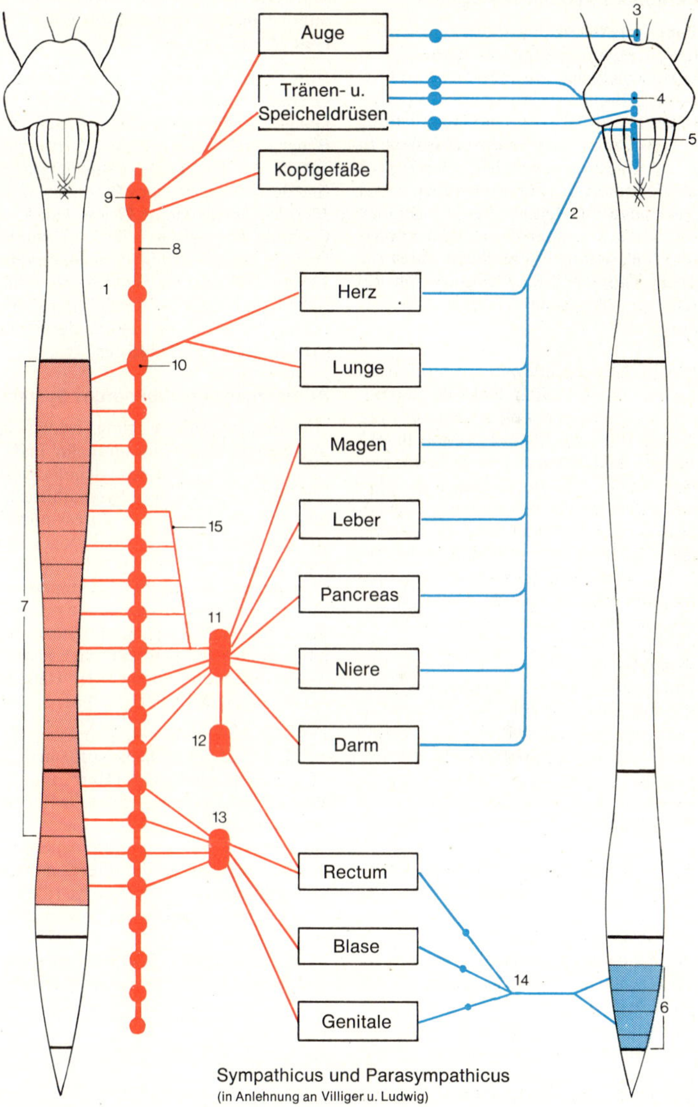

Sympathicus und Parasympathicus
(in Anlehnung an Villiger u. Ludwig)

Peripheres vegetatives System

Parasympathicus. Die Fasern der zentralen parasympathischen Neurone ziehen in verschiedenen Hirnnerven zu den parasympathsichen Ganglien im Kopfbereich (S. 120, 122), wo die Umschaltung auf postganglionäre Fasern erfolgt, die zu den Erfolgsorganen ziehen. Der **Vagus 1** als Hauptnerv des Parasympathicus steigt zusammen mit den großen Halsgefäßen (Gefäßnervenstamm des Halses) abwärts und teilt sich nach Durchtritt durch die obere Thoraxapertur plexusartig im Bereich der Brust- und Baucheingeweide auf (S. 108).

Die im Nucleus intermediolateralis und Nucleus intermediomedialis des Sakralmarkes gelegenen Zellen schicken ihre Axone durch die 3. und 4. Sakralwurzel **2** zum N. pudendus, von dem sie als *Nn. pelvici* in den *Plexus hypogastricus inferior* und zu den Beckenorganen (Blase **3**, Mastdarm und Genitalien) übertreten. Die Umschaltung auf postganglionäre Fasern erfolgt im Plexus hypogastricus inferior oder in kleinen Ganglien der verschiedenen Organplexus.

Sympathicus. Die im thorakalen und lumbalen Seitenhorn gelegenen sympathischen Neurone schicken ihre Axone über die *Rami communicantes* **4** zum sympathischen Grenzstrang, **Truncus sympathicus 5**. Dieser besteht aus einer Kette sympathischer Ganglien, die zu beiden Seiten der Wirbelsäule vor den Processus transversi der Wirbel liegen und sich von der Schädelbasis bis zum Steißbein erstrecken. Sie sind untereinander durch die *Rami interganglionares* **6** verbunden. Im Halsabschnitt liegen drei Ganglien, das *Ganglion cervicale superius,* das variable *Ganglion cervicale medium* **7** und das *Ganglion stellatum* **8**. Der Thorakalabschnitt enthält 10 bis 11 Ganglien, der Lumbalabschnitt zirka 4 und der Sakralabschnitt ebenfalls 4 Ganglien. Den Abschluß bildet das in der Mitte vor dem Os coccygis gelegene kleine *Ganglion impar* **9.** Die sakralen Ganglien erhalten ihre präganglionären Fasern über die Rami interganglionares aus den Rückenmarkshöhen Th12–L2.

Von den thorakalen und lumbalen Grenzstrangganglien ziehen Nerven zu Ganglien, die zu beiden Seiten der Bauchaorta inmitten dichter Nervenplexus liegen. Die obere Gangliengruppe sind die *Ganglia coeliaca* **10,** zu denen der *N. splanchnicus major* **11** aus dem 5.–9. Grenzstrangganglion zieht. Darunter liegt das *Ganglion mesentericum superius* **12** und des *Ganglion mesentericum inferius* **13.** Im Becken breiten sich der *Plexus hypogastricus superior* **14** und der *Plexus hypogastricus inferior* **15** aus.

Adrenerges und cholinerges System

Die Erregungsübertragung erfolgt im Sympathicus durch Noradrenalin, im Parasympathicus durch Acetylcholin. Man spricht daher auch vom Sympathicus als dem adrenergen und vom Parasympathicus als dem cholinergen System. Von dieser Regel gibt es Ausnahmen. Alle präganglionären Fasern des Sympathicus sind cholinerg und lediglich die postganglionären Fasern sind noradrenerg. Die postganglionären sympathischen Fasern, welche die Schweißdrüsen der Haut innervieren, sind ebenfalls cholinerg.

Der Antagonismus zwischen Sympathicus und Parasympathicus ist für manche Organe klar ausgeprägt (Herz, Lunge). Bei anderen Organen erfolgt die Regulation jedoch durch den erhöhten oder geminderten Tonus nur eines Anteils. So werden Nebenniere und Uterus nur von sympathischen Fasern versorgt (die Nebenniere als Paraganglion von präganglionären Fasern Bd. 2, S. 164). Die Funktion der Harnblase wird von parasympathischen Fasern reguliert; die Rolle der sympathischen Fasern dabei ist umstritten.

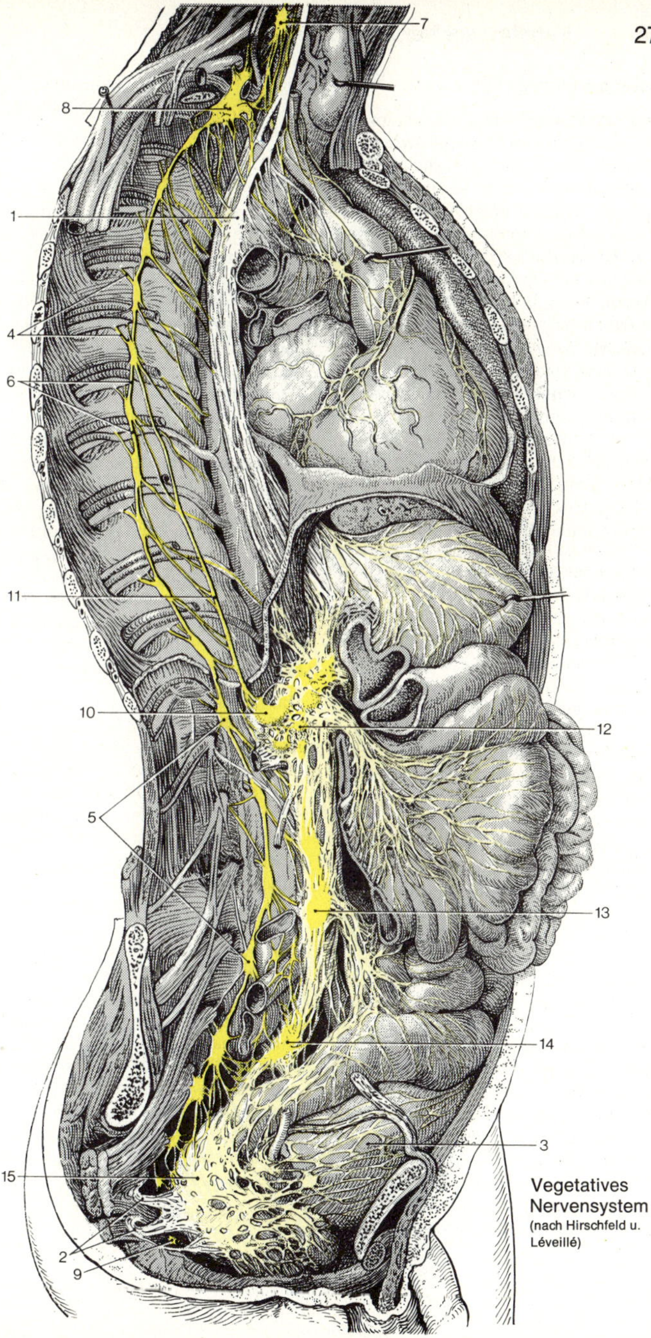

Vegetatives Nervensystem
(nach Hirschfeld u. Léveillé)

Neuronenschaltung

Die sympathischen Nervenzellen im *Nucleus intermediomedialis* und *Nucleus intermediolateralis* (Seitenhorn) **A1** des Thorakalmarkes schicken ihre Axone durch die Vorderwurzel **A2** in den Spinalnerv. Über den *Ramus communicans albus* **A3** erreichen sie als präganglionäre Fasern das Grenzstrangganglion **A4.** Ein Teil von ihnen endet hier an Neuronen, von denen postganglionäre Fasern über den *Ramus communicans griseus* **A5** wieder in den Spinalnerven zurückkehren. Die in das Ganglion eintretenden präganglionären Fasern sind markhaltig, so daß der Verbindungsstrang weiß erscheint (Ramus communicans albus). Die austretenden postganglionären Fasern sind marklos, so daß der Strang grau erscheint (Ramus communicans griseus).

Vom Grenzstrangganglion ziehen postganglionäre Fasern **A6** über vegetative Nerven zu den Organen. Manche präganglionären Fasern **A7** durchlaufen das Ganglion ohne Umschaltung und enden in den *prävertebralen Ganglien* **A8,** die zu beiden Seiten der Aorta liegen. Eine Vielzahl kleiner und kleinster *terminaler Ganglien* **A9** liegt im Bereich der inneren Organe. Sie sind Teil der Nervenplexus, die sich in jedem Organ ausbreiten, und sind in den Hüllen *(extramurale Ganglien)* und im Inneren der Organe *(intramurale Ganglien)* anzutreffen. Während beim Parasympathicus präganglionäre und postganglionäre Fasern cholinerg sind **B,** werden im Sympathicus die cholinergen präganglionären Fasern in den Ganglien auf noradrenerge Neurone umgeschaltet **C.**

Wir unterscheiden also nach der Lokalisation drei verschiedene Arten von Ganglien, in denen allen eine Umschaltung von präganglionären Fasern auf postganglionäre stattfindet: die Grenzstrangganglien, die prävertebralen Ganglien und die terminalen Ganglien. Die Grenzstrangganglien und die prävertebralen Ganglien sind sympathische Ganglien, die terminalen Ganglien sind überwiegend, aber nicht ausschließlich parasympathische Ganglien.

Truncus sympathicus

Die Zervikalganglien sind auf drei reduziert, von denen das oberste, **Ganglion cervicale superius D10,** unterhalb der Schädelbasis in Nachbarschaft des Ganglion nodosum liegt. Es empfängt über die Rami interganglionares Fasern aus den oberen Thorakalabschnitten. Die von ihm abgehenden postganglionären Fasern bilden Geflechte um die A. carotis interna und A. carotis externa. Vom *Plexus caroticus internus* ziehen Äste zu den Hirnhäuten, zum Auge und zu den Drüsen im Kopfbereich. Von sympathischen Fasern werden der M. tarsalis superior im oberen Augenlid und der M. ophthalmicus an der Rückwand der Augenhöhle innerviert. Eine Schädigung des Ganglion cervicale superius führt daher zu einem Herabhängen des oberen Augenlides (Ptosis) und zu einem Zurücksinken des Augapfels (Enophthalmus).

Das Ganglion cervicale medium **D11** kann fehlen, und das Ganglion cervicale inferius ist in der Mehrzahl der Fälle mit dem ersten thorakalen Ganglion zum **Ganglion stellatum D12** verschmolzen. Die von ihm abgehenden Fasern bilden Geflechte um die A. subclavia und um die A. vertebralis. Faserbündel, die das Ganglion stellatum mit dem Ganglion cervicale medium verbinden, ziehen über die A. subclavia hinweg und bilden die *Ansa subclavia* **D13.** Nerven von den zervikalen **D14** und den oberen thorakalen Ganglien **D15** ziehen zum Herzen und zu den Lungenhili, um sich zusammen mit parasympathischen Fasern des N. vagus an der Bildung des *Plexus cardiacus* **D16** und des *Plexus pulmonalis* **D17** zu beteiligen. Die Äste des 5. bis 9. Grenzstrangganglions vereinigen sich zum *N. splanchnicus major* **D18,** der zu den Ganglia coeliaca zieht.

A Neuronenschaltung

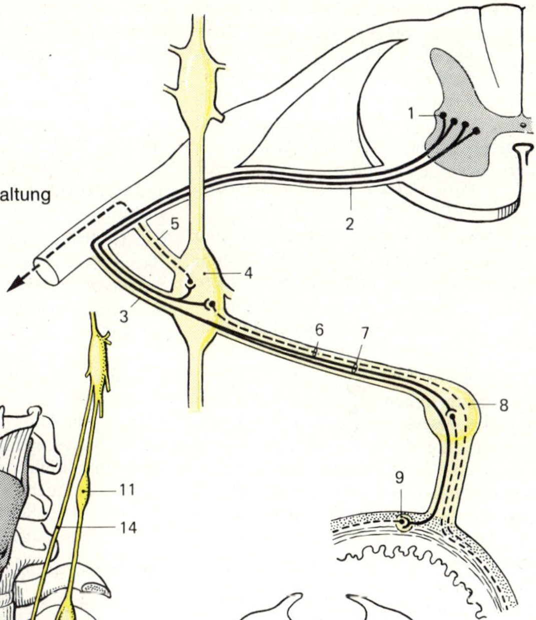

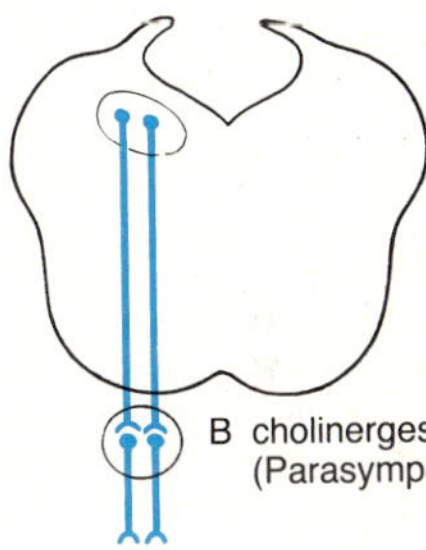

B cholinerges System (Parasympathicus)

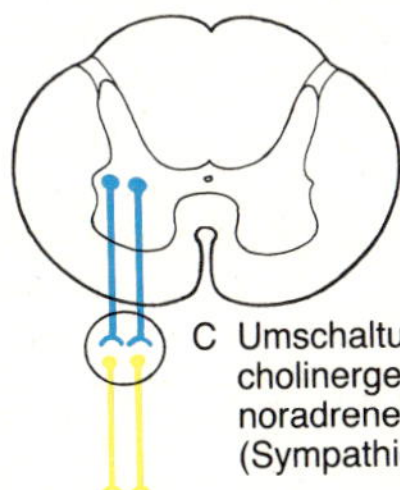

C Umschaltung von cholinergen auf noradrenerge Neurone (Sympathicus)

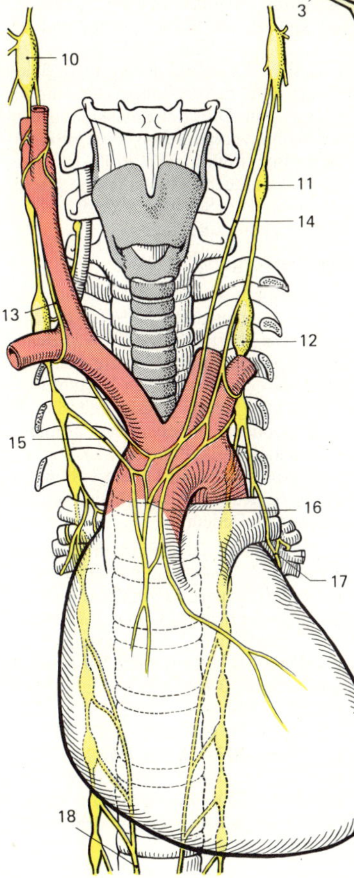

D Truncus sympathicus, Hals und oberer Brustabschnitt

Von den thorakalen und den oberen lumbalen Grenzstrangganglien gehen Äste zu den prävertebralen Ganglien des *Plexus aorticus abdominalis* ab. Man unterscheidet mehrere Gruppen von Ganglien. Am Abgang des Truncus coeliacus liegen die **Ganglia coeliaca A1,** in denen der *N. splanchnicus major* **A2** (Th5–Th9) und der *N. splanchnicus minor* **A3** (Th9–Th11) enden. Ihre postganglionären Fasern ziehen mit den Ästen der Aorta zu Magen, Duodenum, Leber, Pankreas, Milz und Nebenniere (Plexus gastrici, Plexus hepaticus, lienalis, pancreaticus, suprarenalis). Präganglionäre Fasern ziehen zum Nebennierenmark (Bd. 2, S. 164).

Die postganglionären Fasern aus dem **Ganglion mesentericum superius A4** versorgen zusammen mit Ästen des Ganglion coeliacum den Dünndarm, das Colon ascendens und Colon transversum, die Fasern aus dem **Ganglion mesentericum inferius A5** das Colon descendens, Colon sigmoideum und Rectum. Die präganglionären Fasern (Nn. splanchnici lumbales) beider Ganglien stammen aus Th11–L2. Einige Äste ziehen zum Plexus renalis, der auch Fasern aus den Ganglia coeliaca und dem Plexus hypogastricus superior erhält.

An der Bildung der Eingeweideplexus sind auch parasympathische Fasern beteiligt. Im Verdauungstrakt ruft eine Reizung der parasympathischen Fasern eine Verstärkung der Peristaltik und Sekretion und eine Erschlaffung der Sphinktermuskulatur hervor, eine Reizung der sympathischen Fasern dagegen ein Nachlassen der Peristaltik und Sekretion und eine Kontraktion der Sphinktermuskeln.

Über den *Plexus hypogastricus superior* **A6** und den *Plexus hypogastricus inferior* werden die Beckenorgane versorgt. Beide Plexus empfangen präganglionäre sympathische Fasern aus dem unteren Thorakal- und dem oberen Lumbalmark, parasympathische Fasern aus dem Sakralmark.

Die **Harnblase** wird vorwiegend von den parasympathischen Fasern des *Plexus vesicalis* innerviert, welche die der Blasenkontraktion dienende Muskulatur *(Detrusor)* versorgen. Die sympathischen Fasern enden an der glatten Muskulatur des Ostium urethrae und beider Ureterenostien. Die Regulierung des Blasentonus und der Miktion läuft über spinale Reflexe, die wiederum vom Hypothalamus und von kortikalen Bezirken kontrolliert werden.

Die **Genitalien** werden beim Mann vom *Plexus prostaticus,* bei der Frau vom *Plexus uterovaginalis* versorgt. Die Reizung der parasympathischen Fasern erweitert die Gefäße der Schwellkörper und bewirkt so beim Mann die Erektion *(Nn. erigentes).* Erregung der sympathischen Fasern führt zu Vasokonstriktion und zur Ejakulation. Die Uterusmuskulatur wird nur von sympathischen Fasern innerviert. Ihre funktionelle Rolle ist ungeklärt, denn auch der denervierte Uterus ist während der Schwangerschaft und Geburt voll funktionsfähig.

Hautversorgung

Die sympathischen Fasern, die von den Grenzstrangganglien wieder in die Spinalnerven übertreten (S. 276 A5) ziehen in den peripheren Nerven zur Haut, wo sie in den entsprechenden Dermatomen die Gefäße, Schweißdrüsen und Mm. arrectores pilorum innervieren (Vasomotorik, Sudomotorik, Pilomotorik). Der segmental begrenzte Ausfall dieser Funktionen ist bei Rückenmarksschäden von diagnostischer Bedeutung.

In bestimmten Hautbezirken, den sog. *Headschen Zonen,* kann es bei Erkrankung eines Organs zu Schmerzen oder zu Überempfindlichkeit kommen, wobei jedes Organ in einer Zone repräsentiert ist: Zwerchfell **B7** (C4), Herz **B8** (Th3/4), Speiseröhre **B9** (Th4/5), Magen **B10** (Th8), Leber und Gallenblase **B11** (Th8–11), Dünndarm **B12** (Th10), Dickdarm **B13** (Th11), Harnblase **B14** (Th11–L1). Niere und Hoden **B15** (Th10–L1). Die Headschen Zonen sind für die Diagnostik von praktischer Bedeutung.

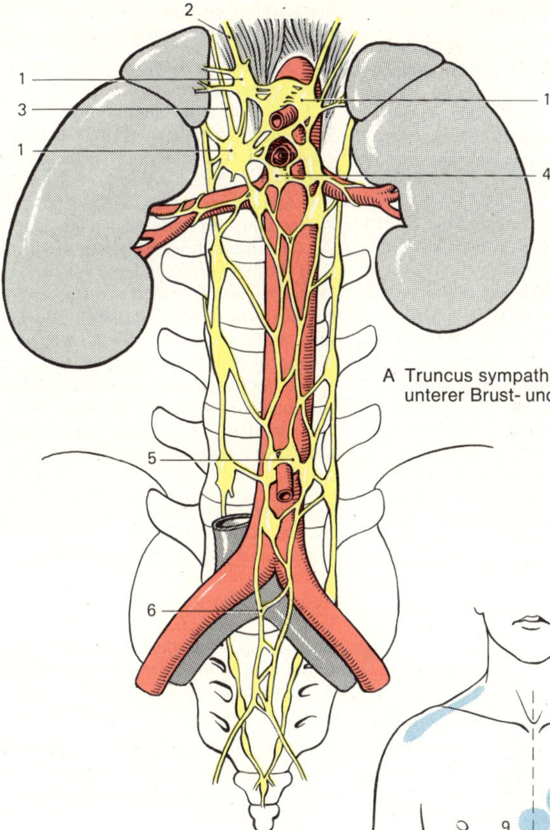

A Truncus sympathicus, unterer Brust- und Bauchabschnitt

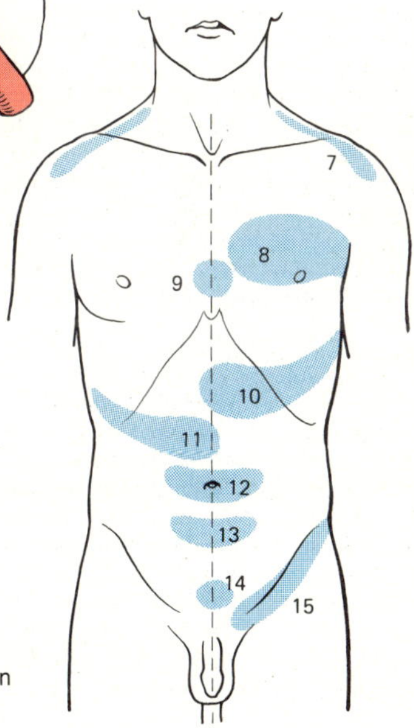

B Headsche Zonen

Vegetative Peripherie

Efferente Fasern. Die präganglionären Fasern sind markhaltig, die postganglionären marklos. Die marklosen Fasern werden vom Cytoplasma der Schwann-Zellen umgeben, wobei eine Schwann-Zelle mehrere Axone umhüllt (S. 34 A8).

Sensible Fasern. Viszerosensible Fasern sind markhaltig. Sie sind weder zum Sympathicus noch zum Parasympathicus zu rechnen. Im allgemeinen schließen sie sich den sympathischen Nerven an und treten durch die Hinterwurzeln in das Rückenmark ein. Die Fasern für das Herz durchlaufen die oberen thorakalen Wurzeln, die für Magen, Leber und Galle die mittleren, die für Colon und Blinddarm die unteren thorakalen Wurzeln. Die jeweiligen Dermatome dieser Wurzeln entsprechen ungefähr den verschiedenen Headschen Zonen.

Intramuraler Plexus. Die vegetativen Nerven treten mit den Gefäßen in die inneren Organe ein und bilden ein feines Netzwerk noradrenerger **A** oder cholinerger **B** Fasern (Plexus entericus). Die Fasern enden an glatten Muskelzellen und an Drüsen. Die Funktion vieler Organe wird über die Gefäßmuskulatur beeinflußt (Regulierung der Durchblutung durch Enger- oder Weiterstellung der Gefäße). Ob parenchymatöse Organe wie Leber oder Niere außerdem sekretorische Fasern erhalten, ist sehr zweifelhaft.

Der Verdauungstrakt wird von zwei verschiedenen Plexus versorgt: vom *Plexus submucosus,* dem *Meissnerschen Plexus,* und vom *Plexus myentericus,* dem *Auerbachschen Plexus.* Der **Plexus submucosus C1 D** bildet in der ganzen Breite der Submucosa ein dreidimensionales Geflecht. Es ist ein unregelmäßiges Maschenwerk aus Bündeln mittelstarker bis feinster Nervenfasern, das in Richtung auf die Mucosa immer feiner und enger wird. An den Kreuzungspunkten liegen Ansammlungen von Nervenzellen, die kleine intramurale Ganglien bilden.

Die **intramuralen Ganglien E** enthalten überwiegend multipolare, selten unipolare Nervenzellen mit einer körnigen Nissl-Substanz, die von flachen Hüllzellen umgeben sind. Ihre zahlreichen langen Dendriten sind dünn, so daß sie meist nicht von Axonen zu unterscheiden sind. Die Axone sind außerordentlich dünn, marklos oder markarm und gehen oft nicht vom Perikaryon, sondern von einem Dendriten ab. Zwischen den Nervenzellen liegt ein dichtes Netzwerk von Fasern, an dem man Dendriten, endigende Axone und durchziehende Fasern nur schwer unterscheiden kann. Sympathische und parasympathische Neurone haben die gleiche Gestalt; sie lassen sich nur histochemisch voneinander unterscheiden.

Der **Plexus myentericus C2** ist eingebettet in den schmalen Raum zwischen der Quer- und der Längsmuskulatur des Darmrohres. Es handelt sich um ein relativ regelmäßiges Gitter aus groben und feinen Faserzügen. Außer den intramuralen Ganglien an den Kreuzungsstellen findet man zahlreiche Nervenzellen, die oft in Reihen den Faserbündeln angelagert sind.

Die ungeheure Zahl von Nervenzellen, die hier im Gewebe verteilt ist, stellt in ihrer Gesamtheit ein nahezu selbständiges nervöses Organ dar. Sie erklärt die lokale Autonomie des Magen-Darm-Traktes, der auch nach Denervierung funktionsfähig bleibt.

Als Abkömmlinge der Neuralleiste (S. 56 C2) sind auch die *Paraganglien* und das *Nebennierenmark* zum vegetativen Nervensystem zu rechnen (Bd. 2, S. 164).

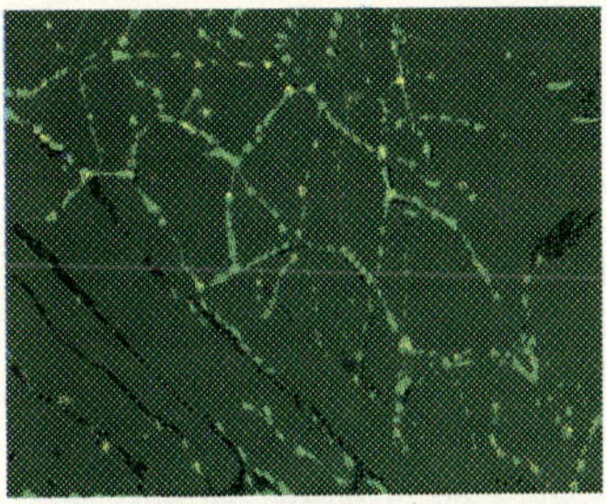

A Sympathische Fasern, fluoreszenzmikr.

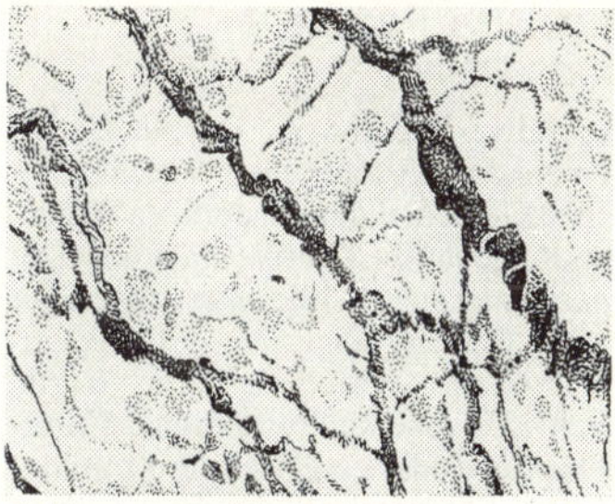

B Parasympathische Fasern, Acetylcholinesterasereaktion

A B Nervenfasern im Herzmuskel der Ratte (nach Schiebler u. Winckler)

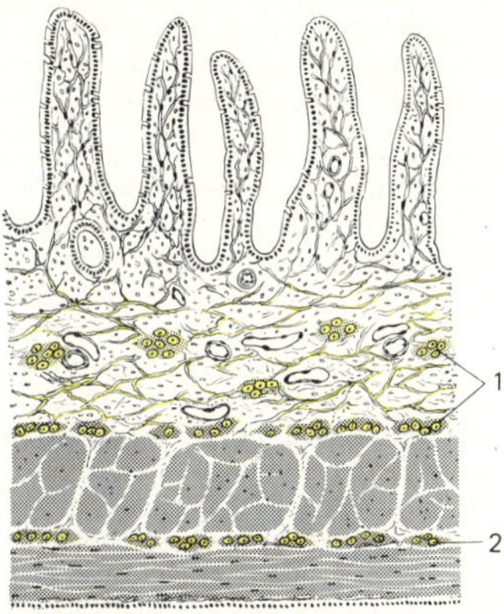

C Darmwand schematisch

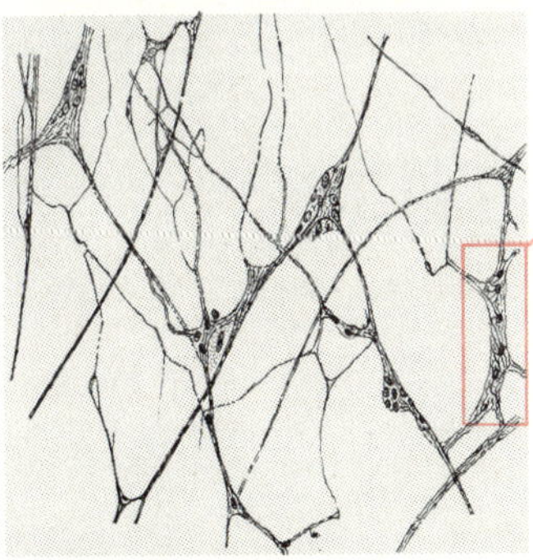

D Plexus submucosus

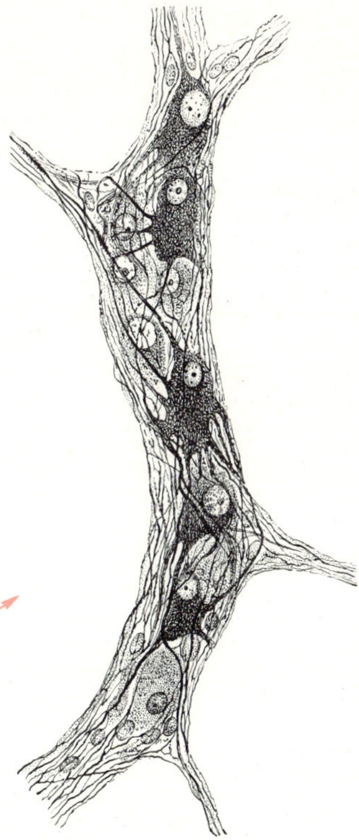

E intramurales Ganglion

Vegetative Peripherie (Fortsetzung)

Vegetatives Neuron A. Das vegetative Nervensystem ist aus einer Vielzahl einzelner Elemente, den vegetativen Neuronen aufgebaut *(Neuronentheorie).* Die *Kontinuitätstheorie,* die man lange Zeit für die Endverzweigungen des vegetativen Systems postuliert hatte, wurde durch elektronenmikroskopische Untersuchungen widerlegt. Nach der Kontinuitätstheorie sollen die Endaufzweigungen eines intramuralen Plexus ein Netz *(Terminalretikulum)* bilden, in dem die Fortsätze verschiedener Neurone kontinuierlich ineinander und in die innervierten Muskel- und Drüsenzellen übergehen. Es soll also ein plasmatisches Syncytium vorliegen. Im elektronenmikroskopischen Bild zeigen sich jedoch keine derartigen kontinuierlichen Übergänge. Man findet Besonderheiten aber am postganglionären Neuron.

An den Nervenfaserbündeln trifft man zahlreiche axoaxonale Synapsen **D1** an, und zwar nicht nur unter sympathischen und unter parasympathischen Fasern, sondern auch zwischen sympathischen und parasympathischen Fasern. Im Bereich der terminalen Äste des Axons fehlen spezielle, den motorischen Endplatten an der quergestreiften Muskulatur vergleichbare Strukturen. Es fallen lediglich variköse Auftreibungen **ABCD2** der terminalen Axonäste auf.

Die Axonauftreibungen können an den glatten Muskelzellen Eindellungen hervorrufen oder sogar in sie eindringen. Im allgemeinen liegen sie jedoch zwischen den Muskelzellen ohne direkten Membrankontakt nach Art der Synapse. Die Anschwellungen enthalten klare und granulierte Vesikel **C3** ähnlich wie in den präsynaptischen Endknöpfchen. In den granulierten Vesikeln wurde Noradrenalin, die Überträgersubstanz des sympathischen Systems, nachgewiesen. Die Schwann-Zellhülle **B4,** welche die Endäste umgibt, fehlt im Bereich der Anschwellungen. Entsprechend vermißt man am benachbarten Wandabschnitt der glatten Muskelzelle **BC5** die Basalmembran **B6.** Hier ist offensichtlich der Ort der Erregungsübertragung von der vegetativen Nervenfaser auf die glatte Muskelzelle.

Die in den Axonanschwellungen enthaltenen Vesikel entleeren sich in den interzellulären Spalt **C7.** Die Transmittersubstanz durchdringt diffus das Gewebe und überträgt die Erregung auf eine große Zahl von glatten Muskelzellen. Wahrscheinlich kommt die Erregungsausbreitung aber auch durch Membrankontakte zwischen den Muskelzellen zustande. Die glatten Muskelzellen sind durch Spaltbrücken *(gap junctions)* **B8** eng miteinander verbunden. An den Spaltbrücken fehlt die Basalmembran.

Efferente vegetative Fasern versorgen glatte Muskulatur und Drüsenzellen (sekretorische Fasern). Die Innervation der Drüsenzellen entspricht weitgehend der der Muskelzellen. Man nimmt an, daß Rezeptorsubstanzen **C9** an der Oberfläche der innervierten Zelle spezifisch auf die Transmittersubstanz reagieren. Die Rezeptorsubstanzen an der Außenfläche der Zellmembran aktivieren ein der Membraninnenfläche anliegendes Enzym, die Adenylat-Zyklase **C10.** Das Adenylat-Zyklase-System setzt dann in der Drüsenzelle die Produktion des Drüsensekrets in Gang.

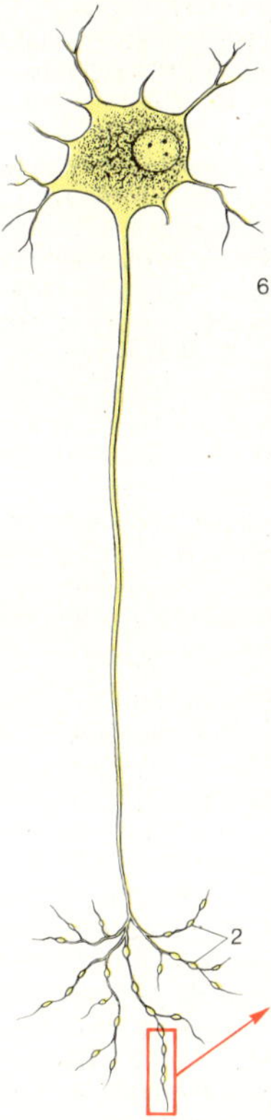

A vegetatives Neuron

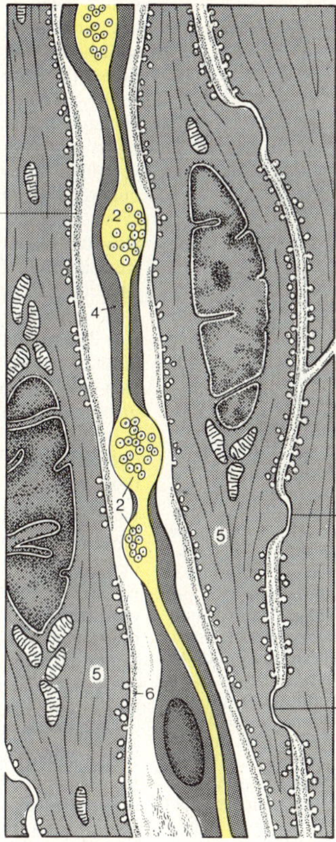

B vegetative Nervenfaser, elektronenmikroskopisches Schema

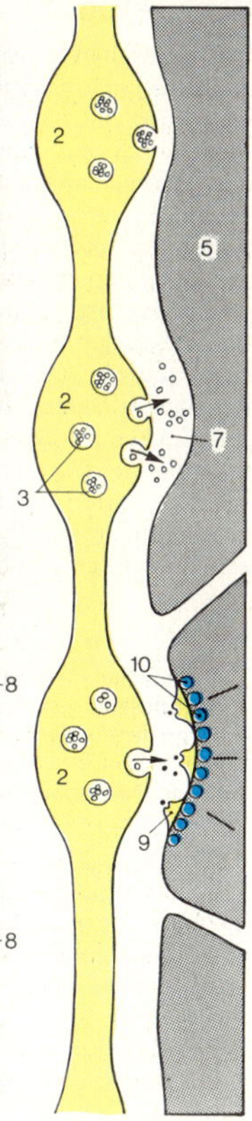

C Erregungsübertragung

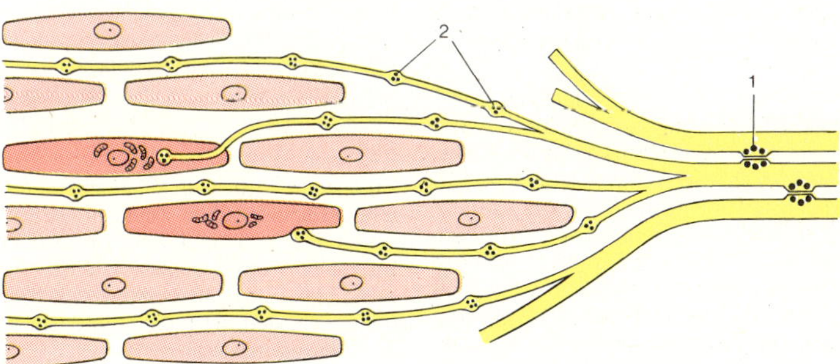

D Innervation der glatten Muskelfasern

Hirnfunktion

Das Zentralnervensystem dient dem Organismus, sich in der ihm gegebenen Umwelt angepaßt zu behaupten. Es empfängt durch die Sinnesorgane die Reize der Außenwelt und des Körperinneren, filtert sie und verarbeitet sie zu Informationen. Entsprechend den Informationen sendet es Impulse zur Körperperipherie, so daß der Organismus auf die sich ständig ändernden Situationen zweckmäßig reagieren kann (S. 2 EF). Die im folgenden beschriebenen funktionellen Systeme sind keineswegs selbständige, isolierte Apparate. Die stark vereinfachten und schematisierten Wiedergaben dienen dazu, das außerordentlich komplizierte Zusammenwirken von Milliarden von Nervenzellen annäherungsweise darzustellen.

Die einfache mechanistische Vorstellung, daß Sinneseindrücke in das Gehirn gelangen und von diesem daraufhin motorische Reaktionen ausgelöst werden, besteht schon seit Jahrhunderten. Nach *Descartes* werden die optischen Reize von den Augen zur Zirbeldrüse (Epiphyse) geleitet und von dieser gehen dann Impulse zur Muskulatur aus **A.** Er sah die Zirbeldrüse als den Sitz der Seele an. *Franz Gall* postulierte als erster die Bedeutung von Hirnwindungen und Hirnrinde für die Hirnfunktion. Er lokalisierte die „Organe der Seele" auf der Hemisphärenoberfläche und glaubte ihre unterschiedliche Ausprägung an der äußeren Oberfläche des Schädels nachweisen zu können (Phrenologie) **B.** Seine Lokalisation in römischen Ziffern: I Fortpflanzungstrieb, II Liebe zur Nachkommenschaft, III Freundschaft, IV Tapferkeit, V der Trieb, Fleisch zu fressen, VI Klugheit, VII Habsucht, Neigung zu stehlen, VIII Stolz, Hochmut, IX Eitelkeit, Ehrgeiz usw.

Aufgrund von Hirnverletzungen hat *Kleist* eine Lokalisation höherer zerebraler Leistungen durchgeführt **C.** Dabei nahm er an, daß den pathologischen Ausfällen im Erkennen, Denken, in Antrieb, Handeln u. a. als negativen Befunden jeweilige positive Leistungen, nämlich „Funktionen", entsprächen. Das trifft nicht zu. Man kann Ausfallssymptome lokalisieren, man kann aber keine Funktionen lokalisieren (v. Monakow). Kritiker der Lokalisations- und Zentrenlehre sprachen von einer „Gehirnmythologie". Umschriebenen Hirnbezirken können letztlich keine umschriebenen Funktionen zugeordnet werden, da stets eine unübersehbare Zahl anderer Neuronenverbände fördernd, hemmend oder modulierend an einer Leistung beteiligt ist. Wir können die sog. „Zentren" lediglich als wichtige Relaisstationen für eine Leistung ansehen. Das Zentralnervensystem ist auch kein starrer Apparat, sondern weist eine beträchtliche **Plastizität** auf. Vor allem in frühkindlichen Gehirnen können bei Schädigungen andere Zentren vikariierend Funktionen übernehmen. Die Lernfähigkeit (Sprache, Schrift, körperliche Fertigkeiten) setzt ebenfalls eine Plastizität des Zentralorgans voraus.

Die Informationsverarbeitung im Endhirn bezeichnen wir als **Integration.** Es ist der Zusammenschluß und die gegenseitige Verknüpfung der Sinneseindrücke unter Einbeziehung der gespeicherten Erfahrungen zu einer höheren komplexen Funktionseinheit. In minutiöser gegenseitiger Abstimmung der Neuronenverbände werden so die Leistungen des Organismus gelenkt. Im Verlaufe der Evolution haben sich die integrativen Vorgänge von der Regelung und Koordination der elementaren biologischen Aufgaben beim Menschen zum bewußten Erkennen, Denken und Handeln entwikkelt. Kybernetik und Computertechnik haben Modellvorstellungen für die Hirnfunktion geliefert (Kognitionswissenschaft). Danach basieren die verschiedenen „Funktionen" auf ständig wechselnden Erregungen in neuronalen Regelkreisen, die miteinander verflochten sind.

Trotz einer hochentwickelten instrumentellen Technik haben wir letzten Endes für die Erforschung des Gehirns nur ein Instrument: unser eigenes Gehirn. Ein menschliches Organ bemüht sich also, seinen eigenen Bau und seine eigene Funktion zu ergründen.

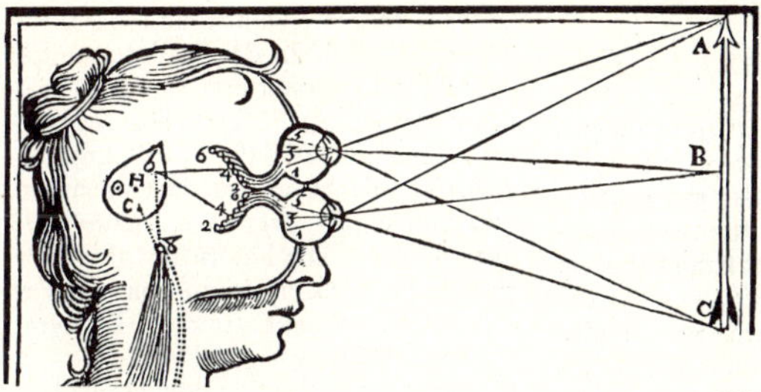

A Leitung optischer Reize von den Augen zur Zirbeldrüse
(nach René Descartes 1662)

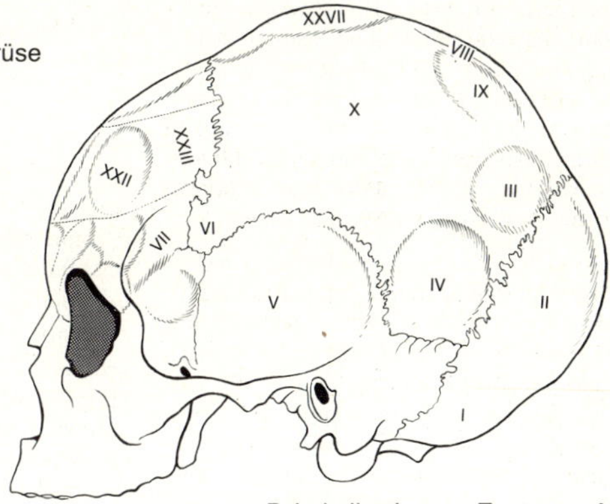

B Lokalisation von Zentren auf dem Schädel
(nach Gall 1810)

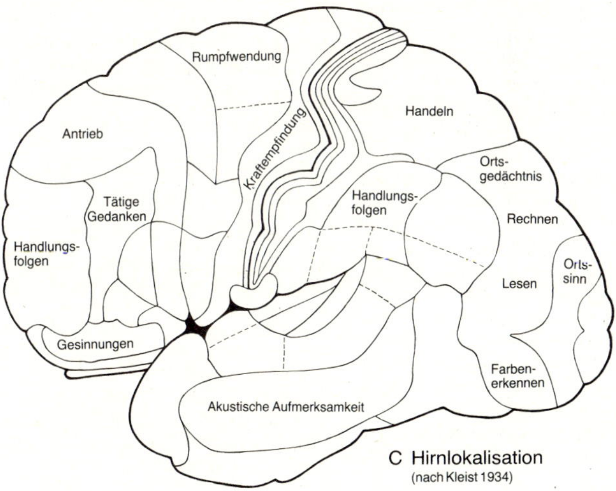

C Hirnlokalisation
(nach Kleist 1934)

Motorische Systeme

Pyramidenbahn

Der *Tractus corticospinalis* und die Fibrae corticonucleares gelten als Bahnen der Willkürmotorik. Über sie kontrolliert der Cortex die subkortikalen motorischen Zentren. Einerseits kann er auf sie dämpfend und hemmend wirken, andererseits geht von ihm auch eine ständige tonische Erregung aus, durch welche die raschen, plötzlichen Bewegungen gefördert werden sollen. Die automatischen und stereotypen Bewegungsabläufe, die von den subkortikalen motorischen Zentren gelenkt werden, sollen durch den Einfluß pyramidaler Impulse modifiziert werden, so daß gezielte und feinabgestimmte Bewegungen resultieren.

Die Fasern der Pyramidenbahn haben ihren Ursprung in den präzentralen Feldern 4 und 6 **A1**, in Feldern des Parietallappens, Area 3, 1, 2 und in der zweiten sensomotorischen Region (Area 40). Ungefähr zwei Drittel entstammen der Präzentralregion, ein Drittel dem Parietallappen. Von den Fasern sind nur etwa 60% markhaltig; die übrigen 40% sind marklose Fasern. Die dicken Fasern der Riesenpyramidenzellen in der Area 4 machen dabei nur 2 bis 3% der markhaltigen Fasern aus. Alle übrigen Fasern stammen von kleineren Pyramidenzellen.

Die Fasern der Pyramidenbahn durchlaufen die innere Kapsel (S. 244). Am Übergang zum Mittelhirn treten sie an die Hirnbasis und bilden zusammen mit den kortikopontinen Bahnen die Pedunculi cerebri. Die Pyramidenbahnfasern nehmen den Mittelteil ein, am weitesten lateral liegen die Fasern aus der parietalen Rinde **B2**. Auf sie folgen die kortikospinalen Bahnen für untere Extremität (LS), Rumpf (Th) und obere Extremität (C), schließlich die kortikobulbären Fasern für den Gesichtsbereich **B3**. Beim Durchtritt durch den Pons kommt es zu einer Drehung: die kortikobulbären Fasern liegen dann dorsal, und es folgen die zervikal, thorakal, lumbal und sakral endenden Bündel. In der Medulla enden die Fibrae corticonucleares an den Hirnnervenkernen (S. 132 A). In der Decussatio pyramidum **AB4** (S. 52 A1) kreuzen 70 bis 90% der Fasern auf die Gegenseite und bilden den *Tractus corticospinalis lateralis* **AB5.** Die Fasern für die obere Extremität kreuzen dorsal von den Fasern für die untere Extremität. Im Pyramidenseitenstrang liegen dann die Fasern für die obere Extremität medial, die langen Fasern für die untere Extremität lateral (S. 52). Die ungekreuzten Fasern verlaufen weiter im *Tractus corticospinalis ventralis* **AB6** und kreuzen erst in Höhe ihrer Endigung über die Commissura alba auf die Gegenseite. Der ventrale Trakt ist variabel ausgebildet, kann asymmetrisch sein oder ganz fehlen. Er reicht nur bis in das Zervikal- oder Thorakalmark.

Die Pyramidenbahnfasern enden zum größten Teil in der Zona intermedia zwischen Vorder- und Hinterhorn an Zwischenneuronen. Nur ein geringer Teil erreicht die motorischen Vorderhornzellen, vorwiegend diejenigen, welche die distalen Extremitätenabschnitte versorgen. Diese stehen unter dem besonderen Einfluß der Pyramidenbahn. Pyramidenbahnimpulse wirken auf die Neurone, welche die Flexoren innervieren, aktivierend, auf die Neurone, welche die Extensoren innervieren, dagegen hemmend.

Die aus dem Parietallappen stammenden Fasern enden in den Hinterstrangkernen *(Nucleus gracilis* und *Nucleus cuneatus)* und in der *Substantia gelatinosa* des Hinterhornes. Sie regulieren den Zustrom sensibler Erregungen. Die Pyramidenbahn ist also keine einheitliche motorische Bahn, sondern enthält funktionell verschiedene absteigende Systeme.

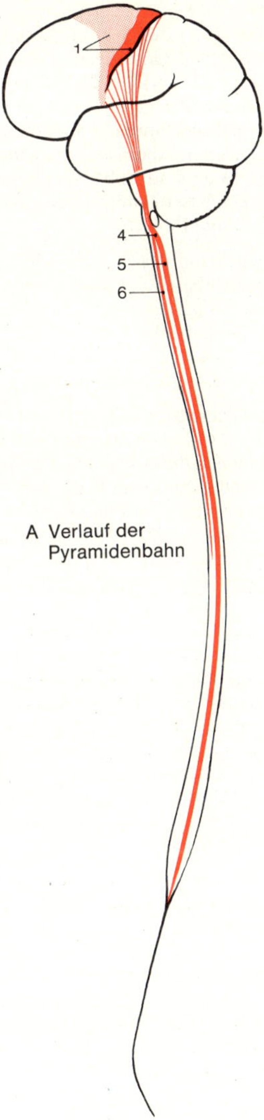

A Verlauf der Pyramidenbahn

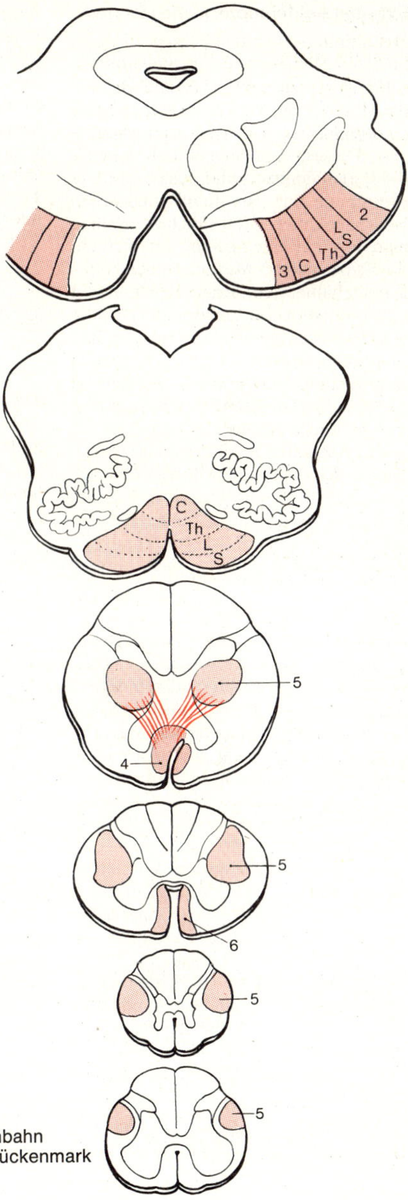

B Lage der Pyramidenbahn in Hirnstamm und Rückenmark

Extrapyramidal-motorisches System

Definition. Außer der Präzentralregion und der Pyramidenbahn beeinflussen zahlreiche andere Bezirke und Bahnen die Motorik. Sie werden als *extrapyramidal-motorisches System* zusammengefaßt. Dieses ist phylogenetisch älter als die Pyramidenbahn und besteht im Gegensatz zu ihr aus multisynaptischen Neuronenketten. Ursprünglich verstand man darunter eine Gruppe von Kernen, die als besonderes Merkmal einen hohen Eisengehalt hatten: Striatum (Putamen **1** und Caudatum **2**), Pallidum **3**, Nucleus subthalamicus **4,** Nucleus ruber **5** und Substantia nigra **6** *(striäres System* oder *extrapyramidal-motorisches System im engeren Sinne).* Mit dieser Kerngruppe stehen noch weitere für die Motorik wichtige Zentren in Verbindung, bei denen es sich nicht um motorische Kerne, sondern um Integrationszentren handelt: Kleinhirn **7,** Thalamuskerne **8,** Formatio reticularis, Vestibulariskerne **9** und einige Rindenfelder. Diese Gebiete werden als *extrapyramidales System im weiteren Sinne* zusammengefaßt.

Funktion. Bei der willkürlichen Bewegung einer Extremität werden gleichzeitig Muskelgruppen an anderen Extremitäten und am Rumpf innerviert, um bei den veränderten statischen Bedingungen Gleichgewicht und Körperhaltung aufrechtzuerhalten und die Bewegung glatt ablaufen zu lassen. Diese begleitenden Muskelaktionen, die oft nur in einer vermehrten Spannung oder Entspannung von Muskelgruppen bestehen, werden nicht willkürlich ausgeführt und nicht bewußt empfunden. Ohne sie ist jedoch eine geordnete Bewegung unmöglich. Weitere derartige unbewußte Bewegungsabläufe sind die Mitbewegungen (Armpendeln beim Gehen) und viele lange eingeübte und mechanisch ablaufende Bewegungen. Sie alle stehen unter der Kontrolle des extrapyramidalen Systems, das mit einem Servomechanismus vergleichbar ist, der selbständig und ohne bewußt zu werden, alle willkürlichen Bewegungen unterstützt.

Bahnen. Afferente Bahnen erreichen das System über das Kleinhirn. Kleinhirnbahnen enden im Nucleus ruber *(Tractus dentatorubralis* **10**) und im Nucleus centromedianus thalami **11,** dessen Fasern zum Striatum weiterführen. Vom Cortex ziehen Fasern zum Striatum **12,** zum Nucleus ruber **13** und zur Substantia nigra **14.** Vestibuläre Fasern enden im Nucleus interstitialis Cajal **15.**

Als efferente Bahn des Systems gilt die zentrale Haubenbahn **16.** Weitere absteigende Bahnen sind der Tractus reticulospinalis **17,** der Tractus rubroreticulospinalis, der Tractus vestibulospinalis **18** und der Fasciculus interstitiospinalis **19.**

Die extrapyramidalen Zentren sind durch zahlreiche Neuronenkreise miteinander verbunden, die eine wechselseitige Kontrolle und Abstimmung gewährleisten. Doppelläufige Verbindungen bestehen zwischen dem Pallidum und dem Nucleus subthalamicus, zwischen dem Striatum und der Substantia nigra **20.** Ein großer Neuronenkreis verläuft vom Kleinhirn über den Nucleus centromedianus thalami zum Striatum und von diesem zurück über Globus pallidus, Nucleus ruber und Olive **21** zum Kleinhirn. Andere Funktionskreise werden von Cortexfasern zum Striatum gebildet, wobei eine Rückverbindung über Globus pallidus, Nucleus ventralis anterior und Nucleus ventralis lateralis thalami zum Cortex besteht (S. 180 A, S. 222 C).

Man hat die frontalen und okzipitalen Augenfelder zusammen mit Bezirken des Parietal- und Temporallappens, von denen man mit hohen Stromstärken komplexe Massenbewegungen auslösen konnte, als „extrapyramidale Rindenfelder“ bezeichnet. Die Einbeziehung von Cortexbezirken in das extrapyramidale System ist jedoch umstritten.

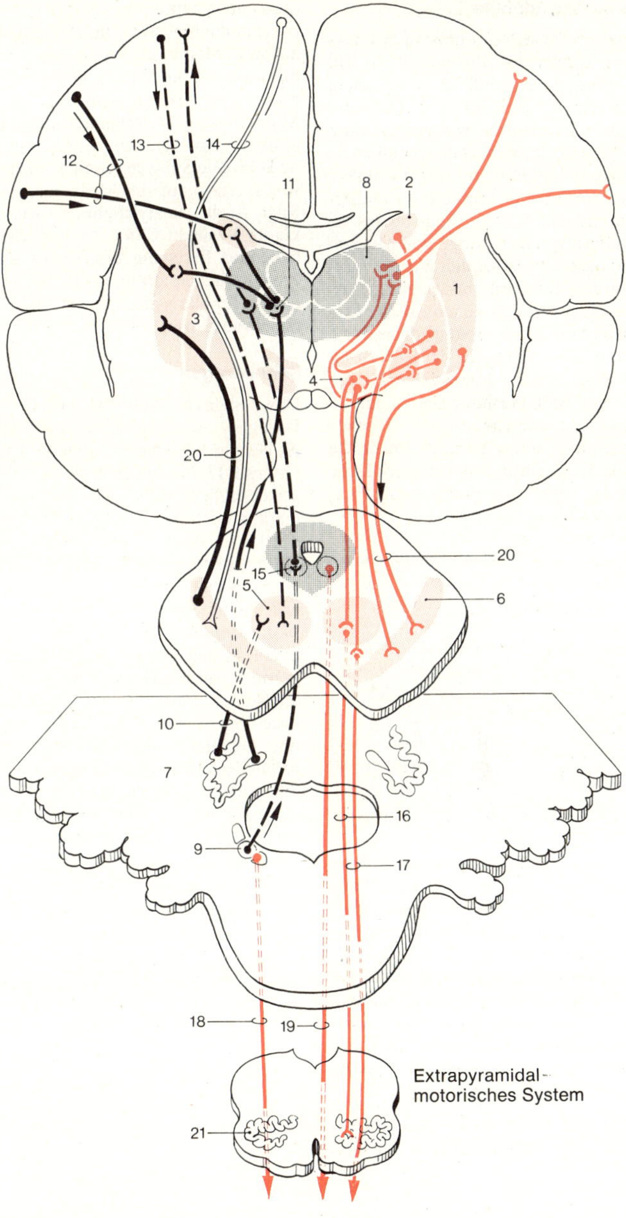

Extrapyramidal-motorisches System

Motorische Endplatte

Die motorischen Nervenfasern **A1** verzweigen sich in der Muskulatur, so daß jede Muskelfaser **ABC2** von einem Axonzweig **A3** erreicht wird. Die Zahl der Muskelfasern, die von einem Axon versorgt werden, schwankt erheblich. In den Augen- und Fingermuskeln kann ein Axon zwei bis drei Muskelfasern innervieren, in anderen Muskeln 50 bis 60 Muskelfasern. Die Gruppe von Muskelfasern, die vom Axon einer Vorderhornzelle innerviert wird, bildet zusammen mit der Nervenzelle eine **motorische Einheit.** Die Muskelfasern kontrahieren sich geschlossen bei Erregung der Nervenzelle. Die terminalen Verzweigungen des Axons verlieren vor ihrer Endigung ihre Markscheide und splittern sich knäuelartig auf. Im Endigungsbezirk bildet die Oberfläche der Muskelfaser eine flache Erhebung (daher die Bezeichnung *Endplatte* oder *Sohlenplatte* **A4**).

Im Bereich der Axonaufzweigungen **B5** liegt eine Anzahl von Zellkernen. Die auf den Axonverzweigungen liegenden Kerne gehören zu Schwann-Zellen, welche die Axonendigungen umhüllen *(Teloglia* **BC6**). Die darunter liegenden Kerne **B7** sind Muskelfaserkerne im Bereich der Sohlenplatte. Die Axonzweige sind an der Grenze zwischen Axoplasma und Sarkoplasma von einem Palisadensaum **B8** umgeben, der im elektronenmikroskopischen Bild aus Sarkolemmfalten besteht.

Die Axone enden mit knopfartigen Anschwellungen **C9,** die sich in die Sohlenplatte einsenken. Diese Gruben sind von der Sarkoplasmamembran und der Basalmembran ausgekleidet, so daß die Axonendigungen stets extralemmal liegen. In den Gruben kommt es zu einer starken Faltung des Sarkolemms (**subneuraler Faltenapparat CD10**), durch die sich die Membranoberfläche der Muskelfaser erheblich vergrößert.

Bei der motorischen Endplatte handelt es sich um die spezielle Form einer Synapse, deren präsynaptische Membran die Axoplasmamembran **D11** und deren postsynaptische Membran die gefaltete Sarkoplasmamembran **D12** ist. Die Basalmembranen der Axonendigung **C13** und der Muskelfaser **C14** vereinigen sich im synaptischen Spalt zu einer Verdichtungszone **D15.** Die Substanz, welche die nervöse Erregung auf die Muskelfaser überträgt, ist das **Acetylcholin.** Es ist in den klaren Vesikeln **C16** enthalten, die sich bei einer Erregung des Axons in den synaptischen Spaltraum entleeren und zu einer Depolarisation der Muskelfasermembran führen.

Sehnenorgan

Das Golgische Sehnenorgan liegt am Übergang zwischen Sehne und Muskel. Es besteht aus einer Gruppe kollagener Fasern **E17,** die von einer dünnen Bindegewebshülle umgeben sind und von einer markhaltigen Nervenfaser **E18** versorgt werden. Diese verliert nach ihrem Durchtritt durch die Kapsel die Markhülle und zweigt sich in zahlreiche Äste auf, welche die Kollagenfasern umspinnen. Man nimmt an, daß die locker angeordneten Kollagenfasern **F** bei Spannung gestrafft werden **G** und einen Druck auf die Nervenfasern ausüben. Der so ausgelöste Impuls wird von der Nervenfaser über die Hinterwurzel zum Rückenmark geleitet und übt einen hemmenden Einfluß auf die Motoneurone aus, so daß eine übermäßige Dehnung oder Kontraktion des Muskels abgebremst wird.

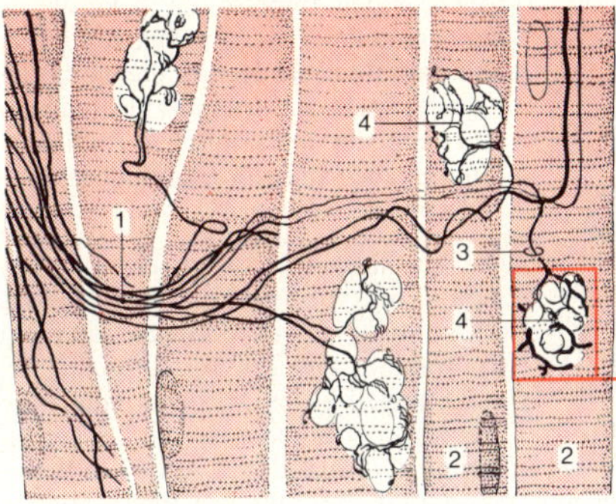

A Motorische Endplatten, Übersicht

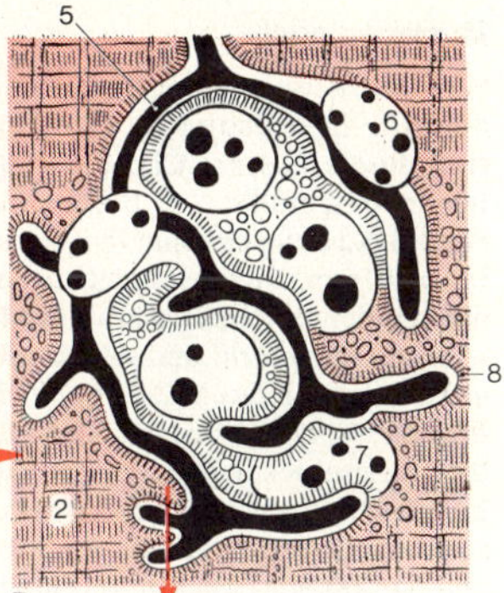

B
Vergrößerung aus A (nach Couteaux)

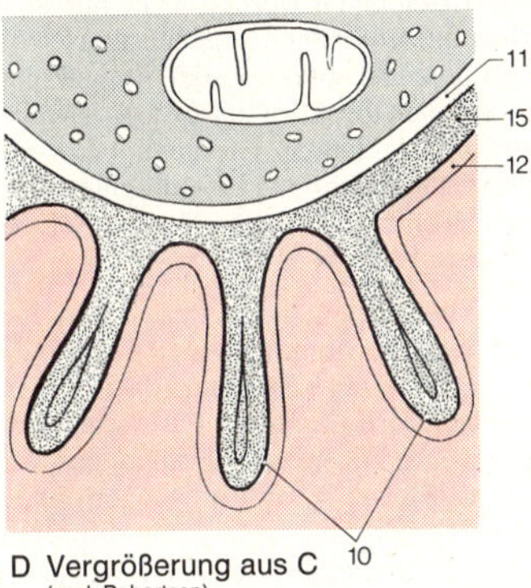

D Vergrößerung aus C
(nach Robertson)

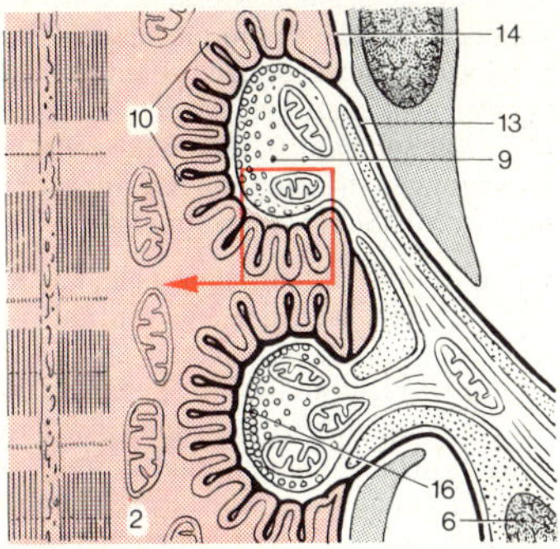

C Endplatten, elektronenmikr. Schema
(nach Couteaux)

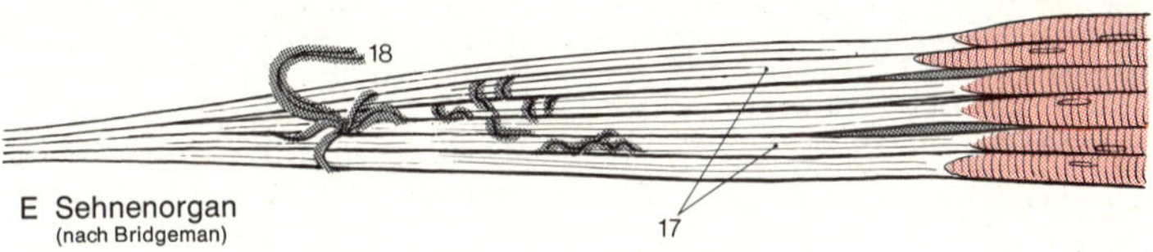

E Sehnenorgan
(nach Bridgeman)

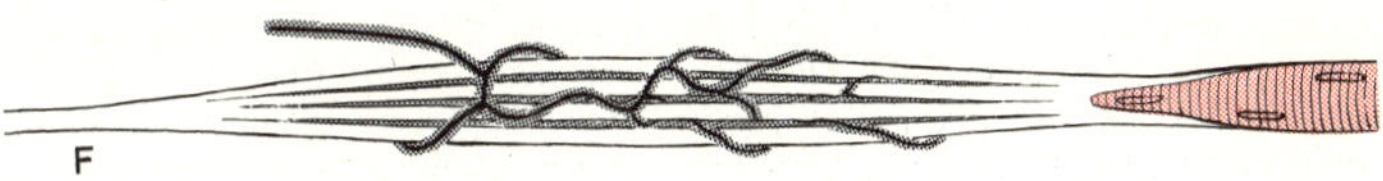

F

G

F G Sehnenorgan bei entspanntem (F) und kontrahiertem (G) Muskel
(nach Bridgeman)

Muskelspindel

Eine Muskelspindel besteht aus 5 bis 10 dünnen quergestreiften Muskelfasern **(intrafusale Fasern A1),** die von einer flüssigkeitsgefüllten bindegewebigen Kapsel **A2** umgeben sind. Die Fasern der bis zu 10 mm langen Spindeln liegen parallel zu den übrigen Fasern des Muskels *(extrafusale Fasern)* und setzen entweder an den Sehnen des Muskels oder an den bindegewebigen Polen der Kapsel an. Da die intrafusalen Fasern in der gleichen Längsrichtung wie die extrafusalen Fasern liegen, werden sie von der Streckung und Verkürzung des Muskels in gleicher Weise betroffen. Die Zahl der Spindeln ist in den einzelnen Muskeln sehr verschieden. Muskeln, die an feinen differenzierten Bewegungen beteiligt sind (Fingermuskulatur), besitzen eine große Zahl von Spindeln; Muskeln für einfache Bewegungen (Rumpfmuskulatur) enthalten erheblich weniger Spindeln.

Im mittleren äquatorialen Teil **A3** der intrafusalen Faser, der eine Anzahl von Zellkernen enthält, fehlen die Myofibrillen; er ist nicht kontraktil. Lediglich die beiden Abschnitte **A4,** die quergestreifte Myofibrillen enthalten, sind kontraktil. Am Mittelteil endet eine starke sensible Nervenfaser **A5,** deren Enden sich spiralig um die Muskelfasern wickeln und die **anulospiraligen Endigungen AC6B** bilden. An einer oder an beiden Seiten der Anulospiralendigung kann eine dünnere sensible Faser **A7** mit einer Art Blütendolden ansetzen **(Flower-spray-Endigung A8D).**

Die beiden polnahen kontraktilen Abschnitte werden von dünnen motorischen Fasern (γ-Fasern **A9**) versorgt. Ihre kleinen motorischen Endplatten haben nur einen gering ausgeprägten Faltenapparat, liegen aber wie bei den extrafusalen Muskelfasern epilemmal. Die sensiblen anulospiralen Endigungen liegen dagegen unter der Basalmembran der Muskelfaser **C10,** also hypolemmal. Die γ-Fasern stammen von kleinen motorischen Zellen im Vorderhorn, den γ-Neuronen, deren Impulse zur Kontraktion der polnahen Faserabschnitte führen. Die daraufhin erfolgende Dehnung des Äquatorialabschnittes führt nicht nur zur Erregung der anulospiralen Endigung, sondern auch zu einer Empfindlichkeitsänderung der Spindel.

Die Muskelspindel ist ein Dehnungsrezeptor, der bei Streckung des Muskels erregt wird, dessen Aktivität aber bei Kontraktion des Muskels erlischt. Bei der Streckung des Muskels nimmt die Frequenz der Impulse mit der Längenänderung des Muskels zu. Auf diese Weise übermitteln die Spindeln Informationen über die jeweilige Länge des Muskels. Die Erregungen werden nicht nur über die spinozerebellären Bahnen zum Kleinhirn geleitet, sondern über Reflexkollaterale auch direkt zu den großen Vorderhornzellen. Deren Erregung bei einer plötzlichen Dehnung bewirkt eine sofortige Kontraktion des Muskels (Dehnungsreflex S. 44 F).

Die Muskelspindel enthält zwei verschiedene Arten von intrafusalen Fasern: die *Kernkettenfasern* **EF11** und die *Kernhaufenfasern* **EF12.** Beide Faserarten werden von anulospiralen Endigungen versorgt. Flower-spray-Endigungen findet man vorwiegend an Kernkettenfasern. Die Kernhaufenfasern reagieren auf die aktuelle Dehnung des Muskels, die Kernkettenfasern hingegen registrieren den anhaltenden Dehnungszustand eines Muskels. Muskelspindeln übermitteln nicht nur Informationen über die Länge des Muskels, sondern auch über die Geschwindigkeit der Streckung zum Kleinhirn.

Außer den Sehnenorganen und Muskelspindeln geben sensible Endorgane in Gelenkkapseln und Ligamenten (Spannungsrezeptoren) ständig Meldungen über Bewegung und Haltung von Rumpf und Extremitäten zum Kleinhirn (Tractus spinocerebellaris dorsalis und ventralis).

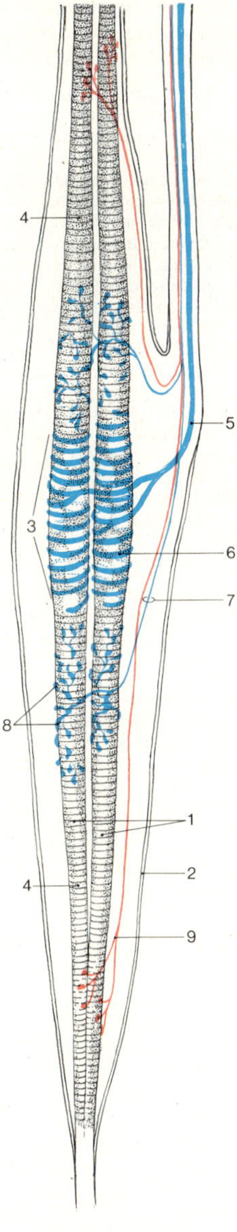

A Muskelspindel

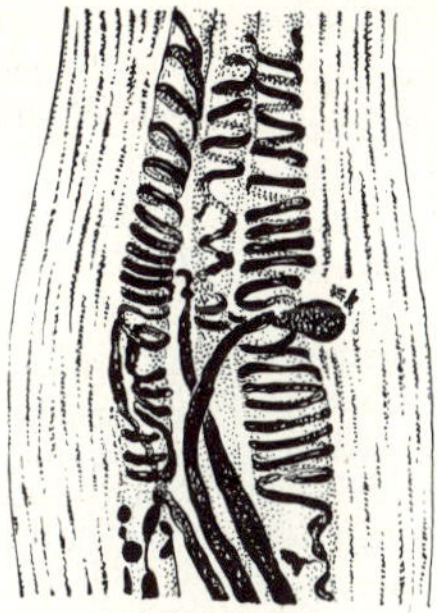

B Anulospirale Endigung

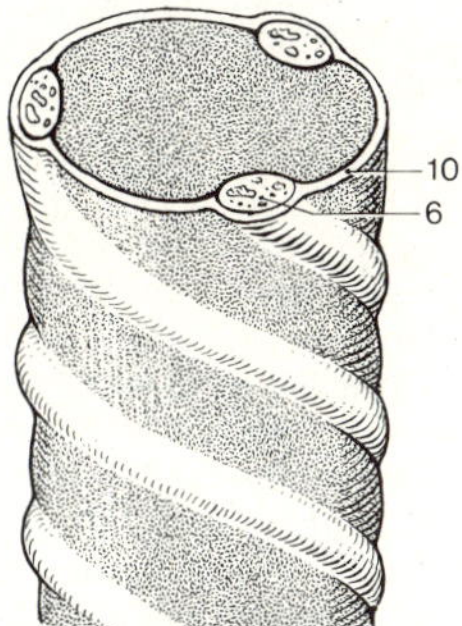

C Spiralapparat

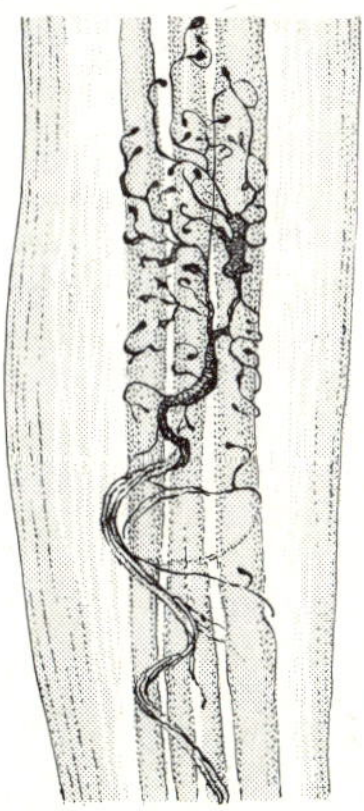

D Flower-spray-Endigung

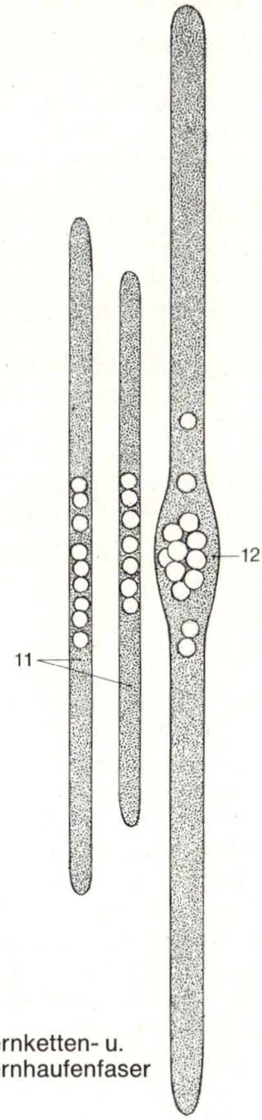

E Kernketten- u. Kernhaufenfaser

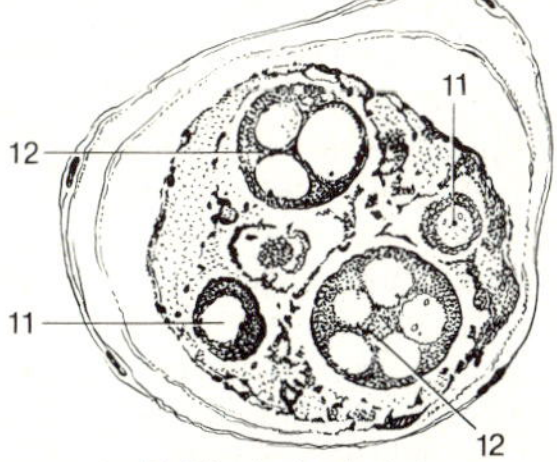

F Muskelspindel Querschnitt

Gemeinsame motorische Endstrecke

Die gemeinsame Endstrecke aller an der Motorik beteiligten Zentren ist die große Vorderhornzelle **1** und ihr Axon (α-Neuron), welche die willkürliche Skelettmuskulatur innerviert. Der überwiegende Teil aller zum Vorderhorn ziehenden Bahnen endet nicht direkt an den Vorderhornzellen, sondern an Zwischenneuronen. Diese beeinflussen die Neurone direkt oder schalten sich in die zwischen Muskelrezeptoren und motorischen Neuronen ablaufenden Reflexe hemmend oder aktivierend ein. Das Vorderhorn ist also nicht eine einfache Schaltstelle, wie es eingangs (S. 44) dargestellt wurde, sondern ein komplexer Integrationsapparat zur Regelung der Motorik.

Die zentralen Gebiete, welche die Motorik über absteigende Bahnen beeinflussen, sind vielfältig miteinander verknüpft. Die wichtigsten afferenten Bahnen stammen aus dem Kleinhirn. Dieses empfängt über die spinozerebellären Bahnen **2** die Impulse der Muskelrezeptoren und über die kortikopontinen Bahnen **3** die Erregungen der Hirnrinde. Über den kleinzelligen Teil des Nucleus dentatus **4** und den Nucleus ventralis lateralis thalami **5** werden zerebelläre Impulse zum präzentralen Cortex (Area 4) **6** übermittelt. Von der Area 4 steigt die Pyramidenbahn **7** zum Vorderhorn herab, wobei sie im Pons **8** Kollateralen zurück zum Kleinhirn abgibt. Weitere zerebelläre Impulse verlaufen über den Nucleus emboliformis **9** und den Nucleus centromedialis thalami **10**, zum Striatum **11** und über den großzelligen Teil des Nucleus dentatus **12** zum Nucleus ruber **13**. Von diesem ziehen Fasern in der zentralen Haubenbahn **14** über die Olive **15** zurück zum Kleinhirn und im Tractus rubroreticulospinalis **16** zum Vorderhorn. Vom Nucleus globosus **17** ziehen Fasern zum Nucleus interstitialis Cajal **18** und von diesem im Fasciculus interstitiospinalis **19** zum Vorderhorn. Schließlich werden zerebellofugale Fasern in den Vestibulariskernen **20** und in der Formatio reticularis **21** auf den Tractus vestibulospinalis **22** und den Tractus reticulospinalis **23** umgeschaltet.

Man kann die absteigenden Bahnen nach ihrer Wirkung auf die Muskulatur in zwei Gruppen gliedern: eine Gruppe, welche die Beugemuskulatur erregt, und eine zweite Gruppe, welche die Streckmuskulatur erregt. Die Pyramidenbahn und die rubroretikulospinale Bahn aktivieren überwiegend die Neurone der Flexoren und hemmen die Neurone der Extensoren. Das entspricht der funktionellen Bedeutung der Pyramidenbahn für die feinen und präzisen Bewegungen, besonders der Hand- und Fingermuskulatur, bei der ja die Flexoren die entscheidende Rolle spielen. Umgekehrt hemmen die Fasern des Tractus vestibulospinalis und die Fasern aus der pontinen Formatio reticularis die Flexoren und aktivieren die Extensoren. Sie sind Bestandteil eines phylogenetisch alten, gegen die Schwerkraft gerichteten motorischen Systems, das eine besondere Bedeutung für Körperhaltung und Gleichgewicht hat.

Die peripheren Fasern, die über die Hinterwurzel bis in das Vorderhorn ziehen, stammen von den Muskelrezeptoren. Die afferenten Fasern der Anulospiralendigungen **24** enden mit ihren Kollateralen direkt an den α-Neuronen; die Fasern der Sehnenorgane **25** enden an Zwischenneuronen. Viele absteigende Bahnen beeinflussen die α-Neurone über den spinalen Reflexapparat. Sie enden an den großen α-Zellen und an den kleinen γ-Zellen **26**. Da die γ-Neurone eine niedrigere Reizschwelle haben, werden sie zuerst erregt, was zu einer Aktivierung der Muskelspindeln führt. Diese senden ihre Impulse zu den α-Neuronen. γ-Neurone und Muskelspindeln haben also für die willkürlichen Bewegungen eine Art Starterfunktion.

Nebenolive **27**, Skelettmuskulatur **28**, Muskelspindel **29**.

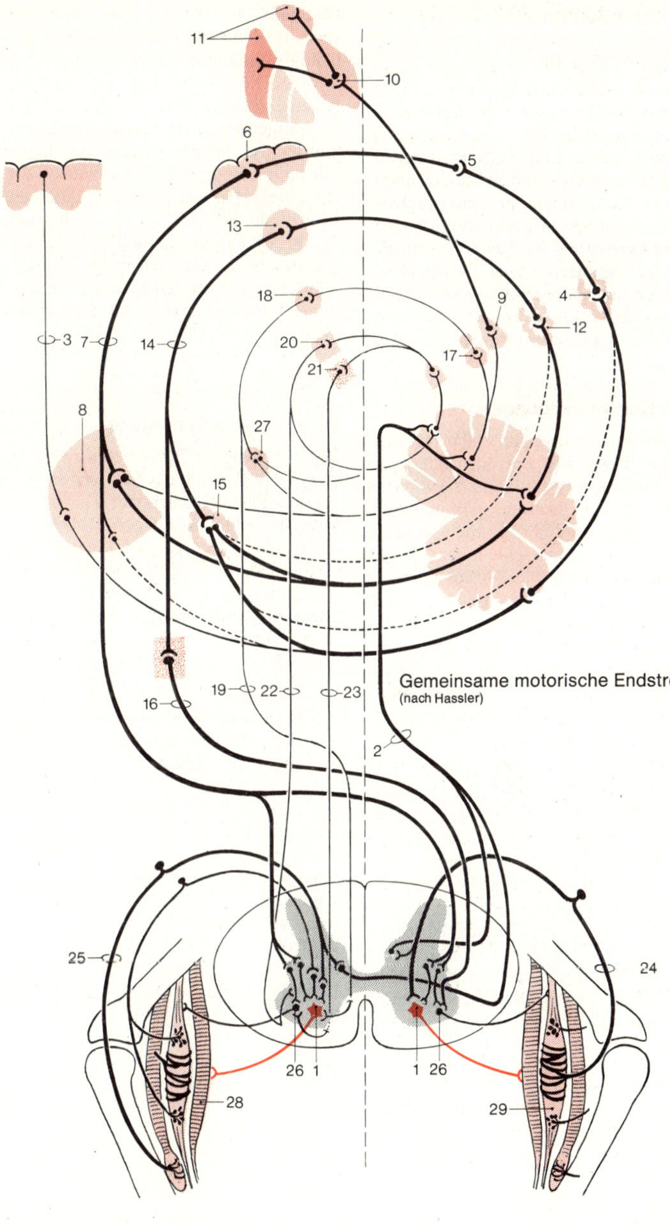

Gemeinsame motorische Endstrecke
(nach Hassler)

Sensible Systeme

Hautsinnesorgane

Die Haut ist mit einer Vielzahl von Endorganen versehen, die sich durch einen unterschiedlichen Bau und durch eine unterschiedliche Empfindlichkeit gegenüber bestimmten Reizen auszeichnen. Da die Zuordnung der verschiedenen Sinnesqualitäten zu bestimmten Endorganen umstritten ist, gliedern wir die Nervenendigungen nach morphologischen Gesichtspunkte in 1. freie Nervenendigungen, 2. eingekapselte Endorgane und 3. Übergangsformen zwischen beiden.

Freie Nervenendigungen

Freie Nervenendigungen sind in fast allen Geweben des Körpers anzutreffen. In der Haut reichen sie bis in die unteren Schichten des Stratum germinativum. Die Axone verlieren in ihrem terminalen Abschnitt die Markscheide und lassen durch Lücken der Schwann-Zellhülle knoten- oder fingerförmige Evaginationen durchtreten, die nur noch von der Basalmembran bedeckt sind. Sie sind die rezeptorischen Abschnitte der freien Nervenendigungen, deren Erregung man die Schmerz- und Kälteempfindung zuschreibt.

Dünne Nervenfasern umspinnen die Haarwurzeln ringförmig und verlaufen dann parallel zum Haarschaft auf- oder abwärts **A**. Ihre rezeptorischen Enden verlieren die Markscheide und werden nur an zwei Seiten von Schwann-Zellen **B1** eingefaßt *(Sandwichpackung)*, so daß ein über den ganzen Terminalabschnitt verlaufender Spalt **B2** verbleibt, durch den das Axon, nur von der Basalmembran bedeckt, an die Oberfläche tritt. Die Nervenenden **C3** sind derart um das Haar **C4** angeordnet, daß der sensorische Spalt radiär zum Haarschaft steht. Bei Bewegung des Haares wird auf die Nervenendigungen ein mechanischer Reiz ausgeübt, der als Berührung empfunden wird.

Ebenfalls den Haarwurzeln angelagert sind die **Merkelschen Tastzellen F5**, große helle Epithelzellen, die zwischen den Basalzellen **F6** der äußeren Wurzelscheide liegen und fingerförmige Fortsätze **F7** in die Umgebung ausstrecken. Ihre Deformierung bei einer Bewegung des Haares führt zur Erregung der Nervenfaser **F8**. Diese verliert beim Durchtritt durch die Glanzhaut **F9** ihre Markscheide und zweigt sich auf, um an mehreren Tastzellen zu enden. Der terminale Axonabschnitt verbreitert sich zu einem *Tastmeniscus* **F10**, der den Merkelschen Zellen dicht anliegt und mit ihnen durch synapsenartige Membrankontakte **F11** verbunden ist.

Eingekapselte Endorgane

Die **Meissnerschen Tastkörperchen** DE liegen in den Papillen des Corium. Sie sind an den Plantarflächen der Hände und Füße am dichtesten gelagert, wobei sie an den distalen Enden, den Fingerbeeren (insbesondere an der Fingerbeere des Zeigefingers), um ein Vielfaches dichter liegen als an der übrigen Plantarfläche. Diese Verteilung weist auf ihre Bedeutung für die feinen Tastempfindungen hin.

Bei den Tastkörperchen E handelt es sich um ovale Gebilde, die aus lamellenartig geschichteten Zellen (wahrscheinlich Schwann-Zellen) aufgebaut und von einer dünnen Kapsel umgeben sind. Ein oder mehrere Axone **E12** treten in das Körperchen ein, verlieren ihre Markscheide und nehmen zwischen den geschichteten Zellen einen verschlungenen spiraligen Verlauf. Die kolbenförmigen Auftreibungen **E13** der Axone gelten als die rezeptorischen Abschnitte. In die Kapsel der Tastkörperchen strahlen kollagene Faserbündel **E14** ein, die sich in die Tonofibrillen der Epidermis fortsetzen und jede mechanische Verformung der Hautoberfläche auf die Rezeptoren übertragen.

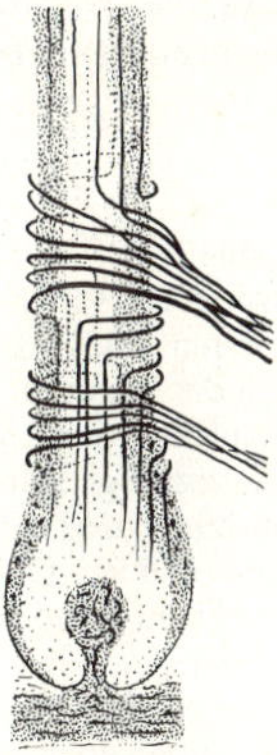

A Übersicht

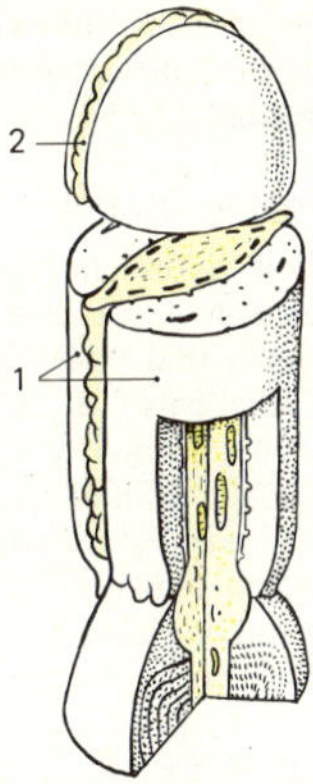

B elektronenmikr. Schema
einer Nervenendigung
(nach Andres)

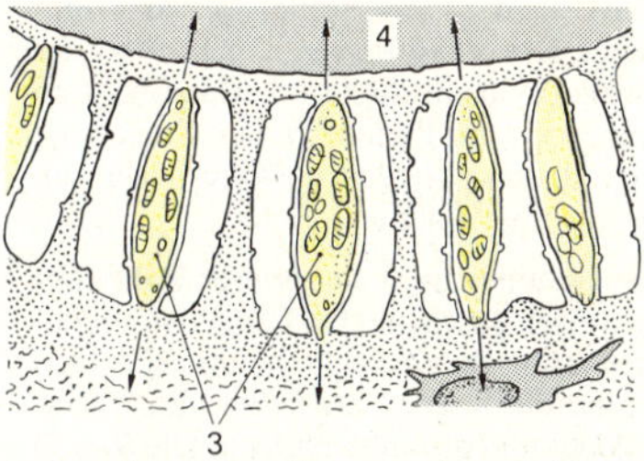

C Anordnung der Nervenenden am Haar
(nach Andres und v. Düring)

ABC Freie Nervenendigungen am Haar

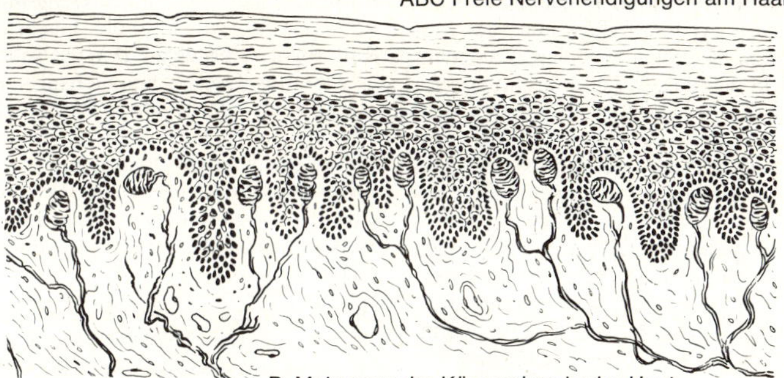

D Meissnersche Körperchen in der Haut

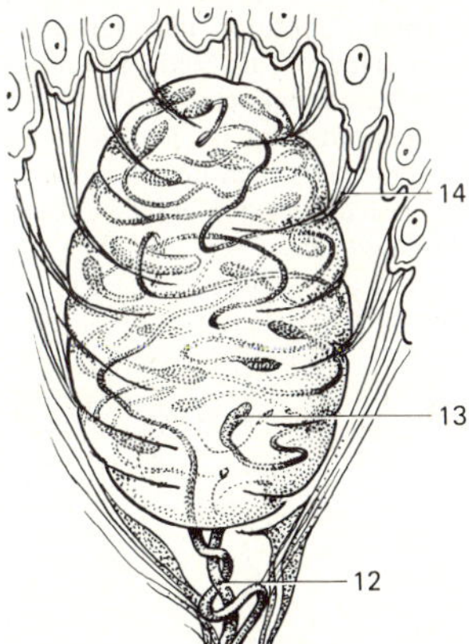

E Meissnersches Körperchen

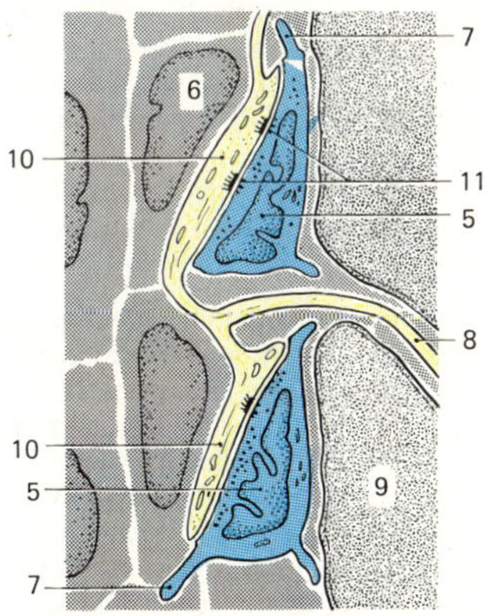

F Merkelsche Tastzellen
elektronenmikr. Schema
(nach Andres und v. Düring)

Die **Vater-Pacinischen Lamellenkörperchen ABC** sind relativ große, bis zu 4 mm lange Körper, die unter der Haut in der Subcutis anzutreffen sind. Man findet sie außerdem im Periost, in der Umgebung von Gelenken und an der Oberfläche von Sehnen und Faszien.

Sie bestehen aus einer großen Zahl konzentrisch geschichteter Lamellen, an denen man drei Schichten unterscheiden kann: die Kapsel, die äußere Lamellenschicht und der Innenkolben. Die *Kapsel* **A1** wird von einigen durch Bindegewebsfasern verstärkten dicht liegenden Lamellen gebildet. Die *äußere Lamellenschicht* **AC2** besteht aus geschlossenen zirkulären Protoplasmalamellen **B3**, die durch nicht miteinander kommunizierende, flüssigkeitsgefüllte Räume getrennt werden. Kapsel und äußere Lamellenschicht gelten als Differenzierungsprodukt des Perineurium. Die dichtliegenden Schichten des flüssigkeitsfreien *Innenkolbens* **ABC4** werden von Schwann-Zellen gebildet. Der Innenkolben besteht aus zwei symmetrischen Stapeln von Halblamellen **B5**, die durch einen radial verlaufenden Spalt getrennt werden. Die Protoplasmalamellen sind alternierend angeordnet, so daß zwei aufeinander liegende Halblamellen jeweils von zwei verschiedenen Zellen stammen. Die Nervenfaser **AC6** tritt an einem Pol des Korpuskels ein und verläuft im Zentrum des Innenkolbens bis zu dessen Ende. Sie verliert am Anfang des Innenkolbens ihre Markscheide und endet mit einigen kolbigen Auftreibungen. Die markfreie Axonstrecke **ABC7** im Innenkolben stellt den rezeptorischen Abschnitt dar. Perineurium **A8**, Markscheide **A9**.

Vater-Pacinische Körperchen sind nicht nur Druckrezeptoren, sondern vor allem auch Vibrationsrezeptoren. Elektrische Ableitungen von isolierten Körperchen haben gezeigt, daß sie durch Deformierung und durch Entlastung erregt werden, nicht jedoch durch anhaltenden Druck. Als hochempfindliche Vibrationsrezeptoren registrieren sie im Experiment die Erschütterung des Fußbodens, die eine vorübergehende Person verursacht.

Übergangsformen

Es gibt zahlreiche verschiedene Übergangsformen zwischen freien Nervenendigungen und eingekapselten Endorganen. In allen splittern sich die Nervenfasern zu terminalen Komplexen auf, in denen die feinen Axonverzweigungen Knäuel oder Strauchwerk bilden und mit kolbigen Anschwellungen enden. Die Formationen sind von einer mehr oder weniger ausgeprägten bindegewebigen Kapsel umgeben. Hierzu gehören die ovalen Krauseschen Endkolben in den Koriumpapillen, die runden Golgi-Mazzonischen Körper und die länglichen Ruffinischen Endorgane **D** in der Subcutis. Derartige Gebilde kommen nicht nur in der Haut vor, sondern auch in der Schleimhaut, in Gelenkkapseln, in den Hüllen der inneren Organe und in der Adventitia großer Arterien. Die verschiedensten Variationen findet man in den Genitalien, insbesondere an Glans **E** und Clitoris.

Die Zuordnung verschiedener Empfindungsqualitäten zu bestimmten Endorganen ist umstritten. Anerkannt ist die Bedeutung der korpuskulären Endorgane als Mechanorezeptoren und der freien Nervenendigungen als Schmerzrezeptoren. Das Zustandekommen der Warm- und Kaltempfindung ist jedoch bisher noch nicht geklärt. Der unterschiedliche Bau der Rezeptoren spricht jedenfalls für eine Reizauswahl.

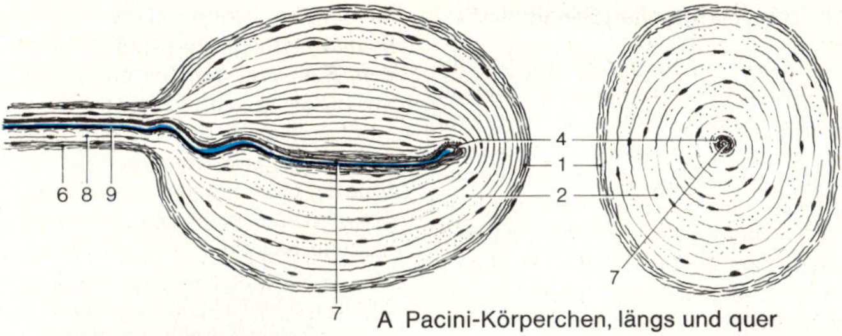

A Pacini-Körperchen, längs und quer

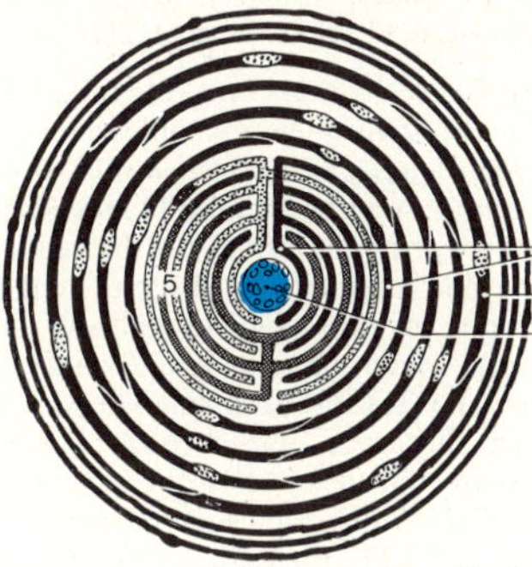

B Zentrum eines Pacini-Körperchens, elektronenmikr. Schema
(nach Quilliam)

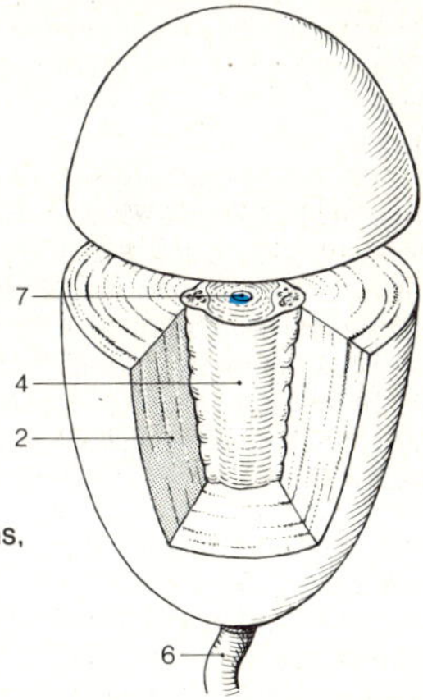

C Pacini-Körperchen
(nach Munger)

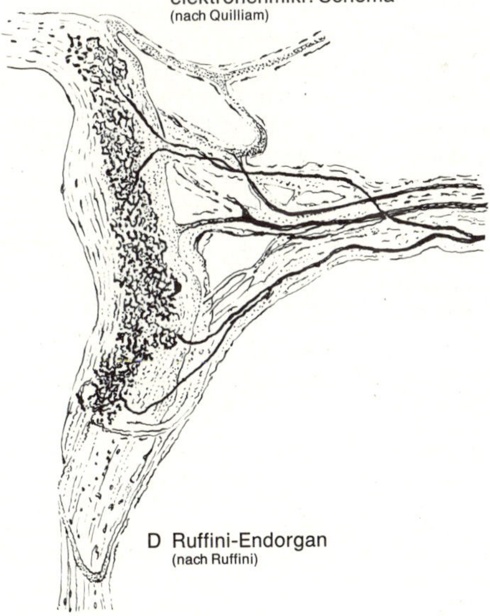

D Ruffini-Endorgan
(nach Ruffini)

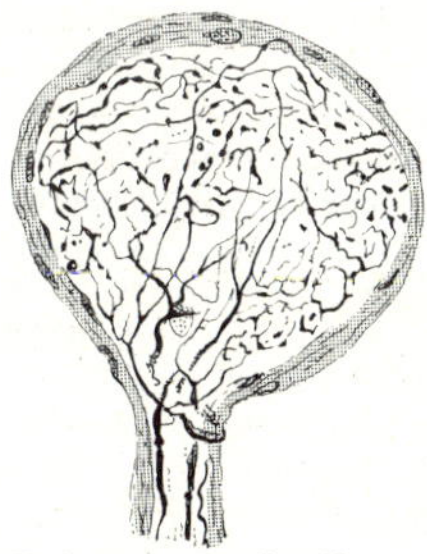

E Endorgan aus der Haut der Glans penis
(nach Dogiel)

Bahn der epikritischen Sensibilität

Die Nervenfasern, welche die Impulse für die Berührungs-, Vibrations- und Gelenkempfindung leiten, stammen von den Zellen der Spinalganglien **A1,** die Fasern für Gesicht und Nebenhöhlen von Neuronen des Ganglion trigeminale **A2** (1. Neuron). Die Tastreize werden über verschiedene Fasern geleitet: Starke gut bemarkte Nervenfasern enden an den korpuskulären Endorganen, dünne Nervenfasern an den Haaren. Die zentripetalen Fortsätze der Neurone treten über die Hinterwurzel in das Rückenmark ein, und zwar die dicken markhaltigen über den medialen Anteil der Wurzel (S. 56 F). Sie gehen in die Hinterstränge **AB3** über, wobei die neu eintretenden Fasern sich lateral anlagern, so daß die sakralen und lumbalen Fasern medial liegen, die thorakalen und zervikalen lateral. Die sakralen, lumbalen und thorakalen Bündel bilden den *Tractus gracilis* (Goll) **B4,** die zervikalen den *Tractus cuneatus* (Burdach) **B5.**

Die primären Fasern *(Tractus gracilis* und *Tractus cuneatus)* enden in einer entsprechenden Ordnung an den Zellen der Hinterstrangkerne **A6** (2. Neuron), *Nucleus gracilis* **B7** und *Nucleus cuneatus* **B8,** die auf diese Weise die gleiche Somatotopik wie die Hinterstränge aufweisen. Jedes einzelne Neuron in den Hinterstrangkernen empfängt die Impulse einer bestimmten Rezeptorenart. Dabei ist das kutane Versorgungsgebiet einer Nervenzelle in den distalen Extremitätenabschnitten (Hand, Finger) klein, in den proximalen Abschnitten zunehmend größer. Die Empfängerneurone von Impulsen bestimmter Rezeptoren sind, wie elektrophysiologische Untersuchungen gezeigt haben, ebenfalls topisch angeordnet: nahe der Oberfläche liegen die Zellen für die Haarrezeptoren, in der Mitte die für Tastorgane und tiefer die für Vibrationsrezeptoren.

Zu den Hinterstrangkernen ziehen über die Pyramidenbahn kortikofugale Fasern aus der Zentralregion (Gyrus praecentralis und Gyrus postcentralis): Fasern aus dem Beinareal der Zentralregion enden im Nucleus gracilis, Fasern aus dem Armareal enden im Nucleus cuneatus. Die kortikofugalen Fasern üben auf die Neurone der Hinterstrangkerne eine postsynaptische oder präsynaptische Hemmung aus und bewirken auf diese Weise eine Dämpfung der einströmenden afferenten Impulse. Der Cortex ist also in der Lage, in den Relais-Kernen den Erregungszufluß aus der Peripherie zu regulieren.

Die von den Hinterstrangkernen (2. Neuron) aufsteigenden sekundären Fasern bilden den *Lemniscus medialis* **B9.** In der *Decussatio lemniscorum* **B10** kreuzen sie zur Gegenseite, wobei die Fasern aus dem Nucleus gracilis **B11** ventral und die Fasern aus dem Nucleus cuneatus **B12** dorsal liegen. Im weiteren Verlauf nehmen die Grazilisfasern eine laterale, die Cuneatusfasern eine mediale Position ein. In Höhe des Pons schließen sich die sekundären Fasern aus den Trigeminuskernen **B13**, *Lemniscus trigeminalis,* dem Lemniscus medialis an und sind ihm dann im Mittelhirn dorsomedial **B14** angelagert.

Der Lemniscus medialis zieht zum lateralen Abschnitt des *Nucleus ventralis posterior thalami* **AC15:** die Bündel des Nucleus gracilis enden lateral, die des Nucleus cuneatus enden medial. Im medialen Abschnitt des kaudalen Ventralkerns enden die Trigeminusfasern **C16.** Daraus ergibt sich eine somatotopische Gliederung des Kerns. In der Projektion der thalamokortikalen Fasern (3. Neuron) zur Rinde des Gyrus postcentralis **A17** bleibt diese Anordnung erhalten und bildet die Grundlage für die Topik der Postzentralregion (S. 236C).

Die Bahn für die epikritische Sensibilität besteht also aus drei hintereinander geschalteten Neuronen, wobei in jeder Umschaltstelle und in der Endstätte eine somatotopische Gliederung nachweisbar ist.

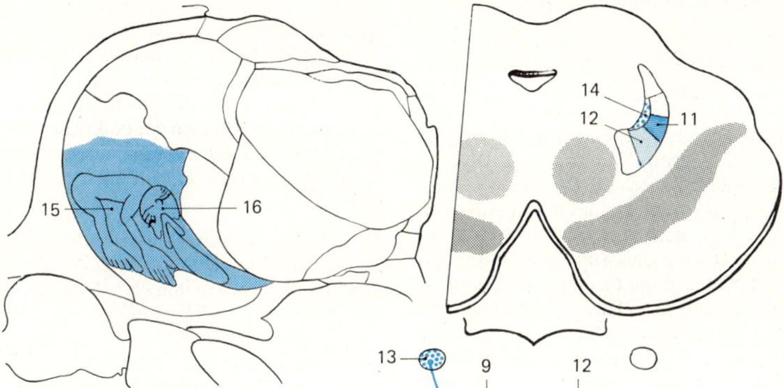

C Endigungsgebiet im Thalamus
(Somatotopik nach Hassler)

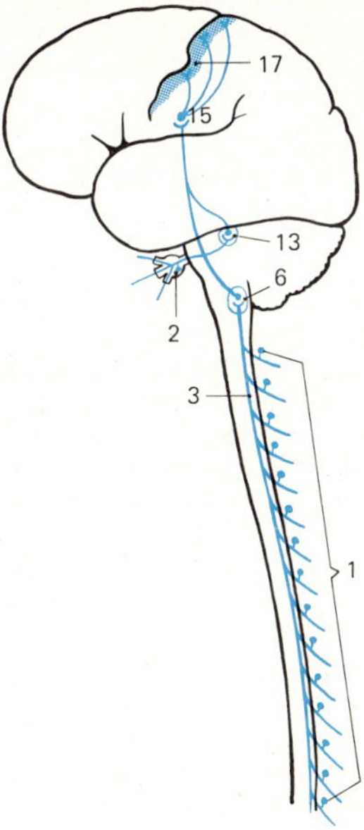

A Leitung der Berührungsempfindung

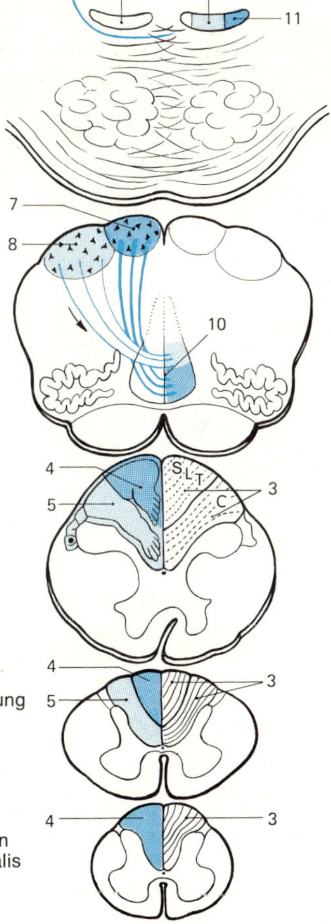

B Lage der Hinterstrangbahn und des Lemniscus medialis

Bahn der protopathischen Sensibilität

Die dünnen markarmen oder marklosen Nervenfasern für die Schmerz- und Temperaturempfindung stammen von den kleinen Nervenzellen der Spinalganglien **A1** (1. Neuron). Ihre zentripetalen Fortsätze treten durch die laterale Abteilung der Hinterwurzel in das Rückenmark ein (S. 56F), gabeln sich im *Lissauerschen Trakt* auf und enden im dorsalen Randgebiet der Substantia gelatinosa und im Hinterhorn (S. 50 A2). Die sekundären Fasern kreuzen zur Gegenseite und steigen im Vorderseitenstrang als **Tractus spinothalamus lateralis B2** (2. Neuron) nach oben. Der Trakt bildet keinen geschlossenen Faserzug, sondern lockere Bündel, die mit Fasern anderer Systeme durchmischt sind. Die in den verschiedenen Wurzelhöhen neu hinzutretenden Fasern lagern sich ventromedial an. Die sakralen Fasern liegen also an der Oberfläche und die zuletzt angelagerten zervikalen Fasern im Inneren des Vorderseitenstranges (S. 50 A1, S. 132 B8).

Die Reizzufuhr wird von absteigenden Fasern reguliert, die ihren Ursprung in der Zentralregion, im Lobus anterior des Kleinhirns und in der Formatio reticularis haben und die in der Substantia gelatinosa enden. Diese ist ein Relaissystem, in dem die peripheren Erregungen durch den bahnenden oder hemmenden Einfluß höherer Zentren moduliert werden. Man hat in der Substantia gelatinosa zahlreiche axoaxonale Synapsen nachgewiesen, die für die präsynaptische Hemmung charakteristisch sind.

In der Medulla befindet sich der Tractus spinothalamicus lateralis *(Lemniscus spinalis)* am lateralen Rand über der Olive und gibt zahlreiche Kollateralen zur Formatio reticularis ab. Es endet hier auch ein beträchtlicher Teil der Fasern *(Tractus spinoreticularis)*. Die Formatio reticularis ist ein Bestandteil des aufsteigenden Aktivierungssystems (S. 138), bei dessen Erregung der Organismus in einen hellen Wachzustand versetzt wird. Die in der Schmerzbahn verlaufenden Impulse führen daher nicht nur zur bewußten Empfindung, sondern über die Formation reticularis auch zu einer Aufmerksamkeitssteigerung. Die Bahnen der epikritischen Sensibilität dagegen durchlaufen den Hirnstamm, ohne Kollateralen abzugeben.

Die spinothalamischen Fasern schließen sich im Mittelhirn dem *Lemniscus medialis* an und nehmen in ihm eine dorsolaterale Position ein. Ein großer Teil von ihnen endet an den Zellen des *Nucleus ventralis posterior thalami* **AC3** (3. Neuron) in somatotopischer Ordnung, vorwiegend in einem ventralen kleinzelligen Bezirk. Von hier ziehen tertiäre Fasern zur Postzentralregion **A4.** Weitere spinothalamische Fasern enden auch in anderen Thalamuskernen, z. B. in den intralaminären Kernen.

Im **Tractus spinothalamicus ventralis B5** wird eine grobe Berührungs- und Druckempfindung geleitet. Seine Fasern kreuzen vom Hinterhorn (2. Neuron) zum gegenseitigen Vorderstrang (S. 50 A3). In der Medulla ist die Lage des Trakts umstritten: Er soll entweder medial über dem Lemniscus medialis **B6** oder lateral über der Olive **B7** liegen. In Pons und Mittelhirn schließen sich die Fasern dem Lemniscus medialis an **B8** und enden an den Zellen des *Nucleus ventralis posterior thalami* (3. Neuron).

Die Schmerz- und Temperaturfasern für Gesicht und Nebenhöhlen entstammen den Neuronen des Ganglion trigeminale **A9,** deren zentripetale Fortsätze im *Nucleus spinalis nervi trigemini* **AB10** S. 116 BC4) enden. Im Tractus spinalis n. trigemini sollen die schmerzleitenden Fasern lateral, die temperaturleitenden weiter medial liegen. Die sekundären Trigeminusfasern **B11** *(Lemniscus trigeminalis)* schließen sich dem Lemniscus medialis an.

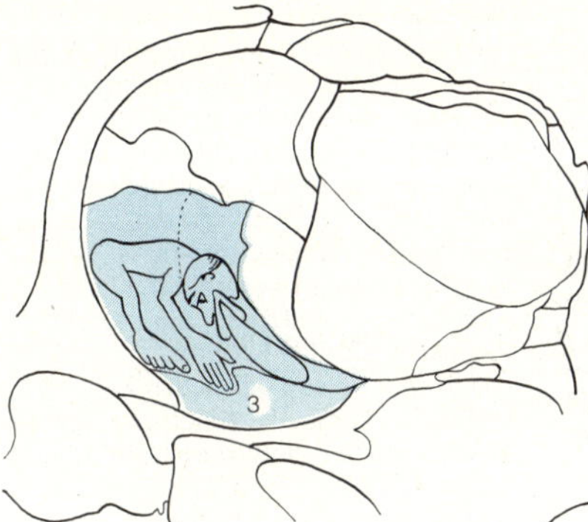

C Endigung der spinothalamischen Fasern im Thalamus

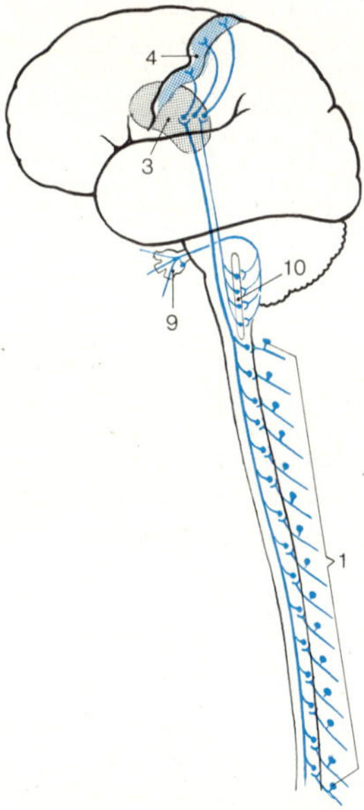

A Leitung der Schmerzempfindung

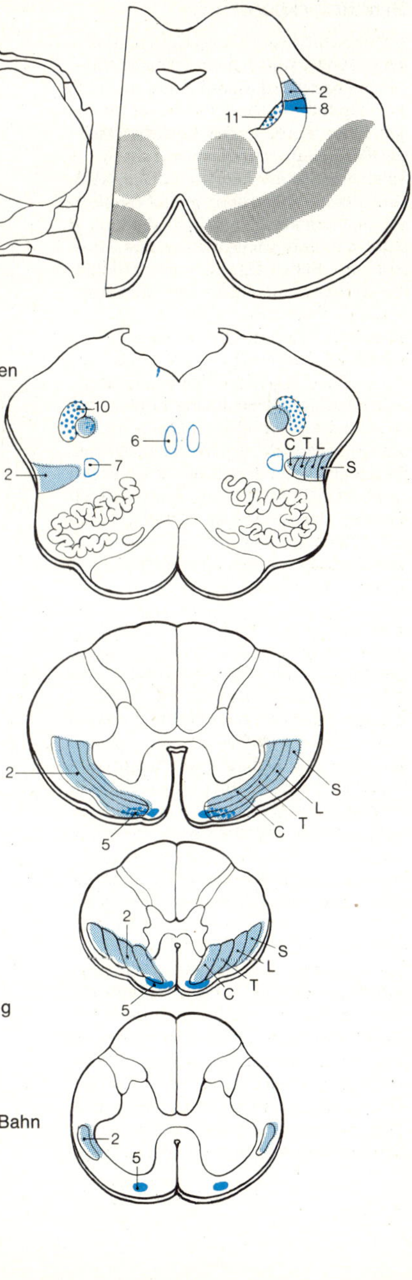

B Lage der spinothalamischen Bahn und des Lemniscus medialis

Geschmacksorgan

Die verschiedenen Geschmackssensationen werden von den Geschmacksknospen registriert, die zusammen mit dem Riechepithel zu den *Chemorezeptoren* gerechnet werden. Die **Geschmacksknospen BC1** finden sich in großer Zahl an den Seitenwänden der *Papillae vallatae* **AB2**, in mäßiger Zahl an den *Papillae fungiformes* und den *Papillae foliatae.* Außerdem trifft man vereinzelte Geschmacksknospen am weichen Gaumen, an der hinteren Rachenwand und am Kehldeckel an.

Eine Geschmacksknospe besteht aus etwa 20 hellen spindelförmigen Zellen, die schalenartig zusammenliegen und an ihrer Oberfläche eine kleine Grube, den *Geschmacksporus* **C3** frei lassen. In diesen ragen kleine Plasmafortsätze der Zellen hinein. Im Bereich der Knospe soll eine ständige Neubildung der Sinneszellen stattfinden, wobei die voll ausgebildeten Zellen im Zentrum liegen und am Rande die Umwandlung von Epithelzellen in Sinneszellen stattfindet. Geschmacksknospen können sich auch durch Spaltung vermehren, und man sieht hin und wieder Zwillings- oder Mehrlingsbildungen **C4.**

An die Basis der Geschmacksknospen treten dünne markhaltige Nervenfasern **D5** heran, die sich aufsplittern und auch das benachbarte Epithel versorgen. Man unterscheidet daher *extragemmale* und *intragemmale* Nervenfasern (Gemma: Knospe). Die intragemmalen Nervenfasern (meist 2 bis 3) verlieren beim Eintritt ihre Schwann-Zellhülle und bilden ein Geflecht, dessen Fäserchen nach elektronenmikroskopischen Befunden nicht nur zwischen den Sinneszellen liegen, sondern auch ihre Oberfläche tief einstülpen, so daß sie scheinbar intrazellulär liegen. Bei einer Durchschneidung des Geschmacksnerven bilden sich die Geschmacksknospen zurück. Die erneute Einpflanzung eines Nerven induziert im Zungenepithel die erneute Bildung von Geschmacksknospen.

Das elektronenmikroskopische Bild zeigt den langen Hals **E6** der Sinneszellen, der in den Geschmacksporus hineinragt und mit einem dichten Saum von Mikrovilli **E7** endet. Er ist der eigentliche rezeptorische Abschnitt der Zelle. Durch die Mikrovilli wird die Oberfläche der Zelle, die mit den Geschmacksstoffen in Berührung kommt, stark vergrößert. Man kann verschiedene Zelltypen unterscheiden: die dunklen Zellen **E8** enthalten zahlreiche Sekretgranula; den hellen Zellen **E9** fehlen diese Granula. Ein dritter Zelltyp **E10** ist kürzer und reicht mit seinen Mikrovilli nicht bis in den Porus. Sehr wahrscheinlich handelt es sich um verschiedene Entwicklungsstadien der sich ständig erneuernden Sinneszellen. Der Grund des Porus und die Spalten zwischen den rezeptorischen Zellabschnitten enthalten eine schleimartige Substanz, die wahrscheinlich von den Sinneszellen der Knospe sezerniert wird.

Über die Auslösung des Geschmacksreizes bestehen unterschiedliche Meinungen. Die Moleküle der reizauslösenden Substanzen sollen an den Membranen der Sinneszellen adsorbiert werden und eine Membranveränderung verursachen, die zur Erregung des terminalen Axons führt. Nach einer anderen Auffassung verbinden sich die Schmeckstoffe mit der schleimartigen Substanz, und die Kombination beider soll dann die Membranveränderung an den Rezeptoren bewirken.

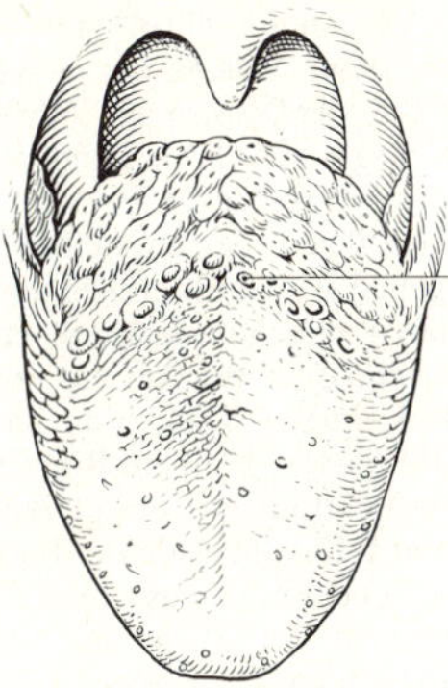

A Zunge mit Papillen

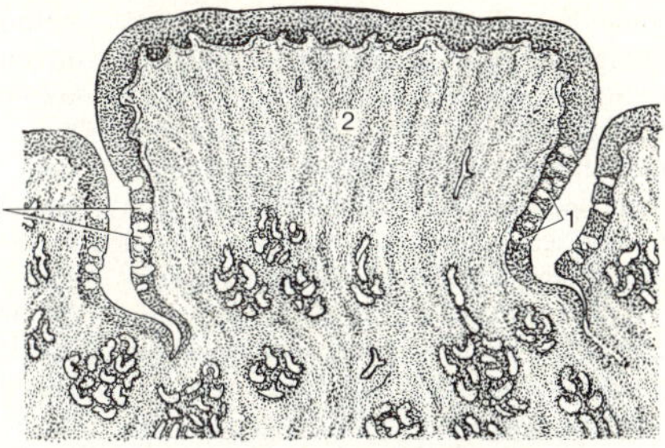

B Schnitt durch eine Papilla vallata

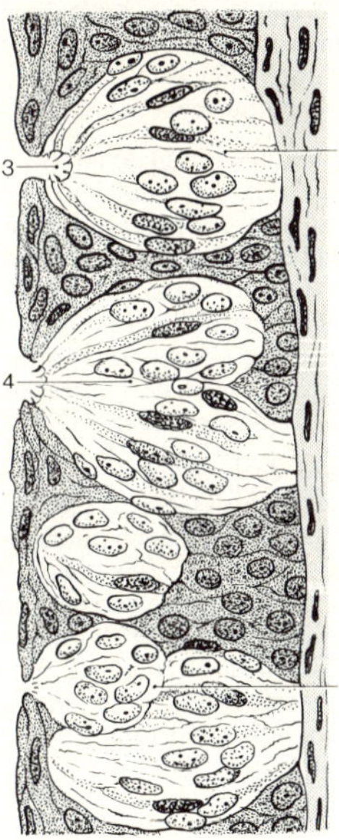

C Übersicht

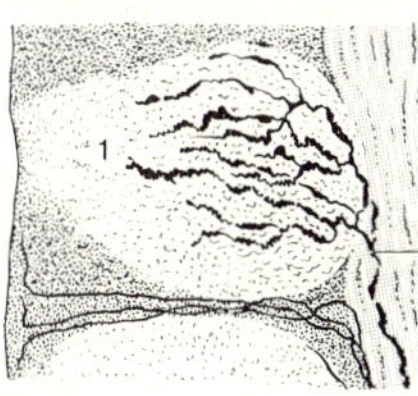

D Nervenendigungen

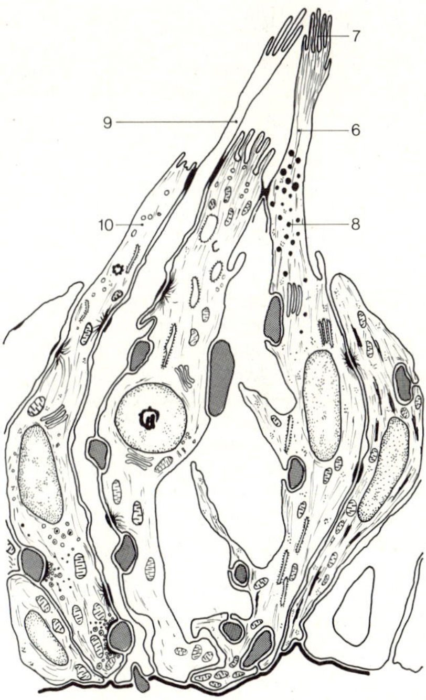

E elektronenmikr. Schema
(nach Popoff)

CDE Geschmacksknospen

Die Geschmacksqualitäten süß, sauer, salzig und bitter werden nicht von allen Geschmacksknospen in gleicher Weise wahrgenommen. Manche Knospen reagieren nur auf süß oder nur auf sauer, manche registrieren auch zwei oder drei Qualitäten, ohne daß zwischen ihnen morphologische Unterschiede nachweisbar wären. Auch an der Zungenoberfläche ist die Wahrnehmung der einzelnen Qualitäten verschieden. Sauer wird besonders an den seitlichen Zungenrändern **A1** wahrgenommen, salzig an Rändern und Spitze **A2,** bitter am Zungengrund **A3** und süß an der Zungenspitze **A4.**

Die Geschmacksfasern werden drei Hirnnerven zugeordnet: dem *N. facialis (N. intermedius)* **B5,** dem *N. glossopharyngeus* **B6** und dem *N. vagus* **B7.** Die Fasern entstammen pseudounipolaren Neuronen in den Ganglien der Hirnnerven, im *Ganglion geniculi* **B8,** im *Ganglion petrosum* (Ganglion inferius n. glossopharyngei) **B9** und im *Ganglion nodosum* (Ganglion inferius n. vagi) **B10.** Die Geschmacksfasern des N. facialis verlaufen über die Chorda tympani zum N. lingualis **B11** (S. 122 AB9) und versorgen die Rezeptoren der Papillae fungiformes auf den vorderen zwei Drittel der Zunge. Die Geschmacksfasern des N. glossopharyngeus ziehen in den Rr. linguales zum hinteren Drittel der Zunge und versorgen die Rezeptoren der Papillae vallatae. In den Rami tonsillares ziehen Geschmacksfasern zum weichen Gaumen. Die Geschmacksfasern des N. vagus erreichen die Epiglottis und den Epipharynx über die Rami pharyngei.

Die zentripetalen Fortsätze der Neurone treten in die Medulla ein und bilden den Tractus solitarius. Sie enden im *Nucleus solitarius* **BC12** ungefähr in Höhe der Nerveneintritte. Der Kern vergrößert sich in diesem Bereich und enthält einen Zellkomplex, der auch als Nucleus gustatorius bezeichnet wird.

Vom Nucleus solitarius nehmen die sekundären Geschmacksfasern ihren Ursprung. Ihr Verlauf im Hirnstamm ist nicht genau bekannt. Man nimmt an, daß der größte Teil der Fasern als Fibrae arcuatae zur Gegenseite kreuzt und sich dem *Lemniscus medialis* **C13** anschließt. Im Lemniscus sollen sie den am weitesten medial gelegenen Abschnitt einnehmen. Die sekundären Geschmacksfasern enden im medialen Anteil des *Nucleus ventralis posterior thalami* **C14.** Von hier ziehen tertiäre Fasern zu einem Rindenbezirk an der Ventralfläche des parietalen Operculum **C15,** unterhalb der Postzentralregion. Die Endigungsstätten im Thalamus und in der Hirnrinde sind durch Reizexperimente an Affen gesichert. Bei einer krankheitsbedingten Zerstörung dieser Bezirke beim Menschen hat man einen Verlust der Geschmackswahrnehmung auf der kontralateralen Zungenhälfte beobachtet.

Ein Teil der sekundären Geschmacksfasern zieht zum Hypothalamus. Sie sollen im Mittelhirn vom Lemniscus medialis abzweigen und über den Pedunculus mamillaris zum Corpus mamillare verlaufen. Andere Fasern werden im ventralen Haubenkern umgeschaltet und sollen den Hypothalamus über den Fasciculus longitudinals dorsalis erreichen.

Von den Neuronen des Nucleus solitarius gehen Kollaterale zu den Nuclei salivatorii ab. Auf diesem Wege kann durch die Geschmacksempfindung reflektorisch eine Speichelsekretion ausgelöst werden. Kollaterale, die zum Nucleus dorsalis n. vagi ziehen, bilden die Verbindung, über die Geschmacksreize eine reflektorische Magensaftsekretion hervorrufen.

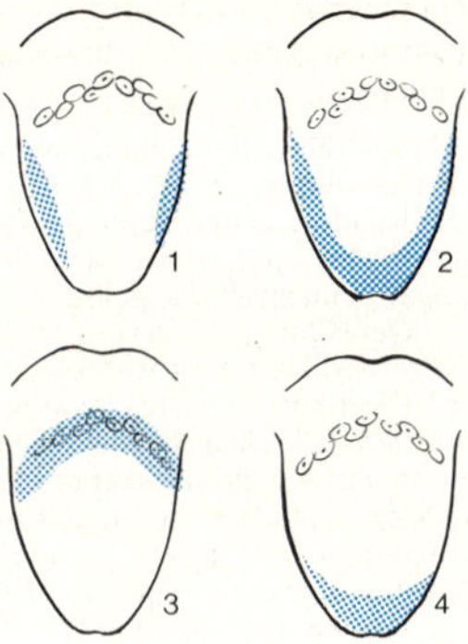

A Lokalisation der Geschmacksqualitäten auf der Zunge

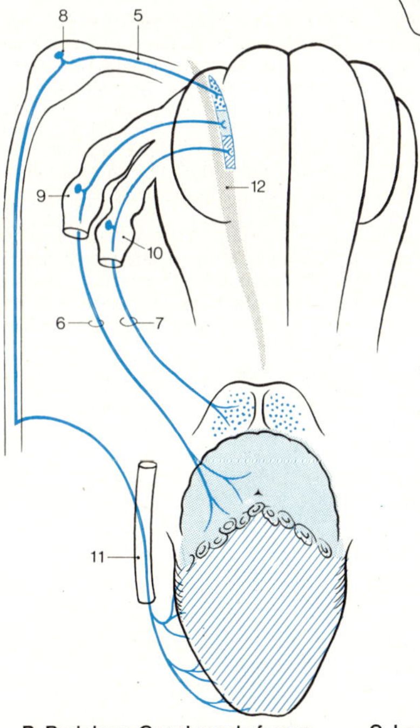

B Periphere Geschmacksfasern

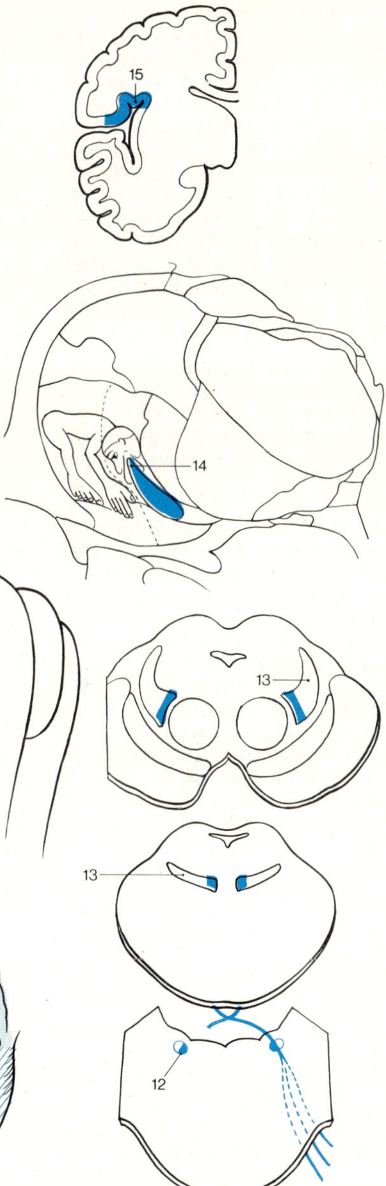

C Lage der Geschmacksbahn im ZNS

Geruchsorgan

Das Riechepithel nimmt beim Menschen in beiden Nasenhöhlen einen kleinen Bezirk **(Regio olfactoria A1)** am Oberrand der oberen Nasenmuschel und auf der gegenüberliegenden Fläche der Nasenscheidewand ein. Das mehrreihige Sinnesepithel ist aufgebaut aus Stützzellen **C2** und Sinneszellen **C3,** die sich durch helle, meist etwas tiefer liegende Kerne auszeichnen. Außerdem enthält die Regio olfactoria zahlreiche kleine Schleimdrüsen, die *Bowmanschen Drüsen,* deren Sekret die Riechschleimhaut als dünner terminaler Film bedeckt.

Der distale Abschnitt der Sinneszelle verjüngt sich zu einem dünnen Stiel, der die Oberfläche des Epithels etwas überragt. Dieser sog. *Riechkegel* **C4** ist von einer Anzahl Riechhärchen besetzt. Proximal geht der ovale Zelleib in einen dünnen Fortsatz über, der mit mehreren anderen Fortsätzen von Schwann-Zellen eingehüllt ist. Diese Fortsätze werden zu den *Nervi olfactorii* **AC5** gebündelt und ziehen durch die Öffnungen der Lamina cribrosa zum Bulbus olfactorius **A6** (S. 214 A). Im Bulbus enden die Fortsätze in den Glomeruli olfactorii, in denen sie synaptische Kontakte mit den Dendriten der Mitralzellen eingehen. Bei den epithelialen Sinneszellen handelt es sich praktisch um bipolare Nervenzellen, deren kurzer Dendrit den rezeptorischen Abschnitt bildet und deren Axon als zentripetale Faser zum Bulbus olfactorius zieht.

Das elektronenmikroskopische Bild einer Riechzelle (Katze) zeigt, daß ihr distaler Schaft **D7** mit einem Kolben **D8** endet, von dem zahlreiche lange *Riechgeißeln* **D9** abgehen.

Die terminalen Abschnitte der Sinnesgeißeln liegen in der Schleimschicht **D10,** welche die gesamte Oberfläche des Riechepithels vom Luftraum trennt. Schaft und Kolben enthalten Mikrotubuli, zahlreiche Mitochondrien **D11** und einige Lysosomen **D12.** Der Kolben überragt die Oberfläche der Stützzellen, an der ein dichter Saum von Mikrovilli **D13** ausgebildet ist.

Auf welche Weise die Wahrnehmung unterschiedlicher Gerüche zustande kommt, ist nicht sicher bekannt. Die Geruchsstoffe müssen wasserlöslich sein, so daß sie in der oberflächlichen Schleimschicht gelöst werden und bis zu den Sinnesgeißeln vordringen können, an deren Membran sie wahrscheinlich adsorbiert werden. In ausreichend hoher Konzentration bewirken sie eine Veränderung der Membran, die als Aktionspotential im Axon der Zelle weitergeleitet wird. Man nimmt an, daß es wie beim Geschmack einige wenige Grundqualitäten des Geruchs gibt und daß eine einzelne Sinneszelle jeweils nur eine bestimmte Grundqualität registriert. Da die Substanzen, die zu einer Geruchsgruppe gehören, annähernd die gleiche Molekülgröße besitzen, erscheint es möglich, daß die Membran einer Riechgeißel jeweils auf nur eine Molekülgröße reagiert (physikalische Theorie der Geruchswahrnehmung). Zentrale Riechbahn S. 214 AB.

Außer den Nervi olfactorii ziehen noch zwei weitere paarige Nerven von der Nasenhöhle zum Gehirn: der N. terminalis und der N. vomeronasalis. Der *N. terminalis* **B14** besteht aus einem Bündel feiner Nervenfasern, das von der Nasenscheidewand durch die Lamina cribrosa bis zur Lamina terminalis zieht und unterhalb der Commissura rostralis in das Gehirn eintritt. Das Bündel enthält zahlreiche Nervenzellen und gilt als vegetativer Nerv. Der *N. vomeronasalis* **B15,** der vom Vomeronasalorgan zum Bulbus olfactorius accessorius zieht, ist bei den niederen Vertebraten ausgebildet und beim Menschen nur während der Embryonalentwicklung nachweisbar. Das Vomeronasalorgan (Jacobsonsches Organ), ein Sinnesepithel in einer Schleimhauttasche der Nasenscheidewand, soll bei Reptilien für das Aufspüren von Nahrung von Bedeutung sein.

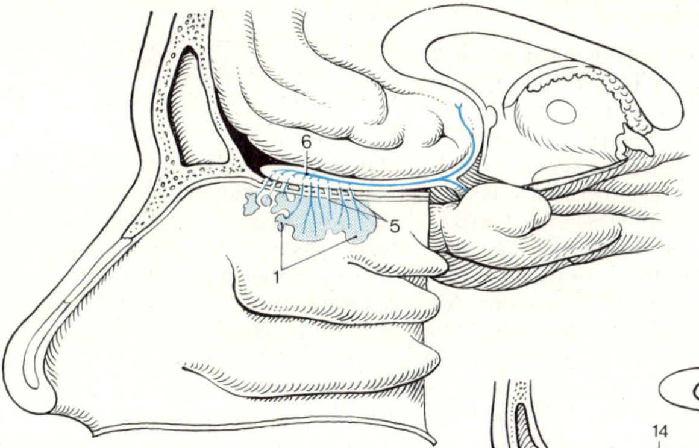

A Riechschleimhaut

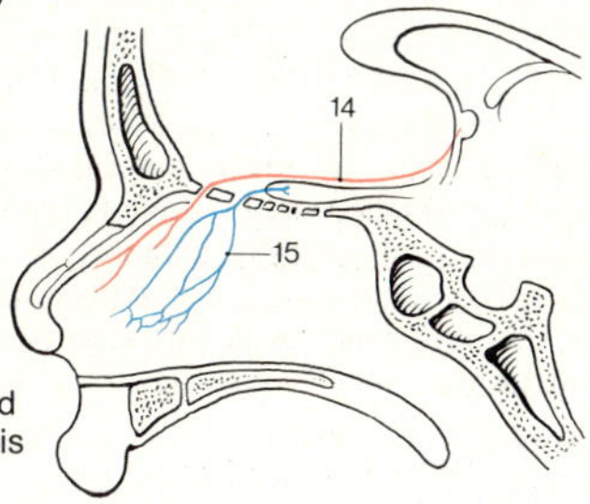

B Nervus terminalis und Nervus vomeronasalis

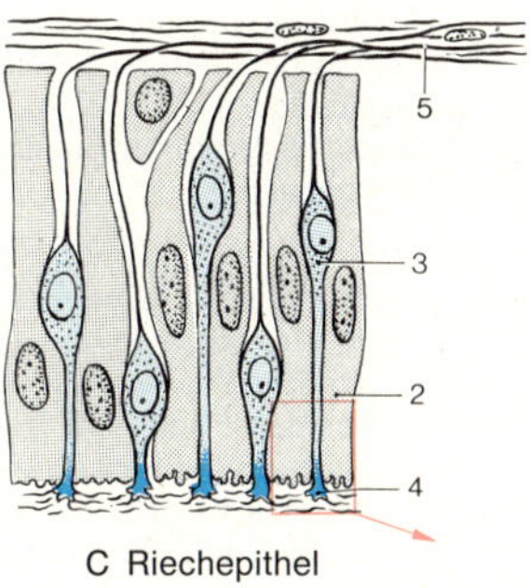

C Riechepithel

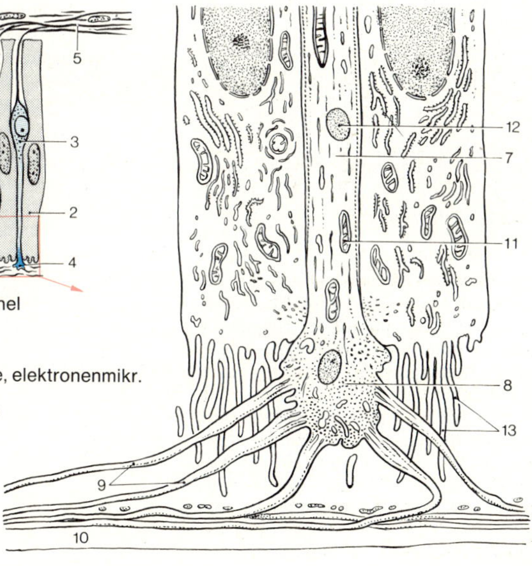

D Riechzelle, elektronenmikr. Schema
(nach Andres)

Limbisches System

Definition. Neuerdings faßt man die phylogenetisch alten Anteile der Endhirnhemisphäre mit ihren Randgebieten und ihren Verbindungen zu subkortikalen Zentren als limbisches System zusammen. Es handelt sich dabei nicht um ein geschlossenes, topisch geordnetes Bahnensystem, sondern um eine Zusammenfassung funktionell eng verknüpfter Kerne und Rindenbezirke. Man hat das System auch als viszerales oder als emotionales Gehirn bezeichnet, womit schlagwortartig seine funktionelle Bedeutung gekennzeichnet werden soll. Da das Konzept des limbischen Systems auf funktionellen Zusammenhängen beruht, sind die zugrundeliegenden anatomischen Strukturen nur ungenau definiert. Rindenbezirke und Kerne des limbischen Systems sind reich an peptidergen Nervenzellen.

Gliederung. Die zum limbischen System zu rechnenden kortikalen Bezirke bilden an der medialen Hemisphärenfläche einen ringartigen Komplex, der aus dem *Gyrus parahippocampalis* **A1,** dem *Gyrus cinguli* **A2** und der *Area subcallosa* **A3** besteht. Der Gyrus cinguli, der auch als *Gyrus limbicus* bezeichnet wird, gab dem System seinen Namen. Man kann an der medialen Hemisphärenfläche einen inneren und einen äußeren Bogen unterscheiden. Der äußere Bogen (Gyrus parahippocampalis, Gyrus cinguli und Area subcallosa) wird von den Randgebieten des Archicortex *(Periarchicortex)* und vom *Indusium griseum* des Balkens (rudimentärer Archicortex) gebildet. Der innere Bogen besteht aus der Hippokampusformation **A4,** dem Fornix **ABC5,** der Septumregion **A6,** dem diagonalen Band Brocas und dem Gyrus paraterminalis **A7,** also aus archikortikalen und paläokortikalen Bezirken. Ein wichtiger Bestandteil ist weiterhin das Corpus amygdaloideum. Einige subkortikale Kerne mit engen Faserbeziehungen zum limbischen Cortex werden auch in das System einbezogen, so das Corpus mamillare, der Nucleus anterior thalami, der Nucleus habenulae und im Mittelhirn der Nucleus tegmentalis dorsalis, Nucleus tegmentalis ventralis und der Nucleus interpeduncularis.

Bahnen. Das limbische System ist durch mehrere Faserbündel mit den olfaktorischen Zentren verknüpft. Die Fasern der Stria olfactoria lateralis enden in den kortikalen Teilen des Corpus amygdaloideum (S. 214). Über drei Bahnen beeinflußt das limbische System den Hypothalamus: über den *Fornix,* dessen präkommissurale Fasern in der Regio praeoptica **B8** und in den Kernen des Tuber cinereum **B9** enden, über die *Stria terminalis* **B10,** die vom Corpus amygdaloideum **B11** ebenfalls zu den Tuberkernen zieht, und über die *ventralen amygdalofugalen Fasern* **B12.** Die Verbindung zu den Haubenkernen des Mittelhirns wird durch die absteigenden Bündel des Nucleus habenulae *(Tractus habenulotegmentalis* und *Tractus habenulopeduncularis)* und durch die Bahnen des Corpus mamillare *(Pedunculus mamillaris* und *Fasciculus mamillotegmentalis)* hergestellt. Dabei bilden der efferente Fasciculus mamillotegmentalis **C13** und der afferente Pedunculus corporis mamillaris **C14** einen Neuronenkreis.

Innerhalb des limbischen Systems verläuft der mehrgliedrige Neuronenkreis von Papez. Die efferenten Fasern des Hippocampus erreichen das Corpus mamillare **C15** über den Fornix C5. Hier werden die Impulse auf das Vicq d'Azyrsche Bündel **C16** umgeschaltet, das zum Nucleus anterior thalami **C17** zieht. Dieser wieder projiziert zur Rinde des Gyrus cinguli **C18,** von der die Faserbündel des Cingulum **C19** zurück zum Hippocampus führen.

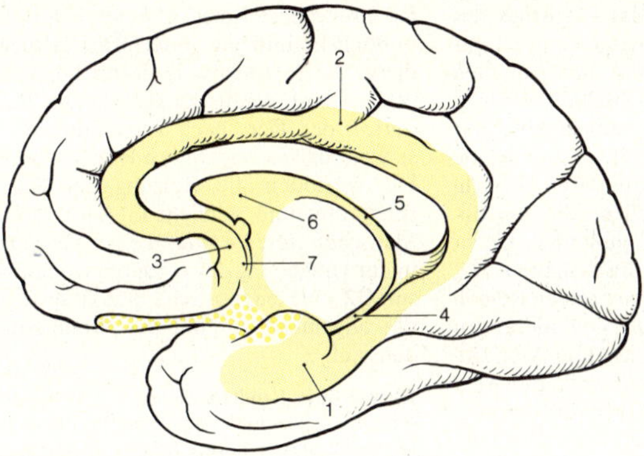

A Rindenbezirke des limbischen Systems
(nach Stephan)

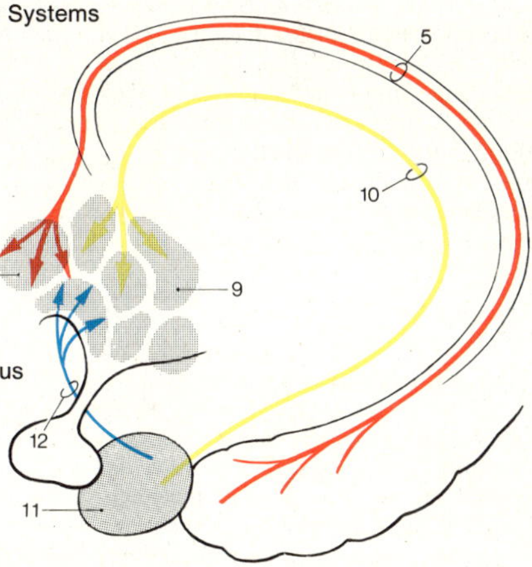

B Verbindung des limbischen Systems mit dem Hypothalamus
(nach Akert u. Hummel)

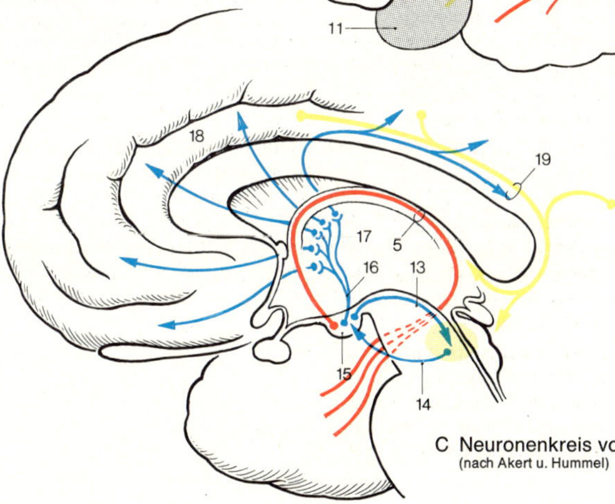

C Neuronenkreis von Papez
(nach Akert u. Hummel)

Gyrus cinguli. Er ist das Kernstück des limbischen Systems und mit der Riechrinde, dem Hypothalamus, der frontalen Rinde, dem kaudalen Abschnitt der orbitalen Rinde und dem oralen Abschnitt der Inselrinde verknüpft. In der Rinde des Gyrus cinguli liegt eine große Zahl peptiderger Nervenzellen, die vorwiegend Cholecystokinin, außerdem Corticoliberin und Enkephalin enthalten. Die elektrische Reizung seiner oralen Region führt beim Menschen zu Veränderungen des Blutdruckes, der Puls- und Atemfrequenz. Bei Reiz- oder Ausschaltungsexperimenten an Affen sieht man Temperaturänderungen, Piloerektion, Pupillenerweiterung, vermehrte Speichelsekretion und Veränderungen der Magenmotilität. Man hat bei Patienten mit schweren Erregungs- und Angstzuständen *Zingulektomien* durchgeführt und danach eine Beruhigung, einen Rückgang der Aggressivität und eine Gleichgültigkeit gegenüber unerträglichen Schmerzen gesehen.

Die Rinde des Gyrus cinguli beeinflußt den Hypothalamus und das vegetative System. Das limbische System spielt offensichtlich eine wichtige Rolle bei der Regulation der primitiven vitalen Vorgänge, wie Nahrungsaufnahme, Verdauung und Fortpflanzung (siehe auch Hypothalamus S. 186, Corpus amygdaloideum S. 212). Es sind die elementaren Lebensvorgänge, die der Selbsterhaltung und der Arterhaltung dienen und stets von Lust- oder Unlustgefühlen begleitet sind. Man hat daher auch das emotionale Geschehen auf das limbische System bezogen.

Septum. Wie bei der Amygdalareizung, kann man auch in der Septumregion **BC1** durch elektrische Reizung orale (Lecken, Kauen, Würgen), exkretorische (Defäkation, Miktion) und sexuelle (Erektion) Reaktionen auslösen. Die Septumregion, speziell das *diagonale Band von Broca,* ist auch die bevorzugte Lokalisation bei den Selbstreizversuchen an der Ratte AB. Tiere, deren eingepflanzte Elektrode eine Reizung dieses Bezirkes ermöglicht und die durch Tastendruck diese Reizung selbst auslösen können, pflegen sich ständig zu reizen. Das Bedürfnis der Tiere nach Stimulation geht so weit, daß sie sogar nach Hunger- oder Durstperioden die Reizung der Nahrungsaufnahme vorziehen. Auch beim Menschen treten während einer Reizung in der Umgebung der vorderen Kommissur **C2** eine euphorische Reaktion und das allgemeine Gefühl des Wohlbefindens auf.

Klüver-Bucy-Syndrom. Nach einer doppelseitigen Abtragung des Temporallappens **D3** beim Affen beobachtet man das sog. Klüver-Bucy-Syndrom. Bei der Abtragung sind Neocortex, Hippocampus und Corpus amygdaloideum betroffen, so daß ein polysymptomatisches Bild resultiert. Die Tiere werden zahm und zutraulich. Sie verlieren ihre Wildheit und Scheu auch gegenüber gefährlichen Objekten (z. B. Schlangen). Weiterhin entwickelt sich eine völlig enthemmte Hypersexualität, welche Affen dazu treibt, auch mit anderen Tieren, Katzen oder Hunden Kohabitationsversuche zu machen. Gegenstände können nicht mehr optisch identifiziert werden (optische Agnosie). Sie werden ins Maul genommen (orale Tendenzen) und in ständiger Wiederholung so untersucht, als ob sie jedesmall völlig unbekannt wären. Die Veränderung der Affektivität und des Triebverhaltens ist wahrscheinlich durch den Wegfall hemmender Zentren zu erklären. Für andere Symptome dürfte eine Störung der Merkfähigkeit nach doppelseitiger Entfernung des Hippocampus verantwortlich sein.

Es sind zweifellos verschiedenartige und recht komplexe Reaktionen, die im limbischen System zusammengefaßt werden. Wahrscheinlich wird man mit zunehmenden Kenntnissen das summarische und vage Konzept zugunsten mehrerer anatomisch und funktionell präzise definierter Systeme aufgeben können.

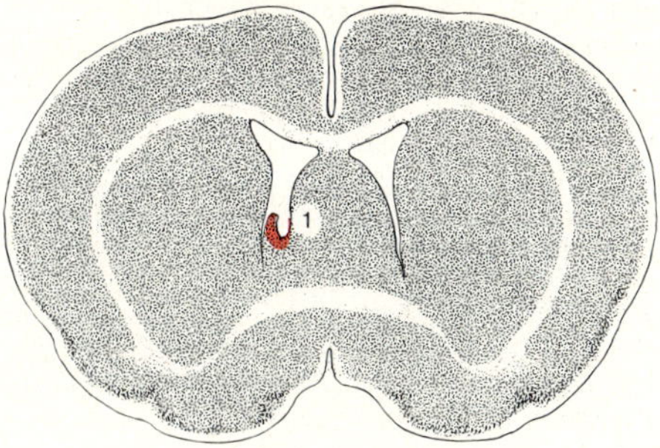

B Reizbezirk beim Selbstreizversuch
(nach Olds)

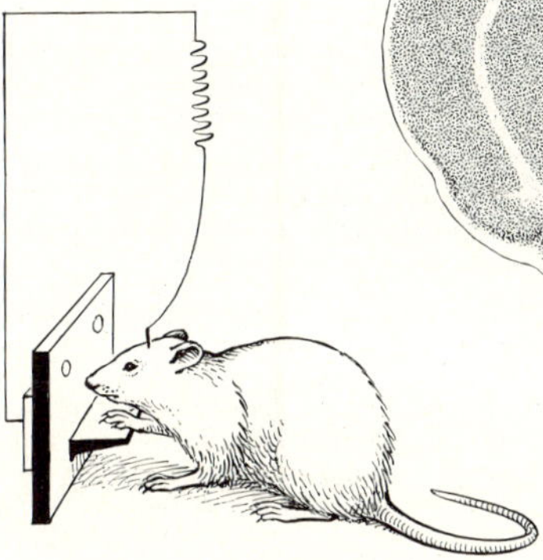

A Selbstreizung der Ratte
(nach Olds)

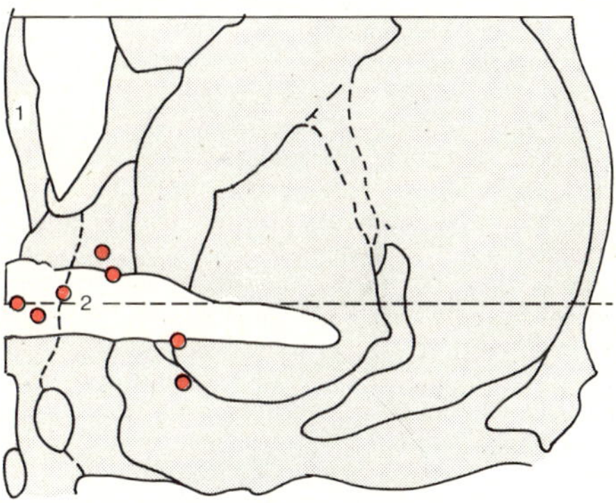

C Reizpunkte für euphorische Reaktion beim Menschen
(nach Schaltenbrand, Spuler, Wahren u. Wilhelmi)

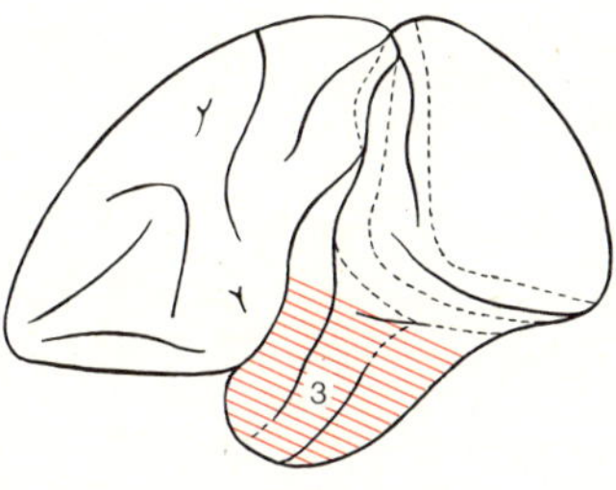

D Entfernung des Temporallappens beim Klüver-Bucy-Syndrom
(nach Klüver u. Bucy)

Sinnesorgane

Augenlider und Orbita

Augenlider. Der Augapfel, **Bulbus oculi,** ist in die Augenhöhle, Orbita, eingebettet und wird von den Augenlidern bedeckt. Oberlid, *Palpebra superior* **A1,** und Unterlid, *Palpebra inferior* **A2,** begrenzen die Lidspalte, *Rima palpebrarum.* Diese endet am medialen Augenwinkel, *Angulus oculi medialis* **A3,** mit einer Ausbuchtung, die das Tränenwärzchen, *Caruncula lacrimalis* **A4,** umschließt.

Bei der mongolischen Rasse setzt sich das Oberlid medial als Hautfalte, *Plica palpebronasalis,* auf die seitliche Nasenfläche fort (Mongolenfalte). Die Falte ist als transitorische Bildung auch bei Säuglingen zu beobachten und wird als *Epicanthus* bezeichnet.

Die Lider werden durch schalenförmige derbe Bindegewebsplatten aus kollagenen Fasern, *Tarsus superior* **B5** und *Tarsus inferior* **B6,** verstärkt, die durch das *Lig. palpebrale laterale* **B7** und *Lig. mediale* am Rande der Orbita befestigt sind. Die Lidplatten enthalten die langgestreckten, über die ganze Höhe der Lider reichenden *Glandulae tarsales,* die Meibomschen Drüsen **C8,** deren Sekret die Tränenflüssigkeit am Austritt über die Lidränder hindert. Sie münden an der hinteren Kante des Lidrandes, *Limbus posterior.* Von der vorderen Kante, *Limbus anterior* **AC9,** gehen in mehreren Reihen die Augenwimpern, *Cilia* **C10,** ab. Die Innenwand der Lider wird von der Augenbindehaut, **Tunica conjunctiva C11,** bekleidet, die am *Fornix conjunctivae* **C12** auf die Vorderfläche des Bulbus übergeht. Am Tarsus setzen die glatten *Mm. tarsales superior* **C13** und *inferior* **C14** (innerviert vom Sympathicus) an, welche die Weite der Lidspalte regulieren. Den Lidschluß bewirkt der *M. orbicularis oculi* **C15** (N. facialis, Bd. 1, S. 330, A20), die Hebung des Oberlides der *M. levator palpebrae superioris* **BC16** (N. oculomotorius). Dieser setzt am Oberrand des Canalis opticus an. Seine oberflächliche Sehnenplatte **C17** dringt bis in das subkutane Bindegewebe des Oberlides vor, während die tiefe Sehnenplatte **C18** am Oberrand des Tarsus ansetzt.

Tränenapparat. Über dem lateralen Lidwinkel liegt die Tränendrüse, **Glandula lacrimalis B19,** von der Sehne des M. levator palpebrae superioris in eine *Pars orbitalis* **B20** und eine *Pars palpebralis* **B21** unterteilt. Ihre Ausführungsgänge am Fornix conjunctivae sondern die Tränenflüssigkeit ab, welche die Vorderfläche des Bulbus ständig feucht hält und sich im *Lacus lacrimalis* des medialen Augenwinkels sammelt. Hier befindet sich an der Innenfläche beider Lider je eine kleine Öffnung, die *Puncta lacrimalia* **B22,** die in die Tränenkanälchen, *Canaliculi lacrimales* **B23,** führen. Diese, zuerst auf- bzw. absteigend, biegen annähernd rechtwinklig um, vereinigen sich und münden in den Tränensack, *Saccus lacrimalis* **B24,** von dem der Tränennasengang, *Ductus nasolacrimalis* **B25,** zum Meatus nasi inferior führt. Der Lidschlag dient nicht nur der gleichmäßigen Benetzung der Bulbusoberfläche, sondern soll auch durch Erweiterung und Verengerung des Tränennasenganges einen Sogeffekt beim Abfluß der Tränenflüssigkeit erzeugen.

Orbita. Die von Periost *(Periorbita)* **C26** ausgekleidete Augenhöhle wird von einem Fettgewebskörper, *Corpus adiposum orbitae* **C27,** ausgefüllt, in dem der Bulbus **C28,** der N. opticus **C29** und die Augenmuskeln **C30** eingebettet sind. Am vorderen Rand der Orbita wird das Fettgewebe durch das *Septum orbitale* **C31** begrenzt. Vom Augapfel ist es durch eine bindegewebige Kapsel, *Vagina bulbi* **C32**, getrennt, die einen schmalen Spalt, *Spatium episclerale* **C33,** umschließt. Knöcherne Wand der Orbita **C34.**

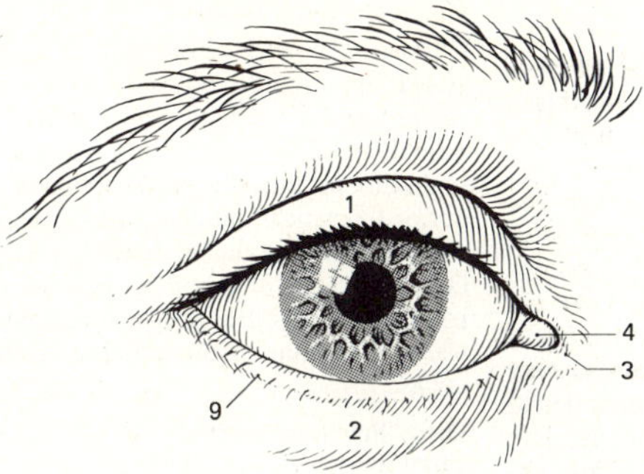

A Auge

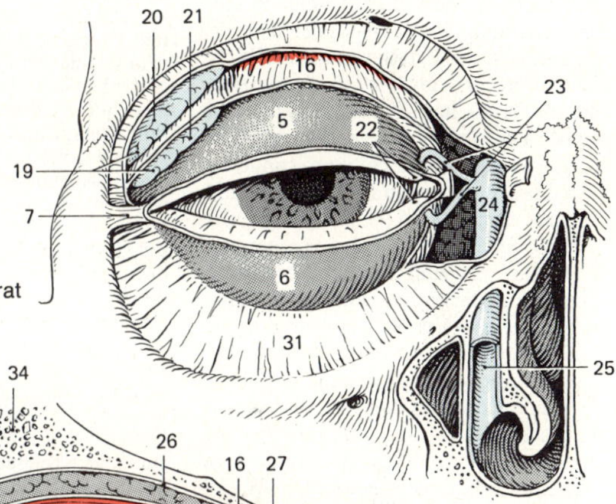

B Tränenapparat

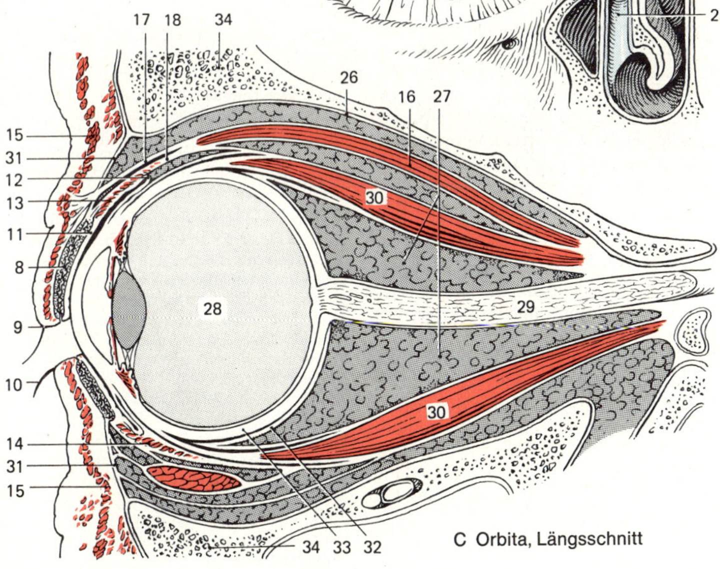

C Orbita, Längsschnitt

Augenmuskeln

Der in der Kapsel des Fettgewebskörpers mit Häuten befestigte Augapfel ist durch Verschiebespalten nach allen Richtungen beweglich. Seine Bewegungen werden durch sechs Muskeln, vier gerade und zwei schräge, ermöglicht. Die geraden Muskeln bilden mit ihren Ursprungssehnen einen trichterförmigen Ring um den Canalis opticus, *Anulus tendineus communis* **AB1.** Der **M. rectus superior ABC2** (N. oculomotorius) zieht leicht nach schräg außen über den Bulbus. Der **M. rectus inferior ABC3** (N. oculomotorius) verläuft unter dem Bulbus in gleicher Richtung. An der nasalen Fläche des Bulbus liegt der **M. rectus medialis AC4** (N. oculomotorius) und an der temporalen der **M. rectus lateralis ABC5** (N. abducens). Die platten Sehnen der Muskeln setzen etwa 0,5 bis 1 cm vom Rande der Hornhaut entfernt am Bulbus an. Der **M. obliquus superior AC6** (N. trochlearis) entspringt medial am Keilbeinkörper und zieht fast bis zum Rande der Orbita. Nahe dem Orbitalrand läuft seine Sehne durch die **Trochlea A7,** eine breite, aus Faserknorpel bestehende und mit einer Vagina synovialis ausgekleideten Schlaufe. Die Sehne biegt dann im spitzen Winkel nach hinten ab und setzt unter dem M. rectus superior auf der temporalen Seite der oberen Bulbusfläche an. Der **M. obliquus inferior BC8** (N. oculomotorius) entspringt medial am Margo infraorbitalis und verläuft zur temporalen Bulbusfläche. *M. levator palpebrae superioris* **B9.**

Die Bewegungen des Bulbus werden schematisch nach drei Achsen geordnet: Drehung um die vertikale Achse nasalwärts (Adduktion) und temporalwärts (Abduktion), Drehung um die horizontale Achse aufwärts (Hebung) und abwärts (Senkung), Drehung um die sagittale Achse mit nasalwärts Rollen der oberen Bulbushälfte (Innenrotation) und temporalwärts Rollen (Außenrotation). Der M. rectus medialis C4 bewirkt eine reine Adduktion, der M. rectus lateralis C5 eine reine Abduktion. Der M. rectus superior C2 hebt den Bulbus und bewirkt nebenbei eine leichte Adduktion und Innenrotation, der M. rectus inferior C3 senkt den Bulbus und bewirkt nebenbei eine leichte Adduktion und Außenrotation, der M. obliquus superior C6 rotiert die obere Bulbushälfte nasalwärts, senkt und abduziert den Bulbus etwas, der M. obliquus inferior C8 rotiert die obere Bulbushälfte temporalwärts, hebt und abduziert den Bulbus etwas.

Diese Funktionsbeschreibung gilt nur bei geradeaus gerichtetem Blick und parallelen Sehachsen beider Bulbi. Bei Blickbewegungen und gleichzeitigen Konvergenz- (S. 336) und Divergenzreaktionen kommt es zu einem Wandel der Funktion einzelner Augenmuskeln. So werden z. B. die beiden Mm. recti interni, die bei der Konvergenzreaktion Synergisten sind, beim Seitwärtsblick zu Antagonisten. Der Funktionswechsel einiger Augenmuskeln wird durch die Abweichung der Sehachse von der anatomischen Achse der Orbita bestimmt. Wenn sich die beiden Achsen bei einer Abduktion des Bulbus um 23 Grad decken, verlieren der M. rectus superior und der M. rectus inferior ihre Nebenfunktionen und der erste wird zum reinen Bulbusheber **D11,** der zweite zum reinen Bulbussenker. Bei maximaler Adduktion des Bulbus bis zu 50 Grad werden der M. obliquus superior zum reinen Bulbussenker **E13,** der M. obliquus inferior zum reinen Bulbusheber. Bei jeder Blickbewegung sind alle Augenmuskeln mit Spannung und Entspannung beteiligt, und die jeweilige Stellung der Bulbi bestimmt die funktionelle Rolle eines jeden Augenmuskels.

Präzision und Schnelligkeit der Muskelfunktion beruhen auf strukturellen Besonderheiten. Außer den intrafusalen Fasern der Muskelspindeln sind zahlreiche extrafusale Fasern mit sensorischen Spiralendigungen versorgt. Die motorischen Einheiten sind extrem klein; zirka 6 Fasern eines Augenmuskels werden von einer Nervenfaser versorgt. In der Fingermuskulatur versorgt eine Nervenfaser 100 bis 300 Muskelfasern, in anderen Muskeln oft über 1500 Fasern. Bei einer Lähmung einzelner Augenmuskeln werden die Gegenstände der Umwelt doppelt wahrgenommen. An der Stellung der Doppelbilder – nebeneinanderstehend, schräg nach oben oder schräg nach unten verschoben – kann der Erfahrene feststellen, welcher Muskel gelähmt ist.

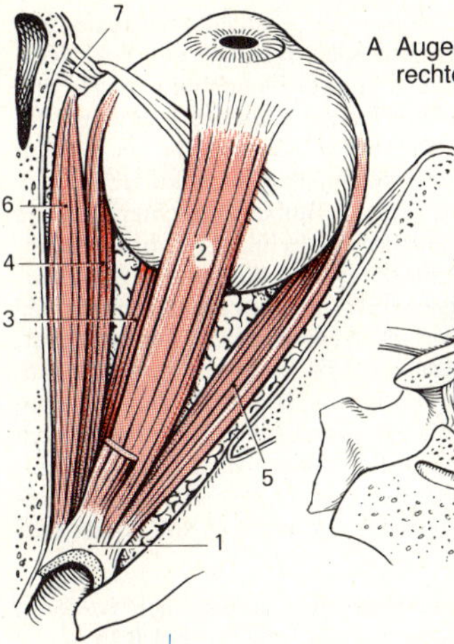

A Augenmuskel von oben rechtes Auge

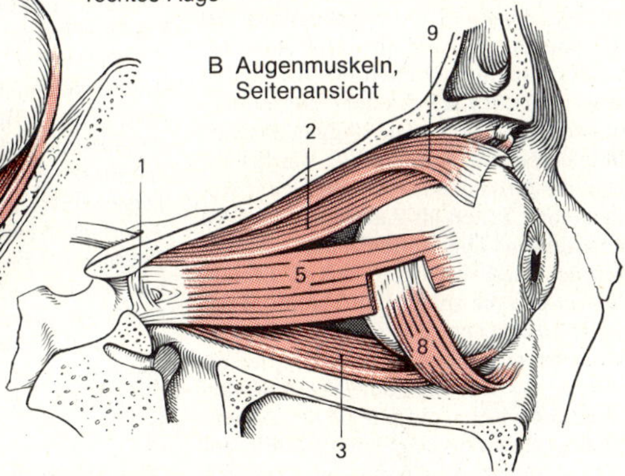

B Augenmuskeln, Seitenansicht

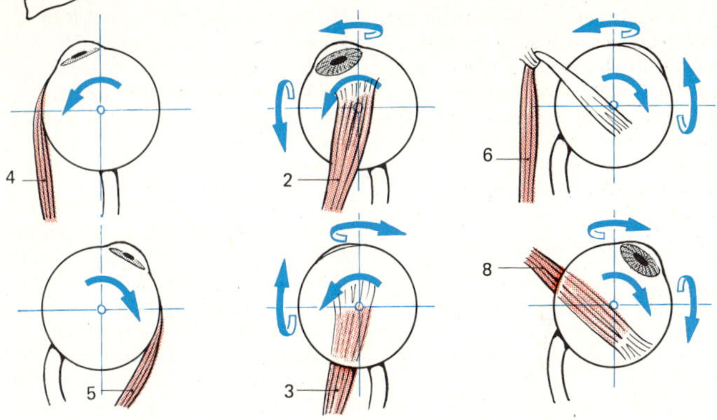

C Funktionsweise der Augenmuskeln des rechten Auges

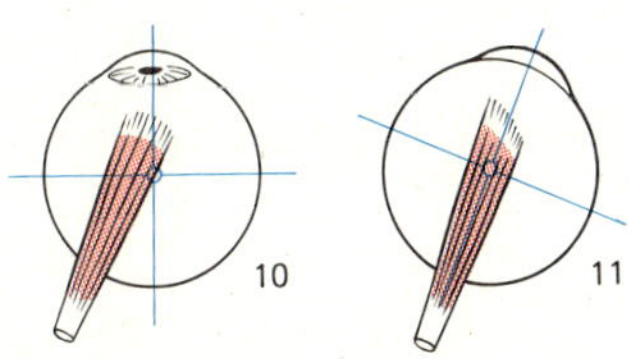

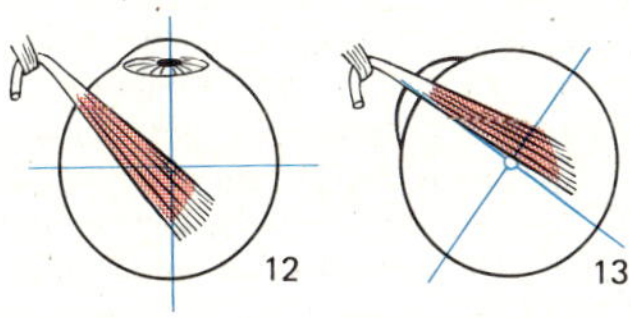

D M. rectus superior des rechten Auges, 10 Blick geradeaus, 11 Abduktion um 23°

E M. obliquus superior des rechten Auges, 12 Blick geradeaus, 13 Adduktion um 50°

Übersicht

Entwicklung. Der lichtempfindliche Anteil des Auges ist ein Abkömmling des Zwischenhirns. Am Ende des ersten Entwicklungsmonats stülpen sich die beiden *Augenbläschen* **A1** aus dem Vorderhirnbläschen **A2** aus. Die Augenbläschen induzieren am Kopfepithel Verdickungen, die *Linsenplatten* **A3,** die sich später zu beiden Seiten als *Linsenbläschen* **A4** abschnüren. Die Epithelzellen der Blasenrückwand verlängern sich zu *Linsenfasern* **A5,** die später den Hauptteil der Linse ausmachen. Die Zellen der Blasenvorderwand bleiben als Linsenepithel erhalten. Mit der Ausbildung des *Augenbechers* **A6** werden die Wände der Augenblase aneinandergelagert und der Blasenhohlraum, ursprünglich ein Abschnitt des Ventrikelsystems, *Ventriculus opticus* **A7,** wird zu einem Spalt umgebildet. Der Augenbecher besteht dann aus einem inneren Blatt, dem *Stratum cerebrale* **A8,** und einem äußeren Blatt, dem *Stratum pigmenti* **A9,** beides Schichten der Netzhaut, Retina. Die *A. hyaloidea* **A10,** die zur Linse zieht, bildet sich später wieder zurück.

Aufbau. An der Vorderfläche des Augapfels, Bulbus oculi, befindet sich die durchsichtige Hornhaut, **Cornea B11.** Dahinter liegt die Linse **B12,** der die Regenbogenhaut, **Iris, B13** mit ihrer zentralen Öffnung, der Pupille, vorgelagert ist. An der Hinterwand des Bulbus tritt etwas medial von der optischen Achse der Sehnerv, **N. opticus, B14** aus. Wir unterscheiden am Auge drei Räume: 1. die vordere Augenkammer **B15,** begrenzt von der Cornea, der Iris und Linse, 2. die ringförmig um die Linse liegende hintere Augenkammer **B16** und 3. das Augeninnere, das den Glaskörper, *Corpus vitreum,* **B17** enthält. Der Glaskörper ist eine zum größten Teil aus Wasser bestehende klare geleeartige Substanz. Die beiden Augenkammern enthalten eine wasserklare Flüssigkeit, das Kammerwasser.

Die Wand des Bulbus besteht aus drei Schichten: aus der Lederhaut, Sclera, der Gefäßhaut, Uvea, und der Netzhaut, Retina. Die **Sclera B18** ist eine dicke, vorwiegend aus kollagenen und einigen elastischen Fasern aufgebaute dehnungsfeste Bindegewebskapsel, die im Zusammenwirken mit dem intraokularen Druck die Form des Bulbus aufrechterhält. Die gefäßhaltige **Uvea** bildet im vorderen Abschnitt des Bulbus die Iris und den **Ziliarkörper B19,** im hinteren Abschnitt die Aderhaut, **Choroidea B20.** Die Netzhaut, **Retina,** enthält in ihrem hinteren Abschnitt, *Pars optica* **B21,** die lichtempfindlichen Sinneszellen, in ihrem vorderen Abschnitt, *Pars caeca* **B22,** Pigmentepithel. Die Grenze zwischen beiden Retinaabschnitten wird als **Ora serrata B23** bezeichnet.

Wir können am Bulbus einen vorderen **B24** und einen hinteren Pol **B25** unterscheiden, zwischen denen der *Augenäquator* **B26** verläuft. Einen *meridionalen* Verlauf **B27** nehmen manche Gefäße und Muskeln, d. h., sie folgen einer bogenförmigen Linie an der Oberfläche des Bulbus, die von Pol zu Pol verläuft.

Man kann den Augapfel in einen vorderen und einen hinteren Abschnitt gliedern. Beide Abschnitte haben verschiedene funktionelle Aufgaben. Der vordere Abschnitt enthält den bildentwerfenden Apparat, das lichtbrechende Linsensystem. Der hintere Abschnitt enthält die eigentliche lichtwahrnehmende Fläche, die Retina. Das Auge läßt sich also mit einer Kamera vergleichen, die vorn ein Linsensystem mit einer Blende – am Auge die Iris – und an der Hinterwand den lichtempfindlichen Film besitzt.

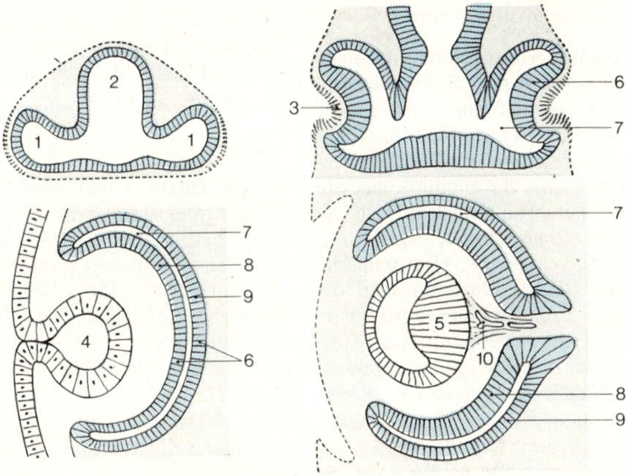

A Entwicklung des Auges

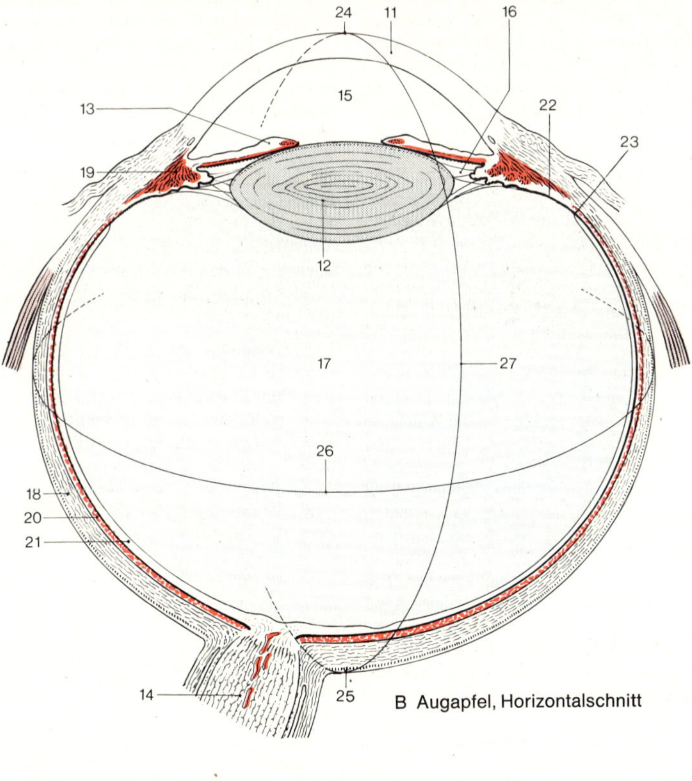

B Augapfel, Horizontalschnitt

Vorderer Augenabschnitt

Cornea A1B. Die Hornhaut sitzt nach Art eines Uhrglases dem Bulbus auf. Mit ihrer starken Krümmung wirkt sie als Sammellinse. Ihre Vorderfläche wird von einem mehrschichtigen nicht verhornenden Plattenepithel **B2** gebildet, das von einer Basalmembran unterlagert ist. An die Basalmembran schließt sich die *Lamina limitans anterior* (Bowmansche Membran), **B3** an. Darunter folgt die *Substantia propria* **B4** aus gestreckten kollagenen Fasern, die parallel zur Corneaoberfläche liegende Lamellen bilden. An der Rückfläche befindet sich eine Basalmembran, *Lamina limitans posterior* (Descemetsche Membran), **B5** und ein einschichtiges Endothel **B6.** Die Cornea enthält marklose Nervenfasern, jedoch keine Blutgefäße. Ihre Durchsichtigkeit beruht auf einem bestimmten Flüssigkeitsgehalt und Quellungszustand ihrer Bestandteile. Bei einer Veränderung des Quellungszustandes tritt eine Trübung der Hornhaut auf.

Vordere Augenkammer A7. Sie enthält das von den Irisgefäßen gebildete Kammerwasser. Die Wand des *Kammerwinkels* **A8** besteht aus lockeren Bindegewebsbalken *(Lig. pectinatum* **A9**), zwischen denen das Kammerwasser bis zum *Sinus venosus sclerae,* dem Schlemmschen Kanal, **A10** vordringen kann, durch den es abfließt.

Iris A11C. Die Regenbogenhaut bildet vor der Linse eine Art Blende. Sie setzt am Ziliarkörper an *(Iriswurzel* **A12**) und reicht bis zum Pupillenrand, *Margo pupillaris,* **A13**. Die Iris ist aus zwei Schichten aufgebaut: aus dem mesodermalen Stroma **AC14** und der ektodermalen *Pars iridica retinae* **AC15,** der Rückfläche der Iris. Das aus Bindegewebsbalken bestehende Stroma enthält Pigment. Ein hoher Pigmentgehalt läßt das Auge braun, ein niedriger dagegen grün bis blau erscheinen. Die zahlreichen Gefäße gehen vom *Circulus arteriosus iridis major* **AC16** in radiärer Richtung ab. Aus dem ektodermalen, vom Augenbecher stammenden Anteil haben sich außerdem zwei glatte Muskeln, der *M. sphincter pupillae* **AC17** und die dünne Schicht des *M. dilatator pupillae* **AC18** differenziert.

Corpus ciliare A19D. Am kreisrunden Ziliarkörper ist der Aufhängeapparat der Linse befestigt. Seine Muskulatur reguliert den Krümmungsgrad der Linse und damit die Sehschärfe beim Nah- und Fernsehen. Er besteht aus einer Fläche radiärer Falten, *Orbiculus ciliaris* **D20,** von der etwa 80 Wülste, *Processus ciliares* **D21,** vorspringen *(Corona ciliaris).* Den Vorderabschnitt des Orbiculus nimmt der Ziliarmuskel ein, dessen Muskelfasern, *Fibrae meridionales* **A22,** zwischen Ora serrata und dem Lig. pectinatum sowie der Descemetschen Membran ausgespannt sind. Von ihnen ziehen radiäre Muskelfasern nach innen und biegen zu einem ringförmigen Verlauf *(Fibrae circulares* **A23**) um. Die Rückfläche des Ziliarkörpers wird von der *Pars ciliaris retinae* **A24** bedeckt. Vom Ziliarkörper ziehen feinste Fasern, *Fibrae zonulares* **AD25,** zur Linse und bilden die *Zonula ciliaris* **D26.** Viele Fasern gehen in Höhe der Ora serrata ab und ziehen zur Vorderfläche der Linse. Sie kreuzen die kurzen, von den Processus ciliares abgehenden Fasern, die an der Hinterfläche der Linse enden.

Lens crystallina AD27E. Die bikonvexe Linse ist aus langgestreckten Epithelzellen, den Linsenfasern, aufgebaut, die sich lamellenartig aufeinanderlagern. Die Faserenden stoßen an der Vorder- und Rückfläche aneinander und bilden mit ihrer Grenze beim Neugeborenen einen dreistrahligen Stern D. Die Neubildung der Linsenfasern hält während des ganzen Lebens an.

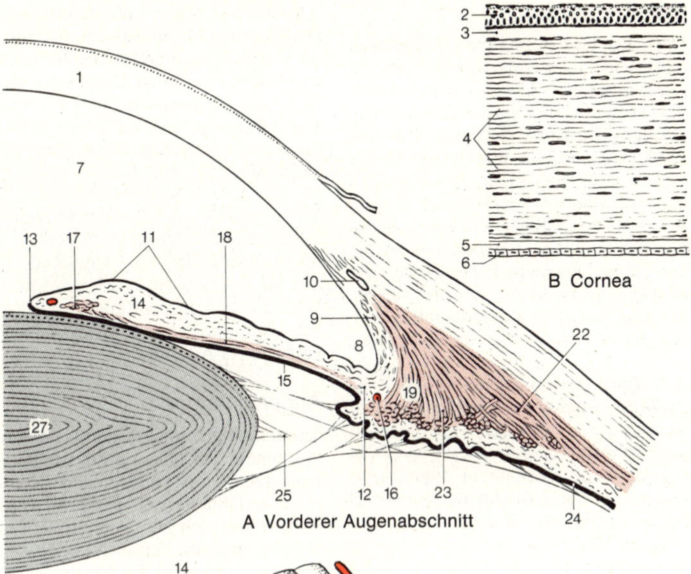

A Vorderer Augenabschnitt

B Cornea

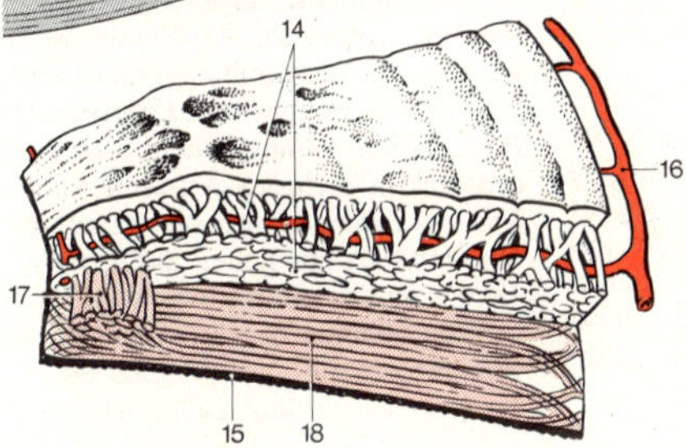

C Iris

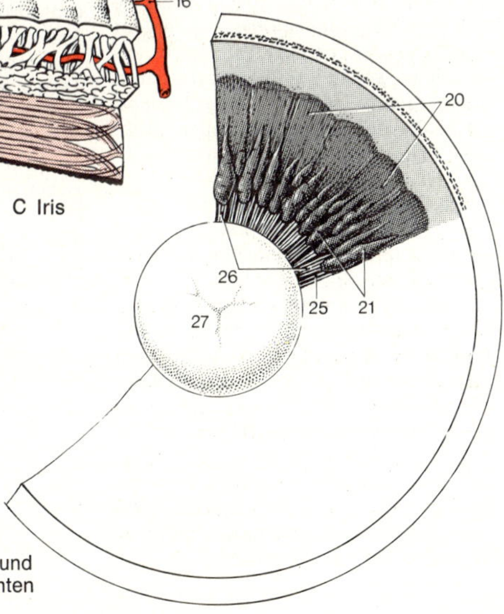

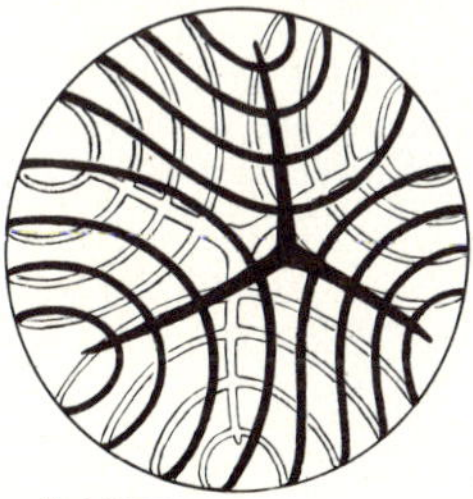

E Linse

D Ziliarkörper und Linse von hinten

Gefäßversorgung

Das Auge besitzt zwei verschiedene Gefäßsysteme: die Ziliararterien und die A. centralis retinae. Alle Gefäße gehen von der A. ophthalmica ab (Bd. 2, S. 58 A4). Die hinteren Ziliararterien sind die zuführenden Äste für die Gefäßhaut des Auges, Uvea oder Tunica vasculosa bulbi, welche die Iris **A1,** das Corpus ciliare **A2** und die eigentliche Aderhaut, Choroidea **A3,** der hinteren Bulbuswand bildet. Ihr Gefäßsystem dient nicht nur der Blutversorgung, sondern ist auch von Bedeutung für die Erhaltung des intraokularen Drucks und für die Bulbusspannung.

Aa. ciliares posteriores longae A4. Zwei Arterien treten in der Nähe des Opticusaustritts durch die Sclera. Eine von ihnen verläuft in der temporalen, die andere in der nasalen Bulbuswand bis zum Corpus ciliare und zur Iris. An der Iriswurzel bilden sie den *Circulus arteriosus iridis major* **A5,** von dem radiäre Gefäße zum *Circulus arteriosus iridis minor* **A6** in der Umgebung der Pupille ziehen.

Aa. ciliares posteriores breves A7. Sie bilden das Gefäßnetz der Aderhaut, die sich in der hinteren Bulbuswand bis zur *Ora serrata* **A8** erstreckt. Ihre innere, aus besonders weiten Kapillaren bestehende Zone, *Lamina choroidocapillaris,* grenzt an das Pigmentepithel der Retina. Während Pigmentepithel und Choroidocapillaris fest verwachsen sind, ist die äußere Fläche der Choroidea von der Sclera durch Spalträume *(Spatium perichoroideale)* getrennt und daher verschieblich.

Aa. ciliares anteriores A9. Sie verlaufen von den Mm. recti zur Sclera, wo sie sich im episkleralen Gewebe und in der Conjunctiva verzweigen. In der Conjunctiva bilden sie die um den Hornhautrand liegenden *Randschlingen* **A10.**

Die Venen sammeln sich in den vier Wirbelvenen, *Vv. vorticosae* **A11,** die an der Hinterwand des Bulbus die Sclera in schrägem Verlauf durchsetzen.

A. centralis retinae A12. Sie tritt etwa 1 cm hinter dem Bulbus in den N. opticus ein und zieht im Zentrum des Nerven bis zur Papilla nervi optici. Dann teilt sie sich in ihre Äste auf, die an der inneren Oberfläche der Netzhaut in der Nervenfaserschicht verlaufen. Die Retinagefäße sind *Endarterien.* Ihre Kapillaren dringen bis zur inneren Körnerschicht vor. Die Venolen sammeln sich in der *V. centralis retinae* **A13,** die den gleichen Verlauf wie die Arterie nimmt. Die Ernährung der Sehzellen erfolgt von beiden Seiten der Netzhaut: außen vom Kapillarsystem der Aa. ciliares posteriores breves und innen von dem der A. centralis.

Augenhintergrund

Mit dem Augenspiegel kann man durch die Pupille den Hintergrund des Auges betrachten. Er ist rötlich gefärbt. In der nasalen Hälfte liegt die **Papilla nervi optici B14,** in der sich alle Nervenfasern der Retina sammeln, um als N. opticus das Auge zu verlassen. Die Papille ist eine helle weißliche Scheibe mit einer zentralen flachen Grube, der *Excavatio disci* **B15.** In der Papille zweigt sich die A. centralis in mehrere Äste auf, und die Venen vereinigen sich zur V. centralis. Die Arterien sind heller und dünner, die Venen dunkler und etwas stärker. Die Gefäße nehmen nasalwärts einen mehr radiären, temporalwärts einen mehr bogenförmigen Verlauf. Zahlreiche Gefäße ziehen zur **Macula B16**, dem Bezirk des schärfsten Sehens. Ihre querovale, gering gelblich tingierte Fläche enthält im Zentrum eine kleine Grube, die **Fovea centralis B17.** Pars optica retinae **A18,** Pars ciliaris retinae **A19,** Pars iridica retinae **A20.**

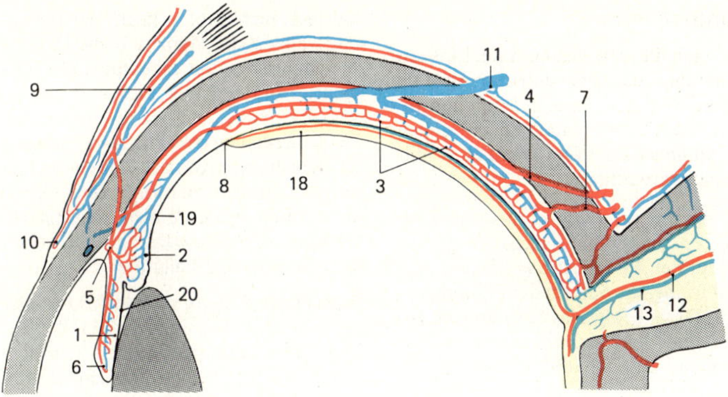

A Gefäßversorgung des Auges

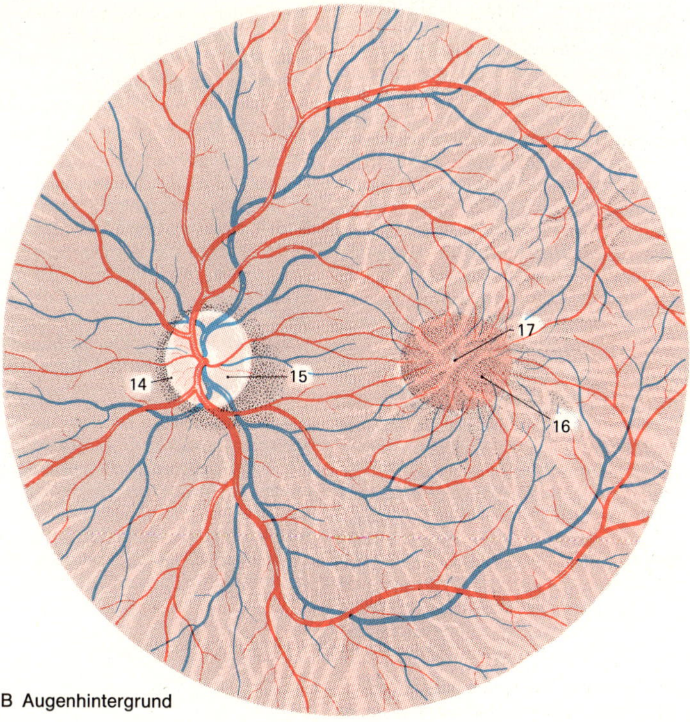

B Augenhintergrund

Retina

Die Netzhaut setzt sich aus zwei Blättern zusammen: aus dem äußeren Stratum pigmenti und dem inneren Stratum cerebrale. Beide Blätter sind nur im Bereich der Papille und der Ora serrata fest miteinander verwachsen.

Das *Stratum cerebrale* ist aus drei Zellschichten aufgebaut. Nächst dem Pigmentepithel **AB1** liegt das *Stratum neuroepitheliale,* die Schicht der Photorezeptoren. Darauf folgt das *Stratum ganglionare retinae,* eine Schicht bipolarer Nervenzellen, und schließlich das *Stratum ganglionare nervi optici,* eine Schicht multipolarer Neurone, deren Axone den N. opticus bilden. In der Retina sind also die Sinneszellen mit ihren rezeptorischen Abschnitten nicht dem Lichteinfall zugekehrt, sondern von ihm abgewendet und von Nervenzellen und Nervenfasern überlagert. Die Umkehrung der Verhältnisse bezeichnet man als *Inversion* der Retina. Die innere Oberfläche der Retina wird durch eine Basalmembran, *Membrana limitans interna* **B2**, vom Glaskörper getrennt. Eine Gliamembran, *Membrana limitans externa* **B3,** grenzt im Neuroepithel die rezeptorischen Abschnitte der Sinneszellen ab. Zwischen beiden Membranen erstrecken sich die langen, mit blattartigen Fortsätzen versehenen *Müllerschen Stützzellen* **B4.**

Stratum neuroepitheliale AB5. Das Neuroepithel enthält zwei verschiedene Sinneszellen, die **Stäbchenzellen B6** und die **Zapfenzellen B7.** Den Stäbchen wird eine Hell-Dunkel-Empfindlichkeit in der Dämmerung, den Zapfen eine Farbempfindlichkeit (Sehen am hellen Tag) zugeschrieben (Duplizitätstheorie). Die Zellkerne der Rezeptoren bilden die *äußere Körnerschicht* **A8.** Die Stäbchen und Zapfen enden am Pigmentepithel. Ohne Kontakt mit dem Pigmentepithel sind die Rezeptoren nicht funktionsfähig.

Bei niederen Vertebraten besitzt das Pigmentepithel einen bürstenartigen Saum von Mikrovilli **B9,** der zwischen den Stäbchen und Zapfen liegt. Bei Belichtung wandert das Pigment in die Fortsätze und umgibt die rezeptorischen Abschnitte. In der Dunkelheit kehrt es zurück. Bei manchen Spezies können sich die Sinneszellen strecken und während der Belichtung gegen das Pigmentepithel vorschieben. Eine derartige *Retinomotorik* ist bei Säugetieren nicht sicher nachgewiesen. Die Photorezeptoren gelten als 1. Neuron der Sehleitung.

Stratum ganglionare retinae AB10. Hier liegen bipolare Schaltzellen **B11** (2. Neuron), deren Dendriten zu den Sehzellen ziehen und mit ihren terminalen Ästen an den Endkolben der Rezeptoren enden. Ihre Axone haben Kontakt mit den großen Neuronen des Stratum ganglionare nervi optici. Die Zellkerne der bipolaren Elemente bilden die *innere Körnerschicht* **A12.** Ihre Synapsen liegen in kernfreien Zonen, die als äußere *plexiforme Schicht* **A13** und als *innere plexiforme Schicht* **A14** bezeichnet werden.

Stratum ganglionare nervi optici AB15. Die oberste Zellschicht besteht aus einer Reihe großer multipolarer Nervenzellen **B16** (3. Neuron), deren kurze Dendriten in der inneren plexiformen Schicht mit den Axonen der bipolaren Elemente Synapsen bilden. Ihre Axone ziehen als marklose Fasern in der Nervenfaserschicht **AB17** zur Papille. Sie bilden den N. opticus und enden im Corpus geniculatum laterale.

Assoziationszellen. In den einzelnen Schichten existieren Querverbindungen, die in der äußeren plexiformen Schicht durch die Axone der *Horizontalzellen* **B18** und in der inneren plexiformen Schicht durch die Dendriten der *amakrinen Zellen* **B19** hergestellt werden. Lamina choroidocapillaris **A20.**

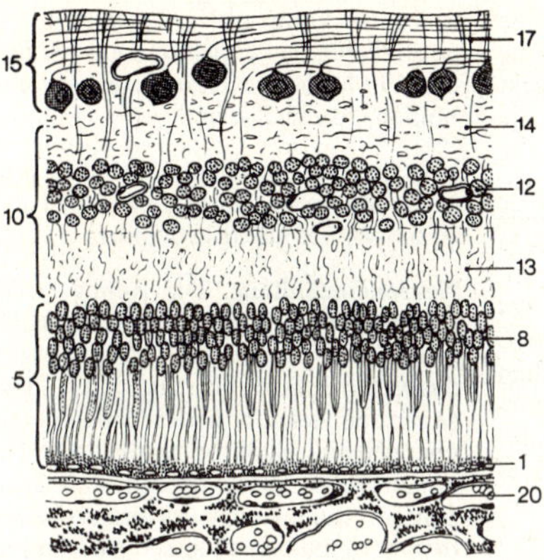

A Retina, Zellfärbung

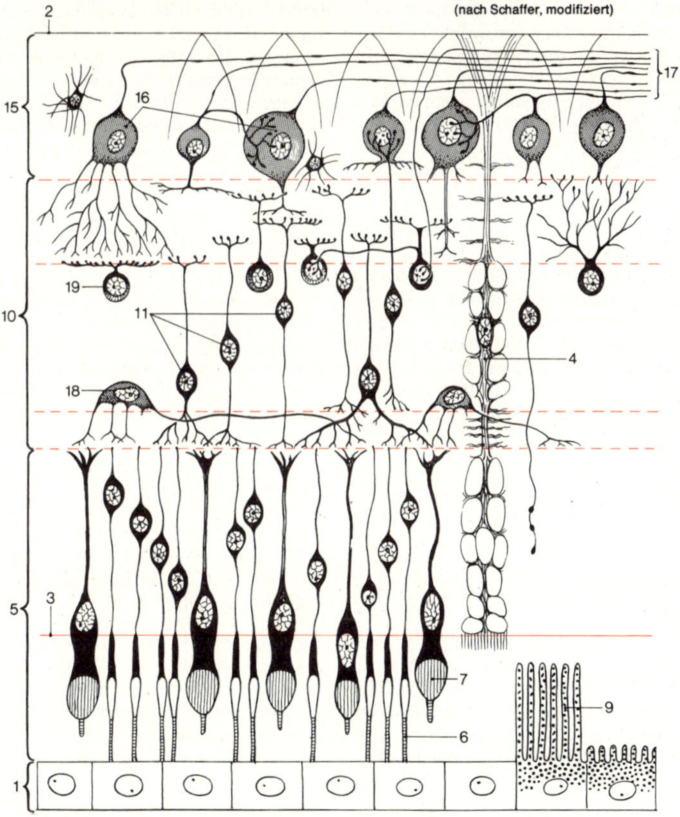

B Aufbau der Retina, Schema
(nach Schaffer, modifiziert)

Regionaler Bau der Retina. Die Retina wird in drei Abschnitte unterteilt: die *Pars optica retinae* (S. 324 A18) bedeckt den Augenhintergrund und enthält die lichtempfindlichen Sinneszellen (Photorezeptoren). Die *Pars ciliaris retinae* (S. 322 A24, 324 A19) wird von der Pars optica durch die *Ora serrata* (S. 324 A8) getrennt. Sie liegt dem Ziliarkörper an. Die *Pars iridica retinae* (S. 322 A15, 324 A20) bedeckt die Hinterfläche der Iris. Pars ciliaris und Pars iridica enthalten keine Sinneszellen, sondern bestehen lediglich aus einer doppelten pigmenthaltigen Epithelschicht. Sie werden deshalb auch als *Pars caeca* (blinder Teil) zusammengefaßt.

Die menschliche Retina enthält etwa 120 Millionen Stäbchen und 6 Millionen Zapfen. Ihre Verteilung ist regional verschieden. In der Umgebung der Fovea centralis kommt auf zwei Stäbchen ein Zapfen. Peripherwärts nimmt die Zahl der Zapfen ab, so daß im lateralen Bereich der Retina die Stäbchen bei weitem überwiegen.

Macula und Fovea centralis. Die Macula enthält keine Stäbchen, sondern nur Zapfen **BD1,** die mit ihrer ungewöhnlich langen schmalen Form vom üblichen Bau der Zapfen abweichen. Das Stratum ganglionare retinae und Stratum ganglionare nervi optici sind in der Macula stark verdickt, schwinden aber im Bereich der Fovea centralis, so daß hier über den Zapfenzellen nur noch eine dünne Gewebsschicht liegt. Das einfallende Licht hat also in der Fovea den unmittelbarsten Zutritt zu den Rezeptoren. Macula und Fovea sind die Orte des schärfsten Sehens. Das beruht nicht nur auf dem Fehlen der oberen Retinaschichten, sondern auch auf einer speziellen Neuronenschaltung.

In der Fovea ist jede Zapfenzelle mit nur einer bipolaren Zelle verbunden **D.** In der Perifovea wird eine Bipolarzelle mit sechs Zapfenzellen geschaltet. In der Peripherie der Retina findet sich eine Konvergenzschaltung C (S. 30). Auf ein Opticusneuron können hier über 500 Rezeptoren kommen. Insgesamt entsprechen den 130 Millionen Rezeptoren nur eine Million Optikusfasern.

Von den Nervenzellen der Macula zieht ein geschlossenes Faserbündel zur Papille, das *papillomakuläre Bündel.*

Neuronenschaltung. Die Retina besitzt ein außerordentlich kompliziertes Schaltsystem. Das Auge ist kein Sinnesorgan, das lediglich Lichtreize übermittelt. Diese werden vielmehr in der Retina bereits überarbeitet. Elektrophysiologische Untersuchungen haben gezeigt, daß Gruppen von Sinneszellen zu *rezeptiven Feldern* zusammengeschlossen sind und als funktionelle Einheiten reagieren. Ein rezeptives Feld wird vom Dendritenbaum einer großen Optikusganglienzelle und den Dendriten der amakrinen Zellen in der inneren plexiformen Schicht gebildet. Bei der Erregung eines rezeptiven Feldes werden die Nervenzellen im Umkreis gehemmt (Kontrastbildung, S. 30 D). Diese Hemmung wird durch die Querverbindungen der Horizontalzellen in der äußeren plexiformen Schicht ermöglicht.

Nervus opticus. Die Nervenfasern der Retina ziehen in Bündeln zur *Papilla nervi optici* **A2,** in der sie sich zum N. opticus vereinigen und den Bulbus verlassen. Sclera und Choroidea sind an der Durchtrittsstelle zur *Lamina cribrosa* **A3** verdünnt. Nach dem Durchtritt werden die außerordentlich feinen Fasern von Markscheiden eingehüllt. Der N. opticus ist von Hirnhäuten umgeben. Die *Durascheide* **A4** und *Arachnoideascheide* **A5** gehen in die Sclera **A6** über. Zwischen der *Arachnoidea-* und *Piascheide* **A7** liegt ein mit Liquor gefüllter Spalt **A8,** der eine Verschiebung zwischen Nerv und Hülle erlaubt. Von der Pia zieht eine Anzahl Septen zwischen die Nervenbündel. Der N. opticus ist eine Faserbahn des ZNS und enthält Astrozyten und Oligodendrozyten; seine Nervenfasern besitzen keine Schwann-Zellhülle.

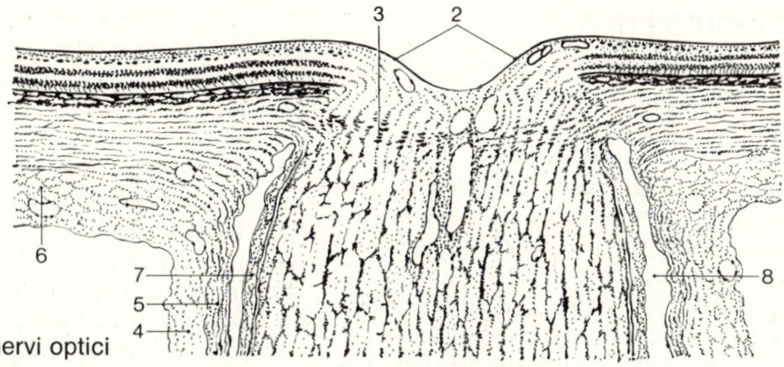

A Papilla nervi optici

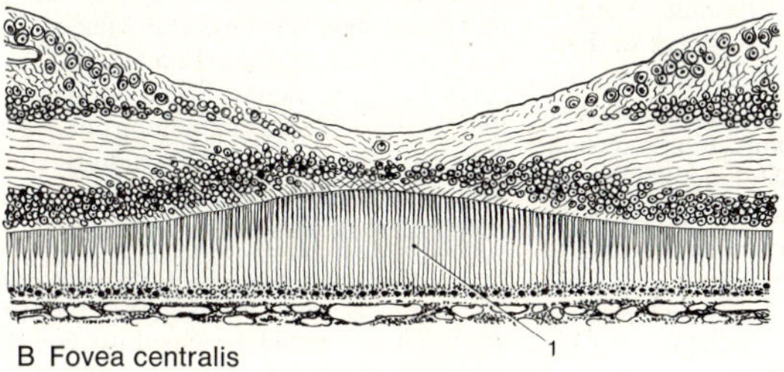

B Fovea centralis

Neuronenschaltung in der Retina

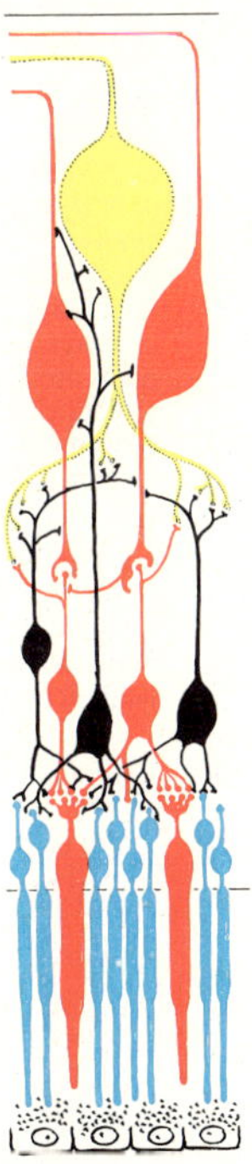

C gemischtes Stäbchen- und Zapfensystem

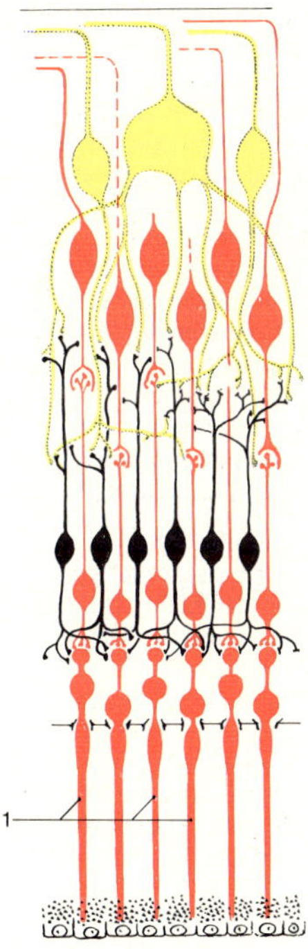

D Zapfensystem der Fovea centralis (nach Polyak)

Photorezeptoren

Die lichtempfindlichen Sinneszellen haben bei allen Wirbeltieren das gleiche Bauprinzip. Nächst dem Pigmentepithel liegt das Außenglied der Zelle, das sich in eine Vertiefung der Epithelzellen einsenkt. Bei den Stäbchen ist es ein Membranzylinder **AB1,** der mehrere hundert Scheiben von gleicher Größe enthält. Bei Zapfen hat das Außenglied **B2** eine mehr konische Form, bei der die proximalen Scheiben größer sind als die distalen. An das äußere Segment ist das innere durch ein dünnes exzentrisch gelegenes Verbindungsstück **A3** angeschlossen. Dieses ist wie eine Zilie mit kreisförmig angeordneten Mikrotubuli gebaut. Bei manchen Tierarten ist das Verbindungsstück relativ lang, so daß zwischen beiden Segmenten ein deutlicher Zwischenraum zu erkennen ist A. Es kann aber so kurz sein, daß beide Segmente aufeinanderliegen und kein Zwischenraum sichtbar ist B. Das innere Segment **AB4** enthält zahlreiche longitudinal angeordnete Mitochondrien, Diktyosomen und Ribosomen. Anschließend verjüngt sich der Zellkörper zu einer Art Axon **AB5,** das Filamente und Mikrotubuli enthält. Der Zellkern **AB6** liegt entweder am Übergang vom inneren Segment zum Axon oder innerhalb des Axons. Am inneren Ende bildet die Zelle einen Endkolben **A7,** an dem die Synapsen liegen. Außer den üblichen Synapsen haben sich hier sog. *invaginierte Synapsen* **A8** ausgebildet, bei denen die präsynaptische Membran eingestülpt ist und allseitig den postsynaptischen Komplex umgibt.

Das äußere Segment ist der eigentliche rezeptorische Abschnitt der Zelle, in dem das Licht absorbiert wird. Die hier aufgestapelten Scheiben werden durch Einfaltung der Zellmembran **C9** im proximalen Abschnitt des äußeren Segments gebildet. Sie lösen sich ab und bilden im distalen Abschnitt isolierte Scheiben **C10.** An ihre Membranen ist der *Sehpurpur,* das *Rhodopsin,* gebunden. Wenn man die Eiweißkomponente des Rhodopsins durch den Einbau einer radioaktiven Aminosäure markiert, kann man die Bildung des Sehpurpurs im inneren Segment und seine Wanderung durch das Verbindungsglied in das äußere Segment verfolgen D. Hier bildet sich ein Streifen der markierten Substanz und wandert bis zum äußeren Ende, um dort zu verschwinden (bei Ratten im Verlauf von 10 Tagen). Bei den Streifen handelt es sich um Scheiben mit markiertem Rhodopsin, die in den Stäbchen ständig neu gebildet werden, bis zum distalen Ende wandern und dann abgestoßen werden. Man hat in den Pigmentepithelien Fragmente **C11** solcher abgestoßener Scheiben gefunden. In den äußeren Segmenten der Zapfenzellen findet keine Neubildung von Scheiben statt. Die Einfaltungen der Membran bleiben ständig bestehen.

Durch die Absorption von Licht wird das Rhodopsin in seiner molekularen Struktur verändert und zerfällt in seine Eiweiß- und Pigmentkomponente. Aus diesen wird es in den Stäbchen ständig neu aufgebaut *(Rhodopsin-Retinin-Zyklus).* Wie dieser fotochemische Prozeß zu Membranveränderungen und damit zu nervöser Erregung führt, ist noch nicht genau bekannt. Das Rhodopsin ist nur in Stäbchenzellen enthalten. Es absorbiert das Licht aller Wellenlängen und dient also nicht der Farbunterscheidung. Die Stäbchenzellen sind Hell-Dunkel-Rezeptoren. Bei den Zapfen unterscheidet man drei verschiedene Typen mit unterschiedlichen Pigmenten, die nur das Licht bestimmter Wellenlängen absorbieren. Die Zapfen sind Farbrezeptoren.

Bei manchen Tierarten enthält die Retina nur Zapfen, bei anderen nur Stäbchen (Katze, Rind). Tiere mit einer Stäbchenretina können keine Farben unterscheiden. Der Stier, der auf Rot reagiert, ist also in Wirklichkeit farbenblind.

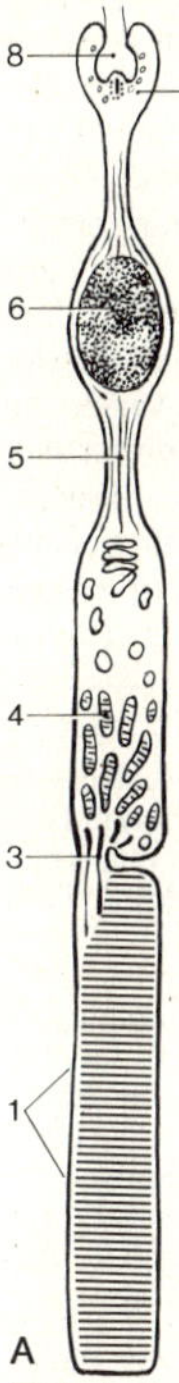

A
Stäbchenzelle, elektronenmikr. Schema

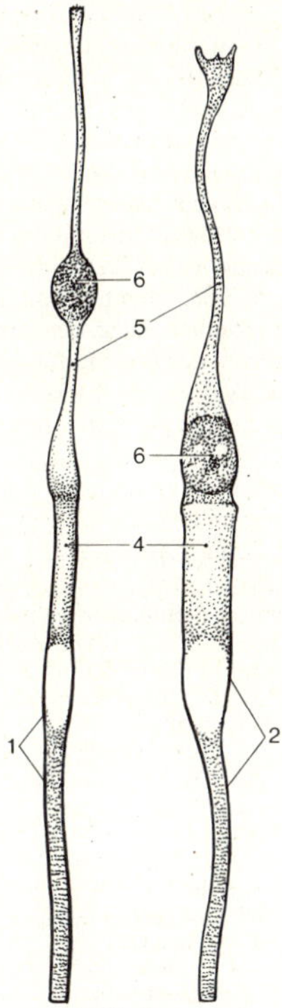

B Stäbchen- und Zapfenzelle, Mensch

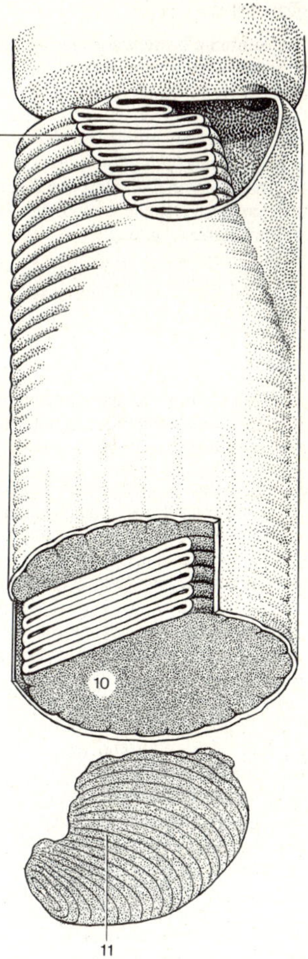

C Äußeres Segment einer Stäbchenzelle
(in Anlehnung an Young)

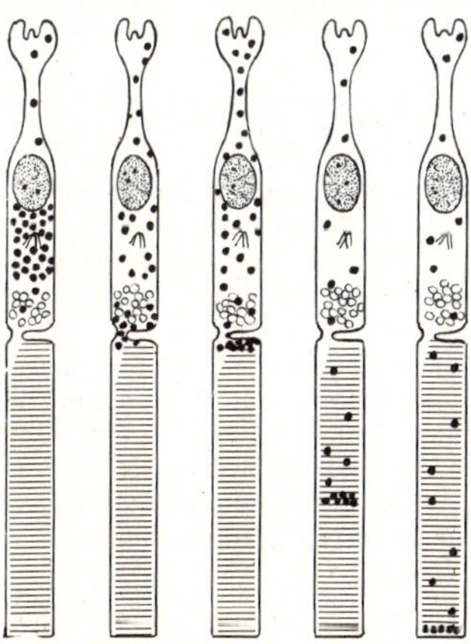

D Proteinerneuerung in Stäbchenzellen
(nach Young)

Sehbahn

Die Sehbahn besteht aus vier nacheinandergeschalteten Neuronen:

1. Neuron: die Photorezeptoren.

2. Neuron: die bipolaren Nervenzellen in der Retina *(Ganglion retinae),* welche die Impulse von Stäbchen und Zapfen zu den großen Ganglienzellen der Retina weiterleiten.

3. Neuron: die großen Ganglienzellen *(Ganglion nervi optici),* deren Axone sich zum N. opticus zusammenschließen und zu den primären Sehzentren (Nucleus geniculatus lateralis) ziehen.

4. Neuron: die Geniculatumzellen, deren Axone als Sehstrahlung zur Sehrinde *(Area striata)* projizieren.

Der **N. opticus A1** tritt durch den Canalis nervi optici in die Schädelhöhle ein. An der Basis des Zwischenhirns bildet er mit dem N. opticus der Gegenseite das **Chiasma opticum A2,** die Sehnervenkreuzung. Vom Chiasma an wird der Faserzug als **Tractus opticus A3** bezeichnet. Beide Tractus ziehen um die Pedunculi cerebri herum zu den beiden lateralen Corpora geniculata **A4.** Vorher teilt sich der Tractus in eine *Radix lateralis* **A5** und eine *Radix medialis* **A6.** Während der größte Teil der Fasern durch die Radix lateralis zum Corpus geniculatum laterale zieht, verlaufen die medialen Fasern unter dem Corpus geniculatum mediale **A7** weiter zu den oberen Zweihügeln. Sie enthalten optische Reflexbahnen. Die Optikusfasern sollen vor ihrer Endigung im Corpus geniculatum laterale auch einige Kollateralen zum Pulvinar thalami **A8** abgeben. Im **Corpus geniculatum laterale** beginnt die Sehstrahlung. **Radiatio optica** (Gratiolet) **B9,** die als breite Faserplatte zum Sulcus calcarinus an der medialen Fläche des Okzipitallappens zieht und dabei das nach vorn ausladende temporale Knie, *Genu temporale* **B10** (S. 244 C16) bildet. Im Okzipitallappen biegen zahlreiche Fasern nach rostral um *(Genu occipitale* **B11**), um die vorderen Abschnitte der Sehrinde zu erreichen.

Im Chiasma opticum kreuzen die Optikusfasern, die von den nasalen Hälften **B12** der Retina stammen. Die Fasern aus den temporalen Hälften **B13** kreuzen nicht, sondern verlaufen weiter auf der gleichen Seite. Der rechte Tractus enthält danach die Fasern aus der temporalen Hälfte des rechten Auges und aus der nasalen Hälfte des linken Auges. Der linke Tractus enthält die Fasern aus der temporalen Hälfte des linken Auges und aus der nasalen Hälfte des rechten Auges. Auf einem Querschnitt des Tractus liegen die gekreuzten Fasern vorwiegend ventrolateral, die ungekreuzten dorsomedial; dazwischen sind die Fasern durchmischt.

Die gekreuzten und ungekreuzten Fasern des Tractus opticus ziehen zu verschiedenen Zellschichten des Corpus geniculatum laterale (S. 178, 242). Die Zahl der Genikulatumzellen entspricht mit etwa 1 Million der Zahl der Optikusfasern. Die Optikusfasern enden allerdings meist an fünf bis sechs Zellen, die in verschiedenen Zellschichten liegen. Im Corpus geniculatum laterale enden auch kortikofugale Fasern der okzipitalen Rinde, die wahrscheinlich den Erregungszufluß regulieren. Dafür sprechen die für präsynaptische Hemmung charakteristischen axoaxonalen Synapsen, die im Corpus geniculatum laterale gefunden worden sind.

Die Axone der Genikulatumzellen bilden die Sehstrahlung. Ihre Fasern sind nach verschiedenen Retinabezirken geordnet. Die Fasern für die untere Retinahälfte, insbesondere die Retinaperipherie, schwingen im temporalen Knie am weitesten nach rostral aus. Die Fasern für die obere Retinahälfte und für den zentralen Bezirk der Macula beschreiben nur einen geringen Bogen im Temporallappen.

In der **Area striata B14** der rechten Hemisphäre enden die Fasern für die rechten Netzhauthälften; sie empfängt also Sinneseindrücke der linken Blickfeldhälften. In der Area striata der linken Hemisphäre enden die Fasern für die linken Netzhauthälften mit Eindrücken der rechten Gesichtsfeldhälften. Die rechte Hand und das rechte Gesichtsfeld sind also beide in der dominierenden linken Hemisphäre (S. 248) repräsentiert.

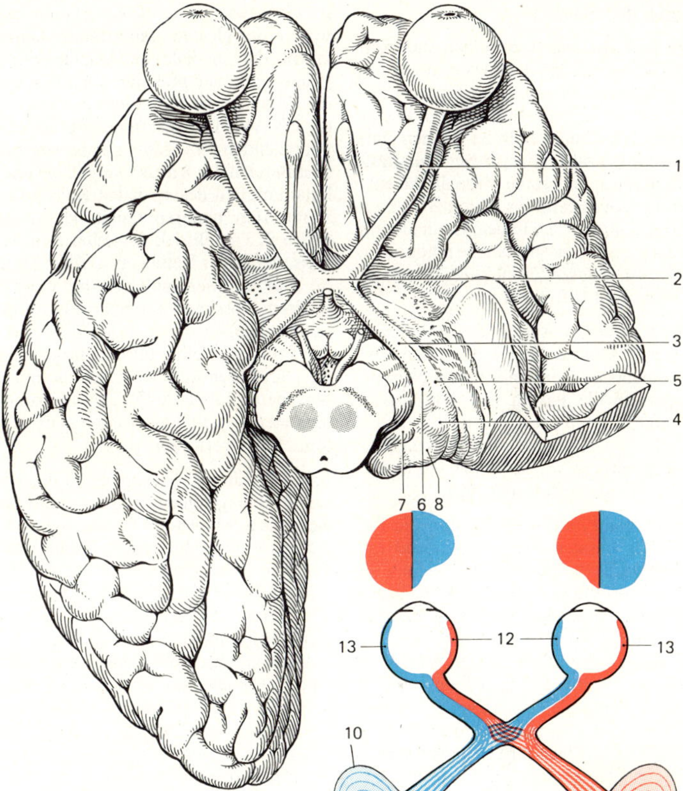

A Nervus opticus und Tractus opticus

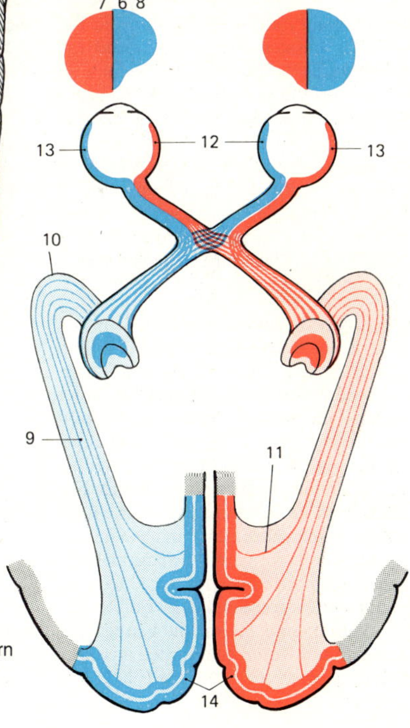

B Anordnung der Optikusfasern
(nach Polyak)

Topik der Sehbahn

Die Fasern aus den einzelnen Bezirken der Retina nehmen in den verschiedenen Abschnitten des optischen Systems bestimmte Positionen ein. Um diese in einfacher Weise darstellen zu können, unterteilt man die Retina in vier Quadranten, deren gemeinsame Mitte die Macula mit der Fovea centralis bildet. Bei deren Fasern soll zwischen Fovea, Geniculatum laterale und Area striata eine regelrechte Punkt-für-Punkt-Verbindung bestehen. Gesichtsfeld **1,** Retina **2.**

Direkt nach dem Austritt des *N. opticus* **3** aus dem Bulbus liegen die makulären Fasern an der lateralen Seite des Nerven, und zwar die Fasern aus der nasalen Makulahälfte in der Mitte, umgeben von den Fasern der temporalen Makulahälfte. Im weiteren Verlauf nimmt das makuläre Bündel das Zentrum ein **4.**

Im *Chiasma opticum* **5** kreuzen die Fasern der nasalen Retinahälften auf die Gegenseite. Sie nehmen dabei einen eigenartigen Verlauf: die medialen Fasern kreuzen, laufen mehrere Millimeter in den gegenseitigen N. opticus und schwenken dann im spitzen Winkel in den gegenseitigen Tractus opticus zurück. Die lateralen Fasern verlaufen eine kurze Strecke im gleichseitigen Tractus opticus und biegen plötzlich zum gegenseitigen Tractus ab.

Der *Tractus opticus* **6** enthält dann die Fasern der korrespondierenden Retinahälften beider Augen: der linke Tractus die Fasern der linken Retinahälften, der rechte die Fasern der rechten Retinahälften. Dabei liegen die Fasern der beiden oberen Retinaquadranten ventromedial, die der beiden unteren dorsolateral. Die Makulafasern nehmen eine zentrale Lage ein. Vor dem Einstrahlen in das Geniculatum laterale formieren sich die makulären Fasern zu einem Keil, an den sich medial die Fasern aus den oberen Retinaquadranten und lateral die Fasern aus den unteren Retinaquadranten anschließen **7.**

Im *Geniculatum laterale* **8** enden die Fasern in der gleichen Anordnung. Dabei macht der mediale keilförmige Endigungsbezirk der makulären Fasern fast die Hälfte der Genikulatumschichten aus (S. 178 A9). Die Fasern der Retinaperipherie enden im vordersten und ventralsten Bereich des Kniehöckers. Die Genikulatumzellen des medialen Keils projizieren zum hinteren Gebiet der *Area striata* **9.** Der Bezirk des schärfsten Sehens, der in der Retina etwas über 2 mm im Durchmesser mißt, ist im weitaus größten Abschnitt der Sehrinde repräsentiert. Rostral davon liegen die wesentlich kleineren Felder für die übrige Retina. Die oberen Retinaquadranten sind in der oberen Lippe des Sulcus calcarinus, die unteren Retinaquadranten in der unteren Lippe vertreten.

Klinischer Hinweis. Entsprechend der Faseranordnung ergeben sich bei einer **Schädigung der Sehbahn** in bestimmten Abschnitten unterschiedliche Ausfälle. Dabei muß man berücksichtigen, daß die unteren Netzhauthälften die Eindrücke der oberen Gesichtsfeldhälften, die oberen Netzhauthälften die Eindrücke der unteren Gesichtsfeldhälften aufnehmen. Entsprechendes gilt für die linken und rechten Netzhauthälften. Wenn also linksseitig Tractus opticus, Geniculatum laterale oder Sehrinde geschädigt werden, so sind die linken Netzhauthälften und die rechten Gesichtsfeldhälften betroffen: es resultiert eine rechtsseitige homonyme Hemianopsie. Bei der Zerstörung beider Sehrinden tritt eine sog. Seelenblindheit auf.

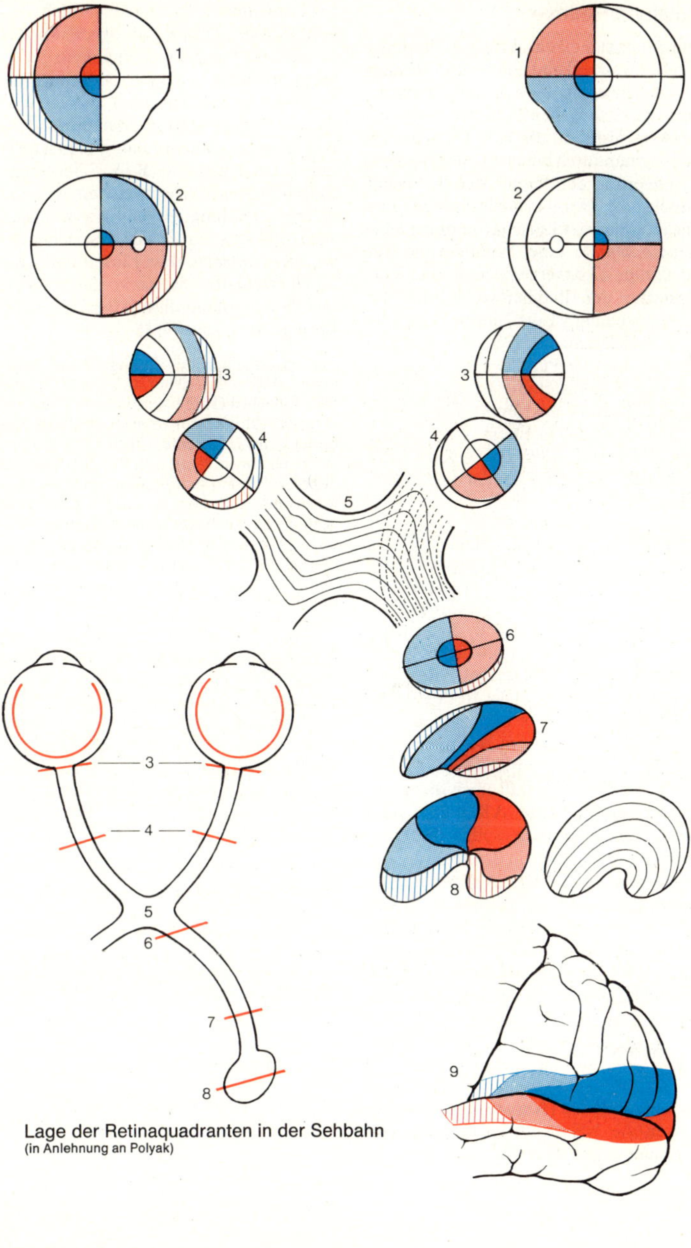

Lage der Retinaquadranten in der Sehbahn
(in Anlehnung an Polyak)

Optische Reflexe

Beim Sehakt muß das Auge ständig einen Wechsel von hell und dunkel und nah und fern ausgleichen. Blende und Linsensystem müssen daher laufend verändert werden. Während die Hell-Dunkel-Einstellung nur durch eine Erweiterung oder Verengerung der Pupille erfolgt, beansprucht die Nah-Fern-Einstellung eine Veränderung der Linsenkrümmung *(Akkommodation)*, eine Veränderung der Blicklinien *(Konvergenz)* und eine Veränderung der Pupillenweite. Bei der Ferneinstellung ist die Linsenoberfläche wenig gekrümmt, die Blicklinien laufen parallel und die Pupille wird erweitert. Bei der Naheinstellung ist die Linsenoberfläche stark gekrümmt, die Blicklinien kreuzen sich in einem Abstand, der dem des jeweils fixierten Gegenstandes entspricht, und die Pupillen sind verengert.

Lichtreflex. Wenn Licht auf die Retina trifft, verengert sich die Pupille. Der afferente Schenkel dieses Reflexes sind Optikusfasern **A1**, die zum *Nucleus praetectalis* **A2** ziehen. Dieser ist mit dem rostralen Teil des Edinger-Westphalschen Kerns **A3** verknüpft, dessen Fasern **A4** als efferenter Schenkel des Reflexbogens zum Ganglion ciliare **A5** ziehen. Die postganglionären Fasern **A6** innervieren den M. sphincter pupillae **A7.** Beide Nuclei praetectales sind über die Commissura epithalamica **A8** miteinander verbunden. Außerdem sollen die Optikusfasern jeder Seite in beiden prätektalen Kernen enden. Das erklärt die Doppelseitigkeit des Lichtreflexes. Wenn nämlich nur ein Auge belichtet wird, verengert sich auch die Pupille des unbelichteten Auges (konsensuelle Pupillenreaktion).

Centrum ciliospinale **A9,** sympathische Fasern **A10** für den M. dilatator pupillae **A11.**

Akkommodation (Anpassung auf das Sehen in die Nähe und die Ferne). Der Akkommodationsapparat besteht aus der Linse, der Aufhängevorrichtung (Zonula ciliaris), dem Ziliarkörper und der Choroidea. Diese Teile bilden ein elastisches gespanntes, den ganzen Bulbus umfassendes System, das die Linse in einer flachen, wenig gekrümmten Form hält **B12.** Bei der Naheinstellung kontrahiert sich der Ziliarmuskel **B13.** Seine meridionalen Muskelfasern ziehen die Ursprünge der langen Zonulafasern nach vorn, und seine zirkulären Fasern nähern die Ziliarfortsätze dem Linsenrand. Dadurch erschlaffen die Zonulafasern **B14,** und die Linsenkapsel wird entspannt: die Linse rundet sich ab **B15.**

Die Faserbahnen des Akkommodationsreflexes sind nicht sicher bekannt. Da die Fixation eines Gegenstandes die Voraussetzung der Akkommodation ist, kann der N. opticus als afferenter Schenkel gelten, Wahrscheinlich läuft der Reflex über die Sehrinde zu den prätektalen Kernen, möglicherweise auch über die oberen Zweihügel **A16.** Der efferente Schenkel beginnt jedenfalls im kaudalen Teil des Edinger-Westphalschen Kerns. Seine Fasern werden im Ganglion ciliare auf postganglionäre Fasern umgeschaltet, die den Ziliarmuskel innervieren.

Konvergenz. Wenn sich ein von beiden Augen fixierter Gegenstand aus weiter Entfernung nähert, adduzieren die Mm. recti mediales **C17** zunehmend beide Bulbi, so daß die anfangs parallel verlaufenden Blicklinien sich zu schneiden beginnen. Der fixierte Gegenstand verbleibt im Schnittpunkt der Blicklinien und wird stets in beiden Maculae abgebildet.

Der Fixationsreflex läuft wahrscheinlich über die Sehbahn zur okzipitalen Rinde und über kortikofugale Fasern **A18** zu den vorderen Zweihügeln, zur Prätektalregion und zu den Augenmuskelkernen **A19.** Als Reflexzentrum ist also der okzipitale Cortex anzusehen.

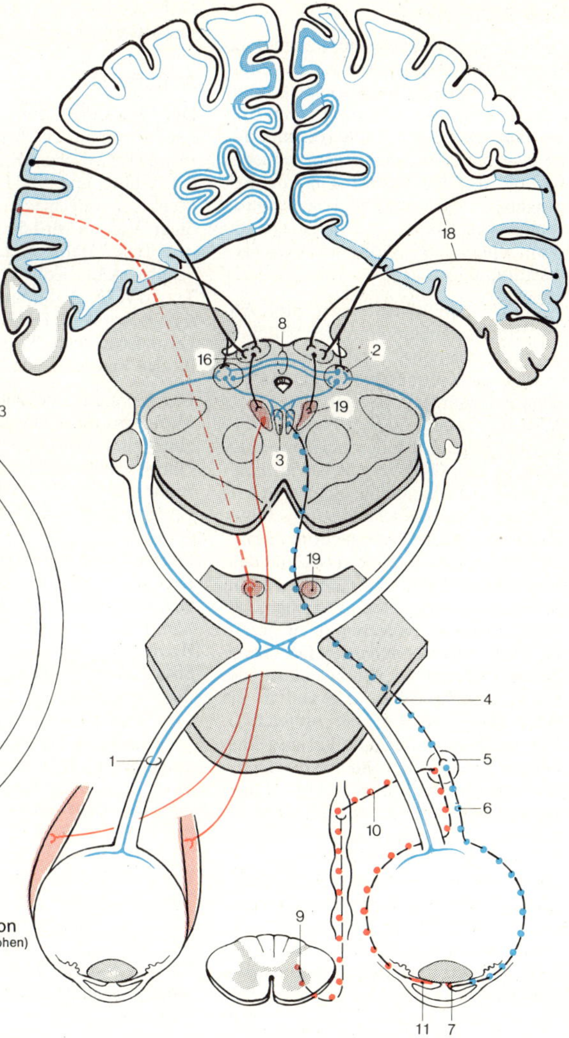

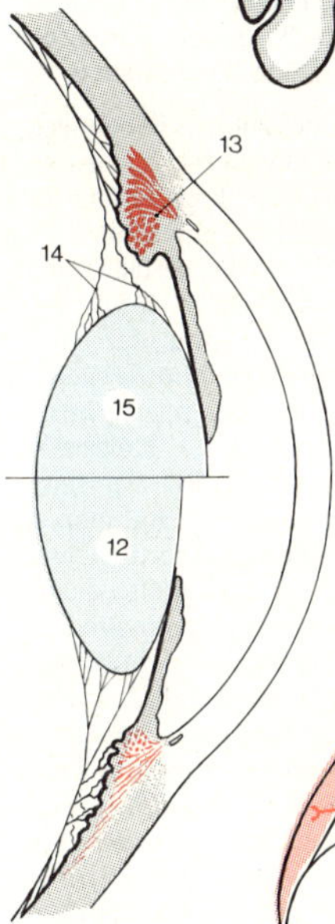

B Akkommodation
(in Anlehnung an Rohen)

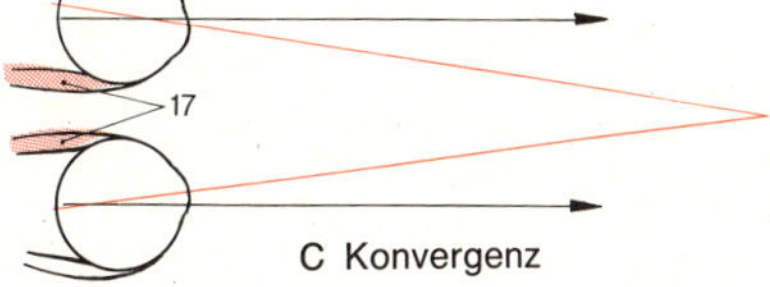

C Konvergenz

A Pupillenreflex

Übersicht

Das Ohr enthält zwei Sinnesorgane, die verschiedene Funktionen haben, morphologisch jedoch einen Komplex, nämlich das Innenohr, bilden. Der eine Teil des Innenohres, die Cochlea (Schnecke), ist das eigentliche Gehörorgan, der andere Teil, Sacculus, Utriculus und die Bogengänge, registriert die Lageveränderungen des Körpers, insbesondere die des Kopfes, und stellt das Gleichgewichtsorgan dar.

Am Ohr unterscheiden wir drei Abschnitte: das äußere Ohr, das Mittelohr und das Innenohr. Zum äußeren Ohr werden die Ohrmuschel **AD1** und der äußere Gehörgang **D2** gerechnet. Das Mittelohr besteht aus der Paukenhöhle, *Cavum tympani* **D3**, den *Cellulae mastoideae* und der Ohrtrompete, *Tuba auditiva* **D4.** Die Paukenhöhle mit den Gehörknöchelchen ist ein schmaler luftgefüllter Raum. Er befindet sich nicht nur hinter dem Trommelfell, sondern liegt mit dem *Recessus epitympanicus* **D5** auch ein Stück über dem äußeren Gehörgang. Ventral geht die Paukenhöhle in die Tube über *(Ostium tympanicum* **D6**). Diese zieht schräg nach vorn unten und mündet vor der hinteren Pharynxwand in die Rachenhöhle *(Ostium pharyngeum* **D7**). Die mit einem Flimmerepithel ausgekleidete Tube besteht aus einem knöchernen und einem knorpeligen Abschnitt, die am *Isthmus tubae* **D8** ineinander übergehen. Der Tubenknorpel, Cartilago tubae, hat im Querschnitt eine hakenförmige Gestalt und läßt einen Spalt frei, der durch Bindegewebe (Lamina membranacea) gedeckt wird. *M. tensor tympani* **D9,** der Trommelfellspanner. Über die Tube kommuniziert die Paukenhöhle mit dem Rachenraum, wodurch eine Erneuerung und ein Druckausgleich der Luft im Mittelohr ermöglicht werden. Die Tubenmündung ist allerdings normalerweise spaltförmig geschlossen und öffnet sich nur bei einer Kontraktion der Pharynxmuskeln (Schluckakt). Das Innenohr besteht aus dem knöchernen Labyrinth **D10,** welches das häutige Labyrinth und den Meatus acusticus internus enthält.

Äußeres Ohr

Die **Ohrmuschel**, *Auricula AD1,* besitzt mit Ausnahme des Ohrläppchens ein Gerüst aus elastischem Knorpel. Die Form der Wülste und Mulden ist bei jedem Menschen verschieden und erblich bedingt. Vererbt wird die Form der einzelnen Teile: Helix **A11,** Anthelix **A12,** Scapha **A13,** Concha auriculae **A14,** Tragus **A15**, Antitragus **A16** und *Fossa triangularis* **A17.** Die Beschaffenheit der Ohrmuschel kann besondere Bedeutung für den Vaterschaftsnachweis haben.

Der Anfangsteil des **äußeren Gehörganges**, *Meatus acusticus externus* D2, wird von einer rinnenförmigen Fortsetzung des Ohrmuschelknorpels gebildet, die durch Bindegewebe zu einem geschlossenen Gang ergänzt wird. Dieser ist von Epidermis ausgekleidet, unter der große Drüsen, *Glandulae ceruminosae,* liegen. Den Abschluß bildet das schräg in den Gehörgang eingelassene **Trommelfell**, *Membrana tympani* **BD18.** Bei seiner Betrachtung von außen erkennt man die *Stria mallearis* **B19,** hervorgerufen durch den Ansatz des Hammergriffs, der bis zum *Umbo membranae tympani* **B20,** dem innersten Punkt des trichterförmig eingezogenen Trommelfells, reicht. Über dem oberen Ende der Stria *(Prominentia mallei)* liegt ein lockerer Trommelfellabschnitt, die rötliche *Pars flaccida* **B21,** abgegrenzt von der grau schimmernden *Pars tensa* **B22** durch die beiden Plicae mallleares. Das Trommelfell ist außen von Cutis, innen von Schleimhaut bedeckt. An der dazwischenliegenden Lamina propria der Pars tensa unterscheidet man radiäre und nicht radiäre Fasern. Die letzteren sind zirkulär, parabolisch und transversal C. *Anulus fibrocartilagineus* **C23.**

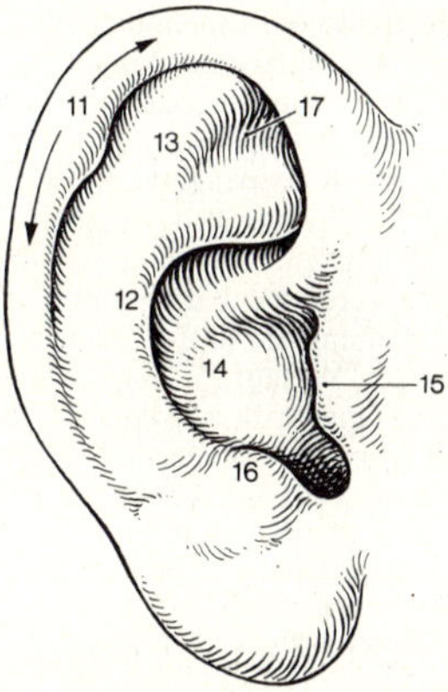

A Ohrmuschel

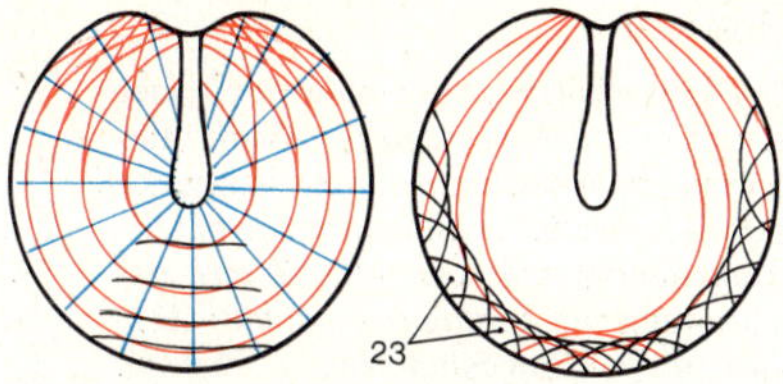

C Faserverlauf in der Lamina propria des Trommelfells (nach Kirikae)

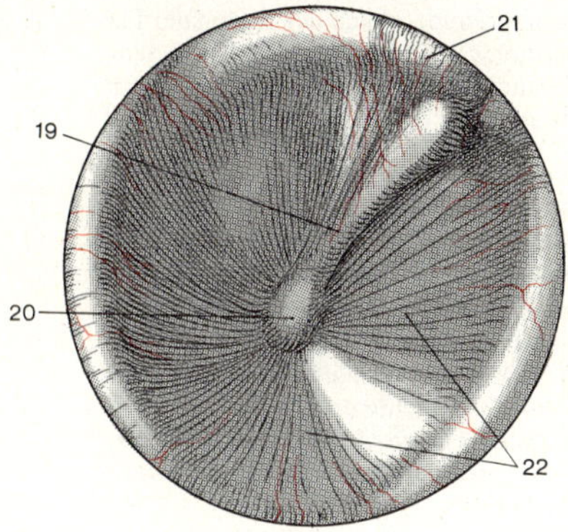

B rechtes Trommelfeld
(Präparat Prof. Platzer)

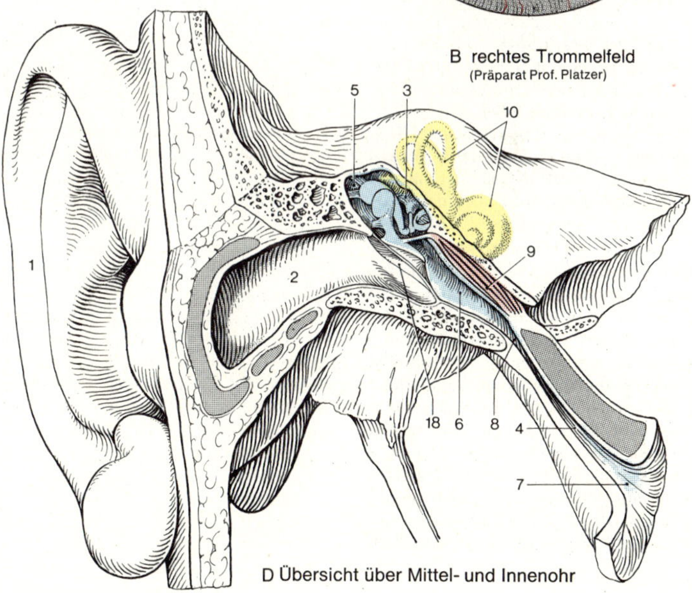

D Übersicht über Mittel- und Innenohr

Mittelohr

Die **Paukenhöhle** ist ein schmaler hoher Raum, in dessen laterale Wand das Trommelfell **AD1** eingelassen ist. In der medialen Wand befinden sich zwei Öffnungen, die zum Innenohr führen, das Vorhoffenster, *Fenestra vestibuli* **D2,** und das Schneckenfenster, *Fenestra cochleae* **D3.** Das Dach der Paukenhöhle, Paries tegmentalis, ist relativ dünn und grenzt an die Oberfläche der Felsenbeinpyramide. Auch der Boden der Paukenhöhle, unter dem die V. jugularis verläuft, wird von einer dünnen Knochenschicht gebildet.

Nach vorn setzt sich die Paukenhöhle in die Tuba auditiva **A4** fort (S. 338). Nach hinten öffnet sich ihr oberer Teil in das *Antrum mastoideum* **A5,** einen rundlichen Raum, in den zahlreiche kleinere Hohlräume, die *Cellulae mastoideae* **A6,** münden. Die lufthaltigen, von Schleimhaut ausgekleideten Räume bilden ein Kammersystem, das den ganzen Warzenfortsatz durchsetzt und auch auf das Felsenbein übergreifen kann.

Die drei **Gehörknöchelchen,** *Ossicula auditus,* bilden zusammen mit dem Trommelfell den Schalleitungsapparat. Sie werden als Hammer, *Malleus* **CD7,** als *Amboß, Incus* **CD8,** und Steigbügel, *Stapes* **CD9,** bezeichnet. Der Hammergriff, *Manubrium mallei* **ACD10,** ist fest an das Trommelfell fixiert und über den Hals **C11** mit dem Hammerkopf **C12** verbunden. Dieser besitzt eine sattelförmige Gelenkfläche, an die sich der Amboßkörper, *Corpus incudis* **C13,** anlagert. Dem langen Amboßschenkel ist der rechtwinklig abstehende *Processus lenticularis* **AC14** angesetzt, der die Gelenkfläche für das Steigbügelköpfchen, *Caput stapedis* **C15,** trägt. Die Fußfläche des Steigbügels bedeckt das Vorhoffenster und ist am Rande durch das *Lig. anulare stapedis* **D16** befestigt. Mehrere mit der Paukenhöhlenwand verbundene Ligamente **A17** halten die Knöchelchen in ihrer Position. Die Gehörknöchelchen leiten die durch Schallwellen hervorgerufene Vibration des Trommelfells zum Innenohr weiter. Dabei führen Hammer und Amboß die Bewegung eines Winkelhebels und der Steigbügel eine Kippbewegung durch. Der Steigbügelfuß überträgt die Schwingungen auf die Flüssigkeit des Innenohres. Die Flüssigkeitsbewegung ist auf dem Schema vereinfacht dargestellt; in Wirklichkeit nimmt sie in der Schnecke einen spiraligen Verlauf (S. 347C). Der Spannungszustand in dem System wird durch zwei Muskeln reguliert, die eine antagonistische Wirkung haben: durch den M. tensor tympani **A18** und durch den M. stapedius **A19** (S. 342C).

Die Schleimhaut, welche die Paukenhöhle auskleidet und die Gehörknöchelchen überzieht, bildet verschiedene Falten, u. a. die vordere **A20** und hintere Hammerfalte **A21,** welche die Chorda tympani **A22** umhüllen. Die Falten bilden mehrere Schleimhauttaschen. Von praktischer Bedeutung bei Infektionen ist der *Recessus membranae tympani superior,* der Prussaksche Raum **D23,** der zwischen der Pars flaccida des Trommelfells und dem Hammerhals liegt. N. facialis **A24.**

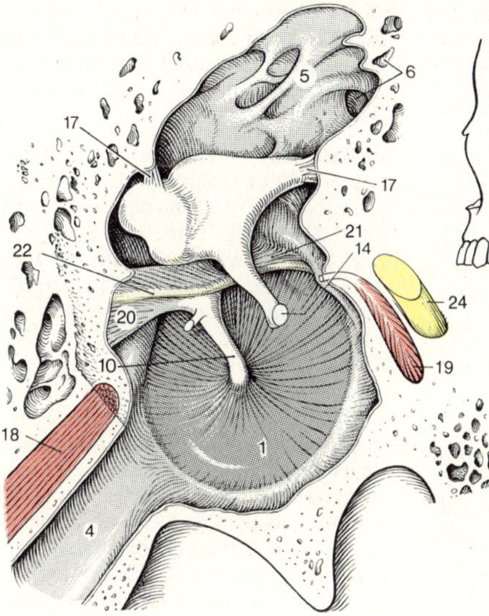

A Paukenhöhle, Blick auf die Innenfläche des Trommelfells
(Präparat Prof. Platzer)

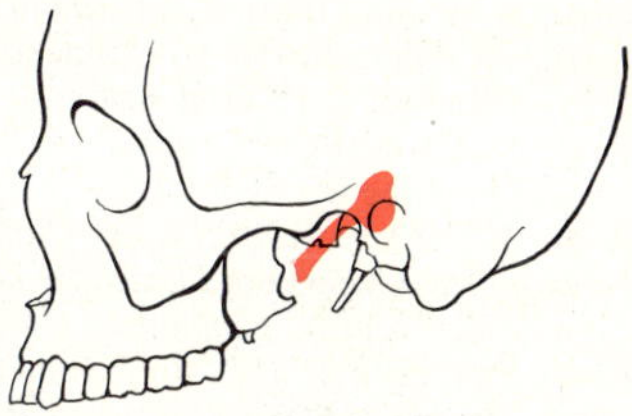

B Lage von Paukenhöhle und Tube im Schädel

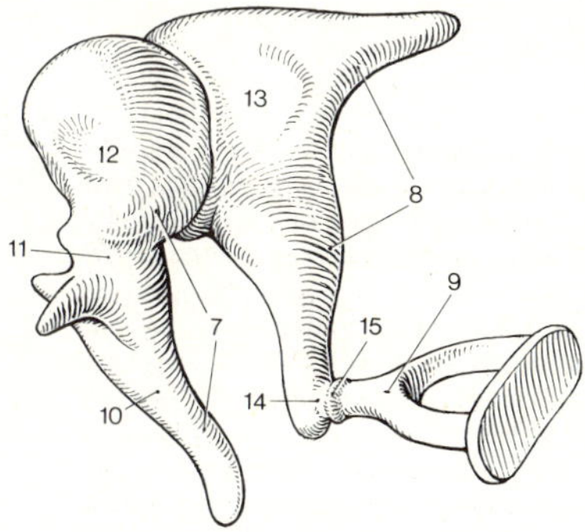

C Gehörknöchelchen

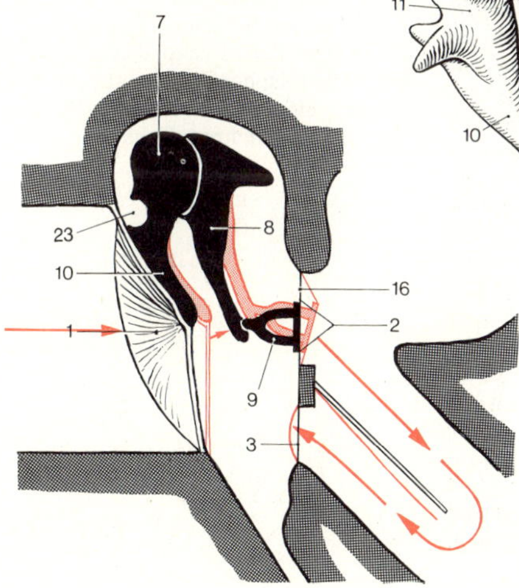

D Funktionsweise der Gehörknöchelchen

Mediale Wand der Paukenhöhle. Die mediale Wand, *Paries labyrinthicus,* trennt die Paukenhöhle vom Innenohr. Die Vorwölbung, **Promontorium A1,** in ihrem mittleren Bezirk, wird durch die basale Windung der Schnecke hervorgerufen. In der verzweigten Rinne, *Sulcus promontorii* **A2** liegt der *Plexus tympanicus* **C3,** der vom *N. tympanicus* **C4** (N. glossopharyngeus) und von sympathischen Fasern des Plexus caroticus der A. carotis interna gebildet wird. Ventral wird das Promontorium von den *Cellulae tympanicae* **A5** begrenzt. In der medialen Wand öffnen sich das ovale Fenster, **Fenestra vestibuli, A6** und das runde Fenster, **Fenestra cochleae, A7** zum Innenohr. In der Fenestra vestibuli ruht der Steigbügel **C8** und verschließt sie mit seiner Fußfläche. Die Fenestra cochleae wird von der *Membrana tympani secundaria* verschlossen. An der Hinterwand, die sich zum *Antrum mastoideum* **A9** öffnet, verlaufen bogenförmig zwei Kanäle, der *Canalis facialis* **A10** und der *Canalis semicirularis lateralis* **A11,** die an der Paukenhöhlenwand Vorwölbungen hervorrufen, die *Prominentia canalis facialis* und die *Prominentia canalis semicircularis lateralis.* Ein Knochenvorsprung, *Eminentia pyramidalis* **A12** enthält an der Spitze eine Öffnung, durch welche die Sehne des *M. stapedius* **C13** tritt. Nach vorn geht die Paukenhöhle über in den *Semicanalis tubae auditivae* **A14.** Über ihm liegt der *Semicanalis musculi tensoris tympani* **A15.** Beide Halbkanäle, die durch ein knöchernes Septum unvollständig getrennt werden, bilden zusammen den *Canalis musculotubarius.* Die mediale Wand in Höhe der Tubenmündung, Paries caroticus, trennt die Paukenhöhle vom *Canalis caroticus* **A16,** der knöcherne Boden, Paries jugularis, trennt sie von der *Fossa jugularis* **A17.** *Vena jugularis interna* **B18,** *Arteria carotis interna* **B19.**

Klinischer Hinweis. Das knöcherne Dach der Paukenhöhle und der Boden können sehr dünn sein, so daß bei einer Mittelohreiterung die Infektion durchtreten kann. Durch das Dach kann die Infektion auf Hirnhaut und Gehirn übergreifen (Hirnhautentzündung, Hirnabszeß im Temporallappen), durch den Boden auf die V. jugularis interna (Jugularisthrombose).

Muskeln der Paukenhöhle. Der **M. tensor tympani C20** entspringt an der knorpeligen Tubenwand und von der knöchernen Wand des Kanals. Seine schmale Sehne biegt am *Processus cochleariformis* **C21** ab und setzt am Abgang des Hammergriffes an. Er wird innerviert vom *N. tensoris tympani* aus dem N. mandibularis. Der **M. stapedius C22** entspringt in einem kleinen, meist mit dem Canalis facialis kommunizierenden Knochenkanal. Seine kleine Sehne zieht durch die Öffnung der Eminentia pyramidalis und setzt am Steigbügelköpfchen an. Er wird vom *N. stapedius* aus dem N. facialis **C23** innerviert. Beide Muskeln regulieren den Spannungszustand des Schalleitungsapparates. Der M. tensor tympani zieht das Trommelfell nach innen und drückt das Fußstück des Steigbügels in das Vorhoffenster: Er bewirkt so eine erhöhte Empfindlichkeit der Überleitung. Der M. stapedius hebelt das Fußstück des Steigbügels aus dem Vorhoffenster heraus und verursacht dadurch eine Dämpfung der Überleitung. Beide Muskeln sind also Antagonisten. Bei einer Lähmung des N. facialis fällt der M. stapedius und damit die Dämpfung der Schalleindrücke weg: die Patienten leiden unter *Hyperakusis,* erhöhter Schallempfindlichkeit.

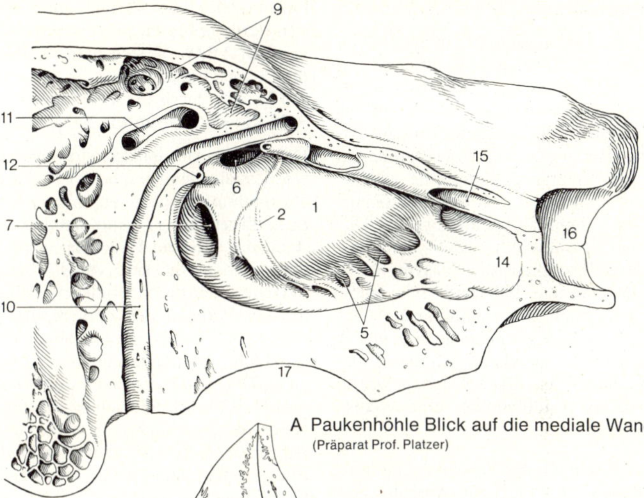

A Paukenhöhle Blick auf die mediale Wand
(Präparat Prof. Platzer)

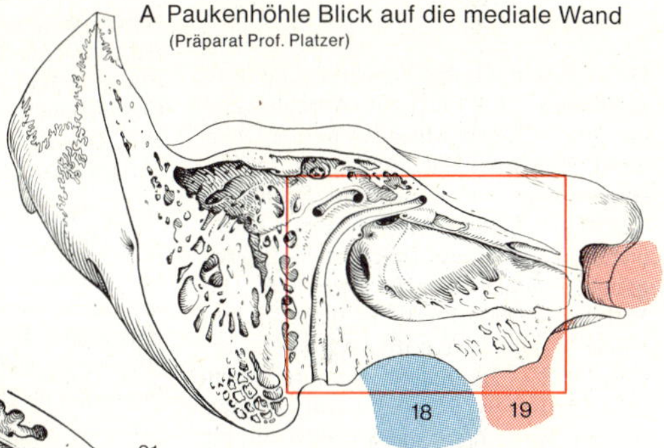

B rechtes Felsenbein von lateral

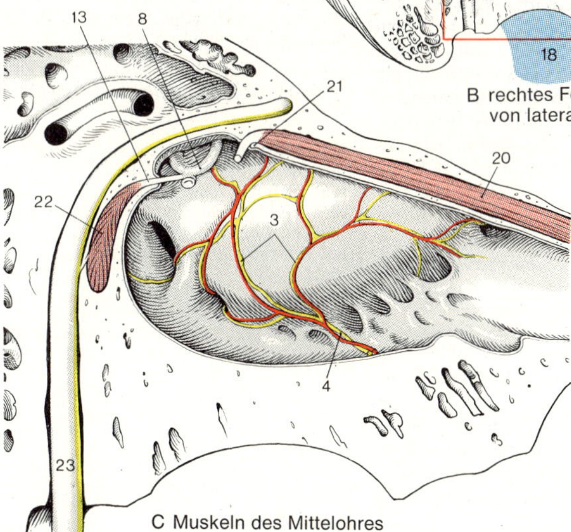

C Muskeln des Mittelohres
(Präparat Prof. Platzer)

Innenohr

Das häutige Labyrinth ist ein System von Blasen und Kanälen, das allseitig von einer sehr harten Knochenkapsel umgeben ist. Die Hohlräume des Knochens entsprechen den häutigen Formen, und ihr Ausguß C gibt ein etwas vergröbertes Bild des häutigen Labyrinths wieder. Man spricht daher von einem knöchernen und einem häutigen Labyrinth. Das knöcherne Labyrinth enthält eine wasserklare Flüssigkeit, die Perilymphe, in der das häutige Labyrinth schwimmt. Der Perilymphraum kommuniziert über den *Ductus perilymphaticus* **A1** an der hinteren Felsenbeinkante mit dem Subarachnoidealraum. Das häutige Labyrinth enthält die Endolymphe, eine visköse Flüssigkeit.

Das vom Steigbügel verschlossene Vorhoffenster **AC2** führt zum **Vorhof,** *Vestibulum* **AC3,** dem Mittelteil des knöchernen Labyrinths. Nach vorn geht das Vestibulum in die knöcherne Schnecke, Cochlea **C4**, über, und an seiner Rückwand münden die knöchernen Bogengänge, *Canales semicirculares* **C5.** Das Vestibulum beherbergt die beiden häutigen Bestandteile *Sacculus* **AB6** und *Utriculus* **AB7.** Beide enthalten in einem umschriebenen Wandabschnitt Sinnesepithel, die *Macula sacculi* **AB8** und die *Macula utriculi* **AB9,** und sind durch den *Ductus utriculosaccularis* **AB10** miteinander verbunden. Von diesem geht der dünne *Ductus endolymphaticus* **A11** ab, der zur Rückfläche des Felsenbeins verläuft und unter der Dura als flache Blase, *Saccus endolymphaticus* **A12,** blind endet. Der *Ductus reuniens* **AB13** stellt eine Verbindung zwischen Sacculus und der häutigen Schnecke her.

Die knöcherne **Schnecke** C4 bildet etwa 2½ Windungen. Ihr Gang, *Canalis spiralis cochleae* **C14** enthält den häutigen *Ductus cochlearis* **AB15,** der mit einem blinden Ende, *Caecum vestibulare* **B16,** beginnt und in der Schneckenspitze, *Cupula* **C17,** mit dem *Caecum cupulare* **B18** blind endet. Über und unter ihm befindet sich Perilymphraum: über ihm die *Scala vestibuli* **AB19,** die sich zum Vestibulum öffnet, und unter ihm die *Scala tympani* **AB20,** die durch die *Fenestra cochleae* **ABC21** verschlossen wird.

Drei knöcherne halbkreisförmige Röhren, Canales semicirculares C5, die vom Vestibulum ausgehen, enthalten die häutigen **Bogengänge**, *Ductus semicirculares* **A22,** die mit dem Utriculus in Verbindung stehen. Sie sind von Perilymphe umgeben und durch Bindegewebsfasern an den Wänden des Perilymphraumes befestigt. Die drei Bogengänge stehen senkrecht aufeinander: der obere Bogengang, *Ductus semicircularis superior* (anterior) **B23,** ist mit seiner Konvexität gegen die Oberfläche der Pyramide gerichtet, der hintere, *Ductus semicircularis posterior* **B24,** steht parallel zur hinteren Oberfläche des Felsenbeins, der seitliche, *Ductus semicircularis lateralis* **B25,** verläuft horizontal.

Jeder Bogengang bildet am Übergang zum Utriculus eine Erweiterung, *Ampulla membranacea* **B26,** der am knöchernen Kanal jeweils einer Ampulla ossea entspricht. Der obere und der hintere Bogengang vereinigen sich zu einem gemeinsamen Schenkel, *Crus commune* **AB27.** Jede Ampulle enthält Sinnesepithel, die *Crista ampullaris.* Trommelfell **C28.**

Der Verlauf der Bogengänge entspricht nicht den Körperachsen: der obere und der hintere Bogengang weichen von der Median- und Frontalebene um 45 Grad ab; der seitliche Bogengang ist nach hinten unten um 30 Grad gegen die Horizontalebene gekippt.

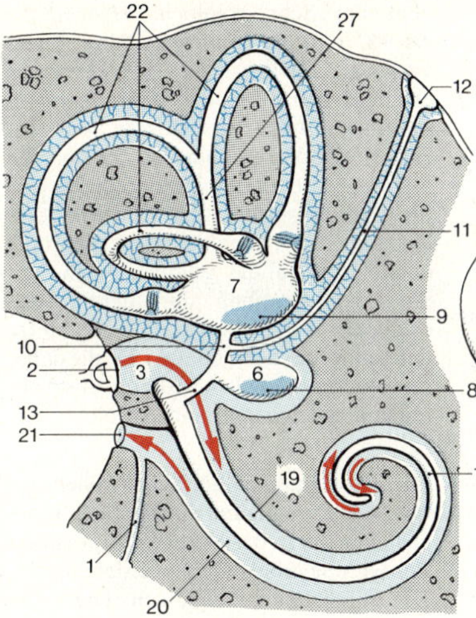

A Innenohr, schematische Übersicht

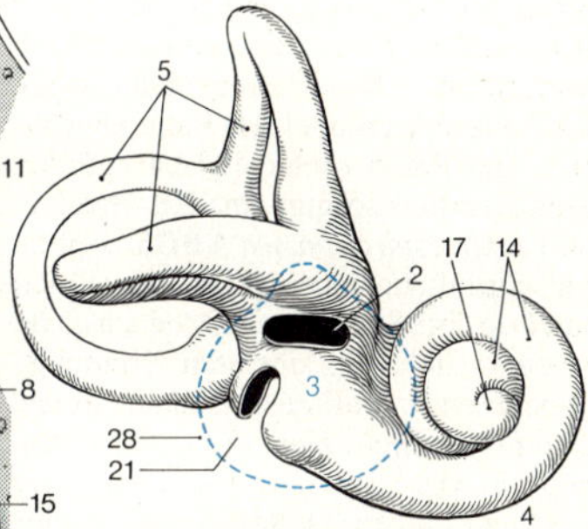

C Knöchernes Labyrinth
(Präparat Prof. Platzer)

Lage des Innenohres im Schädel

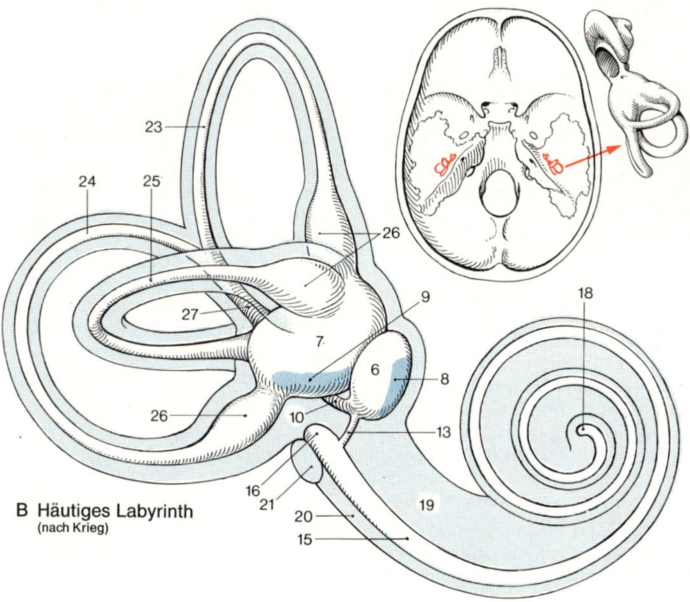

B Häutiges Labyrinth
(nach Krieg)

Schnecke

Der Gang der Schnecke, Cochlea, windet sich um eine kegelförmige knöcherne Achse, die Schneckenspindel, *Modiolus* **AC1,** welche die Zellgruppen des *Ganglion spirale* **AB2,** die von ihnen abgehenden Nervenbündel **AB3** und im Mittelteil die Radix cochlearis **A4** enthält. Vom Modiolus springt eine Knochenleiste, *Lamina spiralis ossea* **ABC5,** weit in den Schneckengang **A6B** vor. Wie dieser bildet sie eine Spirale, reicht jedoch nicht bis zum Ende der obersten Windung, sondern endet vorher mit einem freien spitzen Abschluß, *Hamulus laminae spiralis* **C7.** Die Lamina spiralis ist weitgehend hohl und enthält Nervenfasern, die zum Cortischen Organ ziehen. In der unteren Hälfte der Basalwindung liegt ihr an der lateralen Wand eine Knochenleiste gegenüber, die *Lamina spiralis secundaria.*

Der Schneckengang enthält den mit Endolymphe gefüllten *Ductus cochlearis* **ABC8.** Darüber liegt die *Scala vestibuli* **ABC9** und darunter die *Scala tympani* **ABC10,** die beide Perilymphe enthalten. Die untere Wand des Ductus cochlearis wird von der *Lamina basilaris* **B11** gebildet, die den rezeptorischen Apparat, das *Cortische Organ* **B12**, trägt. Sie ist in den einzelnen Windungen unterschiedlich breit: in den obersten Windungen ist sie doppelt so breit wie in den basalen Windungen. Ihre feinen Fasern strahlen vor dem Ansetzen an der lateralen Wand des Schneckenganges fächerförmig auseinander und bilden eine im Querschnitt sichelartige Formation, das *Lig. spirale* **B13.** Der Abschnitt über der Membrana basilaris bildet die seitliche Wand des Ductus cochlearis. Wegen des Reichtums an Kapillaren, welche die Endolymphe produzieren, wird er als *Stria vascularis* **B14** bezeichnet. Die obere Wand ist eine dünne Membran aus einer doppelten Epithelschicht, die *Reissnersche Membran* **B15.**

Die Scala vestibuli, die mit dem Perilymphraum des Vorhofs kommuniziert, geht am Schneckenloch, *Helicotrema* **AC16,** in die Scala tympani über. Diese verläuft abwärts bis zur Fenestra cochleae, die durch die *Membrana tympani secundaria* verschlossen wird (S. 340D). Die Verbindung zwischen beiden Gängen wird dadurch ermöglicht, daß die Lamina spiralis sich vom Modiolus löst und den Hamulus bildet. Dadurch entsteht medial das Schneckenloch. Nur die Scala vestibuli und der Ductus cochlearis steigen bis zur obersten Spitze der Schnecke, der Cupula **A17,** die daher im Gegensatz zu allen anderen Abschnitten nur zwei membranöse Räume enthält.

Die Schwingungen der Schallwellen, die über das Trommelfell und die Gehörknöchelchen durch das Vorhoffenster auf die Perilymphe übertragen werden, erzeugen Flüssigkeitsbewegungen. Diese laufen die Scala vestibuli aufwärts und die Scala tympani abwärts zur Fenestra cochleae, wo die Bewegungsstöße abgefangen werden C. Die Flüssigkeitsbewegung führt zu Schwingungen der Basilarmembran (Wanderwellen). Bei hohen Frequenzen verbleiben die Wanderwellen in den Basalwindungen, wo die Basilarmembran am schmalsten ist, bei mittleren Frequenzen laufen sie ungefähr bis zur Mitte der Schnecke und bei niedrigen Frequenzen erreichen sie die obersten Windungen, wo die Basilarmembran am breitesten ist. Die unterschiedlichen Frequenzen werden also in verschiedenen Abschnitten der Schnecke registriert: Frequenzen von 20 000 Hz in den Basalwindungen, Frequenzen von 20 Hz in den obersten Windungen. Diese örtliche Verteilung ist die Grundlage für die tonotopische Gliederung des akustischen Systems.

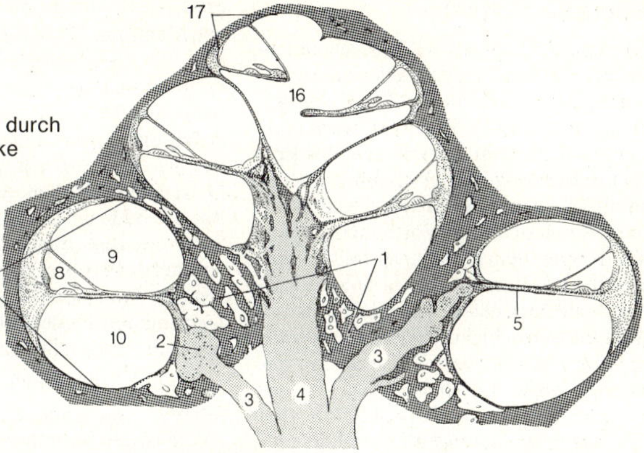

A Axialschnitt durch die Schnecke

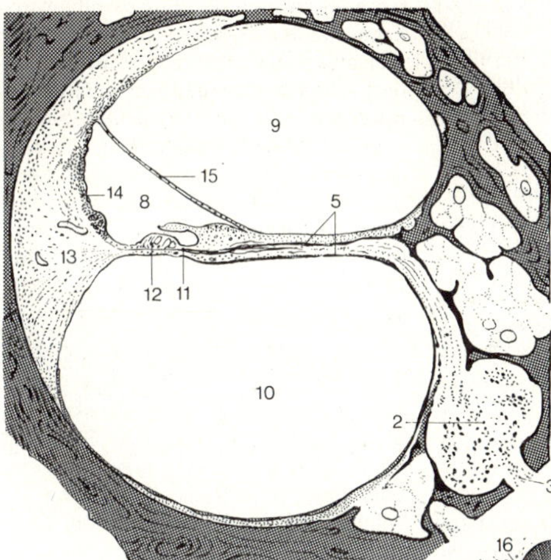

B Schneckengang

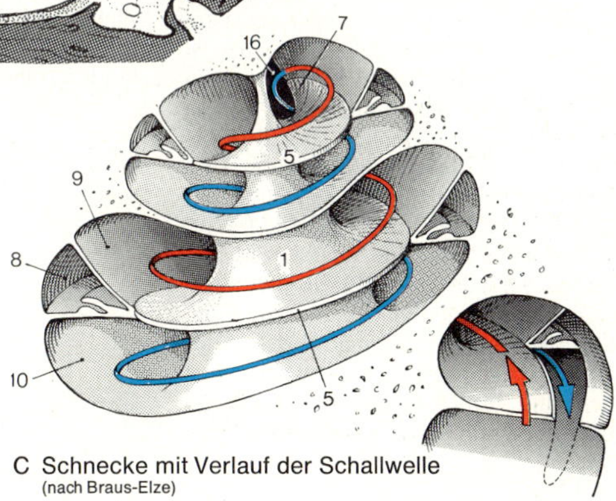

C Schnecke mit Verlauf der Schallwelle
(nach Braus-Elze)

Cortisches Organ

Die *Lamina basilaris* **AB1,** deren Unterfläche von Bindegewebszellen, der tympanalen Belegschicht **AB2,** bedeckt ist, trägt das Cortische Organ, *Organum spirale* **A3B.** Lateral von ihm geht das Epithel in die *Stria vascularis* **A4** über, die zahlreiche intraepitheliale Kapillaren enthält. Medial vom Cortischen Organ, am Rande der Lamina spiralis ossea, erhebt sich eine dicke, von hohem Epithel bedeckte, aus dem Endost entstandene Gewebsschicht, der *Limbus spiralis* **A5.** Er läuft in zwei Lippen aus, in das *Labium limbi tympanicum* **A6** und das *Labium limbi vestibulare* **A7,** die den *Sulcus spiralis internus* **A8** umschließen.

Das Cortische Organ erstreckt sich in spiraligem Verlauf von der Basalwindung bis zur Kuppelwindung der Schnecke. Auf den Abbildungen AB sind lediglich Querschnitte durch das Organ wiedergegeben. Es besteht aus Sinneszellen und verschiedenen Stützzellen. Die Mitte nimmt der *innere Tunnel* **B9** ein, der eine der Perilymphe ähnliche Lymphe (Tunnellymphe) enthalten soll. Seine mediale Wand wird von den *inneren Pfeilerzellen* **B10** und seine laterale Wand von den schräg gestellten *äußeren Pfeilerzellen* **B11** gebildet. Die Pfeilerzellen besitzen einen breiten Fußteil **B12,** in dem sich der Zellkern befindet, einen schmalen Mittelteil und einen Kopfteil. Sie enthalten lange gebündelte Stützfibrillen. Die innere Pfeilerzelle bildet eine Kopfplatte **B13,** die äußere Pfeilerzelle einen runden Kopfteil **B14,** der sich von unten an die Kopfplatte anlegt und einen flachen Fortsatz, das sog. Außenruder **B15** besitzt. Lateral steht die Gruppe der Deitersschen Stützzellen **B16** (Phalangenzellen), welche die Sinneszellen **B17C** auf einer Ausladung des unteren Zellabschnittes tragen. Ihre Tonofibrillen zweigen sich unter den Sinneszellen zu Stützkörbchen **B18** auf. Schmale Fortsätze der Deitersschen Zellen steigen zwischen den Sinneszellen empor und enden mit flachen Kopfplatten **C19,** die zusammengefügt eine durchbrochene oberflächliche Membran, *Membrana reticularis,* bilden. In den Öffnungen dieser Membran befinden sich die oberen Enden der Sinneszellen. Zwischen den äußeren Pfeilerzellen und den Deitersschen Zellen liegt der *Nuelsche Raum* **B20,** lateral von den Deitersschen Zellen der kleine *äußere Tunnel* **B21,** an den sich lange einfache Stützzellen anschließen. Sie gehen in das Epithel der Stria vascularis über und fassen den *Sulcus spiralis externus* **A22** ein. Den inneren Pfeilerzellen sind die inneren Deitersschen Stützzellen angelagert.

Die Sinneszellen C bestehen aus den *inneren Haarzellen* **C23,** die nur eine Reihe bilden, und den *äußeren Haarzellen* **C24,** die in der Basalwindung der Schnecke drei, in der mittleren Windung vier und in der oberen fünf Reihen bilden. Alle Haarzellen tragen an ihrer oberen Fläche eine dichte kutikulare Schicht **C25,** in der die Sinneshärchen **C26** befestigt sind. Diese stehen im Halbkreis, meist in drei abgestuften Reihen. An der Basis der Haarzellen enden Nervenfasern mit synapsenartigen Kontakten **C27.**

Über den Haarzellen liegt die *Lamina tectoria* **AB28,** eine gallertartige Schicht, die dem Limbus spirale aufgelagert ist und über das Labium limbi vestibulare hinausragt. Ob die Zilien der Sinneszellen an der Lamina tectoria befestigt sind und ihre tangentiale Ablenkung bei Schwingung der Basilarmembran durch eine Verschiebung gegen die Lamina zustande kommt, ist noch umstritten. Möglicherweise berühren die Zilien die Lamina tectoria gar nicht und werden lediglich durch eine Strömung der Endolymphe bewegt.

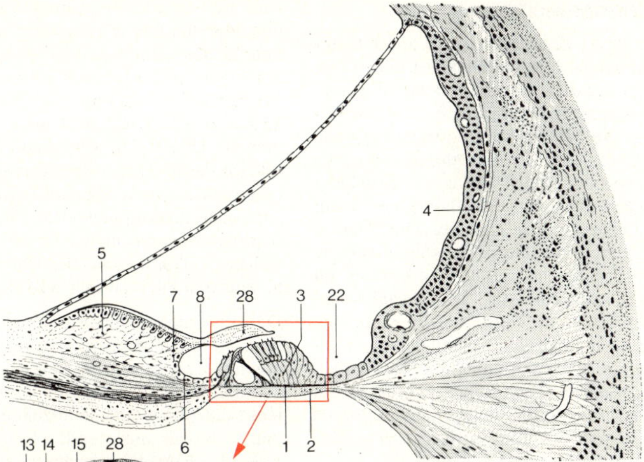

A Ductus cochlearis

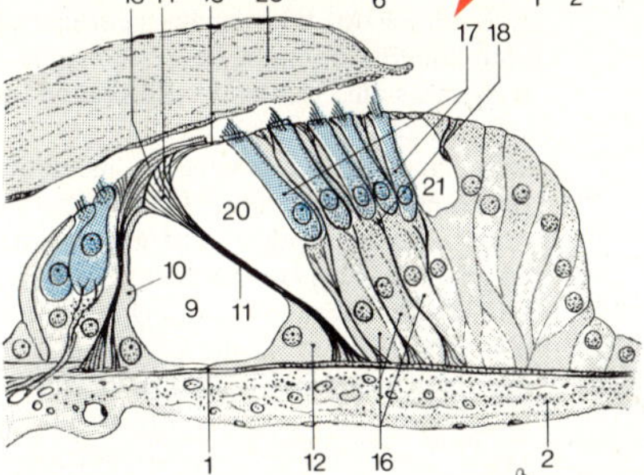

B Cortisches Organ

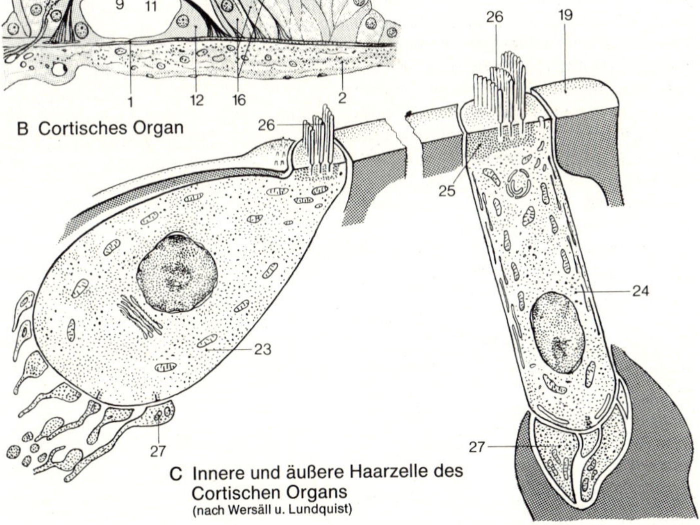

C Innere und äußere Haarzelle des Cortischen Organs
(nach Wersäll u. Lundquist)

Gleichgewichtsorgan

Sacculus, Utriculus und die von ihm abgehenden drei Bogengänge bilden das Gleichgewichtsorgan, den sog. Vestibularapparat. Er enthält mehrere Sinnesfelder: die Macula sacculi, Macula utriculi und die drei Cristae ampullares. Alle dienen der Registrierung von Beschleunigung und Lageveränderung und damit der Orientierung im Raum. Die Maculae reagieren auf lineare Beschleunigung in verschiedene Richtung, die Cristae auf Drehbeschleunigung. Die Maculae nehmen bestimmte Positionen im Raum ein: die Macula utriculi liegt an der Unterfläche des Utriculus annähernd horizontal, die Macula sacculi steht senkrecht an der Vorderwand des Sacculus. Beide stehen in einem rechten Winkel zueinander. Über die Lage der Bogengänge siehe S. 344.

Maculae A. Das Epithel, das den Endolymphraum auskleidet, gewinnt im ovalen Bezirk der Maculae an Höhe und differenziert sich zu Stützzellen und Sinneszellen. Die Stützzellen **A1** tragen und umgeben die Sinneszellen **A2.** Diese haben eine flaschen- oder ampullenförmige Gestalt und besitzen an ihrer oberen Fläche 70 bis 80 Zilien **A3.** Auf dem Sinnesepithel liegt eine gallertige Membran, die *Statolithenmembran* **A4** mit kristallinen Partikeln aus Kalziumkarbonat, den *Statolithen* **A5.** Die Zilien der Sinneszellen tauchen nicht direkt in die Statolithenmembran ein, sondern sind von einem engen, Endolymphe enthaltenden Raum umgeben.

Der adäquate Reiz für die Zilien ist die auf die Macula einwirkende Scherkraft: bei einer zunehmenden Beschleunigung kommt es zu einer tangentialen Verschiebung zwischen Sinnesepithel und Statolithenmembran. Die dabei erfolgende Ablenkung der Zilien führt zur Erregung der Sinneszellen und zur Auslösung eines Nervenimpulses.

Crista ampullaris BC6. Die Crista bildet einen Wulst, der in der Ampulle quer zum Verlauf des Bogenganges steht C und an seiner Oberfläche Stützzellen **B7** und Sinneszellen **B8** trägt. Von jeder Sinneszelle gehen zirka 50 Zilien **B9** ab, die erheblich länger sind als die Zilien der Makulazellen. Die Crista nimmt ungefähr ein Drittel der Ampullenhöhe ein. Ihr sitzt die aus einer gallertigen Substanz bestehende *Cupula* **BCD10** auf, die bis zur Decke der Ampulle reicht. Die Cupula ist von langen Kanälen durchzogen, in welche die Haarbüschel der Sinneszellen hineinragen. Nervenfaser **ABC11.**

Der Bogengangsapparat reagiert auf Drehbeschleunigungen, welche die Endolymphe in Bewegung versetzen. Das dadurch bedingte Abbiegen der Cupula lenkt die Zilien der Sinneszellen mit ab und wirkt als auslösender Reiz. Wird z. B. der Kopf nach rechts gedreht, so bleibt die Endolymphe des seitlichen Bogenganges am Anfang der Bewegung infolge ihrer Trägheit noch stehen; es entsteht eine relative Bewegung in entgegengesetzter Richtung (Trägheitsströmung): Beide Cupulae werden nach links abgelenkt **D12.** Dann folgt die Endolymphe langsam der Kopfdrehung. Sie fließt aber bei Beendigung der Drehung noch ein Stück in gleicher Richtung weiter: die Cupulae werden nach rechts abgelenkt **D13.** Die Funktion der Bogengänge dient vor allem den reflektorischen Blickbewegungen. Die ruckartigen Augenbewegungen bei Kopfdrehung (rotatorischer Nystagmus) hängen von der Kupulaablenkung ab. Die langsame Komponente des Nystagmus folgt stets der Richtung der Kupulaablenkung.

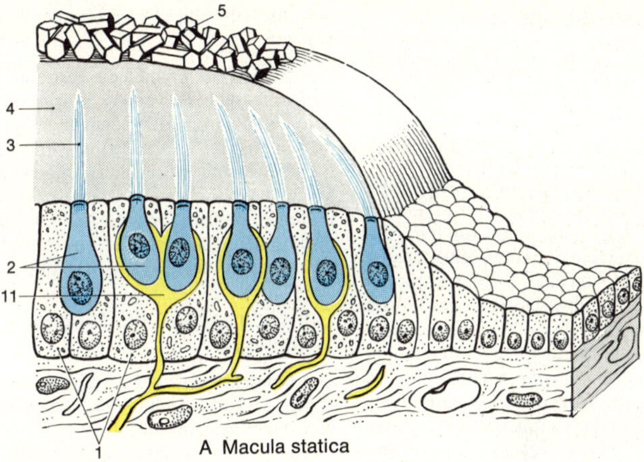

A Macula statica

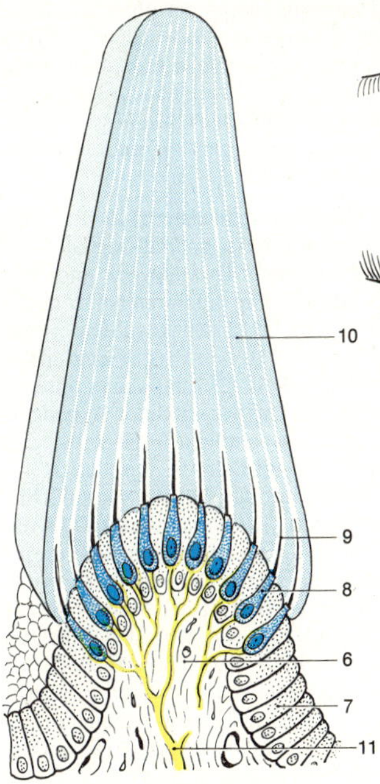

B Crista ampullaris

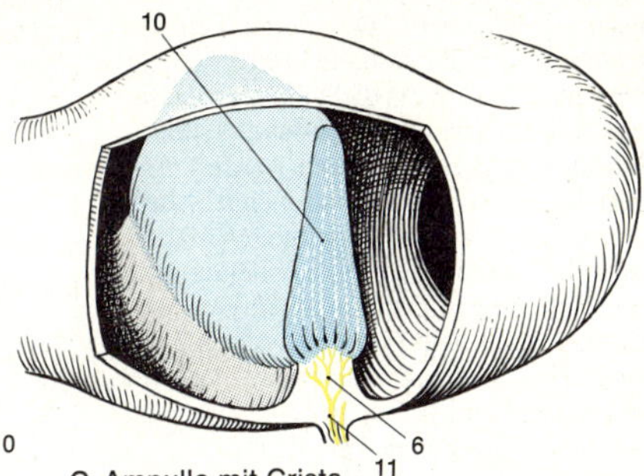

C Ampulle mit Crista

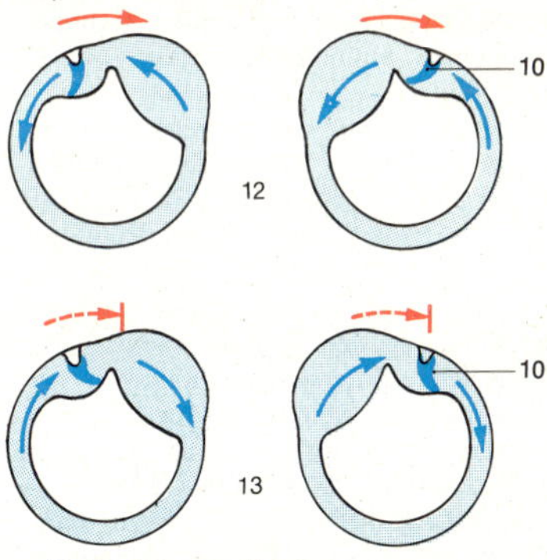

D Funktionsweise des Bogengangapparates (nach Trincker)

Vestibuläre Sinneszellen

Die Haarzellen der Macula und Crista sind im Prinzip gleich gebaut. Sie sind Mechanorezeptoren, die auf eine tangentiale Ablenkung ihrer Zilien reagieren. Man unterscheidet zwei Arten von Haarzellen: eine bauchige Form (Typ I) und eine zylindrische Form (Typ II). Der Zelltyp I **A1** besitzt einen runden Zellkörper mit einem dünneren Hals, dessen obere Fläche von einer dichten kutikularen Platte **A2** abgeschlossen wird. Von ihr gehen zirka 60 Zilien, *Stereozilien* **A3,** von abgestufter Länge und eine besonders lange *Kinozilie* **A4** ab, an deren Ursprung die Cuticula fehlt. Die Haarzelle wird an ihrer seitlichen und basalen Fläche von einem Nervenkelch **A5** umschlossen, der von einer starken Nervenfaser gebildet wird. Der obere Teil des Kelches enthält Vesikeln und liegt der Haarzelle besonders dicht an. Dieser Bezirk kann daher als eigentlicher synaptischer Abschnitt angesehen werden. Mit den Nervenkelchen haben weitere stark granulierte Nervenendigungen **A6** Kontakt, bei denen es sich möglicherweise um Endigungen efferenter Nerven handelt. Der schmale Haarzelltyp II **A7** besitzt die gleiche Zilienausstattung. An der Basis der Zellen liegen stark und schwach granulierte Endigungen von Nervenfasern. Die stark granulierten Boutons **A8** haben beim Zelltyp II direkten Kontakt mit den Haarzellen.

Alle Haarzellen eines Sinnesfeldes sind mit ihren langen Kinozilien einheitlich ausgerichtet B. Während in den Cristae alle Haarzellen nach einer Richtung orientiert sind, enthalten die Maculae verschiedene Felder, deren Sinneszellen einander zugewendet sind. Elektrophysiologische Untersuchungen haben gezeigt, daß die Ablenkung der Zilien in Richtung der Kinozilie zu einer nervösen Erregung führt, die Ablenkung in entgegengesetzter Richtung jedoch zu einer nervösen Hemmung C. Bewegungen in dazwischenliegenden Richtungen ergeben unterschwellige Erregung oder Hemmung.

Auf diese Weise können die vestibulären Apparate jede Bewegung präzise registrieren. Während der Bogengangsapparat (kinetisches Labyrinth) vor allem die Blickbewegungen reguliert, üben die Maculae (tonisches Labyrinth) einen direkten Einfluß auf den Muskeltonus aus, insbesondere auf den der Streckermuskulatur und den der Halsmuskulatur.

Ganglion spirale und Ganglion vestibulare

Das **Ganglion spirale D9** besteht aus einer Kette von Nervenzellhaufen, die im Modiolus am Abgang der Lamina spiralis ossea liegen und in ihrer Gesamtheit eine Spirale bilden. Sie enthalten echte bipolare Neurone, deren periphere Fortsätze (Dendriten) zu den Haarzellen des Cortischen Organs ziehen und deren zentrale Fortsätze (Axone) als *Tractus spiralis foraminosus* **D10** zur Achse des Modiolus verlaufen, wo sie sich zur *Radix cochlearis* **D11** vereinigen.

Das **Ganglion vestibulare D12** liegt am Grunde des inneren Gehörganges. Es besteht aus einer Pars superior und einer Pars inferior. Die bipolaren Neurone der Pars superior **D13** schicken ihre peripheren Fortsätze zu den Cristae ampullares des oberen **D14** (N. ampullaris anterior o. superior) und des seitlichen Bogenganges **D15** (N. ampullaris lateralis), zur Macula utriculi **D16** (N. utricularis) und zu einem Teil der Macula sacculi **D17.** Die Neurone der Pars inferior **D18** versorgen die Crista ampullaris des hinteren Bogenganges **D19** (N. ampullaris posterior) und einen Teil der Macula sacculi (N. saccularis). Die zentralen Fortsätze bilden die *Radix vestibularis* **D20,** die mit der Radix cochlearis in einer gemeinsamen Nervenscheide durch den inneren Gehörgang, *Meatus acusticus internus,* in die mittlere Schädelgrube zieht.

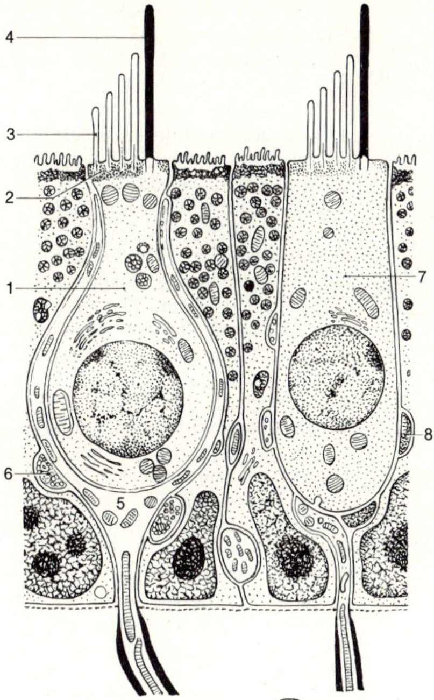

A Vestibuläre Sinneszellen, elektronenmikr. Schema
(nach Wersäll)

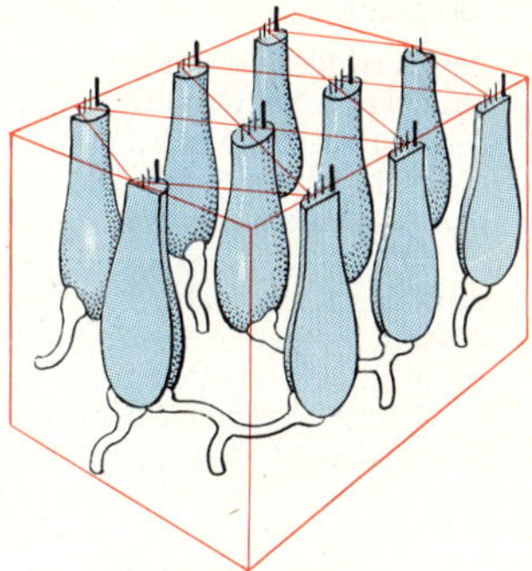

B Anordnung der Sinneszellen
(nach Flock u. Wersäll)

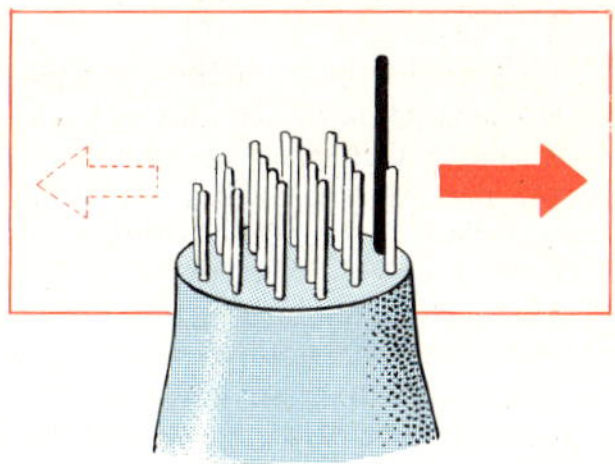

C Funktionsweise der Zellen
(nach Flock u. Wersäll)

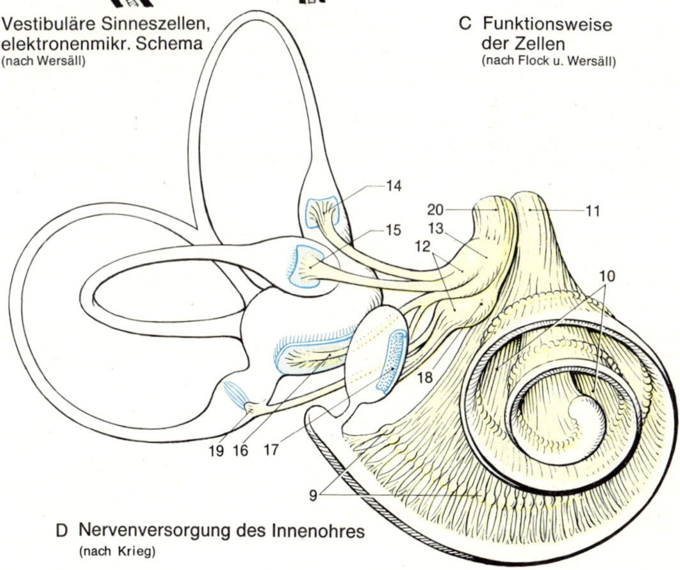

D Nervenversorgung des Innenohres
(nach Krieg)

Hörbahn

Nuclei cochleares. Die Fasern der Radix cochlearis **A1** treten in Höhe des *Nucleus cochlearis ventralis* **AB2** in die Medulla ein und gabeln sich auf. Die aufsteigenden Äste ziehen zum *Nucleus cochlearis dorsalis* **AB3,** die absteigenden Äste zum ventralen Kern. Dabei besteht eine geordnete Projektion der Cochlea auf den Kernkomplex: die Fasern aus den basalen Schneckenwindungen enden in dorsomedialen Abschnitten der Kerne, die Fasern aus den obersten Windungen in den ventrolateralen Abschnitten. Diese gesetzmäßige Verteilung der afferenten Fasern ist die Grundlage für die Gliederung der Kochleariskerne nach Tonfrequenzen.

Eine solche tonotopische Organisation des Kochleariskomplexes läßt sich durch elektrische Ableitungen am Versuchstier (Katze) nachweisen B. Bei Ableitungen von einzelnen Nervenzellen und gleichzeitiger Beschallung mit verschiedenen Tönen kann man die Frequenz feststellen, bei der die einzelne Zelle optimal reagiert. Auf dem Frontalschnitt durch den oralen Bereich der Kochleariskerne ist zu sehen, wie die von oben nach unten abtastende Elektrode im dorsalen Kern B3 Ableitungspunkte in einer genauen Reihenfolge von hohen zu tiefen Frequenzen registriert. Hier liegen die Neurone für bestimmte Tonfrequenzen in einer geordneten Folge. Beim Eintritt der Elektrode in den ventralen Kern B2 bricht die Frequenzfolge plötzlich ab und schwankt nur noch in einem bestimmten Bereich.

Von den Zellen der Kochleariskerne gehen die sekundären Fasern der Hörbahn ab. Die Bündel aus dem Ventralkern kreuzen als breite, mit Nervenzellen durchmischte Faserplatte, *Corpus trapezoideum* **A4** (S. 102 AB15) zur Gegenseite und steigen hier als **Lemniscus lateralis** **A5** (S. 124 D22) zum unteren Zweihügel **A6** empor. Die vom dorsalen Kern abgehenden Fasern kreuzen in schrägem Verlauf als *Striae acusticae dorsales* **A7.** Ein großer Teil der Lemniskusfasern läuft von den Kochleariskernen direkt zum unteren Zweihügel. Eine beträchtliche Anzahl von Fasern wird jedoch in Zwischenkernen der Hörbahn auf tertiäre Fasern umgeschaltet: im *Nucleus corporis trapezoidei dorsalis* **A8,** *Nucleus corporis trapezoidei ventralis* **A9** und in den *Nuclei lemnisci laterales.* Im Nucleus corporis trapezoidei dorsalis (obere Olive) ist eine tonotopische Gliederung nachgewiesen. Der medial davon liegende akzessorische Kern *(Nucleus medialis olivae superioris)* **A10** erhält Fasern von den Kochleariskernen beider Seiten und ist in ein Fasersystem eingeschaltet, das dem Richtungshören dient. Die Faserverbindungen vom dorsalen Trapezkern zum Nucleus abducens **A11** (reflektorische Blickbewegung bei Schallempfindung) sind umstritten. Die Fasern sollen am Abduzenskern vorbei zum gegenseitigen N. cochlearis ziehen und als efferente Leitung an den Haarzellen des Cortischen Organs enden. Sie regulieren wahrscheinlich den Erregungszufluß. Die Nuclei lemnisci laterales sind verstreute Zellgruppen im Verlauf des Lemniscus. Vom *Nucleus dorsalis lemnisci lateralis* **A12** kreuzen Fasern zum gegenseitigen Lemniscus (Probstsche Kommissur **A13**).

Colliculus inferior. Der überwiegende Teil des Lemniscus lateralis endet im Hauptkern des Colliculus inferior in einer topischen Ordnung. Elektrophysiologisch ist eine tonotopische Gliederung des Kerns nachgewiesen. Er ist eine Schaltstätte für akustische Reflexe, von der akustikooptische Fasern zu den oberen Zweihügeln und tektozerebelläre Fasern zum Kleinhirn ziehen. Die unteren Zweihügel sind durch die *Commissura colliculi inferioris* **A14** miteinander verbunden.

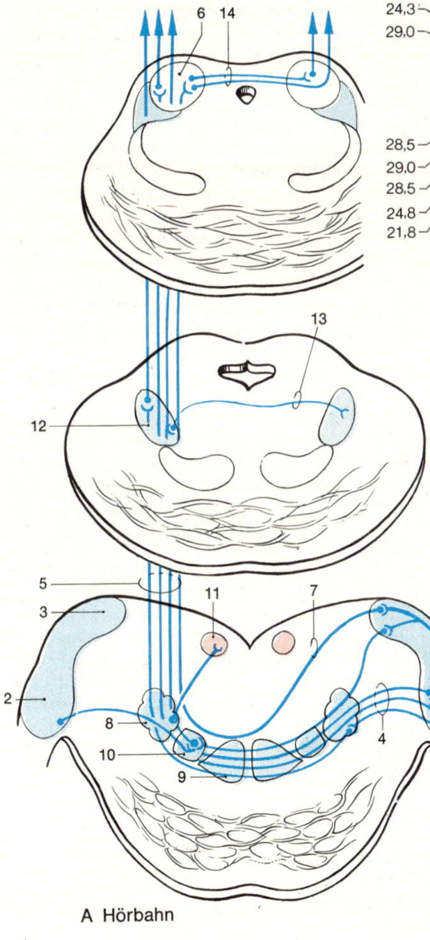

A Hörbahn

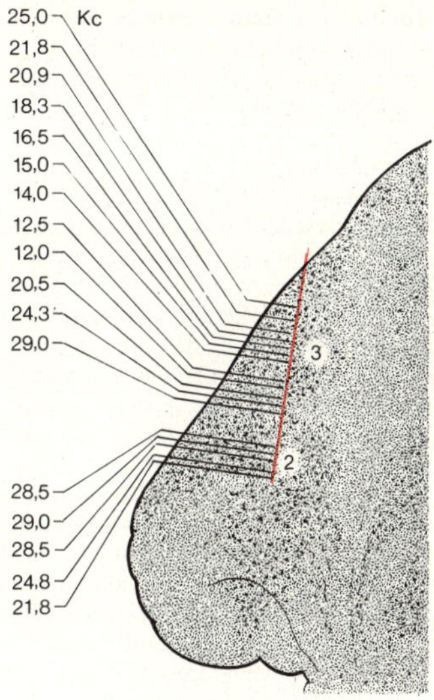

B Tonotopische Gliederung des Kochleariskerns (nach Rose u. Mountcastle)

Corpus geniculatum mediale AB1. Der nächste Abschnitt der Hörbahn ist der *Pedunculus colliculi inferioris* **A2,** der als starker Faserzug vom unteren Zweihügel zum Corpus geniculatum mediale zieht. Von diesem nimmt die Hörstrahlung ihren Ausgang. Nach neueren Untersuchungen soll das Corpus geniculatum mediale auch somatosensorische Fasern aus dem Rückenmark und zerebelläre Fasern erhalten. Es ist offenbar nicht ausschließlich eine Schaltstelle des akustischen Systems, sondern in verschiedene Systeme eingeschaltet. Einige Faserbündel des Pedunculus colliculi inferioris stammen aus den Trapezkernen und erreichen das Geniculatum mediale ohne Umschaltung im unteren Zweihügel. Beide mediale Corpora geniculata sollen durch kreuzende Fasern verbunden sein, die über die *Commissura supraoptica inferior* (Gudden) **A3** verlaufen. Ob eine solche Verbindung auch beim Menschen besteht, ist zweifelhaft. Gesichert sind jedoch absteigende Fasern aus der Hörrinde, die im Geniculatum mediale enden.

Hörstrahlung AB4. Die Fasern der Hörstrahlung verlaufen vom Geniculatum mediale quer durch den unteren hinteren Abschnitt der inneren Kapsel und steigen im Temporallappen senkrecht zur Hörrinde empor. Die Fasern halten dabei eine topische Ordnung ein, nach der einzelne Abschnitte des Corpus geniculatum mediale zu bestimmten Bezirken der Hörrinde projizieren. Im Verlaufe der Hörstrahlung kommt es zu einer spiraligen Drehung, so daß die rostralen Genikulatumpartien auf die kaudalen Rindenabschnitte und die kaudalen Genikulatumpartien auf die rostralen Rindenabschnitte projizieren B. Diese Drehung ist beim Affen experimentell und beim Menschen während der Markscheidenreifung nachgewiesen worden.

Hörrinde AB5C. Elektrische Ableitungen vom Cortex verschiedener Versuchstiere (Katze, Affe) bei gleichzeitiger Beschallung mit Tönen unterschiedlicher Frequenzen haben eine tonotopische Gliederung der Hörrinde aufgedeckt, bei der die Cochlea gewissermaßen aufgerollt von der Basalwindung bis zur Cupula repräsentiert ist. Dabei wurden drei Hörregionen nachgewiesen: die erste auditorische Region (A I) **C6,** die zweite auditorische Region (A II) **C7** und der Bereich des Gyrus ectosylvius posterior (Ep) **C8.** In der ersten auditorischen Region liegen die Nervenzellen, die auf hohe Frequenzen optimal reagieren, rostral, die Nervenzellen, die auf niedrige Frequenzen optimal reagieren, kaudal. In der zweiten auditorischen Region ist die Frequenzempfindlichkeit umgekehrt. Die erste Hörregion A I ist die primäre Endigungsstätte der Hörstrahlung, die Hörregionen A II und Ep hingegen gelten als sekundäre Hörfelder. Die Verhältnisse lassen sich mit denen beim optischen Cortex vergleichen, dessen Area 17 die Endigungsstätte der Sehstrahlung ist, während die Felder 18 und 19 sekundäre Integrationsgebiete sind. Der Hörregion A I entspricht beim Menschen die Area 41, welche die Heschlschen Querwindungen bedeckt und die Endstätte der Hörstrahlung ist (S. 238). Die Areae 42 und 22 sind hingegen sekundäre Hörfelder, das sog. Wernickesche Sprachzentrum für das Verständnis der Sprache eingeschlossen. Als Hörrinde ist also ein Bezirk anzusehen, der wesentlich größer ist als die Heschlschen Querwindungen.

Die Hörbahn besitzt in ihrem Verlauf mehrere Kommissurensysteme, die in verschiedenen Höhen einen Faserwechsel ermöglichen. Einige Faserbündel steigen außerdem zur gleichseitigen Hörrinde empor. Diese empfängt also Erregungen beider Cortischer Organe, was besonders für das Richtungshören von Bedeutung ist.

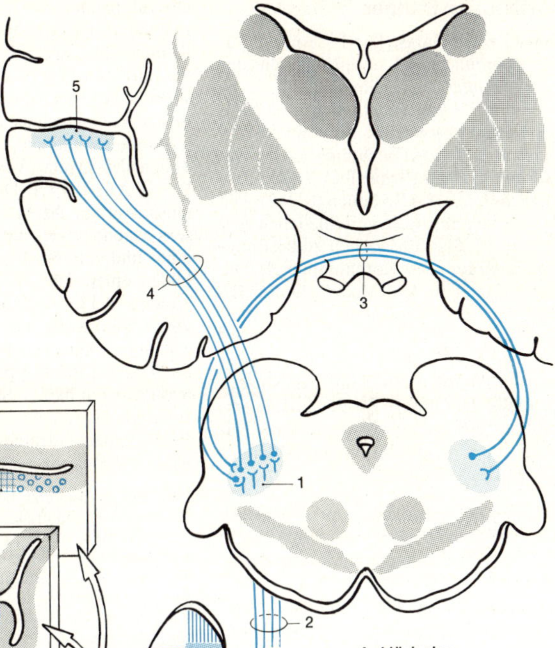

A Hörbahn

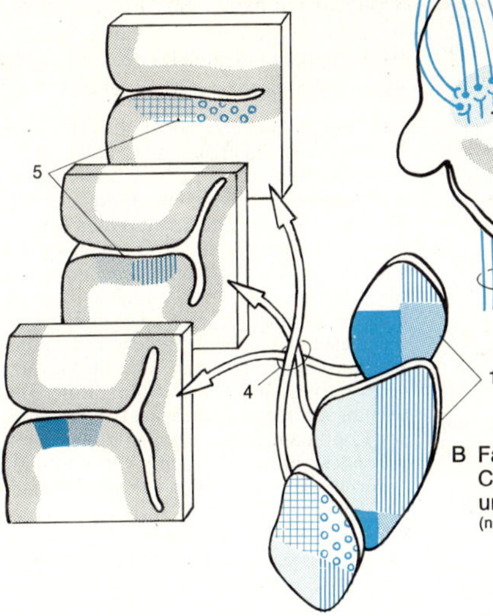

B Faserbeziehungen zwischen Corpus geniculatum mediale und Hörrinde
(nach Walker)

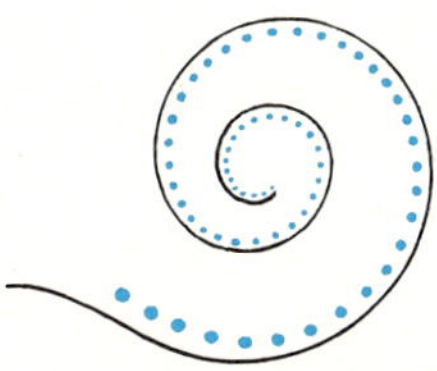

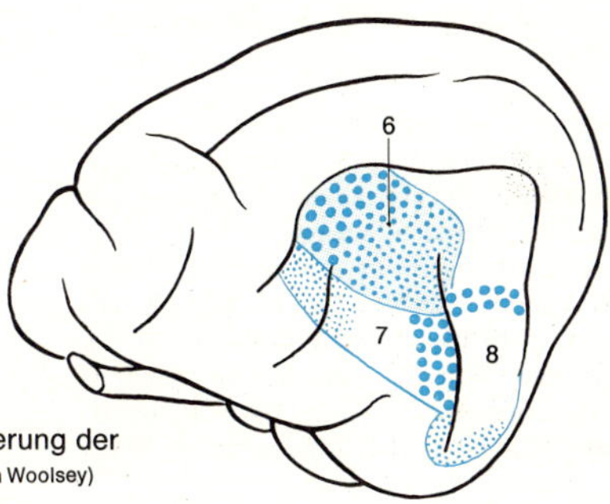

C Tonotopische Gliederung der Hörrinde Katze (nach Woolsey)

Vestibuläre Bahnen

Nuclei vestibulares. Die Fasern der Radix vestibularis **A1** treten in Höhe des *Nucleus lateralis* (Deiters) **AB2** in die Medulla ein und gabeln sich in aufsteigende und absteigende Äste auf, die im *Nucleus superior* (Bechterew) **AB3,** im *Nucleus medialis* (Schwalbe) **AB4** und im *Nucleus inferior* **AB5** enden (S. 112). Die Nervenfasern für die verschiedenen Anteile des Labyrinths ziehen zu bestimmten Bezirken des Kernkomplexes. Die Faserbündel für die Macula sacculi **B6** enden im lateralen Teil des Nucleus inferior, die Fasern für die Macula utriculi **B7** im medialen Teil des Nucleus inferior und im lateralen Abschnitt des Nucleus medialis. Die Fasern für die Cristae ampullares **B8** enden vorwiegend im Nucleus superior und im oberen Abschnitt des Nucleus medialis.

Bestimmte Neuronengruppen reagieren also auf lineare Beschleunigung, andere auf Drehbeschleunigung. Manche Zellen sprechen auf die Drehung zur gleichen Seite, andere auf die Drehung zur Gegenseite an. Die Vestibulariskomplexe beider Seiten sind durch Kommissurenfasern miteinander verbunden, über die manche Zellgruppen vom Labyrinth der Gegenseite erregt werden. Außer labyrinthären Fasern enden im Kernareal auch zerebelläre Fasern vom Wurm und den Nuclei fastigii (S. 154) und spinale Fasern, die Impulse von Gelenkrezeptoren übermitteln. Von den Vestibulariskernen laufen auch efferente Fasern als zentrale Kontrolle zu den Sinnesepithelien zurück.

Sekundäre Vestibularisbahnen. Sie stellen Verbindungen zum Rückenmark, zur Formatio reticularis, zum Kleinhirn und den Augenmuskelkernen her. Der *Tractus vestibulospinalis* **A9** stammt von den Zellen des lateralen Deitersschen Kerns und reicht bis in das Sakralmark. Seine Fasern enden an spinalen Zwischenneuronen und aktivieren die motorischen α- und γ-Neurone der Streckermuskulatur. Die zahlreichen zur Formatio reticularis ziehenden Fasern stammen von allen Kernen. Zum Kleinhirn verlaufen außer den direkten Fasern aus dem Ganglion vestibulare Faserbündel vom Nucleus medialis und Nucleus inferior. Sie enden im Nodulus und Flocculus **A10** und in Teilen der Uvula (Vestibulocerebellum S. 142 A6, 154 C). Die zu den Augenmuskelkernen **AC11** aufsteigenden Fasern gehen vorwiegend vom Nucleus medialis und vom Nucleus superior ab und bilden einen Teil des medialen Längsbündels **A12.** Schließlich besteht eine vestibulokortikale Verbindung über den Thalamus (Nucleus ventralis intermedius S. 172 B12). Elektrophysiologische Untersuchungen haben eine Projektion vestibulärer Erregung auf einen kleinen Bezirk in der ventralen Postzentralregion nahe dem Gesichtsbezirk ergeben.

Man nimmt an, daß bei der Verbindung zwischen Vestibulariskomplex und Augenmuskelkernen umschriebene Zellgruppen miteinander Kontakt haben: Gruppen, welche die Erregungen eines einzelnen Bogenganges empfangen, sind wahrscheinlich mit Zellgruppen verknüpft, die einen bestimmten Augenmuskel innervieren. Nur so ist das außerordentlich präzise Zusammenspiel von Vestibularapparat, Augenmuskeln und Halsmuskeln zu erklären, das die Fixation eines Gegenstandes auch während der Bewegung des Kopfes ermöglicht. Trotz unserer Kopfbewegungen nehmen wir stets ein ruhendes, aufrecht stehendes Bild unserer Umwelt wahr. Um einen solchen konstanten optischen Eindruck zu gewährleisten, wird z. B. jede Kopfneigung durch Rollen der Augäpfel ausgeglichen C. Das fein abgestimmte Zusammenwirken von Hals- und Augenmuskeln wird vom Vestibularapparat über die γ-Neurone **C13** gesteuert.

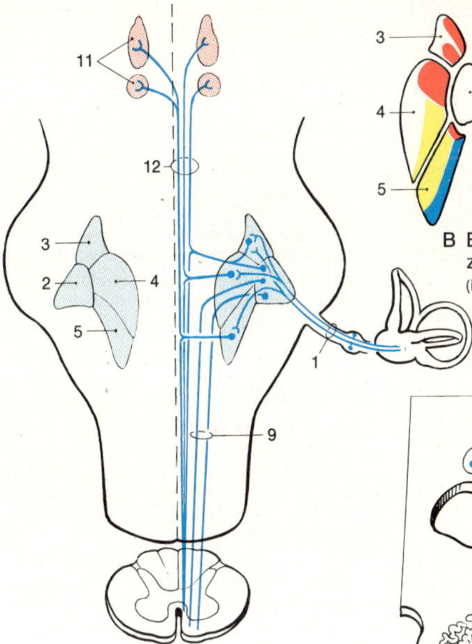

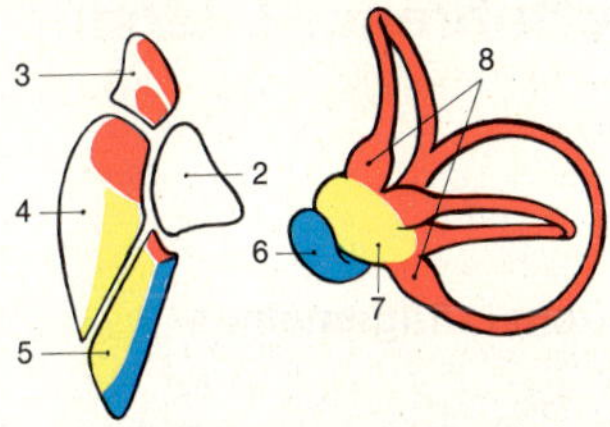

B Beziehung der Vestibulariskerne zum Gleichgewichtsorgan
(in Anlehnung an Stein u. Carpenter)

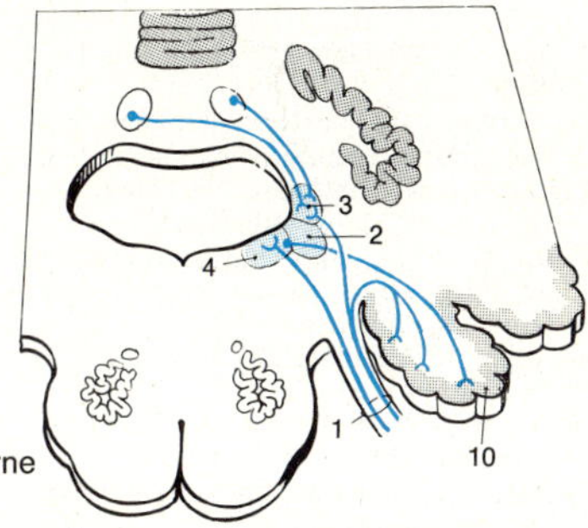

A Faserverbindungen der Vestibulariskerne

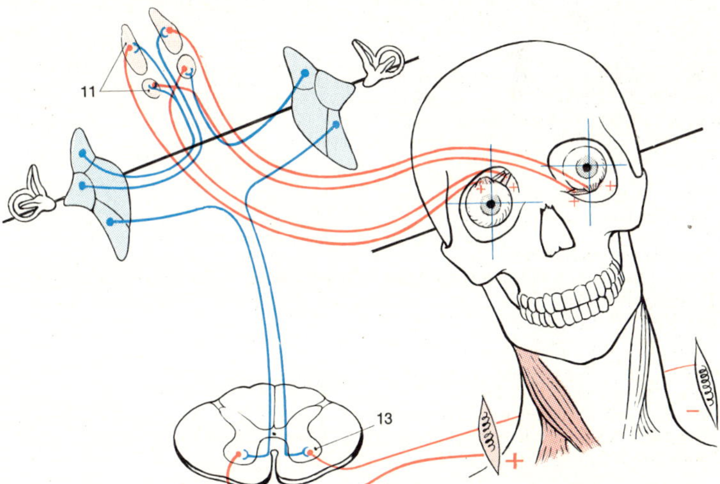

C Zusammenspiel von Augenmuskeln, Halsmuskeln und Gleichgewichtsorgan

Weiterführende Literatur

Lehrbücher, Allgemeines

Ariëns Kappers, C. U., G. C. Huber, E. C. Crosby: The Comparative Anatomy of the Nervous System of Vertebrats, Including Man. Hafner, New York 1936, Reprint 1960

Biesold, D., H. Matthies: Neurobiologie. Fischer, Stuttgart 1977

Brodal, A.: Neurological Anatomy. Oxford University Press, Oxford 1981

Carpenter, M. B.: Core Text of Neuroanatomy. Williams & Wilkins, Baltimore 1978

Clara, M.: Das Nervensystem des Menschen. Barth, Leipzig 1959

Clarke, E., K. Dewhurst: Die Funktionen des Gehirns. Moos, München 1973

Curtis, B. A., S. Jakobson, E. M. Marcus: An Introduction to the Neurosciences. Saunders, Philadelphia 1972

Dejerine, J.: Anatomie des centres nerveux. Rueff, Paris 1895–1901

Eccles, J. C.: Das Gehirn des Menschen. Piper, München 1973

Ferner, H.: Anatomie des Nervensystems. Reinhard, München 1970

Forssmann, W. G., Ch. Heym: Grundriß der Neuroanatomie. Springer, Berlin 1974

Friede, R. L.: Topographic Brain Chemistry. Academic Press, New York 1966

Glees, P.: Morphologie und Physiologie des Nervensystems. Thieme, Stuttgart 1957

Hassler, R.: Funktionelle Neuroanatomie und Psychiatrie. In: Psychiatrie der Gegenwart, hrsg. von H. W. Gruhle, R. Jung, W. Mayer-Gross, M. Müller. Springer, Berlin 1967

Ludwig, E., J. Klingler: Atlas cerebri humani. Karger, Basel 1956

Mühr, A.: Das Wunder Menschenhirn. Walter, Olten 1957

Nieuwenhuys, R., J. Voogd, Chr. van Huizen: Das Zentralnervensystem des Menschen. Springer, Berlin 1980

Retzius, G.: Das Menschenhirn. Norstedt, Stockholm 1896

Rohen, J. W.: Funktionelle Anatomie des Nervensystems. Schattauer, Stuttgart 1975

Schaltenbrand, G., P. Bailey: Einführung in die stereotaktischen Operationen mit einem Atlas des menschlichen Gehirns. Thieme, Stuttgart 1959

Sidman, R. L., M. Sidmann: Neuroanatomie programmiert. Springer, Berlin 1971

Villiger, E., E. Ludwig: Gehirn und Rükkenmark. Schwabe, Basel 1946

Einleitung

Bullock, Th. H.: Introduction to Nervous System. San Francisco 1977

Bullock, Th. H., G. A. Horridge: Structure and Function in the Nervous System of Invertebrates. University Chicago Press, Chicago 1955

Herrick, J. C.: Brains of Rats and Men. University Chicago Press, Chicago 1926

Herrick, J. C.: The Evolution of Human Nature. University Texas Press, Austin 1956

Le Gros Clark, W. E.: Fossil Evidence for Human Evolution. University Chicago Press, Chicago 1955

Le Gros Clark, W. E.: The Antecedents of Man. Edinburgh University Press, Edinburgh 1959

Popper, K. R., J. C. Eccles: Das Ich und sein Gehirn. Piper, München 1985

Sherrington, Sir Charles: Körper und Geist – Der Mensch über seine Natur. Schünemann, Bremen 1964

Spatz, H.: Gedanken über die Zukunft des Menschenhirns. In: Der Übermensch, hrsg. von E. Benz. Rhein-Verl., Zürich 1961

Starck, D.: Die Neencephalisation. In: Menschliche Abstammungslehre, hrsg. von G. Heberer. Fischer, Stuttgart 1965

Tobias, P. V.: The Brain in Hominid Evolution. Columbia University Press, New York 1971

Histologie

Akert, K., P. G. Waser: Mechanisms of Synaptic Transmission. Elsevier, Amsterdam 1969

Babel, J., A. Bischoff, H. Spoendlin: Ultrastructure of the Peripheral Nervous System and Sense Organs. Thieme, Stuttgart 1970

Barker, J. L.: The Role of Peptides in Neuronal Function. Dekker, Basel 1980

de Belleroche, J., G. J. Dockray: Cholecystokinin in the Nervous System. Verlag Chemie, Weinheim 1984

Björklund, A., T. Hökfeld: Classical Neurotransmitters in the CNS, Handbook of Chemical Neuroanatomy. Elsevier, Amsterdam 1984

Cajal, S. R.: Histologie du système nerveux de l'homme et des vertébrés. Maloine, Paris 1909–1911

Causey, G.: The Cell of Schwann. Livingstone, Edinburgh 1960

Cold Spring Harbour Symposia 40: The Synapse. Cold Spring Harbour Laboratory, New York 1976

Cottrell, G. A., P. N. R. Usherwood: Synapses. Blackie, Glasgow 1977

Cowan, W. M., M. Cuenod: The Use of Axonal Transport for Studies of Neuronal Connectivity. Elsevier, Amsterdam 1975

De Robertis, E. D. P., R. Carrea: Biology of Neuroglia. Elsevier, Amsterdam 1965

Emson, P. C.: Chemical Neuroanatomy. Raven, New York 1984

Eränkö, O.: Histochemistry of Nervous Transmission. Elsevier, Amsterdam 1969

Fedoroff, S., A. Vernadakis: Astrocytes. Academic Press, London 1986

Friede, R. L., F. Seitelberger: Symposium über Axonpathologie und „Axonal Flow". Springer, Berlin 1971

Fuxe, K., M. Goldstein, B. Hökfeld, T. Hökfeld: Central Adrenalin Neurons. Pergamon, Oxford 1980

Hild, W.: Das Neuron. In: Handbuch der mikroskopischen Anatomie, hrsg. von W. Bargmann, Erg. zu Bd. IV/1. Springer, Berlin 1959

Jones, D. G.: Synapses and Synaptosomes. Chapmann & Hall, London 1975

Landon, D. N.: The Peripheral Nerve. Chapmann & Hall, London 1976

Lehmann, H. J.: Die Nervenfaser. In: Handbuch der mikroskopischen Anatomie, hrsg. von W. Bargmann, Erg. zu Bd. IV/1. Springer, Berlin 1959

Nakai, J.: Morphology of Neuroglia. Igaku-Shoin, Osaka 1963

Pappas, G. D., D. P. Purpura: Structure and Function of Synapses. Raven, New York 1972

Penfield, W.: Cytology and Cellular Pathology of the Nervous System. Hoeber, New York 1932

Peters, A., S. L. Palay, H. F. Webster: The Fine Structure of the Nervous System. Harper & Row, New York 1970

Rapoport, St. J.: Blood-Brain Barrier in Physiology and Medicine. Raven, New York 1976

Roberts, E., T. N. Chase, D. B. Tower: GABA in Nervous System Function. Raven, New York 1976

Schoffeniels, E., G. Franck, L. Hertz: Dynamic Properties of Glia Cells. Pergamon, Oxford 1978

Stjaerne, L.: Chemical Neurotransmission. Academic Press, London 1981

Szentágothai, J.: Neuron Concept Today. Akadémiai Kiadó, Budapest 1977

Uchizono, K.: Excitation and inhibition. Elsevier, Amsterdam 1975

Usdin, E., W. E. Burney, J. M. Davis: Neuroreceptors. Chichester, New York 1979

Watson, W. E.: Cell Biology of Brain. Chapman & Hall, London 1976

Windle, W. F.: Biology of Neuroglia. Thomas, Springfield 1958

Weiss, D. G.: Axoplasmic Transport. Springer, Berlin 1982

Yamamura, H. J., S. J. Enna, M. J. Kuhar: Neurotransmitter Receptor Binding. Raven, New York 1985

Rückenmark und Rückenmarksnerven

Bok, S. T.: Das Rückenmark. In: Handbuch der mikroskopischen Anatomie. Bd. IV, hrsg. von W. v. Möllendorf. Springer, Berlin 1928

Brown, A. G.: Organization of the Spinal Cord. Springer, Berlin 1981

Dyck, P. J., P. K. Thomas, E. H. Lambert: Peripheral Neuropathy, Vol. I: Biology of the Peripheral System. Saunders, Philadelphia 1975

Foerster, O.: Spezielle Anatomie und Physiologie der peripheren Nerven. In: Handbuch der Neurologie, Bd. II/1, hrsg. von O. Bumke, O. Foerster. Springer, Berlin 1928

Foerster, O.: Symptomatologie der Erkrankungen des Rückenmarks und seiner Wurzeln. In: Handbuch der Neurologie, Bd. V, hrsg. von O. Bumke, O. Foerster. Springer, Berlin 1936

Hubbard, J. I.: The Peripheral Nervous System. Plenum, New York 1974

Jacobsohn, L.: Über die Kerne des menschlichen Rückenmarks. Abh. d. königl. preuß. Akad. d. Wiss., Phys.-math. Kl., Berlin 1908

Kadyi, H.: Über die Blutgefäße des menschlichen Rückenmarkes. Gubrynowicz & Schmidt, Lemberg 1886

Keegan, J. J., F. D. Garrett: The segmental distribution of the cutaneous nerves in the limbs of man. Anat. Rec. 102 (1948) 409–437

v. Lanz, T., W. Wachsmuth: Praktische Anatomie, Bd. I/2.–4. Springer, Berlin 1955–1972

Mumenthaler, M., H. Schliack: Läsionen peripherer Nerven. 5. Aufl. Thieme, Stuttgart 1987

Noback, Ch. N., J. K. Harting: Spinal cord. In: Primatologia, Bd. II/1, hrsg. von H. Hofer, A. H. Schultz, D. Starck. Karger, Basel 1971

Villiger, E.: Die periphere Innervation. Schwabe, Basel 1964

Hirnstamm

Brodal, A.: The Cranial Nerves. Blackwell, Oxford 1954

Brodal, A.: The Reticular Formation of the Brain Stem. Oliver & Boyd, Edinburgh 1957

Clemente, C. D., H. W. Magoun: Der bulbäre Hirnstamm. In: Einführung in die stereotaktischen Operationen mit einem Atlas des menschlichen Gehirns, hrsg. von G. Schaltenbrand, P. Bailey. Thieme, Stuttgart 1959

Crosby, E. C., E. W. Lauer: Anatomie des Mittelhirns. In: Einführung in die stereotaktischen Operationen mit einem Atlas des menschlichen Gehirns, hrsg. von G. Schaltenbrand, P. Bailey. Thieme, Stuttgart 1959

Delafresnaye, J. F.: Brain Mechanisms and Consciousness. Blackwell, Oxford 1954

Duvernoy, H. M.: Human Brain Stem Vessels. Springer, Berlin 1978

Feremutsch, K.: Mesencephalon, in: Primatologia, Bd. II/2, hrsg. von H. Hofer, A. H. Schultz, D. Starck. Karger, Basel 1965

Gerhard, L., J. Olszewski: Medulla oblongata and Pons. In: Primatologia, Bd. II/2, hrsg. von H. Hofer, A. H. Schultz, D. Starck. Karger, Basel 1969

Jasper, H., L. D. Proctor, R. S. Knighton, W. C. Noshay, R. T. Costello: Reticular Formation of the Brain. Churchill, Oxford 1958

Mingazzini, G.: Medulla oblongata und Brücke. In: Handbuch der mikroskopischen Anatomie, Bd. IV. Springer, Berlin 1928

Olszewski, J., D. Baxter: Cytoarchitecture of the Human Brain Stem. Karger, Basel 1954

Pollak, E.: Anatomie des Rückenmarks, der Medulla oblongata und der Brücke. In: Handbuch der Neurologie, Bd. I, hrsg. von O. Bumke, O. Foerster. Springer, Berlin 1935

Riley, H. A.: An Atlas of the Basal Ganglia, Brain Stem and Spinal Cord. Williams & Wilkins, Baltimore 1943

Spatz, H.: Anatomie des Mittelhirns. In: Handbuch der Neurologie, Bd. I, hrsg. von O. Bumke, O. Foerster. Springer, Berlin 1935

Kleinhirn

Angevine, jr. J. B., E. L. Mancall, P. I. Yakovlev: The Human Cerebellum. Little, Brown, Boston 1961

Chan-Palay, V.: Cerebellar Dentate Nucleus. Springer, Berlin 1977

Dichgans, J., J. Bloedel, W. Precht: Cerebellar Functions. Springer, Berlin 1984

Dow, R. S., G. Moruzzi: The Physiology and Pathology of the Cerebellum. University Minnesota Press, Minneapolis 1958

Eccles, J. C., M. Ito, J. Szentágothai: The Cerebellum as a Neuronal Machine. Springer, Berlin 1967

Fields, W. S., W. D. Willis: The Cerebellum in Health and Disease. Green, St. Louis 1970

Jakob, A.: Das Kleinhirn. In: Handbuch der mikroskopischen Anatomie, Bd. IV, hrsg. von W. v. Moellendorff. Springer, Berlin 1928

Jansen, J., A. Brodal: Das Kleinhirn. In: Handbuch der mikroskopischen Anatomie, hrsg. von W. Bargmann, Erg. zu Bd. IV/1. Springer, Berlin 1958

Larsell, O., J. Jansen: The Comparative Anatomy and Histology of the Cerebellum. University of Minnesota Press, Minneapolis 1972

Llinás, R.: Neurobiology of Cerebellar Evolution and Development. American Medical Association, Chicago 1969

Palay, S. L.: Cerebellar Cortex. Springer, Berlin 1974

Zwischenhirn

Akert, K.: Die Physiologie und Pathophysiologie des Hypothalamus. In: Einführung in die stereotaktischen Operationen mit einem Atlas des menschlichen Gehirns, hrsg. von G. Schaltenbrand, P. Bailey. Thieme, Stuttgart 1959

Ariëns Kappers, J., J. P. Schadé: Structure and Function of the Epiphysis Cerebri. Elsevier, Amsterdam 1965

Bargmann, W., J. P. Schadé: Lectures on the Diencephalon. Elsevier, Amsterdam 1964

De Wulf, A.: Anatomy of the Normal Human Thalamus. Elsevier, Amsterdam 1971

Diepen, R.: Der Hypothalamus. In: Handbuch der mikroskopischen Anatomie, Bd. IV/7, hrsg. von W. Bargmann. Springer, Berlin 1962

Emmers, R., R. R. Tasker: The Human Somesthetic Thalamus. Raven, New York 1975

Feremutsch, K.: Thalamus. In: Primatologia, Bd. II/2, hrsg. von H. Hofer, A. H. Schultz, D. Starck. Karger, Basel 1963

Frigyesi, T. L., E. Rinvik, M. D. Yahr: Thalamus. Raven, New York 1972

Harris, G. W., B. T. Donovan: The Pituitary Gland, Bd. III. Pars Intermedia and Neurohypophysis. Butterworths, London 1966

Hassler, R.: Anatomie des Thalamus. In: Einführung in die stereotaktischen Operationen mit einem Atlas des menschlichen Gehirns, hrsg. von G. Schaltenbrand, P. Bailey. Thieme, Stuttgart 1959

Haymaker, W., E. Anderson, J. H. Nauta: Hypothalamus. Thomas, Springfield/Ill. 1969

Hess, W. R.: Das Zwischenhirn. Schwabe, Basel 1954

Kuhlenbeck, H.: The human diencephalon. Confin, neurol. (Basel), Suppl. 14 (1954)

Macchi, G., A. Rustioni, R. Speafico: Somatosensory Integration in the Thalamus. Elsevier, Amsterdam 1983

Morgane, P. J.: Handbook of the Hypothalamus (3 Vol.) Dekker, Basel 1979–81

Nir, I., R. J. Reiter, R. J. Wurtman: The Pineal Gland. Springer, Wien 1977

Pallas, J. E.: La journée du thalamus, Marseille 1969

Purpura, D. P.: The Thalamus, Columbia University Press, New York 1966

Richter, E.: Die Entwicklung des Globus pallidus und des Corpus subthalamicum. Springer, Berlin 1965

Wahren, W.: Anatomie des Hypothalamus. In: Einführung in die stereotaktischen Operationen mit einem Atlas des menschlichen Gehirns, hrsg. von G. Schaltenbrand, P. Bailey. Thieme, Stuttgart 1959

Walker, A. E.: The Primate Thalamus. University of Chicago Press, Chicago 1938

Walker, A. E.: Normale und pathologische Physiologie des Thalamus. In: Einführung in die stereotaktischen Operationen mit einem Atlas des menschlichen Gehirns, hrsg. von G. Schaltenbrand, P. Bailey. Thieme, Stuttgart 1959

Wolstenholme, G. E. W., J. Knight: The Pineal Gland. Ciba Foundation Symposium Churchill-Livingstone, London 1971

Wurtman, R. J., J. A. Axelrod, D. E. Kelly: The Pineal. Academic Press, New York 1968

Endhirn

Alajouanine, P. Th.: Les grandes activitées du lobe temporal. Masson, Paris 1955

v. Bonin, G.: Die Basalganglien. In: Einführung in die stereotaktischen Operationen mit einem Atlas des menschlichen Gehirns, hrsg. von G. Schaltenbrand, P. Bailey. Thieme, Stuttgart 1959

Braak, H.: Architectonics of the Human Telencephalic Cortex. Springer, Berlin 1980

Brazier, M. A. B., H. Petsche: Architectonics of the Cerebral Cortex. Raven Press, New York 1978

Brodmann, K.: Vergleichende Lokalisationslehre der Großhirnrinde. Barth, Leipzig 1925

Bucy, P. C.: The Precentral Motor Cortex. University of Illinois Press, Urbana 1949

Ciba Foundation Symposium 58: Functions of the Septo-Hippocampal System. Elsevier, Amsterdam 1977

Creuzfeldt, O. D.: Cortex Cerebri. Springer, Berlin 1983

Critchley, M.: The Parietal Lobes. Arnold, London 1953

Denny-Brown, D.: The Basal Ganglia. Oxford University Press, London 1962

Descarries, L., T. R. Reader, H. H. Jasper: Monoamin Innervation of the Cerebral Cortex. Alan R. Riss, New York 1984

Dimond, St.: The Double Brain. Churchill-Livingstone, Edinburgh 1972

Divac, I. R., G. E. Öberg: The Neostriatum. Pergamon, Oxford 1979

Eccles, J. C.: Brain and Conscious Experience. Springer, Berlin 1966

v. Economo, C., G. N. Koskinas: Die Cytoarchitektonik der Hirnrinde des erwachsenen Menschen. Springer, Berlin 1925

Eleftheriou, B. E.: The Neurobiology of the Amygdala. Plenum, New York 1972

Feremutsch, K.: Basalganglien. In: Primatologia, Bd. II/2, hrsg. von H. Hofer, A. H. Schultz, D. Starck. Karger, Basel 1961

Fuster, J. M.: The Prefrontal Cortex. Raven, New York 1980

Gainotti, G., C. Caltagirone: Emotions and the Dual Brain. Springer, Berlin 1989

Gastaud, H., H. J. Lammers: Anatomie du rhinencéphale. Masson, Paris 1961

Goldman, P. S., W. J. Nauta: Columnar distribution of cortico-cortical fibers in the frontal association, limbic and motor cortex of the developing rhesus monkey. Brain Res. 122, 393–413 (1977)

Goodwin, A. W., J. Darian-Smith: Handfunction and the Neocortex. Springer, Berlin 1985

Hubel, D. H., T. N. Wiesel: Anatomical demonstration of columns in the monkey striate cortex. Nature (Lond.) 221 (1969) 747–750

Isaacson, R. L., K. H. Pribram: The Hippocampus. Plenum, New York 1975

Jones, E. G., A. Peters: Cerebral Cortex, Vol. 1–6. Plenum, New York 1984–1987

Kahle, W.: Die Entwicklung der menschlichen Großhirnhemisphäre. Springer, Berlin 1969

Kennedy, C., M. H. Des Rosiers, O. Sakurada, M. Shinohara, M. Reivich, J. W. Jehle, L. Sokoloff: Metabolic mapping of the primary visual system of the monkey by means of the autoradiographic C^{14}deoxyglucose technique. Proc. nat. Acad. Sci. (Wash.) 73 (1976), 4230–4234

Kinsbourne, M., W. L. Smith: Hemispheric Disconnection and Cerebral Function. Thomas, Springfield 1974

Passouant, P.: Physiologie de le hippocampe. Edition du centre national de la recherche scientifique. Paris 1962

Penfield, W., H. Jasper: Epilepsy and the Functional Anatomy of the Human Brain. Little, Brown, Boston 1954

Penfield, W., T. Rasmussen: The Cerebral Cortex of Man. Macmillan, New York 1950

Penfield, W., L. Roberts: Speech and Brain Mechanisms. Princeton University Press, Princeton 1959

Ploog, D.: Die Sprache der Affen. In: Neue Anthropologie, hrsg. von H. G. Gadamer, P. Vogler. Thieme, Stuttgart 1972

Rose, M.: Cytoarchitektonik und Myeloarchitektonik der Großhirnrinde. In: Handbuch der Neurologie, Bd. I, hrsg. von O. Bumke, O. Foerster. Springer, Berlin 1935

Sanides, F.: Die Architektonik des menschlichen Stirnhirns. Springer, Berlin 1962

Schneider, J. S., T. J. Lidsky: Basal Ganglia and Behavior. Huber, Bern 1987

Schwerdtfeger, W. K.: Structure and Fiber Connections of the Hippocampus. Springer, Berlin 1984

Seifert, W.: Neurobiology of the Hippocampus. Academic Press, London 1983

Springer, S. P., G. Deutsch: Linkes Gehirn, rechtes Gehirn, funktionelle Asymmetrien. Spektrum d. Wissenschaft, Heidelberg 1987

Stephan, H.: Allocortex. In: Handbuch der mikroskopischen Anatomie, Bd. IV/9, hrsg. von W. Bargmann. Springer, Berlin 1975

Valverde, F.: Studies on the Piriform Lobe. Harvard University Press, Cambridge/Mass. 1965

Weinstein, E. A., R. P. Friedland: Hemiinattention and Hemisphere Spezialization. Raven, New York 1977

Liquorsystem

Hofer, H.: Circumventrikuläre Organe des Zwischenhirns. In: Primatologia, Bd. II/2, hrsg. von H. Hofer, A. H. Schultz, D. Starck. Karger, Basel 1965

Lajtha, A., D. H. Ford: Brain Barrier System. Elsevier, Amsterdam 1968

Leonhardt, H.: Ependym und Circumventrikuläre Organe. Handbuch d. mikroskopischen Anatomie, Bd. IV/10. Springer, Berlin 1980

Millen, J. W. M., D. H. M. Woollam: The Anatomy of the Cerebrospinal Fluid. Oxford University Press, London 1962

Schaltenbrand, G.: Plexus und Meningen. In: Handbuch der mikroskopischen Anatomie, Bd. IV/2, hrsg. von W. Bargmann. Springer, Berlin 1955

Sterba, G.: Zirkumventrikuläre Organe und Liquor. VEB Fischer, Jena 1969

Gefäßsystem

Dommisee, G. F.: The Arteries and Veins of the Human Spinal Cord from Birth. Churchill-Livingstone, Edinburgh 1975

Hiller, F.: Die Zirkulationsstörungen des Rückenmarks und Gehirns. In: Handbuch der Neurologie, Bd. III/11, hrsg. von O. Bumke, H. Foerster. Springer, Berlin 1936

Kaplan, H. A., D. H. Ford: The Brain Vascular System. Elsevier, Amsterdam 1966

Krayenbühl, H., M. G. Yasargil: Die zerebrale Angiographie, 2. Aufl. Thieme, Stuttgart 1965; 3. Aufl. 1979

Luyendijk, W.: Cerebral Circulation. Elsevier, Amsterdam 1968

Szilka, G., G. Bouvier, T. Hovi, V. Petrov: Angiography of the Human Brain Cortex. Springer, Berlin 1977

Vegetatives Nervensystem

Burnstock, G., M. Costa: Adrenergic Neurons. Chapman & Hall, London 1975

Csillik, B., S. Ariens Kappers: Neurovegetative Transmission Mechanisms. Springer, Berlin 1974

Gabella, G.: Structure of the Autonomous Nervous System. Chapman & Hall, London 1975

Kuntz, A.: The Autonomic Nervous System. Lea & Febiger, Philadelphia 1947

Mitchell, G. A. G.: Anatomy of the Autonomic Nervous System. Livingstone, Edinburgh 1953

Monnier, M.: Physiologie des vegetativen Nervensystems. Hippokrates, Stuttgart 1963

Müller, R. L.: Lebensnerven und Lebenstriebe. Springer, Berlin 1931

Newman, P. P.: Visceral Afferent Functions of the Nervous System. Arnold, London 1974

Pick, J.: The Autonomic Nervous System. Lippincott, Philadelphia 1970

White, J. C., R. H. Smithwick: The Autonomic Nervous System. Macmillan, New York 1948

Funktionelle Systeme

Adey, W. R., T. Tokizane: Structure and Function of the Limbic System. Elsevier, Amsterdam 1967

Andres, K. H., M. v. Dühring: Morphology of cutaneous receptors. In: Handbook of Sensory Physiology, Bd. II, hrsg. von H. Autrum, R. Jung, W. R. Loewenstein, D. M. MacKay, H. L. Teuber. Springer, Berlin 1973

Barker, D.: The morphology of muscle receptors. In: Handbook of Sensory Physiology. Bd. III/2, hrsg. von H. Autrum, R. Jung, W. R. Loewenstein, D. M. MacKay, H. L. Teuber. Springer, Berlin 1974

Campbell, H. J.: The Pleasure Areas. Eyre Methuen, London 1973

Couteaux, R.: Motor endplate structure. In: The Structure and Function of Muscle, hrsg. von G. H. Bourne. Academic Press, New York 1973

Douek, E.: The Sense of Smell and Its Abnormalities. Churchill-Livingstone, London 1974

Gardner, H.: Dem Denken auf der Spur, der Weg der Kognitionswissenschaft, Klett-Cotta, Stuttgart 1989

Halata, Z.: The Mechanoreceptors of the Mammalien Skin, Advances in Anatomy, Embryology and Cell Biology, Bd. 50/5. Springer, Berlin 1975

Heppner, F.: Limbisches System und Epilepsie. Huber, Bern 1973

Isaacson, R. L.: The Limbic System. Plenum Press, New York 1974

Janzen, R., W. D. Keidel, G. Herz, C. Steichele: Schmerz. Thieme, Stuttgart 1972

Jung, R., R. Hassler: The extrapyramidal motor system. In: Handbook of Physiology, Section 1, Bd. 2, hrsg. von J. Field, H. W. Magoun, V. E. Hall. American Physiological Society Washington 1960

Knight, J.: Mechanisms of Taste and Smell in Vertebrates. Ciba Foundation Symposium. Churchill, London 1970

Lassek, A. M.: The Pyramidal Tract. Thomas, Springfield/Ill. 1954

Monnier, M.: Functions of the Nervous System, Bd. 3: Sensory Functions and Perception. Elsevier, Amsterdam 1975

Munger, B. L.: Patterns of organization of peripheral sensory receptors. In: Handbook of Sensory Physiology, Bd. I/1, hrsg. von H. Autrum, R. Jung, W. R. Loewenstein, D. M. MacKay, H. L. Teuber. Springer, Berlin 1971

deReuk, A. V. S., J. Knight: Touch, Heat and Pain. Ciba Foundation Symposium. Churchill, London 1966

Szentágothai, J., J. Hámori, M. Palkovits: Regulatory Functions of the CNS: Motion and Organization Principles. Pergamon, Oxford 1981

Varela, Francico J.: Kognitionswissenschaft – Kognitionstechnik. Suhrkamp, Frankfurt 1990

Wiesendanger, M.: The pyramidal tract. In: Ergebnisse der Physiologie, Bd. 61. Springer, Berlin 1969

Zacks, S. J.: The Motor Endplate. Saunders, Philadelphia 1964

Zotterman, Y.: Olfaction and Taste. Pergamon, Oxford 1963

Zotterman, Y.: Sensory Mechanisms. Elsevier, Amsterdam 1966

Zotterman, Y.: Sensory Functions of the Skin. Pergamon, Oxford 1977

Auge

Carpenter, R. H. S.: Movements of the Eyes. Pion, London 1977

Fine, B. S., M. Yanoff: Ocular histology. Harper & Row, New York 1972

Hollyfield, J. G.: The Structure of the Eye. Elsevier, Amsterdam 1982

Marr, D.: Vision. Freeman, San Francisco 1982

Polyak, St.: The Vertebrate Visual System. University Chicago Press, Chicago 1957

Rodieck, R. W.: Vertebrate Retina. Freeman, San Francisco 1973

Rohen, J. W.: Sehorgan. In: Primatologia, Bd. II/1, hrsg. von H. Hofer, A. H. Schultz, D. Starck. Karger, Basel 1962

Rohen, J. W.: Das Auge und seine Hilfsorgane. In: Handbuch der mikroskopischen Anatomie. Erg. zu Bd. III/2, hrsg. von W. Bargmann. Springer, Berlin 1964

Straatsma, B. R., M. O. Hall, R. A. Allen, F. Crescitelli: The Retina Morphology, Function and Clinical Characteristics. University California Press, Berkeley 1969

Walsh, F. W., W. F. Hoyt: Clinical Neuroophthalmology. Williams & Wilkins, Baltimore 1969

Warwick, R.: Wolff's Anatomy of the Eye and Orbit. Lewis, London 1976

Gehör- und Gleichgewichtsorgan

Ades, H. W., H. Engström: Anatomy of the inner ear. In: Handbook of Sensory Physiology, Bd. V/1, hrsg. von H. Autrum, R. Jung, W. R. Loewenstein, D. M. MacKay, H. L. Teuber. Springer, Berlin 1974

Beck, C.: Anatomie des Ohres. In: Hals-Nasen-Ohren-Heilkunde, Bd. III/1, hrsg. von J. Berendes, R. Link, F. Zöllner: Thieme, Stuttgart 1965

Beck, C.: Histologie des Ohres. In: Hals-Nasen-Ohren-Heilkunde, Bd. III/1, hrsg. von J. Berendes, R. Link, F. Zöllner. Thieme, Stuttgart 1965; 2. Aufl. 1977

Brodal, A., O. Pompeiano, F. Walberg: The Vestibular Nuclei and Their Connexions. Oliver & Boyd, Edinburgh 1962

Gualtierotti, T.: The Vestibular System. Springer, Berlin 1981

Keidel, W. D.: Anatomie und Elektrophysiologie der zentralen akustischen Bahnen. In: Hals-Nasen-Ohren-Heilkunde. Bd. III/3, hrsg. von J. Berendes, R. Link, F. Zöllner. Thieme, Stuttgart 1966; 2. Aufl. 1977

Kolmer, W.: Gehörorgan. In: Handbuch der mikroskopischen Anatomie, Bd. III/1, hrsg. von W. v. Moellendorff. Springer, Berlin 1927

Precht, W.: Neuronal Operations in the Vestibular Systems. Springer, Berlin 1978

Rasmussen, G. L., W. F. Windle: Neural Mechanisms of the Auditory and Vestibular Systems. Thomas, Springfield/Ill. 1960

deReuck, A. V. S., J. Knight: Hearing Mechanisms in Vertebrates. Ciba Foundation Symposium, Churchill, London 1968

Whitfield, I. C.: The Auditory Pathway. Arnold, London 1960

Sachverzeichnis

Hauptthinweise sind durch halbfette Zahlen gekennzeichnet.

Q

R

T

U

V